U0236156

佛山祖庙修缮报告

Renovation Report of Foshan Zumiao

上 册

佛山市祖庙博物馆　编著

文物出版社

图书在版编目（CIP）数据

佛山祖庙修缮报告／佛山市祖庙博物馆编著.
—北京：文物出版社，2018.8

ISBN 978－7－5010－5373－5

Ⅰ.①佛… Ⅱ.①佛… Ⅲ.①寺庙－文物修整－研究报告－佛山 Ⅳ.①TU746.3

中国版本图书馆 CIP 数据核字（2017）第 263284 号

佛山祖庙修缮报告

编　　著：佛山市祖庙博物馆

责任编辑：陈　峰
封面设计：刘　远
责任印制：陈　杰

出版发行：文物出版社
社　　址：北京市东直门内北小街 2 号楼
邮　　编：100007
网　　址：http://www.wenwu.com
邮　　箱：web@wenwu.com
经　　销：新华书店
印　　刷：北京鹏润伟业印刷有限公司
开　　本：889mm×1194mm　1/16
印　　张：43.5
版　　次：2018 年 8 月第 1 版
印　　次：2018 年 8 月第 1 次印刷
书　　号：ISBN 978－7－5010－5373－5
定　　价：880.00 元（全二册）

《佛山祖庙修缮报告》

编辑委员会

序言

广东文物建筑修缮的杰出范例

——佛山祖庙修缮项目之启示

佛山祖庙位于佛山市禅城区的中央，是全国重点文物保护单位，是国家历史文化名城佛山市的精华所在和城市地标，是广府传统祠庙建筑的杰出代表，是佛山人传统信仰的高地和传统文化的传承地。佛山祖庙是岭南地区历史上集神权、族权、政权于一体的供奉真武北帝的庙宇建筑，历史悠久、规模宏大、装饰精美、保存完好，现存建筑面积3600多平方米。自北宋至今，经历代20余次重建或重修。在建筑装饰上，将琉璃陶塑、灰塑、石雕、砖雕、漆金木雕、铁铸工艺等地方民间传统工艺与建筑结构功能和谐地融合为一体，工艺精湛、匠心独具、特色浓郁、富丽堂皇、精美绝伦，实为“岭南建筑艺术之宫”。佛山市传统制造业发达、经贸繁荣、文化兴盛，明清时期与北京、汉口、苏州并称“天下四聚”，与湖北汉口镇、江西景德镇、河南朱仙镇并称中国“四大名镇”。

佛山祖庙修缮项目先后获得“全国十佳文物保护工程勘察设计方案”、“全国十佳文物保护工程”、“全国传统建筑文化保护示范工程”等多项国家级年度大奖，成为广东文物建筑修缮项目的杰出范例。吾以为，佛山祖庙修缮项目之所以优秀，关键因素在于：始终坚持正确的文物古迹保护理念；项目管理措施得当、监管到位；施工质量优良、效果良好；档案资料齐全、可供借鉴。

一　始终坚持正确的文物古迹保护理念

保护理念对不对，从根本上决定着文化遗产保护的成效乃至成败。我认为，正确的文物古迹保护理念，主要体现在如下四个方面：

一是依法合规、程序正当。依法合规是实施一切文物古迹保护项目的前提。文物保护的法律、法规、规章和行业准则、行业规范、行业标准等规范性文件很多，是整个文化系统最全、最多、最完整的，文物古迹保护项目的立项、勘察设计、施工、监理、验收和经费的使用管理都应当符合相关法律规定和专业标准，并且严格履行报批手续。实施一切文物古迹保护项目，必须按照法定程序进行。文物古迹保护项目的实施程序，总体上依次为：立项、科学研究与价值评估、勘察设计方案编制与评审、听证与公示、设计方案报批、施工与监理单位的招标、施工组织与管理、监理与监督检查、结项验收、评估与总结、报告的整理与出版等。

二是原状保护、最少干预。《中华人民共和国文物保护法》明确规定，“对不可移动文物进行修缮、保养、迁移，必须遵守不改变文物原状的原则”。原状保护是中国文物古迹修缮必须遵循的法定原则，国际上通常称之为真实性原则。在保护方式上，坚持最小干预，以实施预防性保护、定期保养为主，尽量做到保存文物的原有形制、原有结构、原有材料、原有工艺；在外观效果上，要做到“修旧如旧”，达到远看一致、近观可别的效果。保护的目标就是要保存文物古迹的真实历史状态及其全部的历史信息。所有的保养、修缮、保护设施建设等都是为了保护历史文化遗存，延长其周期，使之不会消失。同时，保护文物古迹不仅仅保护其形体，还要保存与之相关的全部历史信息，如考古发掘就是为了获得全部的各时期人类生活的衣食住行等等各方面的信息；保护文物古迹，不仅要保存文物本体，还要保存与之相关的历史、构件、建造、工艺技术等历史信息，为研究历史、传承历史提供物证。有些地方铲除原有的古驿道再进行重新铺砌、将文物历史建筑瓦面改为成片安装的仿古瓦面，是十分错误的做法。

三是科学专业、多学科合作。文物古迹保护项目不同于一般的建设工程，是一项专业性很强的工作。在项目实施期间，应当建立由具有相应专业高等资质和实践经验丰富的专家组成的专家委员会或专家组，提供专业支持。同时，由于文化遗产的多样性和复杂性，需要对其历史、地域、文化信仰等各个方面予以考虑和评判。为此，就必须开展多学科合作，邀请建筑师、工程师、城镇规划师、考古学家、地理学家、历史学家、民族学家、宗教人士、经济学家、文物保护工作者、遗产地的管理者和本土人士等参与，组成由高等资质和实践经验丰富的多学科专家组成的专家顾问组，在项目实施过程中提供足够专业支撑。科学研究则应贯穿于文物建筑修缮项目实施的全过程，所有保护措施都要以学术研究成果为依据。要运用现代科技信息手段进行保护，审慎使用新材料和新工艺。

四是传承传统工艺技术和历史记忆。我们不仅要保护物质文化遗产，还要延续传统工艺技术。对文物建筑的修缮，不仅是对建筑本体的修缮，更是对传统建造技艺的传承，通过修缮将传统的技艺代代传承。在传承传统技艺的同时，还要传承历史记忆。历史记忆是人对过去的感情，比如祠堂是宗族的情感、学校是毕业生的情感。保护文物古迹是为了保存我们一代人或历代祖先的历史痕迹、历史记忆，使之代代传承。当然，我们传承的是正能量，是优秀传统文化。这是当下文物古迹保护传承应当致力的方向。

佛山祖庙修缮项目在实施的全过程中，坚持了正确的保护理念：严格按照文物保护法律法规的规定，通过项目招标的形式委托具有最高资质等级的勘察设计、施工、监理单位具体实施，业主和勘察设计单位在修缮前做了大量的历史文献收集、考古发掘、调查研究和科学实验工作，对现存的建筑实物进行了系统研究、精准测绘，立项、设计、施工、监理、资金等各个方面都依法履行了报批手续；坚持不改变文物现状的原则，以古建筑原状为修缮依据，保存了古建筑的原有形制、结构、材料和工艺，修缮后的佛山祖庙仍然是原汁原味。该项目于2004年开始筹备，2013年通过国家文物局结项验收，2018年正式出版修缮报告，历经筹备立项、科学研究、勘察设计与评审报批、施工与监理单位的招标、施工组织与管理、结项验收、评估与总结、修缮报告的整理与出版等严谨科学的文物保护程序。成立了由专业高等资质和实践经验丰富的多学科专家组成的专家顾问组，在项目实施过程中提供了许多专业支撑。佛山祖庙修缮项目，很好地保存了文物建筑及考古遗迹的历史遗存和与之相关的历史信息，传承了陶塑、灰塑、石雕、砖雕、漆金木雕、铁铸等当地传统建造技艺和佛山人的历史记忆。

二　项目管理措施得当、监管到位

项目管理是指在项目活动中运用专门的知识、技能、工具和方法，使项目能够在有限资源限定条件下，实现或超过设定的需求和期望。项目管理是当前经济、文化、社会事务管理最通用、最有效、最可控的管理方法。现在的政府管理和服务工作，许多都是按一个个项目来实施的。没有项目，人员组成、资金来源、实施时间都难以到位。因此，我们的很多工作和规划都可以转化成一个个具体项目加以实施，以项目带动事业发展。文物建筑修缮项目管理大致可以分为申报立项、勘察设计、施工监理、竣工验收四个阶段，其中施工阶段是将勘察设计转化为工程实施、将设想转化物质的唯一的生产性活动，具有广泛的社会性、技术性、经济性，是投资最多、所需资源最多的阶段，具有重要的地位和作用。施工管理的好坏，决定项目的质量和效果。从文物建筑修缮项目的实际和普遍存在的问题来看，施工管理的重点在于程序管理、质量管理、进度管理、安全管理、成本管理和资料管理等六个方面，而质量管理、安全管理和资料管理则是文物建筑修缮项目的重中之重。

在佛山祖庙保护修缮项目实施过程中，组织管理严密到位、措施得当，实现了预设的目标，主要体现在：将项目管理提升到党委政府层面，成立了由市委市政府领导任组长的修缮领导小组，负责项目的统筹协调，保证项目的依法高效推进；领导小组办公室内设工程技术组、后勤保障组、安全管理组和专家顾问组，建立了每周一例会制度，按照职责分工各司其职，项目团队的组成人员是开放性和临时性的，既有相对固定的专业人员负责全程跟踪，又有临时聘用和兼任的专家、学者、工匠、行政管理人员等负责专业指导和协调推进；坚持高标准、严要求和守规范，强化监督检查，业主单位、设计单位、施工单位、监理单位等认真履行职责，相互之间密切配合，及时研究解决施工过程中遇到的问题；制定了明确的时间表、路线图，项目按照预定的时限、经费预算完成；重视施工安全管理，全程没有发生人员和文物安全事故等；在长达3年的修缮项目施工过程中，采取“分区施工、阶段推进”的方式，既便于及时发现问题、解决问题，不断总结经验、改正不足，保证了修缮项目的有序推进，又使佛山祖庙保持了足够的开放区域。

三　施工质量优良、效果良好

施工质量和效果是衡量文物建筑修缮项目优劣的最重要标准。如果项目质量低劣、效果较差，整个修缮项目的实施结果就是不合格的。文物建筑修缮项目施工质量和效果的主要检验标准在于以下四个方面：

一是是否按照批准的勘察设计方案实施。勘察设计方案既是施工单位所采取的施工方法、技术、管理和措施的依据，也是行政部门、业主进行检查监督和监理单位实施监理行为的依据。目前，我省文物建筑修缮项目勘察设计方案普遍存在不够细致周到、复制粘贴、模棱两可等问题，如更换木头、梁架，不清楚到底更换哪一根、更换多少，没能清晰表述地面、墙体、梁架、屋面、内外装饰的前后对比和修缮面积、做法、用料等。因此，在施工过程中，设计方案的变更、新发现问题的处置等是常见的现象。

二是修缮内容是否合理适度。我国文物建筑修缮项目普遍存在修缮过度的问题。按照现行的文物建筑修缮项目预算定额、财务审核和相关管理规定，为了获得更多的经济利益，设计单位、施工单位、监理单位的目标是高度一致的，都追求尽量使用更多的建筑材料、更多的人工数量、更短的研究时间、更大的修缮规模，从而导致文物建筑修缮项目普遍存在干预过大、大修大改、修缮过度的问题。我认为，对于传统文物建筑修缮而言，首要任务是解决屋面漏水问题、地面排水问题和结构安全问题，对其他修缮内容，可根据保护需求和经费合理界定。

三是施工技术、工艺和材料是否符合质量标准。随着我省城镇化进程的推进和新型建筑业的发展，“偷梁换柱”、水磨青砖砌墙、不揭顶换梁换瓦和陶塑、灰塑、木雕、砖雕等传统建造技术与工艺濒临失传，导致许多施工单位采取简单的施工技术和水平低下的旧工艺对文物建筑进行修缮，大多数文物建筑都采取落架大修的方式进行修缮。同时，由于现代建筑材料的大量使用和严格的环保要求，广东很多传统建筑砖厂、瓦厂都已经消失，导致传统建筑材料越来越少。为传承传统建造技艺，确保文物建筑与历史建筑修缮项目的顺利实施，文物部门将与住建、环保部门协商，争取在粤东、西、北和珠三角地区各保存一至两处传统建造技艺传承基地。

四是外观效果是否符合历史风貌。当下，在文物建筑修缮中，普遍存在两个认识上的误区：第一是参照部分西方文物建筑修缮的做法，过分强调可识别性，新修缮部分采用现代建筑材料或者色调差异较大，使人在观感上觉得不舒服。吾以为，中西方建筑用材和审美观念是有区别的，不宜全部照抄，应尽量使用中国传统建筑材料，尊重中国文化传统的审美观念，在修缮过程中做到“修旧如旧”的同时具备一定的可识别性，即远看一致、近观可别，才是最好的。第二是将污渍、残损、病害等看作是沧桑感和历史痕迹予以保存，或者将施工工艺糟粗当作是“修旧如旧”和历史风貌，没有采取科学合理的修缮措施、体现精湛的工艺水平。

佛山祖庙修缮项目严格按照国家文物局批准的由甲级资质单位广西文物保护研究中心编制的获得全国十佳的勘察设计方案进行施工，严格遵循“不改文物原状”的不可移动文物修缮原则，聘用熟悉本地陶塑、灰塑、木雕、砖雕等传统技艺的高水平工匠参与施工，最大限度地保存了原有的传统建筑形制、结构、工艺和材料，有针对性地解决安全隐患和病虫害。在使用传统建造技术与工艺的同时，还运用了“正脊吊升技术”、“墙体矫正技术”等多项创新技术，避免了对文物进行拆解修缮，最大限度保存文物的真实性。修缮后的外观古朴、美观，效果良好。

四　档案资料齐全、可供借鉴

记录档案是文物建筑修缮项目的重要内容，是项目竣工验收的重要前提。文物建筑修缮项目的记录档案应当包括但不限于以下文字记录与影像资料：全部的批准文件与合同文件、相关会议记录、项目单位及人员的资质资格证明文件、专业评估和项目检查结论、隐蔽项目验收和阶段性验收结论等程序管理资料；经批准的勘察设计方案（含图纸）、会审通过的施工方案（含图纸）、施工组织、材料试验、施工与监理记录等质量管理资料；施工安全规范执行情况、安全人员与设备配置情况、安全防范措施等安全管理资料；经费申报与拨付、财务审核、预算与决算执行情况等经费管理资料；竣工报告、竣工图纸、竣工验收结论等结项验收资料。凡是工作台账不齐备的修缮项目，都不应当予以结项验收。众所周知，在文博界，每一项文物考古调查、勘探与发掘项目，都要正式出版工作成果和研究成果。文物建筑修缮项目的业主、设计、施工和监理单位应当向文物考古界学习，在项目完成后编辑出版专业报告。

佛山祖庙修缮项目业主、设计、施工、监理单位重视档案资料的收集、保存、整理和归档工作，文字记录和影像资料相对齐全。项目结项验收后，在佛山市文化广电新闻出版局的统筹指导下，佛山市祖庙博物馆编著出版了《佛山祖庙修缮报告》，为修缮项目画上了圆满的句号。这部修缮报告以大量珍贵史料、技术成果和实物图片完整记录了项目实施的过程与成果，为社会各界进一步认识佛山祖庙的历史沿革、文物价值、建筑技术、装饰艺术等提供了客观全面的参考文献，为文博界同行提供了学习借鉴的范本，为后人了解佛山祖庙的修缮历史、传统修造技术、传统工艺等提供了研究素材，为保护传承岭南建筑遗产、传承文物建筑和历史建筑修缮经验提供了一个杰出范例。

佛山祖庙博物馆在做好文物建筑修缮保护的同时，还制作了高质量的展览、数字化的展示和丰富的文化创意产品，组织开展了丰富多样、百姓喜欢的活动等，很好地处理了有效保护与合理利用的关系，年观众数超过 100 万人次，实现了社会效益和经济效益的双丰收。这一举措为较大规模和较长工期的文物建筑修缮项目实施提供了示范。

佛山祖庙不仅在文物建筑保护修缮方面，而且在文化遗产的展示利用、传统文化的传承发展方面，都是广东文化遗产保护利用的杰出范例，值得全省文化文物系统学习借鉴。

广东省文物局局长 龙家有

2018 年 5 月 18 日

目　录

上　册

下　册

实测与设计图目录

图版目录

前 言

佛山“肇迹于晋，得名于唐”，史称“东粤之雄，莫先于穗石之岑也；南海之饶，莫过于禅山之浔也”。早在秦汉时期，这里便已成为颇具规模的聚居村落，史称“季华乡”。唐贞观二年（公元628年），乡民在城内塔坡岗挖掘出三尊佛像，遂立石榜称“佛山”，从此而得名。明正统十四年（公元1449年），广东洪水为患，农田失收，朝廷赋税不减，爆发了黄萧养农民起义。明景泰元年（1450年），明将领董兴率军镇压，黄萧养兵败被擒，起义失败。明景泰二年（1451年），朝廷论功赐赏，封冼灏通等二十二人为“忠义官”，建“忠义流芳祠”，佛山赐名“忠义乡”，祖庙敕封“灵应祠”，永享春秋祟祀。

佛山祖庙在历史上是一座集神权、族权和政权于一体的供奉北方真武玄天上帝的著名庙宇。据方志记载，“祠之始建不可考，或云宋元丰时，历元至明，皆称祖堂，又称祖庙。以历岁久远，且为诸庙首也”[1]。相传佛山祖庙始建于北宋元丰年间，元末毁于战火，明洪武五年重建。从明初至今，佛山祖庙较大的修缮、扩建达二十余次，现已成为一座体系完整、结构严谨、最具代表性的岭南建筑之一。佛山祖庙古建筑群沿南北中轴线排列，依次为万福台、东西厢房、东西庑廊、灵应牌坊、锦香池、东西碑廊、钟鼓楼、三门、文魁阁、武安阁、前殿、正殿、庆真楼等单体建筑，总建筑面积约3600平方米。佛山祖庙建筑形式气魄宏大、内涵丰富，单体建筑采用了庑殿、歇山、硬山、卷棚等多种建筑样式，建筑装饰细腻考究、匠心独具，“三雕”（砖雕、木雕、石雕）“两塑”（灰塑、陶塑）将佛山祖庙古建筑群装点得富丽堂皇、精美绝伦，佛山祖庙遂有了“岭南建筑艺术之宫”和“东方民间艺术之宫”的美誉。1996年，佛山祖庙被国务院公布为第四批全国重点文物保护单位。

历经清光绪二十五年（1899年）大修后的百年风雨，佛山祖庙古建筑群日渐出现了屋面整体开裂下塌、建筑结构倾斜位移、装饰艺术构件破损脱落、木构件槽朽蛀蚀、文物损坏严重等问题。针对佛山祖庙文物安全隐患日益严峻的情况，2004年佛山市文化广电新闻出版局组织成立了“佛山祖庙全面修缮统筹协调小组”负责统筹落实佛山祖庙修缮工程的前期筹备工作。为确保佛山祖庙修缮工程的顺利开展、修缮质量及文物安全，2006年佛山市委市政府专门成立了“佛山祖庙修缮领导小组”，负责对佛山祖庙修缮工程进行全面监督指导和统筹协调。“佛山祖庙修缮领导小组”下设办公室，由工程技术组、后勤保障组、安全管理组、专家顾问组四个工作组组成。佛山市文化广电新闻出版局承担办公室工作职能，负责推进落实修缮过程中的各项任务。

佛山祖庙修缮工程严格遵守“四保存”的原则（原建筑形制、原建筑结构、原建筑材料、原工艺技

[1] 冼宝干：民国《佛山忠义乡志》卷八，祠祀志一。

术），以不改变文物原状、不降低文物价值为目标；既考虑对传统工艺、传统技术的保护和延续，又充分利用高新技术，最大限度保存祖庙古建筑的历史信息。由于佛山祖庙修缮采用的材料种类繁多、工艺复杂，很多传统材料及工艺已近乎失传，对修缮工作来说是一个严峻的考验。为解决以上问题，佛山祖庙修缮领导小组办公室与各参建单位联合开展了相关调查研究和论证工作，邀请国家、省、市著名文物保护和建筑学专家、学者、老工匠、老艺人组成佛山祖庙修缮专家顾问团队，对修缮工程进行全方位的技术指导和质量监督，为修缮工作提供理论支持和技术保障。

在国家文物局、广东省文化厅、广东省文物局、佛山市委市政府、佛山市文化广电新闻出版局等主管单位和社会各界专家、学者、热心人士的高度重视与大力支持下，佛山祖庙修缮工程于2010年圆满竣工，2013年顺利通过了国家文物局验收，先后获得了“全国十佳文物保护工程勘察设计方案”、“全国十佳文物保护工程”、“全国传统建筑文化保护示范工程”等多项荣誉，这标志着佛山祖庙修缮工程通过了重重考验，以优异的成绩向佛山人民递交了一份满意的答卷。佛山祖庙修缮工程的成功实施，对于加强祖庙文物保护利用、推进佛山文化遗产保护传承具有十分重要的意义，为佛山乃至全国历史建筑的修缮工作提供了科学依据和成功经验。

佛山市祖庙博物馆

2018年5月1日

研究篇

瑰伟独绝　独树一帜

——佛山祖庙建筑研究

吴庆洲

一　广东著名的三大祠庙之一

广东境内有三座著名的祠庙，即佛山祖庙、龙母祖庙和陈家祠。龙母祖庙是西江流域人民共同朝拜的祖宗——龙母娘娘之庙。据统计，西江流域在民国时有大大小小的龙母庙数以千计，这些龙母庙都以德庆县悦城镇的龙母庙为祖，称为“龙母祖庙”。广州陈家祠为广东全省规模最大的陈姓合族宗祠，落成于清光绪二十年（1894 年）。当时取名为“陈氏书院”，是因为广东官府担心宗族势力聚众与官府抗衡闹事，严禁在广州城内建造祠堂，为避官府禁令才这样取名。佛山祖庙奉祀的是真武帝。据《佛山忠义乡志》记载：“真武帝祠之始建不可考，或云宋元丰时，历元至明，皆称祖堂，又称祖庙，以历岁久远，且为诸庙首也。”庙门一对联云：“廿七铺奉此为祖，亿万年唯我独尊”，它说明佛山一带的人奉北帝为祖，北帝庙就是佛山人的祖祠。

三大祠庙均规模宏大、建筑华美，其建筑和装饰艺术，均集岭南建筑和装饰艺术之大成，是岭南建筑和装饰艺术之杰出代表，因此均成为国家重点文物保护单位。三大祠庙在建筑和装饰艺术上各有千秋，本文重点分析佛山祖庙的建筑特色。

二　四千年以上的历史文化渊源

在广东的三大祠庙中，佛山祖庙的历史文化渊源最为久远。方志记载：“真武帝祠之始建不可考，或云宋元丰时，历元至明，皆称祖堂，又称祖庙。”（冼宝干《佛山忠义乡志》卷 8，祠祀）

为什么佛山一带尊真武帝为祖呢？

据《山海经·海外北经》：“北方禺强，人面鸟身，珥两青蛇，践两青蛇。”郭璞注：“字玄冥，水神也。庄周曰：‘禺强立于北极。’一曰禺京。”据郭璞，禺强即禺京。禺京是生活在北海地区的氏族首领，以鲸鱼为图腾。鲸即《庄子·逍遥游》中所说的大鱼“鲲”。禺京被尊为水神。据考证，禺京即夏禹之父鲧，其后代的一支为夏族，到河南嵩山一带，创立了夏朝；另一支为番禺族，南迁至越，广东番禺即为番禺族活动留下的地名[1]。

---

〔1〕　陈久金：《华夏族群的图腾崇拜与四象概念的形成》，《自然科学史研究》1992 年第 11 卷第 1 期，第 9～12 页。

《后汉书·王梁传》:“玄武，水神之名。”李贤注:“玄武，北方之神，龟蛇合体。”按玄武即道家所奉之真武帝，宋时避讳，改玄为真。他是番禺族的祖先禺京（又名禺强）。禺京既以鲸为图腾，又以龟蛇为图腾。佛山和珠三角一带的越人，为番禺族的后裔，真武帝为他们的祖先，真武帝祠也就理所当然称为祖堂和祖庙了。

《礼记·檀弓》曰:“夏后氏尚黑。”作为夏族后裔之越人有尚黑之俗，建筑色彩多为黑色和黑红色。佛山祖庙的柱子即是例证。这种尚黑之俗，已有4000多年的历史。佛山祖庙的历史文化渊源之久远，令人惊叹!

三　明代灵应牌坊的建筑结构和艺术价值

佛山祖庙的灵应牌坊（图1），建于明景泰二年（1451年）。牌坊宏丽壮观，在明代是佛山祖庙的大门，人们先经过牌坊，跨过锦香池石桥，然后进入三门庙内。

图1　佛山祖庙灵应牌坊

这座牌坊是“敕封”灵应祠的标志，其形象自然构成佛山祖庙的第一道风景线。在神州大地，牌坊、牌楼应有成千上万座，“敕封”的牌坊保留下来的也应有数百座。灵应牌坊在这众多的牌坊中别具一格、独树一帜。具体说来有如下独特之处:

1. 国内现存年代最早的三间四柱四楼牌坊

笔者到全国各地考察，并翻阅有关文献资料，见到的牌坊有各种各样，有三间四柱三楼者，有三间四柱五楼者，也有一间二柱三楼者，但如佛山祖庙的灵应牌坊为三间四柱四楼者相当罕见。笔者发现江西于都水头木牌坊也是三间四柱四楼的形式，也是明代牌坊，但建于明嘉靖年间（1522～1566年），晚于佛山祖庙灵应牌坊。另外，广东境内有揭阳县“排门百岁”坊，为清乾隆十九年（1754年）建，潮州市“急公好义”坊，为清光绪十七年（1891年）建，均为三间四柱四楼式牌坊，但均晚于佛山祖庙灵应牌坊。因此，佛山祖庙灵应牌坊是目前所知现存最早的三间四柱四楼牌坊。

2. 国内现存年代较早的进深为三柱两间的立体式牌坊

从明代起，打破平面式的牌坊形式，出现了立体式牌坊。如浙江永嘉岩头进士木牌坊（建于明嘉靖四十四年，1565 年）和永嘉花坦宪台牌坊。歙县城中跨街而立的许国坊（图 2），也是立体式牌坊，建于明万历十二年（1584 年）。北京东岳庙琉璃牌坊，进深为二柱一间，建于明万历三十五年（1607 年）。广东境内也有不少立体式牌坊，如大埔茶阳“丝纶世美”坊（图 3），进深三柱两间，建于明嘉靖十四年（1535 年）。从目前笔者掌握的情况看，立体式的牌坊，尤其是进深三柱两间的牌坊，以佛山祖庙灵应牌坊为早。至于它是否为目前国内现存立体式牌坊年代最早的一座，还不能下此结论，有待进一步调查考证。说它是目前国内现存立体式牌坊中年代较早的一座，则是没有问题的。

图 2　歙县许国坊

图 3　大埔茶阳“丝纶世美”坊

图 4　灵应牌坊部分

3. 有很强的抗台风灾害的功能

灵应牌坊结构坚固耐久，下面两边各有4.9×3.8×0.75米的石台基（图4）；进深三柱中，前后为石柱，中间为木柱；面阔四柱三间，共有十二根柱子；每一屋盖均以柱头科、角科、平身科的栱枋构成坚固的框架——槽；而最上层的屋盖，则在明间额枋上出左右二小柱直通上面屋盖正脊，在这两根小柱上置额枋和平板枋，上置两朵平身科斗栱，两根小柱上则出角科插栱，与平身科斗栱共同支承最上层的屋盖。四个屋盖的栱枋槽与十二根柱连成一体，成为坚固的牌坊结构。珠江三角洲自古多台风之灾，该牌坊自明景泰二年（1451年）建成以来，历500多年考验，1975年曾承受12级台风吹拂而安然无恙[1]，其抗御台风灾害之能力真是不同凡响。

由于珠三角台风之灾，灵应牌坊有较强固的抗台风灾害的结构体系，而立体式的进深二间三柱的结构形式，又是这一结构抗风的重要特色。可以推测，正是由于为抗御珠三角频繁的台风灾害，明代建此牌坊的设计师，才创造了这一立体式的抗风结构形式。这一推测有待进一步的考证。

4. 抬梁式和穿斗式结构的完美结合

在这一牌坊中，同时存在着抬梁式和穿斗式两种结构形式（图5）。其明间前后柱和次间前后柱，采用抬梁式结构，在平板枋上置柱头科斗栱。而明间的中间木柱和小柱，则柱头科从柱身上出栱，即采用穿斗式斗栱。穿斗式结构对抗风有优势，抬梁式结构对抗震有优势，这两者的完美结合，无疑对抗御地震灾害和台风灾害都大有好处。

图5　灵应牌坊上部

5. 体态壮美、庄重，在建筑造型艺术上是完美之作

灵应牌坊在一般四柱三间三楼的牌坊造型基础上，在中间加建一楼，以展示“圣旨”之额，造型上更显崇高、巍峨。其明间为人行道，在两侧砌筑0.75米的石台基，使牌楼进一步升高，使之形态更为壮美，又不失其庄重，达到完美之程度，在古代建筑艺术上是个优秀之作。

〔1〕《佛山文物》，第90页。

四　三门九开间，壮阔有气势

三门（图6）为景泰初年所建，面阔九开间，达到31.7米，壮阔有气势。

图6　佛山祖庙三门

按照明朝的制度，祖庙三门是不可能建九间的。宫室之制，明初建南京宫殿，“（洪武）二十五年改建大内金水桥，又建端门、承天门楼各五间”。公门府第“正门五间，七架”。百官第宅，明初，禁官民房屋，不许雕刻古帝后、圣贤人物及日月、狻猊、麒麟、犀象之形……洪武二十六年定制，官员营造房屋，不许歇山转角、重檐重栱及绘藻井，惟楼房重檐不禁。“公侯……门三间，五架。……一品、二品……门三间，三架”[1]。

宫室房屋制度，祖庙之门屋称为三门，即山门、崇正学社和忠义流芳祠三座门屋的总称。其中，山门为五开间，两边各二开间，共九间；进深则均为三间。

三门为硬山顶，符合明朝制度。正脊的灰塑、陶塑等为清代所加，在明代是不允许用的。

五　前殿的建筑历史和艺术价值

前殿面阔三间（10.93米），进深五间（11.94米），平面近乎方形，进深大于面阔，单檐歇山顶，建于明宣德四年（1429年）。究其进深大于面阔的原因，与明朝营建制度相关，面阔限于三间，为争取殿内面积，进深则做了五间。虽经历代修葺，但其结构仍保持了明代特色。尤其是其前檐的如意斗栱（图7），明间平身科为三朵，次间为一朵，斗栱高度与柱高之比约为1∶4，保持了明代斗栱的特色。前殿的如意斗栱比真武阁底层的如意斗栱（图8）（万历元年，1573年）还早100多年。

如意斗栱目前所知的最早实例为四川江油窦圌山云岩寺飞天藏（图9），为南宋淳熙七年（1180年）所建，是小木作。佛山祖庙前殿的如意斗栱比飞天藏的如意斗栱年代晚249年，但作为用于大木结构的如意斗栱，祖庙前殿仍然是最早的实例，有其历史和艺术价值。

[1]《明史》卷68，舆服四。

图7　前殿如意斗栱

图8　真武阁底层的如意斗栱

图9　四川江油窦圌山云岩寺飞天藏如意斗栱

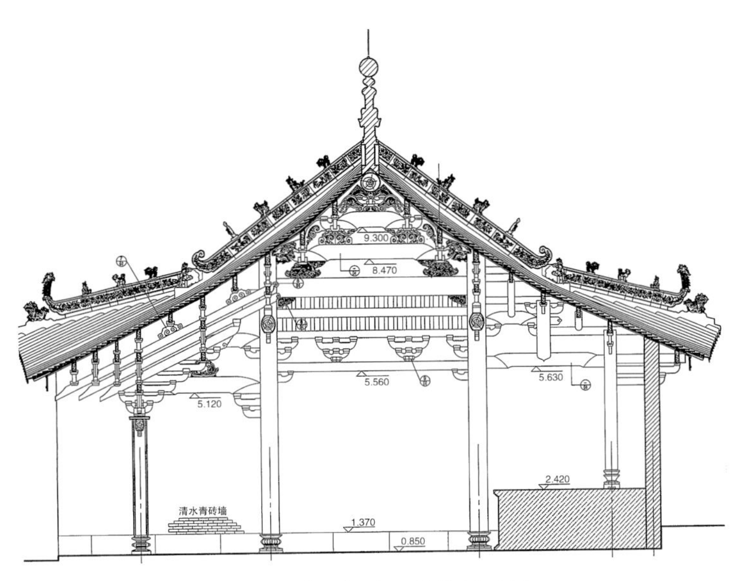

图 10　佛山祖庙正殿横剖面图

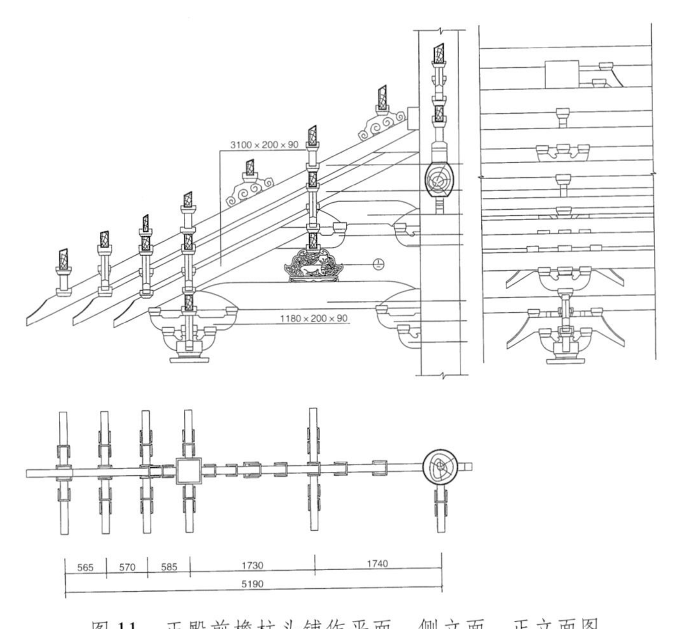

图 11　正殿前檐柱头铺作平面、侧立面、正立面图

六　正殿建筑的价值

正殿是佛山祖庙最重要的建筑（图 10、11、12）。佛山祖庙相传建于北宋元丰年间（公元 1078 ~ 1085 年），而元朝末年毁于兵燹。据宣德四年唐壁撰《重建祖庙碑》云："元末龙潭贼寇本乡，舣舟汾水之岸，众于神，即烈日雷电，覆溺贼舟者过半。俄，贼用妖术，贿庙僧以秽物污庙，遂入境剽掠，焚毁庙宇，以泄凶忿。不数日，僧遭恶死，贼亦败亡，至是复建，乡人称之为祖庙。"

又据载，明洪武五年（1372 年）"乡人赵仲修复建北帝庙"，"不过数楹"。"明宣德四年重修北

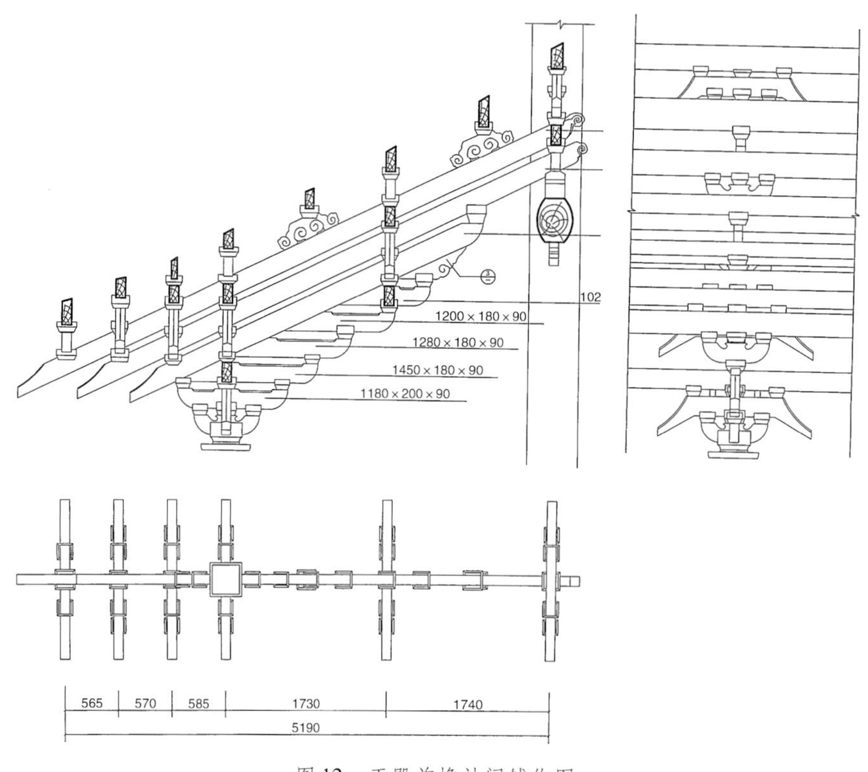

图12　正殿前檐补间铺作图

帝庙。”〔1〕

从以上两篇碑记所载，可知元末佛山祖庙遭兵火之灾。但是否所有建筑均被烧毁，却难以了解详情。对现存结构和斗栱进行考察、分析研究是了解当时情况的途径。

正殿面阔三间（阔12.37米），进深三间（深12.62米），平面是正方形，进深稍大于面阔。这是宋式小殿常见的平面。其明间阔5.43米，约合宋尺（0.316米）1丈7尺；次间3.47米，约合宋尺1丈1尺。进深第一间为3.48米，合宋尺1丈；进深第二间5.55米，合宋尺1丈7尺5寸；第三间3.59米，合宋尺1丈1尺。正殿平面大体保留了宋代平面。

正殿的结构方式也十分独特，前后檐用四椽栿，仅前檐用双抄三下昂八铺作斗栱，后檐则仅用后檐柱的二跳插栱承托撩檐枋。进深第二间用六椽栿，从结构的特色看，前檐是宋代的结构形式，进深第二、三间则是明代建筑结构形式。

正殿前檐的宋式斗栱分为柱头铺作、补间铺作和转角铺作三种。正殿斗栱一材一梨平均27.5厘米，材高20厘米、宽10厘米，材断面高宽比为2∶1。这与宋肇庆梅庵大殿相同，为广东特色，与《法式》3∶2不同。梨高7.5厘米，材高合为宋尺（1宋尺约为0.316米）6寸3分，宽合宋尺3寸2分，约在宋《营造法式》规定的五等材和六等材之间。五等材，《营造法式》规定“殿小三间，厅堂大三间则用之。”故其用材正是三间小殿，大致与《营造法式》规定相符。

柱头铺作为前出双抄三下昂，后转出华栱二跳偷心造，承托四椽栿，前出二跳华栱之上的第一跳昂

〔1〕 正统三年（1439年）《庆真堂重修记》。

之昂尾正好压在乳栿前下方。其上第二跳昂尾和第三跳昂尾都长达四椽，分别压于正中六椽栿下的雀替后尾及六椽栿的后尾。

补间铺作明间三朵，次间各一朵，符合宋制。补间铺作前出与柱头铺作同。后出则为六跳华栱偷心造，上出华头子承托前出第一跳昂的昂尾，其昂尾长三椽。第二跳、第三跳昂的昂尾分别长四椽，分别压于金柱间的隔架科下。

祖庙正殿材高 20 厘米，1 分° =20 厘米/16 =1.25 厘米。

下面我们来算一算一些关键的指标。

1. 铺作高与柱高之比

佛山祖庙正殿斗栱高 2.285 米，檐柱高 4.38 米。

铺作高与柱高之比为 2.285∶4.38 =52∶100，即斗栱高超过柱高之半。北宋至道二年（996 年）所建的梅庵大殿斗栱与檐柱之比为 40∶100，尚不及佛山祖庙斗栱之雄大。祖庙正殿此比值亦较唐佛光寺大殿（49.9∶100）、辽独乐寺山门（40∶100）大，但不及五代镇国寺大殿（54∶100）、五代华林寺大殿（55.4∶100）和辽独乐寺观音阁下层（56.6∶100），与观音阁上层（52∶100）相同。可见，祖庙的正殿斗栱之雄大，足与唐、辽、宋、金各建筑相比[1]。

2. 斗栱外跳总长

佛山祖庙正殿斗栱外跳（图 13）总长 170.5 厘米，合 136.4 分°。超过七铺作梅庵大殿斗栱的外跳长（146 厘米，合 120 分°），也超过《营造法式》所规定的同类八铺作斗栱的 134 分°。

图 13　佛山祖庙正殿外跳斗栱

3. 屋面坡度

正殿前后撩檐枋心距离为 16.03 米，举高 4.65 米，屋面坡度为 1∶3.44，屋面较宋代屋面为陡，比辽构独乐寺山门（1∶3.9）也显得陡。究其原因，是因其进深第二间、第三间的构架已改建为明代构架，屋面变陡是自然之事。

〔1〕 陈明达著：《营造法式大木作制度研究》表 37 -1，文物出版社，1989 年。

4. 正殿斗栱使用了昂栓和栱栓（或称串栱木、斗牵、托斗塞等）。

宋《营造法式·大木作制度·飞昂》中规定："凡昂栓广四分至五分，厚二分。若四铺作，即于第一跳上用之；五铺作至八铺作，并于第二跳上用之。并上彻昂背（自一昂至三昂，只用一栓，彻上面昂之背。）下入栱身之半或三分之一。"

正殿斗栱的昂栓用法与宋《营造法式》的规定完全相符，在前出第一跳上用昂栓，上彻昂背。除昂栓外，正殿斗栱还普遍使用了栱栓（图14），以固定上、下斗栱的位置，使之不至于歪闪、倾斜、松榫和脱榫等。但宋《营造法式》中未见有栱栓的规定。

虽然宋《营造法式》中有用昂栓的规定，现北方宋、辽、金的建筑多未见用昂栓。祖庙正殿用昂栓，与《营造法式》规定完全符合，此外又用了栱栓。目前，宋代建筑斗栱用昂栓、栱栓的还有宋至道二年（996年）所建的肇庆梅庵大殿的斗栱。但梅庵大殿斗栱是在后部第一跳上用昂栓，与祖庙正殿前出第一跳上用昂栓有所不同。祖庙正殿和梅庵大殿是宋代建筑斗栱用昂栓和栱栓的罕见例子，有十分重要的研究价值。

图14　正殿斗栱的栱栓

5. 祖庙正殿斗栱昂尾长达四椽，在现存唐、宋、辽、金建筑的斗栱中是最长的。

在现存唐、宋、辽、金建筑的斗栱中，唐佛光寺大殿的斗栱昂尾只长1椽，五代平遥镇国寺大殿的斗栱昂尾长不足1椽，五代福州华林寺大殿斗栱昂尾长1椽，辽奉国寺大殿斗栱昂尾长1椽，辽独乐寺观音阁斗栱昂尾长1椽，宋宁波保国寺大殿柱头铺作昂尾长2椽，金善化寺三圣殿斗栱昂尾长1椽，宋少林寺初祖庵斗栱昂尾长1椽，宋肇庆梅庵补间铺作昂尾长2椽。以上可见，现存唐、宋、辽、金建筑斗栱，昂尾长2椽者，仅有梅庵和保国寺二例，而祖庙正殿斗栱昂尾长4椽（图15），为全国之冠，是十分珍贵的孤例，有十分重要的研究价值。

图 15　祖庙正殿斗栱昂尾

6. 祖庙正殿的二层横栱的上一层各向侧边出一琴面平昂，这种做法十分罕见。

祖庙斗栱的这一做法，在广东境内见于广州南宋光孝寺大殿，但光孝寺大殿的这一做法仅用于泥道慢栱。祖庙正殿则除泥道慢栱外，还用于各个位置的慢栱上，显然更有特色，这一做法，在全国各地极为罕见，唯陕西韩城司马迁祠寝殿当心间补间铺作令栱上有此做法[1]。为佛山祖庙正殿斗栱的一大特色。

7. 正殿的檐出

正殿的檐高约 5.4 米，檐出 2.905 米，檐出∶檐高 = 53.8∶100，其比值大于唐构佛光寺大殿（49∶100）和辽独乐寺山门（42∶100），更远大于宋构虎丘二山门（37∶100），为现存唐、宋、辽、金建筑之冠。

8. 对佛山祖庙正殿的评价

①佛山祖庙正殿的前檐斗栱是北宋元丰年间的遗构，虽经历代重修，仍保留了北宋风格，其用昂栓、栱栓之制，仅见于宋肇庆梅庵大殿斗栱。其斗栱出挑之长、昂尾长四椽、檐出与檐高之比，均为全国唐辽宋金建筑之冠。其在慢栱两侧各出一琴面昂的做法十分奇特。正殿前檐斗栱是目前宋代双抄三下昂八铺作斗栱仅存的实例，十分珍贵，在中国建筑技术史、斗栱发展史上占有重要地位。

②除前檐斗栱外，正殿的其他构架是明洪武五年重建时的遗构，虽经历代修葺，仍保持了明代木构风格，也有不可忽视的价值。

七　万福台

万福台建于清初顺治十五年（1658 年），是专供娱神演戏用的戏台。该戏台面阔三间、进深二间，分前后台，卷棚歇山顶。该戏台是广东省乃至华南地区目前保存最完好的古戏台。戏台上的金漆木雕装饰

[1] 赵立瀛：《高山仰止，构祠以祀——记陕西韩城司马迁祠》，《建筑师》第 14 期，第 165 ~ 480 页。

有较高的艺术价值。

八 结论

通过以上分析研究，可以意识到，佛山祖庙是岭南地区最著名的祠庙建筑之一，其历史文化渊源达4000年以上，其建筑结构技术、建筑的装饰艺术可称为瑰伟独绝、独树一帜；它集岭南建筑结构技术及建筑装饰艺术之大全，是岭南建筑结构技术和建筑装饰艺术的代表作。尤其是正殿宋代双抄三下昂八铺作斗栱，更是全国珍贵的遗构，它在出跳、昂尾长等方面居全国之冠，是研究中国木结构技术史斗栱发展史上的珍贵实物。加上形制独特、防风防灾的灵应牌坊、明代前殿的如意斗栱，再加上琳琅满目的木雕、砖雕、灰塑、陶塑、彩画等建筑装饰艺术，佛山祖庙不仅作为全国重点文物保护单位而当之无愧，而且应该推荐申报世界文化遗产。这是本文最重要的结论。

岭南杰构　唯我独尊

——祖庙建筑艺术研究

程建军

一　祠庙同构——祖庙建筑性质与形制

建筑形制涉及建筑性质、建筑类型、建筑规制和建筑形态。不同的建筑性质，有着不同的建筑类型，而不同的建筑类型就有相应的建筑制度、功能配置和表达形式。比如宗教类性质的建筑，就有佛寺建筑、道观建筑、清真寺建筑和一些地方神祇的建筑类型，其建筑的形制依据其宗教理念和使用功能则是各具特色的。

古代中国是一个封建制度鲜明的国度，早在周代时衣食住行便纳入礼制的范畴，对建筑有着明确的礼有等差的规定。后世随着社会的发展，虽然建筑类型增多，但礼制规范的影响则日益加深，各种建筑类型有着相应的格局和配置，即有一定的形制规范，这一方面是由于建筑功能制度的要求，一方面则是礼制制度的要求。如宫殿、寺庙、学宫、祠堂等等，均有着不同的建筑格局和规范要求。这对我们研究古建筑提供了一个思路和条件，那就是建筑可以从类型与形制的角度来进行研究。同时，建筑的类型是由建筑功能所决定的，也就是建筑性质的所在。

关于佛山祖庙的建筑性质，在以往的研究成果中有的说祖庙是佛山众人的祖堂[1]，有人说属于供奉真武帝的祖祠[2]，也有人认为亦祠亦庙[3]，那么，佛山祖庙到底是什么性质的建筑？

属于什么建筑类型？又有着怎样的建筑形制？有什么样的建筑配置？它表达着怎样的精神内涵？又是如何通过建筑空间和建筑艺术来完成和表述的？这是本文着重要讨论的问题。

（一）佛山祖庙的性质

据民国《佛山忠义乡志》记载："真武帝祠之始建不可考，或云宋元丰时，历元至明，皆称祖堂，又称祖庙，以历岁久远，且为诸庙首也。"[4]据此学界认为，祖庙为北宋元丰年间（1078～1085年）始建，供奉道教崇信的北方玄武大帝，俗称"北帝庙"。据记载宋时的建筑焚毁于元代末年，明洪武五年（1372年）重建，明代改称灵应祠；以后经过二十多次重修、扩建，终于形成一座规模宏大、规制完备、工艺

〔1〕冼宝干：《民国佛山忠义乡志》，卷八，祠祀。

〔2〕吴庆洲：《瑰伟独绝　独树一帜——佛山祖庙建筑研究》，《佛山祖庙研究》，文物出版社，2005年，第158页。

〔3〕肖海明著：《中枢与象征——佛山祖庙的历史、艺术与社会》，文物出版社，2009年，第46页。

〔4〕冼宝干：《民国佛山忠义乡志》，卷八，祠祀。

图1　祖庙鸟瞰[1]

图2　祖庙山门灵应祠匾额

精湛、地方建筑特色鲜明的古建筑群（图1、2）。

可见佛山祖庙（原称真武帝祠，后称祖庙），供奉的主神是北帝玄武或真武大帝，是属于道教建筑的范畴。该庙原始的建筑性质应为道观，基本上属于道教宗教建筑类型。就宗教建筑来说，判断建筑性质或类型是以所供奉的主神及宗教信仰为主。北帝庙是供奉北帝玄武（真武）的庙宇，其始于宋代，兴于明代，流传甚广。

那么文献中出现的“真武帝祠”、“祖堂”、“祖庙”、“灵应祠”称谓有什么不同吗？

祠是古老祭祀建筑的称谓，是为纪念伟人名士而修建的供舍（相当于纪念堂）。这点与庙有些相似，因此也常常把同族子孙祭祀祖先的处所叫“祠堂”。祠堂最早出现于汉代，据《汉书·循吏传》记载，“文翁终于蜀，吏民为立祠堂。及时（指诞辰和忌日）祭礼不绝”。汉袁康《越绝书·德序外传记》：“越王勾践既得平吴，春祭三江，秋祭五湖，因以其时为之立祠，垂之来世，传之万载。”《汉书·宣帝纪》：“修兴泰一、五帝、后土之祠，祈为百姓蒙祉福。”东汉末，社会上兴起建祠抬高家族门第之风，甚至活人也为自己修建“生祠”。由此，祠堂日渐增多，成为专门祭祀祖先的庙堂。现存汉代的祠堂有嘉祥武梁祠、肥城郭巨墓祠等。《毛传》：“春曰祠，夏曰禴，秋曰尝，冬曰烝。”《尔雅·释天》：“春祭曰祠。”这里的祠指春天的祭祀活动。而后世在祠堂祭祀祖先的仪式就往往在春日进行。

后世祭祀祖先的祠堂分宗祠、支祠与家庙三类。宗祠是一地域某姓氏家族供奉始祖及历代祖先的祠堂，由共同血缘关系的家族来供奉，支祠则是由某姓氏分支的某堂号的家族来供奉本支祖先的祠堂。家庙应该是本家为祖先立的庙堂。但广义的家庙也是家族为祖先立的庙，庙中供奉祖先神位，依时祭祀。《礼记·王制》：“天子七庙，诸侯五庙，大夫三庙，士一庙，庶人祭于寝。”《文献通考·宗庙十四》：“仁年因郊祀，赦听武官依旧式立家庙。”供奉神主的祠堂和家庙并无本质的区别，仅是大宗小宗的差异。

〔1〕　程建军主编：《梓人绳墨：岭南历史建筑测绘图选集》，华南理工大学出版社，2013年，第94页。

祖庙、宗祠、祠堂和家庙的区别是和供奉的神主有莫大关系。狭义的祖先是家族的先人，相应的狭义的祖庙就是本家或本族祭祀祖先的祠庙，是以血缘关系为纽带的祭祀空间和类型，这和宗祠、家庙没有本质的区别。而对一个民族来讲，民族的上代就是祖先。在中国由于泛神论的特点，祖先的观念扩展。在这里，天地是祖先，三皇五帝是祖先，周文王是祖先，孔子也是祖先。广义的祖先概念就是：先我们之前的有贡献的人、神祇甚至物体都是祖先。

那么，祭祀广义的先人，或是一个地域供认的神祇，或是一个民族供认的神祇或祖先的建筑就可以称谓祖庙、祖堂。“盖神于天神为最尊，而在佛山则不啻亲也，乡人曰灵应祠（祖庙）为祖堂，是值以神为大父母也。”[1]其已经脱离了家族血缘关系的范畴，而扩展到地域共生和民族文化传承的层面。所以，祖庙成为中国传统宗教祭祀建筑一个类型的统称。

在中国民间祖庙多不胜数，供奉的神祇也十分丰富，比如北帝、关帝、妈祖、龙母等等，这里的“祖”是对一些神祇和人祖的统称，庙当然是供奉他们的空间场所。当然在称谓上有“关帝庙”、“北帝庙”、“妈祖庙”等，但“祖庙”的称谓则更强调始祖的、共同的，更具地方凝聚力，也更具人情味，更民间化或世俗化。比如同样供奉北帝，可以称为北帝庙，也可以称为祖庙。前者较为官式，后者则较地方化，如佛山祖庙、胥江祖庙、福建湄州祖庙等等。

与一般道观相同，早期佛山祖庙应该有道士和日常的道教活动，在配置上也应该有出家人的寮舍等生活设施。但由于其不断社会化的原因，其已不同于一般道观的运作模式，而是由地方豪绅政权组织来管理经营，甚至可以说是地方的自治官庙，成为地方自治权力机构用以团结民众和行使权力的信仰空间场所，成为佛山、佛山人的象征。所以祖庙除了中轴线祭祀功能的祖庙主体建筑以外，其东侧的大魁堂就是佛山地方自治的机构所在，其左侧还有地方教育机构崇正社学的设置。元至元二十三年（1286 年）朝廷颁令：“凡各县所属村庄以五十家为一社，设社长一人，教劝农桑为务，并设学校一所，择通晓经书者为教师，农闲时令子弟入学。”元朝灭亡，社学也一时停办。明洪武七年（1374 年）朝廷下令各地立社学，延请师儒以教民间子弟[2]。

因为宋元以后这里一直是佛山各宗祠公众议事的地方，成为联结各姓的纽带，为古佛山全镇二十七铺的祖庙，所以佛山人习称它为祖庙。庙联说：“廿七铺奉此为祖，亿万年唯我独尊。”这也表明随着佛山镇社会经济地位不断提高，原乡人和外乡人逐渐融合，共同参与着佛山的发展。祖庙由原来的仅为本地居民供奉祈福的场所，逐渐发展为同为在佛山的外乡人共同的供奉祈福场所，由狭义的地缘——血缘关系转化为成为一种以广义地缘关系为纽带的宗教场所，北帝庙于是成为佛山人的祖祠。

例如，乾隆二十二年（1757 年）新任五斗口司巡检王棠发出“禁颁胙碑示”，碑记中盛赞外地商民“迄今梯山航海而来者，香烟血食，靡不望祖庙荐享而输诚。则谓庙为合镇之祖庙也可，即谓庙为天下商民之祖庙也，亦无不可。”[3]北帝其后亦为入佛山之籍者共同之神祇，这个共同的认可与佛山的社会、政治、经济发展有着密切的关系。

佛山祖庙的认同也和“庙议”制度有着一定关系。清代广州、佛山两地已普遍存在“庙议”制，以

〔1〕［清］陈炎宗：《乾隆佛山忠义乡志》，卷六，乡俗志。
〔2〕［清］陈炎宗：《乾隆佛山忠义乡志》，卷十，艺文志，四社学记。
〔3〕广东社会科学院历史所等编：《明清佛山碑刻文献经济资料》，广东人民出版社，1987 年，第 76 页。

处理街区公共事务。在佛山，元代时祖庙在该地区的影响相当普遍，起着部分宗祠的作用，其“庙议”习俗可能已经形成，明代实行铺区制度，并形成了各铺推举乡绅在祖庙议事的制度，乡绅在祖庙灵应祠议事，俗称“庙议”，此时已成为习惯。其实“庙议”习俗是佛山“自治”传统的体现〔1〕。

至于称谓“灵应祠”，则是由于诏封明代景泰皇帝敕封祖庙真武帝为“真武为灵应佑圣真君”而来。明景泰元年（1450年），由于所谓镇压黄萧养起义北帝显灵之事，由耆民伦逸安上奏请求封典。经有司复勘属实后，由广东布政使揭稽上奏朝廷。景泰皇帝遂敕赐祖庙为灵应祠，并御赐了四个匾额、二副对联等敕物，表明佛山祖庙的神灵应验，保佑国家民众有功，是官民应祭祀的先人神祇，由此也大大提高了祖庙的社会地位〔2〕(图3)。

图3　祖庙鸟瞰〔3〕

所以佛山祖庙是以北帝崇拜信仰为根基，融合地方自治权力机构和教育机构的区域管理和宗教中心，其已从单纯的道观分离出来，所以成为该地域的宗教、权力中心。既是先由纯祭祀功能的庙，后融合地方自治权力功能达到祠庙合一，因而使其具有亦祠亦庙，祠庙同构，教权合一的性质，成为佛山地域众人之祖庙。

（二）佛山祖庙的形制

如上所述，祖庙是中国传统建筑的一种泛类型，那么它有什么形制吗？其形制的原型是什么？其发展过程又如何？这些都需要做进一步探讨。下面列举一些现存比较有影响力的祖庙或类似祖庙的建筑，试从建筑构成上分析其形制和规制情况。规制是建筑的规范配置或组成，而形制则是配置的模式，有原型或基本型，还有一些亚型等等。

〔1〕　肖海明：《中枢与象征——佛山祖庙的历史、艺术与社会》，文物出版社，2009年，第121页。
〔2〕　肖海明：《中枢与象征——佛山祖庙的历史、艺术与社会》，文物出版社，2009年，第46页。
〔3〕　程建军主编：《古建遗韵：岭南古建筑老照片选集》，华南理工大学出版社，2013年，第15页。

表 1　祖庙建筑形制比较

建筑名称	牌楼	山门	戏台	钟鼓楼	前殿（香亭）	正殿	后楼（后殿）	藏经阁	始建年代
德庆龙母祖庙	√	√			√	√	√		秦汉—清
湄洲妈祖庙		√		√		√			987
广州仁威庙		√			√	√	√		1052
佛山祖庙	√	√	√	√	√	√	√		1078
蓬莱天后宫		√	√	√	√	√	√		1102
武当紫宵宫		√		√	√	√	√		1119
泉州天后宫		√	√	√		√	√		1196
胥江祖庙	√	√				√			1208
天津天后宫	√	√	√	√	√	√	√	√	1326
钦州北帝庙		√			√	√			明朝中叶
北流北帝庙		√			√	√			1727
香港湾仔北帝庙		√			√	√			1863
一般大型佛寺	√	√		√	√	√		√	
一般大型道观	√	√	√	√	√	√	√	√	

按年代的早晚排列情况看，早期的祖庙规制简单，规模较小，形制也基本相同，轴线上主体建筑大概是由山门、前殿、后殿（后楼）三个要素组成，这说明祖庙的轴线上要有最基本的配置，形制上基本是中轴对称的三间三进模式，应该说是祖庙建筑原型。而后期规模越来越大，配置越来越齐全。这里有建筑等级的原因，也有历史发展的原因。

通过祖庙规制的比较，得出大致结论如下：

1. 祖庙是指同类宗教建筑的历史最悠久者或发源地，又或规模及影响力最大者。后期往往也发展成规模较大的庙宇，如湄州妈祖庙。

2. 祖庙指地方一定地域范围内广大民众共同信仰供奉的庙宇，有着强烈的地域及地缘色彩；如佛山祖庙、胥江祖庙等。

3. 祖庙有等级和配置的规制。按等级规模大致分为两类：一类是民间小祠庙，大多为三开间二至三进的建筑，建筑等级不高，建筑风格比较朴实，脱胎于民居或祠堂建筑。分为山门、正殿或山门、正殿和后殿，或山门、香亭、正殿。另一类为大型较为规范的庙宇，配置比较齐全，进深往往达四、五进，甚至更多，轴线上有牌楼、山门、戏台、前殿、正殿、后楼，以及两侧的钟鼓楼、廊庑、配殿等。有些庙宇建筑规模是随着历史的发展逐步完善或不断扩大规模形成的。

4. 从有一定等级和规模的祖庙与大型佛寺的规制比较来看，其格局主要是参考模仿宫殿、大型的寺庙道观的形制而来的。前有殿，后有楼，是前堂后寝的演化，钟鼓楼的设置应是源于佛寺道观的制度，但在日常活动中并不常用。

5. 佛山祖庙的建筑配置齐全，规制完善，等级较高。有着大型祖庙所必备的戏台、钟鼓楼、前殿和后楼，以及两侧的文魁阁和武安阁。

二　兴衰几何——建筑发展演进

（一）北帝崇拜

史料证明在中国青龙、白虎、朱雀、玄武四灵崇拜在史前新石器时代已经产生，其源于古代自然崇拜和古代天文学，秦汉时得到普遍信仰，成为民间信仰的重要内容。汉晋以后，四灵中青龙、白虎被神格化，成为道教守护神。玄武神则吸收了汉代纬书中“北方黑帝，体为玄武”的说法，加以人格化，成为道教的大神。宋真宗时，为避尊祖赵玄朗之讳，将玄武改名为“真武”。《元始天尊说北方真武妙经》称，真武神君原为净乐国太子，长而勇猛，誓愿除尽天下妖魔，不统王位，并将太和山改名为武当山，意思是“非玄武不足以当之”。宋朝天禧（1017～1021年）中，宋真宗《加封玄岳碑文》云：“真武将军，宜加号曰镇天真武灵应佑圣真君。”北帝成为保佑皇帝的灵应神祇，元朝大德七年（1303年）又加封为“元圣仁威玄天上帝”，成为北方最高神。明初燕王朱棣发动“靖难之变”，夺取王位。据说在整个变革中真武曾经屡次显灵相助，因此，朱棣称帝后对真武神特别尊奉，特加封真武为“北极镇天真武玄天上帝”，并大规模修建武当山的宫观庙堂，在天柱峰顶修建“金殿”，奉祀真武神像。由于宋代和明代皇帝的推崇使其崇拜达到了空前的高潮，在民间影响深远。特别是明代的造神运动使玄武崇拜在该时期达到了登峰造极的地步。明代御用的监、局、司、厂、库等衙门中，都建有真武庙。真武庙不仅在京畿一带香火日盛，而且迅速遍及全国。现存较著名的真武庙大都建于明代或重修于明代。如湖北武当山真武宫观、陕西佳县白云山祖师庙、广东佛山祖庙等〔1〕。

在南粤大地，北帝庙众多，主要原因是玄武为北方之神，与五行的水相关联，真武便是司水之神。而南粤是水网地区，人们赖水以生，水的利与祸使人敬畏有加。所以屈大均《广东新语・卷六・神语》曰：“粤人祀赤帝并祀黑帝（真武），盖以黑帝位居北极而司命南溟，南溟之水生于北极，北极为源而南溟为委，祀赤帝者以其治水之委，祀黑帝者以其司水之源也。吾粤固水国也，民生于咸潮，长于淡汐，所不与鼋鼍蛟蜃同变化，人知为赤帝之功不知为黑帝之德。”又说：“吾粤多真武宫，以南海县佛山镇之祠为大，称曰祖庙。”（图4）

佛山祖庙的兴建便是与水有关，在古代祖庙旁边便是古洛水（今祖庙路），区瑞芝先生在《佛山祖庙灵应祠专辑》中说：“至北宋初期，佛山工商业日趋兴盛，户口倍增。但当时佛山地方的汾江河主流非常辽阔，它的内河支流（俗称溪、涌）水道也大而深，环绕于佛山南部和中部（当时尚有地方未成陆），而北部仍是泽国。当地居民外出别处，则非舟莫渡，工商业货物对于西、北江和广州的运输，也非用船艇不可。人们为免受水道风浪的危险，只有求神庇护，以保生命财物的安全。因此人们遂在中部支流洛水岸边（俗称佛山涌，现祖庙路），兴建一座‘地方数楹’的北方真武玄天上帝庙宇，奉祀香火，求庇护出入、往来水道平安。”〔2〕

《重修灵应祠祀》中就有这种作用的记载：祖庙“……其与佛山之民不啻如慈母之哺赤子，显赫之迹

〔1〕肖海明著：《中枢与象征——佛山祖庙的历史、艺术与社会》，第19页。
〔2〕区瑞芝：《佛山祖庙灵应祠专辑》，1992年交流赠阅本，第1页。

图4　三水胥江祖庙

至不可殚述。若是者何也？岂以南方为火地，以帝为水德，于此固有相济之功耶？抑佛山以鼓铸为业，火之炎烈特甚而水德之发扬亦特甚耶？”[1]“玄武属水，水能胜火”，玄武神进而成为一个防火防灾之神。旧时佛山冶铁铸造业发达，火患时有发生，玄武水神的存在无疑在心理上极大地满足了人们的避灾渴望，这也是祖庙神祇地位在佛山大众心中不可动摇的原因之一。

万历八年（1580年）刘效祖所撰的《重修真武庙碑记》载：“缘内府乃造作上用钱粮之所，密迩宫禁之地，真武则神威显赫，祛邪卫正，善除水火之患，成祖靖难时，阴助之功居多，普天之下，率土之滨，莫不建庙而祀之……”这也说明当时北京祀真武庙之因中，消除水火之患也是重要原因之一。由上可知，保水上平安，防水火之灾是佛山祀真武的最初原因。

而庙议制度和佛山自治组织祖庙的设立，使宗教崇拜和社会权益纠结在一起，更加巩固了祖庙在佛山地域的神圣而崇高的政治、文化和经济的地位。

（二）佛山祖庙建筑演变

现存祖庙平面虽有明显的中轴线，但形状并不规则，而且建筑组群中建筑年代和风格也并不一致，由此可知祖庙创建后，是其经过多次重建、修缮、扩建而成。据现存建筑勘察和文献研究，推测山门以后为宋代原有平面格局，山门至灵应牌楼则为明代扩建部分，牌楼前到万福楼戏台，以及后面的庆真楼则是清代加建的。

从历史文献及碑刻记载统计，祖庙其主要修建历程如下：

1. 佛山祖庙（灵应祠）始建于北宋元丰年间（1078～1085年）；

2. 元朝末年毁于兵燹；据宣德四年（1429年）唐璧撰《重建祖庙碑》云：“元末龙潭贼寇本乡，舣舟汾水之岸，众于神，即烈日雷电，覆溺贼舟者过半。俄，贼用妖术，贿庙僧以秽物污庙，遂入境剽掠，

〔1〕冼宝干：《民国佛山忠义乡志》，卷八，祠祀。

焚毁庙宇，以泄凶忿。不数日，僧遭恶死，贼亦败亡，至是复建，乡人称之为祖庙。”[1]

3. 明洪武五年（1372年）由乡人赵仲修捐资重建[2]；明洪武五年（1372）“乡人赵仲修复建北帝庙”，“不过数楹”。

4. 明宣德四年（1429年），乡之善士梁文慧出任主缘重修祖庙，用时一年。据唐壁所撰的《重建祖庙碑记》载：“宣德四年己酉，士民梁文慧等，广其规模，好善者多乐助之，不终岁而毕，丹碧焜耀照炫。”同时在庙前置地约125步，并凿池植莲[3]。

5. 景泰元年（1450年），由于所谓镇压黄萧养起义（1449年）北帝显灵之事，由耆民伦逸安上奏请求封典，经有司复勘属实后，由广东布政使揭稽上奏朝廷。景泰三年（1452年），景泰皇帝“诏以北帝庙为灵应祠，佛山堡为忠义乡，旌赏忠义士梁广等二十二人”。并御赐了四个匾额、二副对联等敕物。至此，祖庙列入官祀，地位大为提高[4]。

6. 明正德八年癸酉（1513年），霍时贵等会首，捐建祠前牌楼、扩建三门，新右侧建忠义流芳堂，左侧建崇正社学，增凿锦香池于灌花池右[5]；忠义流芳堂正是为了纪念镇压黄萧养起义的梁广等二十二人所建。

7. 明正德三十一年（1537年），道士苏澄辉募资建灵应祠前石照壁，石照壁上雕刻龙纹，后被拆毁。

8. 明万历三十二年（1604年），经历李好问和进士李待问捐修灵应祠门楼。

9. 明天启三年（1623年），灵应祠前池加筑拱桥。

10. 明崇祯二年（1629年），李待问倡议重修灵应祠鼓楼。

11. 明崇祯八年（1635年），修灵应祠，改塑神像，由署承李敬问捐修。

12. 明崇祯十四年（1641年），尚书李待问捐修灵应祠。这次大修恢复了前照壁，加建牌楼，修缮了殿堂，并为大殿题匾曰“紫霄宫”。明崇祯时（1640年），“祠断祀，尚书李忠定遂大新之，壮丽宏敞，祠前有加照壁，饰以鸱尾，益成钜观”[6]（赵振武）。

13. 清顺治十四年（1657年），修建灵应祠香亭。

14. 清顺治十五年戊戌（1658年）于灵应祠前建华封台。

15. 康熙二十三年甲子（1684年）乡绅士庞子兑、李锡简等联合耆老发愿重修祖庙，“设簿广募，祠前民舍，高值贾置，牌楼、廊宇、株植、台池，一一森布，望者肃然，而几筵榱桷，丹雘一新，盖庙貌于是成大观。”[7]并改华封台为万福台。这次显然为一次规模较大的修缮。

16. 康熙二十九年（1690年），缘首冼闇生等募化修缮祖庙，本着“首庙貌、次土田、次祭器”的顺序对祖庙进行了一次规范的整治，并刻图为凭，达到了“庙貌之剥蚀以新”、“田土之湮没以归”、“祭器之残缺以殇”的目的。这次维修距上次大修仅仅6年时间，所以推测庙貌主要是油饰装饰装修的内容，

[1] 宣德四年（1429年）唐壁撰《重建祖庙碑》，《道光佛山忠义乡志》，卷十二，金石上。

[2] 正统三年（1439年）《庆真堂重修记》

[3] 宣德四年（1429年）唐壁撰《重建祖庙碑》，《道光佛山忠义乡志》，卷十二，金石上。

[4] [清] 陈炎宗：《乾隆佛山忠义乡志》，卷三，乡事志。

[5] 冼宝干：《民国佛山忠义乡志》，卷八，祠祀。

[6] [清] 陈炎宗：《乾隆佛山忠义乡志》，卷三，乡事志。（赵振武）

[7] [清] 郎廷枢：《修灵应祠记》，载广东省社会科学院历史研究所中国古代史研究室等编：明清佛山碑刻文献经济资料，第22页。

主要还是庙产和祭器的修饰整理。

17. 康熙五十九年（1720 年），发生童子毁牌楼事件，遂修缮灵应祠牌楼。

18. 乾隆二十四年（1759 年），佛山同知赵廷宾“睹斯祠之将颓”，倡修祖庙，镇民雀跃响应，“合赀一万二千有奇”。这次重修中盐总商吴恒孚率领鸿运、升运等七子同立了灵应祠正殿中间的石柱。在陈炎宗《重修南海佛山灵应碑记》（1762 年）有详细的记载：“驻防司马赵公，睹斯祠之将颓，慨然兴修举之志，爰谋诸乡人士，佥曰愿如公旨，各输其力，合赀一万二千有奇，经始于己卯之秋，迄辛巳之腊月告成，懽趋乐事，殆神之感孚者深欤？其规度高广无增减，从青鸟家言也。材则易其新，良工必期于坚致，门庭堂寝，巍然焕然，非复问之朴略矣。门外有绰楔，则藻泽之。绰楔前为歌舞台，则恢拓之。左右垣旧连矮屋则尽毁而撤之，但筑浅廊以贮碑扁，由是截然方正，豁然舒广，与祠之壮丽相配。”[1]这次大修由地方官员主持，用时 2 年，是清代的一次大修，据上次大修约 80 年。

19. 清嘉庆元年（公元 1796 年）佛山同知杨楷捐资倡修灵应祠并鼎建灵宫。“佥捐工费银两共九千七百有奇”，同时因“狃于故习”，在祖庙后鼎建灵宫，“崇祀帝亲，各自为尊，以正伦理”[2]。给北帝神的父母修建灵宫，完善了祖庙的规制。至此基本形成今天南北中轴线上的万福台、灵应牌楼、锦香池、钟鼓楼、三门、前殿、正殿、庆真楼等建筑。

20. 咸丰元年（1851 年），曾重修灵应祠。

21. 咸丰四年（1854 年），亦重修灵应祠。

22. 清光绪二十五年己亥（1899 年），祖庙进行了较大规模的维修。现在的许多陶塑瓦脊和灰塑作品都是这次维修的产物。

23. 民国九年（1920 年），修万福台。

24. 民国三十一年（1942 年），灰塑修缮，留下了大量佛山著名灰塑世家布氏家族的灰塑作品。[3]

25. 1956 年，修缮灰塑。

26. 1972 年，祖庙全面修缮，重新对外开放。

27. 2007 年，祖庙全面大修。

据史料记载重建后的祖庙历经 20 多次大小不一的修缮，大修不下 10 次。自北宋元丰年间（公元 1078 ~ 1085 年）祖庙创建，至 2007 年大修的 929 年间，平均约每 93 年就大修或扩建一次。中国传统木构架建筑大致百年大修、扩建一次，祖庙也基本上符合这个规律。

综观祖庙发展历程，笔者认为可以大致分为 7 个发展阶段：

1. 创建初期

宋、元至明宣德四年（1429 年）为建设初期，大致为山门、前殿和正殿的三间三进的格局，形成了祖庙的基本核心部分和轴线；曾称“龙翥祠”[4]。

---

〔1〕［清］陈炎宗：乾隆佛山忠义乡志．卷三，乡事志。

〔2〕［清］吴荣光：《道光佛山忠义乡志》，卷十二，金石下。

〔3〕肖海明著、佛山市博物馆编《中枢与象征——佛山祖庙的历史、艺术与社会》，第 75 页。

〔4〕《民国佛山忠义乡志》，卷八，祠祀一，重修锦江池记。

2. 横向扩展时期

明正德八年（1513 年）至清初为横向扩展阶段。轴线右侧增建了忠义流芳堂，左侧建崇正社学，这是祖庙一次重要的横向扩展，由一路院落发展为三个建筑组群院落，并向前略有扩展，并在锦香池前建了牌坊。可惜这两组建筑现已毁，但部分遗址尚存（图 5）。

图 5　崇正社学考古发掘建筑遗址

祖庙山门原是进入祖庙殿堂的正门，也于明正德八年（1513 年）扩建，由原来的三开间扩建为九开间的建筑。该建筑很有特色，一字排开，面阔九间，单檐硬山顶。山门以入口门扇分前后空间和梁架，前空间为通长的前廊，很有气势。有点像南海神庙仪门复廊的形制。不过从总平面布局和功能分析看，其实通往主体建筑的山门原来是五开间，用厚达 1. 22 米的红砂岩砌筑，中间开三个拱券门，中间门高大，宽 2 米，次间门稍低，宽 1. 7 米，主次分明。现存山门石砌部分为明代原构，而木构部分则是乾隆二十五年大修之遗存。左右的两间和中部五间的尽间共享分别成为东侧文魁阁和西侧武安阁的入口，中间五间开间均等为 3. 65 米，而文魁阁和武安阁的心间则为 3. 8 米，设计者比较巧妙地将三者的入口共享在一起，形成总宽达 31. 7 米宽的山门（图 6）。

图 6　山门脊檩题字

3. 空间南拓时期

清顺治十五年（1658 年）于灵应祠前建华封台，完成了祖庙向南部的空间拓展，形成了祖庙组群以灵应牌坊为界的南北两大部分，在功能上则完善了祖庙的重要配置。

4. 庙宇群形成期

乾隆二十四年大修，乾隆《佛山忠义乡志》灵应祠图[1]表明前殿两侧已有文魁阁和武安阁，祖庙北

〔1〕［清］陈炎宗：《乾隆佛山忠义乡志》，卷一，灵应祠图。

部主体建筑部已经完善。祖庙西侧有流芳祠、三元庵，东侧崇正社学前尚有一组建筑院落，但未表明名称。可以看出乾隆时建筑已从北帝庙的概念扩展开来，形成庙宇群的雏形（图7）。

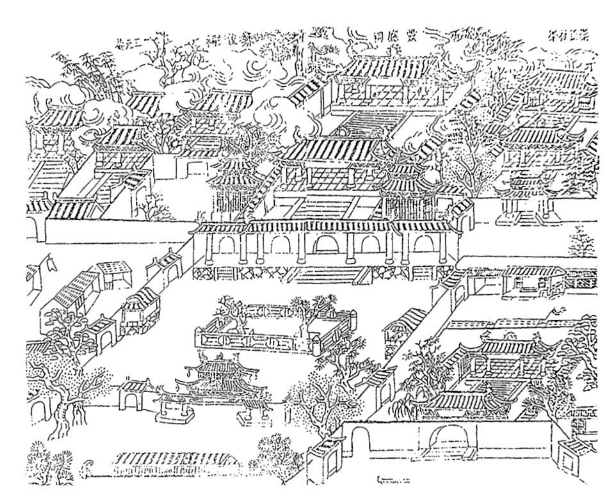

图7　乾隆《佛山忠义乡志》灵应祠图[1]

图8　道光《佛山忠义乡志》灵应祠图[2]

5. 整体格局完善期

清中叶至清末为整体格局完善期。清嘉庆元年（1796年）佛山同知杨楷捐资倡修灵应祠并鼎建灵宫，为仿效孔庙的寝殿制度为北帝神的父母建灵宫，完善了祖庙的功能和群体空间艺术，即后来的庆真楼，其成为祖庙轴线的后部结束的高潮和视线制高点。在道光《佛山忠义乡志》灵应祠图中已有庆真楼的图示[3]。同时，在崇正社学和祖庙之间表明了大魁堂的位置，说明地方自治权利所在的大魁堂地位有所提升。另外，在该图上还有祖庙主体西侧的流芳祠、观音堂、社仓、三元禅院（前身为三元庵），以及前面的三元市的图示标注。而东侧在崇正社学前面则是圣乐宫，其规制与乾隆时期的图基本相同。这说明祖庙已形成以北帝崇拜为主，融合佛道儒三教合一的大型庙宇组群。同时表明祖庙同城市空间与市民生活发生着密切的联系（图8）。

光绪二十五年（1899年）进行的大修，使得祖庙建筑美轮美奂，祖庙屋顶的脊饰、建筑装修的木雕刻以及许多神案、器物、家私都是该时期的作品。

6. 衰微期

民国至新中国成立初年为祖庙的衰微期。民国《佛山忠义乡志》载有一张灵应祠平面图[4]，从该图上看，中轴线的建筑主体基本未变，只是在万福台东西两侧增建了戏楼。但主体之外与先前道光年的图差别很大，东侧的大魁堂和崇正社学尚在，但圣乐宫已荡然无存。西侧没有了社仓、三元禅院，但多了崇烈祠、福德祠，流芳祠、观音堂建筑基本未变，只是观音堂改为观音殿，等级似有所提升。建筑规模

〔1〕　肖海明著；佛山市博物馆编《中枢与象征——佛山祖庙的历史、艺术与社会》，文物出版社，2009年，第40页。

〔2〕　同上。

〔3〕　［清］吴荣光：《道光佛山忠义乡志》，卷首，灵应祠图。

〔4〕　该图由香港礼顿山道52号冠兴印务局制版，香港理科学士区灌钦按照1:288的比例义务绘制，该图是祖庙第一张按现代科学制图方法制作的地图。

似有缩小及更加规整化。

大魁堂和祖庙有一青云巷相隔，但有横门方便联通。大魁堂为一开间四进院落，从前至后为门堂、大魁堂、客厅和厨房。其东侧比邻崇正社学，社学为三开间四进院落，有牌坊、文会堂、文昌宫和后厅及厨房，其后与大魁堂平齐，两者后面有共用的后花园（图9、10）。

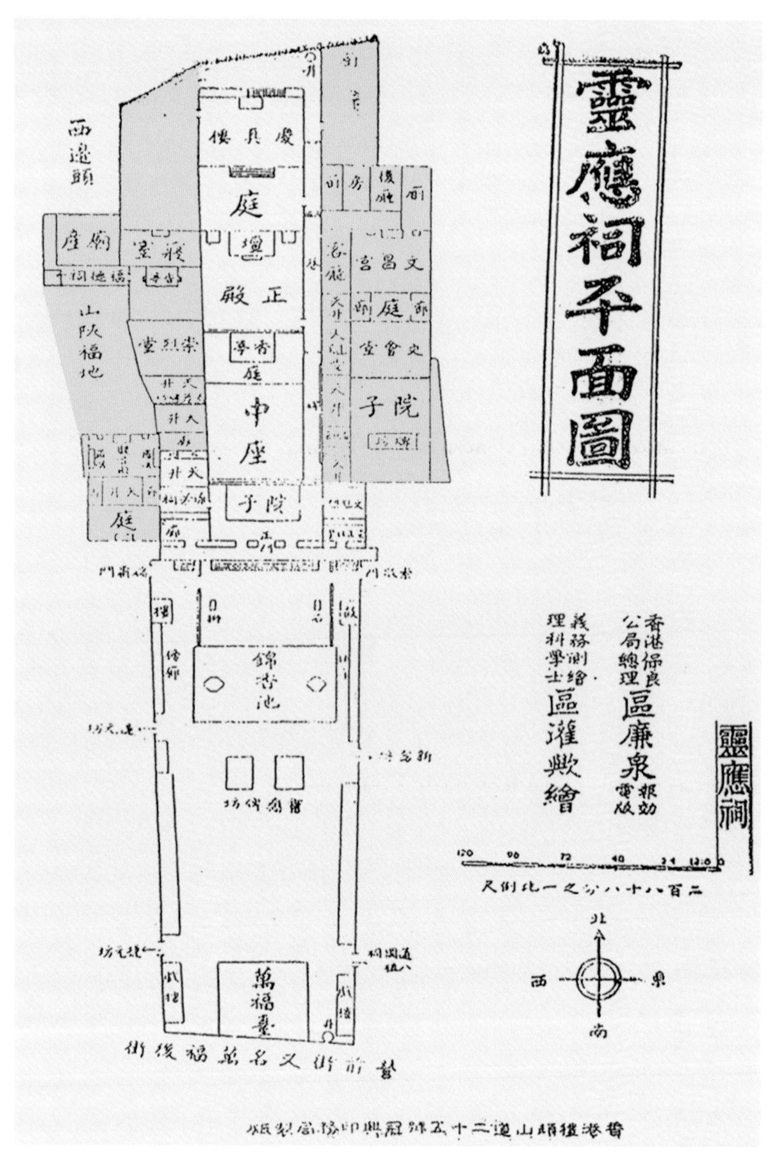

图9　民国《佛山忠义乡志》灵应祠图（图中黄色部分已不存）[1]

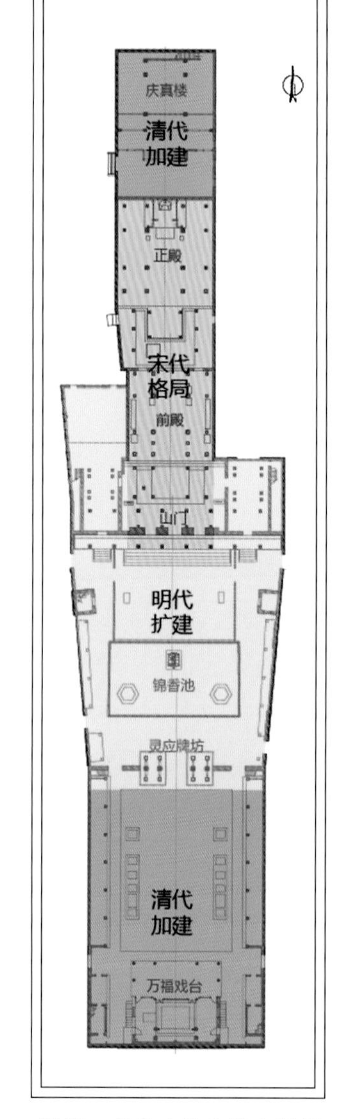

图10　祖庙建筑发展分析图

民国末年由于战争及经济衰退之原因，其间虽有民国三十二年（1943年）的维修，但仍不免走向破败。新中国成立初期，由于政治及占用等原因，停止了祖庙的宗教活动，祖庙也没有得到很好的维护，原中轴线的主体格局与建筑虽得以保存下来，但两侧的建筑组群在民国末年至建国初期逐渐毁坏无存。

〔1〕　肖海明著、佛山市博物馆编：《中枢与象征——佛山祖庙的历史、艺术与社会》，第41页。

7. 恢复振兴期

1958 年祖庙由成立的佛山市博物馆管理后至今为恢复振兴期。1962 年祖庙被公布为广东省文物保护单位。1972 年政府出资进行了全面修缮并向社会重新开放，各种历史文化活动也得以逐步恢复。1996 年祖庙被公布为全国重点文物保护单位。2007 年启动了百年以来的一次成功的大修，既有效地保护了祖庙文化遗产，又使祖庙的建筑艺术焕发了青春。

三　庭院深深——组群布局与空间艺术特色

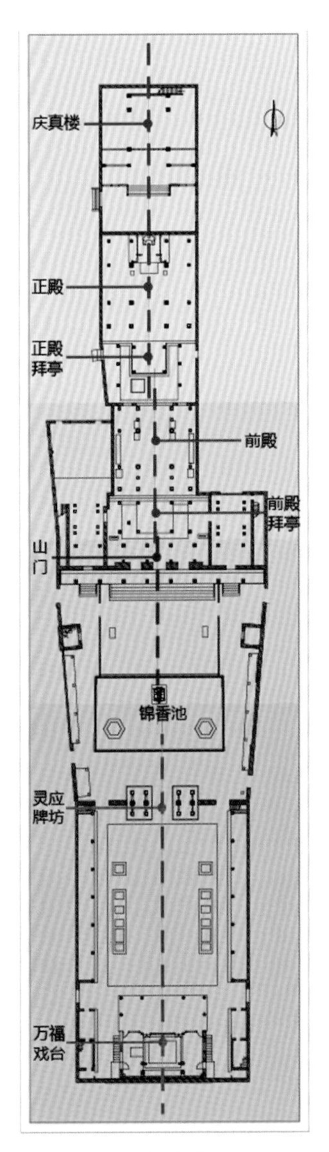

图 11　祖庙建筑组群总平面及轴线变化图

祖庙坐北向南，建筑群体布局整齐，规模较大，占地面积约 3500 平方米。该组建筑平面南北狭长，长约 150 米，宽约 16～30 米，为不规则矩形平面。从总体布局来看，它基本保持了传统道观一贯以南北中轴线排列主要殿堂，前低后高，左右对称的格局。自前而后为照壁、戏台、灵应牌坊、锦香池、山门、前殿、正殿、庆真楼；轴线两侧的主要建筑为戏楼、钟鼓楼、文魁阁、武安阁等。在形体处理上沿着中轴线纵深与建筑地位的重要性相呼应，采用地坪标高和建筑的高度逐步增加的手法，直至由二层的庆真楼作为轴线的高潮结尾（图 11）。

祖庙在空间形式和氛围上富于变化，灵应牌楼前为唱戏娱乐的开敞空间。戏台前在轴线的最南端，戏台和灵应牌坊之间为观戏的广场，看戏的戏楼在广场左右两侧，为两层，上为楼座，即可形成戏剧的围合空间，又可遮阳避雨。在此二楼，由于视线较好，可设雅座。戏楼为均等六开间，底层高约 2.3 米，楼面比戏台台面略高，客坐其上，视线较好。每开间 4.2 米，刚好是中间置桌，客坐两侧饮茶看戏的尺度。戏楼左右有门楼，方便客人的出入与疏散。比较有意思的是广场两侧的戏楼并非平行于戏台设置，而是靠近戏台一侧较宽，远离戏台的部分收窄，这样使客人观戏在一定程度减少视线遮挡，其视线角度更为合理，这在一般的传统观演建筑中是比较少见的，设计者的智慧可见一斑（图 12）。

图 12　万福戏台及看台广场

戏台和灵应牌坊之间的广场，空间较为开阔而热闹。灵应牌楼到山门的空间较前面的娱乐空间略小，但由于锦香池约占据了1/3的面积，人们在水池南可以观看到山门的全貌，但在水池北面对九开间的山门时会感觉空间较为局促。不过水池的存在则使山门前空间变得宁静起来，暗示人们即将进入严肃的祭祀空间，从喧闹到宁静空间是通过灵应牌楼的灵活的分划来完成的，这和一些庙观戏台直接面对山门不同，其空间艺术处理更具特色。而且，牌坊在前后两个空间衔接处为最窄的，向前向后都是渐次加宽的梯形空间，尤其是山门前空间收放更为显著，使得山门到戏台的这部分空间分划得当，收放有致，建筑功能和空间艺术很巧妙地结合在一起（图13）。

锦香池的设置是符合大型庙宇之形制的，也是庙宇中十分重要的建筑元素，如孔庙前的泮池、佛寺中的放生池等。同时也相应了中国风水学前水后山，山环水抱之格局。而水元素使人信安神定，与建筑物互成阴阳之道。

入山门之后，轴线空间骤然变得十分紧凑，连续两进的合院，中间为三开间的殿堂，殿前庭院中伫立香亭，两侧为回廊，空间显得紧凑而封闭。由于庭院进深不及殿堂进深的一半，加上香亭的存在，明亮宽敞的庭院空间远远小于室内和半室内的幽暗空间，在宗教建筑中幽暗是构成神秘与威严氛围的重要元素。殿堂低矮的檐口和侧廊看脊的繁复，都加强了空间的紧张和压抑感，加上室内身体前倾、面目狰狞、体态高大的配祀神像和左右的仪仗，营造出庄重紧张、神秘威严的神圣空间[1]（图14）。

图13　山门

图14　前殿室内空间

作为正殿前奏的前殿，心间没有供奉的主神，仅在两侧伫立配祀神像，其空间是通过式的，尽管左右围墙密闭，但前后是开敞式的，光线略明亮，而进入正殿空间则又有不同的感受，穿过前殿进入正殿

〔1〕 赵振武：《广东省佛山镇祖庙调查初稿》，《岭南文史》2006年第1期。

的庭院，首先映入眼帘的是正殿前檐的巨大而夸张的斗栱，不同于其他有斗栱的殿堂建筑檐口的高大，比例的适中，祖庙正殿由于檐口低矮，斗栱对于其他构件尺度的突出，给人以强烈暗示着该建筑至高的等级地位；其次，由于轴线连续空间到了终点，正殿前面开敞，其他三面围合，室内光线十分幽暗，加上两侧的仪仗和神像，以及牌匾对联、神台供器的衬托，空间格外紧张肃穆而又神秘异常，而在心间后进的高大神台上端坐着北帝铜铸鎏金塑像，借着幽暗光线的反光和灯光的照明，金身塑像在幽暗的空间里分外庄重威严，人们的崇拜感油然而生，达到了神庙所需要的氛围。此处空间的序列也是十分成功的设计（图15）。

庆真楼在祖庙轴线空间形态上作为最后、最高的建筑，成为整座建筑组群的有力靠背和视线收束点，使整组建筑在空间形态上得以完善。这种建筑组群最后以高大楼阁收尾的组群空间组合是中国建筑常用而成功的规划设计手法。但由于其与前面建筑内部庭院空间及流线的不连续，缺乏一气呵成的整体感，也有缺憾之处。当然这是由于庆真楼是后期增建造成的结果（图16）。

图15　正殿室内空间

图16　庆真楼

在古建筑组群规划设计中，体量和高度往往是强调主次、丰富层次的重要手法。从祖庙地坪标高看，锦香池最低，自锦香池广场地坪到庆真楼地面标高有1.9米的高差，山门地面较前广场地面高1.33米，山门、前殿、正殿地面渐次抬高，最后的庆真楼地面则比正殿地面高1.18米。可见，当时地形自山门至正殿为较平缓的地形或略加整理，山门前地势稍低，正殿后则是背依高起的台地，以接“龙脉”。

除了地坪高差，建筑也是逐渐升高设计，山门栋高5.41米，前殿栋高8.6米，正殿栋高为9.94米，庆真楼栋高则达到了12.43米，加上逐步抬高的地坪，造成组群建筑步步高的空间艺术效果（表2）。在建筑设计中体量与高度是与崇敬氛围相关的重要元素，这使得整座建筑空间不仅庄严神圣，而且其形态也富有节奏和层次（图17）。

表 2　祖庙主体建筑高度比较（米）

建筑	地坪（设为 0.00）	栋高	逐级栋高差	脊高	逐级脊高差	地面至宝珠高	逐级宝珠高差
山门	0.00	5.41		6.96		7.92	
前殿	0.44	8.6	3.19	10.19	3.23	12.23	4.61
正殿	0.21	9.94	1.34	11.51	1.32	13.79	1.56
庆真楼	1.18	12.43	2.49	13.99	2.48	15.46	1.67

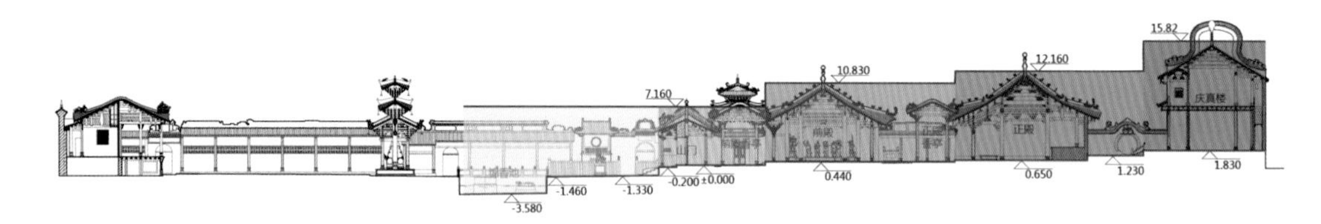

图 17　祖庙建筑剖面高度分析图

在建筑组群的规划中，祖庙也给我们留下了一些不解之谜，如整组建筑的南北轴线并非一条，而是戏台、灵应牌楼在一轴线上，山门为一条轴线上，前殿拜亭、前殿为一轴线，较前轴线平行西移约 63 厘米，正殿拜亭和正殿、庆真楼又为一轴线，较前殿轴线又平行西移 82 厘米。这是什么原因造成的呢？（参见图 11）

笔者推测可能是风水上的原因造成中轴线的变化，从灵应牌楼到正殿之间的主体建筑应为同时所建，但却形成了三条轴线，从地形上看，其可以沿一条轴线建设。在传统的组群建筑中，前后建筑轴线不一致是常有的现象，但多数的情况是单体建筑的轴线方向不一，即轴线出现转折，成为轻微的折线状。比如南海神庙的头门、仪门与正殿，光孝寺的山门、天王殿与正殿等均不在一笔直的轴线上。这种情况的出现大部分是因风水的因素而造成的，即按风水“内乘龙气，外接堂气”所要求，位于轴线后面的建筑如正殿等主要建筑要顺应龙脉，与后面的山体龙脉发生一定的顺势关联，而位于轴线前面的建筑如山门等，则要呼应明堂的案山、朝山的对景，又或者是为了避讳前面的不良景观（所谓“煞气”），当建筑组群轴线比较长的时候，由于前后建筑所处位置的不同，而建筑又要与具体的环境发生关系，于是折线轴线便产生了。但建筑组群轴线方向一致，单体建筑轴线错开的布局方式案例也有，如大同上华严寺，但为数不多。

从祖庙的布局来看，山门、前殿、正殿的左侧山墙是在一条直线上的，东侧过去有巷道，连接大魁堂以及崇正社学。正殿的面阔大于前殿，以左侧山墙为统一边缘向右侧布置，自然会形成轴线相错的结果。但是为什么要以左侧山墙为基准布局则无充足的依据，或许是由于用地的原因也有可能，所以祖庙的这一轴线现象是一个待解开的谜。尽管如此，其并未影响祖庙整体规整、威严宏伟的组群建筑艺术效果。些微的变化并不影响整体的空间艺术效果，这大概是古建筑的一个规划设计原则。如果说这是设计者的意匠亦未可知，正如前殿使用了细密网状的如意斗栱，而后殿用了雄壮的法式铺作的变化一样，追求建筑空间的变化和艺术审美的趣味，甚至哲学文化上的意匠的玄奥，也是中国古建筑设计的一个文化特色，如广西容县真武阁的四个金柱不落地的做法，其意匠给后人留下多少的悬念与探索的乐趣！看似严谨呆板的布局却不经意地发现许多变化微妙之处，这也正是古建筑的引人入胜之处。

祖庙建筑自宋代创建以来，历经元明清的多次修缮、扩建，直至今日所保存的较为完整的形态，整体建筑空间艺术虽非一时完成，却通过历代的改进完善，使其达到了比较高的艺术水平，成为一组规制完善、建筑艺术精湛、建筑空间丰富的建筑作品。

四　法式盎然——建筑艺术特色

祖庙不仅于组群建筑艺术成功，其单体建筑艺术亦引人入胜，如功能合理的戏台戏楼，造型优美的灵应牌楼，九开间的山门，施双杪三下昂五跳八铺作斗栱的正殿等均是岭南建筑艺术的代表作。而祖庙建筑脊饰的公仔陶艺更是令人赞叹的建筑装饰艺术之奇葩。限于篇幅，这里仅就灵应牌坊和正殿两座建筑做一深入分析。

（一）灵应形制　溯源塾堂

灵应牌楼始建于明景泰二年（1451 年），是由于明正统十四年镇压黄萧养起义后，于景泰二年敕封灵应祠，为旌表祖庙北帝护佑国民之功而建。牌楼或牌坊在建筑组群中起着旌表及入口大门的空间限定作用，灵应牌楼同时也是明代祖庙的正入口，后成为从戏台院落空间进入祖庙和从祖庙山门前院落进入戏台组群的双向出入的主要通道并起着前后空间划分的作用。

现存牌楼为明正德八年（1513 年）所重建，后经清康熙及民国三十二年（1943 年）修缮。作为“敕封”灵应祠的标志，朝向山门的牌楼心间额匾上书“灵应”两个大字，而南面心间匾额则上书“祖庙”，显然为入口的提示。在石木构架灵应牌楼的两侧还有两个砖砌栱门牌楼，三个牌楼并列，以虚实和高低的关系，衬托出主牌楼的主导地位和重要性，也形成了祖庙入口壮丽而宏伟的整体形象。从做法上看两侧的砖牌楼建造时间比中间的大牌楼稍晚，由于后期的维修，这三个牌楼上的屋面脊饰构件的风格和年代则极为一致（图 18）。

这座三间二进十二柱三楼重檐牌楼形制比较特别，即该牌楼除了一般的三间四柱单槽的建筑形式外，前后各加一进，成为三间二进的建筑平面，具有内部空间的立体式牌楼，表面上似为加固牌楼的前后斜戗柱的一种变化形式，实际上这种牌楼的形式是有着深刻的历史渊源，据考证这种形式的牌楼与古代建筑的门堂制度与形式有着一定历史关系。在岭南地区，由于地域文化的滞后性，往往还保留着早期岭南开发移民南下所带来的中原文化及建筑形制。

牌坊的平面为三间两进的分心槽形式，心间为阙道，两侧次间有高台。这种形式与一些庙宇祠堂的大门类似。如广州南海神庙头门就是三间二进，平面为分心槽的形式。心间为阙道，设板门，门上有走马栏栅，门下设高达 90 厘米的门限。内外次间地坪均有较心间高出 85 厘米的塾台，其为一门四塾的建筑形式。两边高台，中有阙道，此即为古之门阅、门堂之形制[1]（图 19）。

考周代门堂形制，《尔雅·释宫》：“门侧之堂谓之塾。”周寝庙之门两旁设塾，亦称门堂，塾以门左右分东西塾。《书·顾命》：“先辂在左塾之前，次辂在右塾之前。”门堂建筑中间为有门户的阙道，可以

〔1〕　程建军：《古建筑的“活化石”——南海神庙头门、仪门复廊的文物价值及修建研究》，《古建园林技术》1993 年第 1 期，第 52 页。

图 18　灵应牌楼

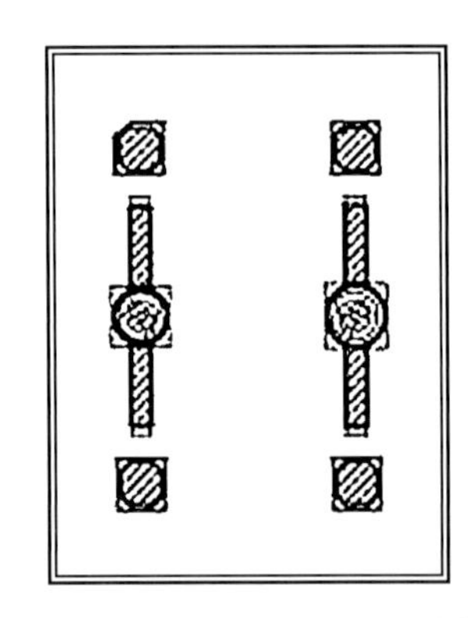

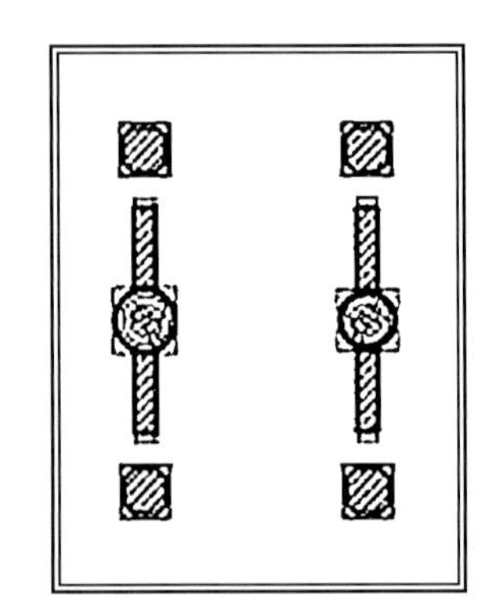

图 19　灵应牌坊平面图

通行车马。即先到的车子通过大门的阙道后停放于门后左塾之前，后入门堂的车子放于右塾之前。堂本是台基的意思，门堂就是门左右两侧高起的台基，后引申为该类建筑的专称。

《仪礼・士冠礼》："筮与席所卦者具于西塾，摈者玄端负东塾。"郑玄注曰："西塾，门外西堂也，东塾，门内东堂。"《释宫》："门之内外，其东西皆有塾，一门而四塾，其外正南向。"《朝庙宫室考》："内为内塾，外为外塾，中以墉别之。"墉即墙，这是说东西塾又以门及分心墙为界线前后分为内外塾，门堂于是一门有四塾：外塾南向，东塾为左塾，西塾为右塾。内塾北向，东塾为右塾，西塾为左塾。《群经宫室图》："垛，堂塾也，盖塾为筑土成锵之名，路门车路所出入，不可为阶，两塾筑土高于中央，故谓之塾。"可见堂即塾，即门侧高起的台基。《群经宫室图》又说："两塾高，谓之堂，中央平，谓之基，往塾视之，至门间而告也。学记云，古之教者，家有塾。"后来的"私塾"一词大概就源自于此（图 20）。

陕西岐山凤雏村西周建筑遗址中，入口大门中有阙道为门为"塾"，门侧有东西两塾，门外有"树"屏。从中可以看到早周门堂之制的形式，1981 年始发掘的陕西凤翔马家庄春秋晚期的秦国宗庙遗址，其宫门据遗址可复原为面阔三间，进深二间（塾外两夹室未计）的平面，心间为阙道，道中有门，两内塾又以厚达 1 米的土墉墙相隔，其全然为一门四塾的宗庙门堂形式。宋代名画"文姬归汉图"（又名"胡笳十八拍"）中所描绘的士大夫府第的大门，即面阔三间，进深两间，心间无阶而平为阙道，次间设堂塾。

观其结构形式为分心槽式，所以也是一门四塾。画中门内有屏，按周礼天子外屏，诸侯内屏，是合古制，其与古寝庙门制相同，是为旁证。

汉代城市已有里坊制度，《汉书·食货志》：“五家为邻，五邻为里。”“里”，是皇戚贵族居住的里坊。一里中住二十五家。《汉书·食货志》又说：“里胥平旦坐于左塾，邻长坐于右塾。”里胥即里长，里长官高于邻长，古人以左为上，故里长位左，邻长位右。而里门之塾就是里胥和邻长日常办公的场所，里门的形式与门堂形式相同。汉晋隋唐里坊门制显然保留了周宗庙门堂之制。

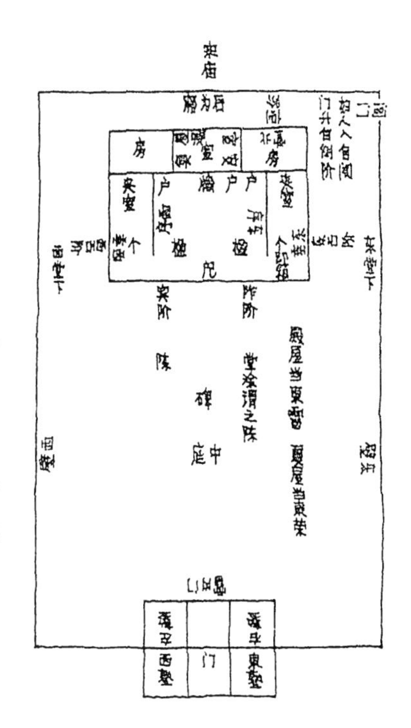

图 20　戴震《考工记》宗庙之制图

牌楼本似由里坊门演化而来，而成为其有旌表及交通功能的单体建筑。山东曲阜县号称“三孔”（孔庙、孔府、孔林）之一的孔林中，其大林门为进入孔林的第一道门，门面阔三间，进深两间，中有可通车马的阙道，次间为高约 1.3 米的堂塾，内列神像，前有栅栏，也为一门四堂的古门堂形制，其门前又有一座四柱三楼的“至圣林”木牌楼。这里门堂作林户，牌楼以旌表，有门有坊，坊门相连，是古里坊门的一种分化形式。

岭南地区的某些寺庙及祠堂中（尤以祠堂居多），其大门形式多有一门两塾古门堂之形式。祠堂乃本族人祭祀祖宗之庙堂，建筑形式多循古宗庙制度。《群经宫室图》：“正义云：周礼，百里之内二十五家为闾（所以里坊又称闾里），同共一巷，巷首有门，门边有塾，谓民在家之时，朝夕出入，恒就教于塾。”岭南古祠堂多设本族人之学校（又称学堂、书院），其门塾形式可能与“恒就教于塾”有关。在岭南地区牌楼形式也保存着古门堂形式的遗制，如佛山祖庙之灵应牌楼、广州五仙观牌楼、东莞茶山进士牌楼等，均为面阔三间，进深二间，心间为阙道，次间为高起的堂塾，结构也是分心槽的形式等。这当是由里坊之门制转变为牌楼门的过渡或演变形式（图 21）。

图 21　南海神庙头门（一门四塾制）

表3　灵应牌楼建筑尺度[1]：

面宽	总宽	心间	次间	总深	前进	后进	总高	次间栋高	心间下檐栋高
厘米	926	500	213	316	158	158	1150	595	778
营造尺a 35 厘米	26. 5	14	6	9	4. 5	4. 5	33	17	22
营造尺b 31. 25 厘米	29. 5	16	7	10	5	5	37	19	25

从外观造型看，立面为三间三楼形式，两次间上覆歇山顶，心间的重楼为庑殿顶，上覆绿色琉璃瓦。三层屋檐逐层收进，造型稳定。建筑尺度比例大致如下：心间/次间 =2. 38/1，总高/次间栋高 =1. 93/1，总宽/总深 =2. 93/1。也就是心间约占总宽的一半，总高约是次间栋高的2 倍，总宽约是总深的3 倍。推测营造尺为35/31. 25 厘米，心间面宽14/16 尺，次间6/7 尺，进深9/10 尺，总高为33/37 尺。明间高宽比为1∶1. 1，成正方形的比例关系，次间高宽比为1∶2，比例狭长，起着烘托和辅助作用。其比例存在着一定关系，其造型优美大气（图22）。

从结构来看，由于采用了三间二进12 柱的立体牌楼形式，整体结构比较稳定，分心槽构架采用木柱，柱下部前后置高大的抱鼓石，使木柱不致位移和倾斜。前后檐柱则是石柱，既耐久又防雨防潮，适合岭南的湿热气候。柱头均用额枋和平板枋拉结，平板上立柱头科与平身科斗栱，分心槽柱直上到栋下，并出横枋与插栱，与分心槽柱的插栱联系为一个紧密的整体。心间两柱直达重楼下檐的栋底，其间用二层大额枋拉结，两额之间以板枋相连，上层额枋上立两小圆柱，成为重檐上檐屋顶的结构立柱，重檐部分均用插栱出跳檐口，形成强烈的干栏、穿斗建筑构架的特色，是原本地域建筑原型的痕迹。该牌坊既有柔性的抗震能力，又有刚性的抗台风功能，所以500 余年来方可巍然屹立。

次间斗栱有转角、柱头和补间之分，转角铺作为三杪六铺作形式，心间斗栱多用插栱，外挑斗栱基本跳长为28 厘米，合0. 8 尺，挑檐枋至封檐板的檐出为35 厘米，恰好为1 尺。材广15 厘米，厚6 厘米，契高8 厘米。材广为材厚的2. 5 倍，这是岭南古建筑斗栱用材的常用比例之一。牌楼的建筑装饰则主要是以卷草、水浪状琉璃脊饰为主，加上正脊上的鳌鱼，体现出岭南风格的建筑装饰艺术特色。

灵应牌楼在一般四柱三间三楼的牌楼造型基础上，在心间顶部加建重楼，以旌展至高无上的“圣旨”之额，中部两翼则拥簇着“灵应”匾额。在造型上中间为阙，两侧用高0. 8 米的石砌墊台烘托，使牌楼感觉更加稳固高大，比例协调，优美庄重。灵应牌楼不仅具有较高的历史价值，也是牌楼建筑艺术之典范（图23）。

---

〔1〕 营造尺a =35 厘米，是调查地方营造尺的长度。营造尺b =31. 25 厘米，是营造尺a 的9 寸，地方工匠称其为一个“光度”，是地方建筑设计施工的一个常用单位。

图 22　灵应牌楼正立面

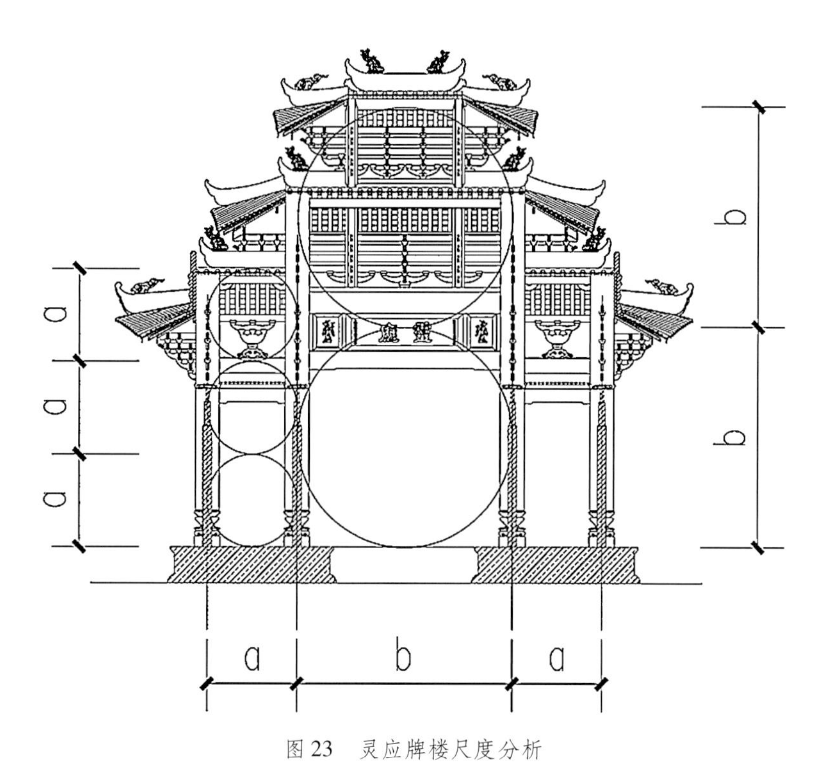

图 23　灵应牌楼尺度分析

（二）紫宵斗栱　法式镇殿

入山门，通过前殿空间及祭祀氛围的铺垫，即来到重建于明洪武五年（1372 年）的正殿，这是祖庙中现存年代最早、最重要的建筑，是祖庙祭祀活动的中心空间。所以无论在艺术造型、体量大小，还是所处位置、建筑等级上，正殿在祖庙整组建筑中都居于统帅的地位。

祖庙正殿和前殿的木构架结构均使用月梁、梭柱、斗栱，具有典型的明代建筑特征。尤其是正殿使用的双杪三下昂五跳八铺作斗栱成为岭南地区最复杂的斗栱之一，所采用的栱栓和侧昂等特殊构造，则分别参照了广州光孝寺和肇庆梅庵大雄宝殿的斗栱做法（图24）。

图24　正殿正立面（华南理工大学1955年测绘）

从前面的文献记载看祖庙在明洪武、宣德、崇祯、康熙、乾隆、咸丰、光绪年均有重建或大修，现存正殿脊栋刻字有“光绪二十五年……里人……同沐第敬送”，而前金柱也有“光绪二十五年孟冬谷旦”（左前金柱），“顺邑伍广嗣堂敬送”（右前金柱）字样，同时殿内匾额及石柱等多处刻有乾隆二十四年、嘉庆元年、咸丰元年、光绪二十五年重修字样。正殿内“紫宵殿”匾额上标明明崇祯、清康熙、清乾隆、清咸丰、清光绪均有重修。据此推测，大殿曾多次大修，最近一次应该是在清光绪二十五年，这次大修金柱、脊檩都更换过，应该是一次落架大修。而现存构架中斗栱等级高、形制早，又显然是早期法式之物，或保存古制之结果。今就其法式特征作如下讨论（图25、26、27）。

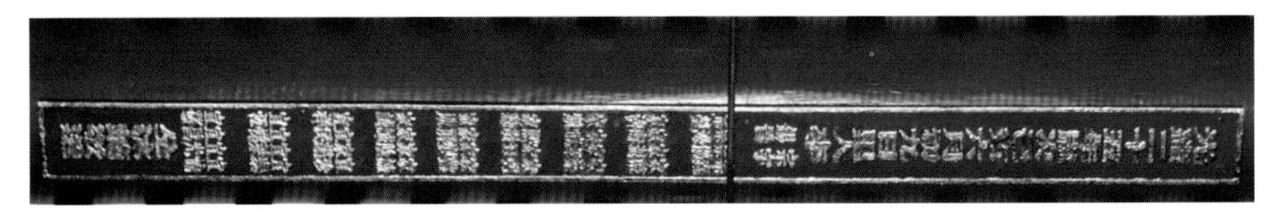

图25　正殿脊檩刻文

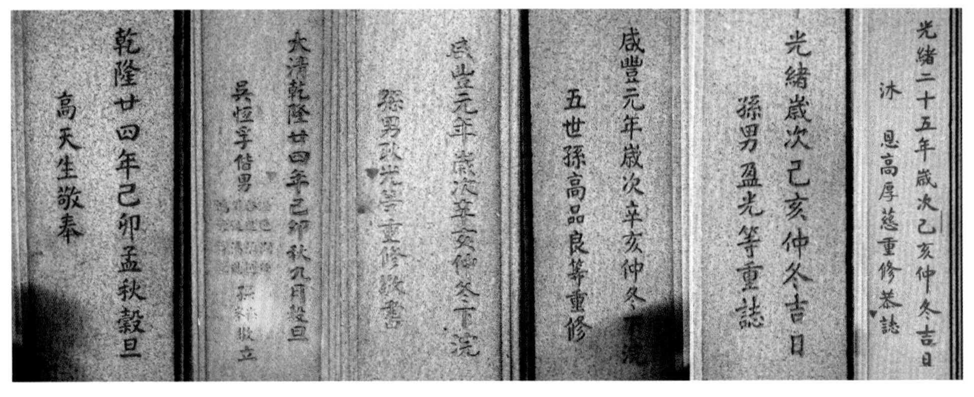

图26　正殿石柱铭文

1. 建筑平面

正殿面阔三间 12.35 米，进深三间 12.58 米，平面近正方形，进深稍大于面阔 23 厘米，面宽/进深为 1/1.1，这是岭南三开间殿堂常见的平面形式，如光孝寺伽蓝殿的比例 1/1.08 大致如是。正殿明间宽 5.43 米，约合宋尺（0.32 米）17 尺，地方尺（0.35 厘米）15.5 尺；次间 3.46 米，约合宋尺 10.8 尺，地方尺 10 尺。心间/次间为 3/2 的比例。进深前间为 3.50 米，合宋尺 1.1 丈，地方尺 10 尺，与开间次间面宽相同。进深心间 5.58 米，合宋尺 17.4 尺，地方尺 16 尺。比心间面宽大 0.5 尺。进深后间 3.60 米，合宋尺 11.25 尺，地方尺 10.2 尺。从尺度推测，该平面的设计大概是以地方尺来确定尺度的，这也是建筑地域化的一个特点（图 28）。

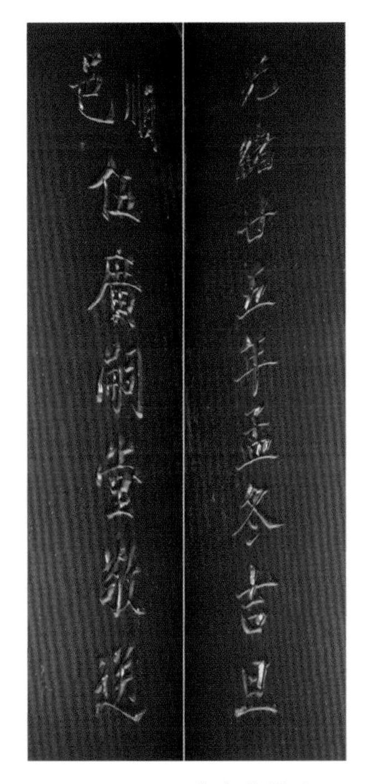

图 27　正殿前金柱铭文

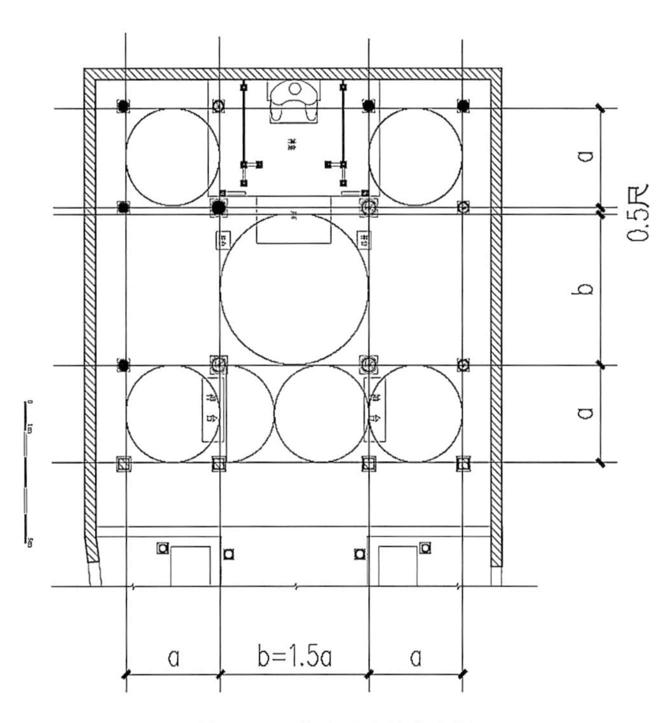

图 28　正殿平面及尺度分析

表 4　正殿平面尺度[1]

开间尺度	总面宽	心间	次间	总进深	心间	次间
厘米	1235	543	346	1258	558	350/360
营造尺 a（35 厘米）	35.5	15.5	10	36	16	10/10.2
宋营造尺（32 厘米）	38.6	17	10.8	39.65	17.4	11/11.25

很显然，面阔和进深的心间/次间均为 3/2 的比例，和前殿的开间比例雷同，这似乎是该类建筑的常用比例关系，也说明前殿、正殿是同一个时期的作品。

四根前檐柱为石柱，四根金柱和其他柱子为木柱。同前殿一样，正殿也是在左右两侧和后面用围墙

〔1〕 以木构架计建筑平面的阔深。

维护起来，使建筑在正立面看来似乎是一个五开间的建筑，前面开敞，其他三面围蔽，室内光线暗淡。为了增加室内空间，围墙加在檐柱和山柱外侧，墙体直接接到屋面下面，所以墙体和挑檐与斗栱和挑梁相遇时，出跳的斗栱和木构架只好破墙而出。正殿在檐柱左右及后面加建墙体而扩大殿堂的这部分空间刚好用来摆放仪仗。显然，木构架部分是自成一体的构架体系，围墙并不承重，是木构架完成之后再砌的。所以配合梁架的分析，有理由怀疑宋代的建筑只是面宽和进深各三间的建筑物，即便是有围墙也是沿柱网设置的，与福州五代的华林寺正殿相似。推测祖庙正殿在明代重建时，为扩大室内空间，围墙外移到今天的位置，也就形成现有的空间格局。在岭南地区这也是一般殿堂为扩大空间而常用的手段。从神台的位置突出后檐柱看，现有围护砖墙是设计者原有的意图。总体来看，正殿平面大体保留了明代早期的平面形式。

再看看与岭南区域宋明时期的三开间殿堂平面比例对比分析。福州华林寺大殿建于五代末吴越王钱俶十八年（964 年），其平面尺度和空间高度较祖庙正殿为大。明弘治七年（1494 年）重修的广州光孝寺伽蓝殿，同样为三开三进的平面形式，其平面尺度与祖庙正殿木构平面相近，但由于祖庙正殿有了木构架主体外围墙体的举措，使其实际的平面尺度、室内空间以及建筑高度都比前者要大。

表 5　福州华林寺大殿平面尺度〔1〕

开间尺度	总面宽	心间	次间	总进深	心间	次间	宽深比
厘米	1587	651	468	1468	700	384	1.08/1
营造尺（32.55 厘米）	48.8	20	14.4	45.1	21.5	11.8	

表 6　广州光孝寺伽蓝殿平面尺度

开间尺度	总面宽	心间	次间	总进深	心间	次间	宽深比
厘米	1187	559	314	1206	578	314	1/1.01
营造尺（35 厘米）	34	16	9	34.5	16.5	9	

2. 建筑构架

正殿的结构方式可以说十分独特。整体构架为抬梁式，进深心间用六椽栿，上叠四椽栿、二椽栿，上下各以驼峰搁架斗栱相互联系，并承托桁枋，二椽栿上以梁枕承托脊栋，为典型的驼斗式抬梁式构架形式，前后的水束构件体现了明显的地域构造特色。从横剖面看，前后两进构架方式不对称，而且差异很大。前后檐均有四个步架，但前檐用双杪三下昂八铺作斗栱出挑檐口，后檐则于四椽栿上立童柱支撑桁枋，又用后檐柱的穿枋和二跳插栱承托撩檐枋。从构架的特色看，前檐是宋代的构架构造形式，后檐以及山面出檐则是带有穿斗构架遗制的明清建筑构架形式。即除了前檐外，左右及后檐出檐方式相同，其内部的步架形式也基本一致。为了保证与前檐斗栱出檐高度的一致，其通过增加四椽栿高度的方式来解决，这与一般前后步梁的同高的做法是不一致的，充分体现了地方建筑构架的灵活性。山面构架则是

〔1〕 杨秉纶、王贵祥、钟晓青：《福州华林寺大殿》，清华大学建筑系编《建筑史论文集（第九辑）》，清华大学出版社，1988 年，第 1～32 页。

在丁栿上设童柱，童柱头置桁枋和平板枋，上托桷板后尾，上砌山花墙，墙上开两个长条外凸的花窗，起着采光、通风的作用，同时又可防止雨水的侵入。椽桁外出际45厘米，外护博风板并置惹草纹饰（图29、30、31）。

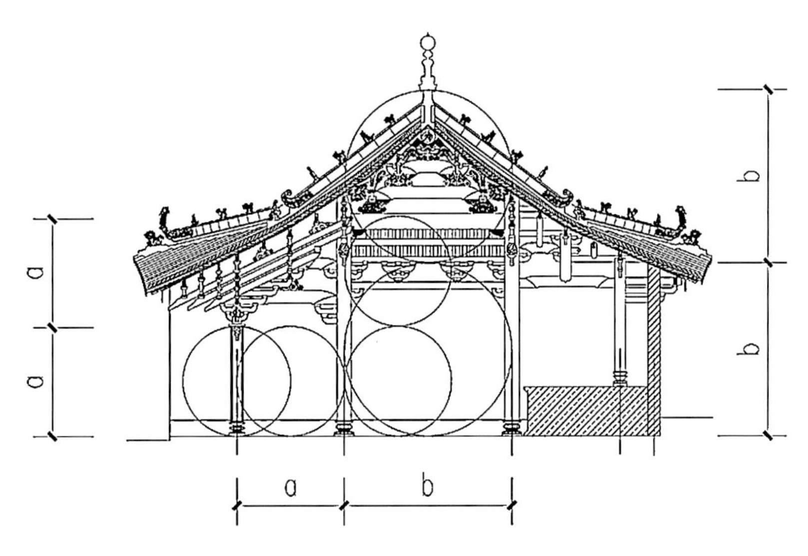

图29　正殿横剖面及尺度分析

图30　正殿心间梁架

图31　正殿次间木构架

在构架尺度上，檐柱高3.53米，与进深前开间3.5米相等，即柱高取其进深的比例，

3. 屋面举折

屋面坡度正殿前后撩檐枋心距离为16.16米，举高4.85米，屋面坡度为1∶3.33，屋面较宋法式规定殿堂建筑屋面举折为1∶3稍缓，比辽构独乐寺山门（1∶3.9）则稍陡。根据统计岭南大式殿堂建筑举高比常用数据在1∶3.5左右[1]，正殿采用这个屋面坡度接近岭南大式建筑的常用坡度，达到了古建筑屋顶适合防雨排水功能和崇高威严艺术形态的协调统一。

4. 立面

心间宽度为次间的1.5倍，主次分明，前檐柱无侧脚及生起，柱间用额枋相连，额枋断面呈腰鼓形，高宽比约3∶2，形态饱满，其上铺平板枋承托斗栱。屋顶为单檐歇山顶，收山很深几乎达次间之宽，这增加了建筑整体向上的气势。屋顶部分高度约占建筑高度的1/2，比例得当，造型稳定。只是由于外围墙的设置使本来较大的出檐显得略为局促，但前檐雄大的斗栱使其出檐甚为深远。同时建筑构架基本为暗红色涂饰，高贵而简练。立面与构架的简洁与脊饰的繁杂活跃互补，刚柔相济成为一章（图32）。

图32　正殿侧立面

5. 斗栱

该建筑最突出的是前檐的双杪三下昂八铺作斗栱。为什么用这么复杂的斗栱形式呢？笔者分析认为，一是为了加大建筑体量。由于建筑仅为三开间，体量不大，设计上要靠出檐加大建筑体量，前檐斗栱出跳为1.72米，檐出为1.1米，合计挑檐出为2.82米，其他三面挑檐也达到了2.5米，这样依靠斗栱出檐的深远使屋面和体量大为改观。二是表明建筑等级的高低。斗栱是中国传统建筑特殊的构件，从唐宋建筑斗栱的结构、减震的作用，逐渐演化到明清时更强调其文化意义，但自宋至清其作为官式建筑设计的模数和等级观念却一直未变。中国传统的斗栱用材的大小、斗栱出跳多寡以及斗栱组合的形式是与建筑的等级地位、体量规模紧密关联的。如宋《营造法式》所规定斗栱断面的“八等材”和清《工部做法》中规定的“十一等斗口”就都是依据建筑的等级与规模而选用的，建筑等级

〔1〕 程建军：《岭南古代大式殿堂构架研究》，中国建筑工业出版社，2002年，第43页。

高、规模大，就要用高等级的材和斗口。正殿所采用的双杪三下昂八铺作斗栱的形式，更符合宋代的建筑制度与法式，这样高等级而复杂的斗栱是现存斗栱的孤例。虽然该建筑的等级、规模并非很高，但设计者为了强调其重要的地位，而采用了可以说是超标的斗栱形式。这组罕见的斗栱形式，历来成为业内人士关注之处（图 33）。

图 33　正殿前檐斗栱

佛山祖庙正殿斗栱铺作高 2. 285 米，檐柱高 3. 53 米。铺作高与柱高之比为 1∶1. 55，即斗栱高超过柱高之半。这近 1∶1. 55 的比例，接近汉唐的建筑比例尺度。北宋至道二年（996 年）所建的梅庵正殿斗栱与檐柱之比为 1∶2. 5，辽代独乐寺山门 1∶2. 5，唐佛光寺正殿 1∶2，可见祖庙的正殿斗栱相对之雄大，其比例足与唐、辽、宋、金各建筑相比〔1〕。

正殿前檐斗栱铺作分有柱头铺作、补间铺作和转角铺作三种，补间铺作明间二朵，次间各一朵，与《营造法式》所载吻合，符合宋制。

柱头铺作为前出双杪三下昂，后转出华栱二跳偷心造，二跳栱斗承托四椽栿起鲗处，第一跳昂之昂尾压在乳栿梁头下方，第二跳昂尾、第三跳昂均长达四椽，昂尾分别交与六椽栿下的雀替后尾下方及六椽栿的榫头下方。中部又与隔架科斗栱衔接，其出挑檐口的重量和昂尾承托的屋面荷载的结构构造做法，达到类似杠杆原理的一种平衡和合理的交接关系。补间铺作前出与柱头铺作相同。心间铺作后出则为六跳华栱，除第五跳为计心造外皆为偷心造，第一跳昂长三椽，第二跳、第三跳昂长四椽，分别承挑着金柱间的隔架科，斗栱结构力学机能合理（图 34）。

祖庙正殿斗栱足材高 27 厘米，用材广 20 厘米、厚 10 厘米，栔高 7 厘米，材高合为宋尺（1 宋尺约为 32 厘米）6. 25 寸，宽合宋尺 3. 125 寸，材高约在宋《营造法式》规定的五等材（6. 6 ×4. 4 寸）和六等材（6 ×4 寸）之间。《营造法式》规定五等材“殿小三间，厅堂大三间则用之。”故其用材正是三间小殿，大致与《营造法式》规定相符。材断面高宽比为 2∶1，与《法式》3∶2 不同，这与宋代肇庆梅庵大殿相同，为岭南殿堂建筑斗栱用材特色，应是穿斗建筑结构构造的遗制。

〔1〕 吴庆洲《瑰伟独绝　独树一帜——佛山祖庙建筑研究》，《佛山祖庙研究》，文物出版社，2005 年，第 167 页。

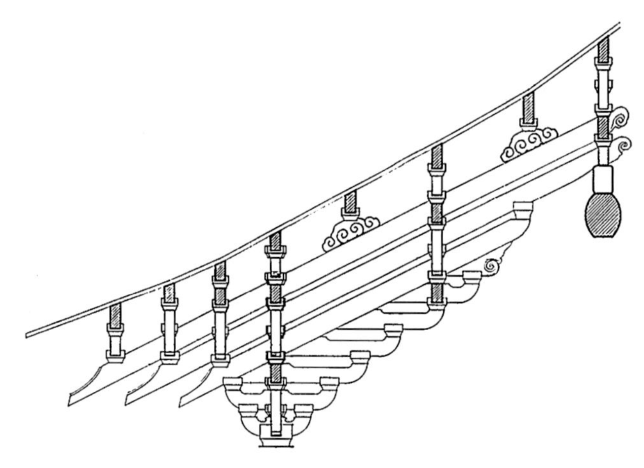

图 34　正殿补间铺作斗栱侧面[1]

不仅如此，正殿斗栱还使用了昂栓和栱栓（或称串栱木、斗牵、托斗塞等）。在前出第一跳上用昂栓，上彻昂背，其昂栓用法与宋《营造法式》的规定完全相符。虽然宋《营造法式》中有用昂栓的规定，现北方宋、辽、金的建筑多未见用昂栓[2]。除昂栓外，正殿斗栱还普遍使用了栱栓，以固定上、下栱子的位置，使之不至于歪闪、松榫等，但宋《营造法式》中未见有栱栓的规定。

目前发现的木构建筑斗栱用昂栓、栱栓的还有建于宋至道二年（996 年）的肇庆梅庵大殿的斗栱。但其是在斗栱后部第一跳上用昂栓，与祖庙正殿前出第一跳上用昂栓有所不同。昂栓和栱栓的使用，使斗栱的加工和组装要求较高，祖庙正殿和梅庵大殿是古建筑斗栱用昂栓和栱栓的罕见例子，有重要的研究价值。

祖庙正殿的二层横栱的上一层各向侧边出一侧昂（或称琴面平昂），这种做法也不多见。祖庙斗栱的这一做法，陕西韩城司马迁祠寝殿当心间补间铺作令栱也有，在广东境内则见于广州南宋风格的光孝寺大雄宝殿、六祖殿和伽蓝殿。但光孝寺正殿的这一做法仅用于泥道慢栱，而祖庙正殿则除泥道慢栱外，还用于各个位置的慢栱上，显然更具特色。

正殿斗栱铺作既使用栱栓和昂栓，又采用了侧昂（琴面平昂），这是个很有意思的设计。在佛山祖庙西面的肇庆宋代梅庵大殿，其斗栱使用了栱栓，在祖庙东面的广州光孝寺大殿、六祖殿和伽蓝殿都使用了侧昂。显然明代祖庙重建时，设计者到周围地区进行了考察，参照梅庵正殿和光孝寺殿堂的做法设计了祖庙的前檐斗栱。但设计者并不是单纯的模仿，而是超越！不仅借鉴了梅庵正殿的栱栓、昂栓，也借用了光孝寺的侧昂，而且于各层慢栱都用了侧昂，在斗栱铺作的形制等级上，也都比前两个殿堂要高级。可见祖庙前檐斗栱在形制上不仅等级高，形式特别；在艺术上由于相对比例大，檐口低矮而具有震撼力；同时在结构上富有唐宋斗栱的合理力学作用，这的确是祖庙正殿的一镇殿之宝。

在宋《营造法式》和清《工部做法》中，斗栱的用材和斗口大小作为一定模数都与建筑的尺度或构件尺度相关联，那么祖庙大殿的斗栱用材是否也作为建筑模数与建筑尺度和构件有关联呢？我们列表比

〔1〕　程建军主编：《梓人绳墨：岭南历史建筑测绘图选集》，第 101 页。

〔2〕　宋《营造法式·大木作制度·飞昂》中规定："凡昂栓广四分至五分，厚二分。若四铺作，即于第一跳上用之；五铺作至八铺作，并于第二跳上用之。并上彻昂背（自一昂至三昂，只用一栓，彻上面昂之背）下入栱身之半或三分之一。"

较分析如下。

表7　正殿平面尺度与用斗栱材关系分析

开间尺度	总面宽	心间	次间	总进深	心间	次间
厘米	1230	538	346	1258	558	350/360
材广	61.5	26.9	17.3	62.9	27.9	17.5/18

表8　柱径、梁径与斗栱用材关系

构件	石檐柱	木山柱	木金柱	六椽栿	四椽栿	平梁
厘米	40	38	51	48×32	44×22	40×20
材广（20厘米）	2	1.9	2材1.5契	2.4	2.2（2材0.5契）	2
法式规定			2材2契	4	2材2契	2材

从以上数据对比分析，从建筑尺度上看，正殿斗栱用材和平面空间尺度没有必然联系。从主要建筑构件尺度分析，由表7可知，所列比较的4个构件仅金柱径和平梁高的尺度和《营造法式》用材的规定相吻合，其余构件尺度较法式规定偏小，由此推论：该殿堂的构件设计尺度并不受法式制约，而是因地制宜及地方做法的结果，斗栱的用材与建筑的尺度不存在模数之关系。

由于人们的流线和观赏角度基本是在正殿的前面，所以在正面进行了特别强调，而其他三面则低调了很多，也体现出中国建筑的灵活性，以及岭南文化的务实性、经济性。而从建筑的平面看，其他三面插栱出檐支撑自檐柱中的出檐距离和重量也有一定力学上的不足，所以其左右和后墙体应该是在正殿木结构完成的同时而建成，并起着些许承重墙的作用。宋时的正殿可能是三开间的殿堂式构架的建筑，前檐斗栱或许是原有的遗制，明清两代重建时做了变化。

四　结语

佛山祖庙是由供奉真武帝的一般庙宇，逐步扩建完善成大型的庙宇，尤其是明景泰四年敕封成为官祀庙宇之后加速了其发展的步伐，建筑也参照官式建筑、大型庙观的形制与布局逐步加建、扩建，并完成了祖庙自身的规制。同时由于依托祖庙的嘉惠堂、大魁堂等佛山地方自治机构的存在，在功能及建筑扩展和影响力上有着庙祠合一、教政一体的性质，其已超出了一般道观的意义，成为明清全佛山地域的人们的精神及权力中心，从而发挥着更深刻的社会作用。

作为祖庙中心地位的正殿，其现存构架一般认为是明洪武五年的遗构，但其到底是那个时代的遗存？这是个值得探讨的问题。如前所述，从木质金柱、脊栋、瓦脊均有光绪二十五年柱子更新的题记来分析，可以肯定的是清光绪二十五年进行了深度的落架大修。但现存的石质檐柱刻有乾隆二十四年（1759年）的题记，并标明为“敬立”、“敬奉”，显然是该年重修之物。这次大修由地方官员主持，用时2年，是清代的一次大修，距上次大修约80年，距下次咸丰元年（1851年）大修约90年。所以笔者推测，现存建筑的主体应为清乾隆二十四年（1759年）的遗构，其后虽有大修，但依然保持有明代建筑的风格，局部如斗栱甚至保持了宋代的形式与风格。所以今天看到的祖庙正殿遗构是多元化、多时期沉淀的结果，其有几个年代的文化遗存保留，成为其极具地域特色的建筑。正殿的前檐斗栱的形制与风格，其用昂栓、栱栓之制，于慢栱两侧各出一琴面昂的做法等使其在中国建筑史上占有重要一席。

综上所述，祖庙自宋代创建以来，随着佛山社会的政治经济动荡，祖庙建筑几经兴衰，最终形成了今天庙体形制完备、规模宏大、中轴线建筑完善的建筑组群。其丰富多彩的建筑空间艺术、神圣空间氛围的成功塑造、法式上的特殊构造以及琳琅满目的装饰建筑艺术都使这组建筑成为中国建筑史上的一枝奇葩。随着祖庙东侧大魁堂和崇正书院的考古发掘保护，以及周围历史环境的整治，祖庙必将持续发挥着深远的历史文化影响和永恒的艺术魅力。

致谢：佛山祖庙博物馆为作者提供了大量祖庙相关研究文献及祖庙大修测绘图纸，笔者深表谢意。

参考文献

[1] 肖海明著、佛山市博物馆编：《中枢与象征——佛山祖庙的历史、艺术与社会》，文物出版社，2009年。

[2] 肖海明：《佛山祖庙》，文物出版社，2005年。

[3] 广东社会科学院历史所等主编：《明清佛山碑刻文献经济资料》，广东人民出版社，1987年。

[4] [清] 郑梦玉、梁绍献：《同治南海县志》，成文出版社，1967年。

[5] 冼宝干：《民国佛山忠义乡志》，民国十二年刻本。

[6] [清] 吴荣光：《道光佛山忠义乡志》，道光十年刻本。

[7] [清] 陈炎宗：《乾隆佛山忠义乡志》，乾隆十七年刻本。

[8] 凌建：《顺德祠堂文化初探》，科学出版社，2008年。

[9] [清] 屈大均：《广东新语》，中华书局，1997年。

[10] 区瑞芝：《佛山祖庙灵应祠专辑》，1992年交流赠阅本。

[11] 罗一星：《明清佛山经济发展与社会变迁》，广东人民出版社，1994年。

[12] 陈智亮、陈志杰、李小青编：《佛山市文物志》，广东科技出版社，1991年。

[13] 陈忠烈：《芦苞地区村落的形成和发展初探》，《三水文史》1995年第20辑。

[14] 赵振武：《广东省佛山镇祖庙调查初稿》，《岭南文史》2006年第1期。

2017年4月17日　广州空青书屋

佛山祖庙与佛山传统社会

罗一星

在传统社会里，神明祭祀与社会发展密切相关。人们不但编织出各种风俗习惯以调整、规范其社会生活，而且编织出神明信仰和祭祀仪式的更大构架来处理人与宇宙的关系。传统社会的神明崇拜系统是十分精致的，并有相当繁复的祭祀仪式。它渗透到社会生活的各个领域，影响和控制着社会生活，并对传统社会的建构发生着十分重大的作用。

“越人尚鬼，而佛山为甚”[1]。佛山是一个由乡村逐渐发展为城市的居民聚居点。早在佛山社区还是以农耕为主业之时，佛山村民就建造了庙宇供奉北帝。明清时期，随着佛山都市化过程的进行，适应社会发展的多种需要，佛山人以祖庙北帝崇拜为中心，构建了一套相当完整的民间宗教系统。这套系统包容性强，神明达数十种；且层次丰富，庙宇和祭祀点由镇的中心、铺的中心、街区的中心，乃至里社的中心层层皆有。更为重要的是，它创造了一种含义统一的信仰模式，发挥着重要的促进社会整合的功能，成为体现清代佛山社会一体性的重要象征。本文将考察佛山北帝神明缔造的过程，探讨其与传统社会发展的密切关系。

一　北帝崇拜的建构与发展

北帝崇拜，是佛山社会的重要历史现象，是佛山民间宗教系统的主干。北帝，名玄武，又称真武。“司北方之水，于位为坎，于五行居首，故其神最贵最灵”[2]。历代皇帝对真武神均有赐封和崇祀，宋钦宗靖康元年（1126 年）加号为“佑圣助顺真武灵应真君”。元大德七年（1303 年），加封为“元圣仁威玄天上帝”。明永乐十二年（1414 年）因开国靖难，神多效灵，故建真武庙于北京。永乐十六年（1418 年）建成武当山宫观，为祭祀真武神之所，以铜为殿，以黄金范真武像，可谓隆祀有加，推崇备至。甚至连主祀之道士九人均封正六品官秩[3]。可见北帝是官方认可的主要神明。这一事实，成为佛山北帝崇拜发展的重要背景。

佛山北帝崇拜的发展有两个阶段。一是龙翥祠阶段，一是灵应祠阶段。龙翥祠阶段是纯粹的民间祭祀阶段，灵应祠阶段是官府介入民间的祭祀阶段。这两个阶段在神明的塑造和居民对神明的感情上有明显的区别。

---

〔1〕乾隆《佛山忠义乡志·乡俗志》。

〔2〕《修浚旗带水记》，载《明清佛山碑刻文献经济资料》，第 31 页。

〔3〕均引自宗力、刘群：《中国民间诸神》，第 63 ~ 66 页。

从北帝庙始建至明景泰二年（1451 年），是龙翥祠阶段。这一阶段的特点是民间自发的祭祀，北帝崇拜是建立在亲情基础上。北帝庙始建于宋元丰年间，然元代以前关于祖庙的史迹已不可考。元代时佛山供奉北帝的庙宇称“龙翥祠”，又称之为“祖堂”。每逢三月三恭遇北帝诞时，“笙歌喧阗，车马杂沓，看者骈肩累迹，里巷壅塞”〔1〕。元末有龙潭贼剽掠佛山，乡人祷于神，霎时狂风暴雨，倾覆贼船过半。人们望见云中有披发神人显现，“方知帝真救民于急难之中，驱贼于水火之际”。据说后来龙潭贼贿赂“守庙僧”，用“荤秽之物窃污神像”，遂得以入境剽掠，而庙宇圣榕俱焚为灰烬，守庙僧不数日亦遭恶死〔2〕。有“守庙僧”的存在，又忌讳“荤秽之物”，表明与佛教信仰有关。笔者推断此时的龙翥祠（祖堂），是一个综合性的祭祀中心，内有多种神明可供祭祀。如宣德四年（1429 年），祖庙“所奉之神不一，惟真武为最灵”〔3〕。又如景泰二年（1451 年）祖庙所奉之神就有“北极真武玄天上帝塑像及观音、龙树诸像”〔4〕。“龙树”是释迦牟尼的大弟子，是佛教祭祀的神明，可知祖堂确有佛像。北帝和观音也共祀一堂，似又蕴含着对父母双亲的感情寄托。正如陈炎宗所言：“神于天神为最尊，而在佛山则不啻亲也。乡人目灵应祠为祖堂，是直以神为大父母也。”〔5〕

在以家长制的家庭为单位的社会类型里，血缘群体对去世祖先灵魂的感情态度，往往成为神灵崇拜的起点。宗教的主流是那种有关同一血缘家族每个成员所熟知的神灵的宗教，“宗教并不是一种超自然力量与个人的随意联系，而是这种力量与所有社会成员的联系。这种力量本质上对社会是怀有善意的，是维护社会的法律和道德秩序的”〔6〕。以“祖堂”“祖庙”来称呼神庙，正是这种联系和情感的表现。因此，早先的祖堂之于佛山人，犹如祖先灵魂藏幽之所，祖先恩惠普施之地。人们对神明的感情是一种亲切的感情，神明之间没有严格界限，佛、道之神共处一室，人们也不以为怪。总之，一切都是朴素自然的感情的产物。

明洪武五年（1372 年），乡老赵仲修重建庙宇。庙宇修好后于小桥浦处见有水奔涌，随即一木跃出于淤泥之中。该木洁净如新，犹如被水洗净一般。父老传言谓此木乃当初创建庙宇时用于雕塑神像之余木，当时不敢毁，日久不知所终。“今既显出，岂非神现？”于是赵仲修等“命良工雕刻圣像如故，以奉事之。祈雨阳时若，百谷丰登，保佑斯民”〔7〕。祈求风调雨顺，百谷丰登，是最基本的愿望，可见此时的北帝庙尚未超出一般香火庙的层次。由木刻的神像，也可知明初时庙貌与神像尚还简陋。

宣德四年（1429 年），乡老梁文慧出任主缘重修祖堂，称为“庆真堂”。且与乡判霍佛儿劝祖庙前的冶铁炉户他迁，又在正统元年（1436 年）买地凿为灌花池，植以波罗梧桐，以壮风水之观瞻。围绕着这次重修，生出了不少关于北帝灵应的传说。据说动工之夜，庙前突现一火球，大如车轮，滚于地上，光散满地。然后又突然消失。又说竖柱之日，因化缘之钱物有不洁者，故“神责其缚匠者以言其过”。又说当年九月初一曙色初分之际，庙前现一神旗，风烟飒飒，初浓渐淡，隐隐不见。再说正统二年（1437 年）

〔1〕 乾隆《佛山忠义乡志·艺文志·重修庆真堂记》。
〔2〕 乾隆《佛山忠义乡志·艺文志·重修庆真堂记》。
〔3〕 道光《佛山忠义乡志·金石上·重建祖庙碑记》。
〔4〕 景泰二年《佛山真武祖庙灵应记》，载《明清佛山碑刻文献经济资料》，第 3 页。
〔5〕 乾隆《佛山忠义乡志·乡俗志》。
〔6〕 罗斯：《社会控制》，华夏出版社，1989 年，第 109 页。
〔7〕 道光《佛山忠义乡志·金石上·重修庆真堂记》。

六月十七日，在庙梁上显现白蛇一条，蜿蜒于栋梁之间，鸟雀惊喧，观者甚众。凡此种种，乡人皆以为“神光不测之妙”。此外，还有邻境有无知者妄借庙中神伞，以为竞渡之戏，结果发生灾害。乡间有被盗者，旦夕来神前祷告，而贼人遂生无妄之灾，将财物以归其主。又有同生理而财物不明者，誓于神，其瞒昧之人皆有恶报〔1〕。在以上这些传闻的传播中，北帝的形象得到了升华。祖庙开始成为神圣不可犯的处所。北帝神也开始成为正义、公正的代表。人们开始感到，它的裁决是无形的，并且是无所不在的。此时人们心中对北帝的感情是一种依赖与敬畏相交织的感情。佛山人开始确信北帝报应是必然无误的。社会学理论告诉我们，如果要使一个人相信凶兆和允诺，当然必须使他确信报应是必然无误的。这种确信如果建立在不可证实的推理或者权威基础上，就是信仰。通过利用不可证实的确信来控制人的行为的，就是信仰控制。信仰控制这种基本的超自然制裁，是建立在相信有一个超自然的存在基础上的。它监视着人的行为，并通过赏善罚恶来干预人间的生活。当一种信仰煞费苦心地制作制裁和奖励的“产品”时，它无疑又是一种维持秩序的工具。我们知道，乡老梁文慧和乡判霍佛儿是社区权力的代表，他们为了建立祖庙而大规模地迁徙庙前的铸冶炉户，显然是违反炉户意愿的，从而会引起炉户的不满，后来在天启二年（1622 年）炒铸七行借清复灵应祠地为名，拆毁祠前照壁就是证明。而利用北帝信仰的威力，增加祖庙的神圣性，是防止炉户抵触情绪的有效办法。笔者认为，在明正统初年，祖庙已开始作为社会控制的象征物而存在了。

从明正统十四年（1449 年）到清末是灵应祠阶段。灵应祠阶段又可分为前段和后段，前段是明正统十四年到明末。这一阶段特点是官府介入民间祭祀，人们对北帝的感情由亲切转入畏惧，北帝崇拜进一步发展。

祖庙地位的陡增及其乡人对北帝感情的变化，是从官府介入祭祀开始的。广东官府最早对祖庙祭祀的支持，是正统七年（1442 年）巡按张善批给灵应祠“往省渡船二只，量取赁租以供北帝庙香火”〔2〕。但是派官员祭祀北帝，却是在明景泰二年（1451 年）以后。正统十四年（1449 年）黄萧养进攻佛山，乡人集于祖庙问神卜吉，神许则出战，战则屡胜。景泰四年（1453 年）礼部尚书的四百二十四号勘合曾详细地记述了北帝“助战”之功，“其贼出战之时，常见一人青袍白马走于栅外；又见飞蚊团结成旗，排阵游于空中；贼以北方扬灰、欲伤民目，霎时则转南风吹之，贼反自击；日夜铃锣不息，民将惫倦，贼攻日甚，西北角栅城几陷，乡老奔叩于神，神卜许其勇敌，民遂迎花瓶，长五尺，诡作大铳状，出诳贼，贼疑不敢攻；又见红鸟一队，飞坠于海，贼遂就擒”〔3〕。虽然这些大多仍属人智所为，如“青袍白马”似为扮色，花瓶诡作大铳，也为“兵不厌诈”之术。但乡人仍然把这些归之于神功。我们不能肯定当时的领导层“二十二老”是否也相信北帝真能与人合作，而且相信北帝能给予人超凡的力量，杀敌御贼。但有一点可以肯定的是，它客观上促进和引导人们这样去信仰北帝。当一个社会群体意识到面临毁灭之时，有必要将生活在一个共同体的成员包容在一个半超自然纽带的网状系统中，以便情感通过它而起作用，并把他们联合起来。这时感情本身已不同于原来的感情，那些获取感情支持的人们，原有的无拘无束的友情，自然而然地为敬畏和恐惧的色彩所代替。二十二老在祖庙弑其“怀二心者”，并每战必祷神卜

〔1〕 乾隆《佛山忠义乡志·乡俗志》。
〔2〕 乾隆《佛山忠义乡志·乡事志》。
〔3〕 民国《佛山忠义乡志·祠祀一》。

吉凶，都达到了强化对神的恐惧敬畏心理的作用，从而加强了内部凝聚力的效果。

抗击黄萧养起义军的胜利，使佛山人产生隆祀祖庙的想法，最好的办法就是借有功于明王朝而请求封典（当时二十二老在叙功时均未受封，有人为之抱憾。笔者揣测二十二老此举，或以祖庙作为代己受封的补偿）。于是在景泰元年（1450年），由耆民伦逸安上奏：伏乞圣恩，褒嘉祀典。当时经有司复勘，里老梁广、乡判霍佛儿、乡老冼灏通等均言“果系神功持助”。景泰元年由广东左布政使揭稽上奏，皇帝遂敕赐祖庙为灵应祠。景泰四年（1453年）由礼部下祭文一道，匾额、对联各敕给祖庙，并“合行州县掌印官，每岁供祭品物，春秋离职，亲致祭祀，用酬神贶，毋致堕缺，以负朝廷褒崇之典，如有堕缺，许乡民具呈上司，坐以不恭之罪。及庙宇朽坏，务要本县措置修葺，毋致倒塌。如有不悛事体，仍许乡老申呈有司，转行奏治究不恕”[1]。列入官祀并受到敕封，这在广东社会并不多见，如同金榜题名一样，祖庙从此成为佛山人的骄傲，成为佛山社会制裁的象征。人们对祖庙的感情，也从亲近友善变为敬畏恐惧了。

若干年以后，抗击黄萧养的事件成为佛山人祖先曾与北帝神通力合作的事实和证据，积淀在后代的头脑里。他们相信，北帝是保家安邦的战神，是无往不胜的。既然神能保佑他们的祖先，那么神也能保佑他们自己。这一观念的世代积淀，加强了人们对北帝神的信任感。因此历代修建灵应祠的不乏其人。每一代人的修建都在某种程度上扩大了灵应祠的规制。正德八年（1513年），灵应祠建牌楼三门，建流芳堂。里人霍时贵增凿锦香池于灌花池右[2]。灵应祠西侧之钟鼓楼大概就建于此时。嘉靖三十一年（1552年），道士苏澄辉（时为灵应祠住持）建灵应祠前石照壁，石上刻花龙[3]。照壁成为灵应祠的重要象征物。

明末李待问家族对祖庙及其北帝的建设做出了重要贡献。万历三十二年（1604），刚登进士的李待问与兄经历李好问捐修了灵应祠门楼，额题“端肃门”、“崇敬门”[4]。崇祯八年（1635年）署丞李敬问捐资改塑了灵应祠神像。崇祯十四年（1641年）时官至尚书的李待问捐资大修灵应祠，并修复被工匠拆毁的照壁[5]，并榜其殿曰：紫霄宫[6]。以“紫霄宫”命名祖庙正殿，表达了与武当山宫观相比美的愿望。随后经历李征问也捐资重修了灵应祠鼓楼[7]。李待问家族一起行动，修建门楼，改塑神像，鼎新鼓楼。李待问还题灵应祠三门对联：“凤形涌出三尊地，龙势生成一洞天。”此外李待问还组织了“长明灯会”，长期供奉北帝香油。宏敞的规制，组织起来的祭祀团体，李氏家族把北帝崇拜推上高峰。与此同时，他们也在祖庙建筑物和北帝身上处处留下了可昭示李氏一族在佛山重要地位的标志物。屈大均曾说：“吾粤多真武宫，以南海佛山镇之祠为大，称曰祖庙。”[8]可见，经过明末李待问家族的扩建，佛山祖庙此时已称雄粤东。

---

〔1〕 礼部四百二十四号勘合，载民国《佛山忠义乡志·祠祀一》。
〔2〕 乾隆《佛山忠义乡志·乡事志》。
〔3〕 乾隆《佛山忠义乡志·乡事志》。
〔4〕 现仍存祖庙，参见陈智亮：《祖庙资料汇编》，第22页。
〔5〕 乾隆《佛山忠义乡志·乡事志》。
〔6〕 乾隆《佛山忠义乡志·艺文志·重修灵应祠记》。
〔7〕 乾隆《佛山忠义乡志·艺文志·重修灵应祠鼓楼记》。
〔8〕《广东新语·霄神语》。

后段是清初至清末，这一阶段的特点是北帝崇拜衰而复起并迅速向登峰造极、唯我独尊发展，同时也呈现出适应多种祭祀群体需要不断扩大祭祀范围的特点。

清继明统，时移势易。盘踞广东的平南王尚可喜崇尚佛教，在广东遍建佛寺，如庆云寺、海幢寺、大佛寺、飞来寺等均建其手。佛山的仁寿寺、德寿寺等八间寺院亦建于此时。因此，在清初时祖庙曾一度受到官府冷落，当时藩兵肆虐，地方官府也不甚重视祖庙的谕祭。每逢祭期，官员或不到，或到而品位甚低且态度蛮横。“春秋谕祭，绅士罔闻。即有遣官，而上慢下暴，亵神不堪，甚违神明、蔑典制者甚矣”[1]。镇民无力无心管理祖庙，致使当时祖庙的“土田铺舍，半入强侵”[2]；祖庙的祭器也散失甚多，钟鼓无存。当时镇民每议清复庙地，必结讼事。是以时人咸“以庙地为畏途”[3]。撤藩以后，随着巡抚李士桢在全省范围内清除藩下兵丁盘踞利薮的行动，从康熙二十三年（1684年）起，庞之兑等六君子开始整肃清复庙租，并大修祖庙，到康熙二十九年（1690年）时，已是“庙貌之剥蚀以新”“祭器之残缺以饬”“田土之湮没以归”了[4]。清复后的灵应祠“牌坊、廊宇、株植、台池一一森布，望者肃然。而几筵榱桷，丹雘一新，盖庙貌于是成大观”[5]。同时在灵应祠左边建圣乐宫，又改华封台为“万福台”[华封台建于顺治十五年（1658年）][6]。但当时参加春秋谕祭的官员规格甚低，多是河泊所小员。于是在康熙四十五年（1706年）佛山保甲排现年呈请广东官府委正官主祭[7]，当时广东官府是否委派了正官参加行礼不得而知，但这件事本身说明了佛镇人要恢复北帝崇拜的决心。

广东官府对佛山祖庙的真正关心和支持，是在雍正十一年（1733年）设立佛山分府同知衙门以后，尤其是在乾隆四年（1739年）南海县知县魏绾把祖庙控制权从里排手里交到士绅手里以后，历任的佛山同知就把祭祀北帝和修建祖庙作为自己责无旁贷的任务。例如乾隆二十四年（1759年）佛山同知赵廷宾倡修祖庙，镇民雀跃响应，“合赀一万二千有奇”，使祖庙焕然一新，如巍然堂寝、坚致门庭、恢拓歌舞台、筑浅廊以贮碑匾等；又并修圣乐宫及祠右之观音堂。值得注意的是，这次重修，商人的捐资占了重要部分。我们现在仍然可以看到的灵应祠正殿中间石柱，就为盐总商吴恒孚（吴荣光祖父）率领其七子同立。而灵应祠前殿石柱，亦为侨寓贡生吴文柱偕儿孙五人所敬奉。这说明侨寓商人也认同了北帝崇拜。

嘉庆元年（1796年）佛山同知杨楷捐俸倡修灵应祠及鼎建灵宫，镇人“靡不响应，佥捐工费银两共九千七百有奇”。祖庙经此重修，更加恢宏。与此同时也鼎建了灵宫，“崇祀帝亲，各自为尊，以正伦理”。此次重修，赖杨楷之力尤多，正如曾任粤秀书院山长的陈其焜所言：“微杨公之力，其奚能为此也。继自今入庙，而睹金碧之辉煌，观瞻肃矣，敬畏起矣。宫分前后，体统昭焉，伦理正焉，尊尊亲亲之义明矣。杨公之功亦伟矣哉！”[8]同年冬天，两广总督吉庆曾到佛山谒灵应祠，现祖庙前殿木雕对联：“默

---

[1] 民国《佛山忠义乡志·祠祀一·杂记》。

[2] 民国《佛山忠义乡志·祠祀一·清复灵应祠租杂记》。

[3] 民国《佛山忠义乡志·祠祀一·庞之兑：杂记》。

[4] 民国《佛山忠义乡志·祠祀一·重修灵应祠记》。

[5] 郎廷枢：《修灵应祠记》，载《明清佛山碑刻文献经济资料》，第22页。

[6] 乾隆《佛山忠义乡志·乡事志》。

[7] 民国《佛山忠义乡志·祠祀一》。

[8] 道光《佛山忠义乡志·金石下·重修灵应祠鼎建灵宫碑记》。

祷岁时常裕顺，愿登黎庶尽纯良”，就是吉庆所题。这就以广东地方最高行政长官的身份再度肯定了北帝祭祀的合法性。

上述佛山同知赵廷宾和杨楷对祖庙重建的关心和以时“诣祠焚香”的行动，以及两广总督的题联，表明了清代广东官府对佛山祖庙祭祀的重新介入，表明了地方官对发挥祖庙所具有的社会功能的重新重视。佛山镇商民在地方官的支持下，则把祖庙的修建作为合镇的大事举办。营造务求恢宏，雕饬务求精美。北帝崇拜再次呈现热潮。

大概在乾隆年间，祖庙形成一个庞大的建筑群体，它由灵应祠、观音堂、流芳祠、圣乐宫、锦香池、牌坊、戏台七大部分组成，占地面积广阔（至今仍占有三千多平方米）。整个建筑群坐北向南，布局合理，结构奇特，装饰华丽，富有独特的地方风格。其中的灵应祠宽敞雄伟，并列三个圆栱型山门、左右两门，一个通崇正社学，一个通流芳祠。三门正中门上瓦脊顶有一圆球，与庙门、台阶连为一体，使人视觉集中于庙门的中心位置，增加了三门的稳重端庄感〔1〕。灵应祠由前殿和正殿构成。前殿安放着北帝手下的诸大将，皆高九尺，他们是：“捧印金童、王元帅、陈元帅、周元帅、赵元帅、太岁、水将（龟）、火将（蛇）。”正殿安放真武神铜铸立像一尊，高九尺五寸，盖取九五之义，体制崇闳，比其部将要高大十倍〔2〕。所有这些精心的营造与安排，无非为了一个目的，就是突显真武神独一无二的地位。我们知道，在明代景泰年间时真武庙内还有其他神像，而到了康熙二十三年（1684 年）真武神的父母神位安放到新建的圣乐宫，观音像亦有了祠右之观音堂安放。乾隆二十四年（1759 年），又新建灵宫安放真武神父母。而“龙树”之神像早已在记载中消失了。真武神从此拥将自尊，备受荣宠礼遇。

笔者注意到，随着佛山的发展，祖庙和北帝地位抬升的趋势一直都在进行。光绪年间佛山人梁世徵说：“粤之佛山为寰中一巨镇，有灵应祠。阖镇以祀真武帝，年久而分尊，屡著灵异。共称之曰祖庙，尊亲之至如天子。”〔3〕“尊亲之至如天子”，可见北帝的地位已抬升到无以复加的地步。现在能看到的在灵应祠三门前的对联“廿七铺奉此为祖，亿万年惟我独尊”〔4〕，“庄严冠禅山群庙，灵应为福地尊神”〔5〕，也鲜明地表达了佛山人要塑造的祖庙和北帝的形象。

清代北帝崇拜在佛山的发展，是北帝神向唯我独尊发展变化的过程。在这一变化过程中，官府的重新介入祭祀和侨寓商人的认同，从不同方面加速了这一过程的发展，官府的重新介入祭祀，从政治上抬升了北帝的地位；而侨寓商人的认同，则不但从经济上扩大了祖庙的财源，而且从组织上扩大了祖庙的祭祀群体，推动着北帝成为佛山祭祀系统中诸神之首，也使祖庙成为合镇诸庙之冠。从而奠定了其在佛山历久不衰的最高层次的祭祀中心的地位，成为佛山社会拱廊的拱顶石，也成为珠江三角洲主神崇拜的典范。

二　多重祭祀圈的形成与发展

粤谚云：南海神庙，顺德祠堂。言南海人尤重神庙，而顺德人多建祠堂。佛山属南海，而神庙之多

〔1〕 陈智亮：《祖庙资料汇编》，第 72 页。
〔2〕 民国《佛山忠义乡志・杂志》。
〔3〕《佛镇灵应祠尝业图形》。
〔4〕 光绪年间冼宝桢撰。
〔5〕 清光绪年间卢宝森撰。

又甲于南海，“吾佛土为大镇，合二十四铺。地广人稠，神庙之多，甲于他乡”〔1〕。明代其实佛山神庙不多，仅“境内祠庙数处”而已〔2〕。清代佛山神庙迅速发展，乾隆十七年（1752年）时有26座，分布在15铺〔3〕；道光十年（1830年）时有89座，分布在25铺〔4〕；宣统年间有154座，分布在26铺和文昌沙、鹰嘴沙、鲤鱼沙等处，几乎遍及全镇各处〔5〕。情况详见下表。

清代佛山各铺神庙分布表〔6〕

铺名	庙名
汾水	太上庙　关帝庙　关帝庙　南擎观音庙　圣欢宫　华光庙　华光庙　华光庙　先锋庙　北帝庙　北帝庙　北帝庙
富民	洪圣庙　盘古庙　南胜观音庙　三界圣庙　鬼谷庙
大基	帅府庙　惜字社学　三界圣庙　三圣庙　真君庙　真君庙　大王庙
潘涌	先锋庙　将军庙
福德	舍人庙　关帝庙　铁佛　天后庙　绥靖伯庙　列圣古庙　华光庙
观音堂	南善观音庙　天后庙　南涧观音庙　三官庙　医灵庙　医灵庙　华光庙　将军庙　花王庙
沙洛	将军庙
鹤园	洪圣庙　先锋庙
岳庙	关帝庙　顺德惜字社　南荫观音庙　洪圣庙　洪圣庙　太尉庙　财神庙　花王庙　花王庙
祖庙	桂香宫　关帝庙　观音庙　龙王庙　三圣庙　列圣古庙　列圣古庙　斗姥庙　帅府庙　太尉庙　金花庙
黄伞	孖庙（天后、华光）
社亭	药王庙　关帝庙　南禅观音庙　先锋庙
仙涌	关帝庙　文武庙
医灵	医灵庙　洪圣庙　医灵庙　华光庙　北帝庙　元坛庙
彩阳	真君庙　元坛庙
真明	三圣宫　真君庙
石路（纪纲）	花王庙　三官庙
丰宁	国公庙　字祖庙　字祖庙　天后庙　城隍行台　四圣庙　医灵庙　华光庙
山紫	南泉观音庙　天后庙　观音庙　观音庙　圣亲宫　东岳庙　普庵庙　鹊歌庙　地藏庙　谭仙庙　二仙庙　华光庙　雷公庙　将军庙　华佗庙　痘母庙　花王庙　元坛庙

〔1〕《南海佛山霍氏族谱·重修东头张真君庙记》。
〔2〕《佛山真武祖庙灵应记》，载《明清佛山碑刻文献经济资料》，第3页。
〔3〕乾隆《佛山忠义乡志·乡事志》。
〔4〕道光《佛山忠义乡志·祀典·各铺庙宇》。
〔5〕民国《佛山忠义乡志·祠祀二》。
〔6〕据民国《佛山忠义乡志·祠祀二·群庙》，并欧瑞芝访问记录（1991年3月6日）。

续表

铺名	庙名
明心	太上庙　文昌庙　东岳庙　三圣庙
突岐	金花庙　龙王庙　柳氏夫人庙
耆老	东岳庙（普君庙）　观音庙　真君庙　华光庙　先锋庙　主师庙
锦澜	大土地庙　字祖庙　文武庙　关帝庙　天后庙　观音庙　观音庙　真君庙　金花庙　主师庙
桥亭	南济观音庙　观音庙　观音庙　张王爷庙　北帝庙　石公太尉庙
明照	盘古庙　文武庙　北帝庙　元坛庙
栅下	龙母庙　文昌阁　天后庙　三圣庙　吕仙庙　帅府庙　帅府庙（玄坛庙）　帅府庙　太尉庙　华光庙　财神庙　先锋庙　金花庙
东头	关帝庙　二帝庙　张仙庙　白马将军庙
鹰嘴沙	临海庙　关帝庙　三圣庙　华佗庙　国公庙　飞云庙　乌利庙
文昌沙	关帝庙
鲤鱼沙	华光庙
聚龙沙	伏波庙　三官庙

注：每栏第一位为主庙。

上表所列神庙共171座，所祀神明达五六十种，这说明清代佛山人神明崇拜的广泛性。对一般居民来说，不同的神明具有不同的象征意义。例如，有病痛之人拜医灵庙，庙祀神农，“凡负痛以叩于帝者，辄不惜调剂以度人厄”[1]。又如，店铺毗连而建，最怕火灾，所以多建华光庙，“华光为火神，塑像作三眼形。每岁九、十月间，各街禳火，名火星醮。迎神莅坛，连天赛会。各街竞斗繁华，靡费颇巨”[2]。再如，求子者多拜花王庙，花王庙祀花神，“粤人祈子必于花王。父母有祝词曰：‘白花男，红花女。’故婚夕亲戚皆往送花，盖取花如桃李之义”[3]。可见，不同的神庙满足了居民不同的精神需要，这是佛山神庙之多的基本原因。

从上表所列神庙的分布情况看，有一神而数铺各建其庙者，也有一神而同铺各建其庙者。这说明了清代佛山人神明祭拜的连带性。上述神庙中，有10铺建有观音庙，有10铺建有帅府庙（包括主帅庙、元坛庙和石公太尉庙），有9铺建有关帝庙和华光庙。而在同一铺中各建同一神庙者更多，如汾水铺有3间北帝庙，3间华光庙，2间关帝庙；在岳庙铺有2间洪圣庙，2间花王庙；在栅下铺有3间帅府庙；在山紫铺和桥亭铺各有2间观音庙；而在丰宁铺则有2间字祖庙等。

其中北帝庙和帅府庙的建立，尤值得注意。乾隆年间，汾水只有一座称为“武当行宫”的庙[4]，显然是北帝出游时停舆之所。但到清末时汾水一铺就有3间称为“北帝庙”的庙宇。为何镇中有祖庙还要

〔1〕道光《佛山忠义乡志·金石下·重修医灵庙记》。
〔2〕民国《佛山忠义乡志·祠祀二》。
〔3〕民国《佛山忠义乡志·祠祀二》。
〔4〕乾隆《佛山忠义乡志·乡事志·诸庙》。

建北帝庙？笔者认为可能与接祖庙北帝神到庙奉祀有关。清代祖庙设有3尊北帝铜圣像，可借与镇民奉祀。祖庙《庙志》记载：“原日铜圣像三尊，其一尊被叠窖乡迎去建醮，后乃久不归。即今叠窖所建庙宇奉祀二帝圣像是也。然神护国庇民，均属一体，事远亦不深究。”[1]外乡人可借去建醮，本镇人当然可以迎奉。从一座武当行宫到3间北帝庙的建立，反映了商人认同北帝主神的历史过程。除了汾水铺外，在医灵铺、桥亭铺、明照铺也有北帝庙的建立。帅府庙所祀神明为北帝部将。乾隆年间佛山只有栅下铺有一座主帅庙[2]，但到清末时已有各类帅府庙13座。史载：“俗称康元帅，父康衢，母金氏，生于黄河之界，负龙马之精；赵元帅，名公明，其神为元坛；石元帅为五雷长，皆北帝部将。山紫铺、彩阳铺、医灵铺、明照铺俱有元坛庙，耆老铺、锦澜铺俱有主帅庙，栅下铺有帅府庙二，桥亭铺有石公太尉庙，祷祀辄验。”[3]可见，北帝庙和帅府庙的迅速建立，是北帝崇拜发展的结果。

接下来我们要讨论上述诸庙的层次问题：上述诸庙及其祭祀圈不是平面地分布在佛山全镇各街区中，而是具有不同层次，有一铺中的主庙，祭祀圈为合铺范围；有数街的公庙，祭祀圈为数街范围；还有以一街一巷为其祭祀圈的街庙[4]。

一铺的主庙必须具有合铺香火庙的条件，素著灵响，远近皆知。无论住家、店铺均前往拜祭。如汾水铺太上庙，建于安宁直街。康熙五十年（1711年）建，祀一顺水漂来的老君神像。“初制甚小，既而声灵赫濯，祷求如响。自是以来，地运日益旺，民居日益稠。统安宁、会龙、聚龙三社，人咸崇奉之。号为公庙。乾隆二十五年，里人黄沃生捐送余地，增其式廓，并于庙右附建王母殿。香火益盛，环庙而居者，有庙左、庙右街。嘉庆己未、道光己酉、光绪丁丑三度重修，而庙貌巍峨，遂为铺中庙社之冠。”[5]明照铺盘古庙，在大塘屋街。明照铺街道较少，该庙是为一铺之主庙，据同治三年（1864年）里人、四川总督骆秉章所撰的《重修盘古庙碑》记载：“曾当嘉庆庚申，栋宇巍峨，香火络绎，街则拥六；丁年最富莺花，墟恰齐三；亥日颇繁虾菜，茶棚酒肆供游赏之流连，舞榭歌台，盛祷禳之报赛。是虽乡邦习尚，良由神庙莫灵。”[6]“街则拥六”“墟恰齐三”，可知盘古庙是该铺的主庙。社亭铺药王庙祀神农。早在乾隆年间就是香火鼎盛之庙，每日清晨庙前墟地有几千织机工人在此待雇[7]。民国年间关于佛山市寺庙的调查表中有如下记载：“药王庙，在药王庙前街，十八街坊众公产。”[8]可见，药王庙是社亭铺之主庙。文昌沙的关帝庙亦为该沙之主庙，《南海日报》记载：“白马滩前之关帝庙，为文昌全沙人所奉祀，每年农历五月十三日诞辰，坊人习俗，必举行建醮，张灯结彩，闹热非常。”[9]再如福德铺之舍人庙，向称灵显。“佛山镇舍人庙甚灵显。商贾每于月尽之日祭之。神姓梁，前明本镇人，为杉商。公平正直，不苟取。人皆悦服。一日众商见海中有杉数千百逆水而来。梁危坐其上，呼之不应，迎视之已逝矣。移尸岸侧，奔告梁族皆不至，众商以杉易金。买棺敛之至岸侧。而群蚁衔土封之，已成坟矣，遂建

[1] 民国《佛山忠义乡志·祠祀一》。
[2] 乾隆《佛山忠义乡志·乡事志·诸庙》。
[3] 民国《佛山忠义乡志·祠祀二》。
[4] 主庙、公庙、街庙的称谓是笔者为区分不同层次的庙所做的一个界定，上述诸庙在清代佛山均称公庙。
[5] 民国《佛山忠义乡志·祠祀一》。
[6] 民国《佛山忠义乡志·祠祀二》。
[7] 《梁氏家谱》（手抄本）。
[8] 《南海县佛山市各项调查表四种》，载《南海县政季报》第二期。
[9] 《南海日报》，民国三十六年七月四日。

庙以祀。祷无不应。唯族人祷之则否。”[1]舍人庙为众商所祭祀，又甚灵显，为合铺之主庙应无问题。还有鹰嘴沙的太尉祠，内奉祀宋代温、许两太尉，“香火至盛，俗称临海庙是也。……每岁孟春演戏赛神，估舶云屯，至夏乃辍，他祠鲜能及也”[2]。此外，富民铺以卖“波罗鸡”著名的洪圣庙、栅下铺闻名全镇之龙母庙，都是该铺之主庙。根据笔者掌握的材料以及访问父老所得[3]，现将佛山各铺主庙列名如下：

栅下铺——龙母庙
东头铺——关帝庙
明照铺——盘古庙
突岐铺——金花庙
桥亭铺——南济观音庙
医灵铺——医灵庙
耆老铺——金花庙
锦澜铺——华光庙
仙涌铺——关帝庙
社亭铺——药王庙
真明铺——三圣宫
明心铺——太上庙
鹰嘴沙——临海庙（飞云庙）
丰宁铺——国公庙
山紫铺——南泉观音庙
岳庙铺——武庙
福德铺——舍人庙
鹤园铺——洪圣庙
观音堂铺——南善观音庙
大基铺——帅府庙
汾水铺——太上庙
富民铺——洪圣庙
黄伞铺——孖庙（天后、华光）
沙洛浦——将军庙
文昌沙——关帝庙

上述诸庙，以铺为自己祭祀圈的范围，在佛山全镇范围内划分出了25个祭祀圈，它们所祀之神虽不相同，但所代表的文化意义是一样的。所有的神明都能强化佛山人应付人生问题的能力，使佛山人在面对死亡、疾病、饥荒、洪水、失败等人生问题时，在遭逢悲剧、焦虑和危机时，可以得到心理的抚慰。神明给予了人们安全感和生命意义，同时也增加了共有经验和社区沟通的深度。

数街的公庙，是邻里的祭祀中心。一般佛山每铺都有3~8个庙宇不等，其中多数就是数街的公庙。如大墟华光庙，建在观音堂铺低街，为“大墟五街公产”[4]。大墟五街为沙塘坊、豆腐巷、莲花地、张家巷、快子街。每年农历九月十五日在此办醮，唱戏烧炮酬神[5]。又如咸丰十一年（1861年），纪岗街、石路街绅商合修“花王、三官古庙”，其重修碑记名字称：《咸丰辛酉年重修佛镇纪岗街、石路街花王、三官古庙碑记序》，可见该庙的祭祀圈为两街居民。再如观音堂铺有两座观音庙，除主庙南善观音庙外，在沙塘大街还有南涧观音庙。同治七年（1868年）重修该庙时，捐资的街坊共有男女396人（店），共捐银586两[6]。可见，其祭祀圈亦大致是数街范围。

[1]（道光）黄瑞谷：《粤小记》卷三。
[2] 樊封：《南海百咏续编》卷三。
[3] 欧瑞芝访问记录，1991年3月6日。
[4]《佛山市寺庙调查表》，载《南海县政季报》第二期。
[5] 参见佛山市博物馆文物普查材料，朱洁女（78岁）访问记录。
[6] 同治《重修南涧观音庙碑记》。

街庙的祭祀圈较小。有一街一庙者，如观音堂铺低街天后庙，为“大墟直街公产”；新墟坊车公庙，为“坊众轮值管理”。有一巷一庙者，如圣母巷圣母庙，为“坊众公产”[1]。

上述的主庙、公庙和街庙，构成了三种不同层次、不同范围的祭祀圈，而在每一铺中，这三种祭祀圈是交叠在一起的。一个居民可以既属街庙和公庙的祭祀者，也同时属于主庙的祭祀者；一个居民可以不属某一街庙或公庙的祭祀者，但他一定属于铺中主庙的祭祀者。三种庙宇能提供给居民的东西绝不是等同的。一般而论，主庙在增加共有经验和社区沟通的程度上要比公庙和街庙多且深。从预期灵验的信任度而言，主庙、公庙、街庙也是递次减弱的。然而，三者的并存发展，正是适应了不同层次需求群体的祭祀需要。

此外，在庙宇以下，还有社坛的祭祀点，道光年间，佛山有社坛 68 个[2]，清末时有社坛 79 个[3]。社坛原祀“五土五谷之神”。乾隆《佛山忠义乡志·乡俗志》记载：“二月二日祀土神，社日祀社，与各乡同。”八月“社日复祭社”。社神的祭祀，按明会典的规制：“每里一百户内立坛一所，祀五土五谷之神。每岁春秋二社，里长莅厥事，土神位于坛东，谷神位于坛西。祭毕会饮。”但佛山铺区日增，社坛虽增而所祭之神“亦非旧牌位，统名社稷之神，渐失古意。而奉祀之诚，妇孺无间”。除社坛祭社神外，各街还有设龛供奉太尉者（陶冶先师）[4]。由此可见，即使小至社坛的祭祀，佛山都存在不同的祭祀神明和不同的祭祀群体。

必须指出的是，清代佛山有些神明的祭祀属于特殊的群体，文昌神的祭祀就是其中之一。文昌庙“中祀文帝，左祀魁斗星君，右祀金甲神君”[5]。文昌庙既属于群庙，但又超脱于群庙的祭祀系统之外。在群庙的三种层次中都找不到它的合适位置。从祭祀圈来看，它拥有合镇的特殊祭祀群体——读书人。凡在学士子，出仕官宦，无不以文昌为其信仰之神，与香火庙不同，文昌庙不属于所在之铺，而常与书院相结合。佛山最早的文昌庙，就是明末李待问倡修的文昌书院，“佛山向无文昌专祠，自李大司徒公始”[6]。清代文昌神祭祀始多。如崇正社学、田心文昌书院、桂香书院均奉祀文昌神，而最占地胜的海口文昌阁亦在乾隆七年（1742 年）修建[7]。道光五年（1825 年）佛山士子又集资两千两增高文昌阁，当时远在贵州任布政使的吴荣光也“捐廉襄工”[8]。佛山士绅每年春秋都要集中祭祀文昌神。乾隆《佛山忠义乡志·乡俗志》记载：每年二月初二，士绅集文昌书院修祀事；二月初三，士绅集崇正社学修祀事，二月初四，侨籍士绅则集田心文昌书院修祀事；九月初九，士绅集崇正社学修祀事；九月初十，士绅集文昌书院修祀事。可见文昌神的祭祀，有特殊的祭祀群体。其群体有明确的身份标志，这就是通过科举考试的知识分子。佛山士绅把持着文昌神的祭祀，绝非一般人所能参与。

---

〔1〕《佛山市寺庙调查表》，载《南海县政季报》第二期。
〔2〕道光《佛山忠义乡志·乡域志》。
〔3〕民国《佛山忠义乡志·社祀二》。
〔4〕民国《佛山忠义乡志·祠祀二》。
〔5〕道光《佛山忠义乡志·金石上·文院祭器记》。
〔6〕民国《佛山忠义乡志·祠祀二·文昌书院记》。
〔7〕民国《佛山忠义乡志·祠祀二·海口文昌阁记》。
〔8〕吴荣光：《重修佛山海口文昌阁记》，载《明清佛山碑刻文献经济资料》，第 137 页。

此外，一些行业神明，如冶铸铜铁行的太尉、成衣行的轩辕、帽绫行的张謇，它们的祭祀是与行业会馆结合的，会馆亦称为庙，行中人就是其祭祀群体。还有商业会馆中所设神明，其祭祀群体就是该会馆的商人。

由上可见，清代佛山人构建了一整套神庙祭祀体系，这套体系的核心部分是多层次复合、大小祭祀圈相套的主庙、公庙、街庙祭祀系统，同时也包容了超脱于核心系统之外的特殊祭祀群体。这套祭祀体系与铺区相联系，与街坊相表里，深入佛山社会的每一角落，成为在精神上整合和控制佛山社会的重要工具。祖庙对清代佛山社会的整合，正是通过这套神庙系统的臂膀完成的。

三 祖庙的祭祀仪式与佛山社会的整合

在传统社会里，神庙的祭祀仪式从来就不仅仅具有娱神的功能，它们是把民众束缚在一起的契约，它们是保持良好秩序的规则，它们是控制人们情感的指令，它们又是尊敬原则的发展。在佛山，祖庙的祭祀仪式是与社会控制和社会整合相联系的。

清代佛山祖庙的祭祀仪式，肃穆而隆重，向来是一年中佛山全镇居民最大的祀典。乾隆十四年（1749年）广宁知县李本洁曾说："北帝之著灵于天下而尤著灵于粤地也久矣。如南海佛山为岭海都会之亚，而祖庙威灵，赫赫奕奕。凡其地居民童叟、四方往来羁人估客、上逮绅宦，靡不森森凛凛，洗心虔事。"[1]可见，佛山之人对祖庙祭祀仪式的重视与虔诚。综观佛山神庙一年中的祭祀活动，主要有四大祭祀仪式：一是北帝坐祠堂，二是烧大爆，三是乡饮酒礼，四是北帝巡游，每一种仪式都具有不同的功能，象征着不同的文化意义。

北帝坐祠堂是将北帝神像逐日安放在各宗族祠堂内，供该宗族之人拜祭的仪式。每年正月初六日，是祖庙北帝出祠之日，也是八图土著的重要日子。史称："（元日）初六日，灵应祠北帝神出祠巡游，备仪仗、盛鼓吹，导乘舆以出游。人簇观，愚者谓以手引舆杠则获吉利，竞挤而前，至填塞不得行"[2]，"正月初六日帝尊出，每甲两人，早晚福叙有饼。"[3]"正月初六日帝尊到祠。八十甲每甲一位，携帖午叙，新旧监察并该图早晚福叙，俱每领饼果。"[4]从上述材料可知，正月初六日北帝由灵应祠出游时，八图八十甲每甲派两人，一共160位父老、士绅随行一天。至晚北帝坐落在八图祖祠（公馆），从而开始了一年的北帝祭祀活动。第二天由鼓吹仪仗送回祖庙，由另一宗族人到祖庙迎神回祠拜祭。祭后送神时，各宗族并有放炮放烟火等仪式。如此一个祠堂接一个祠堂的迎送，轮完八图八十甲为止。每一次交接都在祖庙进行。如此轮祭到三月三十日。其中，正月十七日，轮到南海鹤园陈氏，其谱称："正月十七日恭迎帝尊到祠，阖族颁饼果。并父老新丁另备迓圣两道，连日福叙。"又载："正月十七日，帝尊到祠摆列，父老迓圣一道，此饼果父老得。""正月十七日，帝尊到此摆列，新丁迓圣一道，此饼果新丁得。以上迓圣两道，大宗每支银二大员办理。"[5]二月十三日，轮到金鱼堂陈大宗祠。因二月十五日，正逢"谕祭之

---

〔1〕 道光《广宁县志·北帝庙记》。

〔2〕 乾隆《佛山忠义乡志·乡俗志》。

〔3〕《南海鹤园陈氏族谱·杂录·八图现年事务日期附》。

〔4〕《南海鹤园陈氏族谱·杂录·轮图事务日期附》。

〔5〕《南海鹤园陈氏族谱·杂录》。

日”，官员须到祠拜祭。所以在二月十四日迎神回宫仪式特别隆重。八图仍由每甲派两人，“二月十四日晚往金鱼塘陈大宗祠接神回宫谕祭，晚叙均有饼。”[1]陈炎宗也说：“（二月）十五日谕祭灵应祠北帝，先一日绅耆列仪仗、饰彩童，迎神于金鱼塘陈祠，二鼓还灵应祠，至子刻，驻防郡贰侯诣祠行礼，绅耆咸集。祭毕，神复出祠。”[2]“神复出祠”何往？也就是在二月十五日当天，北帝又被迎往猪仔市梁祠（明忠义官，二十二老之一梁广之族）供奉。《梁氏家谱》《本祠例略》记载：“二月十五日，各伯叔兄弟赴祠肃整衣冠，头锣赴祖庙迎接北帝驾临本祠鉴醮。十六日午刻，打点各盛会放炮，祠内送神起座。分饼事务。是晚督理各盛会施放烟火花筒，弹压打架，毋使生事。”到三月初四日，轮坐到水便陈大宗祠。因三月三日在祖庙建醮，北帝建醮后要在村尾会真堂更衣，故八图父老均到会真堂接神。《八图现年事务日期附》记载：每甲派人“三月初四在祖庙建醮，是晚会真堂接神，至水便陈大宗祠下马，早晚福叙有饼，司祝斋金九分”。又载：“三月三十晚，帝尊回宫，晚叙有饼。”[3]至此，从正月初六早至三月三十晚，前后长达83天的“北帝坐祠堂”活动才告结束。从上述材料可知，正月初六帝尊到八图祖祠（当天有出游），二月十五的谕祭（当天有色队伴行），三月初三的巡游，均由八图八十甲各派人参加，是八图公务。扣去这三天，就是整整八十天，恰与八十甲的数字相等。在这八十天里，属于各宗族自理的事务，届时各族均打点头锣，召集父老，准备烟火，迎送北帝。这说明，祖庙“北帝坐祠堂”的仪式必须是轮坐所有八十甲的祠堂。

北帝坐祠堂的仪式具有十分重要的功能，首先，把北帝从神圣的祖庙请出来，坐落在家居附近的祠堂里，这密切了北帝与八图土著居民的联系，满足了土著居民精神寄托的需要，同时也强化了土著居民的主神崇拜意识。其次，在接送北帝的仪式过程中，宗族父老和士绅的地位得到明确，也就是宗族内部形成的种种关系得到了重新确认，这对维系宗族组织无疑起了重要作用。第三也是最重要的，这种对北帝坐祠堂权利的拥有，强化了土著居民的“八图”认同意识，保持了土著居民的自尊和信心，同时也向所有佛山人暗示：北帝这一素著灵响、无往不胜的地方保护神是土著居民创造的。而在这种重演过程中，土著群体自身的团结也得到了相应的强化，群体自身的价值观念也就得到了再次的肯定。对于土著居民个人来说，仪式活动使他在群体中得到思想感情的共通与支持，而且通过对宗教经验的重演，把他与力量和慰藉之源沟通起来。这就加强了宗族本身的内聚力。

烧大爆是重要的祭祀仪式。在每年三月三日北帝诞的次日举行。所谓烧大爆，是以巨大的爆竹燃放以享神，并让众人拾抢其炮首以接福的活动。早在清初时“佛山大爆”已名震粤中。屈大均《广东新语·器语》“佛山大爆”条，详细描述了这一盛况：三月上巳，祖庙门前，万头攒动，箫鼓喧耳，一年一度的佛山烧大爆仪式在这里举行。放眼开去，一片辉煌，北帝神停舆的“真武行殿”，皆以小爆构结龙楼凤阁，又有小爆层层叠出的“武当山”及“紫霄金阙”，四周悉点百子灯。其一灯一盖皆以小爆贯串而成，锦绣铺桥，花卉砌栏。人声喧处，一队队百人组成的“倭人”色队，牵引着一个高二米半，粗一米多的大纸爆香车走过来。大纸爆上饰锦绮洋绒及各色人物，药引长二丈有余。大纸爆过后，是椰爆的香车，亦以彩童推挽而来，椰爆直径也有二尺，上饰龙鸾人物，药引长六七丈。——在

〔1〕《南海鹤园陈氏族谱·杂录·八图现年事务日期附》。
〔2〕乾隆《佛山忠义乡志·乡俗志》。
〔3〕《南海鹤园陈氏族谱·杂录》。

庙前空地上排开，大纸爆有数十，小椰爆有数百。合镇几十万男女，竞相观睹，簪珥碍足。燃放大纸爆时，放者攀于高架之上，以庙中神火掷之，发声如雷，远近震动。放椰爆时，人立于三百步之外燃放。响声过处，观众一拥而上，争抢“爆首”。爆首是一铁制小圈，上写有炮名，如“上元正首炮”“上元十足炮”等。各炮有等次，即俗称头炮、二炮、三炮等，拾得“爆首”有相应的奖品，如镜屏、色物等。人们相信爆首是北帝所赐之福，拾得爆首者，“则其人生理饶裕”，故人人奋力拼抢，即使人仰马翻也在所不惜。

据佛山父老传闻，抢炮者皆有炮队组织，一是以宗族“××堂”为队，一是以会馆“××堂”为队，一是以街坊组织“××会”为队。队员之间互相配合，互相掩护。一旦拾得炮首，即过关斩将奔出重围，到“真武行殿”处由祖庙值事首肯，并领取奖品。如此几百爆放完。拾得者抬着奖品鼓吹欢喜而归。来年由其偿还所拾之炮。偿炮均按原炮价值偿还。屈大均说大纸爆价值银百两，而椰爆价值五十两，故还爆“动破中人之产”，往往有之。佛山俗谚云：“佛山烧大爆，弹子过□岗。”[1]指的就是有鬻子以偿爆之事。

佛山烧大爆的仪式，生活在今天的人无论如何难以复见。笔者以为，这种隆盛的烧大爆仪式，似与重现北帝出生之日的情景相联系。《启圣录》言：“开皇元年三月三日玄帝产母左胁，当生之时，瑞星天花、异香宝光、充满王国，土地皆变金玉。”[2]故而佛山人要缀以香车香花百子灯等，更要用爆竹之花撒满一地，以庆贺诞辰。以至屈大均认为是“淫荡心志之娱”。应该说，佛山人所重构的氛围是成功的，它使人“目乱烟花，鼻厌沉水”，犹如置身于北帝诞生之日。这一感受，无疑会增加人们对北帝的宗教神圣感。

更为重要的是，烧大爆的仪式，集合了全镇居民，无论男女老幼，无论土著侨寓，无论富人穷人，都可以参与这一仪式，地缘的结合因素在此压倒了血缘的结合因素，阶级的分野在此也变得模糊。人们在参与中享受着社区一分子的权利，从而强化了社区的认同意识。仪式的循环还扮演着调节群体之间关系的重要角色。在激烈的争抢中，在轰鸣的爆声中，在欢乐的喝彩声中，人们在一年之内可能形成的积怨消失殆尽，各种社区关系在此得到调和。几百个爆首当年由北帝撒向全镇居民，几百个新爆次年又由全镇居民还给北帝。接福还神，周而复始，不断循环，犹如一张无形的网索把全镇居民与北帝紧紧联系在一起。同时，在这一盛大的祭祀仪式中，个体显得那么渺小。任何一个还炮者都不可能促成此盛会。只有群体的力量，才集合了几百个大爆。因此，社区成员感受到了彼此之间的依赖程度，同时也加强了继续留在该群体的意愿。从而，群体的整合程度也得到提高。

乡饮酒礼是七十岁以上父老在春秋二祭时到祖庙祭祀后参加的饮宴。乾隆以前，乡饮酒礼曾是八图土著才具有资格参加的仪式。因侨寓的反对，乾隆四年（1739年）乡饮酒礼被官府禁示，随后里排颁胙也被禁止，以后乡饮有60年没有举行。嘉庆四年（1799年）两广总督批准佛山“复乡饮酒礼，颁耆胙”[3]，规定无论土著、侨寓凡七十岁以上者均可参加。像侨寓盐商家族的吴升运亦为“乡饮正宾”。乡饮酒礼绝不单纯是一种祭祀仪式，它具有彰示身份的功能。在传统社会里，除了绅士之外，耆老也是一

[1] 光绪《南海县志·杂录》。

[2] 吕宗力、栾保群：《中国民间诸神》，河北教育出版社，2001年，第66页。

[3] 道光《佛山忠义乡志·乡事》。

种身份标志。在佛山，只有七十岁以上的人才能最接近北帝，才能享受北帝所赐饮福，才能领取北帝所颁胙福。这是一种社会荣誉。取得了这一社会荣誉，自然享有较高的社会地位。而每一次乡饮酒礼的举行，也就是一次显示社会地位的机会，所谓“俾后生有所观感”[1]就是指此。嘉庆四年（1799 年）后侨寓人士进入乡饮酒礼圈子，一方面说明侨寓人士对北帝崇拜及其祖庙祭祀仪式的认同，另一方面也表明了佛山的社会整合程度正日渐提高。

北帝巡游是最有象征意义的祭祀仪式。它具有明确神明控制的社区范围，重申社区领导阶层的地位，强调社区内各神明之间的统属关系，强化人们的主神认同意识，从而加强社区内聚力的功能。清代佛山的北帝巡游，表现了突出的统合社区的作用。

明初的北帝巡游，是在古九社的范围之内。即古洛社（在祖庙铺）、宝山社（在山紫铺）、富里社（在黄伞铺）、弼头社（在岳庙铺）、六村社（在岳庙铺）、细巷社（在突岐铺）、东头社（在东头铺）、万寿社（在东头铺）、报恩社（在锦澜铺）[2]。“每岁灵应祠神（应为龙翥祠神）巡游各社”[3]。但当时九社的范围并不大，所涉铺区仅有后来的 6 铺范围。该 6 铺均处于佛山南部，约占清代佛山镇范围的三分之一。清代乾隆年间，北帝巡游的范围已扩大至全镇范围。陈炎宗记载：“三月三日，北帝神诞，乡人士赴灵应祠肃拜。各坊结彩演剧，曰重三会。鼓吹数十部，喧腾十余里。神昼夜游历，无晷刻宁，虽隘巷卑室亦攀銮以入。……四日在村尾会真堂更衣，仍列仪仗迎接回銮。”[4]“各坊结彩演剧”“喧腾十余里”“虽隘巷卑室亦攀銮以入”，可见北帝是在全镇巡游。当时在汾水铺设有“武当行宫”一座[5]，当是北帝巡游时停舆供商民拜祭之处。又从初四日才“迎接回銮”，可知当时北帝出游时间是一天一夜。

然而上述陈炎宗对北帝巡游的描述过于印象化，我们不能对其细节有更多的了解。

可幸的是，佛山市博物馆保存了一张《佛镇祖庙玄天上帝巡游路径》，十分详细地记载了北帝巡游日期、所经街道及其巡游队伍的组成情况，为我们了解佛山祖庙北帝巡游的细节提供了不可多得的材料。

《佛镇祖庙玄天上帝巡游路径》（以下简称《路径》）是一张刻印公告，宽 52 厘米，长 57 厘米。根据内容看，该公告是清中叶后物。其中详载了佛山一次祭祀北帝崇升的巡游活动。所谓崇升，是指北帝得道飞升金阙。据《混洞赤文》所载：北帝“飞升金阙”在九月九日[6]。佛山举行祭祀北帝飞升活动以往亦在九月九日[7]。此次巡游的时间却定在十月二十六日至十一月三日，一共八天，未知何因？但无论如何，这是一次北帝在合镇各街道的巡游，这对我们要讨论的问题至关重要。

《路径》右首第一行标明：“凡各街道，巡游所经，瓦砾秽物，一概扫清，闸门修好，预备过亭，谅有同志，先此声明。”第二行称：“诹十月二十六日恭随帝尊巡游阖镇，至十一月初三日卯时，俟候崇升。谨将路径胪列于左。祈俟随神各绅耆衣冠者行后可放炮。”左面最后一行称：“凡有诚心，摆列华筵，顺

---

〔1〕 道光《佛山忠义乡志·金石下·书院膏火记》。
〔2〕 道光《佛山忠义乡志·乡域志》。
〔3〕《南海佛山霍氏族谱·重修忠义第一社记》。
〔4〕 乾隆《佛山忠义乡志·乡俗志》。
〔5〕 乾隆《佛山忠义乡志·乡事志》。
〔6〕 吕宗力、栾保群：《中国民间诸神》，河北教育出版社，2001 年，第 69 页。
〔7〕《南海鹤园陈氏族谱·杂录·八图现年事务日期附》记载：“九月初九日帝尊飞升，近年此例已停。”

道采鉴，恕不停銮。观音堂铺銮舆、岳庙铺一狮随行，所有各盛会火篮、狮子一概恭辞。”

北帝巡游前的准备工作，是设定巡游路线，张榜通晓镇民。凡北帝所经街道，一概要清除干净，搭建“过亭”。这与乾隆年间陈炎宗所述三月三出游“各坊结彩演剧”有相似之处。而各街摆列之华筵，北帝只是顺道采鉴，恕不停銮。巡游队伍的组成有严格规定，随着北帝神同行的是“绅耆”和“衣冠者”，只用观音堂铺的銮舆，只许岳庙铺的一狮随行。其他各街组织之会的火篮和狮子一概恭辞。巡游是有组织有步骤进行的，凡各街要烧炮的，必须俟随神绅耆衣冠者过后方可放炮。并定于十一月初三卯时在祖庙崇升，诚心者可届时俟候。

《路径》将整个巡游路线规定如下：

十月二十六日，北帝行宫在祖庙“起马”，沿祖庙铺、山紫铺街道往南巡游，复折回北行，经鹤园铺、潘涌铺、大基铺、汾水铺、富民铺，向西行入太平沙，至观音庙停舆驻跸。这一天主要巡游地点是山紫和南部濒江三铺。

十月二十七日，在观音庙起马，继续在太平沙、富民铺内巡游，然后坐船“过海”（粤语谓“过河”为“过海”），东行鹰嘴沙，过桥入缸瓦栏，在长船屋过海至文昌沙，入鲤鱼沙，再次过海，入大基铺，南经汾水铺、福德铺，西行入观音堂铺，至莲花地黄氏大宗祠下马驻跸。这一天主要巡游铺区是富文铺和隔海的聚龙沙、鹰嘴沙、文昌沙、鲤鱼沙。

十月二十八日，在莲花地黄氏大宗祠起马，继续在观音堂铺巡游，经富民铺、大基铺、福德铺、潘涌铺、鹤园铺、祖庙铺、黄伞铺，然后向东南直插入仙涌铺，至郡马梁氏大宗祠下马驻跸。这一天主要巡游铺区是中部观音堂、潘涌、福德、鹤园、黄伞等铺。

十月二十九日，在郡马梁祠起马，往南经社亭铺、栅下铺、东头铺、突岐铺，东折彩阳堂铺，北回仙涌铺、社亭铺、岳庙铺，继续北上，入大基铺，东北出社亭铺，下仙涌铺、突岐铺、明心铺、耆老铺、锦澜铺、桥亭铺，复东回耆老铺、入突岐铺，至陇西里李尚书祠下马驻跸。这一天主要巡游铺区是东南部的岳庙、社亭、仙涌、彩阳堂、医灵、明心诸铺。

十月三十日，在李大宗祠起马，南下栅下铺，北回突岐铺、陇西里，然后东入彩阳堂铺，北折医灵铺、纪纲铺、黄伞铺、福德铺、鹤园铺、观音堂铺、潘涌铺、富民铺，东折汾水铺，南下仙涌铺、福德铺、黄伞铺、丰宁铺、耆老铺、锦澜铺，至澳口梁大宗祠下马驻跸。这一天主要的巡游铺区是东南部的栅下、东头、突岐、真明和中部的纪纲、石路诸铺。

十一月初一日，在澳口梁大宗祠起马，先在桥亭铺内向西南巡游，经通济桥，过桥至永安社学，复折回过桥至澳口梁大宗祠，北上锦澜铺，南折大桥头，过桥南入明照铺，又过桥入栅下铺，北入突岐铺，西行入锦澜铺，北行丰宁铺、祖庙铺、鹤园铺、福德铺、汾水铺，复南入潘涌铺、观音堂铺、祖庙铺、黄伞铺、丰宁铺，东折明心铺、耆老铺，至金鱼堂陈大宗祠下马驻跸。这一天主要的巡游铺区是西南部的明照、耆老、锦澜、桥亭、山紫、祖庙诸铺。

十一月初二日，在金鱼堂陈大宗祠起马，北上丰宁铺、黄伞铺、鹤园铺，西南折祖庙铺、丰宁铺、耆老铺、经陈大宗祠；入锦澜铺，再南行入耆老铺、明心铺，西行入丰宁铺，北入纪纲铺、石路铺、祖庙铺，复西经真明铺、明心铺、耆老铺，再经陈大宗祠、田心书院，在进殿会下马驻跸（进殿会设在田心书院）。这一天主要的巡游铺区是反复巡游西南部的耆老、丰宁、明心、真明、锦澜、祖庙诸铺，中部的黄伞、纪纲、石路诸铺和东部岳庙、社亭诸铺。

初二晚由进殿会起马，北经耆老铺金鱼堂陈大宗祠；南下锦澜铺，东入耆老铺、栅下铺，北上彩阳堂铺、突岐铺、医灵铺、仙涌铺、社亭铺、岳庙铺，经石基入大基铺、汾水铺、富民铺，南折观音堂铺，经鹤园铺、黄伞铺、纪纲铺、石路铺、明心铺，再西折丰宁铺、祖庙铺，经隔塘大街、八图祖祠、万福台，至祖庙。北帝于此在初三卯时崇升。这一晚的主要巡游路线是绕佛山一周。

从上可知，佛山的北帝巡游，不是一铺一铺递次进行的，而是各铺交叉进行的。笔者发现，北帝巡游没有在同一条街道上回头的，都是一条街道走到底（因篇幅所限，街道名略去），穷巷断街北帝是游不到的。北帝不回头是北帝巡游的一大特点。但这势必会漏掉许多街道。为了解决这一矛盾，北帝巡游采取多次绕圈而行的方式进行。这又使北帝巡游呈现出重复性的特点。即俗称之“行龟缩”。然而，每一次的反复，都不是上一次的继续。比如，在街道较多且排列整齐的汾水铺，所走的路线几乎不重复，只在街道口相交处重现。而在街道较少的铺区如栅下铺，则每次绕圈都必须在一些与外铺相接的通衢上重复。南来北往，使人误以为北帝巡游是从原路返回的（佛山故老传闻行龟缩是从原路返回的）。实际上都是为了补游第一次游不到的街道。唯其如此，我们才能看到明照铺和汾江对岸的鹰嘴、文昌和鲤鱼等沙只游了一次，因为它们的街道是沿河涌呈带状分布的，一次就可以全部游完。用八天的时间来遍游全镇街道，充分显示了北帝对整个佛山的统合力量，尤其是北帝“过海”巡游诸沙，更体现了北帝对周边区域的统合以及周边区域对北帝的认同。上述诸沙多在汾江北岸，在清代以前不属于佛山堡版图。如文昌沙、鲤鱼沙属叠窖堡，太平沙、聚龙沙属张槎堡。乾隆年间的北帝巡游是不过汾江河的。随着佛山工商业的发展，上述诸沙日益城镇化，“商务以文昌为盛，鹰沙以西木商最多，亦自成一市”。经济上的联系，加强了政治上的整合，咸丰以后，鹰文二沙遂设立分局，受制于佛山团防总局；太平、聚龙二沙合设一局，称平聚局，局首“由坊众公推”，其治安亦由佛山都司巡管。这样四沙亦进入佛山版图[1]。由此，四沙居民自然会有进入佛山文化圈的愿望，而佛山居民也要有一个承认其合法地位及显示其统属关系的表示。北帝“过海”的巡游活动，就是在这一背景下发生的（笔者对比过《路径》与诸佛山忠义乡志的街道名，推断此次巡游当在咸丰年间）。由此可见，北帝巡游活动具有强烈的明确社区范围的象征意义，具有强化社区整合结果的功能。

祖庙对各铺主庙的统合关系，在这次北帝巡游中显现得十分清楚。在巡游路径中所列出的庙宇名有62个，其中有19个是各铺主庙，而笔者根据地图查看，发现岳庙铺的武庙、鹤园铺的洪皇庙、医灵铺的医灵庙，亦在必经路径上。这就是说当时22铺和文、鹰二沙的主庙都是北帝巡游之处（祖庙铺、潘涌铺、彩阳堂铺、纪纲铺、石路铺无主庙）。

上文说到，当时佛山有庙宇170座，而北帝巡游只有近70座庙宇，显然是经过挑选，并有意识地巡游到各铺主庙所在位置上，公庙和街庙就不在必游之列。例如东头铺、突岐铺、仙涌铺、明照铺、黄伞铺、鹤园铺、医灵铺、真明铺，都仅游了一座主庙。其他庙宇一概不游。所游庙宇最多的是山紫铺和富民铺，因其庙宇多处于必经之路。故也“顺道采鉴”。详见下表：

---

〔1〕 民国《佛山忠义乡志·舆地·四沙》。

北帝巡游所经各铺庙宇一览表（黑体字者为主庙）

北帝巡游所经各铺庙宇
祖庙铺——亲庙、圣乐宫、祖庙
山紫铺——**南泉观音庙**、地藏庙、二仙庙、华光庙、东岳庙、玄坛庙、北城侯庙
汾水铺——南擎观音庙、武庙、**太上庙**
富民铺——盘古庙、南胜庙、三界庙、车公庙、**洪圣庙**、鬼谷庙
大基铺——大王庙、**帅府庙**
福德铺——**舍人庙**、天后庙
观音堂铺——华光庙、洪圣庙、镇西庙、**南善观音庙**
栅下铺——天后庙、**龙母庙**、太尉庙
东头铺——**关帝庙**
突岐铺——**金花庙**
仙涌铺——**关帝庙**
岳庙铺——吕祖庙、花王庙、三圣宫、**关帝庙**
桥亭铺——**南济庙**、会真堂
明照铺——**盘古庙**
丰宁铺——四圣庙、**国公庙**
黄伞铺——**孖庙**（天后庙、华光庙）
耆老铺——**金花庙**、字祖庙
锦澜铺——**华光庙**、南济观音庙
明心铺——**太上庙**、塔坡庙、文昌阁
社亭铺——南禅观音庙、**药王庙**
鹤园铺——**洪皇庙**
医灵铺——**医灵庙**
真明铺——**三圣宫**
石路铺（纪纲铺）——花王庙
聚龙沙（太平沙）——伏波庙、三官庙
鹰嘴沙——乌利庙、张公庙、**飞云庙**、华佗庙
文昌沙——**武庙**、太保庙、观音堂
鲤鱼沙——北城侯庙

由此可见，北帝巡游还体现了其统属庙宇系统的等级关系。只有一铺之主庙，才有资格恭候北帝的驾临。一般庙宇无此洪福。而通过北帝巡游，强调了群庙之间的等级差别，明确了诸庙对祖庙的归属和依附关系，从而也重申了北帝的社区主神地位。

这种精神世界的等级关系，也暗示着现实世界的等级关系。在北帝巡游的队伍中，有资格跟在北帝后面的是“绅耆”和“衣冠者”，也就是说七十岁以上的耆民、科举成功之士和官宦人物，他们是社区最有地位的群体。其中的一部分是佛山自治组织大魁堂的成员，他们是佛山的精英阶层，如同北帝巡游体现了对诸庙的统属关系，这批精英在各铺区街道的巡游，也体现着他们对佛山各铺区街道的统属关系。而每一次的北帝巡游仪式，就是再一次重申他们所拥有的社会地位的机会。有人指出：“为保持上等人的恬静和人们的良好秩序，没有比礼仪的规则更好的东西。礼仪的规则不过是尊敬原则的发展。”[1]北帝巡游仪式，体现着士绅阶层与其追随者的关系，体现着各群体之间的关系，有助于人们看到和记住这些分成等级优势的现存固定关系，这对维持社区团结、稳定社会秩序，无疑起了不可忽视的作用。

北帝巡游仪式还反映了土著居民在祭祀活动中保持着古老的权威。北帝在外巡游的七夜中，曾在五个土著大宗祠驻跸，它们是莲花地黄大宗祠、郡马梁祠、澳口梁大宗祠、细巷李大宗祠、金鱼堂陈大宗祠。除了驻跸之外，巡游中各大宗祠都重复巡游了一次以上，其中陈大宗祠重复巡游4次，郡马梁祠3次，澳口梁大宗祠2次，李大宗祠和黄大宗祠各1次。加上当夜的驻跸，上述诸祠依次为5、4、3、2、2，这个数字表示了北帝曾多次与其族人相会。与诸庙和街道相比，重复3次以上者确属寥寥无几。这至少说明上述诸宗祠在北帝巡游中占有特殊的地位。既可迎北帝驻跸，又可享受多次巡游。笔者认为这种仪式是“坐祠堂”仪式的继续和重现，它暗喻着北帝神是土著居民祖先缔造的。祖庙首先与他们祖先相联系。北帝巡游及其驻跸土著大宗祠，正是重申着土著居民与北帝的古老联系。一种礼仪和风俗就是某种精神寄托的习惯。礼仪和风俗越是古老，就越使人们的个人生活遵奉这种精神寄托的习惯。而精神寄托的习惯越是古老，对人所施加的影响就越大。尽管北帝巡游的内容在清中叶已大大扩充，但世代交叠的积淀作用，仍然以古老的事物维持着原始威望的存在。

综上所述，几百年来，祖庙的中心地位不断突出，北帝的控制范围日益扩大，北帝的崇拜日渐抬升。从明初仅有“寺庙数处”，到清末有神庙170座，从明初北帝仅巡游九社范围，到清末巡游全镇二十七铺范围及其各沙；就是其逐渐发展的历史轨迹。由此可见，传统的神明祭祀是随着传统社会的发展、适应传统社会的多样化需要而不断精致化、复杂化；它完成着对传统社会不断整合的重大任务，发挥着建构传统社会的重大作用。

（作者：罗一星，历史学博士，佛山史专家，曾任广东省社会科学院历史研究所副研究员、中山大学历史人类学研究中心客座研究员，现为广州市东方实录研究院院长）

---

[1] 罗斯：《社会控制》，华夏出版社，1989年，第192～193页。

基于虚拟现实技术的佛山“数字祖庙”构建

李越琼[1]　范劲松[2]

（1. 佛山科学技术学院，广东佛山 528000；2. 佛山科学技术学院，广东佛山 528000）

一　引言

虚拟现实技术（Virtual Reality，简称 VR），是利用计算机生成的模拟环境，是多源信息融合交互式的三维动态视景和实体行为的系统仿真，它让用户进入虚拟空间，通过想象、临场感和交互，实时感知和操作虚拟世界中的各种对象，从而获得身临其境的真实感受〔1〕。近年来，虚拟现实技术已经从模拟训练发展覆盖到航空、医疗、军事、教育、娱乐、艺术在内的计算机网络的各个领域，其中，对珍贵的古建筑遗产进行保护与传承也是虚拟现实技术应用的重要领域。

近年来，国内外的研究者已经创建著名考古地、建筑物以及自然保护区等世界文化遗产的虚拟空间，国外有虚拟古罗马、虚拟西班牙圣地亚哥大教堂、虚拟巴黎圣母院、虚拟泰国 Phimai 神庙等。国内也有敦煌艺术数字保护与虚拟旅游、故宫三维虚拟展示、数字兵马俑等〔2〕〔3〕〔4〕。虚拟现实技术构建的上述虚拟空间，不仅通过三维建模和虚拟漫游、虚拟交互技术实现了古建筑文化遗产的数字化，有效地保护、展示、复原古建筑文化遗产，而且还可以让人们利用计算机互联网进行虚拟漫游、欣赏、感受古建筑文化遗产的艺术魅力。本文应用虚拟现实技术和数字化技术构建了“数字祖庙”，实现了虚拟场景重现、高精度环境尺寸测量、高清晰度数字影像图片欣赏等功能。这不仅对保护、传承祖庙文化自身是一项具有重大意义的文化工程，而且在古建筑保护领域为拓展虚拟现实技术和数字化技术也做出了有益的探索与创新。

二　佛山“数字祖庙”构建背景与目标

佛山祖庙始建于北宋元丰年间（1078～1085 年），是供奉道教北方真武玄天大帝的神庙，是一座体系完整、结构严谨、具有浓厚地方特色的庙宇建筑，并完好保存至今。其主体建筑群的装饰工艺充分体现了本地民间工艺的精湛技艺和卓越成就，1996 年被列为全国重点文物保护单位，与肇庆悦城龙母庙、广

---

〔1〕 杨丽、项秉仁：《虚拟现实技术在建筑设计中的应用》，《华中建筑》2007 年第 9 期。

〔2〕 李敏杰、张堃：《虚拟现实技术在建筑行业中的应用》，《现代计算机（专业版）》2011 年第 3 期。

〔3〕 周宁、王家廞等：《基于虚拟现实的中国古建筑虚拟重建》，《计算机工程与应用》2006 年第 18 期。

〔4〕 邵亚琴、汪云甲、刘云：《基于虚拟现实的龟山汉墓虚拟重建研究》，《测绘通报》2008 年第 2 期。

州陈家祠合称为岭南古建筑三大瑰宝。佛山祖庙除了岭南建筑本身具有丰富的文化价值，还有大量木雕为主的建筑构件、陶塑瓦脊和大型铁铸瑞兽。这些建筑装饰和陈列品既集中反映了明清时期佛山高超的民间工艺技术，更是当今人们研究传统历史文化最珍贵的实物资料。

为了保护、传承佛山祖庙这一珍贵的历史文化遗产，佛山市政府决定建设“数字祖庙”。构建“数字祖庙”的目标是：基于虚拟现实技术与数字化技术，采用高动态光照渲染技术（High – Dynamic Range，简称 HDR）的全景图像，以虚拟现实技术（VR）为平台，建立可视数据库，实现祖庙建筑实体空间在虚拟环境的映射，从而以数据库形式将修缮前后的祖庙古建筑资料数据留存下来，立体、逼真地展现佛山祖庙的全貌，为文物保护获得全面完整的资料。

三 “数字祖庙”的主要实现技术

基于上述目标，“数字祖庙”虚拟现实系统的设计与实现分为策划与准备、数据测量与采集、数据分析与处理和建立可视数据库等 4 个工作阶段（图 1）。

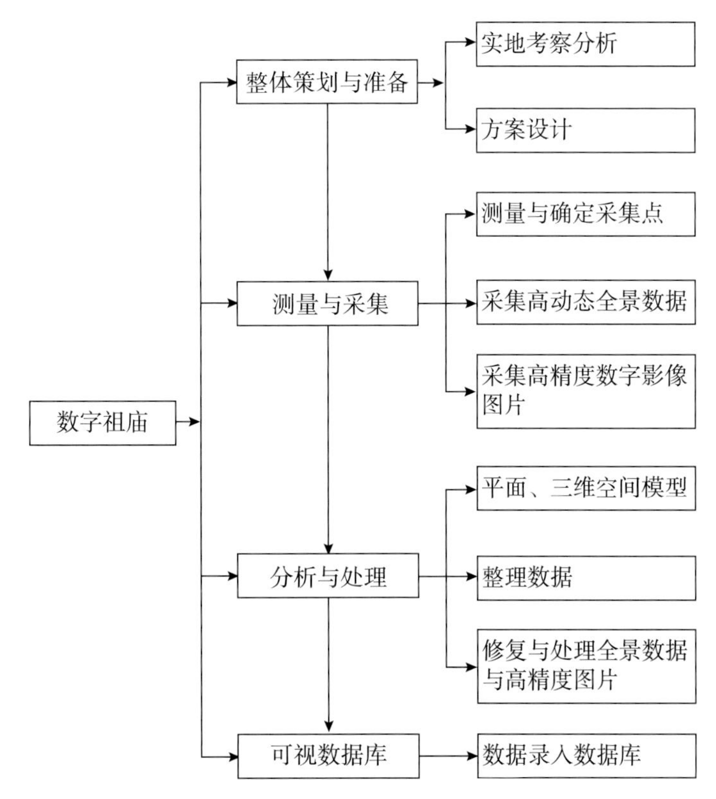

图 1 佛山“数字祖庙”虚拟现实构建技术路线图

（一）策划与准备阶段

策划与准备工作包括“数字祖庙”实地考察、平面图纸、建筑物布局数据收集、设计项目整体计划，以及设备调节、数字模型建模、文件信息管理、后期处理方法等。

（二）高动态范围图像与超高分辨率图像数据的测量与采集阶段

“数字祖庙”的数据采集分为两大部分：一部分数据是利用高动态全景相机进行数字化拍摄，获得360°全方位高动态范围图像数据。高动态范围图像（HDR）是一种可以显示真实世界场景中高动态范围亮度信息的图像，其像素值正比对应场景中实际亮度值，具有层次更加丰富、色彩空间更高的特性，可以记录场景中的亮部与暗部的细节。另一部分数据是利用先进的数字后背拍摄超高分辨率数字图像数据。数字后背又称数字机背，是有CCD芯片和数字处理等部分，而没有镜头等机构，只有加附于其他传统照相机机身上才能拍摄使用的装置，其加用于中幅照相机和大型照相机上，可使中幅照相机和大型照相机进行数字化拍摄的装置。使用数字后背可拍摄出像素达到亿万级高清晰度、无压缩图像。360°全方位高动态范围图像与超高分辨率图像的完美整合与匹配，实现了使用者在进入360°虚拟现实空间后，局部定点可查看超高分辨率清晰细节图像，两种技术相互配合与辅助，保证了数据信息的全方位、高质量，是“数字祖庙”一次全新有益的尝试。

数据采集的测量与拍摄是确保后期拼接准确性的重要基础工作。“数字祖庙”的数据采集包含了佛山祖庙修缮前与修缮后数据，以修缮前的原始数据为主，修缮完成后又进行了多次补充拍摄采集，为后期的图像处理与信息比对提供重要依据。

数据采集时，依据建筑修缮的顺序和最佳观测位置的选择，将数据采集分为万福台、锦香池、三门、前殿、正殿、庆真楼六大区域。每个区域根据平面、立面图与视角范围以及与周边环境位置关系，确定多个采集视点。

构建“数字祖庙”所需的影像，包括建筑群整体影像、单体建筑外部各立面影像、能反映建筑群与单体之间关系的影像、单体建筑主要构造与结构影像（如屋脊、山墙、驼峰、梁架），能说明建筑地点与年代特征的局部影像（如斗栱、墀头、雀替、满洲窗、彩绘壁画、套色艺术玻璃），以及陈设在建筑内、外的附属文物（如木雕、石雕、砖雕、灰塑、陶塑瓦脊、铁铸武士立像）等。依据“全国重点文物保护单位记录档案工作规范”的要求，在高动态全景相机和数字后背影像拍摄过程中应注意以下要点：

（1）拍摄古建筑群不可以使用广角镜头，数字后背拍摄时使用红外线水平仪找准中心点，在焦距、光照等不变的情况下沿水平和垂直方向正立面平拍，使画面无俯仰的感觉。数字后背特有的移轴功能，可以很好地解决成像中的垂直和水平的校正问题，避免影像产生畸变，为连续影像的拼接提供了准确的素材；同时，由于数字后背具有“沙姆定律”校正功能，即当被摄体平面、影像平面、镜头平面这三个面的延长面相交于一条直线时，它可以获得大光圈下极大景深全面清晰影像。

（2）每个视点拍摄时必须精确设定相机白平衡，做到现场的实际色温值与数字后背感光芯片CCD的色温模式保持一致。使用数字后背拍摄时的光照方向以45°左右为宜，一般是在上午9~10时和下午3~4时，防止多种不同色温的光源交叉照明对影像色彩的影响。此外，为保证还原古建筑的本来色彩，每个视点影像拍摄前须加拍一张DNG标准色卡影像，为影像后期拼接处理时调整色彩灰平衡提供准确的色温依据。同时，色卡文件必须与拍摄影像文件保存在一起，并明确标注精准的时间、地点与拍摄属性信息。

（3）同一视点需要进行不同方位的数字后背数据采集，保证在有遮挡物时对文物有全貌的结构把握。同一镜头应拍摄三张以上，以确保在后期处理的时候可以挑选色调最真实的一张。连续的位置影像必须有至少三分之一的重叠，方便后期处理时候进行拼接。

（4）拍摄数字后背高分辨率的同时，在相同视点使用高动态全景相机进行高帧率、高像素、高定位精度的360°全方位高动态全景数据采集。由于高动态全景相机的高速采集特点，因此，在采集的时候，应清理镜头范围内流动的人与物，避免造成数据影像中出现“虚糊”的效果。

采集数据时，需做到及时进行编号，以便后期处理时与平面图纸相对应。同时，还需对佛山祖庙的原始记录相关资料进行收集。充分利用文献资料查阅、互联网查找等方法全面收集祖庙的历史背景、发展概况、当地人文环境等相关资料，并进行扫描、拍照的数字化处理。将相关资料放到“数字祖庙”数据库中，能够让使用者在通过文字资料的介绍，全面地了解佛山祖庙的历史、人文环境，加深对佛山祖庙的认识[1]。

（三）数据分析与处理阶段

首先，利用前期采集的数据，建立和完善的“数字祖庙”平面及三维空间模型，它既有助于研究人员对区域与方位的全面把握，而且对后期创建数据库有重要作用。

其次，按照编号和平面图纸分类整理不同区域已采集和测量的数据。根据文件管理标准对每个区域的数据包括平面测量数据、高动态全景数据、高清晰度数字影像图片数据与相关文字资料等进行归类整理。

第三，高精度影像的修复与拼接。由于每个区域都拥有数据量巨大的超高分辨率数字图像数据，因此，必须使用专业的图形工作站以及专业的图像处理软件修复与拼接。其中，必须注意的技术要点有：

（1）色彩校正。为了建立一致的色彩环境，需要使用色彩校正管理系统对输入和输出的数字设备进行色彩较正，有助于更科学更高效还原祖庙建筑环境色彩的真实性。

（2）RAW 文件处理。为了保证采集的数据信息记录的完整性，拍摄的高分辨率数字图像需用 RAW 格式文件保存。RAW 格式文件是一种记录了数码相机传感器接收数据之后的原始信息，同时记录了 ISO 设置、快门速度、光圈值等原始数据的文件，是未经处理、未经压缩的格式，又被称为“原始图像编码数据”或更形象的“数字底片”。处理 RAW 格式文件前需要对图像进行预处理，包括调整曝光、反差、镜头、焦距、光圈、明暗度、锐度、降噪、白平衡等处理，使图像的轮廓更为清晰，有利于进一步找到最佳的拼接位置，调整理想的图像导出 TIFF 格式。

（3）拼接技术。高分辨率数字图像拼接技术就是将数张有重叠部分的图像拼成一幅大型的无缝高分辨率图像的技术。图像拼接的关键是对前期平移拍摄到的高精度图像利用图像灰度相关性，精确地找出相邻两张图像中重叠部分的位置，然后确定两张图像的变换关系，即图像配准[2]。拼接时，可寻找到最佳拼合位置，进行平移、旋转、大小、色差以及组合、变形与扭曲的调整，最后达到局部对齐、全局调

〔1〕 李晓峰、黄涛：《武当山遇真宫大殿数字化与虚拟复原研究》，《建筑学报》2004 年第12 期。
〔2〕 王娟、师军、吴宪祥：《图像拼接技术综述》，《计算机应用研究》2008 年第7 期。

整拼接和拼缝融合[1]，拼接后的影像达到与原始图像最大程度接近，没有明显的拼接痕迹和曝光差异。

第四，利用虚拟现实（VR）制作软件，将高动态全景相机采集到的全景数据录入并进行曝光调整与三脚架位置修复处理，最终拼接、渲染生成一组连接的VR虚拟演示文件。高动态全景相机具有独特的三维测距功能，实现距离测量以及任意点的三维坐标测量，做到在虚拟空间中便可以测量所有可见物与空间的精确尺寸。

图2 佛山“数字祖庙”360°全景图

（四）建立可视数据库阶段

采集与处理后的文字与影像文件，需要以直观的形式展示给专业人员，因此，建立一个可视数据库才能最终建成“数字祖庙”。利用可视化场景资料数据库管理软件系统，将采集处理后的360°全方位高动态范围图像、超高分辨率数字图像、平面图、文档、视频数据等，统一放置在以服务器为存储终端的可视数据库中，进行存储和发布。数据库管理软件具有管理员模块和客户端模块两种管理级别，共享与授权功能可以实现根据不同用户对数据的不同需求，实行多级别的用户管理，不同的用户分配不同的权限。专业文化遗产保护及相关人员进入360°虚拟现实空间后，局部定点可查看超高分辨率清晰细节图像，如需要下载大分辨率图，必须采用实名注册并填写下载申请，在得到后台管理人员认可激活账号后，可进行浏览、检索、下载等。数据库能合理有效地将项目的影像文件、虚拟演示文件、音频文件、文档文件等数据信息整合在这一平台上，不仅方便快速查询，而且在最大程度上保证了所有电子信息的安全性，是数字化与古建筑遗址之间重要的平台，为使用者提供了强大的信息数据管理，从而更直观地了解场景原貌。

四 结语与展望

基于虚拟现实技术构建的“数字祖庙”是利用高动态数据文件生成的高科技成果，它不仅是一项重大的文化保护工程，而且是虚拟现实技术和数字化技术在古建筑保护领域的一次有益的探索。“数字祖庙”通过策划与准备、实地各种数据的测量与采集、影像数据与文字数据的分析与整理、可视化数据库建立等技术过程与工作，构建了“数字祖庙”的虚拟现实系统与数字化系统，实现了

[1] 吴健、余生吉、俞天秀：《莫高窟雕塑数字化与艺术表现——以莫高窟第158窟三身雕塑为例》，《敦煌研究》2009年第6期。

古建筑数字化保护和查询等功能。“数字祖庙”建成后取得了良好的效果并获得广大专业人士的一致好评。

“数字祖庙”的构建是虚拟现实技术在古建筑保护领域的拓展与技术创新。在“数字祖庙”的构建中应用了高动态光照渲染技术（HDR），以可视数据库为依托，实现祖庙建筑实体空间在虚拟的空间的映射，令立体场景真实地展现给用户，增加虚拟的真实感。同时，“数字祖庙”中将三维空间与平面图片融合到了一起，使HDR的360°全方位拍摄图像与数字后背超高的分辨率图像完美结合，图片放大处理后仍然能保持平滑，加载的全尺寸图片拥有更高的分辨率等方面获得了新的进展，使参观者可以浏览到祖庙古建筑及其内部景象的全部细节。

随着科学技术的发展，未来在古建筑保护领域，虚拟现实技术还可以与互联网、物联网和云计算等新一代信息技术结合起来，以更有效地保护、展示、修复、复原古建筑文化遗产，使更多的观众能足不出户、方便快捷、身临其境地切实感受古建筑的全貌与艺术展品，更好地欣赏、感受古建筑文化遗产的艺术魅力，也在很大程度上为文化遗产保护事业的推广和传播起到了积极的作用。

佛山祖庙历代修缮考

凌　建　何辉平

一　绪论

古建筑修缮是通过延续古建筑的寿命来更好地保护和传承中华民族优秀的传统文化，最大限度地将其所承载的历史信息留给后人。考证和研究古建筑的历代修缮情况，对完善古建筑修缮档案、宣传古建筑保护理念、加强文物保护利用和推进文化遗产保护传承有着十分重要的意义。

佛山祖庙又名北帝庙、灵应祠，位于广东省佛山市禅城区祖庙路21号，始建于北宋元丰年间。祖庙是一座在佛山历史上集神权、族权和政权于一体的供奉北方真武玄天上帝的庙宇，也是华南地区北帝庙中唯一一个官祀与民祀并存的庙宇。祖庙素有“古祠艺宫”的美誉，曾被国际友人赞誉为“东方民间艺术之宫”、“岭南建筑艺术之宫”，是最具代表性的岭南建筑之一。佛山祖庙于1962年被广东省人民政府公布为广东省重点文物保护单位，1996年被国务院公布为全国重点文物保护单位，2003年入选佛山市新八景，2012年被评为国家4A级旅游景区。

佛山祖庙在历史上曾有过多次修缮，前人对祖庙的修缮历史也有过研究和论述。广东省博物馆副馆长肖海明博士的《中枢与象征——佛山祖庙的历史、艺术与社会》是第一本全面论述祖庙历史文化的著作，该书从祖庙本身、祖庙与佛山社会的关系两个方面进行了较为深入的研究，将佛山祖庙作为华南民间庙宇所具有的特性归纳为祖庙模式，这为研究民间庙宇与当地社会的关系提供了一个比较详细的微观案例。

佛山史专家罗一星博士的《明清佛山经济发展与社会变迁》完整地展现了明清时期佛山社会经济变迁的过程，将传统佛山社会经济研究推向了一个新的高度。其中对祖庙大魁堂也作了深入系统的论述，包括大魁堂产生的历史原因、士绅阶层与大魁堂的关系及其历史作用、大魁堂的组织功能和大魁堂值事群体等内容。罗一星博士的另外一篇论文《佛山祖庙与佛山传统社会》论述了佛山北帝神明缔造的过程，探讨了其与传统社会发展的密切关系。

华南理工大学建筑学院吴庆洲教授的《瑰伟独绝　独树一帜——佛山祖庙建筑研究》对祖庙古建筑群进行了深入系统的研究，包括对灵应牌坊、三门、前殿、正殿和万福台的建筑结构、建筑历史和艺术价值一一作了透彻的论述，可以视为祖庙内各主要建筑单体的研究汇总。程建军教授的《岭南杰构　唯我独尊——祖庙建筑艺术研究》，内容涉及祖庙建筑性质与形制、建筑发展变迁、建筑组群布局与空间特色和建筑艺术特色的整体性研究。

然而，系统全面地对祖庙历代修缮情况进行考证的，至今还不曾有过。笔者拟依托乾隆、道光、民国三个版本的《佛山忠义乡志》、《明清佛山碑刻文献经济资料》和《祖庙资料汇编》等史料，结合现存于佛山祖庙古建筑群内的各类实物资料，在前人研究的基础上，对此课题展开探讨，以求教于方家。

二　佛山祖庙历次修缮考据

佛山祖庙始建于北宋元丰年间。据民国《佛山忠义乡志》对敕封灵应祠的记载："在祖庙铺，祀真武帝。祠之始建不可考，或云宋元丰时（1078～1085年）。历元至明，皆称祖堂，又称祖庙。以历岁久远，且为诸庙首也。祠自明景泰三年，始以神显庇佛山，威破黄贼，特加敕封，定春秋祀典，有清因之旧传。祠之初立，不过数楹，至元末为贼所毁，则前此规模已无可据。"[1]按：乡志载祖庙始建于宋元丰年，这从宋代对道教的尊崇和北帝在道教诸神中逐渐显赫起来的情况看来，是可信的。这个宋代建造的北帝庙于元代被焚，据说是元末平洲龙潭的农民起义军烧毁的[2]。据乾隆《佛山忠义乡志》记载："元末龙潭贼寇本乡，舣舟汾水之岸，众祷于神，即烈风雷电，覆溺贼舟过半。俄，贼用妖术，贿庙僧以秽物污庙，遂入境剽掠，焚庙宇，以泄凶忿。不数日，僧遭恶死，贼亦败亡。"[3]

据笔者考证，自明洪武五年（1372年）佛山祖庙重建，至新中国成立前，祖庙古建筑群范围内有史料记载或有迹可循的建筑单体维修、扩建和全面修缮先后共有三十七次，其中明代十五次、清代十八次[4]，民国四次。由于民国时期社会动荡不安、战乱不断，所以祖庙很少进行大规模的修缮，主要都是小范围的局部修缮和美化。

新中国成立以后，佛山祖庙的零星维修和扩建继续进行。尤以2007年11月～2010年10月的祖庙百年修缮规模最大，此次修缮使这座"古祠艺宫"重新焕发新的风采。

祖庙古建筑群沿南北中轴线依次为万福台、灵应牌坊、锦香池、三门、前殿、正殿与庆真楼，建筑面积3600平方米。从始建至今，历代对祖庙的修葺从未间断，祖庙的现存就是历史在各建筑单体、各建筑构件和各建筑装饰上的凝聚。

（一）明代佛山祖庙修缮沿革考

1. 明洪武五年重建祖庙考

明洪武五年（1372年），乡人赵仲修重建祖庙。民国《佛山忠义乡志》即记载："明洪武中，乡人赵仲修始修复之"[5]。这时的规模很小，"不过数楹"而已[6]。由此可知，明洪武五年重建的"祖庙"仅为正殿，从祖庙正殿现存的宋式斗栱可以得到佐证。自明洪武年间的这次重建起，祖庙正殿内的斗栱即保存了下来，其前檐斗栱沿用的是北宋风格，具有鲜明的宋代法式特征，斗栱上使用的栱栓做法，在我国现存的古代建筑中是不可多得的实物例证。

---

〔1〕民国《佛山忠义乡志》卷八，祠祀一。
〔2〕《祖庙资料汇编》，第15页。
〔3〕乾隆《佛山忠义乡志》卷三，乡事志。
〔4〕清光绪十四年重修观音殿和崇正社学合记为一次。
〔5〕民国《佛山忠义乡志》卷八，祠祀一。
〔6〕民国《佛山忠义乡志》卷八，祠祀一；《祖庙资料汇编》，第15页。

据明宣德五年[1]唐璧所撰的《重建祖庙碑记》（见图1）载："洪武间，乡耆赵仲修重建祠宇，缘卑隘无以称神威德。"[2]按："缘卑隘无以称神威德"这种说法不够全面，笔者认为洪武年间重建祖庙主要是因为元末祖庙被毁；出于对北帝的崇拜，认为祖庙的规模要与北帝作为神灵所应有的威武和德行相称也可以视其为原因之一。

图1　重建祖庙碑记

2. 明洪武八年改建崇正社学考

崇正社学，亦称文昌宫。在灵应祠左，原为佛寺。明洪武八年（1375年）始改建社学，安奉文昌神牌于中座，颜曰"文会堂"[3]。

崇正社学作为佛山镇之重要社学，具有士子课文和绅士祭祀文昌神的功能，主要是一教育机构。民国《佛山忠义乡志》即记载，"本乡文昌宫，盖先辈课艺暨虔修祀事之区也"[4]。

3. 明宣德四年重修北帝庙考

明宣德四年（1429年），乡之善士梁文慧出任主缘重修祖庙，在原有基础上略加扩建[5]。民国《佛山忠义乡志》记载："宣德中，梁文慧等继拓修之。"[6]正统三年（1438年）所撰《重修庆真堂记》载："宣德四年己酉，乡之善士梁民慧出为主缘，化财重建。其趋事赴工者，不厌不怠，经之营之，毕年成之。"[7]唐璧所撰写的《重建祖庙碑记》载："宣德四年己酉，士民梁文慧等，广其规模，好善者多乐助之，不终岁而毕，丹碧焜耀，照炫林壑。"[8]

从以上文献记载可知，明宣德四年重修扩建祖庙，最大的变化就是此时在原有正殿的基础上新建了祖庙前殿，这从前殿的明式如意斗栱可得到佐证。

4. 明正统元年开凿灌花池考

关于当时开凿灌花池的记载有两种不同的说法：第一种说法为明宣德年间开凿，据乾隆和民国《佛山忠义乡志》记载："宣德中，梁文慧等继拓修之，凿灌花池于祠前。"[9]

第二种说法为明正统元年开凿。其一，据明正统三年（1438年）所撰《重修庆真堂记》载："正统元年丙辰岁，主缘梁民慧等各出己财，买到庙前民地一丘，以步计之一百廿有五，凿为灌花之池，植以波罗、梧桐二木于余土之上。其地税粮则有梁民慧、霍佛儿分承在户，以输纳之，冀千载之下，

[1] 见《重建祖庙碑》原碑碑记，《重建祖庙碑》原碑现保存于佛山市祖庙博物馆"岭南圣域——佛山祖庙历史文化陈列"展馆。
[2] 见《重建祖庙碑》原碑碑记，《重建祖庙碑》原碑现保存于佛山市祖庙博物馆"岭南圣域——佛山祖庙历史文化陈列"展馆。
[3] 佛山市图书馆整理：民国《佛山忠义乡志》（校注本上）卷五，教育志二，岳麓书社，2017年4月。
[4] 佛山市图书馆整理：民国《佛山忠义乡志》（校注本上）卷五，教育志二《修崇正社学记》，岳麓书社，2017年4月。
[5] 《祖庙资料汇编》，第15页。
[6] 民国《佛山忠义乡志》卷八，祠祀一。
[7] 见《重修庆真堂记》碑文，该碑及碑文现存放于佛山祖庙前殿。
[8] 见《重建祖庙碑》原碑碑记，《重建祖庙碑》原碑现保存于佛山市祖庙博物馆"岭南圣域——佛山祖庙历史文化陈列"展馆。
[9] 乾隆《佛山忠义乡志》卷二，官典志；民国《佛山忠义乡志》卷八，祠祀一。

无有侵占，永为本堂风水之壮观也。”[1]其二，乾隆《佛山忠义乡志》载：“正统元年丙辰，凿北帝庙前灌花池，梁文慧、霍佛儿捐地一百二十步并植梧桐、波罗二树于池旁。”[2]其三，道光《佛山忠义乡志》收录、编撰于康熙年间的祖庙《庙志》载：“庙将修完，有乡判霍佛儿、乡耆梁文慧见得庙前逼狭，无以壮观，二人推心合将已财买洛水氹民地三亩五分，其税收入霍梁二户粮差，以地凿灌花池，池上构梁以接中道，……以弓步计之，一百二十有五步左右，道旁余土，池北种波罗、梧桐，池南种绿槐翠柳。”[3]

从以上文献和碑刻资料的记载来看，乾隆《佛山忠义乡志》的记载前后矛盾，同时存在“宣德中”和“正统元年”两种说法。笔者认为，应以多重文献和碑刻资料相互印证的“正统元年”的说法为准，故结论为：明正统元年（1436年）开凿了灌花池。至于灌花池开凿面积的问题，正统三年碑记距离灌花池开凿的时间较近，与康熙《庙志》记载的也较为相符，故笔者认为，“一百二十五步”更为可信。

5. 明景泰二年新建“玄灵圣域”牌坊修缮灵应祠考

明景泰二年（1451年），明王朝敕封北帝庙为灵应祠，明代宗朱祁钰赐建了“玄灵圣域”牌坊[4]，这可从牌坊正面的上款文字“明景泰辛未年仲冬穀旦鼎建”得到印证（见图2和图3）。此外，明景泰二年还对祖庙古建筑群进行了大规模修缮，总的修缮规模包括：大殿（包括前殿和正殿）[5]、钟楼、鼓楼、牌坊、灌花池[6]。从此，祖庙从一般的社区香火庙擢升为官祀之庙。

图2　灵应牌坊正面的“灵应”字样
上款：明景泰辛未年仲冬穀旦鼎建
下款：皇清康熙甲子上元吉旦重修

6. 明正德八年重修灵应祠增凿锦香池考

关于此次修缮，乾隆《佛山忠义乡志》记载了明正德八年（1513年）癸酉重修的情况：“灵应祠建牌楼、三门及流芳堂，增凿锦香池于灌花池右”[7]。明宣德五年唐璧所撰的《重建祖庙碑记》

[1] 见《重修庆真堂记》碑文，该碑及碑文现存放于佛山祖庙前殿。
[2] 乾隆《佛山忠义乡志》卷三，乡事志。
[3] 道光《佛山忠义乡志》卷二，祀典。
[4] 民国《佛山忠义乡志》卷八，祠祀一。《祖庙资料汇编》第16页记载说：明王朝敕封北帝庙为灵应祠和新建“玄灵圣域”牌坊是在明景泰三年，笔者以为有误。应以实物灵应牌坊正面的上款文字为准，所以应为明景泰二年。
[5] 此处《祖庙资料汇编》原记录为“祖庙”，应为大殿（包括前殿和正殿）。
[6]《祖庙资料汇编》，第16页。
[7] 乾隆《佛山忠义乡志》卷三，乡事志。

图3 灵应牌坊背面的“圣域”字样

载：“宣德四年己酉，士民梁文慧等，广其规模，好善者多乐助之，不终岁而毕，丹碧焜耀，照炫林壑。复与冼灏通率众财，买庙前民地百余步，凿池植莲，号曰锦香池。由是景槩益胜。塘之税，文慧、佛儿分承输官，其崇奉可谓诚至矣。众请记其事于石。”[1]正德八年霍球撰文的《灵应祠田地渡头事记》碑有更详细记载：“正德癸酉，贵（霍时贵）等会首，竭力构材，焕然重修。流芳堂建，爰及牌楼。灌花池饰，寒林所就。六房改造，三门新构，庙貌争光，辉映宇宙。松柏森严，四时拥秀。永期壮观，民安物阜。”[2]

据乾隆和民国《佛山忠义乡志》记载：“已而霍时贵等再修，建牌楼，增凿锦香池，而庙貌乃宽整矣。”[3]

另据《祖庙资料汇编》记载：明正德八年（1513年）修建牌坊，使之成了现在的规模；又在灌花池的右边开凿了一个锦香池[4]。

上面史料所言之“建牌楼”指的是在“玄灵圣域”牌坊东西两侧加建了“延秋”、“长春”两翼门，由此三者很好地联成一体，美观之余又增强了牌坊的稳固性[5]。

由上述史料也可得出，正是在此时（明正德八年）扩建为三门牌坊。祖庙三门，就是将灵应祠、崇正社学和忠义流芳祠三座建筑物的正门联建在一起组成的。其中，祖庙正殿重建于明洪武五年（1372年），祖庙前殿建于明宣德四年（1429年），至于灵应祠三个拱门的建造年代，史料没有记载，据有关资料考证，应建于明景泰初年[6]；崇正社学是在明洪武八年（1375年）由佛寺改建而成的[7]，忠义流芳祠则正是在明正德八年（1513）新建的[8]。由此可见，祖庙三门联建成一体的时间应不早于忠义流芳祠的建成时间，上述史料记载为明正德八年是可信的。

此外，通过以上史料的相互比对和参证可知，明正德八年增凿了锦香池。

---

[1] 见《重建祖庙碑》原碑碑记，《重建祖庙碑》原碑现保存于佛山市祖庙博物馆“岭南圣域——佛山祖庙历史文化陈列”展馆。

[2] 民国《佛山忠义乡志》卷八，祠祀一；佛山市博物馆编：《佛山祖庙》，文物出版社，2005年，第89页，《重修庆真堂记》。

[3] 乾隆《佛山忠义乡志》卷二，官典志；佛山市图书馆整理：民国《佛山忠义乡志》（校注本上）卷八，祠祀志一，岳麓书社，2017年4月。

[4] 《祖庙资料汇编》，第16页。

[5] 佛山市博物馆编：《佛山祖庙》，文物出版社，2005年，第54页。

[6] 佛山市博物馆编：《佛山祖庙》，文物出版社，2005年，第42页。

[7] 民国《佛山忠义乡志》卷五，教育二。

[8] 民国《佛山忠义乡志》卷八，祠祀一。

7. 明嘉靖元年重修崇正社学考

明嘉靖元年（1522年），提学庄渠、魏公校重修崇正社学[1]，但重修的规模和情况不详。

8. 明嘉靖十九年重修崇正社学考

明嘉靖十九年（1540年），洪巡抚觉山[2]饬郡守重修崇正社学[3]，但重修的规模和情况不详。

9. 明嘉靖三十一年建灵应祠前石照壁考

明嘉靖三十一年（1552年），道士苏澄辉募资建灵应祠前石照壁一座，石照壁上刻有花龙[4]，或唤作石砌花龙照壁[5]。后于明天启二年（1622年）[6]被炒铸七行炉户借清复灵应祠庙地拆毁[7]。

10. 明万历三十二年扩建祖庙捐修灵应祠门楼考

明万历三十二年（1604年）祖庙扩建时，三门得以重修。同时，为表达对祖庙北帝庇佑的感激之情，刚登进士的佛山人李待问与其兄李好问一起捐修了灵应祠左、右门楼（见图4和图5），即今“崇敬”、“端肃”两门[8]，它们位于灵应祠三门外东西两侧。

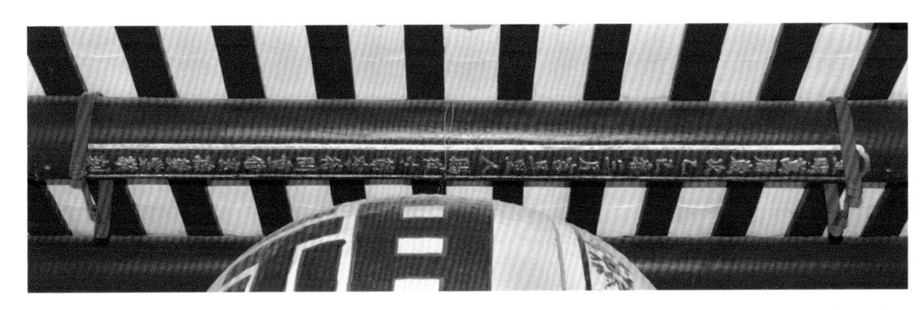

图4　明万历三十二年（1604年）修缮灵应祠门楼时记录在三门西边拱门横梁上的文字，上面写道：“皇明万历岁次乙巳春三月吉旦里人赐进士第李待问重修玄孙夔棠敬刻。”

图5　明万历三十二年（1604年）修缮灵应祠门楼时记录在三门东边拱门横梁上的文字，上面写道：“皇明万历乙巳三月吉旦后任平海参军李好问同修众孙丁卯科举人大成敬刊。”

[1] 佛山市图书馆整理：民国《佛山忠义乡志》（校注本上）卷五，教育志二，岳麓书社，2017年；乾隆《佛山忠义乡志》卷三，乡事志。

[2] 洪巡抚觉山：洪垣（1507～1593），字峻之，号觉山，江西婺源人，嘉靖十一年（1532）进士，曾任御史、广东巡按、温州知府。著作有《易说》、《理学要录诸言》、《觉山史说》等。

[3] 佛山市图书馆整理：民国《佛山忠义乡志》（校注本上）卷五，教育志二，岳麓书社，2017年。

[4] 乾隆《佛山忠义乡志》卷三，乡事志。

[5] 乾隆《佛山忠义乡志》卷三，乡事志；《祖庙资料汇编》，第17页。

[6] 另一说法为明天启七年（1627年），见《祖庙资料汇编》第17页。

[7] 肖海明著、佛山市博物馆编：《中枢与象征——佛山祖庙的历史、艺术与社会》，文物出版社，2009年，第32页。

[8] 乾隆《佛山忠义乡志》卷三，乡事志；《祖庙资料汇编》，第16～17页。

11. 明天启三年灵应祠前池加筑拱桥建观音殿考

明天启三年（1623 年），灵应祠前池（即锦香池）加筑拱桥，用上一年所拆照壁〔1〕石料为之〔2〕。

2009 年，在佛山祖庙修缮过程中，工作人员发现前殿右侧的“观音殿”门额上刻有历代修缮观音殿的年代记录，其中最早的是：“明天启三年冬月建”，可见此座观音殿为明天启三年所建〔3〕。

12. 明天启七年重修崇正社学考

明天启七年（1627 年），李升问、李待问等主持维修崇正社学时将文会堂中的文昌神牌改为文昌神像〔4〕，并迁观音大士于灵应祠右。

关于此次崇正社学重修的原因和经过，乾隆和民国《佛山忠义乡志》收录的《修崇正社学记》载：“岁久圮坏，观者不无中兴之意。乃历议鼎新，而赀无从出，数十年来竟成筑舍。说者谓：近来文章匿采，端实由此。会比部李康老以忤魏珰还里，瞻仰之余，低徊久之，慨然捐资若干缗，并劝诸生，随家饶乏，助工若干缗，庀财鸠工，鼎而新之。于是圮者修、坏者饬，数十年颓废之景象一旦轮奂。且听形家言，迁大士于右殿，恢厥门路，高厥屏墙，而塑文昌帝像于其中，以起后学敬仰，洵盛举也。工既讫，而督漕尚书李葵老、户部主政庞未老，皆赍助金至，孝廉霍叔老亦慨往。岁祀典不光，甲子获隽时捐赀二两，俾岁收子钱以修岁事。而东莞氏之罚金与清查宫后铸冶余地岁租，及文昌堂馆租亦附焉。”〔5〕

光绪戊子三月三日大魁堂团练总局、崇正社学同人撰写的《崇正社学沿革记》也记载：“迨天启七年，李比部升问尚书待问、庞主政景忠、霍寺卿得之重修，始开通中座文昌堂门路，特塑文昌像于后座，而迁观音大士于灵应祠右，仍将原寺之小古佛石土地及敖公禄位，照旧附祀后座外，其原堂内之上神牌位并附焉，均详碑志。今古佛各像，岁久剥落，因悉开光，仍旧祀之（仍春秋展祀焉）”〔6〕。

经过这次重修，达到了“文献有征，粢盛丰洁，人文辈出”〔7〕的良好效果。

13. 明崇祯二年重修灵应祠钟、鼓楼考

明崇祯二年（1629 年），李待问倡议重修祖庙三门前东西两侧的灵应祠钟、鼓楼，现存李待问所撰的《重修灵应祠鼓楼记》一碑文，对灵应祠钟、鼓楼所在的位置、倡修的原因、捐资者和修葺所用的时间等给予了详述，文中曰：

> 灵应祠之镇，忠义乡也。诚一方鸿芘，万古钜观。其为右掖也，有鼓楼焉。源远流长，递修递圮。迄今夕阳斜入，碧草堆长。殊深壁破垣颓之感，其何以峙左右之钟、鼓，而壮庙貌之形胜也。余每徘徊环顾，中心踊跃，亟欲旦夕而鼎新之。幸赖梓里同志者，多咸乐捐输，得若而人，合得金钱若干。而遂庀材鸠工，于五月十五日经始，八月之晦日告成，实冲宇霍君之力居多焉〔8〕。

〔1〕 按：这里所说拆掉的照壁应为明嘉靖三十一年在灵应祠前建的那座石砌花龙照壁。

〔2〕 乾隆《佛山忠义乡志》卷三，乡事志；《祖庙资料汇编》，第 17 页。

〔3〕 肖海明著、佛山市博物馆编：《中枢与象征——佛山祖庙的历史、艺术与社会》，文物出版社，2009 年，第 32 页。

〔4〕 佛山市图书馆整理：民国《佛山忠义乡志》（校注本上）卷五，教育志二，岳麓书社，2017 年。

〔5〕 乾隆《佛山忠义乡志》卷十，艺文志；民国《佛山忠义乡志》卷五，教育二。

〔6〕 民国《佛山忠义乡志》卷五，教育二；乾隆《佛山忠义乡志》卷三，乡事志。

〔7〕 乾隆《佛山忠义乡志》卷十，艺文志；民国《佛山忠义乡志》卷五，教育二。

〔8〕 民国《佛山忠义乡志》卷八，祠祀一。

据乾隆和民国《佛山忠义乡志》记载："为崇祯时，祠渐圮，尚书李忠定遂大新之，壮丽宏敞，视前有加，照壁饰以鸱吻，益成巨观。"[1]

14. 明崇祯八年捐修灵应祠考

明崇祯八年（1635 年），修灵应祠，改塑神像，由署丞李敬问捐修[2]。这里所说的"改塑神像"，就是指现在祖庙前殿和正殿内陈列的 24 尊漆扑神像[3]。

15. 明崇祯十四年大修灵应祠考

明崇祯十四年（1641 年），户部尚书李待问捐修灵应祠，复筑明天启二年（1622 年）拆毁的祠前照壁，并一直保留了下来[4]。清初顺治十五年（1658 年）建了万福台之后，照壁被挡在了后面，距离万福台主体建筑约一米[5]。

此次修缮是明代佛山祖庙的最后一次大修，在李待问于同年撰写的《重修灵应祠记》碑文中有较详细的记载：

> 岁辛巳，予以请告南还，即谒神祠，而见夫墙垣日久，茅茨不除，朱题漫灭。又其堂庑湫隘，虽日具粢盛，备肥腯，不疾瘯蠡，而一拜一跪间，得毋顾风雨而飘摇、委神依于草莽乎！因退而敬捐俸金，谋所以为新厥庙貌者。材取其庀，工取其坚，自堂徂基，壮丽宏敞，榜其殿曰紫霄宫。外列牌楼，复以其前为照壁，饬以鸱吻。是役也，董其事者，则有予侄述生，从侄几生。经始于辛巳孟夏，历数月而工始竣。由是而游于庙中者，遂有轮轮奕奕之观焉，而心力亦云竭矣[6]。

至今祖庙正殿还完好保留着李待问在这次修缮期间题写的"紫霄宫"匾额（见图 6）和一副对联[7]。从这些匾额对联可以看出，辞官归隐的李待问致力于祖庙重修的雄心壮志和对北帝的深厚感激之情。

另据广东承宣布政使奉天郎廷枢于康熙二十三年（1684 年）所撰的《修灵应祠记》记载：

> 迨崇祯时，乡人大司农李捐资重修，制度视前稍扩矣。惟祠前之地，逼于民居，湫隘特甚，且历代所捐送田亩，为香灯奉者，悉入中饱[8]。

从该文献可以看出，经过崇祯年间李待问对灵应祠的重修，灵应祠的规制形状与之前相比稍微扩大了一些。由于历代奉作香油钱而捐送的田亩大多被贪官中饱私囊和据为己有，因此灵应祠前的地块逼近

[1] 乾隆《佛山忠义乡志》卷二，官典志；民国《佛山忠义乡志》卷八，祠祀一。
[2] 乾隆《佛山忠义乡志》卷三，乡事志。
[3] 肖海明著、佛山市博物馆编：《中枢与象征——佛山祖庙的历史、艺术与社会》，文物出版社，2009 年，第 33 页。
[4] 乾隆《佛山忠义乡志》卷三，乡事志。
[5] 肖海明著、佛山市博物馆编：《中枢与象征——佛山祖庙的历史、艺术与社会》，文物出版社，2009 年，第 33 ~ 34 页。
[6] 民国《佛山忠义乡志》卷八，祠祀一。
[7] 该副木雕对联陈列在北帝庙内紫霄宫神庵前两侧。上联是"北极照临南土东渐西被忠义赫奕乎四方海国长资保障"，下联是"大明崇报玄功春禘秋尝灵应馨传于万祀佛山普拜凭依"。上款是：皇明崇祯辛巳岁夏四月吉旦，里人户部尚书李待问题；下款是：皇清乾隆岁在己卯秋吉旦玄孙夔棠重修，咸丰辛亥冬昆孙恒夫、灿夫、洪夫重修，光绪己亥岁仲冬吉日昆孙尧夫、云孙应桐，湫潆重修。
[8] 佛山市图书馆整理：民国《佛山忠义乡志》（校注本上）卷八，祠祀志一，《修灵应祠记》，岳麓书社，2017 年。

图 6 “紫霄宫”[1]匾额

上款：皇明崇祯辛巳岁夏四月吉旦　赐进士第户部尚书李待问题

下款：皇清康熙甲子岁孟冬吉旦孙锡璿重修　乾隆己卯岁仲秋吉旦元孙夔裳重修　咸丰辛亥岁仲冬谷旦昆孙恒夫　灿夫　洪夫重修　光绪己亥岁仲冬吉旦昆孙尧夫　云孙应桐　湫澡重修

民居并且显得尤其低洼狭小[1]。

从明末的几次修缮记载来看，都与李待问家族有关。首先，这与李氏家族良好的慈善传统有关；其次，更重要的原因是，他们想通过修缮祖庙扩大他们在佛山社区的影响力；再次，李待问从小就被灌输北帝灵应的思想，传统社会这种神道设教深刻影响着李待问，促使其致力于祖庙修缮长达数十年[2]。

（二）清代佛山祖庙修缮沿革考

1. 清顺治九年重修崇正社学考

清顺治九年（1652 年），乡人始“筑沐恩社房屋凡八间，收赁值以供崇正社学祀事”，其直接原因是“其地本忠义营，房营废，遂改筑之”[3]。

2. 清顺治十五年添建华封台考

清顺治十五年（1658 年），在灵应祠前建了华封台[4]。清康熙二十三年（1684），更名为万福台[5]。万福台是广东乃至整个华南地区保存最完整、装饰最堂皇、规模最大的古戏台，在海内外粤剧界享有盛名。修建万福台的直接后果是使得祖庙古建筑群出口向南的格局得以改变。

3. 清康熙二十三年重修灵应祠考

清康熙二十三年（1684 年），乡绅士庞之兑、李锡简[6]等联合耆老发愿重修祖庙，他们设簿广泛募集资金，高价买置祠前民舍。广东承宣布政使奉天郎廷枢于同年所撰的《修灵应祠记》中记述颇详：

〔1〕紫霄宫：紫霄，帝王之居。道家称北帝的居所为紫霄宫。

〔2〕肖海明著、佛山市博物馆编：《中枢与象征——佛山祖庙的历史、艺术与社会》，文物出版社，2009 年，第 33 页。

〔3〕乾隆《佛山忠义乡志》卷三，乡事志；民国《佛山忠义乡志》卷五，教育二。

〔4〕乾隆《佛山忠义乡志》卷三，乡事志。

〔5〕民国《佛山忠义乡志》卷八，祠祀一。

〔6〕另一说为李锡祚。

甲子之春，乡绅士庞之兑、李锡简等，耆老冼闇生、何景纯、庞燕甫等，发愿重修，设簿广募，祠前民舍，高值买置。牌坊、廊宇、株植、台池，一一森布，望者肃然。而几筵榱桷，丹雘一新，盖庙貌于是成大观。而田亩、铺舍咸就清理，收其岁租以供祀典，中饱之弊遂绝。则绅耆继事之劳不可没焉[1]。

由上述史料可知，牌坊、廊宇、株植和台池均经历了重修或重新布置。对于牌坊，为了避清圣祖康熙"玄烨"之讳，这时把正面坊额的"玄灵"二字改为"灵应"，这从牌坊正面的下款文字"皇清康熙甲子上元吉旦重修"（见前文图2）得到了佐证。

乾隆和民国《佛山忠义乡志》对此事也有记载："康熙二十三年，李锡祚等复行修葺，更觉巍焕云。"[2]

此外，从祖庙三门正中的木雕对联"凤形涌出三尊地，龙势生成一洞天"[3]（见图8）的上款文字"康熙甲子岁孙锡璿重修"以及祖庙正殿"紫霄宫"匾额（见前文图6）的下款文字"皇清康熙甲子岁孟冬吉旦孙锡璿重修"可知，祖庙三门、前殿和正殿均在此次重修中进行了修缮。

康熙二十三年的这次大修使得祖庙的庙容庙貌变得盛大、壮观，同时也是北帝崇拜趋热的反映。

4. 清康熙二十四年重修崇正社学考

民国《佛山忠义乡志》记载，清康熙二十四年（1685年），崇正社学重修[4]，但情况不详。大魁堂本是崇正社学内的一座建筑物，据其他学者研究，其建筑有可能始自明代，也有可能就是始自这一年，即康熙二十四年[5]。大魁堂者，"明时乡人继乡仕诸公后，建此以处办乡事，亦灵应祠尝款出纳所也。故自明以降，乡事由斯会集议决，地方公益，其款亦从是拨出"[6]。可见大魁堂主要是一政治机构。

5. 清康熙二十九年重修灵应祠考

清康熙二十九年（1690年），缘首冼闇生等募集资金修缮祖庙，进一步清理灵应祠田地、铺舍，并将庙貌、土田、祭器等刻图为凭。这次修缮清理，使得庙貌焕然一新、残缺的祭器得以修复、被吞并藏匿的土田重新回归。李待问的孙子李锡祚亲自参与了这一年的灵应祠勘丈工作，故在他撰于同年的《重修灵应祠记》碑文中对此事记述颇详：

迨今世远人违，田渐并于豪强，器或隳于世守，予向忧之而力未逮。藉缘首冼闇生诸公，广为募化，而庙貌之剥蚀以新。东侣庞公与同事六君子力为廓清，而祭器之残缺以饬。庚午之役，予亲身勘丈，而田土之湮没以归。凡岁时衰对，庙中遂无不平不戒之虑焉。今春吾弟公赍与值事诸公，复恐其久而漫灭也，于是图诸剞劂，嘱予志之。首庙貌，次土田，次祭器。夫钟鼓集鲸音之震响，

[1] 民国《佛山忠义乡志》卷八，祠祀一，《修灵应祠记》。
[2] 乾隆《佛山忠义乡志》卷二，官典志；民国《佛山忠义乡志》卷八，祠祀一，《陈志》。
[3] 该副对联为里人户部尚书李待问题奉。
[4] 道光《佛山忠义乡志》卷六，乡事；民国《佛山忠义乡志》卷五，教育二。
[5] 罗一星著：《明清佛山经济发展与社会变迁》，广东人民出版社，1994年，第362页。
[6] 民国《佛山忠义乡志》卷三，建置。

用妥神依楼台，肃貌座之高，明聿毗圣寿，览入庙而生其敬者，览斯图而可知已[1]。

6. 清康熙五十五年重修万福台考

虽然没有史料记载，但从万福台金漆木雕“万福台”三字旁所刻“康熙丙申冬月重建”字样（见图7）即可判断：清康熙五十五年（1716年），万福台经历过一次重修。

图7　金漆木雕“万福台”三字

7. 清康熙五十九年重修灵应祠牌楼考

清康熙五十八年（1719年），有一年纪大约十三四岁的童子把灵应祠牌楼毁了，据传：“（他）缘柱登最高处，若履平地，手掠瓦木掷下如飞，数千人聚观，无一伤者，咸谓神实使之示人以改修也。”[2]因为这次圣显事件，第二年，即康熙五十九年（1720年），灵应祠牌楼得以重新修复[3]。由此可见当时佛山人对北帝的敬畏。

8. 清雍正元年浚复灵应祠前旗带水考

清雍正元年（1723年），浚复灵应祠前的旗带水。据史料记载：“（灵应祠）前有渠为水道，长四百六十余丈，纡回衺袅，九折而达于海，旧名旗带水。”[4]

关于旗带水，乾隆《佛山忠义乡志》有更详尽的记载：

> 灵应祠有神旗名七星旗，屡著灵异，乡人竖长杆于凿石街（属祖庙铺，在灵应祠前左）以悬旗。凿渠于其前名旗带水，自城门头引流折而右，经山紫村达于涌。此渠不知浚于何时？久已淤废，康熙六十一年（1722年）神附人言：宜浚复此水，以福一乡。遂鸠工浚之，今又淤矣[5]。

至于浚复旗带水，也被看作是“神的旨意”：“神附人言：宜修举者六事，浚旗带水其一也。乡人士遵之惟谨，修复故渠，大增胜槩。”[6]钦授中宪大夫、广东广州府知府、前知南海县事、庚子科广东同考试官纪录二次、己卯科举人宋玮拜撰写的《修浚旗带水记》记载道：

---

〔1〕民国《佛山忠义乡志》卷八，祠祀一，《修灵应祠记》、《重修灵应祠记》。

〔2〕乾隆《佛山忠义乡志》卷三，乡事志。

〔3〕乾隆《佛山忠义乡志》卷三，乡事志；道光《佛山忠义乡志》卷六，乡事。

〔4〕道光《佛山忠义乡志》卷一二，金石上；《修浚旗带水记》，广东省社会科学院历史研究所中国古代史研究室、中山大学历史系中国古代史教研室、广东省佛山市博物馆编：《明清佛山碑刻文献经济资料》，广东人民出版社，1987年，第32页。

〔5〕乾隆《佛山忠义乡志》卷三，乡事志。

〔6〕乾隆《佛山忠义乡志》卷三，乡事志。

自明之季，厥道堙塞，人物财贿，视昔稍替焉。虽其乡之士君子，数有志于修浚，而力未逮。壬寅岁，奉神降言，谓宜修举者六事，而此旗带水居其一。予前宰斯土时，镇之绅士具呈于予，谓神道之有合于人事也，而吾即准人事以修复之，亦何不可？于是值事诸子，秉心勤瘁，协力赞勷，群策不谋而成，众材不戒而备。揆日戒徒，畚挶既具。庙租之外，锱铢悉本于佥题，故迹是因秋毫无夺。夫穑地百堵兴而工程庀，一时，水之故道遂复其旧云。渠广内六尺而外一丈，深五尺，长与旧等。共用工银二百四十余两，灰石木料银三百三十余两〔1〕。

旗带水虽不算祖庙古建筑群，但时人视其为祖庙地理形势的一部分，有言道：“形势家以此为地脉之筋洛也，地气旺则筋络流通。况粤四面滨海，田多沮洳少坟埴，为四渎之尾闾，其以得水为胜也，宜矣”〔2〕。祖庙三门左侧石柱上的对联即云：“上应娵訾据福地以钟灵辉煌北极，外环旗带合众流而并汇拱卫南离”。

9. 清雍正年间重修锦香池考

清雍正年间重修锦香池，又将拱桥拆去，在锦香池的四周用石块砌好，同时围以石雕栏杆，栏杆虽经历次修缮，但浮雕精致古拙，仍保存明代风韵〔3〕；此外还在池的北面正中增设了石雕龟蛇，此时灌花池已成为平地〔4〕。清初冼煜所撰的《重修锦香池记》对该池在清初的修缮情况作了较详尽的记载：

初祠曰龙翥，形家者言曰：元武属水，龙得水而变化乃神。爰凿池于祠之南，为锦香、为灌花，二池相表里，以潴众流之汇。日久淤堙，至今灌花为平壤矣，锦香尚存，甃以砺石，缭以雕阑，刻石为龟蛇状，引流植树其间。游观者有临流眺望之乐。日久池水渐涸，雨潦时至，四衢为之洋溢，是砍离不交、山泽之气未通也。爰议浚之，由古洛社涌旁，始结石渠，引水而灌之池。谋诸人，人曰可，卜诸神，神曰从，质诸星历形胜诸家，佥曰吉。用是醵金输粟，鍫土鸠工，不数月而告成，自是众流之水以池为归〔5〕。

清雍正年间将拱桥拆除后，拱桥已不复存在。锦香池此次重修后的格局直到现在基本没变，就是今天所见的样子，这种格局也与乾隆《佛山忠义乡志》所载《灵应祠图》中对锦香池的描绘一致〔6〕。

10. 清乾隆四年重修万福台考

虽然没有史料记载，但从万福台金漆木雕“万福台”三字旁所刻“乾隆己未冬月重修”字样（见前

〔1〕《修浚旗带水记》，广东省社会科学院历史研究所中国古代史研究室、中山大学历史系中国古代史教研室、广东省佛山市博物馆编：《明清佛山碑刻文献经济资料》，广东人民出版社，1987年，第32页。

〔2〕道光《佛山忠义乡志》卷一二，金石上；《修浚旗带水记》，广东省社会科学院历史研究所中国古代史研究室、中山大学历史系中国古代史教研室、广东省佛山市博物馆编：《明清佛山碑刻文献经济资料》，广东人民出版社，1987年，第32页。

〔3〕佛山市博物馆编：《佛山祖庙》，文物出版社，2005年，第52页。

〔4〕《祖庙资料汇编》，第16页。

〔5〕道光《佛山忠义乡志》卷一二，金石上；迹删鹫：《咸陟堂集》卷五，广东省社会科学院历史研究所中国古代史研究室、中山大学历史系中国古代史教研室、广东省佛山市博物馆编：《明清佛山碑刻文献经济资料》，广东人民出版社，1987年，第26页。

〔6〕肖海明著、佛山市博物馆编：《中枢与象征——佛山祖庙的历史、艺术与社会》，文物出版社，2009年，第32页；《重修锦香池记》，佛山市博物馆编：《佛山祖庙》，文物出版社，2005年，第100～102页。

文图7）即可判断：清乾隆四年（1739年），万福台也经历过一次重修。

11. 清乾隆二十四年大修灵应祠考

清乾隆二十四年（1759年）秋开始的这次大修，一共持续了两年多的时间，一直到乾隆二十六年（1761年）腊月止。这在陈炎宗于乾隆二十七年（1762年）所撰的《重修南海佛山灵应祠碑记》中有较详细的记载：

> 驻防司马赵公睹斯祠之将颓，慨然兴修举之志，爰谋诸乡之人士，佥曰：愿如公旨，各输其力，合赀一万二千有奇，经始于己卯之秋，迄辛巳之腊月告成，欢趋乐事，殆神之感乎者深欤？其规度高广仍旧，无减增，从青鸟家言也。材则易其新良，工必期于坚致，门庭堂寝，巍然焕然，非复向之朴略矣。门外有绰楔，则藻泽之。绰楔前为歌舞台，则恢拓之。左右垣旧连矮屋，则尽毁而撤之。但筑浅廊以贮碑扁，由是截然方正，豁然舒敞，与祠之壮丽相配。其圣乐宫及祠右之观音堂亦并修建，图整肃也[1]。

与清代以来历次重修不同的是，这次大修开创了佛山同知倡修祖庙的先例。康熙年间祖庙曾一度遭官府冷落，这时官府主动倡修表明清政府重新重视祖庙、重新认识到了祖庙在佛山人心目中的重要地位。

乾隆二十四年的这次大修在祖庙三门木雕对联“凤形涌出三尊地，龙势生成一洞天”（见图8）的下款文字“乾隆己卯秋元孙夔裳重修”、祖庙正殿两侧的石柱对联“坎德恢千古，离明照万方”的上款文字“乾隆廿四年己卯孟秋谷旦　高天生敬奉”（见图9）、正殿中间的石柱对联“北极南天新肸蠁，玉虚金阙壮威灵”的上款文字“大清乾隆廿四年己卯秋九月谷旦　吴恒孚偕男澄运　启运　升运　鸿运　澍运　济运　清运　泽运　孙嵩峰敬立”（见图10）、“紫霄宫”匾额（见前文图6）的下款文字“乾隆己卯岁仲秋吉旦元孙夔裳重修”以及紫霄宫前木雕对联的下款文字“皇清乾隆岁在己卯秋吉旦玄孙夔棠重修”都可得到佐证。

乾隆二十四年大修共耗银一万二千两。除了在原规模上全面改易材料外，重修了祖庙三门、正殿，建起了围墙，把原来毗连祖庙大院围墙的房屋尽行拆毁，在两边筑建了廊庑，存放碑石牌匾；扩大[2]了“万福台”[3]，这从万福台金漆木雕“万福台”三字旁所刻“乾隆己卯秋月重建”字样（见前文图7）即可得到证实。

此外，从现存于前殿右侧的“观音殿”门额上所刻“乾隆二十四年重修”字样可知，观音殿进行了重修。从清乾隆二十四年（1759年）修缮灵应祠门楼时记录在三门中间拱门横梁上的文字（见图11）可推断，崇敬门和端肃门也进行了重修。

乾隆二十四年大修奠定了我们现在看到的祖庙古建筑群的建筑风格和建筑形式，典型标志是石柱础。现在在祖庙内基本找不到明代的柱础，基本都是清代的柱础。

---

〔1〕民国《佛山忠义乡志》卷八，祠祀一，《重修南海佛山灵应祠碑记》；佛山市图书馆整理：民国《佛山忠义乡志》（校注本上）卷八，祠祀志一，《修灵应祠记》，岳麓书社，2017年4月。

〔2〕民国《佛山忠义乡志》卷八，祠祀一，《重修南海佛山灵应祠碑记》中记载：“绰楔前为歌舞台，则恢拓之。”

〔3〕《祖庙资料汇编》，第16页。

图8　三门正中的木雕对联“凤形涌出三尊地，龙势生成一洞天”

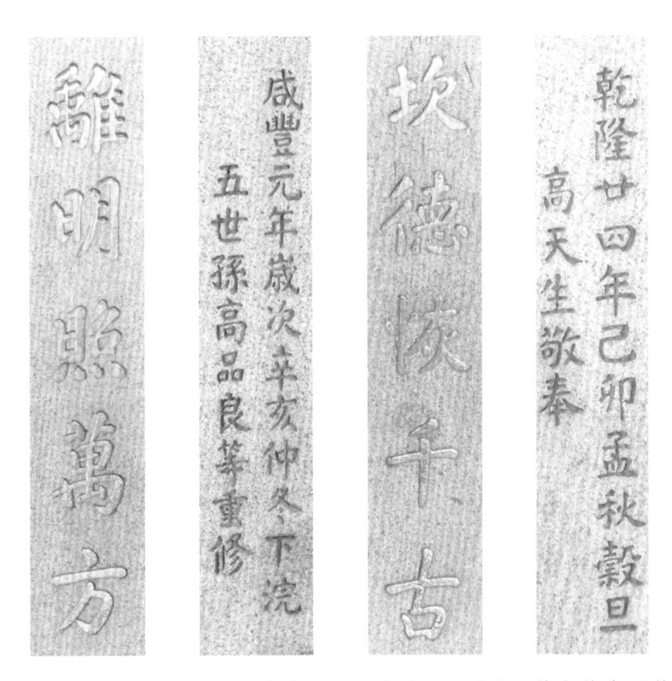

图9　祖庙正殿两侧的石柱对联上书“坎德恢千古，离明照万方”，其上款为“乾隆廿四年己卯孟秋谷旦　高天生敬奉”，下款为“咸丰元年岁次辛亥仲冬下浣，五世孙高品良等重修”。

图 10 祖庙正殿中间的石柱对联“北极南天新肸蠁，玉虚金阙壮威灵”及落款文字

图 11 清乾隆二十四年（1759）修缮灵应祠门楼时记录在三门中间拱门横梁上的文字，上面写道：“大清乾隆廿四年己卯岁九月廿四辛未吉旦奉政大夫同知广州府事赵廷宾五斗口司王棠仝众首事重修。”

12. 清乾隆三十五年重修崇正社学考

清乾隆三十五年（1770 年），崇正社学（再度）重修〔1〕。此次重修后，“考其建筑，与灵应祠相属，外门联建，甚壮伟，外墀有石坊，曰“云汉为章”，高耸兀峙。过此为内墀，中为堂，后为寝，规模宏整。中祀文昌，左魁斗神、右金甲神为配，后祀霍仲儒公”〔2〕。

13. 清嘉庆元年重修灵应祠并鼎建灵宫（庆真楼）考

清嘉庆元年（1796 年），佛山同知杨楷捐资倡修灵应祠并鼎建灵宫。这次大修也伴随着清政府官员仿

〔1〕 民国《佛山忠义乡志》卷五，教育二。
〔2〕 佛山市图书馆整理：民国《佛山忠义乡志》（校注本上）卷五，教育志二，岳麓书社，2017 年 4 月。

照明代做法制造的圣显传说，为鼎建灵宫（即庆真楼）的兴建制造理由。这样一来，乡人士越发“惕然于神之灵”，越发踊跃佥捐，所筹集的工费银两共计九千七百有奇。由此，重修灵应祠、在祖庙后修鼎建灵宫的任务在短短九个月内就完成了，使得观瞻肃、敬畏起、体统昭、伦理正，达到崇祀帝亲的目的。从中也可看出官府对祖庙的进一步重视。这次大修在嘉庆二年（1797年）陈其惺所撰的《重修灵应祠鼎建灵宫碑记》中有详细记载：

> 丙辰正月望日，公诣祠焚香，向乡人士曰：庙修自乾隆己卯，于今三十余年矣，以起敬畏，则神将宜装饰也，以肃观瞻，则栋柱宜刮摩也，墙垣宜黝垩也。捐俸金五十两为之倡，命乡人士董其役。众因言于公曰：前甲寅岁，曾议建灵宫，缘其地有数百年古树，人不敢议伐，故众志弗一，兼乙卯之春，米价日腾，遂寝其说，今修灵应祠其并建灵宫可乎？公曰：创别宫以隆享祀礼，固宜然是，乌可以不建。遂出示谕重修灵应祠及鼎建灵宫，谆切敷陈，以此见公之留心风化也。人凛公明示，靡不响应，而神更式凭焉。二月十四夜，天大雨以风，庙后树株大如合抱忽折，其右偏折处如刀切状，中一株枯而复萌，大已盈拱，俱被压倒，数十工人睡廊下者，一无所伤，一无片瓦堕地，众共异之。翌日，恭行谕祀。乡人士以告于公，公往视曰：神之欲建此宫也，其示诸此矣，夫复何所疑焉。闻之而往观者，殆不可以数计。众于是愈惕然于神之灵，而倍加踊跃佥捐，工费银两共九千七百有奇。经始嘉庆元年二月，至十有一月而落成。……微杨公之力，其奚能为此也。继自今入庙，而睹金碧之辉煌，观瞻肃矣，敬畏起矣。宫分前后，体统昭焉，伦理正焉，尊尊亲亲之义明矣。杨公之功亦伟矣哉[1]。

万福台在这次大修中也经历过修缮，万福台的金漆木雕“万福台”三字旁即刻有“嘉庆丙辰春月重建”字样（见前文图7）。

至此，祖庙古建筑群的规模基本形成。此后虽经多次维修，仍未改变上述规模及建筑布局[2]。

14. 清道光九年重修大魁堂考

清道光九年（1829年），单独重修大魁堂[3]，但重修的规模和情况不详。

15. 清咸丰元年重修灵应祠新建香亭考

民国《佛山忠义乡志》记载，辛亥咸丰元年（1851年），曾重修灵应祠[4]。文献资料记载不详，但笔者依托各种实物，可以推断：祖庙三门、前殿、正殿、万福台和观音殿在此次重修中进行过修缮，并且新建了前殿香亭和正殿香亭。

祖庙三门的一根檩条即记录着此次捐修史实：“大清咸丰元年孟秋吉旦（共有十六人姓名及堂名，从略）仝敬”（见图12）。从三门的木雕对联“凤形涌出三尊地，龙势生成一洞天”（见前文图8）的下款文字“咸丰辛亥冬昆孙恒夫、灿夫、洪夫重修”亦可得到证实。

祖庙前殿石柱有一副对联，上书“玉音　捍患御灾今古英灵不泯；玉音　褒功赐额春秋享祀无穷”，

---

〔1〕民国《佛山忠义乡志》卷八，祠祀一，《重修灵应祠鼎建灵宫碑记》。
〔2〕《祖庙资料汇编》，第16页。
〔3〕道光《佛山忠义乡志》卷六，乡事；民国《佛山忠义乡志》卷十一，乡事。
〔4〕民国《佛山忠义乡志》卷十一，乡事。

图12　大清咸丰元年孟秋吉旦（共有十六人姓名及堂名，从略）仝敬

其上款文字为“大清乾隆廿四年己卯秋九月谷旦　贡生吴之柱偕男生员鼎　孙廷柱　廷枢　廷森　廷槐　敬奉”，下款文字的前半部分为“咸丰元年辛亥十一月吉旦　四房裔孙等重修”（见图13）。另从祖庙正殿“紫霄宫”匾额（见前文图6）的下款文字“咸丰辛亥岁仲冬谷旦昆孙恒夫、灿夫、洪夫重修”，紫霄宫前木雕对联[1]的下款文字“咸丰辛亥冬昆孙恒夫、灿夫、洪夫重修”，正殿两侧的石柱对联“坎德恢千古，离明照万方”（见前文图9）的下款文字“咸丰元年岁次辛亥仲冬下浣，五世孙高品良等重修”以及正殿中间的石柱对联“北极南天新肸蠁，玉虚金阙壮威灵”的下款文字“咸丰元年岁次辛亥仲冬下浣　孙男耿光等重修敬书”（见前文图10）可知，咸丰元年曾对祖庙前殿和正殿进行过重修。

图13　祖庙前殿石柱对联：“玉音　捍患御灾今古英灵不泯；玉音　褒功赐额春秋享祀无穷”及落款文字

〔1〕该副木雕对联陈列在北帝庙内紫霄宫神庵前两侧。上联是“北极照临南土东渐西被忠义赫奕乎四方海国长资保障”，下联是“大明崇报玄功春禘秋尝灵应馨传于万祀佛山普拜凭依”。上款是：皇明崇祯辛巳岁夏四月吉旦，里人户部尚书李待问题；下款是：皇清乾隆岁在己卯秋吉旦玄孙夔棠重修，咸丰辛亥冬昆孙恒夫、灿夫、洪夫重修，光绪己亥岁仲冬吉日昆孙尧夫、云孙应桐，湫濼重修。

万福台和观音殿也得到了重修。这从万福台的金漆木雕“万福台”三字旁所刻“咸丰辛亥冬月重建”字样（见前文图7）以及现存于前殿右侧的“观音殿”门额上所刻“咸丰元年冬月重建”字样即可佐证。

咸丰元年此次大修最大的建树当属新建了前殿香亭和正殿香亭。这从前殿香亭石柱、正殿香亭石柱的四副对联（见图14～图17）的落款文字可以得到佐证。

虽然乾隆、民国两个版本的《佛山忠义乡志》均有记载清顺治十四年修灵应祠香亭[1]，但笔者经过比对乾隆版《佛山忠义乡志》和道光版《佛山忠义乡志》两个版本的灵应祠图（见图18和图19），均没看到绘有前殿香亭和正殿香亭。故笔者推测，《佛山忠义乡志》记载的清顺治十四年修灵应祠香亭疑为误记，又或者指的是在灵应祠别的地方修的小香亭，后来又被拆除了，所以没有保存下来。作为前殿香亭和正殿香亭起承重作用的8根石柱上雕刻的四副对联的落款文字中，最早的年代是咸丰元年，故笔者认为，前殿香亭、正殿香亭的新建时间应为清咸丰元年。

16. 清咸丰四年重修祖庙考

清咸丰四年（1854年），亦曾重修祖庙，民国《佛山忠义乡志》记载此次重修有碑（款识阙），碑树在灵应祠内[2]，当时没有把碑文记录下来，现已无存。

17. 清光绪十四年重修观音殿和大魁堂神像考

史料记载，清光绪十四年（1888年），观音堂进行了一次重修[3]，但重修的规模和情况不详。

民国《佛山忠义乡志》记载：“光绪十四年，大魁堂绅董以原有古佛各像岁久剥落，曾饰而新之”[4]。可见，此次修缮对大魁堂内的佛像进行了重修。到了光绪末年，以诏罢科举，文会遂停，于是将崇正社学文会堂改为诗社，名曰：春秋吟社[5]。

18. 清光绪二十五年大修祖庙考

清光绪二十五年（1899年），祖庙进行了较大规模的重修，现在看到的陶塑瓦脊、灰塑、砖雕和木雕作品

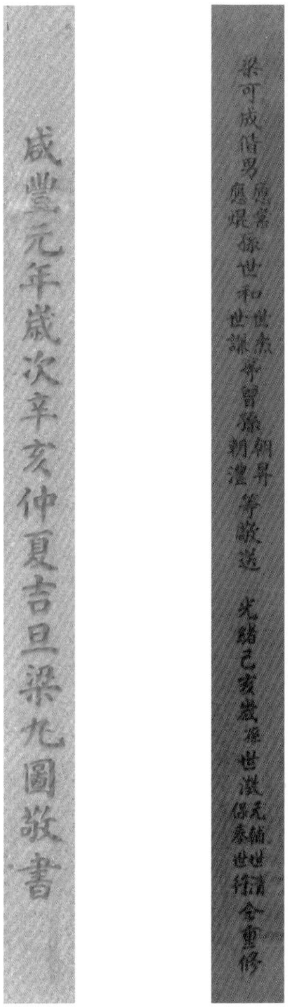

图14　前殿香亭石柱对联一“普帝德已垂休统二十七铺子妇丁男胥归覆帱，握天枢而立极合三百六度经星纬宿并耀灵奇”的上款文字“梁可城偕男应棠　应焜　孙世和　世杰　世谦等　曾孙朝升　朝澧等敬送　光绪己亥岁　孙世澄　元辅世清　保泰世行仝重修”和下款文字“咸丰元年岁次辛亥仲夏吉旦　梁九图敬书”。

〔1〕乾隆《佛山忠义乡志》卷三，乡事志；佛山市图书馆整理：民国《佛山忠义乡志》（校注本上）卷十一，乡事志，岳麓书社，2017年4月。

〔2〕民国《佛山忠义乡志》卷八，祠祀一。

〔3〕佛山市博物馆编：《佛山祖庙》，文物出版社，2005年，第3页。

〔4〕佛山市图书馆整理：民国《佛山忠义乡志》（校注本上）卷五，教育志二，岳麓书社，2017年4月。

〔5〕民国《佛山忠义乡志》卷五，教育二。

都是这次维修的产物，包括三门陶塑瓦脊，祖庙前殿、正殿的陶塑人物瓦脊，庆真楼正脊上面的双面瓦脊，石湾陶塑日神、月神，陶塑看脊“哪吒闹东海”、“郭子仪祝寿”，砖雕“海瑞大红袍”、“牛皋守房州”，三门的贴金木雕花檐板、漆金木雕大门，万福台上的金漆木雕等。民国《佛山忠义乡志》记载光绪二十五年重修有碑两通，都树在灵应祠内，一通为时任佛山同知的刘国光撰记并书，一通为里人梁尔煤撰记〔1〕。当时没有把碑文记录下来，现在碑也已荡然无存。然而，从祖庙现存实物对联的落款文字可以发现此次修缮的内容包括：三门〔2〕、前殿（见前文图 13 和图 20）、正殿（见前文图 6 的说明文字、注释 53 和图 21）、前殿香亭（见前文图 14）及正殿香亭（见前文图 16 和图 17）。

图 15　前殿香亭石柱对联二及落款文字

图 16　正殿香亭石柱对联一及落款文字

〔1〕 民国《佛山忠义乡志》卷八，祠祀一。

〔2〕 这从祖庙三门正中的木雕对联“凤形涌出三尊地，龙势生成一洞天”的下款文字“光绪己亥冬昆孙尧夫、云孙应桐、湫滐重修”可得知。

迹可循。

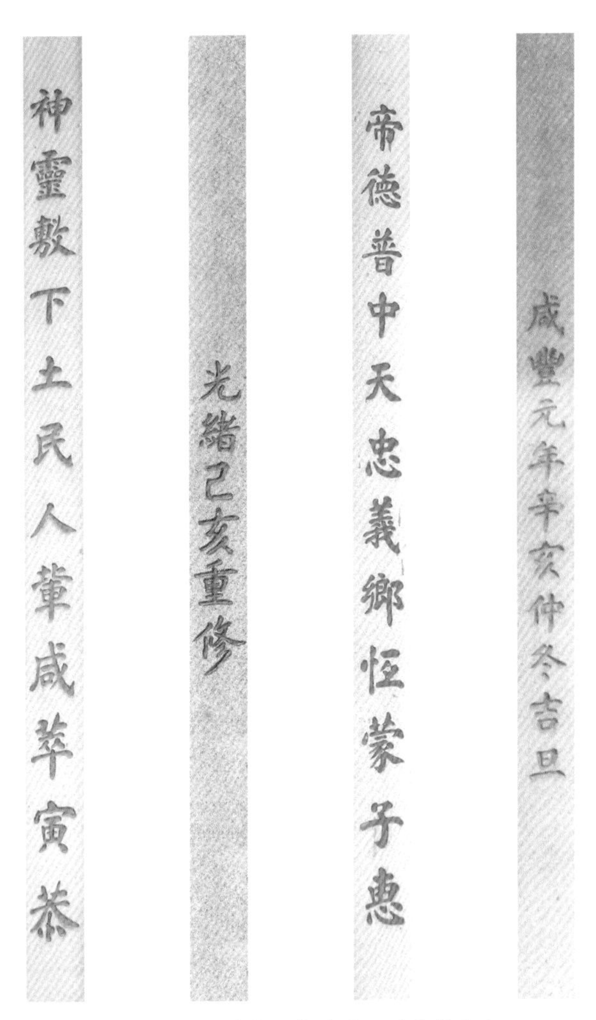

图 17　正殿香亭石柱对联二及落款文字

此外，万福台和观音殿也经历了重修。这从万福台的金漆木雕“万福台”三字旁所刻“光绪己亥冬月重建”字样（见前文图 7）以及现存于前殿右侧的“观音殿”门额上所刻“光绪己亥值事重修”字样即可得知。

值得一提的是，光绪年间的这次大修也是祖庙地位尊崇的反映。

（三）民国时期佛山祖庙修缮沿革考

民国九年（1920 年）六月十七日飓风骤作，灵应祠万福台前亭[1]塌，压毙二人，伤十余人。据记载当时的情景是：“……忽闻崩裂之声，戏台前亭子全座塌倒。”[2]

民国时期社会动荡不安、战乱不断，先是军阀混战，继而是抗日战争，最后是解放战争。基于上述原因，佛山祖庙在民国时期很少进行大规模的修缮，但祖庙古建筑群内零星的修缮至今依然有迹可循。

〔1〕 在牌坊与万福台之间曾有亭子一座，见《祖庙资料汇编》第 17 页。
〔2〕 民国《佛山忠义乡志》卷十一，乡事。

图18　乾隆版《佛山忠义乡志》灵应祠图

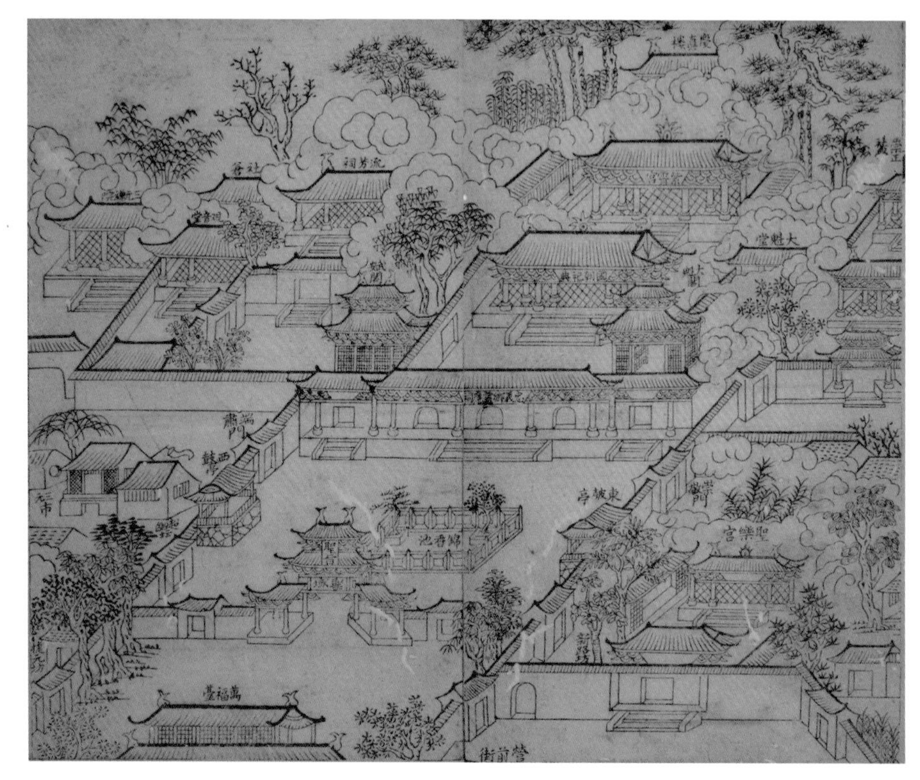

图19　道光版《佛山忠义乡志》灵应祠图

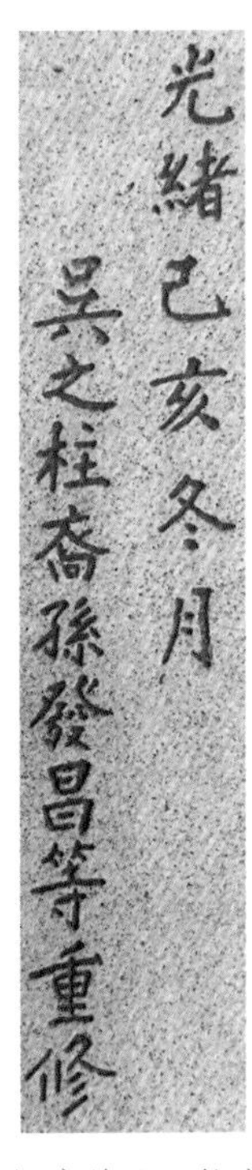

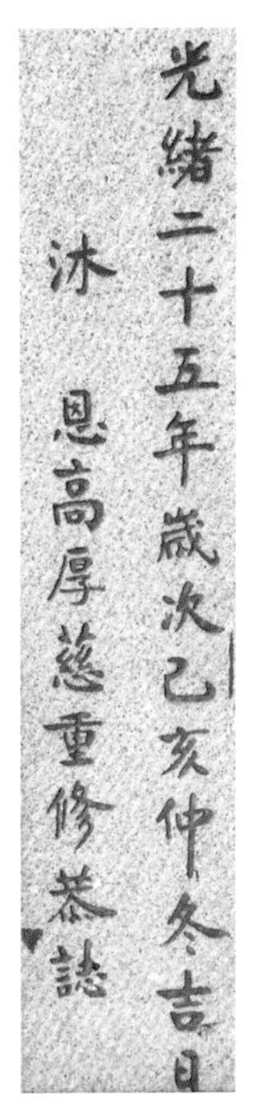

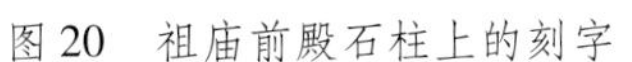
图 20　祖庙前殿石柱上的刻字　　图 21　祖庙正殿石柱上的刻字

2008 年修缮祖庙灵应牌坊时，在灵应牌坊的匾额上即发现一行阴刻文字“民国三十二年冬月谷旦修理”，民国三十二年即 1943 年，时值侵华日军占领时期。另从祖庙前殿木匾额（反面）“泽普安定”的下款文字“驰封中宪大夫翰林院修撰加五级军功补用军民府梁鹤年敬撰拜书　民国三十二年岁次癸未冬月梁元合、梁镜河重修”亦可略窥此次修缮的端倪。

另外，记录民国时期修缮的对联或牌匾还有：祖庙三门正中的木雕对联“凤形涌出三尊地，龙势生成一洞天”（下款刻有“中华民国三十三年十月李敦睦堂众子孙重修”）、正殿香亭明代宗朱祁钰于景泰四年（1453 年）御赐的木匾额“玉音　忠义鸿名重地”（下款文字刻有“中华民国三十四年岁次乙酉仲夏谷旦修庙会修理”）以及位于前殿香亭北侧明代宗朱祁钰于景泰二年（1451 年）御赐的木匾额“玉音　国朝祀典”（其上款为“景泰二年辛未仲冬谷旦立”，下款为“民国三十五年一月吉日重修”）（见图 22）。

图 22　“玉音　国朝祀典”匾额

从以上实物可知，民国三十二年（1943年）至民国三十五年（1946年），祖庙古建筑群经历了四次零星修缮，分别对灵应牌坊、前殿、三门、正殿香亭、前殿香亭等处进行了维修。

此外，从现存祖庙灰塑作品的落款来看，大都是佛山著名灰塑世家——布氏家族在民国时期的作品，如民国初期布锦庭的“薛丁山三探樊家庄”、“断桥会”；民国三十一年（1942年）布根泉的“唐明皇游月宫”、“桃园三结义”，布柏生的“云水龙”、“二龙争珠”；布柏生、布辉父子1946年创作的“江山入画图”。此外，还有民国初年的作品“蕉园赏画”和1942年张容制作的锦香池东廊灰塑看脊。由此可见，民国时期祖庙局部的修缮美化不断地在民间进行着。

在建设之余，民国时期佛山祖庙古建筑群不可避免地遭到一些破坏。崇正社学建筑即毁于抗日战争时期，仅存建于明代的一座二层四角八柱重檐斗栱结构的文魁阁，并保存至今。大概在新中国成立前，观音殿也荒废倒塌了〔1〕。

（四）新中国成立后佛山祖庙修缮沿革考

1956年，广东省政府拨款一万元，对庙内作一次全面清理，清除历年积垢，并由佛山市人民政府发布公告加以保护。

1957年，平整修建祖庙西侧空地，开辟花园，清理粉饰“孔庙”。从此，将祖庙的出入口由“崇敬门”改由“端肃门”出入。同时修缮万福台廊庑、廊下及万福台下加砌通花砖墙。

1958年，佛山市博物馆成立，祖庙划归佛山市博物馆管理。当年至1959年进行的建设有修筑花园回廊、新建“双龙壁”、把原在大基尾之“药王庙”门口石雕柱子一对作“华表”迁装于花园口。万福台、庙内神案的金木雕，全部重新贴上金箔。

1960年，修祖庙“灵应”牌坊。并将祖庙前殿两侧庑廊损坏的梁柱，改为钢筋水泥结构。

1961年，佛山祖庙被公布为佛山市级重点文物保护单位。

1962年7月，祖庙被广东省人民委员会公布为“广东省重点文物保护单位”。

1967年，庆真楼受台风，雷击，正梁折断，后墙倒塌，同年修复，并安装避雷针。

1968年，“双龙壁”被毁。

1970年，对祖庙各建筑作全面维修粉饰。

1972年祖庙重修时，佛山市博物馆的工作人员从隶书字帖中集来“祖庙”二字，并誊放到祖庙正门牌楼木匾额的正面，匾额背面则由林君选先生题写了“古祠艺宫”四字。这一年，祖庙全面维修粉饰工程完成，将原郡马梁祠的“褒宠”牌坊迁建于祖庙花园内。4月12日，经全面维修后的祖庙正式重新对外开放。

1974年，大修祖庙“庆真楼”。“庆真楼”原为二层砖木结构，新中国成立前，国民党某驻军团长曾将二楼楼面构件抽去部分，致使楼面危险，不堪负载。遂将二楼木结构改为钢筋水泥结构。

庆真楼正门木匾额上书“庆真楼”三字，其上款文字为“一九七五年农历乙卯重修”。由此可知，“庆真楼”在1975年经历过重修。

1976年，将祖庙附属建筑“圣乐宫”改建为佛山市博物馆宿舍。“圣乐宫”在新中国成立初期一度

〔1〕 佛山市博物馆编：《佛山祖庙》，文物出版社，2005年，第3页。

为棉四厂用作仓库。后期由佛山市博物馆收回作仓库。因原建筑颓坏，遂改建为宿舍。

1981 年 8 月 4 日，“文化大革命”期间受破坏的祖庙陶塑双龙壁，在各方人士的努力下，重新烧制成功，并安装回原处，让游客观赏。

1982 年 5 月，“佛山孔庙”在“文革”期间被占用，在上级有关部门的关心和支持下，修复后开放。

1986 年，大庙内的漆扑神像十二座重新修补、加漆、贴金。

1991 年 3 月 28 日，大庙开始进行全面修缮粉饰工程，由广东省六建集团有限公司负责施工。6 月 21 日，孔庙开始维修。9 月 8 日，全面完成大庙修缮粉饰工程，包括全面粉饰、更换腐烂斗栱、修缮金木雕和灵应牌坊等。12 月 23 日，孔庙维修工程竣工验收，质量合格。

1992 年 3 月 30 日，孔庙修复后重新开放。是年，对大庙内 14 尊漆扑神像进行了全面维修、加固；庆真楼的通雕屏门重新贴金上漆。

1994 年 8 月，为进一步保护古建筑，按省文管会文件精神，把庆真楼前檐柱中间的木构架和后墙联成一体。

1996 年 11 月 20 日，佛山祖庙被国务院公布为全国重点文物保护单位。

2003 年 12 月，佛山祖庙被评为佛山新八景之一。

2012 年，佛山祖庙被评为国家 AAAA 级旅游景区。

此外，新中国成立后，在原崇正社学片区（文魁阁后面的空地）兴建起学校。几经易名，先后被用作南海中学和佛山市第九中学。据时人回忆，文魁阁后面的空地当时是一个大庭院和一整排教室。20 世纪八九十年代，当时的市教委把该地块移交给市文化局，具体归佛山市博物馆管理使用。1998 年 ~ 1999 年前后，佛山市博物馆拆除了地面建筑，平整了地块。

至于已荒废倒塌的观音殿，新中国成立后，文物工作者在清理废墟的时候发现了明代的观音铜像。遂对其重新贴上金箔后安放在紫霄宫东侧，让游客供奉观赏〔1〕。

三 2007 ~ 2010 年佛山祖庙全面修缮述评

佛山祖庙自清光绪二十五年（1899）大修之后，未进行过全面的大修。历经百年风雨，到 2004 年祖庙古建筑群已出现屋面大面积开裂、下滑，建筑结构部分倾斜、移位和腐朽，部分墙体已严重倾斜开裂，建筑艺术构件、文物损毁严重等问题。祖庙古建筑群亟待修缮，因此佛山市委、市政府决定对祖庙进行一次大规模的修缮，以彻底解决祖庙存在的安全隐患。

在佛山市委、市政府的高度重视和直接指导下，佛山市文化广电新闻出版局自 2004 年起即开始筹备佛山祖庙全面修缮。2004 年 1 月，邀请省古建专家对祖庙进行初步勘察。2004 年 3 月，成立“佛山祖庙全面修缮统筹协调小组”，聘请祖庙修缮顾问。同时，广西文物保护研究设计中心经过招投标中标后对佛山祖庙进行现场勘察，制定修缮方案，上报国家文物局核准，由国家文物局组织省和国家专家进行评审。2005 年 8 月，国家文物局批复同意佛山祖庙修缮方案。2006 年 5 月，成立了由佛山市委副书记挂帅的

〔1〕 陈智亮编、佛山市博物馆誊：《祖庙资料汇编》，1981 年；佛山市博物馆档案室编：《佛山市博物馆大事记》（一九五六年至一九九五年），1996 年 6 月；佛山市博物馆编：《佛山祖庙》，文物出版社，2005 年，第 3 页。

“佛山祖庙修缮领导小组”。2006年9月，佛山市文化广电新闻出版局向市政府呈报施工和工程监理申请采用邀请招标模式的请示。10月，经市政府同意，佛山市发改局批复同意佛山祖庙修缮工程正式立项。2007年底，通过公开招标方式确定了佛山市工程承包总公司作为祖庙修缮工程的施工单位，佛山市立德工程建设监理公司作为监理单位。

2007年11月21日，祖庙全面修缮工程举行开工仪式。2008年1月，祖庙全面修缮工程正式动工。按原定计划，祖庙修缮工程采取分区施工、逐步推进的方式进行。对原祖庙修缮设计方案经论证确须变更的项目，则由设计单位提出修改设计方案，按程序上报省文物局审批备案。对原设计方案不需变更的项目，则按计划推进。在整个祖庙修缮过程中，建设方始终遵循“边施工、边开放”原则，积极与参建各方协调，合理安排施工场地，努力使修缮工程对祖庙开放的影响降到最低。2008～2010年，依次完成了万福台、东西厢房、东西廊、灵应牌坊、东西碑廊、钟鼓楼、三门、前殿、文魁阁、武安阁、正殿、庆真楼等单体建筑的修缮。2010年10月，祖庙全面修缮在佛山市民的殷切期待中圆满竣工。在这次全面修缮中，新发现“观音殿”门额、“二十四孝图”和灵应牌坊上的“民国三十二年冬月穀旦修理”文字。修缮后，自然条件下，祖庙建筑主体结构一百年不需要再作大修。

本次祖庙修缮严格遵循“不改变文物原状”、“四保存”的原则（全面保存建筑物原来的建筑形制、原来的建筑结构、原来的建筑材料、原来的工艺技术），全面恢复古建筑的原状，达到展示古建筑丰富内涵的目标。修缮采用现代技术与传统工艺相结合的办法，在尽可能保留原有构件的基础上，彻底排除造成损坏的根源和隐患，确保文物古建筑的结构安全和“延年益寿”。对祖庙的陶塑、灰塑、木雕、砖雕等实行保守对待，对现代保护技术和材料的使用做到隐蔽，不破坏、不影响古建筑的外观，不妨碍今后的保养维修。

佛山市工程承包总公司在修缮施工中，坚持原结构原材料原工艺为技术衡量标准，尊重历史原貌，研发应用了浅层定向静压注浆技术处理地基成套技术、岭南古建筑灰塑修复保护技术、古建筑墙体的修复创新技术、古建筑屋脊保护修复等新技术。应用于祖庙修缮工程的关键施工技术细分包括：地基基础加固补强，地面修复，墙体修复、清理，墙体纠偏，屋面揭瓦重铺技术，正脊吊升技术，木构件加固维护，木材防腐，木构件油漆，灰塑装饰构件修复，石构件修补，瓜柱防虫防腐，表面风化处理与防护，矿物色的使用以及多项文物保护技术等，这些关键技术的应用为祖庙古建筑群的修缮提供了有力保障。

在修缮过程中，建设、设计、施工和监理各方都进行了科学的管理，相互之间密切配合，对工程质量和安全问题进行了严格把关。此外，各方都十分重视工程档案资料的整理保存，能及时做好资料归档工作。

佛山祖庙全面修缮完满竣工后，建设方佛山市祖庙博物馆一直密切关注祖庙古建筑群的状况并做好维护工作。建设方对祖庙修缮工程的效果较为满意，也受到了社会各界人士和游客的好评。

2013年4月2日，佛山祖庙全面修缮工程通过了国家文物局专家组验收，工程总得分为92分，属优秀工程。

佛山祖庙全面修缮工程具有以下几个特点：第一，佛山市政府非常重视，果断决定由政府承担全部工程款项。第二，建设方积极地从省文物局、国家文物局寻求专业支持，从筹备到祖庙修缮完成举行了多次专家论证会议，省局很多专家都参与了祖庙修缮。第三，建立了非常好的机制，每周一次的例会制度，相关人员都要参加（包括专门聘请的全程参与祖庙修缮的两位经验丰富的老工程师），能很好地解决问题。第四，施工招投标中标单位佛山市工程承包总公司是佛山本地的公司，该公司参与了佛山乃至祖庙及周边的很多工程，非常熟悉祖庙的建筑；他们大部分是本地技工，对祖庙的感情和北帝的敬畏是外地技工替代不了的。第五，修缮工程自始至终都是高标准、严要求和重规范，目标就是要获得优秀。

佛山祖庙的全面修缮是佛山建设文化名城的重要举措，它对构建和谐佛山、增强海内外佛山人的认同感和凝聚力也具有非常积极的意义。佛山市政府斥资3866．98万元，不仅在经济上大力支持，而且在组织上和技术上给予了很大的帮助，组织了国家级、省级古建筑专家对修缮工程进行层层把关。在历时三年的整个修缮施工中，始终严格贯彻《中华人民共和国文物保护法》，科学管理，认真设计，精心施工，以确保古建筑结构安全和修缮质量为核心，推进祖庙修缮工程，达到了消除古建筑安全隐患、不改变文物原状、不降低文物价值的目标。

2007～2010年的佛山祖庙全面修缮工程，与前代的历次大修一样，预示着佛山祖庙新一轮的鼎盛与辉煌。

四　结语

本文通过对佛山祖庙的历代修缮情况进行考证，力求尽可能清晰地还原出祖庙历代修缮的历史真相。到目前为止，学术界还没出现系统全面地对祖庙历代修缮情况进行考证的文章，对佛山祖庙历代修缮的次数仅总结为二十余次。据笔者考证，自明洪武五年（1372年）佛山祖庙重建，至新中国成立前，祖庙古建筑群范围内有史料记载或有迹可循的建筑单体维修、扩建和全面修缮先后共有三十七次，其中明代十五次、清代十八次[1]、民国四次。

除了增加明清和民国时期十余次修缮的考据外，本文还得出若干有别于之前学界研究成果的观点：第一，《重建祖庙碑》为明宣德五年所刻，非宣德四年；第二，灌花池开凿于明正统元年，非宣德四年；第三，清咸丰元年新建了前殿香亭和正殿香亭，非顺治十四年。

历史上祖庙重修、扩建的倡议者或主持者主要是祖庙值事、耆老、乡绅、善士、道士和官员。自乾隆时起，则开启了佛山同知倡修祖庙的传统。重修、扩建祖庙的主要原因有三：一是出于对北帝的崇拜和敬畏；二是由于经历岁月的洗礼或者自然灾害后祖庙破旧倾颓，亟须重修；三是获得升迁后官员为表达感激北帝庇佑之情而主动捐资重修。早期由祖庙值事、耆老、绅士、善士或者道士发起的修缮，多半是在好善者当中广募资金、集资重修，而好善者对于灵应祠重修之事一般都乐于捐输相助，这也许与他们家族具有良好慈善传统不无关系。当然，也不排除某些大家族出于扩大他们在佛山社区的影响力而修缮祖庙，像明末几次修缮都与李待问家族有关即是一例。除此之外，在佛山传统社会中，孩子从小就受到真武神灵应的教育，这种神道设教对乡民的影响也不容忽视。

从史料记载中不难看出，祖庙重修或扩建的缘起多与北帝的圣显事件联系在一起。通过制造北帝圣

[1] 清光绪十四年重修观音殿和崇正社学合记为一次。

显的传说，为祖庙重修或扩建制造理由，同时通过地方政府进行大张旗鼓的宣传，让老百姓“愈惕然于神之灵”，觉得“修”和“建”是北帝的意旨，以此加强乡民对祖庙的敬畏之感，即所谓“以起敬畏”、“以肃观瞻”。既然“神道”与“人事”相合，那么，在史家的笔下，祖庙的重修或扩建往往就变得十分顺利，参与修缮的人员“靡不响应”、齐心协力乃至不谋而合，修缮材料亦“不戒而备”，这些都在情理之中。此外，佛山人素有乐善捐输的传统，每逢祖庙修缮，只要有人发起，百姓就会慷慨解囊、踊跃捐资[1]，这也对祖庙的历次修缮形成良好的助力。

当然，纵观明、清两代，不是每个时期政府对祖庙都给予足够的重视。像康熙年间祖庙曾遭官府冷落，至乾隆年间官府对祖庙才又给予重视并倡修祖庙，同时认识到祖庙在佛山不可替代的地位。因此，自乾隆年间起，清政府也仿照明代那样通过隆祀祖庙来加强社区整合，为其统治增添神话色彩，从而达到巩固其统治的目的。嘉庆年间添建庆真楼一事则反映出清政府对祖庙的进一步重视。从佛山祖庙历代修缮的历史中我们也可发现，佛山祖庙历次修缮的过程，就是北帝信仰的逐步确立、日渐巩固和北帝崇拜不断扩张的过程。

佛山祖庙之所以能保存至今，得益于历代的修缮。祖庙的修缮对祖庙古建筑群的延续至关重要，它的翻修和扩建受多种因素影响和作用，包括统治者希望通过修缮祖庙巩固自己统治的宏图大愿、善信者希望通过捐修祖庙换来北帝护佑的美好祈愿、世家大族希望通过出资修缮祖庙扩大他们社区影响力的如意算盘、神道设教对乡民的影响、祖庙由于各种因素变得残损破败亟待重修的默默呼唤等等。祖庙的历次修缮正是统治者、善信、世家大族、神道设教和古建筑本身等各种因素在一定历史条件下相互作用促成的结果。

参考文献

一　史料

1. 陈炎宗：乾隆《佛山忠义乡志》，乾隆十七年。

2. 吴荣光：道光《佛山忠义乡志》，道光十年。

3. 冼宝干：民国《佛山忠义乡志》，民国十二年。

4. 佛山市图书馆整理：民国《佛山忠义乡志》（校注本，上、下两卷），岳麓书社，2017 年 4 月。

5. 广东省社会科学院历史研究所中国古代史研究室、中山大学历史系中国古代史教研室、广东省佛山市博物馆编：《明清佛山碑刻文献经济资料》，广东人民出版社，1987 年。

6. 陈智亮编、佛山市博物馆誊：《祖庙资料汇编》，1981 年。

7. 佛山市博物馆档案室编：《佛山市博物馆大事记》（一九五六年至一九九五年），1996 年 6 月。

二　著作

1. 肖海明著、佛山市博物馆编：《中枢与象征——佛山祖庙的历史、艺术与社会》，文物出版社，2009 年。

2. 佛山市博物馆编：《佛山祖庙》，文物出版社，2005 年。

3. 罗一星著：《明清佛山经济发展与社会变迁》，广东人民出版社，1994 年。

[1] 如史料所述：“多咸乐捐输”、“踊跃佥捐”，等等。

三　论文

1. 吴庆洲：《瑰伟独绝　独树一帜——佛山祖庙建筑研究》，佛山市博物馆编：《佛山祖庙》，文物出版社2005年，第158—167页。

2. 严衬霞：《李待问与佛山古建筑修缮——以佛山祖庙灵应祠古建筑修缮为主》，《佛山科学技术学院学报（社会科学版）》，2013年11月，第31卷第6期。

修缮篇

佛山祖庙修缮工程岩土勘察报告

工程名称：佛山祖庙修缮工程（东侧围墙）	
场地位置：佛山祖庙	
（一）地形地物概述	区内地势相对较为平坦，根据引测高程，区内钻孔孔口高程在 +3.18 ~ +3.42 米之间，最大高差约 0.24 米。
（二）地下水概况	勘察期间区内钻孔初见水位埋深为 1.60 ~ 1.90 米。
（三）地层土质概述	1. 杂填土层：由粉质黏土、粉砂和碎石等杂物回填而成，上部为约 0.10 ~ 0.20 米的水泥地面。其稳定性较差，ZK4 钻孔有一直径约 1 米的土洞。填土层厚度为 1.40 ~ 2.20 米。轻便触探 N_{10} = 2 ~ 78 击，触探击数标准值为 10.6 击。
	2. 粉质黏土层：灰黄色，湿，呈软塑状态，含粉细砂。层顶埋深 1.40 ~ 2.20 米，层厚 0.90 ~ 1.70 米。轻便触探 N_{10} = 12 ~ 41 击，触探击数标准值为 17.2 击，地基土承载力特征值建议取值 100kPa。
	3. 细砂层：灰色，饱和，呈稍密状态。层顶埋深 3.10 ~ 3.40 米，钻探厚度 4.30 ~ 4.70 米。轻便触探 N_{10} = 13 ~ 70 击，触探击数标准值为 38.7 击，地基土承载力特征值建议取值 120kPa。
（四）建议	根据场区工程地质情况，建议区内拟建物采用复合地基。建议对杂填土层进行地基加固处理。

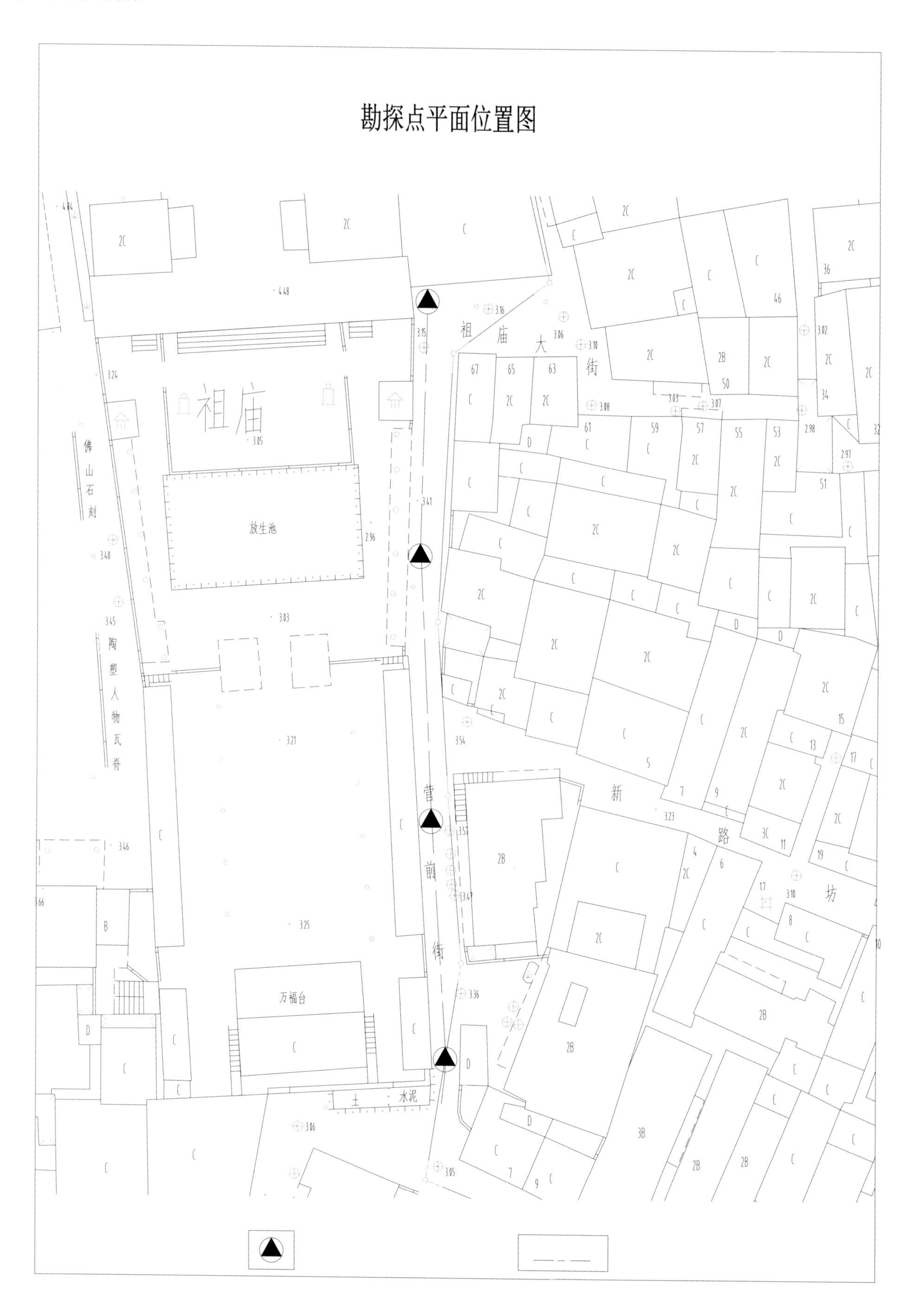
勘探点平面位置图
祖庙
放生池
万福台
祖庙大街
营前街
新路坊
佛山石刻
陶塑人物瓦脊
水泥

钻 孔 柱 状 图

工程名称	佛山祖庙修缮工程（东侧围墙）			工程编号	2005-09
钻孔编号	ZK1	坐标		动探类型	轻型
孔口高程	3.18米			初见水位	1.70米

地层编号	地层名称	地层时代	层底深度（米）	分层厚度（米）	柱状图	动探图	触探深度（米）	实测击数（米）	岩土名称及其特征
①	杂填土	Q_4	1.90	1.90			0.30	6.00	杂填土：由粉质黏土、粉砂和碎石等杂物回填而成。上部为约0.15米的水泥地面
							0.60	4.00	
							1.90	4.00	
							1.20	15.00	
							1.50	3.00	
							1.80	4.00	
②	粉质黏土		3.40	1.50			2.10	16.00	粉质黏土：灰黄色；湿；呈软塑状态；含粉细砂。
							2.40	20.00	
							2.70	22.00	
							3.00	19.00	
							3.30	20.00	
③	细砂		3.70	4.30			3.60	32.00	细砂：灰色；呈稍密状态；饱和；含中砂和粉砂。
							3.90	54.00	
							4.20	52.00	
							4.50	59.00	
							4.80	65.00	

钻孔柱状图

工程名称	佛山祖庙修缮工程（东侧围墙）			工程编号	2005-09
钻孔编号	ZK2	坐标		动探类型	轻型
孔口高程	3.42米			初见水位	1.70米

地层编号	地层名称	地层时代	层底深度(米)	分层厚度(米)	柱状图	动探图	触探深度(米)	实测击数(米)	岩土名称及其特征
①	杂填土	Q_4	1.40	1.40			0.30	9.00	杂填土：由粉质黏土、粉砂和碎石等杂物回填而成。上部为约0.10米的水泥地面
							0.60	10.00	
							0.90	11.00	
							1.20	16.00	
							1.50	12.00	
							1.80	12.00	
②	粉质黏土		3.10	1.70			2.10	16.00	粉质黏土：灰黄色；湿；呈软塑状态；含粉细砂。
							2.40	15.00	
							2.70	19.00	
							3.00	18.00	
							3.30	26.00	
③	细砂		7.50	4.40			3.60	26.00	细砂：灰色；呈稍密状态；饱和；含中砂和粉砂。
							3.90	24.00	
							4.20	42.00	
							4.50	58.00	
							4.80	61.00	

动探图刻度：NO: 14.0 NO: 28.0

钻 孔 柱 状 图

工程名称	佛山祖庙修缮工程（东侧围墙）			工程编号	2005-09
钻孔编号	ZK3	坐标		动探类型	轻型
孔口高程	3.37米			初见水位	1.70米

地层编号	地层名称	地层时代	层底深度(米)	分层厚度(米)	柱状图	动探图	触探深度(米)	实测击数(米)	岩土名称及其特征
①	杂填土	Q_4	2.20	2.20			0.30	8.00	杂填土：由粉质黏土、粉砂和碎石等杂物回填而成。上部为约0.10米的水泥地面，孔深1.30~1.60米为镬模泥.
							0.60	8.00	
							0.90	19.00	
							1.20	24.00	
							1.50	56.00	
							1.80	78.00	
②	粉质黏土		3.10	0.90			2.10	25.00	粉质黏土：灰黄色；湿；呈软塑状态；含粉细砂。
							2.40	19.00	
							2.70	22.00	
							3.00	20.00	
							3.30	29.00	
③	细砂		7.50	4.40			3.60	31.00	细砂：灰色；呈稍密状态；饱和；含中砂和粉砂。
							3.90	25.00	
							4.20	51.00	
							4.50	56.00	
							4.80	65.00	

动探图：N0: 14.0　N0: 28.0

钻 孔 柱 状 图

工程名称	佛山祖庙修缮工程（东侧围墙）	工程编号	2005-09
钻孔编号	ZK4	坐标	
孔口高程	3.30米		
动探类型	轻型	初见水位	1.90米

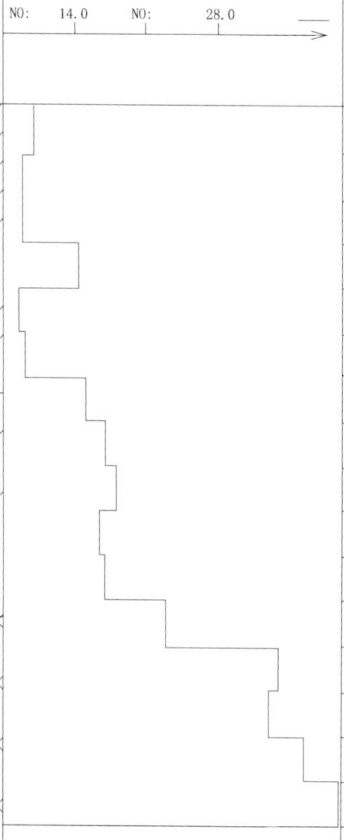

地层编号	地层名称	地层时代	层底深度(米)	分层厚度(米)	柱状图	岩土名称及其特征
①	杂填土	Q_4	2.10	2.10		杂填土：上部约0.20米主要为石块，往下有一直径约1.00米的土洞，下部由粉质黏土和粉砂等组成。
②	粉质黏土	Q_4	3.20	1.10		粉质黏土：灰黄色；湿；呈软塑状态；含粉细砂。
③	细砂	Q_4	7.90	4.70		细砂：灰色；呈稍密状态；饱和；含中砂和粉砂。

动探图（NO: 14.0　NO: 28.0）

触探深度(米)	实测击数(米)
0.30	4.00
0.60	2.00
1.20	9.00
1.50	24.00
1.50	31.00
1.80	34.00
2.10	32.00
2.40	22.00
2.70	22.00
3.00	41.00
3.30	35.00
3.60	13.00
3.90	20.00
4.20	43.00
4.50	56.00
4.80	70.00

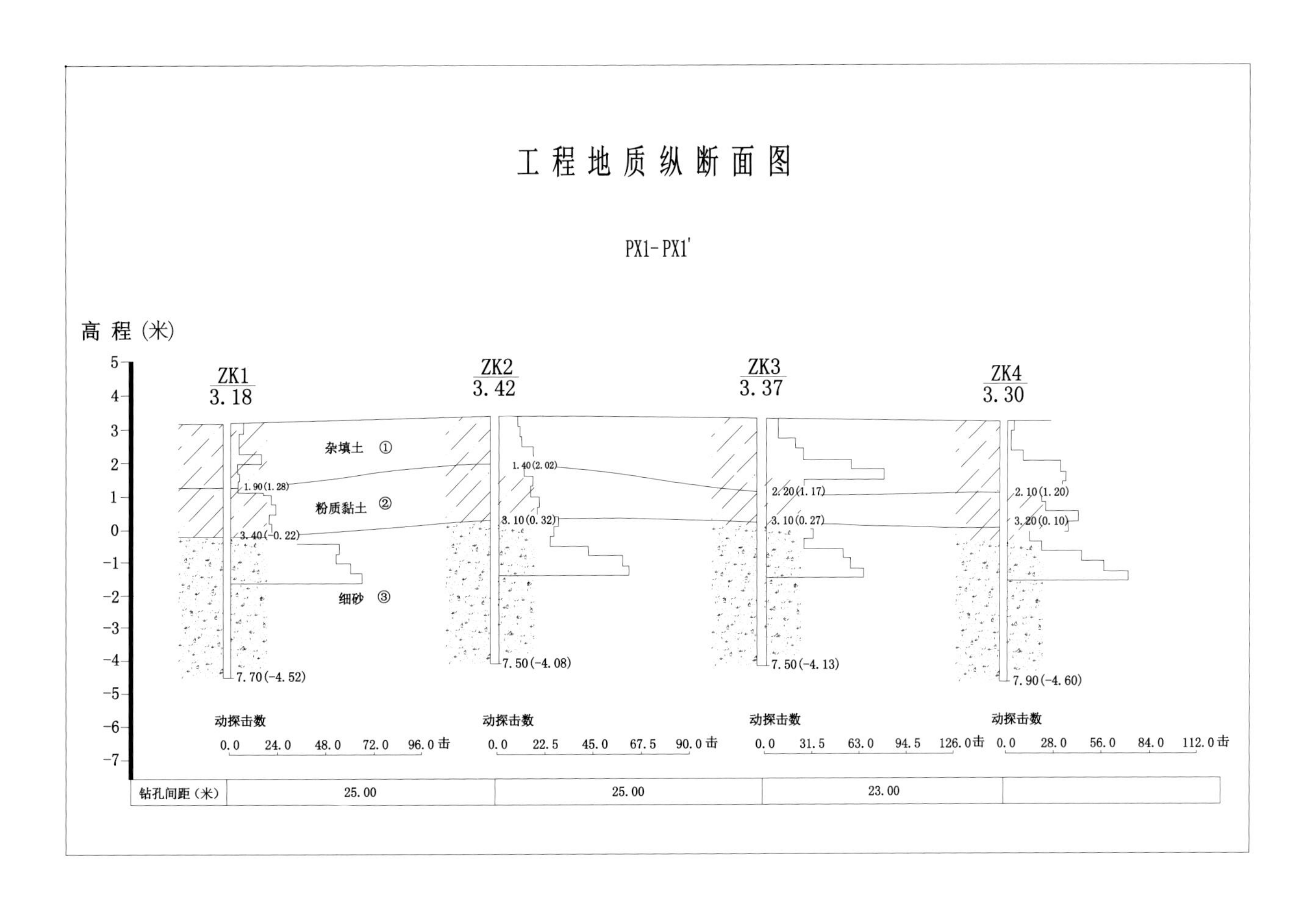

工程地质纵断面图
PX1-PX1'
高程(米)
ZK1 3.18
ZK2 3.42
ZK3 3.37
ZK4 3.30
杂填土 ①
粉质黏土 ②
细砂 ③
1.90(1.28)
3.40(-0.22)
7.70(-4.52)
1.40(2.02)
3.10(0.32)
7.50(-4.08)
2.20(1.17)
3.10(0.27)
7.50(-4.13)
2.10(1.20)
3.20(0.10)
7.90(-4.60)
动探击数
0.0 24.0 48.0 72.0 96.0 击
0.0 22.5 45.0 67.5 90.0 击
0.0 31.5 63.0 94.5 126.0 击
0.0 28.0 56.0 84.0 112.0 击
钻孔间距(米)
25.00
25.00
23.00

佛山祖庙修缮工程建筑勘察报告

一　概述

佛山“肇迹于晋，得名于唐”，是一座历史悠久的文化名城。早在秦汉时期，这里已成为颇具规模的农民、渔民聚居的村落，乡人称为“季华乡”。唐贞观二年（628 年），因在城内的塔坡岗上挖掘出三尊佛像，遂立石榜称“佛山”而得名，现为国家历史文化名城。

佛山“祖庙”又名北帝庙、灵应祠，位于佛山市禅城区祖庙路 21 号，是佛山历史上集神权、族权和政权于一体的道教神庙。相传始建于北宋元丰年间（1078～1085 年），曾毁于元末，明洪武五年（1372 年）重建，此后历明清二十多次重修，屡加改建扩建，至嘉庆元年（1796 年）添建庆真楼后，形成祖庙今天所见的规模。

据方志记载，“真武帝祠之始建不可考，或云宋元丰时，历元至明，皆称祖堂，又称祖庙，以历岁久远，且为诸庙首也。”（冼宝干：《佛山忠义乡志卷八·祠祀》）又如庙门一对联云：“廿七铺奉此为祖，亿万年唯我独尊”，可见其显赫一时的重要地位。在佛山镇形成以后相当长的时期内，基本为“地方自治”，直到清顺治四年（1647 年）才开始设置地方官。因此长期以来佛山的“北帝庙”便作为地方豪绅富户商议要事的地方（称为庙议），起着珠江三角洲乡村中宗祠的作用。黄萧养农民起义军进攻佛山时，封建统治者策划和组织的一切抵抗活动就是在北帝庙内商议的。故封建统治阶级竭力鼓吹北帝和北帝庙的作用，人们也像尊崇祖宗那样地尊崇它，便把它称为“祖庙”。

祖庙经历朝不断扩建，才形成现有的规模。主要建筑沿南北轴线依次为万福台；灵应牌坊（楼）；锦香池；锦香池两侧的碑廊、钟鼓楼；三门（山门）；三门两侧的文魁阁、武安阁；前殿；正殿；庆真楼，建筑面积 3600 平方米。从始建至今，历代对祖庙的修葺从未间断，祖庙的现存就是历史在各建筑单体、各建筑构件、各建筑装饰上的凝聚。大殿的斗栱具有鲜明的宋代法式特征，斗栱上使用的拱栓做法，在我国现存的古代建筑中是不可多得的

实物例证，各建筑单体用材讲究，工艺细腻，结构与装饰手法，都极具岭南传统建筑的神韵，各种装饰工艺精湛，琉璃陶塑人物故事屋脊和丰富多彩的灰塑栩栩如生；墙壁上纤巧细腻的砖雕；栏杆、柱础上粗犷古朴的石质雕刻，梁架上各种玲珑剔透的漆金木雕等，构成祖庙的三雕二塑（砖雕、木雕、石雕；陶塑、灰塑），这些艺术珍品构思新奇，刻画细致，生动传神，耐人寻味，是岭南传统建筑装饰中不可多得的艺术精品，素有“古祠艺宫”的美誉。

二 历史沿革

据史籍，祖庙相传始建于宋代。元毁于兵燹，据说是元末平洲龙潭的农民起义军烧毁的。（宣德四年唐璧撰《重建祖庙碑》：元末龙潭贼寇本乡，舣舟汾水之岸，众于神，即烈风雷电，覆溺贼舟者过半。俄，贼用妖术贿庙僧，以秽物污庙，遂入境剽掠，焚毁庙宇，以泄凶忿，不数日，僧遭恶死，贼亦败亡，至是复建，乡人称之为祖庙。）

明洪武五年（1372 年）重建，“乡人赵仲修复建北帝庙”、“不过数楹”，可知明时的规模很小。

明宣德四年（1429 年）重修北帝庙。（正统三年《庆真堂重修记》）只是在祖庙原有基础上加以扩建。明正统元年（1436 年）凿北帝庙前灌花池。

明景泰三年（1452 年）敕封北帝庙为“灵应祠”，并新建了“玄灵圣域”牌坊，形成了庙、钟楼、鼓楼、牌坊、灌花池的规模。

明正德八年（1513 年）重修灵应祠。将牌坊扩建为三门牌坊（牌楼），把“玄灵圣域”改为“灵应圣域”；又在灌花池的右边开凿了锦香池。

明嘉靖三十一年（1552 年）灵应祠住持道士造花龙石照壁。

明万历三十二年（1604 年）修灵应祠门楼。明天启三年（1623 年）灵应祠前池加筑拱桥。

明崇祯八年（1635 年）灵应祠改神像。明崇祯十四年（1641 年）大修灵应祠，复筑照壁。

清顺治十四年（1657 年）修灵应祠香亭。清顺治十五年（1658 年）在灵应祠前建华封戏台。史载“华封台”就是现在的“万福台”。

清康熙二十三年（1684 年）修灵应祠牌坊。

清雍正年间重修锦香池，在锦香池四周砌上石块，并加筑栏杆。在池中增设石雕龟蛇。此时灌花池已成为平地。

乾隆二十四年（1759 年）修灵应祠，这是一次规模较大的修葺，历时二年多，耗银一万二千两。除在原规模上全面改易材料外，建起了围墙，把原来毗连祖庙大院围墙的房屋尽行拆毁，在两边筑建了廊庑，存放碑石牌匾；扩大了“万福台”。（陈炎宗《重修南海佛山灵应祠碑记》载：“驻防司马赵公，睹斯祠之将颓，慨然兴修举之志。爰谋诸乡人士，曰原如公旨，各输其力，合资一万二千有奇经始于己卯之秋，迄辛巳之腊月高成。……其规度高广必增减，从青鸟家言。材则易其新，良工必期于坚致，门庭堂寝，巍然涣然，非复问之朴略矣。门外有绰楔，则藻泽之。绰楔前为歌舞台，则恢拓之。左右垣旧连矮屋则尽毁而撤之，但筑浅廊以贮碑扁，由是截然方正，豁然舒厂，与祠之壮丽相配……”）

乾隆二十七年（1762 年）修灵应祠。（据佛山史家考证：这里记载乾隆二十七年修灵应祠，恐与二十四年那次修理为同一次，陈炎宗《重修南海佛山灵应祠记》是乾隆二十七年刻碑立石的，文中记述二十四年的那次修理，从当年秋天动工，至二十六年十二月才完成，而且规模颇大，祖庙建筑基本上在这一次修理中定型，既然二十六年十二月才修理结束，当不至于次年又进行修理；而且二十四年的一次修理倡议者亦为赵公（廷宾），故疑为《乡事志》编者之误）。

“嘉庆元年（1796 年）修灵应祠，建庆真楼以崇祀帝亲。”（嘉庆二年《重修灵应祠鼎建灵宫碑记》）

至此，祖庙的规模基本形成。此后虽经多次维修，仍未改变上述规模及建筑布局。

道光元年（1821年）灵应祠神回庙，醮棚失火，毙六十余人。

咸丰四年（1854年）重修灵应祠。

民国八年（1919年）六月十七日飓风骤作，灵应祠万福台前亭塌，压毙二人，伤十余人。“……忽闻崩裂之声，戏台前亭子全座塌倒”。

1956年，广东省政府拨款一万元，对庙内作一次全面清理，清除历年积垢，并由佛山市人民政府发布公告加以保护。

1957年，平整修建祖庙西侧空地，开辟花园，清理粉饰“孔庙”。从此，将祖庙的出入门口由新中国成立的“崇敬门”改由“端肃门”出入。同时修理万福台廊庑，廊下及万福台下加砌通花砖墙。

1958年佛山市博物馆成立，祖庙划归博物馆管理。本年至1959年进行的建设有修筑花园回廊，并在回廊北边开设茶座，开辟“又一村”，新建“双龙壁”，还把原在大基尾之“药王庙”门口石雕柱子迁装于花园口。万福台、庙内神案的金木雕，全部重新贴上金箔。

1960年，修祖庙“灵应”牌楼。并将祖庙前殿两侧庑廊损坏的梁柱，改为钢筋水泥结构。

1962年7月，广东省人民委员会公布“祖庙”为广东省重点文物保护单位。

1962年，把1959年从佛山室咸鱼街关帝庙照壁上拆回的陶瓷人物花脊安装于庆真楼前进行展示。

1967年，庆真楼受台风，雷击，正梁折断，后墙倒塌，同年修复，并安装避雷针。

1970年，对祖庙各建筑作全面维修粉饰。

1972年，经全面维修后，将原郡马梁祠的“褒宠”牌坊迁建于祖庙花园内。4月12日，祖庙正式重新对外开放。

1974年，大修祖庙“庆真楼”。“庆真楼”原为二层砖木结构，新中国成立前，国民党某驻军团长曾将二楼楼面构件抽去部分，致使楼面危险，不堪负载。遂将二楼木结构改为钢筋水泥结构，二楼紧贴后墙单梯改由从正面转向两侧。

1976年，将祖庙附属建筑“圣乐宫”改建为佛山市博物馆宿舍。“圣乐宫”在新中国成立初期一度为棉四厂用作仓库。后期由佛山市博物馆收回作仓库。因原建筑颓坏，遂改建为宿舍。

1996年11月20日，国务院公布佛山祖庙为全国重点文物保护单位。

三 保存现状

佛山祖庙从明洪武五年（1372年）至清嘉庆元年（1796年），在长达四百多年时间内逐渐扩展而成。有着传统建筑“前低后高”的特点，以三门的前坪为最低，向北渐次升高。平面布局为中轴对称布置。由于它是在不同时期陆续买地扩建的，受此限制，所以它的中轴线不是一条直线，而是分段的南北走向、相互平行的轴线，由万福台至三门为第一段，向西偏移了0.675米；第二段由三门至前殿香亭，又向西偏移了0.375米；第三段从前殿香亭至大殿，再向西偏移0.875米；由前殿后至庆真楼为第四段。实测结果与史籍记载基本相符。

祖庙现存建筑主要有：万福台、万福台前的东西厢房、万福台前的东西庑廊、灵应牌坊（牌楼）、锦香池、东西碑廊、钟楼、鼓楼、三门、文魁阁、武安阁、忠义流芳题记牌坊、前殿、前殿香亭、前殿东西廊、正殿、正殿香亭、正殿东西廊、庆真楼。

（一）万福台

万福台建于清初顺治十五年（1658 年），是每年秋收至十二月演戏给“北帝”看、酬谢“神”的“保佑”而建。

万福台面阔四柱三开间，明间宽 6.42 米，次间宽 3.23 米。统面阔 13.30 米（墙边至墙边），统进深 11.78 米（柱边至墙边），平面近正方形。分前台，后台，由一贴金木雕的隔板分开，前台演戏，后台为化妆之用。演戏主要在明间，次间为奏乐之所。前后台间有四门，明间隔板的“出将”“入相”两门供演员出入，次间“蹈和”“履仁”供奏乐人员及舞台工作人员出入。后台东、南、西方向均有墙，东西面各开一扇蓝色镂空琉璃方砖花窗，东、西面各有一门口，戏台东侧有石砌台阶，拾级即可登门进入后台。其中西面台阶是 1958 年增建的。

屋顶为歇山卷棚顶，穿斗结构，不施斗栱。戏台高 2.15 米，前台平面布置花岗岩石柱十一根，原是架空通底，可看见楞木及木楼板，后于 1957 年维修中，在外围石柱间加砌了通花砖墙，石米墙裙，并将木结构楼地面改为混凝土结构楼地面，由于砼梁出现开裂露筋等情况，在后期于砼梁下增加了钢柱及钢梁。戏台前台立檐柱 6 根，柱面刷黑漆，其中有 3 根木柱在以前维修中就做过墩接处理，有 1 根在对接位置的木材已经滋生霉菌，用硬物敲击，有空鼓声。前台有主梁架两缝，梁跨 5.32 米，梁径 280 毫米，并在梁中部，向次间 45°及 90°方向伸出梁架各一缝，使主梁在跨中承受较大的集中荷载，产生下挠。每逢主架有瓜柱 7 根，柱头支檩，各瓜柱间用穿枋联系，枋头作阴刻回纹图案，后台梁架结构与前台基本相同，其中后台东侧大梁早年受白蚁蛀蚀，后虽用药水杀灭，但木梁并未作更换，承载能力已降低，产生较大挠度，现用槽钢托底，勉强支撑。戏台的梁架、瓜柱、穿枋发现有蚁蛀现象，并有空鼓开裂，敲击时有木屑散落，檩条残坏情况也大体相近，大量空鼓开裂，蚁害和木腐菌腐蚀是主要的病因，并产生不同程度下挠。万福台屋面是岭南地区常见的板筒瓦砂浆裹垄屋面，分面瓦和望瓦两部分，绿琉璃勾滴剪边，由于长年受雨水的侵蚀，裹垄砂浆大面积剥落，裸露的筒瓦、板瓦也出现不同程度的风化酥碱，造成雨水渗漏，瓦桷受潮腐朽、白蚁蛀蚀。在屋面四条戗脊上各有一组灰雕，保存基本完好，仅局部风化，色浆褪色，还发现有水泥砂浆修补的痕迹。

万福台上有大量精美的贴金木雕构件，如戏台中部的木隔墙上的神话故事木雕花板、屋檐下的雀替等，均保存较好，没有蚁蛀朽坏的情况，只是由于平时游客喜欢对木花板上木雕神像扔掷金属钱币，乞求吉祥，造成木雕金箔少量脱落及钱币撞击的凹痕，为防止损坏的加剧，已在木雕前架设铝合金玻璃屏，保护了木雕的安全，虽对木雕的视觉产生影响，但不影响游人的观瞻。

后台墙体保存完好，未发现裂缝及倾斜，后台地面仍保持原石地面，只是明间中部在后期改为红色水磨石地面。在万福台后有一照壁紧贴其后墙而建。照壁红砂岩下碱，干摆墙身，砖雕棱角砖檐、琉璃勾滴剪边墙帽。下碱砂岩表层风化严重，已凹凸不平，墙身部分砖料酥碱，砖雕轻微风化，有部分表面被刷成红色。琉璃瓦件釉色褪色泛白，并有多种规格瓦件共存的现象，大小不一，参差不齐，是多次修补的结果。

（二）万福台前东西厢房及庑廊

万福台东西厢房及庑廊建于乾隆二十四年，是专为达官贵人，豪绅富户看戏而设立的“包厢”。1957

年，维修万福台的同时，在厢房下部加砌通花砖墙，祖庙划归博物馆管理后，为方便群众看戏，开设了茶座，也根据需要对厢房及庑廊进行了改建。

西厢房

面阔二间，进深一间。南侧山墙与万福台后照壁之间原有一冷巷，为扩大使用面积将冷巷盖顶作为过道。硬山搁檩卷棚屋顶，瓦面做法分面瓦、望瓦两层，石灰砂浆裹垄。裹垄砂浆风化剥落，筒瓦裸露，瓦件风化酥碱，造成屋面渗漏、瓦桷朽坏。檩条共有8根朽坏。剪边琉璃瓦的规格、式样不齐，其中只有一套瓦头保持连续18对，其余多为随意搭配。在一层前檐，增设屋檐一层，采用钢梁及钢制檩条，屋面为玻璃钢瓦面。

由于厢房始建时，墙体接槎处横纵墙未作搭接，而后檐横墙向西倾斜，使横纵墙间产生裂缝，其中裂缝最大达60毫米。现西厢房拆除了底层一间房的砖隔墙，改为小卖部，另一间作为盥洗间，二层堆放杂物。一层室内增加吊顶，设拉闸卷门。一层小卖部地面是花岗岩料石地面，盥洗间地面和内墙面贴釉面砖。二楼楼面为木板面，腐朽严重，由于一楼设吊顶，也没有揭露楼板进行观察，楼楞保存情况不详，但从楼面板由于屋面漏雨长期潮湿形成腐朽的情况分析，楼楞的保存情况不容乐观。

东厢房

面阔二间，进深一间。南侧山墙与万福台后照壁之间原有一冷巷，为扩大使用面积将冷巷盖顶改为卫生间。现东厢房用于存放一般文物，屋面做法与西厢房相同。裹垄砂浆风化剥落，筒瓦裸露，瓦件风化酥碱，屋面渗漏，望瓦底面清晰可见雨水渗漏的痕迹和瓦桷朽坏。剪边琉璃瓦规格式样不齐。在一层前檐增设屋檐一层。檩条共有4朽坏，9根有白蚁蛀蚀的痕迹，外墙作假清水墙面。由于后檐横墙向东倾斜，造成后檐墙与隔墙间产生裂缝，裂缝最宽达50毫米。室内布局与西厢房基本一致，一层地面是料石地面，保存较好。二层和西厢房一样也是木楼板地面，部分朽坏。因一层设吊顶、也未有揭露楼板进行观察，所以楼楞保存情况不详，从楼面板由于屋面漏雨长期潮湿形成腐朽的情况分析，楼楞的保存情况不容乐观。

庑　廊

东西庑廊分别在厢房的北面，与厢房同建于乾隆二十四年，两层，面阔六间，进深一间，卷棚悬山屋顶，筒板瓦石灰砂浆裹垄屋面，绿琉璃勾滴剪边，前檐用花岗岩石柱，八边形，两庑廊的后檐墙即为祖庙的东、西围墙。

庑廊屋面也因使用年久、风雨侵蚀而砂浆剥落，瓦件风化酥碱，屋面渗漏，望瓦底雨渍斑驳，瓦桷、檩条受潮腐朽及被白蚁蛀蚀，檩条、梁架表面油漆起鼓脱落，剪边琉璃瓦瓦件规格花饰杂乱。

一层地面是花岗岩料石地面，保存较好。二楼为木楼板，用方形木楼楞支承，保存均完好。方形楼楞的做法据介绍是后期维修时改变的，原来的楼楞是圆木。二楼外檐作花木栏杆，在一层南面及北面庑廊与门楼间各有一部楼梯上二楼，其中北面为钢梯，南面为木梯。据博物馆的退休同志介绍，原庑廊只有北面一部楼梯，且为木梯。而现在的二层楼板及南面一层楼梯都是后期将庑廊改成茶座时改造和增加的，同时还在一层前檐增加了钢屋架、玻璃钢瓦屋面及卷闸门。

庑廊内墙在原来的糙砖墙面上增加了抹灰，表面作假清水面层。东廊后檐墙（东围墙）全段出现向东外鼓、倾斜，外鼓、倾斜在高1.00米处开始出现，表现最充分的高度是2.00米处。其中离东墙最南端34.3米处，外鼓、墙体倾斜达85毫米，超出规范要求45毫米。其外鼓、倾斜的表现也较为特殊：不是整体、有规律的向东外鼓、倾斜，其外鼓、倾斜尺寸各段的不规则可证实；砖墙两侧的倾斜表现明显不同，内侧（东廊内）未见空鼓，仅有较少的倾斜，外侧明显外鼓、倾斜。为保证建筑安全，已用钢管在外侧作临时支撑。造成东墙外鼓、倾斜的原因可能是墙体较厚、中间灰浆未灌满、墙体拉结不好而造成外鼓。其次，从佛山市博物馆提供的地质资料可知，东墙的基础落在软弱地层上。为了了解基础的总体情况，在东墙外鼓最严重的部位开挖了长1500毫米的探查沟，得知基础总埋深540毫米，共两层，上层是340毫米的青砖，下层（底部）是20毫米厚的灰土，灰土下的持力层是包含有烂瓦、碎砖回填土，但经过夯实处理，明显的与基础两侧的未经夯实的、松软的回填土不同。勘察中除了墙体外鼓、倾斜外，未见由于基础下沉造成的墙体开裂等不利因素。

东西庑廊的后檐分别是祖庙的东西院墙，院墙的上部有大量的灰塑，这部分灰塑由于在20世纪的七八十年代进行过程度不同的维修，保存稍好，但也存在表面风化、雨渍污染、缺角缺失等损坏，还有的灰塑是已经全部损坏重塑的，而且重塑时没有注意收集历史资料和依据历史资料进行，现代气息和题材风格与其他历史遗存的灰塑存在明显的不同。

（三）灵应牌坊

灵应牌坊（应为牌楼，当地习惯称呼为牌坊，本勘察报告沿用牌坊的称呼）建于明景泰二年（1451年）。牌坊原是祖庙大门，在祖庙建筑群中占有非常重要的地位。当时人们进入祖庙，先经过牌坊，跨过锦香池石桥，然后进入庙内。又因为它是“敕封”灵应祠的标志，在某种意义上说也是佛山被“敕封”为“忠义乡”的标志，所以建得特别辉煌壮丽。

牌坊四柱三楼，平面与常见的单排柱的四柱三楼的牌楼做法稍有不同，在每一柱位用三根柱形成一排，即除中柱外在中柱的南北两侧再设檐柱，共用12根柱。牌坊东西宽10.96米，南北深4.91米。明楼宽5.01米，重檐庑殿顶；次楼宽2.12米，歇山顶。明楼两侧的次楼坐落在花岗岩台基上，台基长4.91米，宽3.83米，高0.82米。中柱用木柱，其中明楼的两根直径是55厘米，边柱直径是48厘米，柱子下有类似卷杀的收边，即柱脚稍有收圆、俗称倒角的做法；檐柱用石柱，均为八角形，实测中发现石柱向内侧6厘米，升起3厘米，此种做法是侧脚升起还是受压变形，目前没有统一的定论。木柱前后各有一抱鼓石，两面均刻有花纹，有轻度风化。现石柱及木柱均保存完好，未发现蚁蛀痕迹。20世纪70年代，牌坊的中间木柱被白蚁蛀空，后用环氧树脂灌注，对柱进行了灭蚁及加固。

牌坊东、西两翼各有一门，一曰“长春”，一曰“延秋”，与牌坊联成一体。

牌坊明楼大额枋在20世纪70年代也因蚁害形成空洞，灌注环氧树脂进行加固，明楼平板枋未发现病害，两次楼额枋及平板枋端头处因容易受雨水侵蚀，出现轻度腐朽。

牌坊用七踩三翘斗栱。斗与升的做法地方特色明显，沿正缝向上每个斗、升小1厘米，至第四个又大起来，利于支承檐枋（檩）。明楼与次楼的柱头科斗栱均有不同，次楼为半边平身科加上麻叶头组合而成，明楼直接由柱身出翘承斗组成，角科中只有次楼才有45°斜翘，明楼省去不用，用枋组成四边形，除四角外每边都有拱和翘伸出承重。明楼不使用45°拱，减少童柱和中柱上榫口数量，方便施工，也增加木柱承载面积，提高柱的结构强度。

斗栱整体保存较好，未发现蚁害和腐朽，但由于多次维修，斗及升的规格做法、大小不一，有个别还保持斗耳缺失、缺角等，并且斗栱安装时未能做到整齐准确，日久天长，在屋面的自重挤压下，整攒斗栱在轴心方向整体向内偏移变形，最大偏心距达30毫米，一些斗、升、翘、昂移位、脱榫。

牌楼为琉璃瓦屋面，分望瓦和面瓦两层，但又有所区别，望瓦仅限于檐口部分。屋脊均用琉璃脊，由于屋面较短，不用常规的举折形式，瓦桷从脊檩直接伸到檐口。翼角翘起则由角梁和衬头木构成，翼角瓦桷和祖庙其他建筑一样按瓦垄平行设置，而不是像北方建筑那样逐渐转为45°，这是两地建筑屋面构造不同形成的南方特点。受雨水长年的侵蚀，琉璃瓦及琉璃脊釉色褪色反白，少量瓦件绿釉已脱落，瓦胚外露，一些琉璃脊安装不够顺直，屋脊中部向上拱起，屋脊和脊上草龙花饰损坏后用水泥砂浆修补，现砂浆也已脱落。其中牌坊明楼南侧的两条琉璃垂脊釉色保存完好，但也存在釉色清淡、做工粗糙现象，与其他屋脊有明显差别，可能是后期做过更换。屋顶正脊上两条鳌鱼大小不一，也应是后期更换所造成的。屋面琉璃筒瓦作垄时两筒瓦间未用砂浆勾抹，盖瓦灰做浆不满，筒瓦与底瓦间勾缝不够严实，造成现在筒瓦松散脱落，瓦垄凹凸不平，检查脱落筒瓦时，发现筒瓦坐浆为水泥砂浆。在屋面下观察，发现望瓦底部有雨水渗漏的痕迹，雨渍斑驳，在屋顶上部及屋脊交接部位尤为严重，在施工中应对这些部位的木构件作重点排查，以确定木构件隐蔽部分的朽坏程度。

（四）锦香池

最初开凿于明正德八年（1513年），原是个土池子。天启三年（1623年），曾把炒铸七行工匠拆毁的花龙照壁的石头在池上砌了一座拱桥，后来又拆除。至清初雍正年间，用料石砌筑池子四周的驳岸，所用石材有两种，东面及北面为红砂岩，另两面则是花岗岩，料石浆砌，保留至今。驳岸石材表面轻度风化，池壁生出一些小树杂草。池四周有石雕栏，从栏板石质和雕刻风格看，池东边的年代较早，其余可能是雍正时制作的。栏板石表面轻度风化，部分石雕已较模糊，为加强石栏板的整体性，现用扁钢在望柱上加箍，再用槽钢相连接，形成一个整体，只是铁锈顺雨水留下，污染石面。锦香池平面呈梯形，南边比北边宽320毫米，这可能是有意识设计的，目的是为了纠正观赏者的错觉，也有可能是建造时的差错造成的。在池中的东南、西南角各有一六角石花台，北边正中有一石雕龟蛇，正好形成品字形排列。

（五）鼓楼、钟楼

在锦香池东西侧三门前分别有钟楼和鼓楼各一座。

鼓　楼

在西侧，单开间。南北宽3.56米，东西深2.8米，高两层，穿斗结构，卷棚歇山顶，板筒瓦砂浆裹垄屋面。裹垄砂浆风化，瓦件酥碱，屋面渗漏。屋面四角均有灰雕一组，表面风化，色浆褪色。

一层四面砖墙至二楼楼面，干摆做法，墙顶有花岗岩压条石与二楼楼面相平。一层地面铺红色方砖，方砖部分碎裂。室内有一木楼梯登上二楼。勘察时发现许多构件都是后期用其他建筑的构件拼装的。二层在墙角处各置木柱一根，柱径160毫米，保存均较完好，仅柱面部分脱漆，两柱间有木花栏杆。楼面为木地面，楼楞支承，楼板、楼楞均已腐朽，楞木还有蚁害现象。

梁架上瓜柱承檩，其中两根瓜柱有通长裂缝，檩条大多保存完好，靠后檐墙侧两根檩条腐朽，另有两根开裂。两缝屋架中的六架梁均有裂缝。

钟　楼

东侧为钟楼，单开间，南北宽3.44米，东西深2.84米，高两层。形式及做法与鼓楼基本相同。

屋面的损坏与鼓楼大致一样，檩条大部分开裂，并发现有蚁害。

一层地面铺红色方砖，方砖碎裂。室内木楼梯已毁，在二层楼板底有楼梯上人口被封堵的痕迹。二层木柱保存较完好，仅见柱面脱漆。柱间木栏杆未见损坏。楼面有一根楼楞腐朽比较严重，其他表面均出现裂缝，楼板腐朽。

梁架上的两根瓜柱有通长裂缝，并发现有蚁害。屋架中二架梁和四架梁各有一根开裂。

由于钟楼始建时，墙体接槎处横纵墙未作搭接，而后檐横墙中部向东侧外鼓，使横纵墙间产生裂缝。

（六）锦香池旁两侧碑廊

在锦香池两侧，钟鼓楼与牌坊门楼之间，各有碑廊一座。西廊面阔五间，进深一间。在南次间开一门。穿斗结构，从后檐墙出步梁，梁上立瓜柱承檩，悬山屋顶，瓦面有面瓦、望瓦两层，石灰砂浆裹垄。裹垄砂浆风化剥落，筒瓦裸露，瓦件风化酥碱，屋面雨水渗漏、瓦桷朽坏，局部屋面塌陷，剪边琉璃瓦的规格、式样不齐，多为随意搭配。檩条共有5根朽坏，7根开裂，开裂最宽达1.5厘米，最深达6厘米。梁枋开裂，油漆脱落。内墙面抹灰后做假清水墙面，后期在内墙上作木橱窗和用铁架镶嵌石碑。

东廊面阔五间，进深一间。在南梢间开一门。穿斗结构，从后檐墙出步梁，梁上立瓜柱承檩，悬山屋顶，做法与西侧廊相同。裹垄砂浆风化剥落，筒瓦裸露，瓦件风化酥碱，屋面漏雨、瓦桷朽坏，屋面塌陷，剪边琉璃瓦的规格、式样不齐。檩条共有1根朽坏，3根有蚁蛀，6根开裂。梁枋开裂，油漆脱落。内墙面抹灰后做假清水墙面，墙体还出现墙身中部外拱和向东倾斜的情况，后期还在廊墙内侧加砌砖墙镶嵌石碑。

（七）三门

三门在锦香池后，是整个祖庙三座建筑的第一座，也是祖庙的门面。三门的称谓目前没有确定的说法，从三门的名称分析，应是山门、崇正社学大门和忠义流芳祠大门的总称。从建筑用材及风格看，建于不同时代，山门较早，崇正社学大门和忠义流芳祠大门次之。为了与中间的山门区别，两侧的门洞均为方形。

三　门

为面阔九开间建筑，统面阔32.48米，硬山搁檩，穿斗结构，板筒瓦砂浆裹垄屋面，琉璃勾滴剪边。

中间三间、即明间和次间设拱门三个，明间拱门较两次间稍高大。东西两侧分别崇正社学大门和忠义流芳祠大门。

台基为花岗岩，高 1.06 米，山门中部砌石墙一道，墙厚 1 米，墙下碱为花岗岩，墙身为红砂岩，由于红砂岩强度低，抗风化能力差，表面已大面积起壳、剥落，原平整的表面也变得粗糙，用手在石材表面搓揉会有砂状石屑剥落。

前后檐均用花岗岩石柱，柱四边抹角，柱与墙间前檐作双步梁，后檐作三步梁，前檐各步梁施以精美木雕，以异形拱承檩，面刷红漆贴金箔，后檐各步梁则简约许多，只在梁头作卷云纹饰，以瓜柱支承方檩，面层只刷红漆。三门屋面裹垄砂浆风化脱落，露出筒瓦，筒瓦有两种，一种为青瓦，一种为红瓦，青瓦质地厚实，有熊头，红瓦轻薄，强度较低，没有熊头，可以明显地看出不同年代维修的痕迹。屋面瓦件受雨水侵蚀已酥碱，屋面出现裂缝。正脊高度从脊底到脊刹顶部高 2.55 米，分上下两层，下层为砖砌陡板脊，陡板面作灰雕，灰雕风化严重，表面颜色褪色。上层为清光绪年间增加的石湾陶塑屋脊，陶塑屋脊面层风化，釉色剥落，部分陶塑损坏残缺，东侧正脊端的博古脊饰向北倾斜。两侧垂脊为铃铛排山脊，脊头各有一组灰雕，表面风化，颜色褪色。山尖有琉璃草龙圆雕，个别已断裂缺损，用砂浆修补。在室内观察，屋面后坡雨水渗漏较前檐严重，望瓦底雨渍斑驳。瓦桷、檩条、梁架等木构件从表面看保存情况较好，未发现白蚁及霉烂，但瓦桷与檩条隐蔽部位应在施工中再做仔细排查。

崇政社学大门

山门东侧崇政社学，又称文昌宫，建于明洪武八年（1375 年），在此以前曾为佛寺，曾历次修葺改建。现大部分建筑已毁，只剩下一个阁楼——文魁阁。

文魁阁高两层，重檐歇山屋顶，板筒瓦砂浆裹垄屋面，琉璃勾滴剪边，两层檐间施如意斗栱，穿斗结构。现文魁阁一层为接待室，用花岗岩石柱八根，北墙原有一个门洞，通向崇政社学的后部建筑，现已被封堵。室内四周墙面也已重新抹灰，作假清水面层，并在石柱间增加了花罩。在东墙南侧有一门洞，从这经楼梯即可登上阁楼，楼梯也是后期改造的钢筋混凝土楼梯。二层现在堆放杂物，用木柱十六根，面阔三间，宽 6.19 米，进深三间，深 4.88 米，中间金柱四根，直径 300 毫米，周边檐柱十二根，直径 200 毫米，沿金柱阁楼四面作美人靠。阁楼地面被改造，面层为红方砖地面，底层为木楼楞上铺楼板，整个楼地面厚 240 毫米，中间的做法不明，但从南方明清至民国时期这种楼面的做法考虑，可能是黄泥填心，具体做法在维修时进行进一步的补充记录。楼板下 2 根楼楞及石柱间花罩发现有白蚁蛀蚀，楼板保存基本完好。二层有 3 根木柱有蚁害，其中东南角金柱尤为严重，柱心被大面积蛀空，已无法支撑其上屋面荷载，现采用临时支顶以保证建筑安全。勘察还发现，在以前的历次维修中，更换木构件未能按原规格尺寸复制，用材比原来小，使铆口不满榫，留出大量的空隙，即影响外观又容易招致虫害。阁楼采用如意斗栱支撑上层屋面荷载，由于原设计考虑不足，斗栱撑头外侧支撑屋檐荷载，而内侧确无构件施力以保持斗栱的平衡，仅靠自重保持自身的稳定，而在四个屋角的集中力作用下，四角的斗栱首先下坠并向外倾斜，使斗栱正心枋在中部向上拱起，中部斗栱也随着变形的正心枋，在屋面荷载的作用下，整体向外倾覆，造成檐头屋面下坠，戗脊及灰塑开裂倾斜，为了阻止斗栱继续倾斜，后南面屋角达 100 毫米。

前檐砖墙，干摆做法，墙厚为 480 毫米，墙体保存完好，无裂缝，未见倾斜。

屋面情况与其他建筑基本相同，裹垄砂浆剥落，瓦件酥碱，雨水渗漏，剪边琉璃勾滴的规格图案不一。

忠义流芳祠大门

西侧是忠义流芳祠旧址，建于明正德八年（1513 年），大部分建筑已毁，仅存“忠义流芳祠”匾额牌坊及武安阁。武安阁高两层，重檐歇山屋顶，板筒瓦砂浆裹垄屋面，琉璃勾滴剪边。两层檐间施如意斗栱，穿斗结构。一层与东侧崇政社学同样用花岗岩石柱 8 根，仅东面和西面砌墙，面刷大白浆。现一层是旅游品服务部，室内安放柜台，向游客出售旅游商品。楼板下有胶合板吊顶，吊顶面布满雨渍，经勘察应是排水天沟雨水渗漏造成的。上二层的楼梯就在西面砖墙外侧，砖混结构。二层布局与文魁阁一致，用木柱 16 根，面阔三间，宽 5. 53 米，进深三间，深 4. 33 米，中间金柱 4 根，直径 300 毫米，周边檐柱 12 根，直径 200 毫米，周边除有美人靠，还在其上增加玻璃方窗，形成一个封闭的空间。二楼的这些方窗均是其他建筑拆卸后移装的，因此规格多种，风格各异，多为清朝和民国早年的作品。木板地面，楞木及楼板因受吊顶的限制，只作了表面观察，保存情况不详。勘察时发现二层 7 根柱被白蚁蛀蚀。还发觉在以往维修中更换的木构件也未能按原规格尺寸制作，工艺较为粗糙。如意斗栱的残损与文魁阁基本相同。

前檐砖墙与东侧的崇政社学大门做法相同，干摆做法，墙厚为 480 毫米，墙体保存完好，无裂缝与倾斜。

屋面四角也有不同程度的下坠，最严重的东南角达 100 毫米。屋面裹垄砂浆剥落，瓦件酥碱，屋面开裂，造成屋面渗漏。剪边琉璃勾滴规格图案不一。

“忠义流芳祠”牌坊

进入武安阁，向北过天井就是“忠义流芳祠”牌坊。牌坊面阔三间，青砖砌筑，板筒瓦砂浆裹垄瓦面，琉璃瓦剪边，清水脊，脊上灰雕及灰饰卷草损坏残缺。各间有拱门一个，其中明间拱门被封堵，改为琉璃镂空方砖花窗。牌坊正面花窗上嵌“忠义流芳祠”花岗岩石匾，保存完好，石匾上有“日月”石湾陶塑一对，表面风化，已有残缺。

（八）前殿香亭

三门与前殿之间的天井后半部有一香亭，用于从三门至前殿的过渡。其结构为四柱歇山卷棚顶。面阔 5. 22 米，进深 4. 74 米。四根柱均为花岗岩石柱，各柱间用穿枋连接，山面梁架为混成一体的木雕托墩，上面搁 4 根檩条。穿枋两端下部有雀替。

屋面为板筒瓦砂浆裹垄屋面，裹垄灰酥碱风华，并有剥落现象，瓦件风化，屋面漏雨，共有 8 根檩条朽坏。山花板灰面色浆褪色，抹灰开裂，博风板面轻度腐朽。

（九）前殿东西廊

在三门与前殿之间，东西两侧各有一过廊。西廊面阔一间，进深一间。卷棚歇山屋顶，瓦面做法分面瓦、望瓦两层，石灰砂浆裹垄。裹垄砂浆风化剥落，筒瓦裸露，瓦件风化酥碱。屋面雨水渗漏、瓦桷朽坏；剪边琉璃瓦的规格、式样不齐。花岗岩料石地面，前檐用花岗岩石柱2根承梁。梁架结构在1960年维修祖庙时改为钢筋混凝土结构，檩条直接搁在其上。其中檩条有2根朽坏，有6根被蚁蛀，有6根开裂，开裂最宽达0.8厘米，最深达6厘米。梁枋开裂，油漆脱落。内墙抹灰，假清水墙面，墙上开一门通向武安阁。

东廊面阔一间，进深一间，比西廊略深。卷棚歇山屋顶，瓦面做法与西廊一致。裹垄砂浆风化剥落，筒瓦裸露，瓦件风化酥碱，屋面雨水渗漏、瓦桷朽坏，剪边琉璃瓦的规格、式样不齐。花岗岩料石地面，前檐用花岗岩石柱两根承梁，梁架同样于1960年维修祖庙时改为钢筋混凝土结构，檩条直接搁在其上，其中檩条有2根朽坏，有10根开裂，开裂最宽达0.8厘米，最深达7厘米。梁枋开裂，油漆脱落。内墙抹灰，假清水墙面，墙上开一门通向文魁阁。

（十）前殿

前殿面阔五间，统面阔13.46米，进深五间，统进深13.74米，平面近为正方形。从室内地坪至屋脊刹顶高11.62米。

屋顶为歇山顶，板筒瓦砂浆裹垄屋面，绿琉璃勾滴剪边，穿斗、抬梁混合式木结构。前檐置如意斗栱，屋脊高3米，分上下两层，下层为砖砌陡板脊，南北两侧均有灰塑浮雕，浮雕风化较严重，灰雕表面颜色已缺失，上层为石湾陶塑屋脊，是清光绪年间增加的，左右立铜制鳌鱼一对，陶塑屋脊面层风化，釉色剥落，部分陶塑损坏残缺，屋面垂脊、戗脊均为琉璃脊，脊身两侧有花卉浮雕图案，脊上有麒麟、狮子等瑞兽，用砂浆粘接固定。屋面垂脊头前立阴阳神（日月神）琉璃陶俑，前后垂脊各一对，在个别陶塑背面还刻有“黄古珍造”字样。琉璃脊瓦两头有孔，穿有铁线拉结，并用砂浆覆盖，防止瓦脊下滑。个别脊瓦已爆裂。脊上走兽及两侧花卉浮雕均有损坏，釉面泛白。垂脊外侧有砖砌披水檐，披水砖外用砂浆抹出装饰线条，现砂浆剥落，可见砖芯。山面檩条挑出山花板660毫米，檩条端部外侧钉素面博风板，山尖有镂空卷草龙饰悬鱼，檩条出头由于暴露在外，仅有端头小部分受到博风板的保护，现已有3根发现蚁害及腐朽。博风板及木雕悬鱼长期受雨水侵蚀，表面油漆剥落，轻度糟朽。山花板为青砖砌筑，外侧抹灰面刷红色色浆并做有灰饰图案，表层色浆已褪色。在室内观察，由于支承山花板的木梁产生挠曲，可发现墙体上出现细微纵向裂缝。屋面做法与其他建筑基本一致，分望瓦和面瓦两层。下层望瓦面刷大白浆，对接平铺，再在望瓦上铺浆设仰瓦，搭七留三做法，上铺筒瓦，再用砂浆裹垄，称为堆灰梗。由于年久失修，裹垄砂浆剥落，板筒瓦风化，瓦件密实降低，加之屋面在重力作用下下滑开裂，造成屋面渗漏，使屋面木构件及梁架受潮腐朽。在屋面四角、两山垂脊与正脊交接处，漏雨情况尤其严重。

前殿共有柱20根，其中木柱14根，石柱6根，石柱均为花岗岩梅花柱，位置分别在前檐和后檐明间，柱面刻有对联。室内金柱和后檐次间檐柱均为木柱，花岗岩柱础，木柱面刷黑色中国漆，其中3根柱在勘察中发现柱头腐朽。在柱与梁、枋连接处，铆口不满榫，柱上端出挑的丁头栱存在松动脱榫，有1根丁头栱已缺失，丁头栱缺失后铆口留出较大的空隙，用手掏挖，里面藏有大量褐色粉末，同时在敲击殿内部分瓜柱时也发现有这种粉末散落，经观察，这些粉末是死亡昆虫的尸体、灰尘及糟朽木料的木屑三样物质的混合物，因此可判断出现这种情况的木构件应已出现中空朽坏，在维修施工中应特别注意。

前殿梁架为十七檩六柱梁架，除脊檩和个别金檩为圆形外，其他均为方形，檩下用驼峰和斗栱支承，驼峰面作精美木雕，红底黄漆过面。前檐使用如意斗栱，后檐则处理简单，出挑梁承檩。由于屋面漏雨，望瓦底和瓦桷、檩条上都留下雨水渗漏的痕迹，造成瓦桷、檩条糟朽及被白蚁蛀蚀，其中糟朽檩条有9根，蚁蛀檩条有10根，瓦桷糟朽面积达80%。前殿明间及第三进间跨度较大，长期在屋面荷载的作用下，承载屋面的檩条均出现不同程度的挠曲，最大挠度达70毫米，同时屋面在自重下产生下滑，使檩条在瓦面下滑的拉力作用下向外倾覆，使木构架整体位移变形，在屋角角梁及前檐表现尤为突出，造成檐口瓦件都已向下坠落，也使一些隔架斗栱倾斜，斗、升移位。大殿后檐及次间木架多使用瓜柱，多数瓜柱柱身均有径向开裂，用铁局子加固，部分还有用胶水粘接过的痕迹，多数瓜柱都有柱心腐朽、中心空洞的残损。

前殿斗栱座斗中线不对柱中线；明间有平身科三攒，次间一攒。斗栱整体保存完好，未发现有蚁害、糟朽及整体倾斜，小斗分四边形、八边形两种，个别劈裂及错位。斗栱后部的一些要头前部被截断，只保留外挑的麻叶头承枋，使其在外力作用下而向外倾斜。

前殿两侧青砖山墙，丝缝做法，为清水墙面，下碱为花岗岩。东侧外墙墙面曾刷红黄两种色浆，现色浆褪色，砖面轻度风化。勘察中未发现墙体开裂及倾斜。

地面花岗岩料石，石缝结合紧密，据介绍曾灌铅填缝。

（十一）大殿前香亭

在大殿前天井后部也有香亭一座，结构同前香亭一样为四柱歇山卷棚顶。面阔4.75米，进深3.6米，高6.9米。4根柱均为花岗岩石柱，柱高5.98米，石柱截面为290毫米×290毫米。各柱间用穿枋连接，梁架为穿斗结构，穿枋上立瓜柱承檩。穿枋下有镂空木雕雀替。

屋面为板筒瓦砂浆裹垄屋面，裹垄灰剥落，瓦件风化，屋面漏雨，有8根檩条朽坏。山花板灰面色浆褪色，抹灰开裂，博风板面轻度腐朽。

（十二）大殿东西廊

在前殿与大殿之间，东西两侧也各有一过廊。

西廊面阔三间，进深一间。卷棚悬山屋顶，瓦面做法分面瓦、望瓦两层，石灰砂浆裹垄。裹垄砂浆风化剥落，筒瓦裸露，瓦件风化酥碱，屋面雨水渗漏、瓦桷朽坏，剪边琉璃瓦的规格、式样不齐。花岗岩料石地面，前檐用花岗岩石柱两根承梁，抬梁结构，各梁间用卷云纹驼墩支承，檩条直接搁在梁上，其中檩条有4根朽坏，有11根开裂，开裂最宽达1.2厘米，最深达6厘米梁枋开裂，油漆脱落。内墙抹灰，假清水墙面，在北梢间墙上开一门通向庙外。

东廊与西廊平面布局基本相同，面阔一间，进深一间，卷棚悬山屋顶，瓦面做法与西廊一致。裹垄砂浆风化剥落，筒瓦裸露，瓦件风化酥碱，屋面雨水渗漏、瓦桷与望瓦底雨渍斑驳，剪边琉璃瓦的规格、式样不齐。花岗岩料石地面，前檐用花岗岩石柱两根承梁，抬梁结构，其中檩条有2根朽坏，2根有蚁蛀，有12根开裂，开裂最宽达1.5厘米，最深达8厘米。梁枋开裂，油漆脱落。内墙抹灰，假清水墙面，在南梢间墙上开一门通向庙外。

（十三）大殿

大殿面阔五间，统面阔15.21米，进深四间，统进深16.15米，从室内地坪至屋脊刹顶高12.94米，平面近为正方形，在明间的第三、四进深间处设置神龛供奉北帝。

大殿屋顶是歇山顶，板筒瓦砂浆裹垄屋面，绿琉璃勾滴剪边，穿斗、抬梁混合式木构架。正脊从脊下至脊刹顶通高2.98米，分上下两层，下层为砖砌陡板脊，高0.8米；南北两侧有灰塑浮雕6幅，浮雕风化较严重，部分雕塑损坏，表面颜色也已缺失。上层为石湾陶塑屋脊，高1.18米，为清光绪年间在原屋脊上增加的。正脊两端立铜制鳌鱼一对。陶塑屋脊面层风化，釉色剥落，部分陶塑损坏残缺。屋面垂脊、戗脊均为琉璃脊，脊身两侧有花卉浮雕图案，脊上有麒麟、狮子、仙人等瑞兽，用砂浆黏结固定。屋面垂脊头前立阴阳神（日月神）琉璃陶俑，前后垂脊各一对。在个别陶塑背面还刻有“黄古珍造”字样。琉璃脊瓦两头有孔，现穿有铁线拉接，并用砂浆覆盖。脊上瑞兽及两侧花卉浮雕均有损坏，釉面泛白，个别脊瓦已爆裂，其中西南和西北角戗脊脊头饰件釉色与其他脊瓦有明显差异，共4件，可能是在后期维修中被更换过。垂脊外侧有砖砌披水檐，披水砖外用砂浆抹出装饰线条，现砂浆剥落，可见砖芯。山面檩条挑出山花板640毫米，檩条端部外侧钉素面博风板，山尖有镂空卷草龙饰悬鱼，檩条出头由于暴露在外，仅有端头小部分受到博风板的保护，现已有2根发现蚁害及腐朽，博风板长期受雨水侵蚀，表面油漆剥落，轻度糟朽，木雕悬鱼大部已毁。山花板为青砖砌筑，外侧抹灰面刷红色色浆并做有灰饰图案，现色浆褪色。在山花板上开有气窗，为镂空琉璃砖方窗，现窗内安置有排气扇。由于支承山花板的木梁产生挠曲，山花板墙体出现明显纵向裂缝，裂缝最宽达8毫米。瓦面分望瓦和面瓦两层，做法与前殿相同。现裹垄砂浆剥落，板筒瓦风化，瓦件强度、密实度降低，屋面在重力作用下下滑开裂，屋面出现渗漏，致使屋面木构件与木梁架受潮腐朽。在屋面四角和撒头（两山的屋面）处的漏雨尤其严重。2000年，曾对西侧瓦面进行小部分揭瓦维修，发现屋面下木构件糟朽严重，小修小补已经无法解决损坏，被迫停止维修。

大殿共用柱16根，其中木柱12根，石柱4根。石柱均为花岗岩梅花柱，布置在前檐，柱面刻有金字对联。室内金柱均为木柱，花岗岩柱础，木柱面刷红色中国漆。勘察中发现木柱柱心有不同程度中空，与前殿一样柱与梁、枋连接的铆口不满榫，有较大的空隙，用手掏挖，发现里面也藏有大量黑褐色粉屑，敲击梁架上的瓜柱时也发现大量粉屑从裂缝向外散落，这些粉屑均是木材糟朽所形成，证实木构件的内部糟朽非常严重，在维修施工中应特别注意。大殿主梁架为七架梁做法，除脊檩为圆形外，其他均为方形，檩下用驼峰和斗栱支承，驼峰面作精美木雕，红底黄漆过面，并在檩条间用异形角背和叉手增加梁架的稳定。由于屋面漏雨，望瓦底和瓦桷、檩条上都留下雨水渗漏的痕迹，造成瓦桷、檩条糟朽及被白蚁蛀蚀，其中糟朽檩条有7条，蚁蛀檩条有12条，瓦桷糟朽面积达90%。前殿明间及第二进间跨度较大，在屋面荷载的长期作用下，承载屋面的檩条均出现不同程度的挠曲，最大挠度达75毫米，同时屋面在自重下产生下滑拉力，使檩条在拉力作用下向外倾覆，使木构架整体位移变形，这在屋角角梁及屋面前檐尤为严重，造成檐口瓦件下坠。部分隔架斗栱倾斜，小斗移位。大殿后檐及次间木架上的瓜柱由于径向开裂，用铁局子加固，多数瓜柱都有空鼓的情况。

大殿前檐共有斗栱八朵，体量巨大，从史籍记载看大殿虽是明代建筑，但斗栱做法具有宋代遗风，结构形式与广州光孝寺斗栱颇为相似，为南方建筑所少有。内檐斗栱做法为明清南方传统建筑中常见做法。为方便描述，外檐斗栱称谓按宋式。外檐斗栱有补间、柱头、转角三种做法，补间、柱头铺作为双抄三下昂八铺作斗栱；转角铺作里跳乳栿下出华栱两跳，乳栿头出假昂。在斗栱的制作中别具一格的使用了拱栓和昂栓的结构手法，即昂或拱分成几段制作，再用木栓将它们拼合，组成一个构件。这种做法虽然可以小材大用、节约了材料，但同时也降低了斗栱的整体性，使斗栱在外力长期的作用下容易松散变形。在这次勘察中就发现部分木栓松脱，构件连接处松动起翘，其他相连构件也连带位移的现象。转角铺作由于屋面开裂造成雨水大量渗漏，致使构件糟朽，并在荷载的作用下，中间荷载集中部位的构件被压碎。在屋面的下滑拉力下，前檐斗栱整朵产生倾斜变形。由于历史上多次维修，勘察时发现斗栱的加工手法种类繁多，规格大小不一，一些斗作为升使用，部分构件曾作加固的现象。

在大殿明间后部，设有神龛。龛座为花岗岩，宽 6.21 米，深 4.12 米，高 1.57 米，台基上正面神庵龛前设漆金镂空木雕花罩一樘。神龛宽 3.66 米，深 3.6 米，平面呈方形，歇山屋顶，全木材制作，屋顶内木架结构由于无法勘察，做法不详。正面设两层漆金木雕花罩，东西侧为木制围护，木围护上部作镂空木花窗，龛内作木天花，木围护、花窗、天花面均刷红色油漆。由于屋面漏雨，龛顶受潮腐朽，木雕垂脊损坏，神龛屋面下的木椽、角梁被白蚁蛀蚀非常严重，仅剩表皮，一碰即碎。木花窗也有蚁害现象。木雕花罩则保存完好，未发现病害。

大殿墙体青砖砌筑，青砖规格：丝缝做法，为清水墙面，仅东侧外墙墙面曾刷红黄两种色浆，现色浆褪色，砖面轻度风化，勘察中未发现墙体开裂及倾斜。

（十四）庆真楼

庆真楼在祖庙建筑群中位置最后，建于嘉庆元年，是祖庙建筑群年代最晚的建筑。

庆真楼面阔三间，统面阔 12.11 米；进深四间，通进深 15.21 米，硬山搁檩，封火山墙，石湾陶塑屋脊，板筒瓦砂浆裹垄屋面，绿琉璃勾滴剪边，正面有出一露台，宽 3 米，高 0.56 米，花岗岩砌筑，中间设石台阶，两侧有寻杖石栏杆。庆真楼原为二层砖木结构，由于长时期的失修，整个楼面坍塌，木柱倾斜，故被闲置至 1974 年维修，维修时将二楼木结构改为钢筋混凝土结构井字砼梁楼板，一楼明间紧贴后墙单梯改为由正面转两侧的混凝土楼梯，并在井字梁间天花上作五蝠拜寿灰雕图案。

庆真楼一层均使用抹角花岗岩石柱，二层使用木柱，其中前檐柱顶作卷杀和平盘斗，柱面刷黑色油漆，柱础为事先做好后拼装，仅起装饰作用。一层还在前檐明间、三进深间的明间及次间花岗岩柱上增加木雕花罩，在前廊新增了隔扇，这些花罩、隔扇均是其他建筑上拆迁移装过来的，以满足布展的要求。二层楼板在前檐加长做出悬挑，以增加琉璃瓦屋檐，栏杆也是混凝土捣制，因外观与祖庙的其他建筑不协调，已在其外加木面层进行装饰。楼面也同样在混凝土楼板上增加了木楼板。庆真楼为九架梁前后廊式木构架，穿斗结构，其中前廊作有轩篷，驼墩、斗栱承檩，檩与檩间有木雕异形叉手支撑，增强了檩条的稳定性。九架梁净跨 5.56 米，梁下后期增加木雀替两块，内部夹有铁件，据介绍是由于木柱向北倾斜，增加铁件拉结，提高木构架的稳定性。梁上立瓜柱承檩，梁头雕卷云图案。经勘察，庆真楼木梁、瓜柱、檩条等主要木构件均保存完好，未发现蚁害和腐朽，仅部分檩条表面出现裂纹。

屋面分望瓦和面瓦两层，下层望瓦面刷大白浆，对接平铺，在望瓦上铺浆盖仰瓦及筒瓦，再用砂浆包裹堆梗。现裹垄砂浆及瓦件基本完好，但由于屋面坡度较陡，在重力作用下瓦面下滑开裂，屋面开始渗漏，对屋面下木构件造成危害。正脊两端微微升起，脊上有草龙两条，屋脊面层风化，釉色剥落，部分陶塑损坏残缺。

庆真楼墙体下碱是花岗岩制作，趟白砖墙，青砖规格220毫米×90毫米×50毫米，七顺一丁做法。山墙顶作铃铛排山脊，两头有砖砌博古，在二层室内发现两山墙靠近后檐墙位置自上而下有竖向裂缝各一道，裂缝上部最宽处达3毫米，裂缝长3560毫米。据介绍此裂缝于20世纪80年代维修时已被发现，并作修补，可见裂缝仍在发展，应继续关注裂缝发展情况，做好监测工作。

四　结论

1. 从现场勘察看，佛山祖庙的建筑，从结构上分析，其损坏的主要表现是屋面大面积开裂漏雨，屋面漏雨后造成的木质构件的开裂、腐朽和虫蛀，损坏是严重的，已经危及文物保护单位的正常使用。

2. 危害最大的、勘察中最不容易观察、容易被忽略的是硬木制作的木构件，由于长期潮湿，被木腐菌侵蚀后大多数的损坏表现是木心损坏产生空洞，而外表看仍是完好的；桁、桷上部受潮木腐菌侵蚀霉烂，而从下部看表面是好的。这种损坏在南方潮湿环境中的木结构建筑中均有存在。佛山祖庙在勘察时，轴线上各建筑就存在这种现象，此种损坏形式较集中地出现在柱、瓜柱、檩条和部分梁、枋上。

3. 祖庙屋脊上的琉璃雕塑、灰塑；梁架上的木雕；墙体上的砖雕等艺术部分是祖庙建筑艺术中的精华部分，每一件单体均是具有极高的艺术价值、文物价值的文物。这些艺术构件由于年岁久远，均不同程度地存在损坏，部分损坏是严重的。

4. 祖庙建筑残损表现主要是自然损坏和虫害，除了部分建筑上的改建和加建外，人为损坏很少。

佛山祖庙修缮工程可行性研究报告

一 总论

（一）项目背景

1. 项目基本情况

（1）项目名称：佛山祖庙修缮工程

（2）项目地点：佛山市禅城区祖庙路21号

（3）占地面积：3600平方米

（4）涉及修缮建筑面积：约4012平方米

（5）总投资：3866.98万元（含周边建筑拆迁费500.00万元、文物保护修复费130.00万元）

2. 可研编制的依据

（1）《投资项目可行性研究指南（试用版）》（计办投资〔2002〕1号）；

（2）《中华人民共和国文物保护法》；

（3）《中华人民共和国文物保护法实施细则》；

（4）《文物保护工程管理办法》；

（5）国家文物局《关于对佛山祖庙维修方案的批复》（文物保函〔2005〕934号文）；

（6）佛山市人民政府《市政府常务会议决定事项通知》（佛府办函〔2006〕348号文）；

（7）佛山市财政局《关于佛山祖庙修缮工程经费的复函》（佛财行函〔2006〕128号）；

（8）广东省国际工程咨询公司与佛山市博物馆签订的《佛山祖庙全面修缮工程项目工程咨询服务合同》；

（9）广西文物保护研究设计中心对祖庙进行实地勘察所编写的勘察报告；

（10）《祖庙资料汇编》（佛山市博物馆提供）

（11）与项目有关的其他资料。

3. 工作范围

对佛山祖庙修缮工程及配套设施的必要性、建设规模、维修方案、建设投资及资金筹措等进行可行性研究。

（二）项目提出的理由与过程

佛山祖庙始建于北宋元丰年间（1078～1085年），元朝末年毁于战火，明朝洪武五年（1372年）重建。重建时，规模“不过数楹”。祖庙于始建之初曾称之为祖堂，又称庆真堂。明初已称为祖庙（见明宣德四年《重修祖庙碑记》）。随着佛山经济日渐发展，祖庙不断扩建，至清朝顺治十五（1658年）已基本形成了体系完整、具有浓厚地方特色的建筑群。祖庙建筑群占地3600平方米，在148米长的中轴线上，由南至北排列着：万福台、灵应牌坊、锦香池、钟鼓楼、山门、前殿、正殿、庆真楼等建筑。祖庙1962年由广东省人民政府公布为广东省重点文物保护单位，1996年由国务院公布为全国重点文物保护单位。

据记载，祖庙从明朝洪武五年（1372年）到清朝光绪二十五年（1899年最后一次大规模修缮）的527年间，共有22次修缮记录，平均23年一次，其中间隔最长的有103年［清嘉庆元年（1796年）至清光绪二十五年（1899年）］，而最后一次大规模修缮距现在已有107年了，这期间做过改建及一些小规模的维修保养工程。历经百年风雨，祖庙已出现屋面整体开裂、下滑，建筑结构部分倾斜、位移和朽坏，部分墙体已严重倾斜开裂，建筑艺术构件、文物受损毁等问题。

2004年以来，佛山市文化广电新闻出版局按照市委、市政府的要求开展祖庙修缮筹备工作，成立修缮统筹协调小组，聘请祖庙修缮顾问，制定了祖庙修缮方案，组织省和国家专家评审，并经国家文物局批准。2006年8月4日，《佛山祖庙维修方案》入选第二届“全国十佳文物保护工程勘察设计方案及保护规划”。

祖庙承载着佛山千年的历史文化信息，历史上祖庙是行使神权、族权、政权的场所，在城市发展中发挥过特殊的作用。祖庙作为岭南建筑艺术的典型，是佛山人民智慧的结晶，被誉为“东方艺术之宫”。祖庙是佛山非物质文化遗产的重要载体，不仅集佛山传统艺术之大成，是名副其实的民间艺术博物馆，也是“三月三北帝诞”、粤剧表演等民俗活动的重要场所，具有丰富的文化积淀。联合国教科文组织原副总干事、世界遗产委员会主席贝绍认为“祖庙完全够格申报世界文化遗产”。修缮祖庙，对落实我市文化名城建设战略目标，构建和谐佛山，增强海内外佛山人的认同感和凝聚力都有着非常积极的意义。

综上所述，修缮祖庙是必需的，也是迫切的。

（三）项目概况

1. 项目场址现状与建设条件

佛山祖庙位于佛山老城历史文化核心保护区内，坐落在祖庙路的闹市中（现佛山市博物馆所在地）。该2.2平方公里内有祖庙、东华里2处国家级重点文物保护单位以及3处省级重点文物保护单位。佛山祖庙西临祖庙路，坐北朝南，占地面积约3600平方米。

场址位于佛山市城区内，该区的给排水、电力、通讯、燃气供应和道路交通等基础设施均配套完善。具备良好的施工条件。

2. 维修内容与规模

根据佛山祖庙修缮工程勘察设计招标文件及会议纪要，修缮工程内容为：祖庙古建筑红墙范围内建筑物及其附属文物，占地面积3600平方米。

主要包括：万福台、万福台前的东西厢房与东西庑廊、灵应牌坊、锦香池、钟楼、鼓楼、挂榜廊、三门、文魁阁、武安阁、忠义流芳题记牌坊、前殿、前殿香亭、前殿东西廊、正殿、正殿香亭、正殿东西廊、庆真楼各建筑物的维修。

3. 建设进度

2006年第四季度完成工程招标并动工，维修万福台、灵应牌坊等，2007年春节后维修正殿、前殿、三门，2008年春节前完工，其他修缮工程以及安全防范、消防、防雷等配套工程在2008年10月全部完工。

4. 投资估算及资金筹措

本项目建设投资为3866.98万元。其中，建筑工程费用2160.00万元，设备购置及安装费605.50万元，其他费用917.34万元，预备费184.14万元。

项目资金来源为财政拨款、博物馆区开发建设专项资金和祖庙修缮募捐经费。

5. 社会效益评价

项目的建设有利于提高居民生活质量；促进当地城市文化建设；促进当地以及我省的旅游和经济发展；为我省的文化事业发展打下良好的基础，项目负面影响极小。社会效益显著。

6. 主要经济技术指标

本项目主要经济技术指标见表

主要经济技术指标				
序号	项目	计量单位	数量	备注
1	占地面积	平方米	3600	
2	建筑面积	平方米	4012	
3	总投资	万元	3866.98	

二 项目背景及建设必要性分析

（一）项目背景

1. 佛山市博物馆简介

佛山市博物馆成立于1959年，是地级市公共综合博物馆，是广东省爱国主义教育基地，广东十个文明旅游景区示范点之一。佛山市博物馆位于佛山禅城区祖庙路21号，占地面积2.5万平方米，其中包括祖庙、孔庙、黄飞鸿纪念馆、叶问堂，同时还管辖广东粤剧博物馆、佛山鸿胜纪念馆等专题博物馆。馆藏以地方文物为主，有瓷器、陶器、玉器、字画、木雕、端砚、钱币以及佛山地方民俗文物等，共2万件。对外展览以佛山历史，武术文化，粤剧文化，佛山民间艺术等为主题。

2. 佛山祖庙简介

佛山“祖庙”位于佛山市禅城区祖庙路21号，在佛山历史上曾为集神权、族权和政权于一体的神庙，相传始建于北宋元丰年间（1078～1085年），曾毁于元末，明洪武五年（1372年）重建，此后历明清二十多次重修，屡加改建扩建，至嘉庆元年（1796 年）添建庆真楼后，形成祖庙今天所见的规模。

据方志记载，“真武帝祠之始建不可考，或云宋元丰时，历元至明，皆称祖堂，又称祖庙，以历岁久远，且为诸庙首也（载冼宝干：《佛山忠义乡志卷八·祠祀》）”。正如庙门一对联云：“廿七铺奉此为祖，亿万年唯我独尊”，可见其显赫的历史地位。而佛山镇形成以后的相当长时期内，基本为“地方自治”，直到清顺治四年（1647 年）才开始设置地方官。因此，长期以来佛山的“北帝庙”（明景泰年后又称灵应祠）便作为地方豪绅富户商议要事的地方（称为庙议），起着象珠江三角洲农村中的宗祠作用。明朝时，黄萧养农民起义军进攻佛山时，封建统治者策划和组织的一切抵抗活动都是在北帝庙内商议的。故统治阶级鼓吹北帝和北帝庙的作用，人们也像尊崇祖宗那样尊崇它，便把它称为“祖庙”。

祖庙经历朝不断扩建，才形成现有的规模。从始建至今，历代对祖庙的修葺从未间断，祖庙的现在就是历史在各建筑单体、各建筑构件、各建筑装饰上的凝聚。主体建筑沿南北纵轴线排列，由南至北依次为万福台、灵应牌坊、锦香池、钟鼓楼、三门、前殿、正殿和庆真楼，占地面积 3600 平方米。各建筑的结构与装饰手法，都极具岭南传统建筑的神韵，各种装饰工艺精湛、琉璃陶塑人物故事屋脊和丰富多彩的灰塑栩栩如生；墙壁上纤巧细腻的砖雕；栏杆、柱础上粗犷古朴的雕刻，梁架上各种玲珑剔透的漆金木雕，构思新奇，刻画细致，生动传神，耐人寻味，是岭南传统建筑装饰中不可多得的艺术精品，素有“古祠艺宫”的美誉。

3. 维修背景

据记载，佛山祖庙从明朝洪武五年（1372 年）到清朝光绪二十五年（1899 年最后一次大规模修缮）的 527 年间，共有 22 次修缮记录、平均 23 年一次，其中间隔最长的有 103 年，而最后一次大规模修缮距今已有 107 年了。历经百年风雨，祖庙已出现很多问题：屋面整体开裂、下滑，正殿香亭出现倾斜。斗栱脱榫及木柱中空的情况较多，部分古建的主要承重木柱已经朽坏，危及建筑结构安全。特别是万福台的 10 根承重柱已部分朽坏。其次，祖庙东围墙严重倾斜、开裂，虽已采取临时加固措施，但隐患仍然存在，现万福台东侧厢房已停止对外开放。大殿东廊女儿墙也严重倾斜，现用钢筋牵拉防止倒塌。另外，建筑艺术构件、文物损毁严重。建筑陶塑、灰塑等室外建筑艺术构件及琉璃瓦被酸雨侵蚀情况严重，屋脊灰雕风化褪色，琉璃脊饰及正脊陶塑损坏也越来越严重。

有鉴于祖庙的保存状况及文物价值，对祖庙的大修是抢救文物、保护传统文化的必要举措。佛山市委、市政府高度重视祖庙的全面修缮，并将祖庙修缮工程列入了《佛山市建设文化名城规划纲要》之中。广东省省委常委、市委书记黄龙云要求相关部门和人员，以高度的责任感，确保做好修缮工作，完成“当代人对历史、对未来的贡献”。佛山市委、市政府亦于 2006 年 8 月提出“经过 107 年后，本届政府对佛山祖庙进行大规模的修缮是历史赋予的责任，也是一种荣耀。市政府将负责全部修缮经费，并采取各项措施，确保修缮质量、确保文物安全”。

作为全国重点文物保护单位，此次祖庙全面修缮严格按照《文物保护法》和《文物保护工程管理办法》规定的程序和要求，组织开展各项工作。维修方案由中标的广西文物保护研究设计中心负责制定。该维修方案已于 2005 年 8 月 17 日得到国家文物局的批复。而 2006 年 8 月，《佛山祖庙维修方案》还入选第二届“全国十佳文物保护勘察设计方案及保护规划”。2006 年 8 月 23 日佛山市政府召开佛山祖庙全面修缮新闻发布会，宣布佛山祖庙将于2006年第四季度开始全面修缮，工程将于2008年的第四季度完工。修缮经费预计超过3000万元，由市财政全额支出。

据此，佛山市博物馆委托广东省国际工程咨询公司编制该项目的可行性研究报告。

（二）项目建设的必要性

佛山祖庙是一个集政权、族权、神权于一体的庙宇，作为佛山诸庙之首，佛山祖庙是影响深远的“庙议”管理机构，可以说佛山历史上的许多历史事件都与祖庙有着千丝万缕的历史渊源。祖庙不单是北帝庙，还是佛山全镇的一个大宗祠，具有“亦庙亦祠”的功能，是佛山社区，乃至岭南地区整合精神维系。祖庙凝结了佛山的历史，凝结了千百代文化的创造与传承，是佛山人们的智慧结晶，是文化深厚积淀，是精神寄托与民俗依托。正如世界遗产委员会主席、联合国教科文组织原副总干事贝绍先生所说的“祖庙完全够资格申报世界文化遗产”。

祖庙全面修缮工程对落实佛山市历史文化名城建设战略目标，发展佛山旅游业，增强海内外佛山人的认同感和凝聚力，保护文物资源有着非常积极的意义。

1. 项目建设是广东建设文化大省，繁荣我省文化事业，构建和谐社会的需要

十六大报告指出：“发展文化产业是市场经济条件下繁荣社会主义文化、满足人民群众精神文化需求的重要途径”，并进一步提出“完善文化产业政策，支持文化产业发展，增强我国文化产业的整体实力和竞争力”的明确要求，这是中国文化事业发展的重要里程碑。

广东省是全国改革开放的先行地区，在邓小平理论和“三个代表”重要思想指引下，广东人民创造了经济发展的奇迹，广东的文化事业也有了很大的发展，但总的来看，还处在初期阶段，高档次、高品位的文化精品不多，文化产品在国民经济中所占比例不够高，在市场上缺乏竞争力，与广东经济大省的地位不相称，与广东经济社会发展的水平不相适应，不能很好地满足人民群众日益增长的文化消费的需求。人民群众的文化品位素质的低下成为我省提升人们生活水平，构建和谐社会的最主要制约因素之一。

有鉴于此，为改善我省文化事业发展与经济发展不均衡的局面，并满足人们的文化需求，1995年省政府颁发的《南粤锦绣工程——广东省文化建设发展规划》，要求建设省、市、县三级博物馆网络，重点是抓好省、市级博物馆建设和完善文物保护网。在2002年底，广东省委九届二次全会提出建设经济强省的同时，就提出建设广东文化大省的战略目标。为加强对文化大省建设的领导，2003年3月成立省文化体制改革和文化大省建设领导小组。经过深入调研和精心筹备，广东省委、省政府于2003年9月召开了全省文化大省建设工作会议。中共中央政治局委员、广东省委书记张德江做了题为《加快文化大省建设，促进我省经济社会全面协调发展》的重要讲话，会议确定了广东建设文化大省的总体目标，对如何深化文化体制改革，加快文化事业和文化产业的发展，建设文化大省作了部署。会后下发了《中共广东省委、广东省人民政府关于加快建设文化大省的决定》、《广东省建设文化大省规划纲要》（2003～2010年）等纲领性文件，掀起了广东文化大省建设的新高潮。

祖庙修缮工程既是广东省的粤剧、庙会等传统群众文化交流基地，更是一座具有极高文物、旅游价值的博物馆。其建设对于带动和辐射全省文物保护及文化事业的发展具有积极的意义，亦是提高我省人民群众文化品位的物质保证，是广东建设文化大省、构建和谐社会的重要举措。

2. 项目是佛山市迈出历史文化名城建设战略的坚实一步

佛山的历史文化资源丰厚，佛山“肇迹于晋，得名于唐”，是我国历史上四大名镇之一，是国家级历史文化名城，传统文化源远流长，文物资源丰富。佛山有各级历史文物保护单位307处，其中国家级重点文物保护单位有佛山祖庙、南风古灶、东华里古民居群和康有为故居，省一级27处，市一级276处。据此，佛山市第九次党代会提出“必须在传承历史文脉的基础上适应文化建设的现代化要求，努力提升佛山历史文化名城的时代特色。”因此，在佛山市制定《佛山市城市发展概念规划》中，就明确规定：佛山市的城市发展目标是，建设产业强市、文化名城、现代化大城市；城市发展定位是，制造业高度发达、岭南文化特色鲜明的现代化大城市。

在佛山市制定的《佛山市历史文化名城保护规划》中，祖庙街区属于受保护的历史文化街区，是佛山老城历史文化核心保护区。同时佛山祖庙是全国重点文物保护单位。

佛山祖庙的全面修缮工程是明确佛山市的历史文化名城性质，推动城市文明的可持续发展的体现。佛山市政府将依托祖庙这个文物保护单位，以佛山老城为中心进行城市区域历史文化的整体保护，最大限度保护佛山历史文化资源。祖庙全面修缮工程亦是实现对佛山文物古迹和历史遗产的有效保护和对历史文化资源的有效利用的保证，是推动佛山的文化建设和社会综合发展的反映，是促进佛山成为岭南文化特色鲜明的历史文化名城的重要举措。

3. 项目是佛山市依托文物资源发展旅游业的物质保证

在广东省的“十一五规划”中，我省计划将于2010年把第三产业比重升至45%。而旅游业属于第三产业，是我国经济发展中的主导型产业，亦是产业结构向“三、二、一”升级的重要节点。同时，我国政府在《中华人民共和国国民经济和社会发展第十一个五年规划纲要》的第四篇、第三节“大力发展旅游业”中明确提出“全面发展国内旅游，积极发展入境旅游，规范发展出境旅游。合理开发和保护旅游资源，改善基础设施，推进重点旅游区、旅游线路建设，规范旅游市场秩序。继续发展观光旅游，开发休闲度假以及科普、农业、工业、海洋等专题旅游，完善自助游服务体系。继续推进红色旅游。加快旅游企业整合重组。鼓励开发特色旅游商品。”

祖庙是佛山经济文化发展的见证，是佛山的宝贵旅游产业资源，也是佛山的形象代表，佛山市应要把这些资源加以保护、开发乃至包装，让它成为佛山名片，吸引全世界的人们来到佛山。祖庙文物有着巨大的旅游开发潜力，作为文物资源的祖庙是佛山建设文化名城和发展经济的重要资源，佛山应做到让历史资源为现实服务。可以说，祖庙已经成为佛山的一个象征，如何保护开发这一资源，早已非经济效益所能概括。

因此，选择祖庙作为旅游开发重点，这是佛山市发展旅游产业的重要切入点。祖庙以东佛山（岭南）历史文物风情博览区内文物保护单位比较集中，与祖庙、东华里二个国家级历史文物保护单位连成一片，与以梁园为中心的佛山历史街区遥相呼应。加上佛山市对旅游业的开发已有成功的市场先例可资借鉴，如南风古灶、黄飞鸿纪念馆、清晖园、康有为故居的开发等在国内外已经引起广泛关注，对佛山市经济和社会发展的积极影响日益凸现。因此，通过完善配套政策，就能够抓住机遇，建设佛山祖庙成为独树一帜的旅游产业品牌，为有效启动佛山市现代化的旅游产业奠定坚实的基础。

佛山市今后的旅游产业发展应依托佛山祖庙，精心组织创意新颖的旅游活动，突出参与性、观赏性，实现展览与展演动静结合，历史文化与现代旅游概念结合，把单一的观光产品转化为娱乐产品，满足不同层次游客的不同需求。依托佛山祖庙在广东省的影响力，凭借祖庙海外华侨心中感情维系，发展商务旅游和购物旅游。以此为依托重点打造“岭南商都”整体品牌。

根据《佛山市历史文化名城保护规划》，政府将对祖庙、东区、祖庙路和东华里进行科学策划和规划，加快祖庙两侧原有的古建筑如大魁堂、文昌宫、忠义流芳祠、观音堂等的复建工作，使之成为一个整体性的旅游社区，规划拆建一条仿古新街或一个仿古小区，形成文化、购物、美食街区，建设古文化一条街。城市文化观光旅游重点对祖庙路传统步行购物街、祖庙东区和东华里的保护性改造，恢复古朴纯正的建筑原貌和街道装饰；结合城市建设，以祖庙为中心，将祖庙等文物点整修装饰，丰富旅游内容，培育综合性的旅游社区，把祖庙建设成为集群众性、休闲性、娱乐性为一体的传统文化、宗教、休闲式观光旅游胜地。同时，在严格遵守和执行我国有关宗教问题的法规与政策的基础上，完善已有的佛山祖庙这个宗教旅游景区，对一些历史悠久、富有文化内涵的宗教文化资源加以开发利用，大力促销旅游产品。

因此，修缮后的祖庙消除了安全隐患，可以将千年来沉淀的历史文化信息保存下来，传承下去，继续发挥作为佛山市发展旅游业的最重要文物资源的作用。

4. 项目是佛山市保护传统文化和增强佛山人、海外华人认同感、凝聚力的体现

宋元以来，随着中原人的南迁，南迁来佛山的各个宗族都是聚族而居，各宗族之间很容易产生矛盾。为了协调各宗族之间的关系，就在祖庙成立了专门的“庙议”机构来管理乡事。这是祖庙作为一个民间议事机构的开始，而且一直到清代它都是行使神权、族权、政权的重要场所。祖庙（大魁堂）作为处办社区事务，主持慈善公益活动，协调民间纠纷的机构职能已经深入人心，而且与佛山居民的日常生活联系密切。同时随着崇拜仪式的确立发展，祖庙在社区整合、区域认同、规范行为等功能上都起到了巨大作用。正如三月三北帝出巡这个仪式就是把北帝神像抬到佛山各宗族的祠堂或庙宇进行巡游的仪式。出巡的范围随着佛山地域的扩展而不断扩大，这种仪式不仅是社区整合的需要，也可以起到增强佛山人认同感的作用。延续下来的归属感让每年来此寻根问祖的海外侨胞络绎不绝，可以说祖庙是海内外华人感情维系。可以说，祖庙是反映宋代以来的佛山政治、经济、文化发展的重要载体，是佛山的骄傲，是开拓进取的海内外华人的象征，祖庙代表的宗教和历史心理更早已深入佛山人与侨胞的骨髓，成为民族心理的象征和依托。

另外，在佛山传统文化中，祖庙还担负着教育这个重要职责。祖庙于明代设的嘉会堂、清代设的大魁堂都是教育乡民的学府，祖庙在办学堂之余，还利用学费创办了一些义学。佛山祖庙倡导的这种重教传统，曾使佛山博得“衣冠文物之盛几甲全粤”的赞誉。从多种因素来看，祖庙已经不是单独的一个庙宇，它还是当时佛山全镇的一个大宗祠，具有亦庙亦祠的功能，是佛山社区整合的精神维系。祖庙的这种特点也使佛山人对其怀有特殊情感，祖庙文化精神并未过时历史发展到今天，祖庙已经成为佛山传统文化的一个窗口。祖庙崇拜仪式中的乡饮酒礼，凡70岁以上的人都可参加，有敬老的含义在内；在祖庙内举行的捐资助学、疏通河涌、兴办义仓赈济灾民等活动；每一次的祖庙修缮都是乡人捐资完成，这些传统文化和现在的社会并没有冲突，而且也应该是被倡导的。

此次佛山修缮祖庙其实是对传统文化内涵延续的重要体现，也是增强佛山人、海外华人认同感和凝

聚力的重要举措。随着经济的发展，观念的更新，佛山已经形成了文化发展的良好环境，全面修缮工程的启动也是佛山文化延续和发展的必然要求。相信所有心系祖庙的佛山人、海外侨胞都会支持祖庙的全面修缮工作。

因此，佛山祖庙的全面修缮工程是佛山市保护传统文化和增强佛山人、海外华人认同感和凝聚力的重要举措。

5. 项目是保护祖庙古建筑与文物，重新展现祖庙形象的保证

祖庙有着国内最大的真武大帝（北帝）铜像，中国现存最大的古铜镜，国内罕见的宋式三下昂八铺作斗栱，精妙绝伦的“三雕两塑”——木雕、砖雕、石雕、陶塑、灰塑，华南最著名的古戏台——万福台。祖庙作为岭南古建筑艺术的典型代表，在全省乃至全国都有着重要地位。祖庙被称为“东方艺术之宫”，更是世界许多华人心目中的根基，每年来此参观旅游的客人多不胜数。

但是，祖庙各种文物受到百多年的风霜雨蚀，文物损坏程度严重，文物保存情况不容乐观。建筑的各式木柱大部分都有滋生霉菌、蚁蛀、腐朽等现象，大梁部分受白蚁蛀蚀，梁架、瓜柱、穿枋、檩条、木楼板、楼楞等各式木构件发现有滋生霉菌、蚁蛀、腐朽等现象。建筑的屋面由于长年受雨水、强风侵蚀，裹垄砂浆大面积剥落，裸露的筒瓦、板瓦也出现不同程度的风化酥碱现象，造成雨水渗漏，瓦桷受潮腐朽、白蚁蛀蚀。各建筑墙体部分出现裂缝及倾斜，石制地面磨蚀严重。墙身砖料酥碱、风化现象，急待修缮。琉璃瓦件釉色褪色泛白，并有多种规格瓦件共存现象，大小不一，参差不齐，是多次修补的结果。

祖庙的琉璃陶塑、木雕、陶塑、灰塑、砖雕、石雕是祖庙建筑艺术精华，每件单体都是具有极高艺术价值、文物价值的文物。琉璃陶塑人物故事屋脊和丰富多彩的灰塑栩栩如生，墙壁上的砖雕纤巧细腻，栏杆、柱础上的石雕古朴粗犷，梁架、檐板上的各种木雕玲珑剔透。但是这些处在室外的艺术魁宝，由于经受风吹雨打，霜冻日晒，破损残缺现象大面积出现。木雕、石雕、砖雕大部分出现风化现象，陶塑、琉璃雕塑表明风化、脱釉掉色，灰塑砂浆脱落，色浆褪色。这些雕塑，特别是“三雕两塑”是祖庙外观的视觉重点，亦是岭南传统建筑中的不可多得的艺术精品，而且雕塑的质量同样是游客人身安全的保证。

祖庙现存的上述这些问题不利于文物保护工作的开展及对外展示祖庙、佛山形象，更对游人的人身安全造成威胁。因此修缮已迫在眉睫，如不及时修缮，消除隐患，古建筑、文物的损坏将进一步加剧，并可能发生部分古建筑局部倒塌等事故。本次祖庙全面修缮工程是本着恢复原状保存旧制的原则进行各项修缮工作。此次修缮将严格遵守“四保存”的原则（保存原来的建筑形制、原来的建筑结构、原来的建筑材料、原来的工艺技术），恢复古建筑的原状，消除古建筑安全隐患。修缮后，自然条件下，祖庙建筑主体结构100年内不需要再作大修。

祖庙修缮工程既是佛山祖庙开展文物修复、保护工作具体体现，又是实现佛山祖庙展示形象的基础。因此，全面修缮佛山祖庙才可以更好地保护祖庙古建筑与文物，更好展现祖庙形象。

6. 项目是保存和发展广东地方戏剧艺术——粤剧的重要载体

佛山作为粤剧发祥地，有着独有的粤剧历史渊源。佛山最早的粤剧行会组织——琼花会馆，象征着佛山在整个粤剧发展史上的重要地位；佛山粤剧艺人李文茂的塑像展示了佛山数千红船弟子的英雄壮举；佛山籍名伶薛觉先、马师曾、白驹荣、桂名扬、廖侠怀开创了粤剧五大唱腔流派至今为粤剧人士铭记；

新中国成立后，佛山粤剧“百花齐放”，粤剧演员演出《四只肥鸡》时得到周总理的亲切接见。

而佛山祖庙内的万福台建于清顺治十五年（1658年），其前身是“华封戏台”。自古以来，祖庙里的万福台戏台是岭南地区规模最大戏台，同时也是装饰最堂皇、保存最完好的古戏台，是佛山作为粤剧发祥地的有力见证。古时全省各地粤剧团来佛山演出，必须在万福台山接受审阅，审戏通过，方能巡回演出。而每逢传统节日、庙会赶墟，或是喜庆丰收，万福台山就好戏连台，各地乡民纷至沓来，热闹非凡。直到现在，每逢正月初一、三月三北帝诞、端午、中秋等传统节日仍有粤剧在万福台上演。可以说，佛山祖庙里万福台每周数次的粤剧演出已经成为一道佛山传统文化里特有风景。每逢周六、周日和假期里的上午，万福台上都有正式的粤剧演出和粤曲演奏，每场演出都坐了数百名观众。由职业演员或粤剧爱好者组成的演出团体把这里当成与观众见面的最好舞台，这样佛山祖庙不需要付出很多的资金请大剧团，就能让传统粤剧和市民、游客亲密接触，使得粤剧和作为重点文物的万福台戏台能够以一种活的形式存在于佛山市民的生活中。可以说，长期以来，粤剧与万福台在佛山人心目中的地位特殊，佛山人对其有着深厚感情。

万福台是佛山粤剧文化的一个标志和符号，每年从世界各地回来的华侨在万福台的悠扬粤曲声中流连忘返，万福台作为佛山文化的一个品牌和对外交流的平台，将广东的粤剧文化带出国门，走向世界。

因此，对祖庙及其万福台进行的大修是保护并振兴广东传统艺术文化——粤剧的体现，对粤剧的推广有着至关重要的作用。

综上所述，本项目建设是必要的，也是迫切的。

三　需求分析与建设规模

（一）需求分析

1. 文化旅游市场分析

（1）国民精神需求及消费意向分析

2005年，广东城镇居民与农村居民的恩格尔系数已分别由2000年的38.6%、49.8%降到36.1%、48.3%，为人民实现更多、更高质量的精神文化需求提供了经济基础。随着收入的增加及闲暇时间的增多，人民群众对文化娱乐需求增多。我省城镇居民的人均文化娱乐消费支出年增加8.38%，高于人均消费性支出增长速度（5.78%）；人均文化娱乐消费支出占人均消费性支出比例也逐年上升，由1996年的11.08%增加到2005年的14.13%。其中，2002年人均消费性支出同比增速高达44.12%，使全省人均文化娱乐消费支出由962元一下跃升为1386元。

预计，随着经济收入的增加及工作压力的加重，群众迫切要求改善生活环境、提高生活的文化含量、调节生活节奏，同时伴生了一种对享受型的文化、娱乐、休闲、健身的精神文化需求，尤其是对文化与艺术等高层次的精神需求不断增加。

（2）文化旅游市场分析

广东毗邻港澳台，市场经济发达，人民生活水平比较高，群众对旅游度假的需求欲望日趋强劲，旅游业持续向好发展。我省接待的游客数与我省人均GDP呈正相关关系，说明旅游业已因国民经济和生活水平的持续发展与提高而欣欣向荣，旅游休闲已逐渐成为人民群众生活中的一部分。

博物馆是地区文化、历史的缩影，具有深邃的文化艺术和历史内涵与极高的旅游价值，作为高品位的人文旅游资源，吸引着不少群众与游客。广东是岭南文化中心地、海上丝绸之路发祥地、近代革命策源地和改革开放前沿地，富有广东特色的著名古代遗址和古建筑有南越王宫遗址、南华寺、光孝寺、佛山祖庙等；近代的有孙中山大元帅府旧址、中共三大旧址等。

以上的众多文物史迹代表了广东文化的底蕴，对提高广东的旅游品位、满足群众日益增长的精神文化需要和建设“文化大省”起十分重要的作用。以上分析说明了当前社会正向追求精神享受和发展的小康型及富裕型阶段过渡，群众与游客对精神文化的质量、数量需求大幅度提高，可预测我省文化市场的消费潜力是相当巨大的。

结合佛山实际情况，依托佛山祖庙、康有为故居、清晖园、芦苞祖庙等重点文保单位，配以佛山的民间手工艺、曲艺、美食、水乡文化、武术文化、嫁娶风俗文化等，实现历史文化与现代旅游概念结合，当地文化旅游市场有着非常好的前景。

2. 竞争力分析及祖庙的定位

（1）竞争力分析

目前，佛山祖庙的竞争力分析见下表：

清代佛山各铺神庙分布表[1]

内部条件	优势	祖庙是最具代表性的岭南建筑之一，被誉为“东方民间艺术之宫”、“岭南建筑艺术之宫”，为全国重点文物保护单位，具有很高的知名度；祖庙具有1000年以上的历史文化渊源，曾集政权、族权、神权为一体，与佛山历史紧密相关，是当地广大群众节庆日前往拜访、祭祀的首选之地；是佛山的象征与文明窗口，具有深厚的历史文化内涵。
	劣势	最近一次大修距今已有100多年之久，祖庙建筑群饱受自然破坏、人为破坏；庙内文物保存水平及整体安全网络仍有待提高与完善。
外部条件	机遇	广东是第一旅游大省，珠三角市场拥有4000万高消费客源，可为祖庙提高大量优质客源；区域合作与一体化趋势的加强，CEPA、泛珠合作、粤港澳旅游、广佛经济圈的建设等，将佛山祖庙带入更多的旅游市场；广东建设文化大省与旅游强省，祖庙发挥了文化资源优势；广佛地铁等交通网络建设提高了祖庙在外地群众心中的可达性。
	威胁	近年，周边地区发展杂乱，使周边景观、交通恶化，对祖庙构成了巨大挑战；区域环境退化，空气污染的加剧对祖庙建筑群构成潜移默化的破坏。

（2）祖庙的定位

佛山祖庙作为佛山市一个著名的文化旅游点，每年除对近百万游客开放外，还接待一些中外政要，如江泽民、董必武、刘华清、西哈努克、科尔等；佛山市也把一些受赠的重要礼物放入祖庙永久展出。

[1] 据民国《佛山忠义乡志·祠祀二·群庙》，并欧瑞芝访问记录（1991年3月6日）。

根据佛山历史文化名城总体规划，将对祖庙、东区、祖庙路和东华里进行科学策划和规划，加快祖庙两侧原有的古建筑如大魁堂、文昌宫、忠义流芳祠、观音堂等的复建工作，使之成为一个整体性的旅游社区。因此，佛山祖庙定位为社区民间信仰中心、佛山市文明窗口、广东省爱国主义教育基地，以彰显佛山灿烂的历史文化及其闻名遐迩的四大名镇、南国陶都等城市形象。

3. 市场预测

（1）佛山旅游环境分析预测

当前，佛山市旅游产品结构日趋优化，形成了商务、会议、观光、休闲、度假、美食、购物旅游齐头并进，康娱、文化、宗教旅游有益补充的良好发展态势。与2000年相比，2005年全市接待中外游客2059万人次，增长42.89%；城市接待过夜游客571.21万人次，增长22.41%。

预计，“十一五”期间全市接待旅游者总人数年均递增3%，2010年达到2387万人次；过夜旅游者接待总人数年均递增5%，2010年达到729万人次；过夜境外旅游者接待总人数年均递增9%，2010年达到117.85万人次。

（2）祖庙参观的游客数预测

近20年来，由于门票的提升（从1979年的0.05元，经0.1元、0.2元、0.4元、0.8元、1元、2元、5元、10元一直到目前的20元），经济热点转移，以及旅游景点、现代娱乐设施增多等原因，每年购票参观祖庙的游客已由20世纪80年代近200万人逐步降低并稳定在近年的50万左右。

佛山祖庙是佛山的象征和文明窗口，每年都吸引数以百万计的游客（含40万~50万的免票观众），对佛山地区旅游业发展不可或缺的一环。目前，佛山共有博物馆6个，平均58万人拥有1座博物馆，离我省2010年建成400座以上、平均20万人拥有1座博物馆的文化发展规划以及西方发达国家每10万人就拥有一座博物馆相差甚远，故博物馆在佛山仍属稀缺文化资源。

因此，佛山祖庙的参观人数预测可从两方面进行考虑：

第一，祖庙博物馆除了作为文化旅游的发展重点外，将在团体游客市场和各类民俗活动中占有较大优势，如近年祖庙举办的“开笔礼”规模逐年扩大，还吸引了不少观众前来观摩。

祖庙近年“开笔礼”的举办情况

年份	参与“开笔礼”的儿童（人）	收入（元）	吸引的散客（人）
2002	1079	94205	623
2003	1751	99910	
2004	2500	130000	

第二，祖庙在宣传教育方面充分考虑了青少年学生的需要，为青少年学生观众、65岁以上老人提供了免票参观的优惠，使每年免费观众人数可至少维持在50万人以上，发挥着佛山祖庙强大的社会效益。

综合分析，佛山祖庙今后的参观人数将可逐渐达到100~120万人（其中，免票参观人数达到50~60万人）。

4. 门票价格

佛山祖庙开放时间为8：30－19：00；

参观门票价格为20元（中小学生、65岁以上免票）；

成人团体票价根据具体接待团体的人数来定。

5. 需求分析

祖庙现存万福台、灵应牌坊、东西挂榜廊、文魁阁、前殿、正殿、庆真楼等。目前，祖庙存在着屋面整体开裂和下滑、建筑结构部分倾斜和位移及朽坏、部分墙体倾斜开裂、文物损毁等问题，主要如下：

（1）万福台出现砼梁开裂、部分大梁与木柱受蛀蚀、板瓦风化稣碱、琉璃瓦褪色等问题。例如，后台东侧大梁早年受白蚁蛀蚀，承载能力已降低，产生较大挠度，现以槽钢托底，勉强支撑。

（2）万福台前的东厢房、西厢房是木楼板地面，部分腐朽损坏，楼楞保存不容乐观；东西庑廊位于厢房北面，因使用年久，出现屋面砂浆剥落、瓦件稣碱、桷板和檩条受潮及被白蚁蛀蚀，东廊后檐墙全段出现向东倾斜，最多达85毫米（规范要求40毫米）。

（3）灵应牌坊原是祖庙大门，在祖庙建筑群中占有非常重要的地位。牌坊中间木柱和大额枋曾因蚁害形成空洞，已灌注环氧树脂进行加固。但两次楼额枋及平板端头处因容易受雨水侵蚀，出现轻度腐朽；斗栱经多次维修，斗和升的规格作法、大小不一，个别存在斗耳缺失、缺角等，整个斗栱在轴心方向最大向内偏移达30毫米，一些斗、升、翅、昂移位、脱榫；屋面琉璃瓦受雨水长年侵蚀，少量瓦件绿釉已脱落，瓦坯外露，筒瓦松散脱落。

（4）锦香池

栏板石表面轻度风化，部分石雕已较模糊，现用扁钢加固望柱，再用槽钢相连接成整体，但石面已被铁锈污染。

（5）鼓楼和钟楼

鼓楼和钟楼的一层地面方砖均部分碎裂，木制楼面存在楼板、楼楞等严重腐朽以及出现蚁害现象。其中，钟楼室内木楼梯已损毁，后檐横墙中部向东侧外鼓，使横纵墙间产生裂缝。

（6）锦香池旁两侧挂榜廊

西廊、东廊都存在裹垄砂浆风化剥落，筒瓦外露，瓦件风化酥碱，造成屋面雨水渗透与局部塌陷，梁枋开裂、油漆脱落等问题。此外，西廊有5根檩条朽坏、7根开裂；东廊也有1根檩条朽坏、6根开裂、3根蚁蛀。

（7）三门

山门墙身为红砂岩，抗风化能力差，表面已大面积起壳、剥落；屋面裹垄砂浆脱落，露出筒瓦，造成雨水渗漏。崇政社学大门二层有3根木柱有蚁害（其中金柱已被大面积蛀空），如意斗栱下坠并向外倾斜，造成檐头屋面下坠，灰塑开裂倾斜。忠义流芳祠大门二层7根木柱被白蚁蛀空，以往维修中更换的木构件也未能按原尺寸制作，工艺较为粗糙。

（8）前殿香亭

屋面裹垄酥碱风化、脱落，造成雨水渗漏及8根檩条朽坏。

（9）前殿东西廊

裹垄酥碱风化剥落，筒瓦裸露，瓦桷、檩条部分朽坏与开裂，油漆脱落。

（10）前殿主要存在陶塑损坏残缺、脊瓦爆裂、檩条腐朽、屋面渗漏、外墙砖面轻度风化等问题。

（11）大殿前香亭和东西廊主要存在裹垄剥落、瓦件风化、屋面渗漏、檩条腐朽或开裂等问题。

（12）大殿主要存在部分雕塑和陶塑损坏、部分檩条发现蚁害及腐朽、裹垄剥落、板筒瓦风化、屋面渗漏、瓦桷槽大面积被白蚁蛀蚀、斗栱在外力作用下松散变形等问题。

（13）庆真楼是祖庙建筑群年代最晚的建筑。原为二层砖木结构，因失修导致整个楼面坍塌，1974 年维修时将二楼木结构改为钢筋混凝土结构，现存主要问题是混凝土部分与祖庙其他建筑不协调、屋面因坡度过陡而下滑开裂并对木结构件造成危害、部分陶塑损坏残缺等。

（二）修缮规模论证

1. 预期修缮目标

针对祖庙建筑群现存的问题，拟通过本次修缮达到消除古建筑安全隐患，保护祖庙及其所包含的古建筑、文化、历史、人文、工艺、科技等信息，构筑古建筑安全网络；恢复古建筑历史风貌，展示古建筑丰富内涵。

2. 修缮规模及内容

综上所述，祖庙建筑群损坏的主要是屋面大面积开裂漏雨，并由此造成的木质构件的开裂、腐朽和虫蛀，已经危及文物保护单位的正常使用。其中，危害最大的是不易观察、外表完好、容易被忽略的木构件，以及自然损坏、虫害和人为损坏。因此，祖庙修缮内容应包括：

（1）古建筑群修缮

①万福台

拆除戏台底层的混凝土及钢架，恢复为木结构台面；更换柱脚已朽坏的原墩接木料，整条更换已朽坏的木柱；对后台东侧梁架进行局部卸架维修，更换已弯曲的木梁；屋面进行揭顶维修，更换残损的桷、檩、瓦件以及修补屋面灰塑。

②万福台东西厢房及东西廊

东廊后檐拆除后校正重砌；拆除东西廊楼面的铁梯，恢复圆楞木支承的木楼面和木楼梯；屋顶进行揭顶维修。

③灵应牌坊

校正、锚固已松脱偏移的斗栱，修补残损的斗栱构件、平板枋和额枋端头，维修屋面，并对琉璃脊风化严重的部位喷涂 B72。

④锦香池

主要进行清除池壁杂草，清洗石护栏铁锈，进行池底清污。

⑤钟楼与鼓楼

拆除后期改造的红方砖地面，恢复木楼面；拆除后期增加的木构件，恢复木楼梯，并进行屋面揭顶维修。

⑥挂榜廊

对屋面进行全面揭顶维修，更换变形木檩。

⑦三门

校正屋面正脊东部已倾斜部分，对风化起壳的红砂岩拱门用B72保护，对屋面进行全面揭顶维修，更换残损的桷、瓦件。

⑧文魁阁和武安阁

局部卸架文魁阁和武安阁已被蛀空的木柱，进行大修；拆除现有钢筋混凝土楼梯，改为砖身花岗岩踏板楼梯；对屋面进行揭顶维修，对残损灰塑进行加固修复。

⑨前殿及香亭、东西廊

校正屋脊和香亭歪斜的雀替；对屋面进行揭顶维修，修补花檐板残损部分，更换残损的桷、檩，清洗墙面并恢复原清水墙面。

⑩正殿及香亭、东西廊

扶正香亭，修复残损花檐板、屋顶，更换残损的桷、檩、瓦件，并恢复原清水墙面。

⑪庆真楼

拆除2层混凝土楼面并恢复原平面做法和木结构楼面，维修屋面，并恢复父母殿原陈列。

（2）部分文物修复

修复祖庙内的原神像、神龛、神案、五供、彩门、匾额、对联、铜鼎、铁鼎、碑刻等。

（3）排水工程

清理排水暗沟，修复屋檐前的木制排水天沟和损坏的落水管。

（4）锦香池水质净化工程

（5）其他配套工程

主要用现代科技的安防、防雷、消防、照明等配套工程构筑祖庙现代防护体系。

3. 项目拆迁方案

为实现祖庙修缮目标，还原祖庙周边环境，同时为消除祖庙古建筑群南侧的安全隐患，拟拆迁祖庙南侧，紧邻万福台的部分民居。

四　建设地点与建设条件

（一）场址现状

佛山祖庙位于佛山老城历史文化核心保护区内，坐落在祖庙路的闹市中（现佛山市博物馆所在地）。该2.2平方公里内有祖庙、东华里2处全国重点文物保护单位以及3处省级重点文物保护单位。佛山祖庙西临祖庙路，坐北朝南，占地面积约3600平方米。

（二）场址条件

1. 自然条件

佛山市位于广东省中部，珠江三角洲腹地。佛山市绝大部分地区位于北回归线以南，气候类型为亚热带海洋性季风气候，温暖多雨为其气候基本特征。本区日照充足，全年日照时数在1800小时左右，无霜期达350天以上，年平均气温在21.2～22.2℃之间。本区降水充沛，为降水大于蒸发为湿润地区。降水以雨为主，少有冰雹，终年无雪，年平均降水量为1600～2000毫米。

偶发性的洪、涝、旱是影响本市部分地区的自然灾害，冬季的寒潮及早春的低温降雨也对东区的植物生长构成一定的影响，此外对东区影响较大的气候因素是台风，平均每年受2～3次台风侵袭，多集中于7～9月间，风力可达12级以上。

可见，气候等自然因素对本修缮项目影响不大。

2. 社会经济环境

佛山市地处珠江三角洲腹地，距广州仅17公里，是一座具有一千三百多年历史的古城，是我国明清的四大名镇之一。

佛山市国土面积3818.64平方公里，其中市区面积77.4平方公里。2004年全市户籍人口350.89万人。佛山工业以陶瓷、纺织、塑料、制药、食品行业为主，产品在国内有一定的影响地位，第三产业发展迅速。佛山市是我国的新兴工业城市，也是广东省综合商品出口基地。

3. 工程地质条件

祖庙万福台东廊后檐墙需拆除后校正重砌；其所在区域地势相对平坦，最大高差约0.24米，地下水深1.6～1.9米；土层由上到下分为杂填土层（厚1.4～2.2米）、粉质黏土层（厚0.9～1.7米）和细砂层（厚3.1～3.4米）。该围墙修建可采用复合地基，并对杂填土层进行地基加固处理。

4. 旅游资源条件

佛山市旅游资源持续开发，旅游产品结构日趋优化，发展态势良好，新增了黄飞鸿纪念馆、佛山陶瓷博物馆、广东粤剧博物馆、南海金沙大湿地公园、顺德长鹿农庄、三水大旗头古村、高明潜龙谷生态旅游区等一批新景区（点）。会展旅游与产业观光方兴未艾，全市展馆发展到20多家，2004年有6家景区（点）成为首批全国工农业旅游示范点，总数占广东全省的1/4强。

同时，佛山市旅游基础设施逐步完善，综合接待能力进一步增强。全市高、中星级饭店发展迅速，佛山宾馆在2004年成为全市第一家五星级饭店。2005年底全市有星级饭店86家，高、中、低星级饭店比例结构日趋合理。

5. 基础设施条件及施工条件

场址位于佛山市城区内，该区的给排水、电力、通讯、燃气供应和道路交通等基础设施均配套完善，本项目只需处理好与之的衔接即可。因此，该场址内的基础设施较完备，具备良好的施工条件。

五　工程建设方案

（一）维修方案

1. 维修设计依据与原则

（1）维修设计依据

①《中华人民共和国文物保护法》

②《中华人民共和国文物保护法实施条例》；

③《文物保护工程管理办法》；

④《古建筑木结构维护与加固技术规范》GB50165－92；

⑤《古建筑修建工程质量检验评定标准》CJJ70－96；

⑥《房屋建筑制图统一标准》GB50001－2001；

⑦《砌体结构设计规范》GB50003－2001；

⑧《木结构设计规范》GB50005－2003；

⑨《建筑地基基础设计规范》GB50007－2002；

⑩《建筑结构载荷规范》GB50009－2001；

⑪《建筑给排水设计规范》GB50015－2003；

⑫《民用建筑修缮工程查勘与设计规范》JGJ117－98；

⑬其他相关的国家标准和技术规范。

⑭佛山市人民政府维修祖庙的批复；

⑮佛山祖庙修缮工程勘察设计招标文件；

⑯其他相关文件。

（2）有关资料、文献

①由“广西文物保护研究设计中心”对祖庙进行实地勘察所编写的勘察报告（见勘察报告）；

②《祖庙资料汇编》（佛山市博物馆提供）；

③《地质勘查报告》；

④相关调查纪要。

（3）维修设计要求

维修设计依据《中华人民共和国文物保护法》“对不可移动文物进行修缮、保养、迁移，必须遵守不改变文物原状的原则”的规定，结合《古建筑木结构维护与加固技术规范》（GB5016－92）对古建筑进行修缮时的基本规定：“在维修古建筑时，应保存以下内容：一、原来的形制，包括原来建筑的平面布局、造型、法式特征和艺术风格等；二、原来的建筑结构；三、原来的建筑材料；四、原来的工艺技术”的规定进行设计。

维修设计对佛山祖庙的损坏力图做到标本兼治。遵守能小、中修的不大修的原则。要求施工单位依据维修勘察报告、维修设计说明，施工时认真鉴别建筑物各种残损情况，分析其损坏成因及对建筑造成的危害，根据对建筑安全构成的威胁大小，采取最恰当的维修方法。

（4）维修原则

根据佛山祖庙各建筑的残损现状，维修中执行如下原则：

①不改变文物原状的原则

维修中严格遵守《中华人民共和国文物保护法》规定的“不改变文物原状的原则”，施工中对损坏的构件执行能修理、加固后使用的应修理、加固后使用，不随意更换和添加构件，以达到最大限度的保留原来的构件、不降低文物价值的目的。

②拆除不合理的改建和添建部分，恢复原状的原则

由于历史上的多次维修，加建和改建的部分较多，破坏了祖庙的整体性、降低了祖庙的艺术性和历史价值。经甄别后，做好记录，并证实拆除不影响结构安全的情况下给予拆除和局部修复。

③维修遵守“四保存”的原则

维修中应做到保存：a. 原来的形制，包括原来建筑的平面布局、造型、法式特征和艺术风格等；b. 原来的建筑结构；c. 原来的建筑材料；d. 原来的工艺技术。

④对艺术构件实行保守对待的原则

祖庙的琉璃陶塑、灰塑、木雕、砖雕等艺术部分是祖庙建筑艺术中的精华部分，每一件单体均是具有极高的艺术价值、历史价值的文物，因此本次维修中对一些存在缺损，不影响艺术审美、不危及安全、暂时不修不会造成损坏加剧的，实行不全面修复的原则。仅对有确实依据（如：记载、照片、录像）的一些艺术构件给予恢复，对表面风化、脱色应进行修补加固，阻止损坏的加剧。

⑤现代材料的使用应可逆、隐蔽的原则

为了保护更多有价值的构件，允许科学的使用现代材料。但使用时应遵循在重要部位使用后应是可逆的，或使用后不影响今后的保养维修。同时现代材料的使用应做到隐蔽，不破坏、不影响文物建筑的外观。重要部位使用现代材料，应做必要的试验。

2. 祖庙保存现状

祖庙占地面积3600平方米。主体建筑沿南北纵轴线排列，由南至北依次为万福台、灵应牌坊、锦香池、钟鼓楼、三门、前殿、正殿和庆真楼，为四合院式平面布局，紧凑而错落有致，其建筑结构既有民族风格又别具岭南特色，主体建筑的檐柱和地面多用石材，斗栱梁架多式多样，以正殿最为典型，梁架举折平缓，前檐斗栱采用真昂结构，保留着已少见的宋代特点；建于明代的十二柱三间四楼式灵应牌坊，是广东现存最雄伟壮观的木石混合结构牌坊，其十二柱构筑形式国内罕见；建于清初的万福台，则是省内仅存的数个古戏台之一。各建筑的结构与装饰手法，都极具岭南传统建筑的神韵，各种装饰工艺精湛、琉璃陶塑人物故事屋脊和丰富多彩的灰塑栩栩如生；墙壁上纤巧细腻的砖雕；栏杆、柱础上粗犷古朴的雕刻，梁架上各种玲珑剔透漆金木雕，构思新奇，刻画细致，生动传神，耐人寻味，是岭南传统建筑装饰中不可多得的艺术精品，素有“古祠艺宫”的美誉。根据勘察报告，祖庙建筑目前存在的主要问题包括以下几方面。

（1）屋面整体开裂、下滑。古建筑群大部分的屋面因种种原因整体开裂出现下滑，部分因雨水渗漏，造成桷板长期受潮腐朽或被白蚁蛀蚀，其损害是严重的，已直接影响到古建筑正常使用和文物的安全。

（2）建筑结构部分倾斜、位移和朽坏。部分古建筑结构已经位移，正殿前香亭出现倾斜。硬木制作的木构件，由于长期潮湿，被木腐菌侵蚀后大多数的损坏表现为木心损坏产生空洞，而外表看仍是完好的；桁、桷上部受潮木腐菌侵蚀霉烂，而从下部看表面是好的。这种损坏在南方潮湿环境中的木结构建筑中均有存在，佛山祖庙轴线上各建筑就存在这种现象，此种损坏形式较集中的是出现在柱、瓜柱、檩条和部分梁、枋上，危及建筑结构安全。特别是万福台的10根承重柱已部分朽坏。

（3）部分墙体已严重倾斜开裂。祖庙东围墙严重倾斜、开裂，虽已采取临时加固措施，但隐患仍然存在，现万福台东侧厢房已停止对外开放。大殿东廊女儿墙也严重倾斜，现用钢筋牵拉防止倒塌。

（4）建筑艺术构件、文物损毁严重。祖庙屋脊上的琉璃雕塑、灰塑；梁架上的木雕；墙体上的砖雕等艺术部分是祖庙建筑艺术中的精华部分，每一件单体均是具有极高的艺术价值、历史价值的文物。这些艺术构件由于年岁久远，均不同程度的存在损坏。建筑陶塑、灰塑等室外建筑艺术构件及琉璃瓦被酸雨侵蚀情况严重，屋脊灰雕风化褪色，琉璃脊饰及正脊陶塑损坏也越来越严重。室内的艺术构件和文物由于年代久远，并受潮气侵蚀，损毁日益严重。

总体来说，祖庙建筑残损表现主要是自然损坏和虫害，除了部分建筑上的改建和加建外，人为损坏很少。详细情况参见附件《佛山祖庙维修勘察报告》。

3. 设计内容及范围

根据佛山祖庙修缮工程勘察设计招标文件及会议纪要，修缮工程勘察设计的内容为：祖庙古建筑红墙范围内建筑物及其附属文物，占地面积3600平方米。主要包括：万福台、万福台前的东西厢房与庑廊（前廊）、灵应牌坊、锦香池、钟楼、鼓楼、挂榜廊、三门、文魁阁、武安阁、忠义流芳题记牌坊、前殿、前殿香亭、前殿东西廊、正殿、正殿香亭、正殿东西廊、庆真楼各建筑物的维修设计。

祖庙各建筑物的建筑面积及修缮内容列表

序号	名称	面积：平方米	修缮内容
1	正殿	233	屋面全面揭顶维修；主柱加固；角梁加固和更换。；校正屋脊，陶塑构件防风化保护；陡板灰雕防风化封护；恢复原清水墙面做法。修复封檐板；拆修大殿斗栱；神龛维修。
2	正殿香亭和正殿东西廊	196	屋面全面揭顶维修；更换已朽坏的檩条、瓦桷；校歪斜构件，重新刷漆后断白处理；修复封檐板。
3	前殿	73	屋面全面揭顶维修；更换朽坏的檩条、瓦桷；柱身和柱脚修复加固；校正屋脊，陶塑构件防风化保护；恢复原清水墙面做法；修复残损的封檐板；修补和校正斗栱。
4	前殿香亭及前殿东西廊	239	屋面全面揭顶维修；更换已朽坏的檩条、瓦桷；拆除现混凝土及砌体部位，恢复原屋面构架；校正歪斜的雀替，重新刷漆后断白处理。；修复屋面檐头封檐板。
5	钟楼及鼓楼	25	屋面全面揭顶维修；更换已朽坏的檩条、瓦桷；拆除现在经后期改造的红方砖楼面，恢复木楼面；拆除后期增加的木构件，恢复原木楼梯；恢复原清水墙面做法；修补、加固已风化酥碱的灰雕。
6	文魁阁	99	屋面全面揭顶维修；更换已朽坏的檩条、瓦桷；更换及修补木柱；拆除二层红方砖地面，恢复原木地面；拆除现钢筋混凝土楼梯，改为砖身花岗岩踏板楼梯；修补校正斗栱； 修补灰雕并防风化处理。
7	锦香池旁两侧挂榜廊	40	屋面全面揭顶维修；更换已朽坏的檩条、瓦桷；拆除后期加砌用于镶嵌石碑的墙体和固定在墙体上的木橱窗；拆砌后檐墙，对倾斜的墙体进行校正，恢复原清水墙面做法；修补、加固已残坏缺失的灰雕。

续表

序号	名称	面积：平方米	修缮内容
8	武安阁及忠义流芳题记牌坊	99	屋面全面揭顶维修；更换已朽坏的檩条、瓦桷；对部分木柱采取卸架维修；拆除二层四周的木方窗和门，恢复原有风貌；拆除现钢筋混凝土楼梯，改为砖花岗踏板楼梯；修补校正斗栱；加固或修复灰雕。
9	三门	82	屋面全面揭顶维修；更换已朽坏的檩条、瓦桷；修复垂脊上琉璃草龙；校正正脊东部已经倾斜的瓦脊，脊饰和屋脊构件防风化保护；拱门红砂岩保护加固；修复封檐板。
10	万福台	168	屋面进行揭顶维修；更换已朽坏的檩条、瓦桷；后台东侧梁架进行局部卸架维修；更换和加固已朽坏的柱脚；修补、加固灰雕。
11	东西廊	64	屋面进行揭顶维修；更换已朽坏的檩条、瓦桷；后台东侧梁架进行局部卸架维修；更换和加固已朽坏的柱脚；修补、加固灰雕。
12	灵应牌坊	80	屋面进行全面揭顶维修；脊饰和屋脊构件防风化保护，构件按原样定制；更换已朽坏的檩条、瓦桷；修补平板枋和额枋端头已朽坏的部分；校正、锚固已松脱的斗栱，对缺失部分的斗栱构件进行修补。
13	万福台东西厢房及廊庑	46	屋面进行揭顶维修；更换已朽坏的檩条、瓦桷；修补、拆除钢架结构屋面及楼梯改木楼梯；拆除经后期改造的楼面恢复木楼面；拆砌后檐墙，对倾斜的墙体进行校正，恢复原清水墙面做法。
14	庆真楼共两层	284	屋面揭顶维修；室内各金柱纠偏，拆除后来增添的“雀替”；拆除二层混凝土楼面，恢复木结构楼面；拆除现有混凝土楼梯恢复为木梯。校正屋脊，陶塑构件防风化保护；；恢复原清水墙面做法。拆除后期增加的室内装饰和构件。
15	锦香池	220	清除池壁上的杂草灌木，修补脱落的勾缝砂浆；清洗受铁锈污染的石面并进行池底清污。

4. 维修设计方案

（1）万福台

万福台主要病因有屋面瓦件受风雨侵蚀，屋面开裂造成漏雨，使木构件受潮腐朽，一些木构件已被白蚁蛀蚀，灰雕风化褪色。戏台下砼梁保护层开裂严重，钢筋已经产生安全隐患，如不及时采取合理有效的措施予以维修，解决漏雨及木构架损坏等问题，现在已经产生的破损将会加速。

根据以上情况，对万福台将采取以下方法进行维修：

①屋面进行揭顶维修。揭顶卸瓦时，注意不要损坏瓦件，将筒瓦及板瓦，琉璃勾头、滴水按规格形制和质地（青瓦或是红瓦）进行分类，洗净后挑选出完好的瓦件，更换已风化酥碱、缺角断裂、变形拱翘的瓦件。更换时优先选用同规格、同种花饰图案的旧瓦，如无旧瓦可用，则按原样定烧。重新装瓦时，可将新瓦及旧瓦分开集中安放，琉璃檐头瓦件则按同种规格、花饰重新编组安放。对裹垄砂浆取样进行材料分析，检测是否有贝壳灰等沿海地区特有的成分，如果没有，就传统的石灰砂浆，注意控制砂浆水

灰比，盖瓦坐浆必须饱满。

②检查檩条、瓦桷隐蔽部分的朽坏程度，保留无朽坏能满足继续使用要求的檩条、瓦桷，更换已朽坏的檩条、瓦桷，按原材质、原大小、原方法制作安装。

③检查檩条隐蔽部分，即檩条与屋面的接触面与墙体及其他构件的搭接支承位置的朽坏程度，对只是表面糟朽檩条，腐朽深度小于20毫米的，将表面砍净，如朽坏面积与截面积之比大于1/8的，经计算的不符合结构要求的，予以更换。如仍能继续使用，剔除腐坏部分后，用同样材质木材粘接修补。对保存较好，中部出现下挠的檩条，可将已弯曲的檩条挠曲面朝上安装。

④对后台东侧梁架进行局部卸架维修，更换已弯曲的木梁。

⑤更换柱脚已朽坏的原墩接木料及混凝土，拆除后检查柱芯是否糟朽空鼓，如已朽坏，则剔除糟芯，灌注不饱和聚酯树脂加固。

⑥拆除戏台底层的混凝土梁及其他混凝土，拆除后检查柱芯是否糟朽空鼓，如已朽坏，则剔除糟芯，灌注不饱和聚酯树脂加固。

⑦对灰雕已开裂、残损、缺失的部位进行修补、加固，对风化酥碱的部位表面进行清理、加固。

（2）万福台前的厢房及东西庑廊

厢房及东西庑廊的病害与万福台大致一样，屋面漏雨，使木构件受潮腐朽，木构件已被白蚁蛀蚀，灰雕风化褪色，砖墙倾斜等是明显的损坏表现形式，已危及建筑结构安全。同时还有近期为满足日常管理及服务的需求，进行了改造，破坏了原有外观形制。针对以上问题，根据资料及现场勘察，采取以下方法进行维修及复原：

①进行屋面揭顶维修，做法、要求与万福台屋面维修要求相同。

②拆除一层前檐后期增加的钢架结构屋面，修补花岗岩柱身损坏的部位。

③拆除一层南面后期增加的楼梯，将北面庑廊与门楼间钢梯改为木梯，木梯做好防腐处理。

④检查檩条、瓦桷隐蔽部分的朽坏程度，保留能满足继续使用要求的檩条、瓦桷，更换已朽坏掉的檩条、瓦桷，按原材质（或相近材质）、原大小、原方法制作安装。

⑤检查檩条隐蔽部分，即檩条与屋面的接触面和与墙体及其他构件的搭接支承位置的朽坏程度，对只是表面糟朽檩条，腐朽深度小于20毫米的，将表面砍净，如朽坏面积与截面积之比大于1/8的，经计算的不符合结构要求的，予以更换。如仍能继续使用，剔除腐坏部，用同样材质木材粘接修补。对保存较好，中部出现下挠的檩条，可将已弯曲的檩条挠曲面朝上安装。

⑥拆除现在经后期改造的楼面，根据1995年的测绘图纸，恢复圆楞木支承的木楼面。

⑦拆砌后檐墙，对倾斜的墙体进行校正，铲除内墙后期增抹的砂浆，清洗墙面，用人工打磨，恢复原清水墙面做法。外墙面清洗后刷红色浆。

（3）灵应牌坊（牌楼）

屋面琉璃瓦，琉璃脊受风雨侵蚀严重，瓦件脱落，屋面漏雨，木构件受潮腐朽，部分琉璃脊饰损坏，斗栱损坏偏移是其损坏的主要表现。就以上情况，灵应牌坊采取屋面揭顶维修、校正偏移的斗栱，解决屋面雨水漏等病害。

①屋面进行全面揭顶维修，做法，要求与万福台屋面维修的要求相同。

②对屋面变形的琉璃脊，脊饰和屋脊构件表面风化，大面积脱色泛白，局部已掉釉的，对风化严重的部分喷涂 B72 保护，阻止其进一步风化，增加耐久性。

③拆除屋脊上琉璃草龙曾用砂浆修补的部分，原件仍存的粘接修复。已缺失的根据相同构件按原样定制。

④检查檩条、瓦桷隐蔽部分的朽坏程度，保留能满足继续使用要求的檩条、瓦桷，更换已朽坏的檩条、瓦桷，按原材质（或相近材质）、原大小、原方法制件安装。

⑤修补平板枋和额枋端头已朽坏的部分。

⑥校正、锚固已松脱的斗栱，对缺失部分的斗栱构件进行修补。

（4）锦香池

锦香池保存较为完好，无较严重病害，采用保养与维护方法：

①清除锦香池壁上生长的杂草灌木，石缝间勾缝砂浆脱落的用石灰砂修补。

②清洗受铁锈污染的石面，对铁箍除锈后刷防锈漆，漆色要与石面颜色基本一致。

③锦香池池底进行清污。

（5）钟楼及鼓楼

钟楼及鼓楼屋面漏雨，木构件受潮腐朽，木构件已被白蚁蛀蚀，灰雕风化褪色，在后期曾作改造，针对以上问题，根据现场勘察，采取屋面揭顶、拆除后加的部分，防止损坏的进一步加剧。

①屋面进行全面揭顶维修，做法、要求与万福台屋面维修的要求相同。

②检查檩条、瓦桷隐蔽部分的朽坏程度，保留能满足继续使用要求的檩条、瓦桷，更换已朽坏的檩条、瓦桷，按原材质（或相近材质）、原大小、原方法制件安装。

③检查檩条隐蔽部分，即檩条与屋面的接触面和与墙体及其他构件的搭接支承位置的朽坏程度，对只是表面糟朽檩条，腐朽深度小于 20 毫米的，将表面砍净，如朽坏面积与截面积之比大于 1/8 的，经计算的不符合结构要求的，予以更换。如仍能继续使用，剔除腐坏部分后，用同样材质木材粘接修补。对保存较好，中部出现下挠的檩条，可将已弯曲的檩条挠曲面朝上安装。

④拆除现在经后期改造的红方砖楼面，恢复木楼面。检查檩条隐蔽部分，即檩条与屋面的接触面和与墙体及其他构件的搭接支承位置的朽坏程度，对只是表面糟朽檩条，腐朽深度小于 20 毫米的，将表面砍净，如朽坏面积与截面积之比大于 1/8 的，经计算的不符合结构要求的，予以更换。如仍能继续使用，剔除腐坏部分后，用同样材质木材粘接修补。

⑤拆除后期增加的木构件，恢复原木楼梯。

⑥铲除内墙面后期增抹的砂浆，清洗墙面，用人工打磨，恢复原清水墙面做法。

⑦清理灰雕已风化酥碱的部位，修补裂缝，对风化酥碱的部位表面进行清理、修补、加固。

（6）锦香池旁两侧挂榜廊

两挂榜廊屋面漏雨塌陷，大面积变形，木构件受潮腐朽，一些已被白蚁蛀蚀，灰雕风化褪色，砖墙倾斜，危及建筑安全。后期为了适合展陈的需要增砌墙体和橱窗，镶嵌石碑，破坏了原有外观形制。

①屋面进行全面揭顶维修，做法、要求与万福台屋面维修的要求相同。

②检查檩条、瓦桷隐蔽部分的朽坏程度，保留能满足继续使用要求的檩条、瓦桷，更换已朽坏的檩条、瓦桷，按原材质（或相近材质）、原大小、原方法制件安装。

③检查檩条隐蔽部分，即檩条与屋面的接触面和与墙体及其他构件的搭接支承位置的朽坏程度，对只是表面糟朽檩条，腐朽深度小于20毫米的，将表面砍净，如朽坏面积与截面积之比大于1/8的，经计算的不符合结构要求的，予以更换。如仍能继续使用，剔除腐坏部分后，用同样材质木材粘接修补。对保存较好，中部出现下挠的檩条，可将已弯曲的檩条挠曲面朝上安装。

④拆除后期加砌用于镶嵌石碑的墙体和固定在墙体上的木橱窗。

⑤拆砌后檐墙，对倾斜的墙体进行校正，铲除内墙面后期增抹的砂浆，铲浆时应特别注意旧墙面是否有壁画，如没有则清洗墙面，用人工打磨，恢复原清水墙面做法。外墙面清洗后刷红色浆。

⑥对灰雕已残坏缺失的部位进行加固或修复，修补裂缝，对风化酥碱的部位表面进行清理、修补、加固。

（7）三门

三门主要病因有屋面瓦件破碎、瓦垄损坏、屋面开裂造成漏雨，使木构件受潮腐朽，陡板灰雕风化褪色。部分琉璃脊饰及正脊陶塑损坏，由于屋面长期漏雨，木梁架已经产生的损坏仍在发展。

①屋面进行全面揭顶维修，做法、要求与万福台屋面维修的要求相同。

②检查檩条、瓦桷隐蔽部分的朽坏程度，保留能满足继续使用要求的檩条、瓦桷，更换已朽坏的檩条、瓦桷，按原材质（或相近材质）、原大小、原方法制件安装。

③检查檩条隐蔽部分，即檩条与屋面的接触面和与墙体及其他构件的搭接支承位置的朽坏程度，对只是表面糟朽檩条，腐朽深度小于20毫米的，将表面砍净，如朽坏面积与截面积之比大于1/8的，经计算的不符合结构要求的，予以更换。如仍能继续使用，剔除腐坏部分后，用同样材质木材粘接修补。对保存较好，中部出现下挠的檩条，可将已弯曲的檩条挠曲面朝上安装。

④拆除垂脊上琉璃草龙曾用砂浆修补的部分，原件仍存的粘接修复。已缺失的根据相同构件按原样定制。

⑤校正正脊东部已经倾斜的瓦脊，仔细清理屋面，寻找收集残坏陶塑掉落的构件（勘察时发现屋面上有脱落的构件），并逐一进行对接，确认吻合的，采用结构胶和环氧树脂粘接。对风化掉釉仍能使用的脊饰和屋脊构件，用B72喷保护。

⑥对已经大面积风化起壳的拱门红砂岩。用B72进行保护加固，其他受风化影响，但未出现大面积起皮剥落的地方，可考虑用B72给予加固，但必须在施工前进行试验，取得经验和科学的配比实施。

⑦剔除封檐板残损、腐朽的部位，用原材料按图案进行复制后粘接，按原色上漆（断白）。

（8）文魁阁

文魁阁的病害主要有屋面漏雨，木构件受潮腐朽，木构件已被白蚁蛀蚀，由于斗栱变形、角梁腐朽、倾斜，造成屋面四翼角下坠，灰雕除风化褪色外还出现倾斜开裂，部分灰雕损坏后曾被重塑。还有东南角金柱被蛀空，已严重危及建筑结构安全。根据残损情况，将采取以下方法进行维修：

①屋面进行全面揭顶维修，做法、要求与万福台屋面维修的要求相同。

②检查檩条、瓦桷隐蔽部分的朽坏程度，保留能满足继续使用要求的檩条、瓦桷，更换已朽坏的檩条、瓦桷，按原材质（或相近材质）、原大小、原方法制件安装。

③检查檩条隐蔽部分，即檩条与屋面的接触面和与墙体及其他构件的搭接支承位置的朽坏程度，对

只是表面糟朽檩条，腐朽深度小于20毫米的，将表面砍净，如朽坏面积与截面积之比大于1/8的，经计算的不符合结构要求的，予以更换。如仍能继续使用，剔除腐坏部分后，用同种木材粘接修补。

④采取局部卸架大修的方法，更换东南角已被白蚁蛀空的木柱，对柱身、柱脚处出现的裂缝，小于5毫米时，可用油灰修补，再刷油漆断白，如裂缝大于5毫米的，可用木料加胶水填缝，再刷油漆断白。

⑤拆除二层红方砖地面，恢复原木地面。

⑥拆除现钢筋混凝土楼梯，改为砖身花岗岩踏板楼梯。

⑦修补斗栱已经损坏的构件，校正已经移位歪斜的部位。

⑧对灰雕已残坏缺失的部位进行加固或修复，修补裂缝，对风化酥碱的部位表面进行清理、加固，对风化酥碱严重的部位喷涂B72阻止其进一步风化，增加耐久性。

（9）武安阁及忠义流芳题记牌坊

武安阁及忠义流芳题记牌坊的病害主要有，屋面漏雨，瓦件损坏，使木构件受潮腐朽，木构件已被白蚁蛀蚀，由于斗栱变形倾斜，屋面四翼角下坠，灰雕除风化褪色已出现倾斜，一些部位后期被改造，尤其二层木柱有8根出现空鼓，给建筑结构留下安全隐患。

①屋面进行全面揭顶维修，做法、要求与万福台屋面维修的要求相同。

②检查檩条、瓦桷隐蔽部分的朽坏程度，保留能满足继续使用要求的檩条、瓦桷，更换已朽坏的檩条、瓦桷，按原材质（或相近材质）、原大小、原方法制件安装。

③检查檩条隐蔽部分，即檩条与屋面的接触面和与墙体及其他构件的搭接支承位置的朽坏程度，对只是表面糟朽檩条，腐朽深度小于20毫米的，将表面砍净，如朽坏面积与截面积之比大于1/8的，经计算的不符合结构要求的，予以更换。如仍能继续使用，剔除腐坏部分后，用同种木材粘接修补。

④勘察中阁楼二层8根木柱出现空鼓，因此，将对部分木柱采取卸架维修，剔除糟芯，灌注不饱和聚酯树脂加固。

⑤拆除二层四周的木方窗和门，恢复原有风貌。

⑥拆除现钢筋混凝土楼梯，改为砖花岗踏板楼梯。

⑦修补斗栱已经损坏的构件，校正已经移位歪斜的部位。

⑧对灰雕已残坏缺失的部位进行加固或修复，修补裂缝，对风化酥碱的部位表面进行清理、加固，对风化酥碱严重的部位喷涂B72保护。

（10）前殿

前殿屋面整体下滑开裂，雨水渗漏，使木构件受潮腐朽，木构件被白蚁蛀蚀，大部分木构件产生倾斜位移，斗栱脱榫及瓜柱空鼓的情况也较多，屋脊陡板灰雕风化褪色，部分琉璃脊饰及正脊陶塑损坏，如不及时维修，损坏将进一步加剧，还影响室内文物陈列的安全。

①屋面进行全面揭顶维修，做法、要求与万福台屋面维修的要求相同。

②检查檩条、瓦桷隐蔽部分的朽坏程度，保留能满足继续使用要求的檩条、瓦桷，更换已朽坏的檩条、瓦桷，按原材质（或相近材质）、原大小、原方法制件安装。

③检查檩条隐蔽部分，即檩条与屋面的接触面和与墙体及其他构件的搭接支承位置的朽坏程度，对只是表面糟朽檩条，腐朽深度小于20毫米的，将表面砍净，如朽坏面积与截面积之比大于1/8的，经计

算的不符合结构要求的，予以更换。如仍能继续使用，剔除腐坏部分后，用同种木材（或相同材质）粘接修补。对保存较好，如表面出现裂缝，小于5毫米的可用油灰修补，再刷油漆断白，如裂缝大于5毫米的，可用木料加胶水填缝，再刷油漆断白，对于中部出现下挠的檩条，可将檩条挠曲面朝上重新安装。

④剔除柱顶已经朽坏的部位，即将糟朽中空的部位凿铲成形后，采用同种木材（或相同材质）粘接修补，再用箍或铁锔加固，防止产生水平位移。如柱身、柱脚处出现裂缝，小于5毫米时，可用油灰修补，再刷油漆断白，如裂缝大于5毫米的，可用木料加胶水填缝，再刷油漆断白。检查曾做加固的瓜柱，对现有的铁锔进行除锈，如瓜柱只是小面积的朽坏，也可采用剔补的方法加固，如发现柱芯已糟朽，先清除糟朽部位，然后再灌注不饱和聚酯树脂加固。

⑤校正屋脊，仔细清理屋面，寻找收集残坏掉落的陶塑构件（勘察时发现屋面上有脱落的构件），并逐一进行对接，确认吻合的，采用结构胶和环氧树脂粘接。对风化掉釉仍能使用的脊饰和屋脊构件，用B72喷保护。正脊下侧陡板灰雕，风化掉色严重，一些塑像已不易辨认，经试验后，可用有机硅材料进行封护，减缓风化的速度，如有确切依据的，可对风化、不易辨认的灰塑进行局部修复。所使用砂浆可先取样试验，确定其包含的材料成分，结合当地老匠人所提供配方进行试验对比后，确定最佳方案。

⑥铲除内墙及外墙面的后期增抹的砂浆和粉刷的色浆，清洗墙面，用人工打磨，恢复原清水墙面做法。

⑦剔除封檐板残损腐朽的部位，用原材料按图案进行复制后粘接，按原色上漆、贴金。

⑧修补斗栱已经损坏的构件，校正已经移位歪斜的部位。

（11）前殿香亭及前殿东西廊

主要病害有屋面开裂，雨水渗漏，使木构件受潮腐朽，木构件被白蚁蛀蚀，屋脊陡板灰雕风化褪色，一些部位后期被改造等。针对以上问题，采取以下方法进行维修及复原。

①屋面进行全面揭顶维修，做法、要求与万福台屋面维修的要求相同。

②检查檩条、瓦桷隐蔽部分的朽坏程度，保留能满足继续使用要求的檩条、瓦桷，更换已朽坏的檩条、瓦桷，按原材质（或相近材质）、原大小、原方法制件安装。

③检查檩条隐蔽部分，即檩条与屋面的接触面和与墙体及其他构件的搭接支承位置的朽坏程度，对只是表面糟朽檩条，腐朽深度小于20毫米的，将表面砍净，如朽坏面积与截面积之比大于1/8的，经计算的不符合结构要求的，予以更换。如仍能继续使用，剔除腐坏部分后，用同种木材粘接修补。

④拆除现混凝土及砌体部位，恢复原屋面构架。

⑤校正香亭梁枋间已经歪斜的雀替，清理面层脱落的油漆，重新刷漆后断白处理。

⑥修复屋面檐头封檐板。

（12）大殿

大殿与前殿损坏情况基本一致，屋面整体下滑开裂，雨水渗漏，使木构件受潮腐朽，木构件被白蚁蛀蚀，大部分木构件产生倾斜位移，斗栱脱榫及瓜柱空鼓的情况也较多，屋脊陡板灰雕风化褪色，部分琉璃脊饰及正脊陶塑损坏，特别应指出的是在勘察中发现室内许多主要承重木柱均有大面积空鼓的情况，危及建筑结构安全。如不及时维修，采取合理有效方法解决病害，建筑的损坏将进一步加剧，一些艺术构件将随着岁月变迁而凋零，甚至将影响包括室内其他陈列文物的保护与保存。

①屋面进行全面揭顶维修，做法、要求与万福台屋面维修的要求相同。

②剔除柱顶已经朽坏的部位，即将糟朽中空的部位凿铲成形后，采用同种木材（或相同材质）粘接修补，再用箍或铁锔加固，防止产生水平位移。勘察中大殿内几根主柱出现大面积空鼓，对保持整个大殿结构体系的稳定造成影响，给建筑留下极大的安全隐患，因此，将这部分木柱采取卸架大修的方法，剔除糟芯，灌注不饱和聚酯树脂加固。对柱身、柱脚处出现的裂缝，小于5毫米时，可用油灰修补，再刷油漆断白，如裂缝大于5毫米的，可用木料加胶水填缝，再刷油漆断白。瓜柱维修的方法与前殿相同。

③对屋面四个翼角作认真检查，特别注意角梁与瓦面接触的隐蔽部位，如角梁朽坏面积较小，采用剔补的方法进行加固，如朽坏面积与截面积之比大于1/8的，经计算不符合结构要求的，予以更换。其他主要承重梁也依据这一原则进行维修。

④校正屋脊，仔细清理屋面，寻找收集残坏掉落的陶塑构件（勘察时发现屋面上有脱落的构件），并逐一进行对接，确认吻合的，采用结构胶和环氧树脂粘接。对风化掉釉的用B72喷涂保护。正脊下侧陡板灰雕，风化掉色严重，一些塑像已不易辨认，经试验后，可用有机硅材料进行封护，减缓风化的速度，如有确切依据的，可对风化、不易辨认的灰塑进行局部修复。所使用砂浆可先取样试验，确定其包含的材料成分，结合当地老匠人所提供配方进行试验对比后，确定最佳方案。

⑤铲除内墙及外墙面后期增抹的砂浆和粉刷的色浆，清洗并人工打磨墙面，恢复原清水墙面做法。

⑥剔除封檐板残损腐朽的部位，用原材料按图案进行复制后粘接，按原色上漆、贴金。

⑦拆修大殿斗栱，清理各组构件，对已损坏的构件进行修补，如已无法修补或修补后不能达到原有强度要求的，予以更换。

⑧神龛维修时，维修时应注意保护神龛下的北帝神像（明代文物）。在维修拆卸大殿屋面前应用木材制作封护架，密封，木框用100毫米×80毫米方木，封护顶板共设两层，上下两层之间相隔200毫米，顶板板厚大于20毫米，均应能承受20千克物体按2米高自由落体的冲击力。四面围板厚度不小于15毫米。封护架四周及上部与神像的净空不小于400毫米。神像北面如距离小，应将后檐墙作为封护的一面。

（13）正殿香亭和正殿东西廊

主要病害有屋面开裂，雨水渗漏，使木构件受潮腐朽，木构件被白蚁蛀蚀，屋脊陡板灰雕风化褪色，一些木雕艺术构件脱榫歪散。针对以上问题，将采取以下方法进行维修：

①屋面进行全面揭顶维修，做法、要求与万福台屋面维修的要求相同。

②检查檩条、瓦桷隐蔽部分的朽坏程度，保留能满足继续使用要求的檩条、瓦桷，更换已朽坏的檩条、瓦桷，按原材质（或相近材质）、原大小、原方法制作安装。

③检查檩条隐蔽部分，即檩条与屋面的接触面的朽坏程度，对只是表面糟朽檩条，腐朽深度小于20毫米的，将表面砍净，如朽坏面积与截面积之比大于1/8的，经计算不符合结构要求的，予以更换。如仍能继续使用，剔除腐坏部分后，用同种木材粘接修补。

④校正香亭梁枋间已经歪斜的雀替，清理面层脱落的油漆，重新刷漆后断白处理。

⑤剔除修复封檐板残损腐朽的部分，用原材料按图案进行复制后粘接，按原色上漆断白。

（14）庆真楼

庆真楼屋面整体下滑开裂，雨水渗漏，使木构件受潮腐朽，木构件被白蚁蛀蚀，还在后期为满足布展需求，做了一些改造，破坏了原有平面布局与形制。大部分木构件产生倾斜、位移，斗栱脱榫及瓜柱空鼓，屋脊陡板灰塑风化褪色，部分琉璃脊饰及正脊陶塑损坏。勘察中发现的主要承重木柱的大范围空鼓已危及建筑的安全。由于病害仍在发展，建筑的损害将进一步加剧。

①进行屋面揭顶维修，做法、要求与大殿屋面维修的要求相同。瓦面裹垄砂浆使用草筋石灰砂浆，并在裹垄前用铜线拉结筒瓦，降低屋面下滑的系数。

②对室内各金柱进行纠偏，拆除九架梁下后来增添的“雀替”，恢复原有风貌。

③拆除二层混凝土楼面，依据1955年的测绘图恢复原平面做法和木结构楼面做法，拆除现有正面的混凝土楼梯，恢复一楼明间紧贴后墙木梯。

④校正屋脊，仔细清理屋面，寻找收集残坏掉落的陶塑构件（勘察时发现屋面上有脱落的构件），并逐一进行对接，确认吻合的，采用结构胶或环氧树脂粘接。对风化掉釉的采用B72喷涂保护。

⑤铲除内墙面的后期增抹的砂浆，清洗墙面，用人工打磨砖面，恢复原清水墙面做法。拆除后期增加的室内装饰和构件。

5. 维修保障措施

（1）屋脊维修说明

祖庙各建筑由于屋脊上有众多具有极高艺术价值和文物价值的石湾陶塑及灰塑装饰，如维修时将屋脊分解落架或由于施工不慎而遭到损坏，都会是这次维修的失败，因此拟采用屋脊整体加固后用特殊钢架进行原位支顶，实行屋脊不落架的维修方式。支顶后还应采用必要的封护措施，以确保在施工过程中万无一失。整体加固即原位支顶的方法，是借鉴建筑平移技术产生的维修方法，佛山祖庙在维修东西院墙时已经使用过，是一种较为成熟的施工工艺。具体做法在施工设计时确定。

（2）木材的规范要求

施工中采用的木材缺陷值要求符合《木结构设计规范》、《古建筑木结构维护与加固技术规范》相关规范的选材标准。制作构件时，木材含水率应符合相关规范的要求，由于此次工程木材需用量大，因此木材必须提前备料，集中堆积在备料棚内自然风干，且主要承重构件用料风干时间不能少于60天。

（3）木材材质

施工使用的木材，应与原来使用的相同。祖庙现在使用的木材勘察时从损坏的缺口观察木质，有两种以上的材种。由于管理单位未作材种鉴定，因此本次维修设计均用“硬木”一词代替。根据佛山博物馆退休老同志的介绍，20世纪六七十年代维修时，发现祖庙使用的木材以坤甸木为主。本次维修木材使用的顺序：材种鉴定后，优先使用原材种；如由于鉴定困难和原材种采购困难，可使用材质相近的材种。

本设计使用的材种为坤甸木。坤甸木有两种，最好的为绿坤，本设计更换构件使用木材均为绿坤。

（4）屋面瓦件的使用规定

从勘察中可知，由于祖庙有过多次维修，致使瓦件规格、纹饰多样。要求屋面卸瓦后对瓦件进行分类，挑选单一建筑中占主导地位的瓦件作为更换瓦件的规格依据。具体规格在施工中确定，但所有瓦件规格应不少于传统建筑常用的瓦。瓦件的质量应符合规范的要求。缺乏规范的应保证瓦件无开裂、沙眼、釉色统一，不变形，尺寸误差小于5毫米。

（5）青砖

本次维修使用青砖较少，要求所用新砖与原砖规格相同，颜色一致。

（6）砂浆使用要求

维修中使用的主要砂浆有：

石灰砂浆（1∶1、1∶3 多种，不同部位用不同的配比）；

石灰草筋砂浆（瓦面裹垄使用）；

石灰纸筋砂浆（修补屋脊及灰塑使用）；

石灰棉筋砂浆（修补灰雕及灰塑使用）；

辅助砂浆；

水泥砂浆（用于隐蔽部位，并证明传统材料无法满足强度要求时使用）。

（7）化学材料的使用

①不饱和聚酯树脂。可使用常用的 191 不饱和聚酯树脂，也可以考虑使用现在新型的阻燃型的不饱和聚酯树脂。灌注时加入 200 目的石粉或瓷粉，最大比例为 1∶1。每次灌注量，不超过 3 千克。

②B72。是现在常用的硅材料，施工工艺成熟，可与文物本体很好地结合，强度高。本设计对各种风化的艺术构件有针对性使用 B72 进行保护。使用范围为：风化但可不修补的部位。使用浓度依据不同的位置，经试验后确定。

（8）不饱和聚酯树脂灌注要求

以往的灌注施工均在构件上开槽，本次维修设计不用在构件露明处开槽的办法，用从构件的两端开洞灌注的方式。这样可以最大限度地保证建筑的外观。由于本次勘察中发现中空的构件几乎都通顶，因此从两端开口的灌注方式是可行的。施工用单个构件灌注的方式，防止灌注后的粘连而产生不可逆的现象。涉及铆口的，用三合板制作榫头就位后再灌注。如确实中空不通顶的，可在构件露明处开口，但尽可能小，以满足施工需求为准。不饱和聚酯树脂是易燃品，施工时注意防火；注意施工人员的防护。

（9）施工记录

施工中积极做好记录工作，包括文字、照片及现场实测图纸。对需拆卸的构件进行逐一编号，专用场地分类、分建筑单体置放，存放中构件叠放中每层应有间隔和透气，并应杜绝由于挤压或人为疏忽而造成文物的损伤。

（10）油漆

祖庙使用的油漆，均是生漆、桐油等传统漆，使有的颜料大多为天然颜料。

（11）防腐防虫

维修时对所有木构件进行防虫防腐。要求更换的构件先进行防虫防腐后才能安装，特别注意隐蔽部位的防虫防腐。与墙体接触的木构件，先进行防虫防腐后再刷防潮沥青再安装。

推荐使用的药剂

①二硼合剂（代号 BB）

主要成分组成：硼酸 40%、硼砂 40%、重铬酸钠 20%

剂型：5% ~10% 的水溶液或高含量浆膏

用量：5～6kg/m^3 或 300g/m^2 药剂特点及使用范围：不耐水，略能阻燃，适用于室内与人体有接触的部位。

②铜铬砷合剂（代号 CCA 或 W－2）

主要成分组成：硫酸铜 22%、重铬酸钠 33%、五氧化二砷 45%

剂型：4%～6% 的水溶液或高含量浆膏

用量：9～15kg/m^3 或 300g/m^2

药剂特点及使用范围：耐水，具有持久而稳定的防腐防虫效力，

适用于室内外潮湿环境中。

③有机氯合剂（代号 OS－1）

主要成分组成：五氯酚 5%、林丹 1%、柴油 94%

剂型：油溶液或乳化油

用量：6～7kg/m^3 或 300g/m^2

药剂特点及使用范围：耐水，具有可靠而耐久的防腐防虫效力，

可用于室外，或用于处理与砌体、灰背接触的木构件。施工时将三种药剂有针对性的使用，可单用一种，也可多种使用。进入山墙或要求具备耐水的部位用有机氯合剂、铜铬砷合剂。梁架，柱，桁桷，门窗装修可用二硼合剂或铜铬砷合剂，优先推荐使用铜铬砷合剂。可用高浓度药液浸泡法或用喷涂法。

（二）给排水方案

1. 设计依据

（1）《建筑给排水设计规范》GB50015－2003

（2）《室外排水设计规范》（GB50014－2006）

（3）《室外给水设计规范》（GB50013－2006）《建筑设计防火规范》GBJ16－87（2001 年版）

（4）《建筑灭火器配置设计规范》GB50140－2005

2. 给水系统

（1）本工程为古建筑装修改造工程，水源接自原市政给水管网。为减少由于供水管网损坏或漏水对祖庙造成隐患，因此祖庙六大装修改造区内除锦香池补水管外，其余改造区内所有用水点及其供水管全部取消，安排在六大装修改造区围墙之外。

（2）六大装修改造区围墙之外供水管根据新建筑平面重新设置新给水管网，原给水管网使用时间久远应予废弃。

（3）管材：新给水管采用给水钢网塑料管。

（4）锦香池增设水循环净化系统以改善水质。补充水由室外给水管网直接供水。

3. 排水系统

（1）为保持原建筑风格，原屋檐前的木制排水天沟仍采用木制，并做内外防水和防腐处理；

（2）对于完好的排水立管依旧保留，已损坏的按原样修复。

（3）装修改造区围墙内地面雨水系统应按现地面地形、面积重新设计，排水管采用 HBPE 排水塑料

管。雨水口采用与地面一致的石材用与祖庙建筑风格协调的艺术图案雕通后作为排水盖板。

（4）修改造区围墙之外排水管网根据新建筑平面重新设置新排水管网。排水管采用 HBPE 排水塑料管。

4. 消防给水及消防设备

（1）消防水源由市政给水管网提供。改造区内原消防水管全部取消，安排在装修改造区围墙之外。

（2）消防水量。

按《建筑设计防火规范》消防水量为：

①室内消火栓用水量为：20L/s，火灾用水时间为 2 小时；

②室外消火栓用水量为：15L/s；

（3）消火栓系统。

①祖庙区内设一套消火栓系统，环状管网埋于祖庙六大装修改造区红墙外道路下。在装修改造区各围墙大门口外设室内消防水箱。因处在室外采用不锈钢箱体，消防箱内配 SN65 消火栓一个，Φ65 口径水带二卷 Φ19 口径水枪一支，并设消防软管卷盘一套，碎玻璃手动报警按钮、电铃、指示灯各一个。

②改造区围墙外小区道路边设两组室外消火栓，每个室外消火栓为 10～15L/s，间距不超过 120 米。

③消防管均采用热镀镀锌钢管。

（4）灭火器配置。

根据《建筑灭火器配置设计规范》要求祖庙各建筑物配置足够数量的 ABC 干粉灭火器。

（三）电气方案

1. 设计依据

（1）《民用建筑电气设计规范》JGJ/T16－92；

（2）《低压配电设计规范》GB50054－95；

（3）《供配电系统设计规范》GB50052－95；

（4）《建筑照明设计标准》GB50034－2004。

（5）《建筑物防雷设计规范》（GB50057－94，2000 版）

2. 负荷预测

本项目的用电设备主要为照明和弱电系统用电，用电负荷估算采用负荷密度法计算，其中室内部分用电指标按 40VA/m^2，服务区按 80VA/m^2，室外照明按 4.5VA/m^2 进行估算，总的用电负荷约 180KVA。

3. 供配电系统

（1）供电现状

本项目采用高压供电，由市政电网（新广场）引来一路 10KV 进线，原有 1 台 315KVA 的干式变压器。

（2）供配电系统改造

根据负荷预测，原有的变压器容量基本能满足装修后的用电需要，所以本次改造不增加变压器，但高、低压供电线路因使用时间长已严重老化，所以本次装修将对高、低压供电线路全部进行更换、电房到大庙主线路的电线也进行更换，大庙所有线路全部更新。低压配电系统采用 TN - S 系统。

4. 照明系统

祖庙是全国重点文物保护对象，中国古典建筑的梁柱、斗栱、额枋等表面的油饰、彩画对人工光源光照环境的要求较高，因而其照明光源和灯具应具有良好的防火性能，运行稳定。故本次装修拟选用绿色、环保节能的 LED 光源，来体现多层次丰富的立体感，体现整个建筑的立体层次。同时灯具的安装固定不能破坏损伤古建筑木质表面和内部，线路管线的布置宜隐蔽暗装，电气线路要穿金属管保护且不与木质表面接触等，即尽可能做到无损安装。

公共场所、各设备设施用房、疏散楼梯、疏散走道设应急照明灯。疏散走道与公共出口设疏散指示灯和出口指示灯。依照防火要求设置的应急疏散照明，应急疏散照明灯具、疏散指示灯和出口指示灯均选用自带蓄电池型，应急供电时间不应少于 20 分钟。

室外照明线路采用地下直埋电缆。道路照明灯具采用庭院灯在道路两侧交错分布，有诱导性的排列，灯高不超过 3.5 米，灯与灯间的排列距离在 15 ~ 25 米，照明光源采用高压钠灯，灯具的形状结合古建筑的特点选用，以突出祖庙的历史文化特色。

5. 安全保护

佛山祖庙为全国重点文物保护单位，应为一类防雷单位，防雷计必须符合一类防雷设防要求。防雷设计必须将外部防雷装置和内部防雷装置作为整体统一考虑。

为保持古建筑物原貌和艺术特点，接闪器采用避雷带与短避雷针（30 ~ 50 厘米）的组合形式，根据雷击规律，避雷带应沿建筑物屋面的正脊、吻兽、屋顶檐部等易受雷击的部位敷设。引下线应从古建筑物外立面四角、山墙、后檐墙布设，平均间距 18 米。为避免与人员接触产生触电危险，在引下线距地面 1.8 ~ 0.3 米处应有良好的保护覆盖物；接地体的冲击接地电阻应不大于 1 欧。另外，为降低雷电跨步电压对人员的危害，当接地体距建筑物出入口或人行道小于 3 米时，接地体局部应深埋地面 1 米以下。

内部防雷装置的作用是减少建筑物内的雷电流和所产生的电磁感应以及防止反击、接触电压、跨步电压等二次雷害。除外部防雷装置外，为达到此目的所采用的设施均为内部防雷装置，它包括等电位连接、屏蔽、加装避雷器以及合理布线和良好接地等措施。弱电系统受雷电感应的危害是很大的，本方案拟对内部防雷采取如下措施：

各类金属管包括铠装电缆的金属外皮就近与防雷接地或建筑基础地作等电位连接；各类通讯、数据信号线路串接相应的信号电涌保护器；室外的安全监控摄像头，应在避雷针的保护范围内，金属外壳应接地，并与建筑物的防雷接地连接，其视频线、控制线、电源线应安装电涌保护器。在建筑物内设一个或多个等电位连接端子，将设备机壳、电源 PE 线、电涌保护器的接地线、较大的金属物，就近连接到端子或等电位连接线上，等电位连接端子必须与防雷接地连接。外门窗安装金属纱窗、纱门或较密的金属保护网，并可靠接地。室内的线缆，尽量采用屏蔽电缆或穿金属管，屏蔽电缆外层或金属管两端接地。

室外照明采用 TN—S 系统，在电源点与路灯间设专用保护线 PE。从电源箱引出 5 芯电缆，在照明配电箱处将 PE 线做重复接地，接地电阻 R≤10 欧，PE 线沿线路与每组路灯杆连接，而每组灯杆也须做防雷接地，接地电阻 R≤30 欧。

（四）弱电方案

1. 火灾自动报警系统

本项目设置火灾自动报警系统。在大庙、庆真楼等各区域根据消防规范设置烟感、温感检测探头，带电话插孔的手动报警按钮。火灾报警控制器设于值班室，接到火灾报警讯号后发出警报信号和事故广播并指挥疏散。值班室设119专线电话与消防管理部门联系。

2. 广播音响系统

本项目的广播音响系统主要为公众广播音响。在公众活动场所装设组合式声柱或分散式扬声器箱，平时可用来播放背景音乐及祖庙的史料等，发生灾害时用作事故广播，用它来指挥疏散。

3. 安全防范系统

（1）入侵报警系统

在重点部位设入侵报警系统，入侵报警系统由报警探测器、传输系统和报警控制器组成，当探测器探测到有非法侵入时，产生报警信号并通过传输系统送到报警控制器。报警控制器经识别、判断后发出声、光报警，记录入侵时间、地点，同时控制多种外围设备，如打开现场照明灯、开启摄像机、启动录像机；

（2）视频安防监控系统

本项目设视频安防监控系统。在主要出入口、大庙、庆真楼和必要设防的场所装设摄像机，在控制室集中进行实时监控和记录，随时监控整个古建筑的运作和安全动态，控制室设在值班室内。控制室主要设备有监视器、矩阵切换、设备控制主机等。

4. 通讯系统

本项目通讯系统采用汇线通系统，在各功能区域安装通讯端口，估计用户数约30个。

六　环境保护与节能措施

（一）环境保护编制依据及环境影响分析

1. 编制依据

（1）《环境空气质量标准》（GB3095－1996）二级标准及修改单的通知（环发［2000］1号文）；

（2）《地表水环境质量标准》（GB3838－2002）Ⅳ类质量标准；

（3）《城市区域环境噪声标准》（GB3096－93）1类和4类标准；

（4）广东省地方标准《大气污染物排放限值》（DB44/7－2001）中第二时段的二级标准；

（5）广东省《水污染物排放限值》（DB44/26－2001）第二时段三级标准；

（6）《建筑物施工场界噪声限值》（GB12523－90）；

（7）建设单位提供的有关资料；

（8）国家和地方颁布的其他有关设计规范。

2. 施工期环境影响分析

项目施工期间的环境影响主要是施工时产生的扬尘、噪声、废水、渣土。

（1）施工期间扬尘

施工期产生扬尘污染的阶段主要拆除旧墙、旧瓦和物料装卸与运输阶段，具体有以下几方面：

①拆除旧墙、旧瓦及现场堆放扬尘；

②建筑材料（白灰、水泥、砂子、砖）等搬运及堆放扬尘；

③施工垃圾的清理及堆放扬尘；

④车辆及施工机械造成的扬尘。

（2）施工期废水

施工期废水来源主要为施工人员的生活污水及车辆、回用旧陶瓷、砖、瓦冲洗水。预计废水量2吨/日，车辆、回用旧陶瓷、砖、瓦冲洗水成分相对比较简单，污染物浓度低，水量较少，而且一般是瞬时排放，因此，施工期间应设废水沉淀池，将施工过程中产生的废水引入沉淀池沉淀处理后，达到广东省《水污染物排放限值》第二时段三级标准，再排入市政污水管网，并最终引入东鄱污水厂处理，对周围水环境的影响不大。施工期生活污水主要污染物为BOD、COD，但因施工人员用水量相对较少，废水经三级化粪池处理后排入下水道，因此对周围水环境质量不会造成大的影响。

（3）施工期噪声

项目施工期修建过程中产生的高噪声对附近区域的影响，一般机械噪声为85～90db（A），本项目施工工地周围距离较近的环境敏感点为工地东面的居民住宅，因此，项目施工期的环境影响相对大些，为了减少施工对周围环境质量的影响，为此，建筑施工场地产生的噪声必须符合《建筑施工场界噪声限值》（GB12523－90）的要求。

（4）施工期固体废弃物

施工产生的固体废弃物主要是施工人员的生活垃圾、废建材、撒落的砂石料、混凝土等，填埋处理。施工期亦产生弃土，这些弃土的运输、处置过程中都可能对环境产生一定负面影响。车辆装载过多将导致沿程泥土散落满地，车轮沾满泥土导致运输公路布满泥土，晴天尘土飞扬，雨天路面泥泞，影响行人和当地环境质量。因此对于施工时产生的固体废物应集中堆放及清理，外运到环卫部门指定的地点，防止露天长期堆放可能产生的二次污染。

3. 运营期环境影响分析

项目工程完工后一切按原营运模式对外开放，对环境无影响。

（二）环境保护措施

根据以上分析，项目对环境影响主要在施工期产生。

项目施工期间的环境影响主要是施工时产生的扬尘、噪声、废水、渣土。项目严格执行《中华人民共和国文物保护法》，项目承担文物保护单位的修缮工程的单位，应当同时取得文物行政主管部门发给的相应等级的文物保护工程资质证书和建设行政主管部门发给的相应等级的文物保护工程资质证书。项目严格遵守“四保存”的原则（保存原来的建筑形制、原来的建筑结构、原来的建筑材料、原来的工艺技术），全面恢复古建筑的原状，达到不降低文物价值的目的。对祖庙的陶塑、灰塑、木雕、砖雕等实行保守对待，对保护技术和材料的使用做到隐蔽，不破坏、不影响古建筑的外观，不妨碍今后的保养维修。

1. 施工期间扬尘方面

施工期产生扬尘污染的阶段主要拆除旧墙、旧瓦和物料装卸与运输阶段，具体有以下几个方面：

（1）拆除旧墙、旧瓦及现场堆放扬尘；

（2）建筑材料（白灰、水泥、砂子、砖）等搬运及堆放扬尘；

（3）施工垃圾的清理及堆放扬尘；

（4）车辆及施工机械造成的扬尘。

为减少施工扬尘对周围环境的影响，建议工程施工时采取如下措施：

①在现场设围障，将施工场地与现有各建筑物隔开；

②施工中拆除旧墙、旧瓦及堆放施工垃圾的清理等扬尘较多的工序应尽量选择在无大风的天气进行，拌料场地、原材料堆放处最好固定，以便采取防尘措施。

③遇到连续的晴好天气又起风的情况下，对弃土表面及产生扬尘大的工序可采取洒水方式减少尘量。

④施工单位负责人员应按照弃废物处理计划，组织施工人员及时运走弃废物，并在装运的过程中采取有效遮盖，以避免超载所造成的洒泄现象。

⑤车辆驶出工地前应将轮子的泥土去除干净，防止沿程弃废物满地，影响环境整洁，同时施工者应对工地门前的道路实行保洁制度，一旦又弃废物，建材撒落应及时清扫。

2. 施工期废水方面

施工期废水来源主要为施工人员的生活污水及车辆、回用旧陶瓷、砖、瓦冲洗水。预计废水量2吨/日，车辆、回用旧陶瓷、砖、瓦冲洗水成分相对比较简单，污染物浓度低，水量较少，而且一般是瞬时排放，因此，施工期间应设废水沉淀池，将施工过程中产生的废水引入沉淀池处理后，达到广东省《水污染物排放限值》（DB44/26－2001）第二时段三级标准，再排入市政污水管网，并最终引入东鄱污水厂处理，对周围水环境的影响不大。

施工期生活污水主要污染物为BOD、COD，但因施工人员用水量相对较少，废水经三级化粪池处理后排入下水道，因此对周围水环境质量不会造成大的影响。

3. 施工期噪声方面

项目施工期间修建过程中会产生的高噪声对附近区域的影响，一般机械噪声为85～95db（A），本项目施工工地周围距离较近的环境敏感点为工地东面的居民住宅，因此，项目施工期的环境影响相对大些，为了减少施工对周围环境质量的影响，为此，建筑施工场地产生的噪声必须符合《建筑施工场界噪声限值》（GB125323－90）的要求。项目只要加强管理，则其环境影响是可以得到控制的，以下提出施工期污染防治措施、建议：工程施工时采取如下措施：

（1）建设单位在施工场地边界设围墙隔声及防护栏网，并且应安排在白天作业。

（2）施工单位必须按国家关于建筑施工场界噪声的要求进行施工，并尽量分散噪声源。

（3）施工时间不应安排在晚上十时至次日上午七时作业，或在该时间内不使用噪声较大的施工机械，同时应在施工设备和方法中加以考虑，尽量低噪声机械。

（4）夜间一定要施工时应先报相关部门审批后方能施工，同时应对施工机械采取降噪措施，同时也可以在工地周围设立临时的声障装置。

（5）在施工单位的具体施工计划中，所使用的施工机械种类。数量应写在承包合同之中，以便监理。

4. 施工期固体废物方面

施工产生的固体废物主要是由施工人员的生活垃圾、废建材、撒落的砂石料、混凝土等，填埋处理。

施工期亦产生弃土，这些弃土、废物的运输、处置过程中都可能对环境产生一定负面影响。车辆装载过多将导致沿程泥土散落满地，车轮沾满泥土导致运输公路布满泥土，晴天尘土飞扬，雨天路面泥泞，影响行人和当地环境质量。弃土处理不明确或无规划乱丢乱放。因此对于施工时产生的固体废物应集中堆放及时清理，外运到环卫部门指定的地点，防止露天长期堆放可能产生二次污染。

施工期修缮过程中拆下来的废旧砖、瓦、木等建筑构件，应按国家文物依法管理，做好废旧物的堆放管理工作，对于废旧木材应做好除虫防虫工作，减少固体废物排放。

在修复过程中要使用一些化学物质，如陶瓷器修复时使用天那水、陶瓷木材用漆；字画修复过程中使用小苏打、草酸、柠檬酸、丙酮等。根据博物馆（祖庙）目前使用物料情况，由于文物修复的量有限，这些物质的用量很少，且大部分为弱酸、弱碱，浓度很低（约5%以下），因此，操作中挥发量很少，由于施工期是短期的，其影响将施工结束而终止，对环境影响不大。

（三）节能措施

1. 以自然采光为主，人工采光为辅，节省电能。
2. 使用低消耗、性能优的电子镇流器，比传统电感镇流器省电20%。
3. 在灯具控制方式上，采取分区控制灯光或适当增加照明开关点，以减少不必要的用电。
4. 合理选择变压器，使变压器处于经济运行状态。
5. 做好日常管理工作，做到人走灯熄、关闭空调开关。

（四）节水措施

1. 选用节水型的卫生洁具。
2. 制定严格的节约用水管理制度，发现漏水现象及时修理，杜绝长流水现象的出现。

七　组织机构与人员配置

（一）组织机构

佛山祖庙（佛山市博物馆）设馆长、副馆长，下设置有办公室、馆藏研究部、历史研究部、古建部、群工部、陈列部、保卫部、市场策划部、祖庙游客服务公司等部门。

（二）人员配置

祖庙配置人员109人。其中，硕士学历3人，大专以上学历44人；获高级职称3人，中级职称17人，初级职称38人。

八　项目实施进度

（一）项目实施管理机构

本项目拟由佛山祖庙修缮领导小组负责本项目的筹建工作，具体办理通过招投标确定的设计、施工、监理的委托手续及签订相应的合同和协议，以及设备的订购和安装检验等事项。

（二）项目实施进度安排

2006年第四季度完成工程招标并动工，维修万福台、灵应牌坊等；

2007年春节后维修正殿、前殿、三门，2008年春节前完工；其他修缮工程以及安全防范、消防、防雷等配套工程在2008年10月全部完工。

（三）项目的招标

1. 招标内容

佛山祖庙修缮工程的内容包括：修缮工程、安装工程及安防系统。

根据有关规定，佛山祖庙维修工程进行招标的内容包括设计、维修工程、安装工程、工程建设监理、设备。

2. 招标范围

招标范围包括勘察设计、修缮工程、安装工程及安防系统、工程建设监理、设备的招标。

3. 招标的组织形式

佛山祖庙维修工程招标的组织形式为委托招标。

4. 招标方式

勘察设计采用公开招标；由于修缮工程的特殊性和文物保护的特殊要求，修缮工程、安装工程、工程监理、设备和重要材料采购采用邀请招标的招标方式。

九　祖庙管理

（一）维修期管理

为了提高本工程建设管理水平，保证工程质量和投资效益，同时考虑祖庙维修工程的实际特点，佛山祖庙修缮领导小组办公室专责祖庙修缮事宜。在祖庙维修期间，还应进行如下管理：

1. 为加强对祖庙维修工程的指导，修缮统筹协调小组诚邀省和国家有关专家、学者为修缮工程顾问，做好充分准备工作，在文物专家指导下实施古建筑的等维修，严格把关；

2. 由于项目涉及文物搬迁，需设专人负责文物的搬迁、保护以及回迁等一系列工作；

3. 采用完成一个（单体建筑），验收一个（单体建筑）的方式，把问题控制在单体建筑中，不带入下一工程，加快工程进度；

4. 修缮统筹协调小组负责工程项目公开招标，项目资金专账管理，统筹安排好各项资金的使用；

5. 实行业主负责制，工程监理制、招标采购制，合同管理制“四制”工作原则，加强与质监部门和监理公司合作，做到统筹安排、科学管理、分类细化、逐项跟进；

6. 为确保祖庙修缮期间的施工进度以及参观游客人身安全，对游客的影响降到最低程度，维修期间的开放时间为每天 8：30 ~ 17：30，开放范围为修缮中单体建筑以外区域。

（二）运营期管理

佛山祖庙（佛山市博物馆）文物保护与研究工作将由馆藏研究部、历史研究部、保卫部负责；祖庙建筑群的维护与保护将由古建部、办公室负责；祖庙的对外宣传、接待等工作将由陈列部、办公室、市场策划部、祖庙游客服务公司等部门负责。

十　投资估算与资金筹措

（一）投资估算

1. 投资估算依据

本项目投资估算编制范围为祖庙维修工程。

2. 投资估算编制依据

（1）国家计委《关于工程建筑其他项目划分暂行规定》、《关于改进建筑安装工程费用项目划分的若干规定》；

（2）中国国际工程咨询公司《投资项目经济咨询评估指南》；

（3）《广东省建筑工程综合定额》（2006 年）、《广东省建筑工程计价办法》（2006 年）；

（4）《广东省安装工程综合定额》（2006 年）、《广东省安装工程计价办法》（2006 年）；

（5）《广东省装饰装修工程计价办法》（2006 年）、《广东省装饰装修工程综合定额》（2006）；

（6）本项目设备购置费根据国内生产厂或设备供应商的询价取值，安装工程费采用占需安装设备的百分比或按管线单位造价指标估算；

（7）勘察设计费参考国家计委、建设部《工程勘察设计收费管理规定》（计价格［2002］10 号文）按古建筑群修缮工程费用的 4% 估算；

（8）工程建设监理费根据国家物价局、建设部［1992］价费字 479 号文，则工程监理费按工程费用的 1.84% 估列；

（9）建设单位管理费根据财政部《基本建设财务管理规定》（财建［2002］394 号文），按工程费用的 1.58% 估列；

（10）招标代理费根据国家计委关于印发《招标代理服务收费管理暂行办法》的通知（计价格［2002］1980 号文）估算，本项目招标代理费估算为 17.30 万元；

（11）依据“关于建筑工程施工图技术审查中介服务收费问题的复函”（粤价函［2004］393 号文），本项目施工图技术审查费按勘察设计费的 10% 估列；

（12）根据广东省物价局“关于建设工程质量监督费标准的复函”（粤价费（1）函［1994］70号），建筑工程质量监督检测费按工程费用的0.2%计提；

（13）工程保险费按工程费用的3‰；

（14）基本预备费按工程费用和其他费用合计的5%估算；

（15）周边建筑需拆迁建筑面积约为1209平方米（其中，居民926平方米，临建仓库283平方米），周边建筑拆迁费按500.00万元估算；

（16）根据祖庙文物修复的实际需要，文物保护修复经费按130.00万元估算；

（17）建设单位提供的有关投资费用资料。

3. 建设投资估算

经计算，本项目建设投资为3866.98万元。其中，建筑工程费用2160.00万元，设备购置及安装费605.50万元，其他费用915.22万元，预备费184.04万元。

4. 流动资金估算

由于本项目是既有法人项目，同时属于文化公益性项目，其日常运营经费由其事业收入和财政拨款来解决。

5. 建设期利息估算

项目资金来源为财政拨款、博物馆区开发建设专项资金和祖庙修缮募捐经费，无建设期利息。

6. 总投资

本项目总投资为3866.98万元。

（二）投资计划与资金筹措

1. 建设投资计划

祖庙维修施工期为24个月。2006年投入500.0万元，主要用于编制、报批项目可行性报告、完成勘察设计报告等前期工作，完成工程招标并动工，维修万福台、灵应牌坊等；2007年投入2500.00万元，主要用于维修正殿、前殿、三门等；2007年投入866.98万元，主要用于完成其他修缮工程以及安全防范、消防、防雷等配套工程等。

2. 资金筹措方案与来源

本项目资金来源为财政拨款、博物馆区开发建设专项资金和祖庙修缮募捐经费。

十一　财务评价

（一）编制依据与范围

1. 编制依据

（1）国家计划委员会、建设部联合颁发的《建设项目经济评价方法与参数（第三版）》；

（2）《投资项目经济咨询评估指南（试用版）》中国国际工程咨询公司［1998］；

（3）财政部1997年颁发的《事业单位会计制度》；

（4）其他有关经济法规和文件。

2. 基础数据与参数选取

根据国家有关税收政策《关于鼓励科普事业发展税收政策问题的通知》（财税［2003］55 号），项目按照国家规定的价格取得的门票收入，免征营业税。

3. 财务评价范围

本项目财务评价仅对博物馆（含祖庙）的财务效益进行分析，分析范围仅包括博物馆取得的收入和支出估算。

（二）财务分析

博物馆的非营利性和公益性决定政府补贴在博物馆日常运营经费中的所占的比例很大。

因此，本项目将从佛山市博物馆未来运营、发展需要出发，同时结合当地的实际情况，进行财务分析并作相应财务评价。

1. 收入估算

博物馆收入来源包括财政补助收入、上级补助收入以及事业收入和其他收入。

（1）专项补助经费。博物馆馆属自收自支事业单位，文物征集、展览、文物保护及科研经费没有财政拨款，只有申请专项财政拨款。因此，本报告中不估算此项经费。

（2）事业收入。主要是门票收入。根据博物馆提供的前三年数据，估算门票收入为 885 万/年。

（3）租金收入。博物馆租金收入来自黄飞鸿馆配套店铺，平均每年约 36 万元收入。

（4）其他收入。根据 2003～2005 年的数据，博物馆其他收入大约为 140 万元/年。收入合计为 1061 万元。

2. 支出估算

（1）职工工资、福利支出。包括基本工资、津贴、奖金、福利费、社会保障费及其他费用。本项费用在参考 2003～2005 年博物馆费用支出的实际情况的基础上估算，人均工资、福利支出按 2.7 万元/年估算，按 150 人（包括职工、合同工、临时工）计算，支出为 409 万元/年。对个人补助支出约为 109 万元/年。

（2）日常公用支出。包括办公费、专项业务费、水电费、通信费、交通费、差旅费、招待费及维修费和其他费用。参考 2004、2005 年博物馆费用支出的实际情况，日常公用支出约为 216 万元，其中：固定资产购置费，包括办公设备费、专用设备费、交通工具费用等约 15 万/年；水费按 0.96 元/吨，电费按 0.82 元/千瓦时，水电费合计约为 50 万元；办公费支出估算为 95 万元。

（3）东区建设款。根据 2001 年佛山市文化局文件（佛文［2001］12 号文），每年从博物馆的门票收入中划出一半资金用于祖庙东区建设。近三年，平均每年划出东区建设款 370 万元。

（4）应交税金。考虑到博物馆是公益性文化事业单位，根据《关于鼓励科普事业发展税收政策问题的通知》（财税［2003］55 号），博物馆按照国家规定的价格取得的门票收入，免征营业税。而事业收入中其他服务性收入，如展览巡展、租金等按 5% 计提营业税，租金再按 12% 缴纳房产税城建税和教育费附加分别按营业税的 7% 和 3% 计提。支出合计为：1120 万元。

3. 收支估算

由于博物馆的门票收入中每年划拨出约370万元作为东区建设款，同时考虑到职工工资和福利的合理保证和适当改善，因此按原有的财政补助计算其收入和支出可能无法平衡，缺口为59.00万元/年，需当地政府增加财政补贴。

（三）财务评价结论

佛山市博物馆作为当地文化建设的重点项目，社会效益显著，项目投资由政府财政拨款。

项目修缮后，由于博物馆的门票收入中每年划拨出约370万元作为东区建设款，同时考虑到职工工资和福利的合理保证和适当改善，

因此按原有的财政补助计算其收入和支出可能无法平衡，缺口59.00万元/年，如果没有拨出东区建设款，博物馆的日常运营能做到收支平衡。

十二　社会评价

文化遗产是由建筑、古迹和艺术作品来代表的。它们代表了一个民族的传统和文化。中华历代文物是一部物化了的民族发展史，是我国悠久历史、灿烂文化这一基本国情的稀世物证和重要载体，是全世界华人与遥远祖先联系、沟通的物质渠道，是维系中华民族团结统一的精神纽带，是我们民族赖以生存发展、走向未来的文化根基，是我们进行社会主义物质文明、精神文明和政治文明建设的珍贵资源和特殊优势。保护文物建筑的文化价值，使之世代相传是我们的共同责任。

文物古迹保护也不应是目的，其本身最重要的价值在于发挥其文化价值为人类服务。

祖庙以其独特的岭南古建风貌和所存的冶铸、漆朴、铂金、雕刻等古代文化技艺，反映了明清至民国本地高超的工艺技术水平，融古代佛山经济、文化、宗教、民间艺术于一炉，展现着工商、科举、民俗、粤剧、武术五大文化主题，凝结成古代佛山的缩影，祖庙是佛山文化的集大成者，不仅集中了各时期的文化特别是民间文化的代表作品，同时，佛山祖庙在佛山传统社会中是集神权、政权、族权于一体的社区主神庙，是佛山最重要的社区整合力量，对佛山社会产生了深远的影响。祖庙已经成为佛山的一个象征，是佛山人认同的精神维系。

（一）社会影响分析

1. 项目对当地居民收入的影响祖庙维修项目属于公益性文化项目，项目建成后并不直接对居民收入产生影响，但修缮后其产生的间接效益，如教育效益、娱乐效益以及旅游间接效益净增加值是非常显著的。

因此，本项目建成后虽然对当地居民的直接经济效益影响较少，但其间接效益，尤其是教育效益、娱乐效益以及由于参观旅游而带动的旅游效益将是巨大的。对带动当地的文化消费，进一步提高当地居民文化素质，促进当地旅游经济发展都起到了很好的社会效益和经济效益，间接提高了当地居民的收入。

2. 项目对当地居民生活水平和生活质量的影响

随着收入的进一步增长，基本物质生活方面的消费支出所占比例将会显著降低，而精神文化等高层

次消费支出的比例将会显著提高，为满足人们精神、文化、娱乐、休闲及发展需求的文化消费已从社会消费的边缘移位到了社会消费的中心。精神文化消费逐步成为人们消费的热点，从而进入“追求时尚和个性”的需求阶段。

由此可见，佛山祖庙的修缮对提高当地居民文化生活水平和生活质量具有正面的积极作用，另一方面在引导当地居民文化娱乐消费转向高层次方面具有显著优势和无法替代的作用。

3. 项目对当地居民就业的影响

项目建成后由于促进旅游经济的发展可能带来相关行业的就业机会等。因此从短期看，项目对促进当地居民的就业影响有限，但从长期看，由于项目的建成所带来的学生、游客参观人数（人次）的增加，将极大地扩大了祖庙的社会教育面，让更多人的了解、接受博大精深的文物文化的熏陶，进而提高人民的精神素质，提高民族科学文化水平。由此可见，项目的建设对当地居民的就业影响是间接的、长久的、积极的。

4. 项目对当地文化、教育的影响

祖庙对提高当地居民的文化素质及道德修养起着不可估量的作用。通过以文物标本为基础的具有思想性、科学性、艺术性的陈列，向人民群众进行历史文化和爱国主义教育，丰富人们的科学知识和文化生活，陶冶人民的情操，提高人民的精神素质，提高民族科学文化水平。同时，这种直观、形象的教育方法胜过任何抽象、概括的方法和理性的说教，也更符合青少年偏重形象思维、弱于抽象思维的特点。这种直观性、临场性和“寓教于乐”的优势，可以把抽象的历史知识传授，变成身临其境的“漫游历史长廊”。

5. 项目对当地基础设施、社会服务容量和城市化进程的影响

项目建设符合当地城市发展规划要求，因此不会对当地基础设施以及社会服务容量造成压力。

项目建设对当地城市化进程的影响是明显的，主要体现在：

（1）祖庙既是当地城市的标志，又是当地文化品位及档次的缩影。

（2）对促进当地的文化蕴藏、文物修复起着越来越大的作用。一个城市的文化蕴藏丰富与否，很大程度依赖于其对文物的保护及修缮。祖庙是佛山的名片、是佛山的标志，佛山要对外扩大宣传、提高知名度、产生效应就应该从祖庙修缮着手，在保护文物遗迹的同时也促进佛山城市的建设发展。

（3）祖庙的维修建设展示当地崭新形象，塑造城市美好未来文化是城市之魂，它是城市生存的基础和城市人生活的精神支柱，一个城市是否具有竞争力，在一定程度上可以通过其文化资源、文化氛围和文化发展水平来衡量。项目建成后将结合当地独有的高雅的文物古迹和浓厚历史文化沉淀，做到把思想性与艺术性、科学性和观赏性有机结合起来，不断推出高水平的陈列和展览，提高综合服务水平，努力使之成为佛山城市文化的窗口；为佛山市文化旅游名城品牌和形象的建设发挥应有的作用。这必将大大激发当地居民保护文化遗产，建设文化城市的热情，共同把当地城市化进程推向更高的层次。

除此之外，项目的建设也会对弱势群体产生影响，由于本项目属于公益文化性质，因此对弱势群体产生的是正面和积极的作用，不会对弱势群体造成负面不利影响。同时项目对所在地区的少数民族风俗习惯和宗教的负面影响极少，相反有利于展示民族的风土习俗和文化文物，促进民族间的文化交流和发展。

（二）负面影响及措施

项目的建设过程可能对祖庙现有文物造成一定的影响，并可能带来一定程度上的损坏。因此，需要加强这方面的施工控制及管理。尽量降低对文物的破坏，确保文物的完好。

（三）社会评价结论

项目的建成有利于提高居民生活质量；促进当地城市文化建设；促进当地以及我省的旅游和经济发展；为我省的文化事业发展打下良好的基础。综上所述，项目负面影响极小。项目可行。

十三　风险分析

本项目投资不但要耗费大量资金、物资和人力等宝贵资源，且具有一次性和固定性的特点，一旦建成，难于更改，因此需进行项目的投资风险分析。考虑到祖庙的性质是公共文化事业项目，属非营利性机构，对其进行风险分析主要以定性分析为主。

（一）项目风险类型

本项目的主要风险因素有：

1. 市场风险。

市场风险主要表现入馆人数估计等达不到预期的目标。

2. 工程技术风险。

由于文物修缮的特殊性，部分项目的维修方案可能需要根据实际修缮过程中文物的实际情况来确定，因此造成维修工程的风险。

3. 投资风险。

包括由于工程量预计不足、设备材料价格上升导致投资估算不敷需要；由于计划不周或外部条件等因素导致建设工期拖延等因素。

4. 配套条件的风险。

项目需要的外部配套设施，如供水排水，供电供气等因素可能影响项目的建设或正常运营。

5. 外部环境风险。

主要包括自然环境、经济环境和社会环境等影响因素。

（二）防范与降低风险措施

1. 对市场风险的控制。

加大祖庙的宣传力度，扩大影响力。根据祖庙的非营利性机构特点，参考国内同类项目门票的价格，以及当地居民收入情况和游客的实际承受能力来确定门票价格。同时做好各临时展览、展出的市场定位和观众预测，可根据展出文物的特殊性灵活采用不同的门票定价策略。在体现博物馆公益性机构性质的同时，尽可能增加祖庙的收入。

2. 对工程技术风险的控制。

通过招标，聘请具有良好勘察或施工经验的公司。同时增加工程项目过程管理，可邀请具有一定资质的咨询公司进行项目过程管理，加强工程质量、进度、投资方面的控制。与施工方、监理方协调好加强工期进度的控制。

3. 投资风险的控制。

本项目投资由政府财政拨款，资金来源可以说不存在风险，但应与有关政府部门加强协调，落实资金投资安排。项目在施工和验收过程中要严格根据设计要求控制预算、结算。

十四　结论与建议

（一）结论

祖庙凝结了佛山的历史，凝结了千百代文化的创造与传承，是佛山人们的智慧结晶，是文化深厚积淀，是精神寄托与民俗依托。

祖庙全面修缮工程对落实佛山市历史文化名城建设战略目标，发展佛山旅游业，增强海内外佛山人的认同感和凝聚力，保护文物资源有，以及推动城市文明的可持续发展都有着非常积极的意义。同时也有利于提高当地居民生活质量；促进当地城市文化建设；促进当地以及我省的旅游和经济发展；为我省的文化事业发展打下良好的基础，项目负面影响极小。社会效益显著。

维修将依据《中华人民共和国文物保护法》“对不可移动文物进行修缮、保养、迁移，必须遵守不改变文物原状的原则”来开展，结合《古建筑木结构维护与加固技术规范》（GB5016－92）对古建筑进行修缮时的基本规定：“在维修古建筑时，应保存以下内容：一、原来的形制，包括原来建筑的平面布局、造型、法式特征和艺术风格等；二、原来的建筑结构；三、原来的建筑材料；四、原来的工艺技术”的规定进行设计与维修。

本项目占地面积3600平方米，涉及维修建筑面积约4012平方米。总投资3866.98万元，其中，建筑工程费用2160.00万元，设备购置及安装费605.50万元，其他费用917.34万元，预备费184.14万元。

项目资金来源为财政拨款、博物馆区开发建设专项资金和祖庙修缮募捐经费。

综上所述，项目建设是可行的。

（二）建议

由于本项目维修涉及的是古建筑、文物，因此，在维修过程中需注意以下事项：

1. 在维修过程中严格按照《中华人民共和国文物保护法》“对不可移动文物进行修缮、保养、迁移，必须遵守不改变文物原状的原则”的规定来执行；

2. 要求施工单位依据维修勘察报告、维修设计说明，施工时认真鉴别建筑物各种残损情况，分析其损坏成因及对建筑造成的危害，根据对建筑安全构成的威胁大小，采取最恰当的维修方法；

3. 祖庙的琉璃陶塑、灰塑、木雕、砖雕等艺术部分是祖庙建筑艺术中的精华部分，每一件单体均是具有极高的艺术价值、文物价值的文物，因此应加强施工管理，确保文物的安全、不损坏；

4. 由于文物建筑修缮的特殊性，在前期勘探时只能对局部地方做揭取，对存在的问题作定性的分析，而具体的残损数量和需要更换的工程量必须等到修缮工程开始后才能具体计算，所以在前期很难做出详尽的估算。因此施工前和过程中要做好相关材料的备料准备工作；

5. 琉璃勾头、滴水等新旧材料不搭配，颜色会有所差别，对整体效果会有一定影响，因此在新旧材料的搭配，原则上是尽量保留可以使用的旧材料，不够的部分参照原材料另行烧制，在使用的时候，分开集中使用，即旧料集中在一起，用在显著的地方，其余部分用新料，以防止出现斑驳的效果；

6. 由于本次维修时间长，工程量大，因此在修缮过程中应做好祖庙日常工作的管理和安排。此外，由于本次修缮过程中并不是全部封闭进行，因此需做好参观游客的指引和秩序维护工作，确保游客以及文物在修缮过程中的安全。

佛山祖庙修缮工程残损登记表

万福台屋面木构件残损登记表

项目 编号	K-1	K-2	K-2′	K-3	K-4	K-5	K-6	K-7	K-8	K-9	K-10	K-11
材质	檩条、瓦桷均为硬木	檩条、瓦桷均为硬木	檩条、瓦桷均为硬木	檩条、瓦桷均为硬木	檩条、瓦桷均为硬木	檩条、瓦桷均为硬木	檩条、瓦桷均为硬木	檩条、瓦桷均为硬木	檩条、瓦桷均为硬木	檩条、瓦桷均为硬木	檩条、瓦桷均为硬木	檩条、瓦桷均为硬木
支承情况	两端搭在瓜柱上	除LT1一端搭在墙上，一端搭在柱上外，其余的两端搭在瓜柱上	两端搭在瓜柱上	两端搭在瓜柱上	LT2、LT5、LT4两端搭在瓜柱上 LT-1、LT-2一端搭在墙上一端搭在二上梁上 LT-3、LT1一端搭在墙上一端搭在柱上	LT-3、LT1两端搭在柱上 LT-1、LT-2两端搭在二步梁上，其余的LT的两端搭在瓜柱上	LT2、LT5、LT4两端搭在瓜柱上 LT-1、LT-2一端搭在墙上一端搭在二步梁上 LT-3、LT1一端搭在墙上一端搭在柱上	两端搭在瓜柱上	除T1一端搭在墙上，一端搭在柱上外，其余的两端都搭在瓜柱上	两端搭在瓜柱上	除LT1两端搭在柱上外其他的两端都搭在瓜柱上	两端搭在瓜柱上
受力情况	檩条挠度未测	檩条挠度未测	檩条挠度未测	檩条挠度未测	檩条挠度未测	跨中最大挠度4cm	檩条挠度未测	檩条挠度未测	檩条挠度未测	檩条挠度未测	檩条挠度未测	檩条挠度未测
残损记录 原物使用		LT1、LT2、LT5表面较好，无明显残损	LT5、LT4、表面较好，无明显残损	LT5表面较好，无明显残损	LT2、LT4表面较好，无明显残损	LT4、LT6、LT7、LT15表面较好，无明显残损	LT2表面较好，无明显残损	LT5、LT4表面较好，无明显残损	LT1、LT2、LT5表面较好，无明显残损	LT2表面较好，无明显残损	LT1、LT21、LT5表面较好，无明显残损	LT2表面较好，无明显残损

续表

编号＼项目		K－1	K－2	K－2′	K－3	K－4	K－5	K－6	K－7	K－8	K－9	K－10	K－11
残损记录	维修使用	LT1有裂缝，缝宽1厘米、深4厘米、长1.5米其上的枕头木爆裂 LT2已经空心 LT4有裂缝，缝宽0.8厘米，深3厘米，长2.1米	LT5、LT4有裂缝，缝通长		LT2部分已经空心	LT－1有细微裂缝，缝通长 LT－2有裂缝，深大于6厘米，通长，部分已空 LT1已空心	LT－1有裂缝，缝通长 LT－2、LT3都有裂缝 LT2部分已空，LT5已空 LT1有1米长的裂缝，缝深6厘米 LT10、LT11有一条长1～2米深5厘米宽8毫米的裂缝 LT12、LT13都有错位裂缝，缝通长 LT2细微，LT3缝深20毫米 LT14有裂缝深20～30毫米、缝通长 LT16有长2米、深10毫米的裂缝	LT－1有长约2米的裂缝 L1－2有深6厘米的裂缝，缝通长部分空心 LT－3有错位裂缝，缝通长且有80厘米已腐朽 LT1有缝宽0.5～0.8厘米、深6厘米的裂缝，缝通长 LT4有1.2厘米的裂缝且已空	LT1有通长裂缝	LT5有细微裂缝 LT4有部分已经空心	LT1、LT4有裂缝，缝通长		LT1有裂缝，缝通长 L13有一条缝深3厘米、长0.5米的裂缝 LT4已经空心
	更换	LT5已被白蚁蛀空		LT1有裂缝，缝通长且已经被蛀空 LT2被蚁蛀空	LT1有裂缝，缝通长，被白蚁蛀空	LT－3有裂缝，缝通长，已被蛀空 LT5已被白蚁蛀空	LT2、LT3、LT5、LT8、LT9被白蚁蛀空	LT5被白蚁蛀空	LT2有裂缝，缝通长，且已被白蚁蛀空		LT7山经被白蚁蛀空	LT4已经被白蚁蛀空	
备注		瓦桷顺铺在檩条上，铁钉固定	瓦桷顺铺在檩条上，铁钉固定	瓦桷顺铺在檩条上，铁钉固定	瓦桷顺铺在檩条上，铁钉固定	瓦桷顺铺在檩条上，铁钉固定	瓦桷顺铺在檩条上，铁钉固定	瓦桷顺铺在檩条上，铁钉固定	瓦桷顺铺在檩条上，铁钉固定	瓦桷顺铺在檩条上，铁钉固定	瓦桷顺铺在檩条上，铁钉固定	瓦桷顺铺在檩条上，铁钉固定	瓦桷顺铺在檩条上，铁钉固定

万福台木梁架残损登记表

项目 编号	位置	主要构件（括号内数字为数量）	残损记录
LJ1	Z10 和 Z9 之间	八架梁（1）、四架梁（1）、三架梁（1）、瓜柱（6）、枋（4－）	表面较好，无明显残损
LJ2	LJ1 和 LJ3 之间	三架梁（1）、二架梁（1）、瓜柱（3）、枋（2）	三架梁被白蚁蛀空、腐朽，GZ38 被白蚁蛀空
LJ5	GZ38 和东面墙之间	三架梁（1）、二架梁（1）、瓜柱（3）、枋（2）	表面较好，无明显残损
LJ4	GZ44 和东面墙之间	三架梁（1）、二架梁（1）、瓜柱（3）、枋（2）	表面较好，无明显残损
LJ5	Z1 和 GZ44 之间	三架梁（1）、二架梁（1）、瓜柱（3）、枋（2）	表面较好，无明显残损
LJ6	Z8 和 Z9 之间	九架梁（1）、五架梁（1）、三架梁（2）、瓜柱（7）、枋（5）	九架梁上部已经空心、有裂缝，缝通长，GZ41、GZ42、GZ43 均有细微裂缝，缝通长
LJ7	Z7 和 Z12 之间	九架梁（1）、五架梁（1）、三架梁（2）、瓜柱（7）、枋（5）	九架梁有通长裂缝，GZ33 有通长裂缝
LJ8	Z6 和 GZ45 之间	三架梁（1）、二架梁（1）、瓜柱（3）、枋（2）	五架梁、三架梁及 GZ3 上都有裂缝，缝通长
LJ9	Z5 和 GZ45 之间	三架梁（1）、二架梁（1）、瓜柱（3）、枋（2）	三架梁上有裂缝，缝通长
LJ10	GZ37 和西面墙之间	三架梁（1）、二架梁（1）、瓜柱（3）、枋（2）	二架梁已有部分被蚁蛀空，三架梁也已被蚁蛀空
LJ11	LJ10 和 LJ12 之间	三架梁（1）、二架梁（1）、瓜柱（3）、枋（2）	三架梁部分已被蛀空，二架梁部分已腐朽
LJ12	Z11 和 Z12 之间	八架梁（1）、四架梁（1）、三架梁（1）、瓜柱（6）、枋（4）	GZ12 已空心，GZ13 有裂缝，缝通长

万福台木柱残损登记表

项目 编号	材质	柱的弯曲	柱脚与柱抵承情况	残损情况	历次加固现状
Z1	硬木	无弯曲	完好	表面较好，无明显残损	未作加固
Z2	硬木	无弯曲	完好	柱脚有 1.56 米的墩接	柱脚墩接部分完好

续表

项目 编号	材质	柱的弯曲	柱脚与柱抵承情况	残损情况	历次加固现状
Z3	硬木	无弯曲	完好	表面较好，无明显残损	未作加固
Z4	硬木	无弯曲	完好	柱脚有0.24米的墩接	柱脚墩接部分完好
Z5	硬木	无弯曲	完好	柱身有细微通长裂缝，有长0.45米的墩接	墩接部分已空心、腐朽
Z6	硬木	无弯曲	完好	表面较好，无明显残损	未作加固
Z7	硬木	无弯曲	完好	柱脚有0.1米已经腐朽	未作加固
Z8	硬木	无弯曲	完好	表面较好，无明显残损	未作加固
Z9	硬木	无弯曲	完好	表面较好，无明显残损	未作加固
Z10	硬木	无弯曲	完好	表面较好，无明显残损	未作加固
Z11	硬木	无弯曲	完好	表面较好，无明显残损	未作加固
Z12	硬木	无弯曲	完好	表面较好，无明显残损	未作加固

万福台东廊屋面木构件残损登记表

项目 编号		K-0	K-1	K-2	K-3	K-4	K-5	K-6	K-7	K-8
材质		檩条、瓦桷均为硬木	檩条、瓦桷均为硬木	檩条、瓦桷均为硬木	檩条、瓦桷均为硬木	檩条、瓦桷均为硬木	檩条、瓦桷均为硬木	檩条、瓦桷均为硬木	檩条、瓦桷均为硬木	檩条、瓦桷均为硬木
支承情况		两端都搭在砖墙上	两端都搭在砖墙上	两端都搭在砖墙上	两端都搭在梁架上	两端都搭在梁架上	两端搭在梁架上	两端搭在梁架上	两端搭在梁架上	两端搭在梁架上
受力情况		檩条、瓦桷轻微挠曲	檩条、瓦桷轻微挠曲	檩条、瓦桷轻微挠曲	檩条、瓦桷轻微挠曲	檩条、瓦桷轻微挠曲	檩条、瓦桷轻微挠曲	檩条、瓦桷轻微挠曲	檩条、瓦桷轻微挠曲	檩条、瓦桷轻微挠曲
残损记录	原物使用	LT4、LT5、LT6表面较好，无明显残损	LT6、LT7、LT8、LT9表面较好，无明显残损	LT7、LT8、LT9表面较好，无明显残损		LT8表面较好，无明显残损	LT5表面较好，无明显残损			

续表

编号＼项目		K－0	K－1	K－2	K－3	K－4	K－5	K－6	K－7	K－8
残损记录	维修使用	LT1、LT2有宽0.8厘米的通长裂缝 LT3、LT4有宽1厘米的通长裂缝	LT1两端均已腐朽且有蚁蛀 LT2两端已空 LT4两端已被蚁蛀空 LT5一端已被蚁蛀空	LT2有裂缝，缝宽1厘米，深6厘米，通长周围已腐朽 LT4有裂缝长约1.2米且两端已被蛀空 LT5两端已被白蚁蛀空 LT6有裂缝，缝宽0.7厘米，深6厘米	LT4、LT5、LT6、LT7、LT8、LT9、表面有不同程度的脱漆	LT9有宽0.8厘米、深4厘米的通长裂缝表面脱漆 LT4、LT5、LT6、LT7、表面脱漆	LT9有宽1.2厘米、深6厘米的通长裂缝，表面脱漆 LT8有宽1～1.2厘米、深6厘米、长1.7米的裂缝 LT7有宽0.4～0.7厘米、深2～4厘米的通长裂缝，表面脱漆 LT4表面脱漆 LT6有宽0.8～1.2厘米、深6厘米的通长裂缝，缝周围开始腐朽	LT8、LT9表面有细微裂缝、脱漆 LT7有宽0.6～1.5厘米、深6厘米的通长裂缝 LT4、LT5、LT6表面脱漆	LT9有宽0.4厘米、深3～4厘米的通长裂缝、表面脱漆 LT8有细微通长裂缝，表面脱漆、有轻度腐朽 LT5、LT6、LT7表面脱漆 LT4表面脱漆，有长2米的细微裂缝	LT5、LT6、LT7、LT8、LT9、有不同程度的脱漆 LT4有宽0.8～1.2厘米、深4～7厘米的通长裂缝
	更换		LT3有宽1～2厘米、深6厘米的通长裂缝、已被蛀空	LT1被白蚁蛀空 LT3有宽1～2厘米、深6厘米的通长裂缝、已被蛀空						

续表

项目 编号	K－0	K－1	K－2	K－3	K－4	K－5	K－6	K－7	K－8
备注	瓦桷顺铺在檩条上，铁钉固定	瓦桷顺铺在檩条上，铁钉固定	瓦桷顺铺在檩条上，铁钉固定	瓦桷顺铺在檩条上，铁钉固定，瓦桷表面腐朽，封檐板的木雕脱落 LT1、LT2、LT3是直径为120的钢管，表面涂红色油漆。均为后加的构件	瓦桷顺铺在檩条上，铁钉固定，瓦桷表面腐朽，封檐板的木雕脱落 LT1、LT2、LT3是直径为120的钢管，表面涂红色油漆。均为后加的构件	瓦桷顺铺在檩条上，铁钉固定，瓦桷表面轻度腐朽，封檐板的木雕脱落 LT1、LT2、LT3是直径为120的钢管，表面涂红色油漆。均为后加的构件	瓦桷顺铺在檩条上，铁钉固定，瓦桷表面轻度腐朽，封檐板的木雕脱落 LT1、LT2、LT3是直径为120的钢管，表面涂红色油漆。均为后加的构件	瓦桷顺铺在檩条上，铁钉固定，瓦桷表面轻度腐朽，封檐板的木雕脱落 LT1、LT2、LT3是直径为120的钢管，表面涂红色油漆。均为后加的构件	瓦桷顺铺在檩条上，铁钉固定，瓦桷表面轻度腐朽，封檐板的木雕脱落 LT1、LT2、LT3是直径为120的钢管，表面涂红色油漆。均为后加的构件

万福台东廊木楼板残损登记表

楼板所属跨度	木构架残损记录
K－1　K－2	楼板为杉木，靠近墙体的部分均有轻度腐朽，有的已经开裂，栏杆也有部分腐朽
K－3　K－4　K－5 K－6　K－7　K－8	楼板为杉木，楞木为硬木，均保存完好，楞木两端搭在楼梁上

万福台东廊墙体残损登记表

墙编号	墙体残损记录
Q1	表面酥松碱化，青砖风化，由于墙体Q2部位向东倾斜，造成墙体Q1与墙体Q2相交处有5厘米的裂缝
Q2	墙表面酥松碱化，青砖风化，墙体向东倾斜
Q3	表面酥松碱化，青砖风化，由于墙体Q2向东倾斜，造成墙体Q3与墙体Q2相交处有5厘米的裂缝
Q4	表面酥松碱化，青砖风化，由于墙体Q2向东倾斜，造成墙体Q4与墙体Q2相交处有2厘米的裂缝
Q5	墙表面酥松碱化，青砖风化

万福台西廊屋面木构件残损登记表

项目 编号		K-1	K-2	K-3	K-4	K-5	K-6	K-7	K-8	K-9	K-10
材质		檩条、瓦桷均为硬木	檩条、瓦桷均为硬木	檩条、瓦桷均为硬木	檩条、瓦桷均为硬木	檩条、瓦桷均为硬木	檩条、瓦桷均为硬木	檩条、瓦桷均为硬木	檩条、瓦桷均为硬木	檩条、瓦桷均为硬木	檩条、瓦桷均为硬木
支承情况		两端都搭在砖墙上	两端都搭在砖墙上	一端搭在砖墙上，一端搭在梁架上	两端都搭在梁架上	两端都搭在梁架上	两端搭在梁架上	两端搭在梁架上	两端搭在梁架上	一端搭在墙上，一端搭在梁架上	一端搭在墙上，一端搭在梁架上
受力情况		檩条、瓦桷轻微挠曲	檩条、瓦桷轻微挠曲	檩条、瓦桷轻微挠曲	檩条、瓦桷轻微挠曲	檩条、瓦桷轻微挠曲	檩条、瓦桷轻微挠曲	檩条、瓦桷轻微挠曲	檩条、瓦桷轻微挠曲	檩条、瓦桷轻微挠曲	檩条、瓦桷轻微挠曲
残损记录	原物使用	LT4、LT5、LT6表面较好，无明显残损			LT6、LT6、LT8表面较好，无明显残损	TT4表面较好，无明显残损	LT6、LT7表面较好，无明显残损				
	维修使用	LT7有宽1.5~2厘米深6厘米的通长裂缝 LT8有宽0.8~1.2厘米、深3~5厘米、长1.6米的裂缝 LT9有宽0.6~1.5厘米、深6厘米的通长裂缝	LT4、LT5、LT6均有宽0.6厘米~6厘米的裂缝 LT7、LT9均有宽0.6~0.8厘米、深4~6厘米的通长裂缝、表面脱漆 LT8有宽0.8~1.2厘米、深4~5厘米的裂缝	LT4有细微裂缝、表面脱漆 LT5有深6厘米的裂缝 LT6、LT7、LT8、LT9有不同程度的脱漆	LT4表面脱漆、有裂缝，深6厘米 LT7表面脱漆、有细微裂缝，深6~7厘米 LT9有裂缝，深6厘米	LT5有宽1厘米、深6厘米、长0.6米的裂缝 LT6有裂缝，缝宽1.5厘米，深7厘米，长0.33米 LT7有深3厘米的细微通长裂缝、表面脱漆 LT8有深6厘米的裂缝、表面脱漆 LT9有宽1.5厘米、深8厘米的裂缝	LT4有裂缝缝深5厘米，长0.6米 LT5有裂缝，长0.8米一端铆接处破裂 LT8有裂缝，缝宽0.8厘米，深6厘米，长1.2米 LT9有裂缝，缝宽0.8厘米，深6厘米，长0.9米	LT4有裂缝，缝宽3厘米，深16厘米，长0.9米 LT8有裂缝，缝宽1厘米，深6厘米，通长 LT9有裂缝，缝宽1.5缝深6厘米，长1.4米 LT5、LT6、LT7表面有不同程度的脱漆	LT4有裂缝，缝宽0.5厘米，深6厘米，长0.3米 LT5有裂缝，缝宽2厘米，深6厘米，长0.3米 LT6有裂缝，缝深6厘米，长0.4米 LT7有裂缝，缝深6厘米，长0.6米 LT8、LT9表面脱漆	所有檩条都已经腐朽	所有檩条都已经腐朽
	更换	/	/	/	/	/	/	/	/	/	/

续表

项目 编号	K-1	K-2	K-3	K-4	K-5	K-6	K-7	K-8	K-9	K-10
备注	瓦桷顺铺在檩条上，铁钉固定，瓦桷表面轻度腐朽 LT1、LT2、LT3 直径为 120 的钢管，表面涂红色油漆。均为后期增加构件	瓦桷顺铺在檩条上，铁钉固定，瓦桷表面基本腐朽 LT1、LT2、LT3 直径为 120 的钢管，表面涂红色油漆。均为后期增加构件	瓦桷顺铺在檩条上，铁钉固定 LT1、LT2、LT3 直径为 120 的钢管，表面涂红色油漆。均为后期增加构件	瓦桷顺铺在檩条上，铁钉固定 LT1、LT2、LT3 直径为 120 的钢管，表面涂红色油漆。均为后期增加构件	瓦桷顺铺在檩条上，铁钉固定 LT1、LT2、LT3 直径为 120 的钢管，表面涂红色油漆。均为后期增加构件	瓦桷顺铺在檩条上，铁钉固定 LT1、LT2、LT3 直径为 120 的钢管，表面涂红色油漆。均为后期增加构件	瓦桷顺铺在檩条上，铁钉固定 LT1、LT2、LT3 直径为 120 的钢管，LT1、LT2、LT3 表面涂红色油漆。均为后期增加构件	瓦桷顺铺在檩条上，铁钉固定 LT1、LT2、LT3 直径为 120 的钢管，表面涂红色油漆。均为后期增加构件	瓦桷顺铺在檩条上，铁钉固定，瓦桷已经腐朽 LT1、LT2、LT3 直径为 120 的钢管，表面涂红色油漆。均为后期增加构件	瓦桷顺铺在檩条上，铁钉固定，瓦桷已经腐朽 LT1、LT2、LT3 直径为 120 的钢管，表面涂红色油漆。均为后期增加构件

万福台西廊木楼板残损登记表

楼板所属跨度	木构架残损记录
K-1　K-2	楼板为杉木，均有缺损，部分已经破裂，与墙体相接处已经腐朽，K-1 楞木表面均有雨渍且腐朽，K-2 有胶合板吊顶无法勘测
K-3　K-4　K-5 K-6　K-7　K-8	楼板为杉木，楞木为硬木，均保存完好，楞木两端搭在梁架上

万福台西廊墙体残损登记表

墙编号	墙体残损记录
Q1	墙面粘贴釉面砖
Q2	由于墙体 Q5 向西倾斜，造成墙体 Q2 与墙体 Q5 相交处有 5 厘米的裂缝
Q3	由于墙体 Q5 向东倾斜，造成墙体 Q3 与墙体 Q5 相交处有裂缝宽 4～6 厘米，长 2 米
Q4	由于墙体 Q5 向东倾斜，造成墙体 Q4 与墙体 Q5 相交处有裂缝宽 2～3 厘米，长 2 米
Q5	墙体向西倾斜，在 K-1 至 K-2 之间墙体表面酥松碱化，青砖风化

灵应牌坊柱子残损登记表

项目 编号	材质	柱的弯曲	柱脚与柱抵承情况	残损情况	历次加固现状
Z1	花岗岩	/	完好	完好	未作加固
Z2	花岗岩	/	完好	完好	未作加固
Z3	花岗岩	/	完好	完好	未作加固

续表

编号 \ 项目	材质	柱的弯曲	柱脚与柱抵承情况	残损情况	历次加固现状
Z4	花岗岩	/	完好	完好	未作加固
Z5	花岗岩	/	完好	完好	未作加固
Z6	花岗岩	/	完好	完好	未作加固
Z7	花岗岩	/	完好	完好	未作加固
Z8	花岗岩	/	完好	柱础有崩角	未作加固
Z9	硬木	/	完好	完好	未作加固
Z10	硬木	/	完好	完好	未作加固
Z11	硬木	/	完好	柱础有崩角	灌注环氧树脂补强
Z12	硬木	/	完好	柱础有崩角	灌注环氧树脂补强
Z13	硬木	/	完好	完好	未作加固
Z14	硬木	/	完好	完好	未作加固

灵应牌坊屋面木构件残损登记表

材质 \ 项目		K1	K2	K3	K4	K5	K6	K7	K8
材质		檩条为硬木、瓦桷为硬木	檩条为硬木、瓦桷为硬木	檩条为硬木、瓦桷为硬木	檩条为硬木、瓦桷为硬木	檩条为硬木、瓦桷为硬木	檩条为硬木、瓦桷为硬木	檩条为硬木、瓦桷为硬木	檩条为硬木、瓦桷为硬木
支承情况		两端支承在斗栱上，中间支撑在柱子上	两端支承在斗栱上，中间支撑在柱子上	两端支承在斗栱上	两端支承在斗栱上	两端支承在斗栱上	两端支承在斗栱上	两端支承在斗栱上	两端支承在斗栱上
受力情况		檩条、瓦桷轻微挠曲	檩条、瓦桷轻微挠曲	檩条、瓦桷轻微挠曲	檩条、瓦桷轻微挠曲	檩条、瓦桷轻微挠曲	檩条、瓦桷轻微挠曲	檩条、瓦桷轻微挠曲	檩条、瓦桷轻微挠曲
残损记录	原物使用	LT1、LT2、LT3、LT4、LT5、LT6、LT7 表面较好，无明显残损	LT8、LT9、LT10、LT12、LT13、LT14 表面较好，无明显残损	LT15、LT16、LT17 表面较好，无明显残损	LT18、LT19、LT20 表面较好，无明显残损	LT21、LT22、LT23 表面较好，无明显残损	LT24、LT25、表面较好，无明显残损	LT261、LT27、LT28 表面较好，无明显残损	LT29、LT30、表面较好，无明显残损
	维修使用	/	LT11 一端腐朽	/	/	/	/	/	/
	更换	/	/	/	/	/	/	/	/
备注		部分瓦桷、枕头木破裂、腐朽	部分瓦桷、枕头木破裂、腐朽		部分瓦桷、枕头木破裂、腐朽			部分瓦桷、枕头木破裂、腐朽	部分瓦桷、枕头木破裂、腐朽

三门柱子残损登记表

编号＼项目	材质	柱的弯曲	柱脚与柱抵承情况	残损情况	历次加固现状
Z1	花岗岩	无弯曲	完好	柱础束腰有开裂，已用铁箍加固	完好
Z2	花岗岩	无弯曲	完好	完好	未作加固
Z3	花岗岩	无弯曲	完好	柱础束腰有开裂，已用铁箍加固	完好
Z4	花岗岩	无弯曲	完好	柱础束腰有开裂、风化，已用铁箍加固	完好
Z5	花岗岩	无弯曲	完好	柱础束腰风化，已用铁箍加固	完好
Z6	花岗岩	无弯曲	完好	柱础束腰有开裂，已用铁箍加固	完好
Z7	花岗岩	无弯曲	完好	完好	未作加固
Z8	花岗岩	无弯曲	完好	完好	未作加固
Z9	硬木	无弯曲	完好	完好	未作加固
Z10	硬木	无弯曲	完好	完好	未作加固
Z11	硬木	无弯曲	完好	完好	未作加固
Z12	硬木	无弯曲	完好	完好	未作加固
13	花岗岩	无弯曲	完好	完好	未作加固
Z14	花岗岩	无弯曲	完好	完好	未作加固
Z15	花岗岩	无弯曲	完好	完好	未作加固
Z16	花岗岩	无弯曲	完好	完好	未作加固
Z17	花岗岩	无弯曲	完好	完好	未作加固
Z18	花岗岩	无弯曲	完好	完好	未作加固
Z19	花岗岩	无弯曲	完好	完好	未作加固
Z20	花岗岩	无弯曲	完好	完好	未作加固

三门梁架残损登记表

编码	位置	主要构件（括号内数字为数量）	残损记录
LJ1	Z1 和 B 墙之间	双步月梁（1）、单步月梁（1）、斗栱（2）、驼峰（2）、异形栱（2）	双步梁有通长裂缝，宽 10 毫米，深 20 毫米
LJ2	Z2 和 B 轴墙之间	双步月梁（1）、单步月梁（1）、斗栱（2）、驼峰（2）、异形栱（2）	靠墙体斗栱松动
LJ3	Z3 和①轴墙之间	双步月梁（1）、单步月梁（1）、斗栱（2）、驼峰（2）、异形栱（2）	三步梁有长 500 毫米、深 10～20 毫米的裂缝
LJ4	Z4 和⑩轴墙之间	双步月梁（1）、单步月梁（1）、斗栱（2）、驼峰（2）、异形栱（2）	双步梁有长 700 毫米、深 20～30 毫米裂缝
LJ5	Z5 和①轴墙之间	双步月梁（1）、单步月梁（1）、斗栱（2）、驼峰（2）、异形栱（2）	靠近墙体斗栱翘已经松动，有裂缝
LJ6	Z6 和①轴墙之间	双步月梁（1）、单步月梁（1）、斗栱（2）、驼峰（2）、异形栱（2）	表面较好，无明显残损
LJ7	Z7 和 B 轴墙之间	双步月梁（1）、单步月梁（1）、斗栱（2）、驼峰（2）、异形栱（2）	表面较好，无明显残损

续表

编码	位置	主要构件（括号内数字为数量）	残损记录
LJ8	Z8 和⑩轴墙之间	双步月梁（1）、单步月梁（1）、斗栱（2）、驼峰（2）、异形栱（2）	表面较好，无明显残损
LJ9	Z20 和 B 轴墙之间	四步梁（1）、三步梁（1）、穿枋（1）、瓜柱（3）	表面较好，无明显残损
LJ10	Z19 和 B 轴墙之间	四步梁（1）、三步梁（1）、穿枋（1）、瓜柱（3）	表面较好，无明显残损
LJ11	Z12 和 Z16 之间	三步梁（1）、双步梁（1）、单步梁（1）、瓜柱（2）	表面较好，无明显残损
LJ12	Z11 和 Z15 之间	三步梁（1）、双步梁（1）、单步梁（1）、瓜柱（2）	三步梁靠近墙体部分被蚁蛀空
LJ13	Z10 和 Z14 之间	三步梁（1）、双步梁（1）、单步梁（1）、瓜柱（2）	表面较好，无明显残损
LJ14	Z9 和 Z13 之间	三步梁（1）、双步梁（1）、单步梁（1）、瓜柱（2）	双步梁局部已腐朽
LJ15	Z14 和 B 轴墙之间	四步梁（1）、三步梁（1）、穿枋（1）、瓜柱（3）	表面较好，无明显残损
LJ16	Z13 和 B 轴墙之间	四步梁（1）、三步梁（1）、穿枋（1）、瓜柱（3）	表面较好，无明显残损

三门屋面木构件残损登记表一

项目/编号	K－1	K－2	K－3	K－4	K－5	K－6	K－7	K－8	K－9	K－10
材质	檩条为硬木、瓦桷为硬木	檩条为硬木、瓦桷为硬木	檩条为硬木、瓦桷为硬木	檩条为硬木、瓦桷为硬木	檩条为硬木、瓦桷为硬木	檩条为硬木、瓦桷为硬木	檩条为硬木、瓦桷为硬木	檩条为硬木、瓦桷为硬木	檩条为硬木、瓦桷为硬木	檩条为硬木、瓦桷为硬木
支承情况	一端支承在柱上，另一端支承在砖墙上	两端支承在柱上	两端支承在柱上	两端支承在柱上	两端支承在柱上	两端支承在柱上	两端支承在柱上	两端支承在柱上	一端支承在柱上，另一端支承在砖墙上	一端支承在柱（瓜柱）上，另一端支承在砖墙上
受力情况	檩条、瓦桷有轻微挠曲	檩条、瓦桷有轻微挠曲	檩条、瓦桷有轻微挠曲	檩条、瓦桷有轻微挠曲	檩条、瓦桷有轻微挠曲	檩条、瓦桷有轻微挠曲	檩条、瓦桷有轻微挠曲	檩条、瓦桷有轻微挠曲	檩条、瓦桷有轻微挠曲	檩条、瓦桷有轻微挠曲

续表

项目 编号		K－1	K－2	K－3	K－4	K－5	K－6	K－7	K－8	K－9	K－10
残损记录	原物使用	LT1、LT3、表面较好,无明显残损	LT1、LT2、表面较好,无明显残损	LT3、表面较好，无明显残损	LT1、LT2、表面较好,无明显残损	LT1、LT2、LT3表面较好，无明显残损	LT1、LT3、表面较好,无明显残损	/	LT1、LT2、LT3表面较好，无明显残损	LT1、LT2、表面较好，无明显残损	LT1、LT3、LT4表面较好，无明显残损
	维修使用	LT2有裂缝深10～20毫米、长500毫米	LT2搭接处均有腐烂、有雨渍，瓦桷与檐口处有腐烂、有雨渍	LT1靠近J3的一端有中空、LT2有一LT1靠近LJ3的一端条长约1.2米的裂缝	LT3有一条长约1.2m的裂缝	/	LT2有深20毫米、长700毫米的裂缝	LT1、LT2、LT3、均有细微裂缝	/	/	LT2、LT5两端均有蚁蛀
	更换	/	/	/	/	/	/	/	/	LT3有深20～50毫米的通长裂缝，已空心	/
备注（残损部位详见实测图C－04号图）		部分瓦桷破裂	4处瓦桷有蚁蛀、2处断裂	瓦桷破裂、有蚁蛀、腐朽	/	LT2上瓦桷轻度腐朽	/	/	瓦桷断裂	屋面有瓦件破裂，瓦桷脱浆	瓦桷有蚁蛀，且有一根破裂，风檐板有蚁蛀，望瓦有少许破裂，瓦面有破瓦，瓦垄脱浆

三门屋面木构件残损登记表二

项目 \ 编号		K－11	K－12	K－13	K－14	K－15	K－16	K－17	K－18	K－19	K－20
材质		檩条为硬木、瓦桷为硬木	檩条为硬木、瓦桷为硬木	檩条为硬木、瓦桷为硬木	檩条为硬木、瓦桷为硬木	檩条为硬木、瓦桷为硬木	檩条为硬木、瓦桷为硬木	檩条为硬木、瓦桷为硬木	檩条为硬木、瓦桷为硬木	檩条为硬木、瓦桷为硬木	檩条为硬木、瓦桷为硬木
支承情况		两端支承在柱（瓜柱）上	一端支承在柱（瓜柱）上，另一端支承在砖墙上	一端支承在柱（瓜柱）上，另一端支承在砖墙上	两端支承在柱（瓜柱）上	两端支承在柱（瓜柱）上	两端支承在柱（瓜柱）上	一端支承在柱（瓜柱）上，另一端支承在砖墙上	两端支承在柱（瓜柱）上	一端支承在柱（瓜柱）上，另一端支承在砖墙上	两端支承在砖墙上
受力情况		檩条、瓦桷有轻微挠曲	檩条、瓦桷有轻微挠曲	檩条、瓦桷有轻微挠曲	檩条、瓦桷有轻微挠曲	檩条、瓦桷有轻微挠曲	檩条、瓦桷有轻微挠曲	檩条、瓦桷有轻微挠曲	檩条、瓦桷有轻微挠曲	檩条、瓦桷有轻微挠曲	檩条、瓦桷有轻微挠曲
残损记录	原物使用	LT1、LT2、LT3、LT5表面较好，无明显残损	LT1、LT2、LT3、LT4、LTT5、表面较好，无明显残损	LT1、LT2、LT31、LT41、表面较好，无明显残损	LT1、LT2、表面较好，无明显残损	LT1、LT2、LT3、LT4、LT5、表面较好，无明显残损	LT3、LT4、表面较好，无明显残损	LT1、LT3、LT4、LT5、表面较好，无明显残损	LT1、LT3、LT4、LT5表面较好，无明显残损	LT1、LT3、LT4、LT5表面较好，无明显残损	/
	维修使用	LT5有部分空心	/	LT5轻度腐朽，瓦桷有蚁蛀，表面腐朽，望瓦风化破损	LT1有蚁蛀，腐朽。KT3与瓦桷连接处腐朽	/	LT1有雨渍，LT5有雨渍	LT2两端被蚁蛀	LT2有错位、通长裂缝，有部分爆裂现象	LT2有错位、通长裂缝，有部分爆裂现象	LT1、LT2、LT3、LT4、LT5均有蚁蛀，有不同程度腐烂，有雨渍
	更换	/	/	/	LT2被蚁蛀空	/	LT2被蚁蛀空	/	/	/	/

续表

项目＼编号	K－11	K－12	K－13	K－14	K－15	K－16	K－17	K－18	K－19	K－20
备注（残损部位详见实测图C－04号图）	屋面漏雨，有少许望瓦风化	屋面漏雨，望瓦少许风化，小连檐均已腐朽，瓦件有少许破碎，瓦垄脱浆	瓦桷破裂、有蚁蛀、腐朽	风檐板腐朽，有六根瓦桷破裂，有雨渍	望瓦风化，有5根瓦桷破裂，屋面有瓦件破裂，瓦垄脱浆	有2根瓦桷被蚁蛀，有些腐朽，屋面有少许瓦件破裂，瓦垄脱浆	风檐板已腐朽，瓦桷有雨渍，有4根瓦垄被蚁蛀	大小连檐均有不同程度的腐朽，屋面瓦件有破裂，瓦垄有脱浆	大小连檐均有不同程度的腐朽，屋面瓦件有破裂，瓦垄有脱浆	风檐板已腐朽，瓦桷有雨渍，蚁蛀。屋面有瓦件破裂，瓦垄有脱浆

武安阁柱子残损登记表

项目＼编号	材质	柱的弯曲	柱脚与柱抵承情况	残损情况	历次加固现状
Z1	硬木	无弯曲	完好	/	原来裂缝内灌的石灰砂浆开始掉落，柱身有支撑丁头栱用的扁钢
Z2	硬木	无弯曲	完好	柱身有部分有蚁蛀，中空	柱身有支撑丁头栱用的扁钢
Z3	硬木	无弯曲	完好	/	柱身有支撑丁头栱用的扁钢
Z4	硬木	无弯曲	完好	柱身有一长400毫米的裂缝，深70以上	原裂缝内灌的石灰砂浆已脱落，柱身有支撑丁头栱用的扁钢
Z5	硬木	无弯曲	完好	/	柱身有支撑丁头栱用的扁钢
Z6	硬木	无弯曲	完好	/	柱身有支撑丁头栱用的扁钢
Z7	硬木	无弯曲	完好	有部分已被蚁蛀，中空	柱身有支撑丁头栱用的扁钢
Z8	硬木	无弯曲	完好	有长约200毫米的表面腐朽	柱身有支撑丁头栱用的扁钢
Z9	硬木	无弯曲	完好	/	柱身有支撑丁头栱用的扁钢
Z10	硬木	无弯曲	完好	柱身已被蚁蛀空，柱脚破损	柱身有支撑丁头栱用的扁钢
Z11	硬木	无弯曲	完好	有部分已被蚁蛀，中空	柱身有支撑丁头栱用的扁钢
Z12	硬木	无弯曲	完好	已中空	柱身有支撑丁头栱用的扁钢
Z13	硬木	无弯曲	完好	有局部腐朽	
Z14	硬木	无弯曲	完好	有部分已被蚁蛀，中空	
Z15	硬木	无弯曲	完好	有部分蚁蛀，中空	
Z16	硬木	无弯曲	完好	有局部蚁蛀中空，有一条长600～700毫米、宽15毫米的缝	空洞处灌的石灰砂浆已脱落
备注					

武安阁屋面木构件残损登记表

项目 \ 编号		K－1	K－2	K－3	K－4	K－5 K－7 K－8 K－9 K－10 K－11 K－12	K－6	K－13
材质		檩条瓦桷均为硬木	檩条瓦桷均为硬木	檩条瓦桷均为硬木	檩条瓦桷均为硬木	檩条瓦桷均为硬木	檩条瓦桷均为硬木	檩条瓦桷均为硬木
支承情况		两端均支承在（柱）瓜柱上	两端均支承在（柱）瓜柱上	两端均支承在（柱）瓜柱上	两端均支承在（柱）瓜柱上	两端均支承在柱、瓜柱上	两端均支承在柱、瓜柱上	两端均支承在柱（瓜柱）上
受力情况		/	/	/	/	/	/	/
残损记录	原物使用	LT1、LT2表面较好，无明显残损	LT2、LT3、LT4表面较好，无明显残损	LT1、LT2表面较好，无明显残损	LT1、LT2、LT4表面较好，无明显残损	/	LT1、LT3表面较好，无明显残损	LT2、LT3、LT4、LT5表面较好，无明显残损
	维修使用	LT3其上的枕头木已经被白蚁蛀空	LT1其上的枕头木已经被白蚁蛀空	/	/	/	LT2其上的枕头木被白蚁蛀空	LT1一端已经腐朽
	更换	/	/	LT3与其上的枕头木一起被白蚁蛀空	LT3与其上的枕头木一起被白蚁蛀空	/	/	/
备注		瓦桷顺铺在檩条上，铁钉固定，瓦件均有少许破裂，瓦垄脱浆，小连檐已腐朽	瓦桷顺铺在檩条上，铁钉固定，瓦件均有少许破裂，瓦垄脱浆，小连檐已腐朽	瓦桷顺铺在檩条上，铁钉固定，瓦件均有少许破裂，瓦垄脱浆，小连檐已腐朽 翼角斗栱与翘角相连接的斗比其余斗栱的斗大	瓦桷顺铺在檩条上，铁钉固定，瓦件均有少许破裂，瓦垄脱浆，小连檐已腐朽 翼角斗栱与翘角相连接的斗比其余斗栱的斗大	瓦桷顺铺在檩条上，铁钉固定，一层檐四个岔脊的卷龙尾上的砂浆均已脱落，并且都已经出现裂缝角垄也已经风化，小连檐均已腐朽，有少许飞子也已腐朽，瓦件破裂，屋面漏雨，瓦垄脱浆	瓦桷顺铺在檩条上，铁钉固定，一层檐四个岔脊的卷龙尾上的砂浆均已脱落，并且都已经出现裂缝角垄也已经风化，小连檐均已腐朽，有少许飞子也已腐朽，瓦件破裂，屋面漏雨，瓦垄脱浆	瓦桷顺铺在檩条上，铁钉固定，背檩上的角背两侧的图案不一样，两端已经腐朽，山花板有轻度腐朽，山花板旁的封檐板也已经腐朽， 二层檐屋面挑檐枋向内侧倾斜位移下滑，其下的小斗向内侧歪斜，造成檐口下垂四个翼交的角梁均已不同程度地腐朽，其中东北方向的翼角被白蚁蛀，现用钢箍加固，并用铁丝绑在柱子上 垂脊上的卷草均开裂，砂礓脱落，并且垂脊均已开裂，垂脊相交处出现大裂缝，封檐板也已经破裂，岔脊上的脊兽也有细微裂缝、脱色 小连檐有不同程度的腐朽，瓦件均有部分破裂，瓦垄脱漆 南面斗栱上的一条枋靠近东南方向翼角的一端腐朽，有两根开裂

武安阁梁架残损登记表

编码	位置	主要构件（括号内数字为数量）	残损记录
LJ1	Z1 和 Z13 之间	三步月梁（1）、穿枋（2）、瓜柱（1）、丁头栱（1）	各梁架为硬木制作，梁架联系构件部分松动，梁柱之间的拉结枋在以前的维修时被更换，从铆口看所更换的枋比原枋小
LJ2	Z2 和 Z14 之间	三步月梁（1）、穿枋（2）、瓜柱（1）、丁头栱（1）	各梁架为硬木制作，梁架联系构件部分松动，梁柱之间的拉结枋在以前的维修时被更换，从铆口看所更换的枋比原枋小
LJ3	Z3 和 Z14 之间	三步月梁（1）、穿枋（2）、瓜柱（1）、丁头栱（1）	梁架为硬木制作，梁架联系构件部分松动，梁柱之间的拉结枋在以前的维修时被更换，从铆口看所更换的枋比原枋小。下部有一根枋被蚁蛀
LJ4	Z4 和 Z14 之间	三步月梁（1）、穿枋（2）、瓜柱（1）、丁头栱（1）	各梁架为硬木制作，梁架联系构件部分松动，梁柱之间的拉结枋在以前的维修时被更换，从铆口看所更换的枋比原枋小
LJ5	Z5 和 Z15 之间	三步月梁（1）、穿枋（2）、瓜柱（1）、丁头栱（1）	梁架为硬木制作，梁架联系构件部分松动，有一（下）枋已更换成小枋，140×30，铆口为 150×50
LJ6	Z6 和 Z15 之间	三步月梁（1）、穿枋（2）、瓜柱（1）、丁头栱（1）	各梁架为硬木制作，梁架联系构件部分松动，梁柱之间的拉结枋在以前的维修时被更换，从铆口看所更换的枋比原枋小
LJ7	Z7 和 Z15 之间	三步月梁（1）、穿枋（2）、瓜柱（1）、丁头栱（1）	各梁架为硬木制作，梁架联系构件部分松动，梁柱之间的拉结枋在以前的维修时被更换，从铆口看所更换的枋比原枋小
LJ8	Z8 和 Z16 之间	三步月梁（1）、穿枋（2）、瓜柱（1）、丁头栱（1）	各梁架为硬木制作，梁架联系构件部分松动，梁柱之间的拉结枋在以前的维修时被更换，从铆口看所更换的枋比原枋小
LJ9	Z9 和 Z16 之间	三步月梁（1）、穿枋（2）、瓜柱（1）、丁头栱（1）	各梁架为硬木制作，梁架联系构件部分松动，梁柱之间的拉结枋在以前的维修时被更换，从铆口看所更换的枋比原枋小
LJ10	Z10 和 Z16 之间	三步月梁（1）、穿枋（2）、瓜柱（1）、丁头栱（1）	各梁架为硬木制作，梁架联系构件部分松动，梁柱之间的拉结枋在以前的维修时被更换，从铆口看所更换的枋比原枋小
LJ11	Z11 和 Z13 之间	三步月梁（1）、穿枋（2）、瓜柱（1）、丁头栱（1）	梁架为硬木制作，梁架联系构件部分松动，有一（上）枋已更换成小枋，120×40，铆口为 140×55

续表

编码	位置	主要构件（括号内数字为数量）	残损记录
LJ12	Z12 和 Z13 之间	三步月梁（1）、穿枋（2）、瓜柱（1）、丁头栱（1）	梁架为硬木制作，梁架联系构件部分松动，有一（上）枋已更换成小枋，100×40，铆口为 140×55
LJ13	Z12 和 Z15 之间	五架梁（1）、三架梁（1）、瓜柱（3）	梁架为硬木制作，下面有两个斗栱已经被白蚁蛀空，现已经用钢箍加固、下有钢板作垫；三山花板已经轻度腐朽
LJ14	Z13 和 Z162 之间	五架梁（1）、三架梁（1）、瓜柱（3）	梁架为硬木制作，山花板已经轻度腐朽

文魁阁柱子残损登记表

项目 编号	材质	柱的弯曲	柱脚与柱抵承情况	残损情况	历次加固现状
Z1	硬木	/	/	有宽 15 毫米的裂缝	原来灌注的石灰砂浆开始掉落，柱身有支撑丁头栱用的扁钢
Z2	硬木	/	/	柱身有部分已空心	柱身有支撑丁头栱用的扁钢
Z3	硬木	/	/	/	柱身有支撑丁头栱用的扁钢
Z4	硬木	/	/	柱身有部分被蚁蛀且部分空心	柱身有支撑丁头栱用的扁钢
Z5	硬木	/	/	/	柱身有支撑丁头栱用的扁钢
Z6	硬木	/	/	/	柱身有支撑丁头栱用的扁钢
Z7	硬木	/	/	/	柱身有支撑丁头栱用的扁钢
Z8	硬木	/	/	/	柱身有支撑丁头栱用的扁钢
Z9	硬木	/	/	/	柱身有支撑丁头栱用的扁钢
Z10	硬木	/	/	柱身已被蚁蛀空，柱脚破损，柱顶已破裂	柱身有支撑丁头栱用的扁钢
Z11	硬木	/	/	蚁蛀	柱身有支撑丁头栱用的扁钢
Z12	硬木	/	/	/	柱身有支撑丁头栱用的扁钢
Z13	硬木	/	/	/	
Z14	硬木	/	/	/	
Z15	硬木	/	/	/	
Z16	硬木	/	/	已被蚁蛀空，现用 5 根 Φ100 的杉木组成架子承担上部荷载	现支承的杉木均有宽 5 ~ 10 毫米的通长裂缝且有虫蛀
备注					

文魁阁屋面木构件残损登记表

<table>
<tr><td colspan="2">编号
项目</td><td>K－1</td><td>K－2</td><td>K－3</td><td>K－4</td><td>K－5</td><td>K－6</td><td>K－7</td><td>K－8</td><td>K－9</td><td>K－10</td><td>K－11</td><td>K－12</td><td>K－13</td></tr>
<tr><td colspan="2">材质</td><td>檩条、瓦桷均为硬木</td><td>檩条、瓦桷均为硬木</td><td>檩条、瓦桷均为硬木</td><td>檩条、瓦桷均为硬木</td><td>檩条、瓦桷均为硬木</td><td>檩条、瓦桷均为硬木</td><td>檩条、瓦桷均为硬木</td><td>檩条、瓦桷均为硬木</td><td>檩条、瓦桷均为硬木</td><td>檩条、瓦桷均为硬木</td><td>檩条、瓦桷均为硬木</td><td>檩条、瓦桷均为硬木</td><td>檩条、瓦桷均为硬木</td></tr>
<tr><td colspan="2">支承情况</td><td>两端均支承在柱、瓜柱上</td><td>两端均支承在柱、瓜柱上</td><td>两端均支承在柱、瓜柱上</td><td>两端均支承在柱、瓜柱上</td><td>两端均支承在柱、瓜柱上</td><td>两端均支承在柱、瓜柱上</td><td>两端均支承在柱、瓜柱上</td><td>两端均支承在柱、瓜柱上</td><td>两端均支承在柱、瓜柱上</td><td>两端均支承在柱、瓜柱上</td><td>两端均支承在柱、瓜柱上</td><td>两端均支承在柱、瓜柱上</td><td>两端均支承在柱、瓜柱上</td></tr>
<tr><td colspan="2">受力情况</td><td>/</td><td>/</td><td>/</td><td>/</td><td>/</td><td>/</td><td>/</td><td>/</td><td>/</td><td>/</td><td>/</td><td>/</td><td>/</td></tr>
<tr><td rowspan="3">残损记录</td><td>原物使用</td><td>檩条均为方木，均完好</td><td>檩条均为方木，均完好</td><td>檩条均为方木，均完好</td><td>檩条均为方木，均完好</td><td>檩条均为方木，均完好</td><td>檩条均为方木，均完好</td><td>檩条均为方木，均完好</td><td>檩条均为方木，均完好</td><td>檩条均为方木，均完好</td><td>檩条均为方木，均完好</td><td>除L4外其他檩条均完好</td><td>檩条均为方木，均完好</td><td>除T3外，其他檩条均完好</td></tr>
<tr><td>维修使用</td><td></td><td></td><td></td><td></td><td></td><td></td><td></td><td></td><td></td><td></td><td>LT4与Z16榫卯处已经被虫蛀</td><td></td><td>LT3脊檩，有通长裂缝，脊檩两侧的角背（三角木）一端有花纹，一端没花纹，脊檩靠屋面一侧已腐朽</td></tr>
<tr><td>更换</td><td></td><td></td><td></td><td></td><td></td><td></td><td></td><td></td><td></td><td></td><td></td><td></td><td></td></tr>
<tr><td colspan="2">备注</td><td colspan="2">K1、K3、K4、K5、K7、K9、K10、K12
瓦桷顺铺在檩条上，铁钉固定，每根檩条上都有枕头木，小连檐均有不同程度的腐朽</td><td colspan="2">美人靠均脱漆，座板有不同程度的破裂
屋面4处翼角下沉，由Φ80的钢管支撑，其上的角梁已被蛀空</td><td colspan="2">K2、K5、K8、K11、K2间美人靠均脱漆，座板已被蚁蛀空，其余有不同程度的破裂
小连檐均有程度不同的腐朽</td><td colspan="2">K－8中有两片瓦桷断裂，封檐板断裂
K－11中LT4与Z16榫卯处已经被虫蛀，其上的斗栱下的垫木局部空洞
四个岔脊上的草龙均已开裂损坏，岔脊上的兽风化</td><td colspan="5">K13屋面严重漏雨，有一片瓦桷被白蚁蛀已断裂，小连檐均有不同程度的腐朽
四个翼角均有不同程度的下沉，四根角梁已腐朽，用小方木临时支撑，山花板开裂
四垂脊上的灰雕脊饰均已风化、开裂，岔脊上的卷龙有一个断裂，均已褪色
四于屋面下滑、外倾、全部檩条均向外倾斜3度</td></tr>
</table>

文魁阁梁架残损登记表

编码	位置	主要构件（括号内数字为数量）	残损记录
LJ1	Z2 和 Z13 之间	三步月梁（1）、穿枋（二）、瓜柱（1）、丁头栱（1）	现有一根枋换成为 105% ×30，原铆口为 140% ×55
LJ2	Z3 和 Z14 之间	三步月梁（1）、穿枋（2）、瓜柱（1）、丁头栱（1）	现有一根枋换成为 105% ×30，原铆口为 140% ×55
LJ3	Z4 和 Z14 之间	三步月梁（1）、穿枋（2）、瓜柱（1）、丁头栱（1）、角梁（1）	现有一根枋换成为 105% ×30，原铆口为 140% ×55；角梁已被蛀空
LJ4	Z5 和 Z14 之间	三步月梁（1）、穿枋（2）、瓜柱（1）、丁头栱（1）	现有一根枋换成为 120% ×30，原铆口为 140 ×55
LJ5	Z6 和 Z15 之间	三步月梁（1）、穿枋（2）、瓜柱（1）、丁头栱（1）	现有一根枋换成为 120% ×30，原铆口为 140% ×55
LJ6	Z7 和 Z15 之间	三步月梁（1）、穿枋（2）、瓜柱（1）、丁头栱（1）、角梁（1）	现有一根枋换成为 120% ×30，原铆口为 140% ×55。五架梁已被蛀空；瓜柱已空：角梁已被蛀空
LJ7	Z8 和 Z15 之间	三步月梁（1）、穿枋（2）、瓜柱（1）、丁头栱（1）	现有一根枋换成为 120% ×30，原铆口为 140% ×55
LJ8	Z9 和 Z16 之间	三步月梁（1）、穿枋（二）、瓜柱（1）、丁头栱（1）	现有两根枋均换成为 105% ×30，原铆口为 140% ×55
LJ9	Z11 和 Z16 之间	三步月梁（1）、穿枋（2）、瓜柱（1）、丁头栱（1）、角梁（1）	现有一根枋换成为 150% ×40，另一根换成为 105% ×30，原铆口均为 140% ×55；瓜柱有通长裂缝角梁已被蛀空
LJ10	Z11 和 Z16 之间	三步月梁（1）、穿枋（2）、瓜柱（1）、丁头栱（1）	现有两根枋均换成为 105% ×30，原铆口为 140% ×55；瓜柱有通长裂缝，缝宽 1 厘米，深 7 厘米以上
LJ11	Z12 和 Z13 之间	三步月梁（1）、穿枋（2）、瓜柱（1）、丁头栱（1）	现有两根枋均换成为 105% ×30，原铆口为 140% ×55
LJ12	Z1 和 Z13 之间	三步月梁（1）、穿枋（2）、瓜柱（1）、丁头栱（1）、角梁（1）	现有一根枋换成为 110% ×30，原铆口为 140% ×55；角梁已被蛀空
LJ13	Z13 和 Z16 之间 Z14 和 Z15 之间	五架梁（1）、三架梁（1）、瓜柱（3）	GZ1 已被蛀空，GZ2 有裂缝。采步金弯曲开裂，有临时支撑
LJ14	五架梁（1）、三架梁（1）、瓜柱（1）	五架梁上有腐朽，GZ5 有蚁蛀	

前殿香亭檩条残损登记表

编号 项目	LT1	LT2	LT3	LT4	LT5	LT6	L7	LT8	LT9
材质	硬木	硬木	硬木	硬木	硬木	硬木	硬木	硬木	硬木
支承情况	两端支承在枋头上	两端支承在柱上	两端支承在托板上	两端支承在托板上	两端支承在托板上	两端支承在托板上	两端支承在柱上	两端支承在枋头上	两端支承在枋头上
存在残损的构件	两端均有宽12毫米、深60毫米以上的裂缝，其上的枕头木局部腐朽	有裂缝靠近瓦面的一则已腐烂	伸出山花板的两端已局部腐朽	伸出山花板的两面端已腐朽	有通长裂缝深40毫米，且伸出山花板的两端已腐朽	伸出山花板的两端已腐朽，且有通长裂缝有部蚁蛀中空	有裂缝且靠近屋面的部分表面腐朽	有深50毫米的裂缝	有通长裂缝且靠近屋面的一侧均已腐朽
备注	各方向的封檐板均已残缺，大小连檐不同程度的腐朽，四翼角的角梁均有下垂现象，四角角梁均有通长裂缝，宽5毫米、深100～30毫米								

前殿西廊檩条残损登记表

编号 项目	LT1	LT2	LT5	LT4	LT5	LT6	L7	LT8	LT9	LT10	LT11
材质	硬木	硬木	硬木	硬木	硬木	硬木	硬木	硬木	硬木	硬木	硬木
支承情况	两端支承在梁头上	两端支承在墙上	两端支承在墙上	两端支承在墙上	两端支承在墙上	两端支承在墙上	两端支承在墙上	一端支承在墙上，一端支承在LT1上	一端支承在墙上，一端支承在LT1上	一端支承在墙上，一端支承在LT1上	一端支承在墙上，一端支承在LT1上
存在残损的构件	表面较好，无明显残损	梁头蚁蛀，局部腐朽	表面较好，无明显残损	蚁蛀空细小裂缝较多，缝深处在60毫米之内	有通长裂缝，宽8毫米，深30毫米，蚁蛀空	蚁蛀空细小裂缝较多，缝深处在40毫米之内	有通长裂缝深40毫米	有蚁蛀、中空	蚁蛀空	有长500毫米的裂缝与墙连接处有腐烂	有通长裂缝，宽7毫米，深50毫米
备注	LT8、LT11两方向的封檐板有蚁蛀、中空										

前殿东廊檩条残损登记表

项目＼编号	LT1	LT2	LT3	LT4	LT5	LT6	L7	LT8	LT9	LT10	LT11
材质	硬木	硬木	硬木	硬木	硬木	硬木	硬木	硬木	硬木	硬木	硬木
支承情况	两端支承在梁头上	两端支承在墙上	两端支承在墙上	两端支承在墙上	两端支承在墙上	两端支承在墙上	两端支承在墙上	一端支承在墙上一端支承在LT1上	一端支承在墙上一端支承在LT1上	一端支承在墙上一端支承在LT1上	一端支承在墙上，一端支承在LT1上
存在残损的构件	因檩条两端有开裂，现用钢板加固	端头腐朽，有蚁蛀	有裂缝，深40毫米	有通长裂缝深60毫米，梁端腐朽，深70毫米的裂缝	有通长裂缝，深30～40毫米	有通长裂缝宽8毫米，深30毫米	有通长裂缝缝深70毫米，蚁蛀空	有通长裂缝，深20～30毫米	有通长裂缝，宽7毫米，深50毫米	蚁蛀空，有长500毫米、宽6米、深20～40毫米的裂缝局部腐朽	有通长裂缝，深20～30毫米
备注	LT8、LT11两方向的封檐板有蚁蛀、中空										

鼓楼檩条残损登记表

项目＼编号	LT1	LT2	LT3	LT4	LT5	LT6	L7	LT8	LT9	LT10
材质	檩条为硬木、瓦桷为硬木	檩条为硬木、瓦桷为硬木	檩条为硬木、瓦桷为硬木	檩条为硬木、瓦桷为硬木	檩条为硬木、瓦桷为硬木	檩条为硬木、瓦桷为硬木	檩条为硬木、瓦桷为硬木	檩条为硬木、瓦桷为硬木	檩条为硬木、瓦桷为硬木	檩条为硬木、瓦桷为硬木
支承情况	两端支承在枋头上	两端支承在柱上	两端支承在瓜柱上	两端支承在瓜柱上	两端支承在瓜柱上	两端支承在瓜柱上	两端支承在柱上	两端支承在枋头上	两端支承在枋头上	两端支承在枋头上
存在残损的构件	有长1.2米的裂缝，深60毫米以上	表面较好，无明显残损	有细微裂缝	有通长裂缝，深60毫米以上，裂缝周围已腐烂	表面较好，无明显残损	表面较好，无明显残损	表面较好，无明显残损	表面较好，无明显残损	靠墙体端长800毫米已腐朽空心	靠墙体端有裂缝，已空心腐烂，长约1.2米，瓦桷表面轻度腐朽
备注	三面栏板表面已经轻度腐朽									

鼓楼楞木残损登记表

项目 \ 编号	L1	L2	L3	L4	L5
材质	楞木为硬木	楞木为硬木	楞木为硬木	楞木为硬木	楞木为硬木
支承情况	两端支承在砖墙上	两端支承在砖墙上	两端支承在砖墙上	两端支承在砖墙上	两端支承在砖墙上
存在残损的构件	已被蚁蛀空	有宽20毫米通长裂缝，被蚁蛀空	有宽20毫米通长裂缝，被蚁蛀空	靠近墙体部分已腐烂，已被蚁蛀	被蚁蛀空
备注	楼梯梁已被蚁蛀，踏板有轻度腐朽				

鼓楼梁架残损登记表

编码	位置	主要构件	残损记录
LJ1	二层北立面两柱间	六架梁（1）、四架梁（1）、穿枋（2）、瓜柱（4）	六架梁有一通长裂缝，六架梁上靠近墙的瓜柱有通长裂缝
LJ2	二层南立面两柱间	六架梁（1）、四架梁（1）、穿枋（2）、瓜柱（4）	六架梁有一通长裂缝，六架梁上靠近墙的瓜柱有通长裂缝

钟楼檩条残损登记表

项目 \ 编号	LT1	LT2	LT3	LT4	IT5	IT6	L7	LT8	LT9
材质	檩条为硬木、瓦桷为硬木	檩条为硬木、瓦桷为硬木	檩条为硬木、瓦桷为硬木	檩条为硬木、瓦桷为硬木	檩条为硬木、瓦桷为硬木	檩条为硬木、瓦桷为硬木	檩条为硬木、瓦桷为硬木	檩条为硬木、瓦桷为硬木	檩条为硬木、瓦桷为硬木
支承情况	两端支承在枋头上	两端支承在柱上	两端支承在瓜柱上	两端支承在瓜柱上	两端支承在瓜柱上	两端支承在瓜柱上	两端支承在柱上	两端支承在枋头上	两端支承在枋头上
存在残损的构件	表面较好，无明显残损	有裂缝	有裂缝	蚁蛀	有雨渍	表面较好，无明显残损	蚁蛀	有通长裂缝	有通长裂缝
备注	三面栏板、栏杆表面已经轻度腐朽								

钟楼楞木残损登记表

项目＼编号	L1	L2	L3	L4	L5
材质	楞木为硬木	楞木为硬木	楞木为硬木	楞木为硬木	楞木为硬木
支承情况	两端支承在砖墙上	两端支承在砖墙上	两端支承在砖墙上	两端支承在砖墙上	两端支承在砖墙上
存在残损的构件	有裂缝	有通长裂缝，缝宽10～20毫米，已空心，伸入墙体部分均已腐朽	有裂缝	有裂缝	有裂缝
备注	墙体均已风化，地板红砖已破坏撑差不齐，门的椎头已坏				

钟楼梁架残损登记表

编码	位置	主要构件	残损记录
LJ1	二层南立面两柱间	六架梁（1）、四架梁（1）、穿枋（2）、瓜柱（4）	四架梁有一通长裂缝
LJ2	二层北立面两柱间	六架梁（1）、四架梁（1）、穿枋（2）、瓜柱（4）	二架梁有一通长裂缝

西碑廊屋面木构件残损登记表

项目＼编号		K1	K2	K3	K4	K5
材质		檩条、瓦桷均为硬木	檩条、瓦桷均为硬木	檩条、瓦桷均为硬木	檩条、瓦桷均为硬木	檩条、瓦桷均为硬木
支承情况		一端支承在柱（瓜柱）上，一端埋入墙中	一端支承在柱（瓜柱）上，一端埋入墙中	一端支承在柱（瓜柱）上，一端埋入墙中	一端支承在柱（瓜柱）上，一端埋入墙中	一端支承在柱（瓜柱）上，一端埋入墙中
受力情况		檩条有轻微挠曲	LT3下挠6厘米 LT4下挠4厘米	檩条有轻微挠曲	檩条有轻微挠曲	檩条有轻微挠曲
残损记录	原物使用	LT1表面较好，无明显残损	LT4表面较好，无明显残损	LT5表面较好，无明显残损	LT5表面较好，无明显残损	LT3表面较好，无明显残损
	维修使用	LT2有宽15、深60以上的通长裂缝，裂缝周围已腐朽 LT3有通长1500的裂缝，空心、腐朽 LT4有长1200深50的裂缝	LT3已腐朽 LT5有一大半埋入墙中，可见部分已腐朽	LT4有一长约1000毫米的裂缝 LT5已经腐朽	LT4有深50的通长裂缝 LT5有宽15、深60以上的裂缝，有缝部分产生空洞	LT5、LT4有错位、通长裂缝 LT5有长约1500的裂缝，已经空心
	更换	/	/	/	/	/
备注		LT2附近的瓦桷表面均腐朽		靠墙部分的望瓦已经缺失	望瓦碎裂	

西碑廊梁架残损登记表

编码	位置	主要构件（括号内数字为数量）	残损记录
LJ1		双步梁（1）、单步梁（1）、瓜柱（2）	双步梁空心、有裂缝
LJ2		双步梁（1）、单步梁（1）、瓜柱（2）	二步梁、单步梁均有裂缝
LJ3		双步梁（1）、单步梁（1）、瓜柱（2）	双步梁有错位通长裂缝，单步梁上的瓜柱已空心
LJ4		双步梁（1）、单步梁（1）、瓜柱（2）	单步梁有深 50 毫米的通长裂缝，其上的瓜柱已腐朽；双步梁上的瓜柱有通长裂缝
LJ5		双步梁（1）、单步梁（1）、瓜柱（2）	单步梁有深 30 毫米的通长裂缝，其上的瓜柱有深 50 毫米的裂缝；双步梁有通长裂缝
LJ6		双步梁（1）、单步梁（1）、瓜柱（2）	构件无明显残损

东碑廊屋面木构件残损登记表

项目 \ 编号		K1	K2	K3	K4	L5
材质		檩条、瓦桷均为硬木	檩条、瓦桷均为硬木	檩条、瓦桷均为硬木	檩条、瓦桷均为硬木	檩条、瓦桷均为硬木
支承情况		两端均支承在柱（瓜柱）上	两端均支承在柱（瓜柱）上	两端均支承在柱（瓜柱）上	两端均支承在柱（瓜柱）上	两端均支承在柱（瓜柱）上
受力情况		檩条有轻微挠曲	檩条有轻微挠曲	檩条有轻微挠曲	檩条有轻微挠曲	檩条有轻微挠曲
残损记录	原物使用	LT2 表面较好，无明显残损	LT1、LT2 表面较好，无明显残损	LT3 表面较好，无明显残损	LT1、LT2 表面较好，无明显残损	LT3 表面较好，无明显残损
	维修使用	LT1 有通长裂缝 LT3 有通长裂缝部分已空	LT3 有错位裂缝、部分空心	LT1 有多处细小裂缝、有蚁蛀，LT2 有蚁蛀、空心	LT3 有通长裂缝中间被虫蛀空	LT1 有通长裂缝、腐朽 LT2 有通长裂缝
	更换	/	/	/	/	/
备注					K3 与 K4 相交处封檐板爆裂	K4 有部分望瓦酥碱

东碑廊梁架残损登记表

编码	位置	主要构件（括号内数字为数量）	残损记录
LJ1		双步梁（1）、单步梁（1）、瓜柱（2）	双步梁空心、有裂缝，靠钟楼侧有蚁蛀
LJ2		双步梁（1）、单步梁（1）、瓜柱（2）	双步梁空心有裂缝；两瓜柱均有裂缝且空心
LJ3		双步梁（1）、单步梁（1）、瓜柱（2）	双步梁和其上的瓜柱均有裂缝
LJ4		双步梁（1）、单步梁（1）、瓜柱（2）	双步梁靠墙体处腐朽，其上的瓜柱有蚁蛀、已经腐烂，单步梁上的瓜柱有通长裂缝
LJ5		双步梁（1）、单步梁（1）、瓜柱（2）	双步梁和单步梁均有长 600 ~ 800 毫米、宽 8 毫米裂缝；单步梁上的瓜柱有裂缝、空心、腐朽
LJ6		双步梁（1）、单步梁（1）、瓜柱（2）	双步梁有通长裂缝、部分空心，其上的瓜柱空心、腐朽

前殿屋面木构件残损登记表

项目＼材质	K1	K2	K3	K4	K5	K6	K7	K8	K9	K10	K11
材质	檩条为硬木、瓦桷为硬木	檩条为硬木、瓦桷为硬木	檩条为硬木、瓦桷为硬木	檩条为硬木、瓦桷为硬木	檩条为硬木、瓦桷为硬木	檩条为硬木、瓦桷为硬木	檩条为硬木、瓦桷为硬木	檩条为硬木、瓦桷为硬木	檩条为硬木、瓦桷为硬木	檩条为硬木、瓦桷为硬木	檩条为硬木、瓦桷为硬木
支承情况	LT1、2支承在斗栱上，LT3、5两端分别支承在瓜柱和斗栱上，LT4两端支承在瓜柱和柱子上	LT4、6、12、14、15支承在柱子上，其余支承在斗栱上	LT1、2支承在斗栱上，LT3、5两端分别支承在瓜柱和斗栱上，LT4两端支承在瓜柱和柱子上	LT1两端支承在斗栱和拱上，LT2两端支承在斗栱和柱子上，LT3－5两端支承在瓜柱上	LT1两端支承在拱上，LT2支承在柱子上，LT3－5两端支承在瓜柱上	LT1两端支承在墙和拱上，LT2两端支承在柱子上，LT35两端支承在瓜柱上	LT1支承在墙体内，LT2、4两端支承在瓜柱和柱子上，LT3、5支承在斗栱和瓜柱上	LT1支承在墙体内，LT2、4两端支承在瓜柱和柱子上，LT3、5支承在栱和瓜柱上	LT1两端支承在墙和栱上，LT2两端支承在柱子上，LT3－5两端支承在瓜柱上	LT1两端支承在栱上，LT2支承在柱子上，LT3－5两端支承在瓜柱上	LT1两端支承在斗栱和栱上，LT2两端支承在斗栱和柱子上，LT3－5两端支承在瓜柱上
受力情况	檩条、瓦桷轻微挠曲	檩条挠度20～50毫米不等，向外倾斜2～10度不等；瓦桷挠度轻微挠曲	檩条、瓦桷轻微挠曲	檩条挠度20～40毫米不等，向外倾斜2～5度不等：瓦桷轻微挠曲	檩条挠度30～60毫米不等，向外倾斜4～7度不等：瓦桷轻微挠曲	檩条挠度20～40毫米不等，向外倾斜2～5度不等：瓦桷轻微挠曲	檩条、瓦桷轻微挠曲	檩条、瓦桷轻微挠曲	檩条挠度20～50毫米不等，向外倾斜2～5度不等：瓦桷轻微挠曲	檩条挠度30～70毫米不等，向外倾斜6～10度不等：瓦桷轻微挠曲	檩条挠度20～40毫米不等，向外倾斜15度不等：瓦桷轻微挠曲
残损记录 原物使用	LT1、2、3、5表面轻度腐朽、掉漆	LT2、3、7、9、13、15、16、17表面轻度腐朽、掉漆	LT1、2L表面轻度腐朽、掉漆	LT3、5表面轻度腐朽、掉漆	LT1、2、3、5表面轻度腐朽掉漆	LT1、2、3、5表面轻度腐朽掉漆	LT1、2、3表面轻度腐朽掉漆	LT1、2、5表面轻度腐朽掉漆	LT1、2、3表面轻度腐朽掉漆	LT1、2、3、4轻度腐朽	LT1、2、3、4、5表面轻度腐朽掉漆

续表

项目＼材质	K1	K2	K3	K4	K5	K6	K7	K8	K9	K10	K11
残损记录 维修使用	LT4有蚁蛀，枕头木及瓦桷表面已腐朽	LT4、6靠近瓦桷一侧已腐朽；LT5一端发霉腐朽，另一端已蛀空；LT8部分已被蚁蛀空；LT10上枕头木腐朽有雨渍；LT11一端已被蚁蛀空，现用一木头补上，其余部分已空心；LT12有30厘米长裂缝，深7厘米，靠近瓦桷一侧表面腐朽、有雨渍；LT14靠近瓦桷一侧已发霉，下面枋木已从中间破裂，两个斗已破裂、松脱；LT16下的枋木有宽1.5厘米裂缝，缝周围已腐烂	LT3端已被蛀空；LT4已腐烂，其上枕头木已腐朽	LT1上瓦桷已腐朽，垫木被虫蛀；LT2垫木及檩条有雨迹，已腐朽；LT4上的垫木已腐朽	LT4与瓜柱搭接处有蚁蛀，其上的枕头木腐朽	LT4与瓜柱搭接处有蚁蛀，其上的枕头木腐朽	LT4铆接处已腐朽，上面垫木、瓦桷也已腐朽，柱顶端有蚁蛀现象	LT3除破裂外，还有修补过的痕迹；LT4被蚁蛀，其上的枕头木已腐朽	LT4与瓜柱铆接处有蚁蛀	LT5有一节枕头木檀条（山花板下）被白蚁蛀空，其上垫木两头部被蛀空	

前殿梁架残损登记表

编码	位置	主要构件（括号内数字为数量）	残损记录	附属构件残损记录
LJ1	位于Z1和Z13之间	月梁（2）、瓜柱（3）、双步梁（1）、丁头栱（6）、穿枋（1）、仔角梁（1）、老角梁（1）	一层月梁被白蚁蛀空、破裂；GZ1开裂后用铁箍加固，已被白蚁蛀空，有修补的痕迹；GZ10被白蚁蛀空，表面脱色；二层月梁有两个铁锔子	Z13与枋铆接处中空，枋与柱铆头不满；角梁外走移位，梁口向外，倾斜

续表

编码	位置	主要构件（括号内数字为数量）	残损记录	附属构件残损记录
LJ2	位于 Z2 和 Z13 之间	月梁（1）、穿枋（2）、驼峰（1）、斗栱（2）	斗栱中心枋上的瓜柱有宽 1.5 厘米，长 200 厘米的裂缝	
LJ3	位于 Z3 和 Z16 之间	月梁（1）、穿枋（2）、驼峰（1）、斗栱（2）	枋间隔架斗栱歪闪，Z16 顶部有柱箍	
LJ4	位于 Z4 和 Z16 之间	月梁（1）、瓜柱（3）、双步梁（1）、丁头栱（6）、穿枋（1）、仔角梁（1）、老角梁（1）	GZ11 部分已被白蚁蛀空，穿仿表面已腐朽，一层月梁有钢架支撑，仔角梁和老角梁被白蚁蛀空，翼角变形。GZ20 底部已腐朽	K2 - LT6 在翼角一端外偏，其上的枕头木腐朽；LJ2 靠翼角一端的斗栱与柱连接的构件霉烂，斗栱构件部分有裂缝
LJ5	位于 Z5 和 Z16 之间	月梁（2）、瓜柱（3）、双步梁（1）、丁头栱（6）、穿枋（1）	GZ12 开裂后用铁箍加固，已空心；GZ21 空心，开裂后用铁箍加固	
LJ6	位于 Z6 和 Z17 之间	月梁（2）、瓜柱（3）、双步梁（1）、丁头栱（6）、穿枋（1）	GZ22 有裂缝长 30 厘米，宽 2 厘米，深 5 厘米，开裂后用铁箍加固；GZ4、GZ1 开裂后均用铁箍加固；一层月梁开裂	K5 - LT2 檀条和其下的枋木不对中，向外倾斜
LJ7	位于 Z7 和 Z17 之间	月梁（2）、瓜柱（2）、双步梁（1）、丁头栱（6）、穿枋（1）、仔角梁（1）、老角梁（1）	G5 已被蚁蛀空，GZ14 有开裂后用两个铁箍加固，山被蚁蛀空；一层月梁表面虫蛀，有长 30 厘米，宽 1 厘米，深 3 厘米，已空心，二层月梁与 GZ5 连接处已腐朽	LJ6 靠近翼角的斗栱，斗与栱错位，Z11 柱顶部腐朽
LJ8	位于 Z8 和 Z17 之间	月梁（2）、瓜柱（1）、穿枋（2）、驼峰（1）、斗栱（1）、丁头栱（5）	Z18 上一丁头栱歪闪，脱位，表面轻度腐朽	
LJ9	位于 Z9 和 Z20 之间	月梁（2）、瓜柱（1）、穿枋（2）、驼峰（1）、斗栱（1）、丁头栱（5）	Z19 上一丁头栱歪闪，脱位，表面轻度腐朽	

续表

编码	位置	主要构件（括号内数字为数量）	残损记录	附属构件残损记录
LJ10	位于 Z10 和 Z20 之间	月梁（2）、瓜柱（3）、双步梁（1）、丁头栱（6）、穿枋（1）、仔角梁（1）、老角梁（1）	GZ6、GZ24 开裂用铁箍加固，GZ6 被蚁蛀；GZ24 曾经做过大修补；Z20 开裂后用铁箍加固；一层月梁已被蛀空；与 GZ6 搭接处也已被蛀空	
LJ11	位于 Z11 和 Z20 之间	月梁（2）、瓜柱（1）、双步梁（1）、丁头栱（6）、穿枋（1）	GZ7 开裂用铁箍加固，空心；GZ17 空心破裂，用铁箍加固	
LJ12	位于 Z12 和 Z13 之间	月梁（2）、瓜柱（3）、双步梁（1）、丁头栱（6）、穿枋（1）	GZ8、GZ9、GZ18 均有开裂，用铁箍加固	
LJ13	位于 Z13 和 Z20 之间	七架梁（1）、五架梁（1）、三架梁（1）、斗栱（5）、驼峰（2）	三架梁与五架梁之间有一枋木支撑，枋木有裂缝，D5 一木斗空心；五架梁一端已霉烂，破裂成三块	
LJ14	位于 Z16 和 Z17 之间	七架梁（1）、五架梁（1）、三架梁（1）、斗栱（5）、驼峰（2）	D3 有一个斗被虫蛀，一个栱有白蛟蛀过痕迹，另一个斗已腐朽、破裂，角背破裂，檀条与木斗相接处已腐朽；D4 一栱破裂；D5 一斗断裂；五架梁有一端破裂	

前殿墙体残损登记表

项目 \ 名称	东立面山墙	西立面山墙
材质	青砖	青砖
残损情况	墙体纵向开裂	墙体纵向开裂
备注	墙面色浆剥落	墙面色浆剥落

前殿柱子残损登记表

项目 编号	材质	柱的弯曲	柱脚与柱抵承情况	残损情况	历次加固现状
Z1	花岗岩	无弯曲	完好	完好	未作加固
Z2	花岗岩	无弯曲	完好	完好	未作加固
Z3	花岗岩	无弯曲	完好	完好	未作加固
Z4	花岗岩	无弯曲	完好	完好	未作加固
Z5	硬木	无弯曲	完好	柱子底部干缩开裂	有柱箍
Z6	硬木	无弯曲	完好	柱子底部干缩开裂	未作加固
Z7	硬木	无弯曲	完好	柱子底部干缩开裂	未作加固
Z8	硬木	无弯曲	完好	柱项霉烂柱子底部干缩开裂	未作加固
Z9	硬木	无弯曲	完好	柱子底部干缩开裂	未作加固
Z10	硬木	无弯曲	完好	柱子底部干缩开裂	有柱箍
Z11	硬木	无弯曲	完好	柱子底部干缩开裂，顶部腐朽	未作加固
Z12	硬木	无弯曲	完好	柱子底部干缩开裂	未作加固
Z13	硬木	无弯曲	完好	柱子底部干缩开裂，柱头腐朽	未作加固
Z14	硬木	无弯曲	完好	柱子底部干缩开裂	未作加固
Z15	硬木	无弯曲	完好	柱子底部干缩开裂	未作加固
Z16	硬木	无弯曲	完好	柱子底部干缩开裂	未作加固
Z17	硬木	无弯曲	完好	柱子底部干缩开裂	未作加固
Z18	花岗岩	无弯曲	完好	柱子底部干缩开裂	未作加固
Z19	花岗岩	无弯曲	完好	柱子底部干缩开裂	未作加固
Z20	硬木	无弯曲	完好	柱顶部有蚁蛀迹象，柱子底部干缩开裂	有柱箍

大殿柱子残损登记表

项目 编号	材质	残损情况	历次加固现状
Z1	花岗岩	完好	未作加固
Z2	花岗岩	完好	未作加固
Z3	花岗岩	完好	未作加固
Z4	花岗岩	完好	未作加固
Z5	硬木	从柱础以上高500范围内被白蚁蛀空，柱身有一长300宽20的补块，上端头腐朽	完好
Z6	硬木	从柱础以上高500范围内已中空	未作加固

续表

项目 / 编号	材质	残损情况	历次加固现状
Z7	硬木	从柱础以上高1000范围内已中空，曾做修补	所灌石灰砂浆浆已脱落，柱顶端有加固的铁箍
Z8	硬木	有蚁蛀，靠神台方向通高被蛀空，柱脚有废弃的铆口	未作加固
Z9	硬木	敲击有空细声，柱上端有25宽裂缝，柱脚有开裂及轻度腐朽，柱脚有废弃的铆口曾经在空洞的部位灌注过石灰砂浆	所灌石灰砂浆浆已脱落，柱顶端有加固的铁箍
Z10	硬木	外侧从柱础以上高1400范围内中空，靠墙有一侧通高中空，上端被蚁蛀空，有雨迹	柱顶有加固铁箍
Z11	硬木	外侧从柱础以上高900范围内中空，柱顶开裂靠墙一侧有通高中空，有雨迹	柱顶有加固铁箍
Z12	硬木	从柱础以上高1900范围内中空，柱顶开裂	柱顶有加固铁箍
Z13	硬木	柱脚腐朽、开裂。从柱础以上高100范围内已中空	柱脚曾作剔补处理。柱脚加铁箍
Z14	硬木	柱脚腐朽。从柱础以上高150范围内中空	作剔补处理，补木已腐朽
Z15	硬木	从柱础以上高150范围内中空，柱身局部爆裂，柱脚被蚁蛀	未作加固
Z16	硬木	柱子下部腐朽，从柱础以上高750范围内已中空	腐朽部曾作剔补处理所补木块已经腐朽
备注			

大殿梁架残损登记表

编码	位置	主要构件（括号内数字为数量）	残损记录
LJ1	位于Z4和Z14之间	月梁（2）、驼峰（1）、隔架斗栱（1）、丁头栱（2）、仔角梁（1）、老角梁（1）	一层月梁开裂，二层月梁开裂，靠近Z4的端头轻微霉烂斗栱倾斜；仔角梁开裂、霉烂、脱漆、脱榫
LJ2	位于Z5和Z14之间	月梁（2）、瓜柱（3）、穿枋（2）、丁头栱（5）、双步梁（1）、双步梁后端出丁头栱（1）	二层月梁有雨渍、腐朽，GZ11有蚁蛀；一层梁有裂缝，其上的枋有一根被蚁蛀空，另一根开裂。GZ1已空心；GZ12上的丁头栱有蚁蛀过的痕迹，其中两个有裂缝、松动
LJ3	位于Z6和Z15之间	月梁（2）、瓜柱（3）、穿枋（2）、丁头栱（5）、双步梁（1）、双步梁后端出丁头栱（1）	GZ13和GZ2均中空；GZ20部分中空，柱身有裂缝、有被蚁蛀过的痕迹GZ13上有两个斗松动，一个偏移

续表

编码	位置	主要构件（括号内数字为数量）	残损记录
LJ4	位于 Z7 和 Z15 之间	月梁（2）、丁头栱（5）、瓜根（3）、穿枋（2）、仔角梁（1）、老角梁（1）、双步梁（1）、双步梁后端出丁头栱（1）	一层月梁被蚁蛀空，二层月梁与 GZ14 铆接处有蚁蛀 GZ3 和 GZ14 柱均被蚁蛀空；GZ14 上的丁头栱有四个斗松动，有一个破裂；有两个栱松动、开裂
LJ5	位于 Z8 和 Z15 之间	月梁（2）、瓜柱（3）、穿枋（2）、丁头栱（5）、双步梁（1）、双步梁后端出丁头栱（1）	GZ4 和 GZ15 均有中空；双步梁与 Z8 铆接处被蚁蛀空；GZ15 上的丁头栱有两个斗和两个栱均松动、破裂；二层月梁下的丁头栱松动、缺损
LJ6	位于 Z9 和 Z16 之间	月梁（2）、瓜柱（3）、穿枋（2）、丁头栱（5）、双步梁（1）、双步梁后端出丁头栱（1）	双小梁与 Z9 铆接处有蚁蛀过的痕迹、有裂缝；二层月梁有蚁蛀、脱榫 60 毫米；GZ16 上的四组丁头栱全部松动，其中一组被蚁蛀；双步梁后端出丁头栱松动
LJ7	位于 Z10 和 Z16 之间	月梁（2）、丁头栱（5）、瓜根（3）、穿枋（2）、仔角梁（1）、老角梁（1）、双步梁（1）、双步梁后端出丁头栱（1）	一层月梁中空，GZ6 有裂缝；GZ17 中空、爆裂；有一根穿枋中空；GZ17 上有四个斗松动，其中三个已损坏，有一个栱松动、脱铆 30 毫米；老角梁有裂缝
LJ8	位于 Z11 和 Z16 之间	月梁（2）、瓜柱（3）、穿枋（2）、丁头栱（5）、双步梁（1）、双步梁后端出丁头栱（1）	一层月梁有蚁蛀过的痕迹；GZ18 上的丁头栱有一个斗已损坏，其他的丁头栱全部松动；有两根穿枋被蚁蛀空，其中一根穿枋脱铆
LJ9	位于 Z12 和 Z13 之间	月梁（2）、瓜柱（3）、穿枋（2）、丁头栱（5）、双步梁（1）、双步梁后端出丁头栱（1）	一层月梁被蚁蛀空、爆裂，GZ8 有蚁蛀；GZ9 上有一组丁头栱松动，有三个斗已损坏
LJ10	位于 Z1 和 Z3 之间	月梁（2）、驼峰（1）、隔架斗栱（1）、丁头栱（2）、仔角梁（1）、老角梁（1）	一层月梁已被蚁蛀空，Z13 上的丁头栱有三个斗松动，仔角梁和老角梁均脱漆、腐朽
LJ11	位于 Z13 和 Z16 之间	七架梁（1）、五架梁（1）、三架梁（1）、斗栱（5）、驼峰（5）、梁头木雕（5）	七架梁表面轻度腐朽，五架梁有中空，三架梁有裂缝、梁头破裂：有一斗损坏
LJ12	位于 Z14 和 Z15 之间	七架梁（1）、五架梁（1）、三架梁（1）、斗栱（5）、驼峰（5）、梁头木雕（5）	七架梁修补过，五架梁部分中空，靠近 Z14 的七架驼峰损坏，靠近 Z15 的七架梁驼峰有宽 3 毫米的通长横向裂缝；有两个斗破损

大殿屋面木构件残损登记表

项目＼编号		K1	K2	K3	K4	K5	K6	K7	K8	K9	K10	K11
材质		桁条、瓦桷均为硬木	檩条、瓦桷均为硬木	檩条、瓦桷均为硬木	檩条、瓦桷均为硬木	檩条、瓦桷均为硬木	檩条、瓦桷均为硬木	檩条、瓦桷均为硬木	檩条、瓦桷均为硬木	檩条、瓦桷均为硬木	檩条、瓦桷均为硬木	檩条、瓦桷均为硬木
支承情况		两端均支承在柱（瓜柱）上	两端支承在柱（瓜柱）上、中间部分支承在斗栱上	两端均支承在柱（瓜柱）上	两端均支承在柱（瓜柱）上	两端支承在柱（瓜柱）上、中间部分支承在斗栱上	两端均支承在柱（瓜柱）上	两端均支承在柱（瓜柱）上	两端均支承在柱（瓜柱）上	两端均支承在柱（瓜柱）上	两端支承在柱（瓜柱）上、中间部分支承在斗栱上	两端均支承在柱（瓜柱）上
受力情况		檩条、瓦桷有轻微挠度	檩条挠度20～65毫米不等，向外倾斜2～10度不等	檩条、瓦桷有轻微挠度	檩条、瓦桷有轻微挠度	檩条挠度55～65毫米不等，向外倾斜1～9度不等	檩条、瓦桷有轻微挠度	檩条、瓦桷有轻微挠度	檩条、瓦桷有轻微挠度	檩条、瓦桷有轻微挠度	檩条挠度50～75毫米不等，向外倾斜2～15度不等	檩条、瓦桷有轻微挠度
残损记录	原物使用	LT1、LT2、LT5、LT5、LT6、LT7保存较好，表面无明显残损	LT1、LT2、LT5、LT5、LT6、LT7、LT11、LT12、LT13、LT14、LT15、LT16、LT18、LT19保存较好，表面无明显残损	LT1、LT2、LT5、LT4、LT5、LT6、LT7、保存较好，表面无明显残损	LT1、LT4、LT5保存较好，表面无明显残损	LT1、LT4、LT5保存较好，表面无明显残损	LT1、LT2、LT4、LT5保存较好，表面无明显残损	LT1、LT5保存较好，表面无明显残损	LT1、LT5保存较好，表面无明显残损	LT1、LT4、LT5保存较好，表面无明显残损	LT1、LT5、LT4保存较好，表面无明显残损	LT1、LT2、LT4、LT5保存较好，表面无明显残损

续表

项目 \ 编号		K1	K2	K3	K4	K5	K6	K7	K8	K9	K10	K11
残损记录	维修使用	LT4有雨迹、有裂缝，部分已空	LT4裂缝长900宽6毫米，已腐朽 LT8受雨水浸蚀靠瓦面部分腐朽 LT9、LT10均已中空 LT17与瓜柱铆接处被蚁蛀空	/	/	LT2、LT3靠Z5端已被蚁蛀空	LT3部分被蚁蛀空 LT4部分被蚁蛀空	LT2已断裂成两部分 LT3有蚁蛀 LT4有蚁蛀	LT2受雨侵蚀表面已腐朽 LT3已爆裂 LT4已空，靠神龛端脱榫	LT3有蚁蛀，表面部分腐朽	LT2开裂，已空	LT3被雨水浸蚀表面有轻度发霉腐朽
	更换	/	/	/	LT2、LT5已被蚁蛀空、腐烂	/	/	/	/	LT2已被蚁蛀空	LT5已被蚁蛀空	/
备注		/	LT8－LT10之间有部分瓦桷腐朽	/	LT2上枕头木被蚁蛀空 LT3上枕头木已腐朽 LT4上瓦桷霉烂、脱漆 LT5上山花板垫木有蚁蛀	LT2上瓦桷轻度腐朽	LT5、LT4上枕头木被蚁蛀空	LT2、LT5、LT4上枕头木已腐朽 LT4上瓦桷部分腐朽、脱漆	LT2上枕头木已腐朽瓦桷脱漆	LT3上枕头木已腐朽	LT4上枕头木已腐朽，瓦桷腐朽脱漆，有两根瓦桷被蚁蛀空	LT2、LT4上的枕头木均已腐朽

大殿墙体残损登记表

项目 \ 名称	轴 C－D 山墙	轴 D－C 山墙
材质	青砖	青砖
残损情况	墙体纵向开裂	墙体纵向开裂
备注	东外墙面色浆剥落	

大殿香亭屋面木构件残损登记表

编号 \ 项目		K1	K2	K3
材质		檩条、瓦桷均为硬木	檩条、瓦桷均为硬木	檩条、瓦桷均为硬木
支承情况		两端均支承在柱（瓜柱）上	两端均支承在柱（瓜柱）上	两端均支承在柱（瓜柱）上
受力情况		檩条、瓦桷有轻微挠度	檩条、瓦桷有轻微挠度	檩条、瓦桷有轻微挠度
残损记录	原物使用	LT1、LT2、LT8 有细小裂缝、脱漆	LT2 为 130% ×120 方木有细小裂缝	LT2 为 130% ×120 方木有细小裂缝
	维修使用	LT3 有宽 2 毫米的通长裂缝两端已腐朽、空心 LT4、LT5、LT6 有宽 2～4 毫米的通长裂缝，两端和靠瓦桷的一侧均腐朽	LT1 有宽 3 毫米的通长裂缝、部分空心	LT1 有宽 22 毫米的通长裂缝，靠近瓦桷一侧已腐朽
	更换			
备注		瓦桷表面均有轻度腐朽、屋面漏雨、靠近大殿的一边有蚁蛀		

大殿香亭桁架残损登记表

编码	位置	主要构件（括号内数字为数量）	残损记录
LJ1	位于 Z3 和 Z4 之间	八架梁（1）、四架梁（1）、二架梁（1）、双步梁（2）、瓜柱（4）	八架梁有宽 0.3 厘米、深 3 厘米的错位通长裂缝，八架梁下靠近前殿的雀替已无；四架梁有宽 0.4 厘米、深 8 厘米通长裂缝，上部有腐朽；二架梁靠近大殿的一端有裂缝
LJ2	位于 Z1 和 Z2 之间	八架梁（1）、四架梁（1）、二架梁（1）、双步梁（2）、瓜柱（4）	八架梁有宽 0.6 厘米、深 7 厘米的通长裂缝，部分已空心；二架梁靠近前殿的一端有一个深洞

大殿东廊屋面木构件残损登记表

编号 项目		K1	K2	K3
材质		檩条、瓦桷均为硬木	檩条、瓦桷均为硬木	檩条、瓦桷均为硬木
支承情况		两端均支承在柱、梁架或驼峰上	两端均支承在柱、梁架或驼峰上	一端支承在柱、梁架或驼峰上，一端埋入墙中
受力情况		/	/	/
残损记录	原物使用	/	LT1、LT6 保存较好，表面无明显残损	LT1 为方木，有细微裂缝
	维修使用	LT1 有雨渍，有一端爆裂 LT2 被蚁蛀空 LT3 有宽 5 毫米的裂缝、空心 LT4 有宽 6 毫米的错位裂缝、空心 LT5 有深 40 毫米的裂缝、空心 LT6 有宽 2 毫米、深 20 毫米的错位通长裂缝	LT2、LT3 均表面腐朽、空心 LT4 有宽 8 毫米、深 80 毫米的裂缝、空心 LT5 有宽 5 毫米深 50 毫米的裂缝、空心，一端有蚁蛀	LT2 有宽 5 毫米、深 40 毫米的通长裂缝、空心 LT3 有错位通长裂缝、部分空心 LT4 有裂缝、空心 LT5 有宽 15 毫米、深 50 毫米的错位通长裂缝，有部分空心、有一端已被蚁蛀长约 1 米 LT6 有宽 15 毫米、深 50 毫米的通长裂缝、有部分空心
	更换	/	/	/
备注		部分瓦破裂	K1 – K3 屋面有雨渍，小连檐和飞子部分腐朽	

大殿东廊梁架残损登记表

编码	位置	主要构件（括号内数字为量）	残损记录
LJ1	Z1 和墙之间	六架梁（1）、四架梁（1）、二架梁（1）、驼峰（5）	六架梁靠墙的一端有蚁蛀、发霉，其上的两个驼峰也被蚁蛀
LJ2	Z2 和墙之间	六架梁（1）、四架梁（1）、二架梁（1）、驼峰（5）	六架梁靠墙的一端有蚁蛀、发霉，其上的一个驼峰缺损
LJ5	Z3 和墙之间	六架梁（1）、四架梁（1）、二架梁（1）、驼峰（5）	六架梁靠墙的一端腐朽，其上的驼峰倾斜

大殿西廊屋面木构件残损登记表

编号 项目	K1	K2	K3
材质	檩条、瓦桷均为硬木	檩条、瓦桷均为硬木	檩条、瓦桷均为硬木
支承情况	一端支承在柱、梁架或驼峰上，一端埋入墙中	两端均支承在柱、梁架或驼峰上	两端均支承在柱、梁架或驼峰上

续表

编号 项目		K1	K2	K3
受力情况		/	/	/
残损记录	原物使用	LT4 保存较好，表面无明显残损	LT6 保存较好，表面无明显残损	/
	维修使用	LT1 为方木，有细微裂缝、脱漆 LT2、LT3 均有 3～7 毫米宽的裂缝，都已空心 LT5 有细微裂缝	LT1 有宽 8 毫米和深 30 毫米的裂缝、空心 LT2 有宽 5 毫米的通长裂缝、空心 LT3 表面腐朽，脱漆严重 LT4 有宽 3 毫米的通长裂缝、腐朽 LT5 有宽 1 厘米、深 6 厘米的裂缝	LT1 为方木，有细微裂缝、有部分空心 LT2 有宽 8～12 毫米的裂缝、空心 LT3 有宽 10 毫米的通长裂缝、表面腐朽 LT4 有雨渍，有通长裂缝，空心、腐朽 LT5 有宽 5 毫米、深 40 毫米的错位通长裂缝，有部分空心 LT6 有宽 28 毫米的错位通长裂缝，有部分空心
	更换	/	/	/
备注		屋面均有雨渍，瓦桷表面腐朽，小连檐腐朽，部分飞子腐朽		

大殿西廊梁架残损登记表

编码	位置	主要构件（括号内数字为数量）	残损记录
LJ1	Z1 和墙之间	六架梁（1）、四架梁（1）、二架梁（1）、驼峰（5）	六架梁靠墙的一端被蚁蛀空（长 300 毫米），其上的驼峰也被蛀产生空洞
LJ2	Z2 和墙之间	六架梁（1）、四架梁（1）、二架梁（1）、驼峰（5）	六架梁靠墙的一端被蚁蛀空（长 200 毫米），其上的驼峰也被蛀产生空洞
LJ3	Z3 和墙之间	六架梁（1）、四架梁（1）、二架梁（1）、驼峰（5）	六架梁靠墙的一端有蚁蛀（长 100 毫米）、已腐烂

庆真楼檩条残损登记表

编号 项目	F－1	F－2	F－3
材质	瓦桷为硬木，檩条为硬木	瓦桷为硬木，檩条为硬木	瓦桷为硬木，檩条为硬木
支乘情况	一端埋入墙体，一端支乘在桁架上	两端支乘在桁架上	一端埋入墙体，一端支乘在桁架上

续表

编号 项目		F－1	F－2	F－3
受力情况		瓦桷挠度未测，檩条挠度为2～5厘米不等，无外滚现象	瓦桷挠度未测，檩条挠度为4～6厘米不等，无外滚现象	瓦桷挠度未测，檩条挠度为2～5厘米不等，无外滚现象
残损记录	保存较好的构件	F1－2、F1－5、F1－13下、F1－15保存较好，表面无明显残损	F2－9、F2－13上、F2－13下、F2－17保存较好，表面无明显残损	F3－1、F3－9、F3－11、F3－13上、F3－13下、F3－14、F3－15保存较好，表面无明显残损
	有残损需要修补的构件	F1－1有通长裂缝，宽2厘米，深6～7厘米，表面轻度腐朽 F1－8有通长裂缝，宽1.2厘米，深3厘米 F1－9有通长裂缝，宽1.5厘米，深5～6厘米，φ400 F1－11有通长裂缝，宽2.5～3厘米，深7厘米，裂缝周围腐朽发霉 F1－12有通长裂缝，宽2厘米，深3厘米 F1－16部分空心，且脱漆 F1－3、F1－10、F1－14、F1－17有宽0.2～1.8厘米的错位通长裂缝，部分空心	F2－1有宽2厘米、长110厘米的裂缝 F2－2有通长裂缝，宽1.5厘米，深4厘米且有部分空心 F2－3两端有裂缝，缝宽1厘米和0.8厘米，长均为80厘米 F2－4有宽1.5厘米、长2.3米的裂缝 F2－6有宽0.5厘米、深2厘米的裂缝 F2－14、F2－16均有宽0.5～1.2厘米的错位通长裂缝，均部分空心 F2－15有细小裂缝，且脱漆严重	F5－6有宽2厘米的通长裂缝 F5－7有通长裂缝，深6～7厘米，宽0.8～1.2厘米不等，裂缝周围已经腐朽 F3－8、F3－10有通长裂缝，宽1.2～1.5厘米，深6～7厘米 F3－12有错位通长裂缝，宽1.5厘米，深4厘米
	有残损需要更换的构件	F1－4、F1－6、F1－7有宽0.8～2厘米的错位通长裂缝，部分空心 F1－13上被白蚂蚁蛀空	F2－5、F2－7、F2－10、F2－11均有宽0.8～2厘米的错位通长裂缝，均部分空心 F2－8表面腐朽，有宽2.5厘米的通长裂缝且有部分空心 F2－12有通长裂缝，宽2厘米，深7厘米，裂缝周围开始腐朽，且有部分空心	F3－16、F3－5、F5－4均有通长裂缝，宽1.8～2.5厘米且部分空心
备注		1. 瓦桷顺铺在檩条上，有望瓦，少部分瓦桷腐朽，瓦面水泥砂浆裹垄，部分檐头瓦件缺少。 2. 楼面现已经改成混凝土楼面上加铺木楼板，梁为混凝土梁，木楼板部分腐朽破裂。 3. 楼梯也为混凝土上加铺木板，望柱被白蚁蛀。 4. 一、二楼隔扇门均已经脱漆严重；一楼有4扇门的心屉已脱榫、变形表面轻度腐朽；门槛也脱漆腐朽。		

佛山祖庙修缮工程设计方案

一　项目概况

（一）区位条件

佛山全境位于北纬22°38′至23°34′，东经112°22′至113°23′之间，位于北回归线以南，广东省中南部，珠三角腹地，是珠三角经济区西部经济带的核心地区；东倚南粤省府广州，西接肇庆，北通清远，毗邻港澳，地理位置十分优越。佛山市居广州往粤西、海南、西南交通要冲，境内有321、325两条国道，广佛、广肇、佛开等多条高速公路。广茂铁路，以及西江北江干流经过；有设在平洲、三山直达香港的南海港（客货运）；此外还有沙堤（佛山）机场，构成由公路、铁路、水道、航空等系统组成的立体交通网络。

（二）自然环境

佛山地处珠江三角洲冲积平原北端，属侵蚀性的地形。西北和石湾山岗为不规则起伏的丘陵地，西北及中央地形略高，西部的东南作平原倾斜，形成西北高而东南低的地势。除上述的侵蚀性丘陵地外其他广大地区为冲积和洪积平原，故地形以平原为主，伴低缓丘陵。

佛山位于中低纬度近海地带，属亚热带海洋性季风气候，常年气候温和、光照较多、雨量充沛。年平均温度21.7°，最高38.7°。光照年平均总量多达1921.7小时，从全年的光照分配状况看，2、3月份最小，7、8月份最多。年平均降水量为1646.9毫米，以4~9月最为集中，这6个月内的降水量平均占全年的80%。

佛山市位于珠江三角洲水系的顶端，地势低洼，河道交织，鱼池遍地。珠江上源3条主要支流中的西江、北江流经距市区23公里的三水河口附近，再分流注入两河水系的各河道（佛山涌、东平河）。北江水系南流折向东的支流——汾江穿城而过。

二　工程规模

根据佛山祖庙修缮工程勘察设计招标文件及会议纪要，本修缮工程勘察设计的内容为：

1. 祖庙古建筑群红墙范围内建筑物及其附属文物，占地面积3600平方米。

主要包括：万福台、万福台前的东西厢房与庑廊（前廊）、灵应牌坊、锦香池、钟楼、鼓楼、侧廊

（碑廊）、三门、文魁阁、武安阁、忠义流芳题记牌坊、前殿、前殿香亭、前殿东西廊、正殿、正殿香亭、正殿东西廊、庆真楼等建筑单体的维修设计。

2. 排水设计。

三　设计依据与要求

（一）设计依据

1. 有关法律法规

（1）《中华人民共和国文物保护法》；

（2）《中华人民共和国文物保护法实施条例》。

2. 有关规范、规程及标准

（1）《文物工程管理办法》；

（2）《古建筑木结构维护与加固技术规范》GB50165－92；

（3）《房屋建筑制图统一标准》GB50001－2001；

（4）《砌体结构设计规范》GB50003－2001；

（5）《木结构设计规范》GB50005－2003；

（6）《建筑地基基础设计规范》GB50007－2002；

（7）《建筑结构荷载规范》GB50009－2001；

（8）《建筑给排水设计规范》GB50015－2003；

（9）《民用建筑修缮工程查勘与设计规程》JGJ117－98；

（10）其他相关的国家标准和技术规范。

3. 有关文件批复

（1）国家文物局《关于对佛山祖庙维修方案的批复》（文物保函〔2005〕934号文）；

（2）佛山市人民政府《市政府常务会议决定事项通知》（佛府办函〔2006〕348号文）；

（3）佛山市财政局《关于佛山祖庙修缮工程经费的复函》（佛财行函〔2006〕128号）；

（4）佛山市禅城区环境保护局《关于佛山祖庙修缮工程环境影响报告表的批复》（No：2006－0326）。

4. 有关资料、文献

（1）《佛山祖庙修缮工程勘察报告》；

（2）《祖庙资料汇编》；

（3）《地质勘查报告》；

（4）相关调查纪要。

（二）设计要求

本修缮工程设计依据《中华人民共和国文物保护法》“对不可移动文物进行修缮、保养、迁移，必须遵守不改变文物原状的原则”的规定，结合《古建筑木结构维护与加固技术规范》（GB5016－92）对古建筑进行修缮时的基本规定，在维修古建筑时，应保存以下内容：

（1）原来的形制，包括原来建筑的平面布局、造型、法式特征和艺术风格等；

（2）原来的建筑结构；

（3）原来的建筑材料；

（4）原来的工艺技术的规定进行设计。

本修缮工程设计对佛山祖庙的损坏力图做到标本兼治。遵守能小、中修的不大修的原则。要求施工单位依据维修勘察报告、维修设计说明，施工时认真鉴别建筑物各种残损情况，分析其损坏成因及对建筑造成的危害，根据对建筑安全构成的威胁大小，采取最恰当的维修方法。

四　维修原则

根据佛山祖庙各建筑的残损现状，维修中执行如下原则：

（1）不改变文物原状的原则

维修中严格遵守《中华人民共和国文物保护法》规定的“不改变文物原状的原则”，施工中对损坏的构件执行能修理、加固后使用的应修理、加固后使用，不随意更换和添加构件，以达到最大限度的保留原来的构件、不降低文物价值的目的。

（2）拆除不合理的改建和添建部分，恢复原状的原则。

由于历史上的多次维修，加建和改建的部分较多，破坏了祖庙的整体性、降低了祖庙的艺术性和历史价值。经甄别后，做好记录，并证实拆除不影响结构安全的情况下给予拆除和局部修复。

（3）维修遵守“四个保持”的原则

维修中应做到保持：原来的形制，包括原来建筑的平面布局、造型、法式特征和艺术风格等；原来的建筑结构；原来的建筑材料；原来的工艺技术。

（4）对艺术构件实行保守对待的原则

祖庙的琉璃雕塑、灰塑、木雕、砖雕等艺术部分是祖庙建筑艺术中的精华部分，每一件单体均是具有极高的艺术价值、文物价值的文物，因此本次维修中对一些存在缺损，不影响艺术审美、不危及安全、暂时不修不会造成损坏加剧的，实行不全面修复的原则。仅对有确实依据（如：记载、照片、录像）的一些艺术构件给予恢复。对表面风化、脱色应进行修补加固，阻止损坏的加剧。

（5）现代材料的使用应可逆、隐蔽的原则

为了保护更多有价值的构件，允许科学的使用现代材料。但使用时应遵循在重要部位使用后应是可逆的，或使用后不影响今后的保养维修。同时现代材料的使用应做到隐蔽，不破坏、不影响文物建筑的外观。重要部位使用现代材料，应做必要的试验。

五　设计方案

（一）万福台

万福台主要病因有屋面瓦件受风雨侵蚀，屋面开裂造成漏雨，使木构件受潮腐朽，一些木构件已被白蚁蛀蚀，灰雕风化褪色。戏台下砼梁保护层开裂严重，钢筋外露、生锈，建筑已经产生安全隐患，如不及时采取合理有效的措施予以维修，解决漏雨及木构架损坏等问题，现在已经产生的破损将会加速。

根据以上情况，对万福台将采取以下方法进行维修：

1. 屋面进行揭顶维修。揭顶卸瓦时，注意不要损坏瓦件，将筒瓦及板瓦、琉璃勾头、滴水按规格形制和质地（青瓦或是红瓦）进行分类，洗净后挑选出完好的瓦件，更换已风化酥碱、缺角断裂、变形拱翘的瓦件。更换时优先选用同规格、同种花饰图案的旧瓦，如无旧瓦可用，则按原样定烧。重新装瓦时，可将新瓦及旧瓦分开集中安放，琉璃檐头瓦件则按同种规格、花饰重新编组安放。对裹垄砂浆取样进行材料分析，检测是否有贝壳灰等沿海地区特有的成分，如果没有，就采用传统的石灰砂浆，注意控制砂浆水灰比，盖瓦坐浆必须饱满。

2. 检查檩条、瓦桷隐蔽部分的朽坏程度，保留无朽坏能满足继续使用要求的檩条、瓦桷，更换已朽坏的檩条、瓦桷，按原材质、原大小、原方法制作安装。

3. 检查檩条隐蔽部分，即檩条与屋面的接触面和与墙体及其他构件的搭接支承位置的朽坏程度，对只是表面糟朽的檩条，腐朽深度小于20毫米的，将表面砍净，如朽坏面积与截面积之比大于1/8的，经计算不符合结构要求的，予以更换。如仍能继续使用，剔除腐坏部分后，用同样材质木材粘接修补。对保存较好、中部出现下挠的檩条，可将檩条挠曲面朝上安装。

4. 对后台东侧梁架进行局部卸架维修，更换已弯曲的木梁。

5. 更换柱脚已朽坏的原墩接木料及混凝土，拆除后检查柱芯是否糟朽空鼓，如已朽坏，则剔除糟芯，灌注不饱和聚酯树脂加固。

6. 拆除戏台底层的混凝土梁及其他混凝土构件，拆除支撑用的钢梁钢柱，恢复原木结构台面。

7. 对灰雕已开裂、残损、缺失的部位进行修补、加固，对风化酥碱的部位表面进行清理、加固。

（二）万福台前的厢房及东西庑廊

厢房及东西庑廊的病害与万福台大致一样。屋面漏雨，使木构件受潮腐朽，木构件已被白蚁蛀蚀，灰雕风化褪色，砖墙倾斜等是其明显的损坏表现形式，已危及建筑结构安全。同时还有近期为满足日常管理及服务的需求，进行了改造，破坏了原有外观形制。针对以上问题，根据资料及现场勘察，采取以下方法进行维修及复原：

1. 进行屋面揭顶维修，做法、要求与万福台屋面维修的要求相同。

2. 拆除一层前檐后期增加的钢架结构屋面，修补花岗岩柱身损坏的部位。

3. 拆除一层南面后期增加的楼梯，将北面庑廊与门楼间钢梯改为砖身花岗岩踏板楼梯。

4. 检查檩条、瓦桷隐蔽部分的朽坏程度，保留能满足继续使用要求的檩条、瓦桷，更换已朽坏的檩条、瓦桷，按原材质（或相近材质）、原大小、原方法制作安装。

5. 检查檩条隐蔽部分，即檩条与屋面的接触面和与墙体及其他构件的搭接支承位置的朽坏程度，对只是表面糟朽的檩条，腐朽深度小于20毫米的，将表面砍净，如朽坏面积与截面积之比大于1/8的，经计算不符合结构要求的，予以更换。如仍能继续使用，剔除腐坏部分后，用同种木材粘接修补。对保存较好、中部出现下挠的檩条，可将檩条挠曲面朝上重新安装。

6. 拆除现在经后期改造的楼面，根据1955年的测绘图纸，恢复圆楞木支承的木楼面。

7. 依据勘察报告，东廊后檐墙（祖庙东院墙）外鼓、倾斜的表现不是整体、有规律的向东外鼓、倾斜，砖墙内外两侧的倾斜表现明显不同，内侧（东廊内）未见空鼓，仅有较少的倾斜，外侧在高度1000毫米以上开始有明显的外鼓、倾斜。因此维修时无法使用整体校正的维修方式，维修时可用拆砌后檐墙（祖庙的东院墙），对倾斜的墙体进行维修。校正墙体后，铲除内墙面（未拆砌部分）后期增抹的砂浆，清洗墙面，用人工打磨，恢复原清水墙面做法。外墙面清洗后刷红色浆。

（三）灵应牌坊

屋面琉璃瓦、琉璃脊受风雨侵蚀严重，瓦件脱落，屋面漏雨，木构件受潮腐朽，部分琉璃脊饰损坏，斗栱损坏偏移是其损坏的主要表现。就以上情况，灵应牌坊采取屋面揭顶维修、校正偏移的斗栱，解决屋面雨水漏等病害。

1. 屋面进行全面揭顶维修，做法、要求与万福台屋面维修的要求相同。

2. 对屋面变形的琉璃脊进行调脊，脊饰和屋脊构件表面风化，大面积脱色泛白，局部已掉釉的，对风化严重的部位喷涂B72保护，阻止其进一步风化，增加耐久性。

3. 拆除屋脊上琉璃草龙曾用砂浆修补的部分，原件仍存的粘接修复。已缺失的根据相同构件按原样定制。

4. 检查檩条、瓦桷隐蔽部分的朽坏程度，保留能满足继续使用要求的檩条、瓦桷，更换已朽坏的檩条、瓦桷，按原材质（或相近材质）、原大小、原方法制作安装。

5. 修补平板枋和额枋端头已朽坏的部分。

6. 校正、锚固已松脱的斗栱，对缺失部件的斗栱构件进行修补。

（四）锦香池

锦香池保存较为完好，无较严重病害，采用保养与维护方法：

1. 清除锦香池壁上生长的杂草灌木，石缝间勾缝砂浆脱落的用石灰砂修补。

2. 清洗受铁锈污染的石面，对铁箍除锈后刷防锈漆，漆色要与石面颜色基本一致。

3. 锦香池池底进行清污。

（五）钟楼及鼓楼

钟楼及鼓楼屋面漏雨，木构件受潮腐朽，木构件已被白蚁蛀蚀，灰雕风化褪色，在后期曾作改造，针对以上问题，根据现场勘察，采取屋面揭顶、拆除后加的部分，防止损坏的进一步加剧。

1. 屋面进行全面揭顶维修，做法、要求与万福台屋面维修的要求相同。

2. 检查檩条、瓦桷隐蔽部分的朽坏程度，保留能满足继续使用要求的檩条、瓦桷，更换已朽坏的檩条、瓦桷，按原材质（或相近材质）、原大小、原方法制作安装。

3. 检查檩条隐蔽部分，即檩条与屋面的接触面和与墙体及其他构件的搭接支承位置的朽坏程度，对只是表面糟朽的檩条，腐朽深度小于20毫米的，将表面砍净，如朽坏面积与截面积之比大于1/8的，经计算不符合结构要求的，予以更换。如仍能继续使用，剔除腐坏部分后，用同种木材粘接修补。对保存较好、中部出现下挠的檩条，可将檩条挠曲面朝上重新安装。

4. 拆除现在经后期改造的红方砖楼面，恢复木楼面。检查楞木隐蔽部位，即楞木与楼板及搭接支承位置的朽坏程度，对只是表面糟朽楞木，腐朽深度小于20毫米的，将表面砍净，如朽坏面积与截面积之比大于1/8的，经计算不符合结构要求的，予以更换。如仍能继续使用，剔除腐坏部分后，用同种木材粘接修补。

5. 拆除后期增加的木构件，恢复原木楼梯。

6. 铲除内墙面后期增抹的砂浆，清洗墙面，用人工打磨，恢复原清水墙面做法。

7. 清理灰雕已风化酥碱的部位，修补裂缝，对风化酥碱的部位表面进行清理、修补、加固。

（六）锦香池旁两侧碑廊

两碑廊屋面漏雨塌陷，大面积变形，木构件受潮腐朽，一些已被白蚁蛀蚀，灰雕风化褪色，砖墙倾斜，危及建筑安全。后期为了适合展陈的需要增砌墙体和橱窗，镶嵌石碑，破坏了原有外观形制。

1. 屋面进行全面揭顶维修，做法、要求与万福台屋面维修的要求相同。

2. 检查檩条、瓦桷隐蔽部分的朽坏程度，保留能满足继续使用要求的檩条、瓦桷，更换已朽坏的檩条、瓦桷，按原材质（或相近材质）、原大小、原方法制作安装。

3. 检查檩条隐蔽部分，即檩条与屋面的接触面和与墙体及其他构件的搭接支承位置的朽坏程度，对只是表面糟朽的檩条，腐朽深度小于20毫米的，将表面砍净，如朽坏面积与截面积之比大于1/8的，经计算不符合结构要求的，予以更换。如仍能继续使用，剔除腐坏部分后，用同种木材粘接修补。对保存较好、中部出现下挠的檩条，可将檩条挠曲面朝上重新安装。

4. 拆除后期加砌用于镶嵌石碑的墙体和固定在墙体上的木橱窗。

5. 后檐墙也是祖庙的东墙（院墙），其损坏与东廊的后檐墙损坏方式相同，因此施工使用拆砌后檐墙，对倾斜的墙体进行校正的做法也与东廊后檐墙做法相同。校正墙体后，铲除内墙面（未拆砌部分）后期增抹的砂浆，铲浆时应特别注意旧墙面是否有壁画，如没有则清洗墙面，用人工打磨，恢复原清水墙面做法。外墙面清洗后刷红色浆。

6. 对灰雕已残坏缺失的部位进行加固或修复，修补裂缝，对风化酥碱的部位表面进行清理、修补、加固。

（七）三门

三门主要病因有屋面瓦件破碎、瓦垄损坏、屋面开裂造成漏雨，使木构件受潮腐朽，陡板灰雕风化褪色。部分琉璃脊饰及正脊陶塑损坏，由于屋面长期漏雨，木梁架已经产生的损坏仍在发展。

1. 屋面进行全面揭顶维修，做法、要求与万福台屋面维修的要求相同。

2. 检查檩条、瓦桷隐蔽部分的朽坏程度，保留能满足继续使用要求的檩条、瓦桷，更换已朽坏的檩条、瓦桷，按原材质（或相近材质）、原大小、原方法制作安装。

3. 检查檩条隐蔽部分，即檩条与屋面的接触面和与墙体及其他构件的搭接支承位置的朽坏程度，对只是表面糟朽的檩条，腐朽深度小于20毫米的，将表面砍净，如朽坏面积与截面积之比大于1/8的，经计算不符合结构要求的，予以更换。如仍能继续使用，剔除腐坏部分后，用同种木材粘接修补。对保存较好、中部出现下挠的檩条，可将檩条挠曲面朝上重新安装。

4. 拆除垂脊上琉璃草龙曾用砂浆修补的部分，原件仍存的粘接修复。已缺失的根据相同构件按原样定制。

5. 校正正脊东部已经倾斜的瓦脊，仔细清理屋面，寻找收集残坏陶塑掉落的构件（勘察时发现屋面上有脱落的构件），并逐一进行对接，确认吻合的，采用结构胶和环氧树脂粘接。对风化掉釉仍能使用的脊饰和屋脊构件，用B72喷涂保护。

6. 对已经大面积风化起壳的拱门红砂岩。用B72进行保护加固，其他受风化影响，但未出现大面积起皮剥落的地方，可考虑用B72给予加固，但必须在施工前进行试验，取得经验和科学的配比后实施。

7. 剔除封檐板残损、腐朽的部位，用原材料按图案进行复制后粘接，按原色上漆（断白）。

（八）文魁阁

文魁阁的病害主要有屋面漏雨，木构件受潮腐朽，木构件已被白蚁蛀蚀，由于斗栱变形、角梁腐朽、倾斜，造成屋面四翼角下坠，灰雕除风化褪色外还出现倾斜开裂，部分灰雕损坏后曾被重塑。还有东南角金柱被蛀空，已严重危及建筑结构安全。

根据残损情况，将采取以下方法进行维修：

1. 屋面揭顶维修，做法、要求与万福台屋面维修的要求相同。同时校正已下坠的屋面四翼角。

2. 检查檩条、瓦桷隐蔽部分的朽坏程度，保留能满足继续使用要求的檩条、瓦桷，更换已朽坏的檩条、瓦桷，按原材质（或相近材质）、原大小、原方法制作安装。

3. 检查檩条隐蔽部分，即檩条与屋面的接触面的朽坏程度，对只是表面糟朽的檩条，腐朽深度小于20毫米的，将表面砍净，如朽坏面积与截面积之比大于1/8的，经计算不符合结构要求的，予以更换。如仍能继续使用，剔除腐坏部分后，用同种木材粘接修补。

4. 采取局部卸架大修的方法，更换东南角已被白蚁蛀空无法再用的木柱。对其他木柱柱身、柱脚处出现的裂缝，小于5毫米时，可用油灰修补，再刷油漆断白，如裂缝大于5毫米的，可用木料加胶水填缝，再刷油漆断白。产生空洞的柱头、瓜柱，可用不饱和聚酯树脂灌注加固；柱脚腐朽的用墩接法修补。

5. 拆除二层红方砖地面，恢复原木地面。

6. 拆除现钢筋混凝土楼梯，改为砖身花岗岩踏板楼梯。

7. 修补斗栱已经损坏的构件，校正已经移位歪斜的部位。

8. 对灰雕已残坏缺失的部位进行加固或修复，修补裂缝，对风化酥碱的部位表面进行清理、加固，对风化酥碱严重的部位喷涂B72阻止其进一步风化，增加耐久性。

（九）武安阁及忠义流芳题记牌坊

武安阁及忠义流芳题记牌坊的病害主要有，屋面漏雨，瓦件损坏，使木构件受潮腐朽，木构件已被白蚁蛀蚀，由于斗栱变形倾斜，屋面四翼角下坠，灰雕除风化褪色已出现倾斜，一些部位后期被改造，尤其二层木柱有8根出现空鼓，给建筑结构留下安全隐患。

1. 屋面进行全面揭顶维修，做法、要求与万福台屋面维修的要求相同。同时校正已下坠的屋面四翼角。

2. 检查檩条、瓦桷隐蔽部分的朽坏程度，保留能满足继续使用要求的檩条、瓦桷，更换已朽坏的檩条、瓦桷，按原材质（或相近材质）、原大小、原方法制作安装。

3. 检查檩条隐蔽部分，即檩条与屋面的接触面的朽坏程度，对只是表面糟朽的檩条，腐朽深度小于20毫米的，将表面砍净后修补，如朽坏面积与截面积之比大于1/8的，经计算不符合结构要求的，予以更换。如仍能继续使用，剔除腐坏部分后，用同种木材粘接修补。

4. 勘察中发现阁楼二层的8根木柱的上下端、部分瓜柱均出现腐朽、中空，因此，将对这些木柱、瓜柱采取卸架维修，剔除糟芯，灌注不饱和聚酯树脂加固；墩接柱脚腐朽部分。

5. 拆除二层四周的木方窗和门，恢复原有风貌。

6. 拆除现钢筋混凝土楼梯，改为砖身花岗岩踏板楼梯。

7. 修补斗栱已经损坏的构件，校正已经移位歪斜的部位。

8. 对灰雕已残坏缺失的部位进行加固或修复，修补裂缝，对风化酥碱的部位表面进行清理、加固，对风化酥碱严重的部位喷涂B72保护。

（十）前殿

前殿屋面整体下滑开裂，雨水渗漏，使木构件受潮腐朽，木构件被白蚁蛀蚀，大部分木构件产生倾斜位移，斗栱脱榫及瓜柱空鼓的情况也较多，屋脊陡板灰雕风化褪色，部分琉璃脊饰及正脊陶塑损坏，如不及时维修，损坏将进一步加剧，还影响室内文物陈列的安全。

1. 屋面进行全面揭顶维修，做法、要求与万福台屋面维修的要求相同。为防止瓦面在重力作用下滑移开裂，用铜线将筒瓦串联，铜线尾部锚入正脊，拉结屋面，阻止屋面下滑。

2. 卸瓦后检查檩条、瓦桷、隐蔽部分木构件的朽坏程度，保留能继续使用的檩条、瓦桷，更换已朽坏的檩条、瓦桷，按原材质、原大小、原方法制作安装。

3. 检查檩条与屋面的接触面和与墙体及其他构件的搭接支承位置的朽坏程度，对只是表面糟朽的檩条，腐朽深度小于20毫米的，将表面砍净，如朽坏面积与截面积之比大于1/8的，经计算不符合结构要求的，予以更换。如仍能继续使用，剔除腐坏部分后，用同种木材（或相同材质）粘接修补。对保存较好，如表面出现裂缝，宽度小于5毫米的可用油灰修补，再刷油漆断白，如裂缝大于5毫米的，可用木料加胶水填缝，再刷油漆断白，对于中部出现下挠的檩条，可将檩条挠曲面朝上重新安装。

4. 剔除柱顶已经朽坏的部位，即将糟朽中空的部位凿铲成形后，采用同种木材（或相同材质）粘接修补，再用箍或铁锔加固，防止产生水平位移。如柱身、柱脚处出现裂缝，小于5毫米时，可用油灰修补，再刷油漆断白，如裂缝大于5毫米的，可用木料加胶水填缝，再刷油漆断白。检查曾做加固的瓜柱，对现有铁锔进行除锈，如瓜柱只是小面积的朽坏，也可采用剔补的方法加固，如发现柱芯已糟朽，先清除糟朽部位，然后再灌注不饱和聚酯树脂加固。

5. 校正屋脊，仔细清理屋面，寻找收集残坏掉落的陶塑构件（勘察时发现屋面上有脱落的构件），并逐一进行对接，确认吻合的，采用结构胶和环氧树脂粘接。对风化掉釉的用B72喷涂保护。正脊下侧陡板灰雕，风化掉色严重，一些塑像已不易辨认，经试验后，可用有机硅材料进行封护，减缓风化的速度。如有确切依据的，可对风化、不易辨认的灰塑进行局部修复。所使用砂浆可先取样试验，确定其包含的材料成分，结合当地老匠人所提供配方进行试验对比后，确定最佳方案。

6. 铲除内墙及外墙面的后期增抹的砂浆和粉刷的色浆，清洗墙面，用人工打磨，恢复原清水墙面做法。

7. 剔除封檐板残损腐朽的部位，用原材料按图案进行复制后粘接，按原色上漆、贴金。

8. 修补斗栱已经损坏的构件，校正已经移位歪斜的部位。

（十一）前殿香亭及前殿东西廊

主要病害有屋面开裂，雨水渗漏，使木构件受潮腐朽，木构件被白蚁蛀蚀，屋脊陡板灰雕风化褪色，一些部位后期被改造等。针对以上问题，采取以下方法进行维修及复原：

1. 屋面进行揭顶维修，做法、要求与万福台屋面维修的要求相同。

2. 检查檩条、瓦桷隐蔽部分的朽坏程度，保留能满足继续使用要求的檩条、瓦桷，更换已朽坏的檩条、瓦桷，按原材质（或相近材质）、原大小、原方法制作安装。

3. 检查檩条隐蔽部分，即檩条与屋面的接触面的朽坏程度，对只是表面糟朽的檩条，腐朽深度小于20毫米的，将表面砍净，如朽坏面积与截面积之比大于1/8的，经计算不符合结构要求的，予以更换。如仍能继续使用，剔除腐坏部分后，用同种木材粘接修补。

4. 拆除现混凝土及砌体部位，恢复原屋面木构架。

5. 校正香亭梁枋间已经歪斜的雀替，清理面层脱落的油漆，重新刷漆后断白处理。

6. 修复屋面檐头封檐板。

（十二）大殿

大殿与前殿损坏情况基本一致，屋面整体下滑开裂，雨水渗漏，使木构件受潮腐朽，木构件被白蚁蛀蚀，大部分木构件产生倾斜位移，斗栱脱榫及瓜柱空鼓的情况也较多，屋脊陡板灰雕风化褪色，部分琉璃脊饰及正脊陶塑损坏，特别应指出的是在勘察中发现室内许多主要承重木柱均有大面积空鼓的情况，危及建筑结构安全。如不及时维修，采取合理有效方法解决病害，建筑的损坏将进一步加剧，一些艺术构件将随着岁月变迁而凋零，甚至将影响包括室内其他陈列文物的保护与保存。

1. 屋面进行全面揭顶维修，做法、要求与前殿屋面维修的要求相同。

2. 剔除木柱已经朽坏的部位，将糟朽中空的部位凿铲成形，采用同种木材（或相同材质）粘接修补，再用箍或铁锔加固，防止产生水平位移。勘察中大殿内几根主柱出现大面积的空鼓，对保持整个大殿木结构体系的稳定造成影响，给建筑留下极大的安全隐患，因此，将这部分木柱采取卸架大修的方法，剔除糟芯，灌注不饱和聚酯树脂加固。对柱身、柱脚处出现的裂缝，小于5毫米时，可用灰修补，再刷油漆断白，如裂缝大于5毫米的，可用木料加胶水填缝，再刷油漆断白。

3. 对屋面四个翼角作认真排查，特别注意角梁与瓦面接触的隐蔽部位，如角梁朽坏面积较小，采用剔补的方法进行加固，如朽坏面积与截面积之比大于1/8的，经计算不符合结构要求的，予以更换。其他主要承重梁也依据这一原则进行维修。

4. 校正屋脊，仔细清理屋面，寻找收集残坏掉落的陶塑构件（勘察时发现屋面上有脱落的构件），并逐一进行对接，确认吻合的，采用结构胶和环氧树脂粘接。对风化掉釉的用B72喷涂保护。正脊下侧陡板灰雕，风化掉色严重，一些塑像已不易辨认，经试验后，可用有机硅材料进行封护，减缓风化的速度。如有确切依据的，可对风化、不易辨认的灰塑进行局部修复。所使用砂浆可先取样试验，确定其包含的材料成分，结合当地老匠人所提供配方进行试验对比后，确定最佳方案。

5. 铲除内墙及外墙面的后期增抹的砂浆和粉刷的色浆，清洗并人工打磨墙面，恢复原清水墙面做法。

6. 剔除封檐板残损腐朽的部位，用原材料按图案进行复制后粘接，按原色上漆、贴金。

7. 拆修大殿斗栱，清理各组构件，对已损坏的构件进行修补，如已无法修补或修补后不能达到原有强度要求的，予以更换。在维修大殿的时应注意保护具有特别意义的拱栓做法。

8. 神龛维修，维修时注意保护神龛下的北帝神像（明代文物）。在维修拆卸大殿屋面前应用木材制作封护架，密封，木框用100毫米×80毫米方木，@300毫米；封护顶板共设两层，上下两层之间相隔200毫米，顶板板厚大于20毫米，均应能承受20千克物体按2米高自由落地的冲击力。四面围板厚度不小于15毫米。封护架四周及上部与神像的净空不小于400毫米。神像背面如距离小，应将后檐墙作为封护的一面。

（十三）正殿香亭和正殿东西廊

主要病害有屋面开裂，雨水渗漏，使木构件受潮腐朽，木构件被白蚁蛀蚀，屋脊陡板灰雕风化褪色，一些木雕艺术构件脱榫歪散。针对以上问题，将采取以下方法进行维修：

1. 屋面进行全面揭顶维修，做法、要求与万福台屋面维修的要求相同。

2. 检查檩条、瓦桷隐蔽部分的朽坏程度，保留能满足继续使用要求的檩条、瓦桷，更换已朽坏的檩条、瓦桷，按原材质（或相近材质）、原大小、原方法制作安装。

3. 检查檩条隐蔽部分，即檩条与屋面的接触面的朽坏程度，对只是表面糟朽的檩条，腐朽深度小于20毫米的，将表面砍净，如朽坏面积与截面积之比大于1/8的，经计算不符合结构要求的，予以更换。如仍能继续使用，剔除腐坏部分后，用同种木材粘接修补。

4. 校正香亭梁枋间已经歪斜的雀替，清理面层脱落的油漆，重新刷漆后断白处理。

5. 剔除修复封檐板残损腐朽的部位，用原材料按图案进行复制后粘接，按原色上漆断白。

（十四）庆真楼

庆真楼屋面整体下滑开裂，雨水渗漏，使木构件受潮腐朽，木构件被白蚁蛀蚀，还在后期为满足布展需求，做了一些改造，破坏了原有平面布局与形制。大部分木构件产生倾斜、位移，斗栱脱榫及瓜柱空鼓，屋脊陡板灰雕风化褪色，部分琉璃脊饰及正脊陶塑损坏。勘察中发现的主要承重木柱的大范围空鼓已危及建筑的安全。由于病害仍在发展，建筑的损坏将进一步加剧。

1. 进行屋面揭顶维修，做法、要求与大殿屋面维修的要求相同。瓦面裹垄砂浆使用草筋石灰砂浆，并在裹垄前用铜线拉结筒瓦，降低屋面下滑的系数。

2. 对室内各金柱进行纠偏，拆除九架梁下后来增添的“雀替”，恢复原有风貌。

3. 拆除二层混凝土楼面，依据1955年的测绘图恢复原平面做法和木结构楼面做法，拆除现有正面的混凝土楼梯，恢复一楼明间紧贴后墙木梯。

4. 校正屋脊，仔细清理屋面，寻找收集残坏掉落的陶塑构件（勘察时发现屋面上有脱落的构件），并逐一进行对接，确认吻合的，采用结构胶或环氧树脂粘接。对风化掉釉的用B72喷涂保护。

5. 铲除内墙面的后期增抹的砂浆，清洗墙面，用人工打磨砖面，恢复原清水墙面做法。拆除后期增加的室内装饰和构件。

（十五）排水

1. 清理原有排水暗沟，恢复原排水沟的畅通。

2. 更换原屋檐前的木制排水天沟，按原样复制，并作防渗及防腐处理。

3. 按现保存完好的落水管形制修复已损坏的落水管。

4. 将分散在祖庙各建筑内的供水管及一般日常使用的水龙头移出殿外，另行安排地点安装。

六　维修保障措施

（一）屋脊维修说明

祖庙各建筑由于屋脊上有众多具有极高艺术价值和文物价值的石湾陶塑及灰塑装饰，如维修时将屋脊分解落架或由于施工不慎而遭到损坏，都会是这次维修的失败，因此拟采用屋脊整体加固后用特殊钢架进行原位支顶，实行屋脊不落架的维修方式。支顶后还应采用必要的封护措施，以确保在施工过程中万无一失。整体加固即原位支顶的方法，是借鉴建筑平移技术产生的维修方法，佛山祖庙在维修东西院墙时已经使用过，是一种较为成熟的施工工艺。具体做法在施工设计时确定。

（二）木材的规范要求

施工中采用的木材缺陷值要求符合《木结构设计规范》、《古建筑木结构维护与加固技术规范》相关规范的选材标准。制作构件时，木材含水率应符合相关规范的要求，由于此次工程木材用量大，要求高，因此必须提前备料，集中堆积在备料棚内自然风干，且主要承重构件用料风干时间不能少于60天。

（三）木材材质

施工使用的木材，应与原来使用的相同。祖庙现在使用的木材勘察时从损坏的缺口观察木质，有两种以上的材种。由于管理单位未作材种鉴定，因此本维修设计均用“硬木”一词代替。根据佛山博物馆退休老同志的介绍，20世纪六七十年代维修时，发现祖庙使用的木材以坤甸木为主。本次维修木材使用的顺序：材种鉴定后，优先使用原材种；如由于鉴定困难和原材种采购困难，可使用材质相近的材种。本设计使用的材种为坤甸木。坤甸木有两种，最好的为绿坤，本设计为保证维修质量，更换构件所用木材均为绿坤。

（四）屋面瓦件的使用规定

从勘察中可知，由于祖庙有过多次维修，致使瓦件规格、纹饰多样。要求屋面卸瓦后对瓦件进行分类，挑选单一建筑中占主导地位的瓦件作为更换瓦件的规格依据。具体规格在施工中确定，但所有瓦件规格应不小于传统建筑常用的六样瓦。瓦件的质量应符合规范的要求。缺乏规范的应保证瓦件无开裂、砂眼、釉色统一，不变形，尺寸误差小于5毫米。

（五）青砖

本次维修使用青砖较少，要求所用新砖与原砖规格相同，颜色一致。

（六）砂浆使用要求

维修中使用的主要砂浆：
（1）石灰砂浆（1∶1～1∶3多种，不同部位用不同的配比）；
（2）石灰草筋砂浆（瓦面裹垄使用）；
（3）石灰纸筋砂浆（修补屋脊及灰雕使用）；
（4）石灰棉筋砂浆（修补灰雕及灰塑使用）。
辅助砂浆：
水泥砂浆（用于隐蔽部位，并证明传统材料无法满足强度要求时使用）。

（七）化学材料的使用

（1）不饱和聚酯树脂。可使用常用的191不饱和聚酯树脂，也可以考虑使用现在新型的阻燃型的不饱和聚酯树脂。灌注时加入200目的石粉或瓷粉，最大比例为1∶1。每次灌注量，不超过3千克。

（2）B72是现在常用的硅材料，施工工艺成熟，可与文物本体很好地结合，强度高。本设计对各种风化的艺术构件有针对性使用B72进行保护。使用范围为：风化但可不修补的部位。

（八）不饱和聚酯树脂灌注要求

以往的灌注施工均在构件上开槽，本此维修设计不用在构件露明处开槽的方法，用从构件的两端开洞灌注的方式。这样可以最大限度地保证建筑的外观。由于本次勘察中发现中空的构件几乎都通顶，因此从两端开口的灌注方式是可行的。施工用单个构件灌注的方式，防止灌注后的粘连而产生不可逆的现象。设及铆口的，用三合板制作榫头就位后再灌注。如确实中空不通顶的，可在构件露明处开口，但尽可能小，以满足施工需要为准。

不饱和聚酯树脂是易燃品，施工时注意防火；注意施工人员的防护。

（九）施工记录

施工中积极做好记录工作，包括文字、照片及现场实测图纸。对需拆卸的构件进行逐一编号，专用场地分类、分建筑单体置放，存放中构件叠放中每层应有间隔和透气，并应杜绝由于挤压或人为疏忽而造成文物的损伤。

（十）油漆

祖庙使用的油漆，均是生漆。除个别外，应统一使用生漆。

（十一）防腐防虫

维修时对所有木构件进行防虫防腐。要求更换的构件先进行防虫防腐后才能安装，特别注意隐蔽部位的防虫防腐。与墙体接触的木构件，先进行防虫防腐后再刷防潮沥青再安装。

推荐使用的药剂：

1. 二硼合剂（代号 BB）

主要成分组成：硼酸 40%、硼砂 40%、重铬酸钠 20%。

剂型：5% ~10% 的水溶液或高含量浆膏。

用量：5 ~6 千克/立方米或 300 克/平方米。

药剂特点及使用范围：不耐水，略能阻燃，适用于室内与人有接触的部位。

2. 铜铬砷合剂（代号 CCA 或 W－2）

主要成分组成：硫酸铜 22%、重铬酸钠 33%、五氧化二砷 45%。

剂型：4% ~6% 的水溶液或高含量浆膏。

用量：9 ~15 千克/立方米或 300 克/平方米。

药剂特点及使用范围：耐水，具有持久而稳定的防腐防虫效力，适用于室内外潮湿环境中。

3. 有机氯合剂（代号 OS－1）

主要成分组成：五氯酚 5%、林丹 1%、柴油 94%。

剂型：油溶液或乳化油。

用量：6 ~7 千克/立方米或 300 克/平方米。

药剂特点及使用范围：耐水，具有可靠而耐久的防腐防虫效力，可用于室外，或用于处理与砌体、灰背接触的木构件。

施工时将三种药剂有针对性的使用，可单用一种，也可多种使用。进入山墙或要求具备耐水的部位用有机氯合剂、铜铬砷合剂。梁架、柱、桁桷、门窗装修可用二硼合剂或铜铬砷合剂，优先推荐使用铜铬砷合剂，可用高浓度药液浸泡法或用喷涂法。

（十二）施工中重点保护“三雕二塑”

祖庙素有“古祠艺宫”的美誉。建筑上的装饰极具岭南传统建筑的神韵，工艺精湛。琉璃陶塑人物故事屋脊和丰富多彩的灰塑栩栩如生；墙壁上纤巧细腻的砖雕；栏杆、柱础上粗犷古朴的石质雕刻；梁架、封檐板上各种玲珑剔透的漆金木雕，均构思新奇，刻画细致，生动传神，耐人寻味，是岭南传统建筑装饰中不可多得的艺术精品，构成了祖庙的三雕二塑。维修中除了保证构架的安全外，保护好祖庙的

"三雕二塑"是祖庙维修中的关键，也是维修成败的关键。

①依据不同的性质和损坏程度，实行不同的维修加固方式。

a. 石雕、木雕、砖雕以原状维修加固为主，不主张过多的修复残缺。但残缺后已影响到相邻部分自持的，或不修复已无法保存整组雕塑的，可以进行修复。

b. 陶塑是祖庙艺术精品中数量较大的部分，除了部分存在残缺外，损坏的主要表现是表面风化、脱釉掉色。陶塑是中空的艺术构件，近距离观察发现缺损、脱釉露胎部分的风化比其他的稍要严重，可能是脱釉、露胎后的损坏速度比有釉面保护得快。修复时要尊重陶塑自身的特点，对散落在屋面上的可找回的构件应对接黏补回原位（勘察时有发现），或对缺损部位给予封堵，对有依据和存档资料的可根据资料给予修复。

c. 灰塑的强度、密度是几种艺术品中最低的一种，其损坏表现主要是龟裂、风化脱落。龟裂、风化造成灰塑内部的铁质骨架生锈，产生类似钢筋混凝土损坏的爆筋现象，造成裂缝进一步增大，使铁质骨架锈蚀进一步恶化的恶性循环。灰塑表面风化后砂浆直接裸露，由于风雨的侵蚀造成脱落。针对灰塑的这种特性，应有针对性地对灰塑进行修补或加固。修复和加固时注意砂浆的种类。

②对20世纪七八十年代重塑的、与历史遗存的灰塑题材风格上不同的，应依据历史资料修复。

③由于灰塑使用的砂浆种类较多，本设计无法一一列举，施工时注意甄别，按原来的砂浆种类和配比调配修复加固使用的砂浆。

（十三）施工中对不可移动文物的保护

维修施工时，应注意保护各建筑中的不可移动的文物或移动后将会造成严重损坏的文物，如碑刻、漆雕神像等。尤其是漆雕神像，起保护的方法与大殿北帝神像的保护方法相同，用木材制作封护架，密封、注意防尘；木框用100毫米×80毫米方木，@300毫米；封护顶板共设两层，上下两层之间相隔200毫米，顶板板厚大于20毫米，均应能承受20千克物体按2米高自由落地的冲击力。四面围板厚度不小于15毫米。封护架四周及上部与神像的净空不小于400毫米。神像背面如距离小，应将后檐墙作为封护的一面。

七　辅助设计

（一）防火设计要求

1. 佛山祖庙为全国重点文物保护单位，根据其建筑结构以木材为主这一特点，祖庙防火设计应满足《建筑设计防火规范》规定的耐火等级，民用建筑四级的要求。

2. 祖庙防火设计必须符合国家文物局颁布实施的《古建筑消防管理规则》的相关规定。

3. 在不影响原有古建筑结构的完整性和古建筑形象外观的前提下，安装火灾自动报警设备、自动灭火装置及向消防部门自动报警的通讯系统。

4. 所使用的灭火设备及方案应做到能快速扑救古建筑初期和局部火灾，优先选用灭火后对古建筑内部各种构件和装饰物损害小、干扰少、可逆性强的灭火剂和灭火系统，避免传统灭火剂灭火后的二次污染造成古建筑的破坏。

5. 在不影响古建筑整体景观的条件下，适当在古建筑群外和内修建消防车道及安全疏散通道，形成完整合理的消防交通体系，以便消防车能直接深入到古建筑群内部及保证人员的快速疏散。

6. 防火设计和施工应由具有相应资质的单位承担。

（二）防雷设计

1. 根据文物的重要性、使用性质、发生雷电事故的可能性和雷害后果，全国重点文物保护单位——佛山祖庙应为一类防雷单位，防雷设计必须符合一类防雷设防要求。

2. 祖庙的防雷设计方案必须符合《建筑物防雷设计规范》（GB50057－94）及国家文物局颁布的相关规定的要求。

3. 防雷设施的安装尽可能的不影响古建筑结构的完整性和古建筑形象外观。

4. 古建筑物防雷设计应分为内、外部防雷，并将外部防雷装置和内部防雷装置作为统一整体考虑，符合 IECl024－1 和 GB50057－94（2000 版）的有关规定。

佛山祖庙修缮工程施工方案

一　地基基础加固补强方案

建筑物局部地基基础稍有不均匀沉降引起上部结构拱、梁、板的损坏；考虑到建筑物历史悠久，基础下部淤泥已相对固结，沉降基本稳定，本次修缮以最少干预为原则，进行基础处理。遵行先地基加固，再对基础进行补强的原则。

1. 设立长期沉降观察点

从修缮工程一开始，就对建筑物设立长期沉降观察点，定期观察，直到工程完工之日，继续观察为二年，做好沉降观察记录。

2. 加固施工

（1）本工程注浆加固施工工序

定孔位→凿孔→插管→注浆→提管→复插管→复注浆→拔管→封孔。

（2）打孔及插管

用工程钻机成孔，孔径 110 毫米，钻至设计标高后插入注浆管，注浆管采用下部钻眼的花管。

（3）制备浆液

浆液严格按配比要求制备，依次定量加入添加剂，充分搅拌均匀后，水泥浆液应过滤两次后方可使用。

（4）注浆

保证注浆压力稳定及注浆泵正常运转，不得中途停住。如因故停泵，需重新插管补浆，原则上应定量注浆。

（5）提管

提管注浆中要均匀提升注浆管，逐段提升注浆直至地表，可形成糖葫芦状结石体。

（6）二次注浆

当吃浆量过大或对于重点注浆加固区段，可采取二次注浆，即待第一次注浆初凝后，在此孔中重新插管注浆。

（7）冒浆处理

注浆时发现管壁间冒浆或邻孔窜浆时，要停注片刻，待浆液凝固后再注。

（8）停止注浆标准

浆液从孔口或其他地方冒出、注浆压力超过定值、注浆量超过规定值。

（9）注浆顺序

先室外后室内。每段施工应本着由疏到密、对称均匀的施工顺序，严禁分块集中连续注浆；

（10）沉降观测

注浆同时进行沉降观测，控制各部位基础一次上抬量不超过1厘米，总上抬量不超过5厘米，避免产生新的裂缝。

3. 地基、砖墙基础补强

（1）施工前先对上部结构作支撑处理。

（2）按设计图纸标示的开挖高度，在基础两侧作开挖处理。

（3）布置注浆设备和注浆口。

（4）分段检查基础情况，发现严重的蜂窝麻面部位要清凿松散的混凝土，清理干净基面，涂刷一道界面处理剂，采用环氧胶泥进行修补蜂窝、麻面和裂缝，并安装、埋设注浆嘴，再压力灌注超细微膨胀水泥灌浆料。不影响结构安全的麻面可不处理。

（5）墙基混凝土如有贯通裂缝的，采用压力灌浆法对砖构件裂缝进行密封处理。先用聚合物胶泥封缝，再灌注超细微膨胀水泥灌浆料。

（6）该段基础处理完毕，用黏土分层回填夯实。

二　屋面揭瓦重铺方案

由于揭瓦重铺的施工工艺在佛山祖庙维修中应用最为广泛，并影响以后的工艺质量及维修项目的总体进度情况。屋面由于年久失修，瓦面出现变形、开裂，因此屋面须用整体揭瓦重修的施工方法修复。揭瓦时，保留旧瓦材，能用的全部用回。依据《中华人民共和国文物保护法》及“四保存”的修缮原则，修复正脊时整体保留，并采用正脊整体顶升工艺，以保证正脊原风格、原工艺、原形制。

1. 现状记录

记录瓦顶的形式、质地、尺寸，屋脊及翘起的尺寸，每面坡瓦垅的长度，筒板瓦、勾头、滴水瓦的尺寸。

2. 形制记录

古代建筑的瓦顶是最常为后代修理的部分。历史上的维修，不可能完全按照我们今天“保存现状”或“恢复原状”的原则进行的。因而往往出现瓦件混杂的现象，如筒板瓦的尺寸不统一；勾头滴水的花纹不一致等等，所以在揭瓦之前应仔细查清，做好记录，作为修理工作中的参考资料。

3. 瓦件编号

拆除瓦顶之前，对一些艺术构件如雕花脊筒等进行记录、编号，绘出编号位置图。编号依一定顺序进行，习惯是从西北角开始，逆时针旋转。在编号图上标明构件名称和编号数。在实物用油漆标注编号，油漆颜色应与瓦件的颜色有明显的区别，瓦件编上编号，装后再用溶剂擦掉。对于数量多位置关系不大的如勾头、滴水、扣脊件、筒瓦、板瓦或无雕饰的脊筒等，一般不进行编号。

4. 拆除瓦件

拆除瓦面之前先对屋脊、脊饰及内外檐的装饰进行保护。拆除瓦面一般顺序是先从檐头开始，卸除勾头、滴水、帽钉，然后进行坡面揭瓦。自瓦顶的一端开始（或由中间向两边分揭），一垅筒瓦一垅板瓦的进行，以免踩坏瓦件。拆卸瓦件所用的工具为瓦刀、小铲、小撬棍等，不要用大镐大铲以免对瓦件造成新的损伤。

瓦件拆卸后应随时运走堆放在安全场地，分类码放整齐。拆除瓦顶过程中，应配合照相记录工作，以备研究原来的做法和铺瓦时参考。

5. 清理瓦件

拆卸瓦件后，重新安装前，在适当的时间内要对瓦件进行清理。首先是清除瓦件上的灰迹，这道工序古代称之为“剔灰擦抹”，用小铲慢慢除去瓦件的灰迹，还要用水洗擦一遍。清理过程中应结合挑选瓦件的工作，挑选的标准，一是形制，二是残损破坏的程度。现所用的瓦件大小如有不同，在挑选时首先要按不同的规格进行编码，以便研究处理。在保存现状的修理时，在重新铺瓦的时候，仔细安排一下，将这些瓦件用在后坡，安排适当并不影响外观。残毁的瓦件，按其完整度分为可用，可修整的，更换的三种。

筒瓦：四角完整或残缺部分在瓦高 1/3 以下的为可修构件，其余残碎的列为需要更换的构件。

板瓦：缺角不超过瓦宽的 1/6 的（重新铺瓦后不露缺角为准），后尾残长在瓦长 2/3 以上的，列为可用瓦件。断裂为二段楂口能对齐的，列为可修构件，其余残碎的列为需要更换的构件。

勾头瓦、滴水瓦：检验方法与筒板瓦一致，但应特别注意瓦件前部的雕饰，如花纹残而轮廓完整的列为可用瓦件，轮廓残缺或色釉全脱的，一般列为更换瓦件。

瓦筒：无雕饰的残长 1/2 以上都应保留继续使用，有雕饰的瓦筒，如仅雕饰部分残缺的也应列为可用构件。凡必须重新烧制时，及早提出计划，样品送窑厂进行订制。

6. 铺瓦

依据设计图纸和拆除记录草图、照片等资料，按原来式样进行铺瓦。

7. 排瓦挡

依据拆除记录，查明各面坡顶的瓦垅数，正常情况应该是前后坡一致。

8. 铺筒板瓦

为确保屋面铺完后底瓦划一整齐、有美感，先在椽面上横向挂线取直，画线留记，保证底瓦铺设质量，避免底瓦铺设的错位。铺瓦面时，先必须在两山博风外皮往里量约两个瓦口的宽度作屋顶的两个边垅底瓦，并铺砌滴水、瓦当，为保证各垅滴水、瓦当高低及伸出瓦口外尺寸一致，铺瓦必须在檐口两边挂上高低线、滴水线，分别在左右两个区域内赶排瓦口。每垅先在檐口用草筋灰安装底瓦、滴水，勾头用铜线栓紧，铺砌在两滴水瓦之间上，将滴水瓦扣紧，防止下滑。底瓦（衬瓦）原貌为对缝铺设，瓦作时先铺设底瓦，然后在底瓦面的边批抹草筋灰浆铺砌板瓦，原貌面“搭七留三”底“搭三留七”，确保板瓦铺砌质量，严控瓦片之间搭接不出错位，板瓦与板瓦之间的间隙要用草筋灰浆密封好，有瓦钉（瓦铍）位置的板瓦要扣住瓦钉。铺瓦时，瓦件底部需用草筋灰垫牢。

9. 筒、板瓦辘筒

辘筒前，施工单位先在地下按原貌做 1 条 1 米长的样板辘筒，具体确定筒的规格与黑色面层的配比、黑色灰膏的色泽。正式施工时，必须按确定的做法进行。铺设瓦筒前，先用草筋砂灰将瓦与瓦之间的缝隙紧密封好，再通线盖筒保证整条瓦筒顺平直。辘筒底层先用草筋砂灰辘成筒形，面层再用 1 ~ 2 厘米厚黑色灰膏批挡抹光，待筒灰稍干后再批黑色灰膏抹光。成型后的辘筒各条规格要一致，杜绝大细不一，误差不能超过 1 厘米。

10. 椽子的维修与更换

椽子是木构架上层的构件，屋顶漏雨首先被侵蚀的部分，修理工作中更换的比例最大，因此保留原时代的这种构件的比例很少。椽子的毁坏情况多为糟朽、劈裂、弯垂。我们对待此类构件的态度是，能保留使用的尽量保留。

糟朽，局部糟朽不超过原有直径的 2/5 的认为是可用构件，但注意糟朽的部位。椽头糟朽不能承托连檐时则列为更换构件。

劈裂，深不超过 1/2 直径，长度不超过全长的 2/3，认为是可用构件。椽尾虽裂但仍能钉钉的也应继续使用。

弯垂，受力超重而弯曲的，不超过长度的 2% 的认为可用构件。自然弯曲的构件不在此限。

加固方法，细小的裂缝一般暂时不作处理，等油饰断白时刮泥子勾抿严密。较大的裂缝（0. 2 ~ 0. 5 厘米以上）嵌补木条，用环氧树脂粘牢。糟朽处应将朽木砍净，用拆下的旧椽料按糟朽的部位的形状尺寸，砍好再用环氧树脂粘牢。

换椽子，如需更换椽子，要尽量使用旧料。必须以新料更换时，应注意以下几点：选料应尽量选择原来的木料，保证大头的尺寸。

11. 飞椽的加固和更换

飞椽为方形构件，后尾逐渐减薄，头部与尾部的长度比为 3∶1，俗称：“一飞三尾”。飞椽头部受雨淋易糟朽，凡不影响钉大连檐的应继续使用。尾部易劈裂，尖端极薄容易折断，残留长度的头尾比例保持在 1∶2 以上大的列为可用构件。裂缝长不超过头部 1/2，深不超过直径 1/2 的可继续使用，但应用铁箍加固。

三　灰塑修复方案

灰塑是以石灰为主要原材料，按照比例加稻草、草纸、红糖、糯米粉等，并按先后顺序加入适当的清水，通过浸泡、发酵，再经搅拌和锤炼，分别制成“草根灰”和“纸筋灰”，还可按图要求加入色料，制成各种颜色的“色灰”，直接以色灰雕塑图案。

1. 草根灰制作

把干稻草截成 4 ~ 5 厘米长，用水湿透，放入大容器（大缸、大桶等）内，铺平约 5 厘米厚，然后加上一层石灰膏，把下层的稻草全部覆盖，一层稻草，一层石灰膏，一层一层往上加，加至所需的用量，然后沿着大缸或大桶的内壁慢慢地灌入清水，高于稻草和石灰膏二三十厘米左右，然后密封、泡浸、发酵，等到一个月以后才能启封，经过长时间的水浸和发酵，稻草已经霉烂，并与石灰一起沉淀。

2. 纸筋灰的制作

把玉扣纸浸透搅至纸筋；用清水浸泡生石灰，再用细筛过滤，除去砂石杂质成灰油，按每 100 公斤石灰加入 2 公斤红糖，2 公斤糯米粉的比例配制，搅拌，使之细腻油滑；把石灰油与纸筋混合，然后封存 20

天左右，用时再揉合，揉的时间越长黏性越好。

3. 制作色灰

取已经加工好的纸筋灰加入所需的颜料，揉合而成，但选用的纸筋灰中的纸筋成分好少一些，颜料选用传统的各种矿物质颜料。

4. 颜料

灰塑施工施彩的颜料均采用天然颜料，天然颜料分为矿物类和植物类两种。施工材料采用矿物料较多。颜料的颜色有黑、白、青、绿、丹等颜色。颜料为粉状，有些颜料粉颗粒太粗应过网筛或再次研磨方能使用。需要些特殊颜色时匠师可根据需要取不同量的颜料调制，不同颜料的调制需要用凉水或开水或酒调制。颜料的产地多数为国产，部分颜料亦有进口，如清末广东绿粉多数进口德国产的德国绿。胶水则用动物胶，如鱼膘、骨胶类胶料。

5. 骨料

通常灰塑用骨料有铁钉（方钉）、粗细铜线、钢筋、竹片。铁钉、细铜线用于一般浮雕如个体较小花朵、小鸟等，细铜线用于钉之间的捆扎；钢筋、粗铜线多数用于高浮雕或圆雕的主骨架。

6. 灰塑题材识别和原施色彩的识别

要修好灰塑必须对原塑题材识别，识别和加深原题材的认识能合理补遗原丢失残损的内容和合理恰当地施填色彩。因此，在施工前应付原题材进行识别，检查已损缺的内容和各部位原施填的色泽。

7. 拍摄照片

施工前应逐幅拍摄照片，一些高浮雕的灰塑不仅要正面拍照，其他上、下、左、右均应拍照并将拍照的相片张贴于 A4 纸张且标注记便于施工查看以免混乱。

8. 灰塑表面的清理

灰塑表面由于受自然侵蚀等原因，表面酥碱风化破坏，必须认真清理。清理前应先检查原状有哪些破裂，有哪些薄弱环节，哪些部位清理时要特别小心。选择清理的刀具要长短结合，刀口锋利要适中，太锋利可能刮伤，太钝的刀具难刮必用力，用力过度恐损伤或损断原灰塑。清理过程应渐序，一般为自上而下，自左而右，边刮边用毛刷清扫。

9. 加固修补

表面酥碱风化和轻微残损破裂的加固是用砚灰膏修补裂缝和表面酥碱风化的凹位。如果有大的裂缝视其大小、位置和开裂的方向不同的方式采用灌注环氧树脂黏结材料等方法加固。

10. 残缺部位的修复

残缺部位视其残损程度，如果修补的部位批灰厚度在 1 厘米以下的，清理基底并扫浆后可批灰修复，如果批灰厚度 1 厘米以上的应在基底打钉，钉头应包在批灰内且钉头距灰面有 0.5 厘米的保护层厚度。

四　砌砖墙施工

1. 石灰砂浆（1∶1～1∶3 多种），其中，1∶3 石灰砂浆作为墙面装饰性抹灰砂浆，1∶1、1∶2 石灰砂浆作为砌筑用砂浆，只是如砌体所处位置及环境较为潮湿，则砂浆配比为 1∶2，一般情况则使用 1∶1 石灰砂浆。砌筑砂浆用砂为细砂，砂的含泥量不得大于5%。砂浆使用生石灰熟化成的石灰膏，熟化前应用孔径不大于3×3厘米的滤网过滤，熟化时间不能少于7d，沉淀池中的石灰膏应采取防止干燥、冻结和污染的措施，严禁使用脱水硬化的石灰膏。

2. 砖墙砌筑应上下错缝内外搭接，灰缝平直，灰砂浆饱满，水平灰缝厚度和竖向灰缝宽度一般10毫米，但不应小于8毫米，也不应大于12毫米。

3. 砖墙的转角处和交接处应同时砌筑砖墙，对不能同时砌筑必须留置临时间隔处，砌成斜槎。

4. 砌墙前先盘角，每次盘角砌筑的砖墙角度不要超过五皮，并应及时进行吊靠，如发现偏差及时纠正盘角时要仔细对照皮数杆的砖层和标高，按制好灰缝大小使水平线缝均匀一致，每次盘角砌筑后应检查，平整和垂直完全符合要求后才可以挂线砌墙。

5. 挂线、砌筑一砖厚及以下者，采用单面挂线，砌筑一砖半厚度及以上者，必须双面挂线，中间应设几个支线点，小线要拉紧平直，每皮砖都有要穿线看平，使水平缝均匀一致，平直通顺。

6. 砌砖采用挤浆法，要领是一铲一灰，一块砖，一挤揉，并随手将挤出灰砂浆刮去操作时砖块要施平、墙面砌筑操作过程中，以分段控制游丁走缝和乱缝，经常进行自检，如发现有偏差，应随时纠正，严禁事后采用撞砖纠正。

五　墙体清理

1. 对尘土、泥污和风化产物的清理：用蒸馏水直接清洗，如遇坚硬的钙盐无法清洗时，可用“AB57”溶液先软化再用离子交换树脂涂敷清除。步骤为：用小排刷或软质羊毛刷自上而下轻轻刷去墙体表面浮土，对于风化严重的部分，先用竹签剔除风化后的残片，然后采用空气压缩机吹净构件表面的岩粉与尘埃。为了尽可能吹净岩粉与尘埃，压缩机的压力应控制在50～100kPa。对于质地坚硬的淀积层，可将配好的离子交换墙体清洗脂贴敷其上，直至锈迹不显为止。揭取离子交换树脂敷层，最后用蒸馏水清除残留的“AB57”溶液和离子交换树脂。

2. 对有机油类的清洗：用毛刷蘸取洗洁精溶液自上而下涂刷油污部分，如效果不好，可用纸浆涂敷法，即将柔软的纸张放在洗洁净水中煮沸成纸浆，拍打成饼，冷却后用它把油污部分敷起来。由于毛细作用和洗洁净的吸油性，构件中的油污便被吸到纸浆上，重复几次直到达到效果为止，再用蒸馏水将洗洁净冲掉即可。

3. 苔藓的清洗，用乙醇及表面杀菌祛污剂杀死附着在石刻表面的苔藓，再用尼龙刷、刮刀、钢丝球等将其残迹祛除，最后用蒸馏水对石块进行清理即可。

六　木作修复技术方案

1. 木材规范要求

施工中采用的木材缺陷值要求符合《木结构设计规范》、《古建筑木结构维护与加固技术规范》相关规范的选材标准。

制作构件时，木材含水率应符合相关规范的要求，由于此次工程木材用量大，要求高，因此必须提前备料，集中堆积在备料棚内自然风干，且主要承重构件用料风干时间不能少于60天。

2. 木材材质要求

施工使用的木材，应与原来使用的相同。祖庙现在使用的木材勘察时从损坏的缺口观察木质，有两种以上的材种。由于管理单位未作材种鉴定，因此本维修设计均用“硬木”一词代替。根据佛山博物馆退休老同志的介绍，20世纪六七十年代维修时，发现祖庙使用的木材以坤甸木为主。本次维修木材使用的顺序：材种鉴定后，优先使用原材种；如由于鉴定困难和原材种采购困难，可使用材质相近的材种。本设计使用的材种为坤甸木。坤甸木有两种，最好的为绿坤，本设计为保证维修质量，更换构件所用木材均为绿坤。施工中采用的木材缺陷值要求符合《木结构设计规范》、《古建筑木结构维护与加固技术规范》相关规范的选材标准。

3. 柱的墩接

墩接柱子采用平头对接（小接）或抄手榫对接（大接）两种方式，当木柱柱脚局部损坏，墩接位置仅在柱脚底面以上400毫米范围内，墩接采用平头对接的方式；如超出此范围，则采用抄手榫墩接木柱。木柱墩接的长度严禁大于柱高的1/3，搭接榫的长度为柱径的1.5倍，但不得小于400毫米。柱的墩接应做到接口严实、加箍严紧，表面光滑顺直。对接前应对木材做好防腐处理，当采用平头对接时，对接面必须保证接触严实无缝隙，在墩接位置以上200～500毫米范围内设铁箍数道，作为临时支点，铁箍绑扎紧密，在铁箍与木柱的接触面间放置橡皮胶垫，保证柱面不被损坏。采用千斤顶原位顶伸，顶伸高度不宜大于20毫米，顶伸过程中应注意上部构架的安全。剔出已朽坏的部位，按设计制作榫卯。安装后拆除支顶，柱脚落地归位必须准确平稳。

4. 柱、梁、枋、檩维修

由于勘察时，受到条件的限制，无法准确掌握各建筑隐蔽部分的损坏情况，而隐蔽部位通风透气差，又常常被虫蚁作为巢穴，木构件极易产生糟朽或虫害。故在施工中，屋面卸瓦后，应先对所有木构件进行一次排查，准确掌握各木构件的损坏情况，依据以下规定，采取相应的维修方法，并做好现场记录。

（1）柱子

①当木柱产生裂缝时，其深度不超过柱径的1/3时，采用嵌补的方法进行维修。

②当裂缝宽度不大于3毫米时，用泥子勾抹严实后刷漆段白处理。

③当裂缝宽度在3～30毫米时，用同样材质的木条嵌补，并用环氧树脂粘接牢固。

④当裂缝宽度大于30毫米时，除采用木条填塞粘接外，应在柱的开裂段内加设铁箍2～3道，若裂缝较长，则箍距不应大于500毫米。

⑤当木柱产生裂缝较大且深度超过柱径的1/3时，如裂缝不是因为构架倾斜、扭转等结构改变、失稳造成的非自然开裂时，可采用木条填塞灌注环氧树脂进行加固维修，如因结构损坏而造成严重开裂（应特别注意受力裂缝及继续发展的斜裂缝），无重要文物及艺术价值，应予更换。

⑥当柱心完好，仅表面腐朽，面积小于1/5时，可剔除腐朽部位，用同种木材依原样加工后，用环氧树脂粘接补齐。

（2）梁

①裂缝深度（如有对面裂缝，取两者之和）小于梁宽或梁直径的1/4时，采用嵌补的方法维修，即

填塞木条用环氧树脂粘接，再用两道以上铁箍或玻璃钢箍加固。

②裂缝深度（如有对面裂缝，取两者之和）大于梁宽或梁直径的1/4时，经力学计算不能满足要求时，应予以更换，如能满足要求，按第一条方法加固。

③当梁心完好，仅表面腐朽，朽坏面积与截面积之比小于1/8时，剔除腐朽部位，用同种木材依原样加工后，用环氧树脂粘接补齐。如朽坏面积与截面积之比大于1/8时，经力学计算不能满足要求时，应予以更换，能满足要求，按上述方法加固。

④对于梁出现下挠，且梁底中部未出现裂纹时，将梁翻转安装，保留继续使用，若发现裂缝，予以更换。

⑤梁头腐朽部分大于出挑长度1/5时，应更换。

⑥梁头腐朽部分小于出挑长度1/5时，可剔除腐朽部位，另添配新梁头，搭接处采用刻榫对接，并用环氧树脂粘接。

⑦梁尾劈裂时，可采用胶粘和铁箍加固，梁尾与檩条或柱搭接处可用铁件、螺栓连接加固。

（3）枋、檩的维修加固方案

①木枋表面光平、顺直、无皮楞。枋中线、边线顺直清晰，榫头规矩整齐无瑕疵。

②木檩表面平整、浑圆、直顺，檩径两头一致，檩身无节疤，相邻檩条安装中线基本吻合，通长直顺，高度基本一致。

③瓦桷制作应方正顺直，两头大小一致，无明显瑕疵，钉装牢固。

七　木材防腐技术方案

1. 对多有木构件进行湿度检测。

2. 维修时对所有木构件进行防虫防腐。要求更换的构件先进行防虫防腐后才能安装，隐蔽部位的防虫防腐应特别注意。与墙体接触的木构件，先进行防虫防腐后再刷防潮沥青再安装。

（1）二硼合剂（代号BB）

主要成分组成：硼酸40%、硼砂40%、重铬酸钠20%。

剂型：5%～10%的水溶液或高含量浆膏。

用量：5～6千克/立方米或300克/平方米。

药剂特点及使用范围：不耐水，略能阻燃，适用于室内与人有接触的部位。

（2）铜铬砷合剂（代号CCA或W－2）

主要成分组成：硫酸铜22、重铬酸钠33%、五氧化二砷45%。

剂型：4%～6%的水溶液或高含量浆膏。

用量：9～15千克/立方米或300克/平方米。

药剂特点及使用范围：耐水，具有持久而稳定的防腐防虫效力，适用于室内外潮湿环境中。

（3）有机氯合剂（代号OS－1）

主要成分组成：五氯酚5%、林丹1%、柴油94%。

剂型：油溶液或乳化油。

用量：6～7千克/立方米或300克/平方米。

药剂特点及使用范围：耐水，具有可靠而耐久的防腐防虫效力，可用于室外，或用于处理与砌体、灰背接触的木构件。

施工时将三种药剂有针对性的使用，可单用一种，也可多种使用。进入山墙或要求具备耐水的部位用有机氯合剂、铜铬砷合剂。梁架、柱、桁桷、门窗装修可用二硼合剂或铜铬砷合剂，优先推荐使用铜铬砷合剂。采用高浓度药液浸泡法。

八　瓜柱防虫防腐技术方案

瓜柱被虫蛀空，表面有多处裂缝和洞口。

用清水灌满瓜柱，认真查找瓜柱表面漏水点。

将瓜柱内部清洗干净，瓜柱表面漏水点用环氧树脂修补。

对瓜柱内部灌满水溶性药剂杀蛀剂，并封堵出水口进行浸渍；同时在外表面采用刷涂法或喷雾法处理，即“内部浸渍，外部刷涂”。

用杀虫剂浸渍不少于72小时，然后将其排出，并用环氧砂浆填实木梁内部。

修补孔口，对木梁表面重新油漆。

九　石构件修复技术方案

1. 裂隙的化学灌浆加固

对小裂隙的灌浆加固：确定灌浆范围，选择裂隙较宽处作为灌浆孔，裂隙边缘用环氧胶泥封闭，插入针头用注射器将特制的环氧树脂浆液注入，待其固化后去除环氧胶泥，并作表面做旧处理。

2. 表面的化学渗透封护

根据各构件损坏的实际情况，对化学渗透封护采用喷涂的施工方法。施工时注意喷涂要在清洗并经自然干燥3~4天后，才能按确定的施工工艺进行。

喷涂一般要进行2~3次，每次涂喷之间的时间间隔不宜过长，一般在1~2小时。每次喷涂要涂到饱和为止，多余药品一定要用吸脂棉除去。由于是室外施工，天气也成为要考虑的重要因素。由于水可造成有机硅树脂迅速缩聚，易在表面形成白色固结物。如果构件表面有水分存在，将会大大影响树脂的渗透。另外，过低的气温也会影响树脂的缩聚，因此施工要选在秋东两季进行，避开雨季和春季，以确保施工质量。

3. 残缺部分的补配

将配置好的环氧胶泥抹到需补配的残缺部位，然后根据周边石质纹路对其修整。保护两天让其自然固化。

十　表面风化与防护处理方案

（1）清洗剂

根据实际情况，针对不同病害采取不同的清洗药剂。

对泥垢的清洗剂：配制2A（乙醇∶水＝1∶1）溶液软化表面泥土，用手术刀、竹刀剔除。

对油污染料的清洗剂：洗洁精∶水＝1∶200

对难溶盐的清洗：用离子交换树脂或“AB57”，用纸浆、纸巾、脱脂棉、木浆、活性白黏土等清洗难溶盐。

“AB57”的配方：水1000毫升、碳酸氢钠50克、碳酸氢铵30克、乙二胺四乙酸25克、Desogen（季铵盐）10毫升、羟甲基纤维素50克。

对于去除灰塑表面附着的一层尘土和灰尘外，使用软质羊毛刷将表面灰尘轻轻清除后，由于损坏后期使用水泥砂浆修补的部位，可按修补边缘将水泥砂浆剔除，需要时可在硬质层表面涂少许缓湿剂，待表面润湿，修补部位接缝清晰后再剔除，在剔除时应谨慎小心，以免损坏灰塑。

清洗时应有效清除有害物，不应产生任何危及将来再处理的物质，不能引起任何严重划痕、裂隙或其他损伤文物的后果。操作人员应该经过培训，必须谨慎操作。

（2）加固剂

选用Paraloid B72（丙烯酸树脂）作为石质墙体、陶塑及灰塑加固剂。Paraloid B72为透明状有机材料，其溶剂挥发快，渗透时间较短，不堵塞文物体内的毛孔，不改变其透气性且溶于丙酮或三氯乙烷中，具有可逆性，实施前应根据现场试验效果，按2%～5%的丙烯酸树脂调配加固剂。

弹性硅酸乙酯黏结剂（FuncosilKSE300E 0714）乙醇溶液作为石墙、灰塑、陶塑的加固剂。其主要特点是它以有机态进入材料孔隙，缓慢地与空气中的水蒸气及材料中的毛细水反应，生成无机态矿物状的SiO_2胶体沉积在多孔材料的孔隙中形成新的胶结物，其凝胶体的沉积量约为300克/升，从而使处理对象得以加固保护。

（3）表面渗透封护剂

对石质墙体、陶塑及灰塑等构件表面进行防风化加固保护处理的保护药剂可根据现场实验效果的优劣选用；

根据现场试验效果，处理加固构件表面色调及强度的变化情况，经对比筛选后再确定具体配合比。

十一 油漆修复技术方案

1. 作业条件

（1）施工温度宜保持均衡，不得突然变化，且通风良好。环境比较干燥。一般油漆工程施工时的环境温度不宜低于+10℃，相对湿度不宜大于60%。

（2）大面积施工前应事先做样板，经建设单位、设计单位、有关质量部门检查鉴定合格后，才可组织班组进行大面积施工。

（3）施工前应对木构件面外形进行检查，损坏严重者，应拆除更换。

（4）操作前应认真进行交接检查工作，并对遗留问题应进行妥善处理。

（5）木基层表面含水率一般不宜大于12%。

2. 操作工艺

（1）工艺流程：

基层处理→润色油粉→满刮油泥子→刷油色→刷第一遍清漆（刷清漆、修补泥子、修色、磨砂纸）→刷第二遍清漆。

（2）木构件清色油漆操作工艺

①基层处理：首先将木构件基层面上的灰尘、油污、斑点、胶迹等用刮刀或碎玻璃片刮除干净。注意不要刮出毛刺，也不要刮破抹灰面，然后用1号以上砂纸顺木纹打磨，先磨线角，后磨四口平面，直到光滑为止。

木构件基层有小块活翘皮时，可用小刀撕掉。重皮的地方应用小钉子钉牢固，如重皮较大或有烤糊的印疤，应由木工作修补处理。

②润色油粉：先将材料装在小油桶内。用棉丝蘸油粉反复涂于木材表面，擦进木材鬃眼内，而后用麻布或木丝擦净，线角应用竹片除去余粉。注意墙面及五金上不得沾染油粉。待油粉干后，用1号砂纸轻轻顺木纹打磨，先磨线角、裁口、后磨四口平面，直到光滑为止。注意保证棱角，不要将鬃眼内油粉磨掉。磨光后用潮布将磨下的粉末、灰尘擦净。

③满刮油泥子：施工前要注意泥子油性不可过大或过小，如油性大，刷时不易浸入木质内，如油性小，则易钻入木质内，这样刷的油色不易均匀，颜色不能一致。用开刀或牛角板将泥子刮入钉孔、裂纹、鬃眼内。刮抹时要横抹竖起，如遇接缝或节疤较大时，应用开刀、牛角板将泥子挤入缝内，然后抹平。泥子一定要刮光，不留野泥子。待泥子干透后，用1号砂纸轻轻顺木纹打磨，先磨线角、裁口、后磨四口平面，注意保护棱角，来回打磨至光滑为止。磨光后用潮布将磨下的粉末擦净。

④刷油色：将材料倒至小油桶内，使用时经常搅拌，以免沉淀造成颜色不一致。

刷油色时，应从外至内，从左至右，从上至下进行，顺着木纹涂刷。刷门窗框时不得污染墙面，刷到接头处要轻飘，达到颜色一致；因油色干燥较快，所以刷油色时动作应敏捷，要求无缕无节，横平竖直，顺油时刷子要轻飘，避免出刷绺。

油色涂刷后要求木材色泽一致，而又不盖住木纹，所以每一个刷面一定要一次刷好，不留接头，两个刷面交接棱口不要互相沾油，沾油后要及时擦掉，达到颜色一致。

（3）刷第一遍清漆

①刷清漆：刷法与刷油色相同，因清漆黏性较大，最好使用已用出刷口的旧刷子，刷时要注意不流、不坠、涂刷均匀。待清漆完全干透后，用1号或旧砂纸彻底打磨一遍，将头遍清漆面上的光亮基本打磨掉，再用潮布将粉尘擦净。

②修补泥子：一般要求刷油色后不抹泥子，特殊情况下，可以使用油性较大的带色石膏泥子，修补残缺不全之处，操作时必须使用牛角板刮抹，不得损伤漆膜，泥子要收刮干净，光滑无泥子疤。

③修色：木材表面上的黑斑、节疤、泥子疤和材色不一致处，应用漆片、酒精加色调配（颜色同样板颜色）或用由浅到深漆比色调合漆和稀释剂调配，进行修色；材色深的应修浅，浅的提深，将深浅色的材料拼成一色，并显出木纹。

④磨砂纸：使用细砂纸轻轻往返打磨，然后用潮布擦净粉末。

（4）刷第二遍清漆

应使用原桶清漆不加稀释剂（冬季可略加催干剂），刷油操作同前，但刷油动作要敏捷，多刷多理，清漆涂刷得饱满一致，不流不坠、光亮均匀，刷完后再仔细检查一遍，有毛病及时纠正。刷此遍清漆时，周围环境要整洁，宜暂时禁止通行。

（5）施工时应杜绝以下的施工质量问题

①漏刷：漏刷一般多发生在门窗的上、下冒头和靠合页小面以及门窗框、压缝条的上、下端部和衣柜门框的内侧等，其主要原因是内门扇安装时油工与木工不配合，故往往下冒头未刷油漆就把门扇安装了，事后油工根本刷不了（除非把门扇合页卸下来重刷）；加上习惯后装及把关不严、管理不到位等，往往有少刷一遍油的现象。其他漏刷的问题主要是操作者不认真所致。

②缺泥子、缺砂纸：缺泥子、缺砂纸一般多发生在合页槽、上中下冒头、榫头和钉孔、裂缝、节疤以及边棱缺处等。主要原因是操作未认真按照工艺规程去操作所致。

③流坠、裹楞：油漆流坠、裹楞主要原因有：一是由于漆料太稀，漆膜太厚或环境温度高、油漆干性慢等原因都易造成流坠、裹楞。二是由于操作顺序和手法不当，尤其是门窗边棱分色处，一旦油量大和操作不注意就往往容易造成流坠、裹楞。

④刷纹明显：主要是油刷子小或油刷未泡开刷毛发硬所致。应用相应合适的刷子并把油刷用稀料泡软后使用。

⑤粗糙：主要原因是基层不干净，油漆内有杂质或尘土飞扬时施工，造成油漆表面常发生粗糙现象。应注意用湿布擦净，油漆要过箩，严禁刷油时清扫或刮大风时刷油。

⑥皱纹：主要是漆质不好，兑配不均匀、溶剂挥发快或催干剂过多等原因造成。

十二　矿物色的使用方案

1. 矿物色的历史

从人类祖先自身体毛脱落的那一刻起，矿物色就已被拿来使用。或许是出于对自然界的恐惧，或许是为了自卫、震慑敌方，或许是以模仿动物美丽的颜色和外形而巧妙地化妆自身为娱乐，利用身边随手可得的有色泥土在身上涂抹和装饰，这是原始社会的人类凭直觉在自然界中发现的色彩，也可谓是矿物色为人类所使用的起源。直到今日澳大利亚中部的土著民族依然保持这种表现习惯，他们的壁画中所用颜料主要是大自然的金属氧化物、不同成分的氧化铁，呈现由深到浅的红色、棕色和黄色，而且加火烧烤能加深其颜色，黑色主要是木炭和经烧制的骨头、而白色来源是石英粉末（水晶末），还有鸟粪、陶土等。土著人将这些颜料调和油脂、植物的汁液、蛋黄、蛋白和动物的鲜血混合后，用以绘制岩画。据考证，人类使用天然颜料的能力比目前能掌握到的用线造型的能力约早两千年。

2. 上色颜料的分类

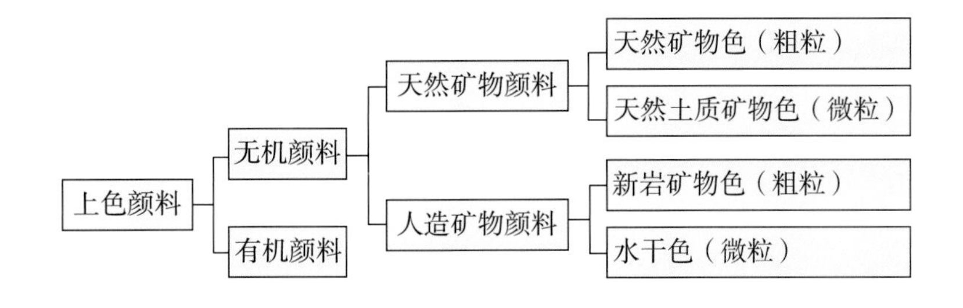

3. 矿物色选择

古建筑雕塑、壁画一般采用水干色作为着色材料。水干色的特点是质地细腻，柔润，色相丰富，易于调胶，便于着色，混色自由，渲染自如，但是水干色不宜一次涂得太厚，那样易使画面产生裂纹或剥落。

4. 矿物色绘画的用具

（1）笔，矿物色绘画使用的笔主要有连笔、扁笔和板刷。

（2）胶锅

煮胶用的锅为瓷砂锅，若用铝锅一定要隔水蒸化，温度控制在60℃～70℃。慢慢溶解炖化，若长时间高温加热，会减弱胶黏结力。

（3）笔洗

选择双格笔洗，一边可用于洗笔，另一边可放清水用于稀释颜色用，笔洗要大些为好，太小会使洗笔水很快变浑浊，另一边尽量保持有干净的清水随用随取。

（4）小碟

矿物色的绘画是用胶调和颜料，它的特点是一色一碟，所以要尽量多准备些小碟，以备够用。

（5）乳钵

可准备几种规格的乳钵，乳钵主要用于调制蛤粉、水干色。调制底色用的乳钵要大些，因底色用量大，而调制上色用的水干色时，可用小乳钵，太大会浪费颜色。

（6）小勺

可准备两个，一个用于舀胶调色，一个用于待色调完胶后加清水稀释颜色用。

其他还可准备砚台、墨、印泥等，勾线笔于起稿和落款用。各种其他用具的准备还要根据实际情况因人而异，没有绝对的规定.

5. 矿物色绘画的媒介剂

矿物色绘画主要是以胶粘接颜料，胶的作用在矿物色的绘画中显得尤为重要。

6. 矿物色的调胶

矿物色调胶必须用手指，认真地一点一点糅合，如果没有这个过程也不会有很美的发色效果。切忌用毛笔直接调和胶与颜色，否则毛笔会将胶液全部吸走，使颜色未裹上胶液，干后画面容易掉色。

7. 平涂法着色

平涂法就是将颜色均匀地平涂于画面。有的颜色一遍不易涂匀，需涂2～3遍。但每涂一遍时需待前一遍干透，否则易翻底色，难以涂匀。特别是粗颗粒的矿物色均需重复几遍才能涂匀、涂平。大面积平涂时，用平笔、连笔、扁笔比较好，而且颜色中的水分要大些，落在画面后一定不能见笔触，否则画面会显得干而不润。以线为骨，先起画稿然后分别用各色去平涂的方法为古代绘画中的“没骨法”。

8. 矿物色的用笔与落色

使用矿物色时，小面积精细的部位用毛笔，大面积平涂时一般用扁笔或连笔。因矿物色是沉淀的，所以使用时笔要边搅动颜色边蘸色使用。落笔时要平稳，轻轻地一遍刷过，不要反复在同一位置来回刷，一遍不够匀或不够饱和时，一定要等前一遍颜色干透后再上第二遍色，否则易翻色不易涂匀，尤其是用粗颗粒时。

十三 文物保护施工技术方案

1. 保护措施

（1）根据设计要求，对要拆除清理的建构筑物做好标记、编号，负责拆除的施工人员施工前要进行专项教育，规范操作，拆除、拆卸时应十分小心，绝对不能损坏附近保留的部件。拆除、拆卸工作将在专人监督下进行，严禁违规操作。遇到实际情况与原设计有出入时，不可自作主张，应及时报告文物管理人员。

（2）屋面拆除时，应注意瓦件，屋脊，特别是艺术构件的保护，对拆除的瓦件要轻拿轻放，清理分类。

（3）拆除下来的构件加固补强时所用的补强材料强度宜低于原材料，以免对原构件造成新的损伤。

（4）维修施工中要注意保护文物，如发现文物建筑实际状况与维修设计不符时，要及时与文物保护专业人员和设计人员联系解决，不得自行处理，更不允许乱拆乱添。凡是可重新利用的原材料要尽量用回。

（5）各处文物基本都积满污垢，污垢有很多种，如沉积性污垢、

侵入性污垢、黏附性污垢等不同原因形成的污垢，对不同的污垢，应采用不同的除垢技术，如水洗、手工剁斧、敷剂除垢、化学清洗等。对拆除下来的文物，若先修补再除垢，新旧部分极易造成明显差异，所以应在修补前先对各构件进行清除污垢，然后再依照原构件的材质和色泽进行维修材料的选配或替代构件的制作。清除污垢对不同材料的构件、不同的污垢采用不同的除垢方法，除垢过程中，特别注意对原构件的保护，不可以因除垢而破坏了原构件或对原构件造成质量安全隐患。

（6）灰塑、彩画等均是技术较高、工艺较复杂的工作，必须由有经验的、技术水平较高的老匠师承担这些项目的拆除、维修工作。

（7）木构架拆卸时，应对各构件进行分类、编号、标记，不得随意堆放，并注意做好各构件的保护工作。制作后的构件应分类堆放在平整地面上，如需叠层堆放须在地面或构件间铺放枋木支垫，枋木间距在0.8~1.0米间均匀排放。防止垫木过疏而折断损伤构件。

2. 施工技术方案

（1）墙体保护

墙体保护主要是防撞击、防污染。一般可通过覆盖来保护。如果墙体比较高，已经倾斜，为了保证墙体安全，宜在墙体两侧支搭钢管脚手架进行保护，具体保护方案应根据具体情况制定。

（2）门窗保护

门窗宜原位保护，原位保护应按照方便维修、保护有效、经济节约的原则。要做好防雨、防晒、防砸、防划伤等工作。

（3）墙面彩画保护

墙面彩画保护在进行其他项目维修时，采用支搭棚架，对现存壁面进行覆盖，防止维修时对彩画碰撞、污染等。对已残损需要维修的彩画，可根据具体情况采用补强加固，补绘等措施进行维修。例如，对画面起翘、空鼓可采用针筒注射胶结剂加强画面与地仗之间的黏结，对褪色残缺的彩画可根据原构图

和表现手法进行补绘着色。

（4）屋面拆除施工过程的文物保护

①清理现场：拆卸后的各种砖、瓦、木、石等大量构件需在现场码放清点：拆除前首先应清除附近的杂草树木、平整场地、划出、码放构件的范围。

②支搭临时工棚所拆木构件中，如带有彩画的梁枋及共有雕刻的构件放库内免受风吹雨淋，也不宜暴晒；如无现成的库房，应支搭临时的工棚。

③准备拆卸工具：施工前应将所需杉槁，脚手板、铁丝及起重设备，上落架、滑轮组、包扎瓦件用的草绳，旧棉花、布料、盛装瓦件的箩筐，此外如防火器材、防雨设备等都要事先准备齐全。

④构件编号：为防止拆除过程中，构件错乱丢失和安装时不被安错，在拆除前应根据每座建筑物的结构情况，绘制拆除记录草图，并按结构顺序分类编号注明图上，同时并制作小木牌，写明编号及构件名称，拆除前应钉于该构件上，便于查找。

⑤技术、安全交底：拆除施工前应由工种技术人员对参加拆除的每个员工组织一次拆除工作的技术、安全交底：分部位、分构件进行交底，各部位（瓦件、桷板、檩条、梁架、柱等）拆除的技术、质量、安全要求，做到人人明确责任，了解工序质量安全要求，经技术安全交底，明确各工种的配合（如拆卸工、搬运工、清理工的分工合作等），做到进场拆卸时的有条不紊。

（5）瓦件的拆卸

①瓦件拆卸顺序与要求：瓦件拆卸前应先对屋脊上的灰塑、脊饰进行必要的保护。保护方法：a. 可用海绵或旧报纸包裹绑扎。b. 可拾设架棚外挂安全网保护。c. 用木板遮盖保护等。拆瓦时从檐头拆起，先拆除瓦头、滴水再揭瓦。屋面瓦揭起按选项筒瓦再底瓦或面瓦，一垄垄的进行拆除。

②揭起的瓦件运输，采用边揭边分类用箩筐盛装，滑轮或提升机运到地面，由小车运至指定场地分类堆放。

③拆瓦时的记录工作：揭瓦前除须对关键部位、细部进行录像、拍摄以备作为研究和重铺屋面瓦做法的参考依据。

④拆除后的旧瓦件的清理、清点，瓦件宜边拆除清理瓦件上的杂物、砂灰，边将不同类型的瓦件分堆码放并做好记录。

（6）木构件的拆卸

①拆除的顺序：门窗拆除→桷板拆除→梁架拆除→柱（墙）拆除→清理。

②封檐板：飞椽、桷板的拆卸：先拆除封檐板，再拆除飞椽、桷拆除过程中用人工持木工工具逐一拆除，边拆除边用人工传递方式运至地下堆放。

③桁条拆除：拆除桁条间的搭接用铁件，拆除桁条前须绑扎准备吊放的绳索，桁条放松后用人工拉扯方式吊放，拆除要小心，不可粗野拆除而损坏桁条榫卯。

④梁架拆除：桁条拆除后，梁架拆除前，须视梁架具体情况，利用已搭好的钢管脚手架，用木枋绳索绑扎方式临时支护固定梁架，在保证梁架安全稳定后，方可拆除梁架，梁架拆除前须绑扎吊放绳索或钢丝索，构造大、重量大的应先用电动或手动葫芦吊脱松后，再用人工松脱梁架间梁与柱间的榫卯，梁两端榫卯完全松脱后，才能用人工松挽或滑轮起吊吊放。

十四　季节性施工技术方案

为了保质按期完成该项目的施工任务，采取各项有效的措施，搞好季节性施工，是重要的一环，因此在综合考虑施工进度时，应考虑气温等条件要求较高的分项，尽量根据当时的气温条件，进行合理安排，及时与气象部门建立联络关系，随时掌握天气的变化，为整个施工项目创造有利条件。鉴于本工程要遇到夏季等季节施工，因此针对季节气候，我们将采取不同措施进行指导施工，以确保工程质量。

1. 夏季施工措施

夏季气温较高，且空气湿度较大，因此夏季施工以安全生产为主题，以“防暑降温”为重点，只有抓好安全生产，才可确保工程质量。

①对高温作业人员进行就业前和暑前的健康检查，检查不合格者，均不得在高温条件下作业。

②炎热时期组织医务人员深入工地进行巡视和防治观察。

③积极与当地气象部门联系，尽量避免在高温天气进行大工作量施工。

④对高温作业者，供给足够的合乎卫生要求的饮料，含盐饮料。

⑤采用合理的作息制度，根据具体情况，在气温较高的条件下，适当调整作息时间，早晚工作，中午休息。

⑥改善宿舍、职工生活条件，确保防旱季暑降温物品及设备落到实处。

⑦根据工地实际情况，采取三班制的方法，缩短一次连续作业时间。

⑧确保现场水、电供应畅通，加强对各种机械设备的围护与检修，保证其能正常操作。

⑨在高温天气施工的如混凝土工程、抹灰工程，应适当增加其养护频率，以确保工程质量。

⑩加强施工管理，各分部分项工程坚决按国家标准规范、规程施工，不能因高温天气而影响工程质量。

2. 雨季施工措施

雨季施工主要以预防为主，采用防雨措施及加强排水手段，确保雨季正常地进行生产，不受季节性气候的影响。

（1）雨季施工准备工作

①施工场地

场地排水：对施工现场根据地形对场地排水系统进行疏通以保证水流畅通，不积水，并要防止四邻地区地面水倒入场内。

道路：现场内主要运输道路两旁要做好排水沟，保证雨后通行不陷。

②机电设备及材料防护

机电设备：机电设备的电闸箱采取防雨、防潮等措施，并安装好接地保护装置。

原材料及半成品的保护：对木制品及怕雨淋的材料要采取防雨措施，可放入棚内或屋内，要垫高码好并要通风良好。

（2）主要分项工程雨期措施

①砌体工程

用塑料布遮盖砖块，防止砖块内水分饱和，以保证砖墙工程正常施工。

砌筑砂浆宜采用中粗砂，以减少砂浆中含水量及加快隙中水分蒸发。

②安全工作

脚手架的附墙柱拉结点需检查补齐，脚手架要加扫地杆。露天使用电气设备，要有可靠的防漏措施。

③消防工作

消防器材要有防雨防晒措施。对化学品、油类、易烯品应设专人妥善保管，防止受潮变质及起火。

3. 台风季节施工措施

①加强台风季节施工时的反馈工作，收听天气预报，并及时做好防范措施，台风到来前进行全面检查。

②对各楼层的堆放的装修材料进行全面清理，在堆放整齐的同时必须进行可靠的压重和固定，防止台风来到时将材料吹散。

③对外架进行细致的检查、加固。围墙增加绑扎固定点，外架与结构的拉结要增加固定点，同时外架上的全部零星材料和零星垃圾要及时清理干净。

④井架的各构件细致检查一遍，同时缆风绳必须可靠有效。

⑤施工吊篮停到地面，关好开产配电箱。

⑥台风来到时各机械停止操作，人员停止施工。

⑦台风过后对各机械和安全设施进行全面检查，没有安全隐患时才可恢复施工作业。

十五　钢结构展架技术方案

由于佛山祖庙修缮工程为分段局部施工项目，为确保施工期间满足参观旅游的要求，在建筑物正立面的钢结构展架安全网上喷涂彩画。

1. 钢结构展架的做法

为了不破坏祖庙古建文物的整体性及对古建文物的保护要求，木结构不许打孔固定物件、灯具等。因此需在室内搭建结构展架。

因现场加工场地有限，所以本展架计划在场外加工，之后到现场组装。这样既缩短钢结构展架在现场制作的时间，又减少了现场动用明火，使用电焊的次数，增强了消防防火安全性。同时在现场组装时用高强螺栓连接钢架，减少室内的动火。

（1）施工流程：放样→下料→场外加工→运输现场→预埋件固定→展架安装→展架校正→涂刷→清理

（2）熟悉图纸，了解材料的规格型号，以现场实际尺寸为准进行放样、下料。

（3）运输过程中注意保护构件，防止变形受损。

（4）安装过程中以编号依次就位，校正位置的正确性，安装必须牢固。安装时注意保护好殿内的成品以及梁上的文物。

2. 钢架搭设

（1）双排钢架，钢架均采用Φ48×3.5毫米钢管搭设，立杆横距b＝1.0米，主杆纵距l＝1.8米，内立杆距墙0.2米。脚手架步距h=1.8米，脚手板从地面2米开始每1.8米设一道（满铺）。

（2）钢管宜采用力学性能适中的Q235A（3号）钢，其力学性能应符合国家现行标准《碳素结构钢》（GB700-89）中Q235A钢的规定。每批钢材进场时，应有材质检验合格证。

（3）钢管选用外径48毫米，壁厚3.5毫米的焊接钢管。立杆、大横杆和斜杆的最大长度为6.5米，小横杆长度1.5米。

（4）根据《可铸铁分类及技术条件》（GB978-67）的规定，扣件采用机械性能不低于KTH330-08的可锻铸铁制造。铸件不得有裂纹、气孔，不宜有缩松、砂眼、浇冒口残余披缝，毛刺、氧化皮等清除干净。

（5）扣件与钢管的贴合面必须严格整形，应保证与钢管扣紧时接触良好，当扣件夹紧钢管时，开口处的最小距离应不小于5毫米。

（6）扣件活动部位应能灵活转动，旋转扣件的两旋转面间隙应小于1毫米。

（7）脚手板应采用钢制脚手板，应铺平、铺稳、绑扎牢固，离开墙面150毫米。脚手架当采用搭接铺设时，其搭接长度不得小于200毫米，且在搭接中段设有支撑横杆。严禁出现端头超出支撑横杆250毫米以上未作探头板处理。

（8）钢管及扣件报废标准：钢管弯曲、压扁、有裂纹或严重锈蚀；扣件有脆裂、变形、滑扣应报废和禁止使用。

3. 脚手架搭设

（1）立杆垂直度偏差不得大于架高的1/200。

（2）立杆接头除在顶层可采用搭接外，其余各接头必须采取对接扣件。

（3）安全网应挂设严密，用塑料篾绑扎牢固，不得漏眼绑扎，两网连接处应绑在同一杆件上。安全网要挂设在棚架内侧。

（4）脚手架与施工层之间要按验收标准设置封闭平网，防止杂物下跌。

（5）通道口及靠近建筑物的露天作业场地要搭设安全挡板，通道口挡板需向外伸出3米。

（6）与文物建筑相接触或由于钢架晃动可能碰撞到文物的脚手架横杆，立杆端头应用麻袋的较软介质绑扎，避免直接接触造成文物损坏。

附录

“佛山祖庙修缮工程”大事记

2004年

1月16日 邀请吴庆洲、邓其生、程建军、尚杰、吴敬强等省古建专家对祖庙进行初步勘察，各位专家对祖庙修缮许多宝贵意见。

3月 佛山市文化广电新闻出版局成立了“佛山祖庙全面修缮统筹协调小组”，专责祖庙修缮事宜。由局长徐东涛任组长，副局长公孙宁任常务副组长，全面领导修缮工作。下设祖庙修缮工程筹备办公室。

7月14日 市建设工程交易中心将佛山祖庙修缮工程勘察设计招标公告上网公布，向社会公开招标。

7月29日 市建设工程交易中心第二次将佛山祖庙修缮工程勘察设计招标公告上网公示。

10月20日 召开佛山祖庙修缮工程勘察设计招标会。邀请中国文物研究所、北京兴中兴建筑设计事务所、广西文物保护研究中心参与本次投标。

11月19日 举行佛山祖庙修缮工程勘察设计评标会，广西文物保护研究设计中心中标。

12月10日 市博物馆与广西文物保护研究设计中心签订《佛山祖庙修缮工程勘察设计合同》。

12月21日 广西文物保护研究设计中心工作人员开始进行祖庙现场勘察工作，查清祖庙的残损情况，为维修设计做准备。

2005年

1月5日 召开祖庙历史维修情况座谈会，请市博物馆的老职工参加，主要了解一下新中国成立后祖庙的修缮情况，参加人员有：文化局邓光民科长，市博物馆王晖副馆长、肖海明副馆长、李小青、朱培建、沈新辉，博物馆退休职工汤冠、陈广权、黄泳楷、吴庭璋。广西文物保护研究设计中心张宪文主任、张进德工程师。

1月18日 广西文物保护研究设计中心完成祖庙现场勘察工作。

3月3日至6日 邓光民科长与沈新辉两人前往广西文物保护研究设计中心，对祖庙修缮勘察设计工作中出现的问题进行沟通并跟进设计进度。

3月23日上午 佛山建筑设计院勘探队邢伯仲工程师到祖庙看现场，定钻点，为查清东侧围墙的倾斜原因提供地质资料。

3月23日下午 修缮办往行政服务中心禅城区消防大队服务窗口咨询古建筑的消防问题。

3月24日上午 邓光民、龙敦柏、彭穗文、沈新辉与粤安信息公司的郭泳洪等四人举行会议。商谈有关市博物馆技防工程事宜。

3月28日 佛山建筑设计院邢伯仲工程师将钻探合同和方案送过来。共钻四个孔，每个孔直径约3.5厘米，钻探6~8米，钻探的位置是在祖庙东面围墙的外侧。

3月28日下午 邓光民、肖海明、龙敦柏、彭穗文、沈新辉与佛山雷安防雷工程公司的人举行会议，商谈有关祖庙防雷的问题，防雷公司对祖庙的防雷提出意见，要在建筑旁装避雷针，高约25~30米（庆真楼高是15米）。在古建筑旁边要装3支或更多这样的避雷针，每支造价约4万元。对避雷针这个问题，认为目前可以暂不考虑，原因：1. 祖庙周围都是高楼，近一点有图书馆等高楼，稍远一点有百花广场，对祖庙起到一定的保护作用。2. 从目前已知历史看，祖庙也没有被雷击中过。3. 就算装了避雷针，防雷公司说也不保证不会被雷击中。而且20多米高的避雷针确实与环境不太协调。

4月1日 市博物馆向禅城区园林市政环卫局申请在佛山祖庙东侧营前街开挖路面，进行地质勘探，为佛山祖庙修缮提供地质报告。

4月1日至3日 公孙宁、邓光民与华南理工大学建筑学院吴庆洲教授到广西文物保护研究中心初审方案，吴教授认为方案做得比较认真，符合要求，就存在的问题提出了看法。

4月8日 禅城区园林市政环卫局批准同意在佛山祖庙东侧营前街开挖路面，进行地质勘探。

4月10日 广西文物保护研究设计中心提交佛山祖庙维修方案。

4月13日至14日 佛山祖庙修缮领导小组在金湖酒店召开了“佛山祖庙修缮方案专家评审会”。参加评审会的专家有省文化厅文物处杨少祥副处长、华南理工大学教授吴庆洲教授，广东省文物考古研究所第三研究室副主任尚杰，广州大学汤国华副教授，同时修缮领导小组选派市文化局公孙宁副局长、文物科邓光民科长、市博物馆副馆长肖海明参加评审会。专家们在听取了设计单位的情况汇报后，一致认为该勘察报告细致、全面，修缮方案符合文物建筑保护的原则和要求，可以通过评审。专家们还对修缮方案提出改进意见。

4月16日 佛山建筑设计院提交了祖庙东侧营前街的地质勘探报告。当天将该报告转交广西文物保护研究设计中心。

4月20日 修缮领导小组初审广东粤安技防公司提交的祖庙安全技防项目设计方案。

5月10日 向省文化厅呈报《佛山祖庙维修方案》。

5月21日至23日 公孙宁副局长往北京，筹备国家文物局专家评审的前期工作。

5月28日 省文化厅向国家文物局呈报祖庙修缮方案。

7月2日 国家文物局专家组在佛山佳宁娜酒店会议室举行《佛山祖庙维修方案》评审会，参加评审会的王立平（中国文物信息咨询中心项目审核部主任，高级工程师）、吕舟（清华大学建筑学院副院长，博士生导师，教授）、张克贵（故宫博物院工程管理处处长，高级工程师）、张之平（中国文物研究所高级工程师）、杨新（中国文物研究所高级工程师），祖庙修缮工程顾问吴庆洲（华南理工大学博士生导师，教授）、邱权震（佛山市规划局副总工程师）组成专家评审组，王立平担任评审组组长。参加会议的还有杨少祥（广东省文化厅文物处副处长）、吴敬强（广东省文化厅文物处副处级调研员）、徐东涛、公孙宁、邓光民、王晖、肖海明。评审会对广西文物保护研究设计中心提交的《佛山祖庙维修方案》进行评审，专家们一致认为该方案前期勘察详细，问题准确，提出的保护原则符合文物保护要求，保护措施合理，方案可行，同意实施，同时建议：

1. 文物修复部分要提出依据；
2. 结构稳定不继续变形的，不必再进行拨正；
3. 加强新课题，如木材防腐、灰塑保护、石构件防风化的研究，有关试验就提前进行；
4. 防火、防雷单独设计，另行报批；
5. 建议增加环境整治要求，尽快完成保护规划，加强日常保养。

8月17日　国家文物局发出《关于对佛山祖庙维修方案的批复》，原则同意《佛山祖庙维修方案》。广西文物保护研究中心负责按国家文物局要求对方案进行修改。

9月13日　下午，修缮协调小组与广东监理工程有限公司商讨祖庙修缮工程的施工招标事宜。修缮小组参加人员有：公孙宁、邓光民、王晖、沈新辉。广东监理参加人员有：黎志祥、陆旭。

9月30日　将祖庙修缮工程项目资料送禅城区规划局。

10月10日　下午，祖庙技防会议，参加人员：邓光民、肖海明、沈新辉、彭穗文。轩和新智能公司：姚明海、崔景枫。会议内容：轩和公司介绍祖庙技防设计方案。姚明海介绍，原设计中在一个探测器内使用两种独立探测技术的设备，这种设备是定做的，北京专家认为虽可以使用，但要经过有关部门的检测合格。对于庙内级别文物的防护，凡任务书讲到的都要进行有针对地技防，除非任务书不讲。轩和公司根据这次的会议意见修改方案，二十号交新的设计方案，这个星期四交新的任务书。

10月25日　禅城区规划局复对祖庙修缮的规划意见，同意对祖庙进行修缮，做好详细正规设计图纸后再报建。

11月3日至5日　公孙宁副局长与邓光民科长往广西文物保护研究中心就有关祖庙维修方案按国家文物局意见修改问题进行商议。

2006年

2月8日　在市博物馆向市委、市政府黄龙云、卢汉超、杨锡基等领导汇报佛山祖修缮工作筹备情况。

5月9日　向市政府呈送《佛山祖庙修缮问题的请示》。

5月26日　向市有关单位发出《关于报送佛山祖庙修缮领导小组成员名单的函》，至6月1日收到各单位参加佛山祖庙修缮小组成员名单的回复，6月6日将《关于成立佛山祖庙修缮领导小组的通知（代拟稿）》送市委领导审阅。

5月31日　向市政府呈送《关于申请划拨佛山祖庙修缮工程经费的请示》。

6月7日　向禅城区环保局递交关于佛山祖庙修缮工程《建设项目环境保护申请表》。

6月14日　从市禅城区环保局取回《建设项目环境保护申请表》批复。批复意见是：“根据《建设项目环境保护分类管理目录》的规定，建设单位须委托有资格的评价单位，编制环境影响报告表报我局审批。未经我局审批同意，项目不得建设。”

6月21日　委托佛山市环境保护研究所编制佛山祖庙修缮工程《建设项目环境影响报告表》。

6月28日　经佛山市博物馆同意，广西文物保护研究设计中心向中国文物信息咨询中心报送《佛山祖庙维修方案》，参加“全国十佳文物保护工程勘察设计方案及文物保护规划”评选。

7月10日 市环保研究所完成佛山祖庙修缮工程《建设项目环境影响报告表》的编制，并向其支付了一万元的环境评估费。

7月13日 将佛山祖庙修缮工程《建设项目环境影响报告表》送禅城区环保局审批。

7月27日 市财政局就佛山祖庙修缮工程经费问题正式复函。

8月4日 禅城区环保局批复佛山祖庙修缮工程《关于佛山祖庙修缮工程环境影响报告表的批复》（№：2006－0326）。

8月4日 佛山祖庙修缮方案获第二届“全国十佳文物保护工程勘察设计方案及保护规划”。

8月16日 下午，公孙宁副局长代表市文化广电新闻出版局向市委常委会汇报佛山祖庙修缮筹备工作进展情况。

8月20日 市建设局传真来佛山祖庙修缮领导小组办公室成员名单，至此办公室人员报完。

8月23日 上午8：30，在华侨大厦三楼召开佛山祖庙修缮领导小组第一次会议，由卢汉超主持。

8月23日 上午10：30，在华侨大厦五楼举行了佛山祖庙修缮新闻发布会，邀请了80多位记者参加。

8月30日 市委卢汉超副书记听取了佛山祖庙修缮的阶段性工作情况汇报，并针对下一步工作提出具体要求。

9月1日 市文广新局向市政府常务会议汇报佛山祖庙修缮筹备工作进展情况。

9月29日 佛山市文化广电新闻出版局向市政府呈报《关于佛山祖庙修缮工程施工和工程监理申请采用邀请招标模式的请示》（佛文物〔2006〕59号）。

9月30日 签订佛山祖庙修缮工程的施工招标、监理招标、工程造价合同。

10月9日 市委卢汉超副书记听取了佛山祖庙修缮的阶段性工作情况汇报，并针对下一步工作提出具体要求。

10月27日 经市政府同意，市发改局批准了佛山祖庙修缮工程正式立项，并核准采用邀请招标方式。

11月7日 上午，佛山祖庙修缮领导小组在市委18号楼906会议室召开了第二次会议，会议确定了佛山祖庙修缮工程施工邀标单位为广东岭南古建园林工程有限公司、浙江匀碧文物古建筑工程、江苏省香山古建有限公司。

11月17日 与广西文物保护研究设计中心、佛山市置地建筑设计有限公司商议由其双方组成联合体，将广西文物保护研究设计中心的祖庙设计方案加盖佛山市置地建筑设计有限公司的设计盖，报送市规划、建设等部门。

11月17日 与广西文物保护研究设计中心、广东省国际工程咨询公司讨论预算审核书。

11月20日 将《佛山祖庙修缮工程预算书》送市财政局审核。

11月23日 将《佛山祖庙修缮设计方案》送市规划局审核。

11月27日 向广东岭南古建园林工程有限公司、浙江匀碧文物古建筑工程有限公司、江苏省香山古建有限公司三家公司发出邀标初步意向《关于拟邀请参加佛山祖庙修缮工程投标的函》。

11 月 29 日　将《佛山祖庙修缮工程施工招标—招标文件》送市发改局审核。

12 月 7 日　将《佛山祖庙修缮设计方案》送省文化厅审核。将修改后的《佛山祖庙修缮工程招标文件》送市发改局审核。

12 月 8 日　在市政府召开佛山祖庙修缮施工资质问题协调会，市政府副秘书长唐棣邦主持，市建设局、市发改局、市监察局、市文广新局参加。

12 月 11 日　市财政局批复佛山祖庙修缮工程预算。

12 月 14 日　省文化厅就佛山祖庙修缮施工资质问题和修缮设计方案进行了批复。

12 月 15 日　将《佛山祖庙修缮设计方案》（补省厅批文）第二次报市规划局。

12 月 18 日　与建设局商议佛山祖庙修缮施工资质问题（第二次会议）。

12 月 22 日　市建设局就佛山祖庙施工资质问题正式复函。

12 月 26 日　佛山祖庙修缮领导小组办公室组织专家对佛山祖庙安全防范初步方案进行了论证。专家组成员详细审核了方案，勘察了佛山祖庙现场，经认真讨论，一致认为，方案基本可行，但仍应进行深化设计，并提出了具体改进意见。

12 月 27 日　市财政局复文《佛山祖庙修缮招标文件审查意见》。

2007 年

1 月 1 日　在市政府副秘书长黄海宁、市文化广电新闻出版局局长徐东涛、副局长公孙宁的陪同下，市委副书记、代市长陈云贤到我馆检查佛山祖庙修缮的相关工作。公孙宁副局长就佛山祖庙需要修缮的地方做了详细汇报。陈云贤代市长在视察佛山祖庙古建筑群后，高兴地说：佛山祖庙经历了抗日战争、解放战争和“文化大革命”三个特殊时期都能这样完整的保存下来，是佛山人民的功劳。并要求佛山祖庙修缮工作尽快推进。

2 月 6 日　故宫博物院文保科技部副主任苗建民到佛山祖庙考察，对佛山祖庙的琉璃瓦进行了分析，并将样板带回去研究。

2 月 28 日　市委常委叶志容同志到佛山祖庙检查工作。

3 月 7 日　市人大常委邓国清同志根据卢汉超同志的指示，与市建设局、市文广新局有关领导再次召开协调会，会议就佛山祖庙修缮施工单位资质以及对修缮工程质量和安全进行监管等问题达成共识。

3 月 9 日　送佛山祖庙修缮工程施工招标文件到发改局审核。

3 月 14 日　正式向三家邀标单位广东岭南古建园林工程有限公司、苏州香山古建有限公司、浙江匀碧文物古建筑工程有限公司发出招标文件并进行了现场勘察。

3 月 15 日　施工招标代理到建设局备案。

3 月 19 日　佛山祖庙修缮领导小组在市委 18 号楼 304 会议室召开了第三次会议。市政府副市长、领导小组副组长麦洁华主持会议，市委常委、领导小组组长叶志容，佛山祖庙修缮领导小组 16 个成员单位的领导以及修缮办公室成员参加了会议。

3 月 22 日　在佛山祖庙修缮领导小组办公室举行投标答疑会，发答疑纪要。

3 月 28 日　佛山祖庙修缮工程施工招标在市建设工程交易中心进行开标、评标，苏州香山古建有限公司中标。

3月29日　广东岭南古建园林工程有限公司向市招标办、市监察局、市博物馆书面投诉招标代理失误。

3月31日　佛山祖庙施工招标代理来祖庙谈修缮投诉问题。

4月4日　送佛山祖庙修缮工程招标文件到市监察局执法监察室。

4月28日　市财政局崔工、钟工到修缮办谈祖庙修缮预算问题。下午，香山古建有限公司来博物馆。

5月8日　往招标办取回施工招标文件。

5月14日　佛山祖庙修缮领导小组办公室会议，在市文化广电新闻出版局会议室召开。

6月6日至7日　祖庙修缮办外出考察：新兴国恩寺（6月6日上午）、罗定博物馆和罗定学宫（6月6日下午）、化州学宫（6月7日上午）、雷州雷祖祠和罗定博物馆（6月7日下午）。

6月12日　在祖庙修缮办召开关于施工招标问题的会议，公孙宁副局长、邓光民科长、刘建乐馆长、黄玉冰副馆长参加。

6月16日　在市文化广电新闻出版局召开关于施工招标问题的会议，徐东涛局长、公孙宁副局长、邓光民科长、刘建乐馆长参加。

6月29日　发布第二次施工邀请招标报名公告。中国文化信息网、中国采购与招标网、佛山市文化广电新闻出版局（版权局）政务网、佛山市文化信息网、佛山市博物馆网站、佛山市建设工程交易中心网站作了发布。

7月6日　第二次施工邀请招标接受报名，共有7家单位报名，分别是：苏州香山古建有限公司、北京市园林古建工程公司、潮州市建筑安装总公司、无锡市园林古典建筑有限公司、常熟古建园林建设集团有限公司、浙江省临海市古建筑工程公司、北京房修一建筑工程有限公司。

7月9日　广东省文化厅组织有关专家在佛山市博物馆召开佛山祖庙修缮工程施工邀请招标投标报名单位资格审查专家评审会议。参与的专家有杨少祥、吴敬强、曹劲、麦英豪、汤国华、郑力鹏、邱权震。评审的结果是附和报名条件的单位不足5家。

7月10日　上午，佛山祖庙修缮领导小组办公室在佛山市文化广电新闻出版局召开会议，就佛山祖庙施工邀请招标筹备工作进行专门研究。会议由佛山祖庙修缮领导小组办公室主任徐东涛同志主持，办公室副主任公孙宁、赵维英、冉建国、邓光民、刘建乐以及办公室工作人员出席了会议。本次会议就7月9日佛山祖庙修缮工程施工邀请招标报名评审会后如何开展下一步工作进行了研究，初步确定了本次邀请招标拟邀请投标的对象。

7月12日　第二次发布施工邀请招标报名公告。中国采购与招标网、佛山市文化广电新闻出版局（版权局）政务网、佛山市文化信息网、佛山市博物馆网站、佛山市建设工程交易中心网站作了发布。

7月16日　第二次施工邀请招标接受报名，共有7家单位报名，分别是：海宁市金隆古建筑有限责任公司、北京市园林古建工程公司、苏州香山古建有限公司、广东岭南古建园林工程有限公司、潮州市建筑安装总公司、广州市园林建筑工程公司、佛山市工程承包总公司。

7月16日　佛山祖庙修缮领导小组办公室在佛山市文化广电新闻出版局召开会议。会议由佛山祖庙修缮领导小组办公室主任徐东涛同志主持，办公室副主任公孙宁、赵维英、冉建国、邓光民、刘建乐以及办公室工作人员出席了会议。本次会议初步确定了本次邀请招标拟邀请投标的对象。

7 月 17 日 佛山祖庙修缮领导小组办公室在佛山市文化广电新闻出版局小会议室召开会议，对佛山祖庙修缮工程施工招标文件做初步的审定。

7 月 23 日 市文广新局领导同市发改局、市建设局、市招标中心相关负责人再次就祖庙修缮施工单位资质等相关问题进行沟通。

7 月 26 日 修缮办召开会议讨论施工监理招标文件。

7 月 27 日 修缮办召开会议审定施工招标文件，讨论施工单位资质问题。

8 月 8 日 省文化厅组织专家对佛山祖庙修缮工程施工招标文件进行了讨论，并提出具体修改意见。

9 月 6 日 修缮办与招标代理向三家邀请投标单位广东岭南古建园林工程有限公司、潮州市建筑安装总公司、佛山市工程承包总公司发出投标邀请书。

9 月 7 日 收到三家单位投标确认函。

9 月 26 日 施工招标代理向三家投标单位发出佛山祖庙修缮施工招标文件。

9 月 30 日 施工招标代理向三家投标单位发答疑纪要。

10 月 16 日 佛山祖庙修缮工程施工招标在市建设工程交易中心开标、评标。确实第一中标候选人为佛山市工程承办总公司，第二中标候选人为广东岭南古建园林工程有限公司。

10 月 18 日 收到第二中标候选人岭南古建园林工程有限公司的第一封投诉信。

10 月 19 日 收到岭南古建园林工程有限公司的第二封投诉信。

11 月 2 日 市建设工程交易中心向佛山市工程承包总公司发出中标通知书。

11 月 21 日 佛山祖庙修缮全面修缮工程开工仪式。

12 月 12 日 施工单位搭设万福台脚手架。

12 月 13 日 上午，施工单位拆除万福台金木雕防护架。

12 月 14 日 施工单位开进行 A 区前期数据采集。

12 月 21 日 召开佛山祖庙修缮质量监督会议，建设、设计、施工、监理单位和市建设工程质量监督站出席了会议。

12 月 25 日 修缮办召开了工地管理和安全防范工作会议，修缮办、市博物馆和施工单位佛山市工程承包总公司出席了会议。会议就祖庙修缮施工工地的防火、防盗、工地管理等问题进行了讨论研究。

12 月 27 日 市委常委、宣传部部长叶志容与副市长麦洁华到祖庙检查祖庙全面修缮工作。叶志容常委与麦洁华副市长到祖庙万福台施工工地检查后，听取了祖庙修缮情况的汇报并做了指示。

2008 年

1 月 2 日 陈云贤市长到佛山祖庙检查祖庙修缮工作。

1 月 2 日 下午，在佛山祖庙修缮领导小组办公室召开施工协调会议。会议由公孙宁副局长主持，修缮办、博物馆、施工单位、监理单位出席了会议。

1 月 8 日 佛山市博物馆邀请省、市文物修缮和古建筑专家对佛山祖庙修缮工程万福台部分设计图纸进行了会审。

1 月 16 日　施工单位测万福台屋面沉降情况。

1 月 19 日　施工单位开始搭设万福台外脚手架。

1 月 23 日　市纪委到祖庙检查祖庙修缮工作。

1 月 30 日　施工单位开始进行万福台顶棚搭设。

2 月 18 日　施工单位对万福台东西庑廊进行实测，发现西廊外墙出现裂缝、木横梁倾斜等现象。

2 月 19 日　修缮办与监理单位召开会议商讨下一阶段工作。

2 月 23 日　下午，施工单位开始进行万福台屋面揭瓦。

2 月 29 日　施工单位开始进行万福台顶升台架搭建，测量祖庙围墙倾斜情况。

3 月 4 日　佛山祖庙修缮工程例会，提出要加强各部门沟通，加快工程进度。

3 月 6 日　对原梁园博物馆馆长陈志杰进行访谈。

3 月 10 日　修缮办、设计、施工、监理单位对佛山祖庙修缮工程（万福台、东西廊、东西厢房）设计图纸进行会审。

3 月 11 日　修缮办邀请古建筑专家（邓炳权、吴庆洲、郑力鹏）对佛山祖庙修缮工程（万福台、东西廊、东西厢房）设计图纸进行会审。

3 月 12 日　市质监局领导到祖庙修缮现场视察。

3 月 13 日　施工单位开始对万福台灰塑进行顶升。

3 月 14 日　省建筑工程造价站组织省和各市工程造价专家到佛山祖庙了解佛山祖庙修缮工程造价情况。

3 月 17 日　施工单位开始拆除万福台屋面桷桁、封檐板。

3 月 18 日　上午，佛山祖庙修缮工程例会。会上建议将万福台檩条、桷板改为保持原来的杉木。施工单位开始拆设东西庑廊外脚手架。

3 月 19 日　下午，市人大常委会副主任卢汉超同志在市人大教科文卫华侨工作委员会主任胡正士的陪同下到佛山祖庙检查祖庙修缮工作。

3 月 20 日　施工单位拆除万福台西廊瓦面。

3 月 21 日　施工单位拆除万福台东廊瓦面。

3 月 22 日　下午，施工单位开始进行万福台金木雕落架。

3 月 25 日　佛山祖庙修缮工程例会。

4 月 1 日　佛山祖庙修缮工程例会。

4 月 5 日　施工单位开始进行万福台梁架落架。

4 月 8 日　佛山祖庙修缮工程例会。

4 月 11 日　施工单位开始对万福台东墙墙体进行纠偏。

4 月 15 日　佛山祖庙修缮工程例会。

4 月 17 日　施工单位进行消防安全演习。

4 月 18 日　施工单位开始进行灵应牌坊脚手架搭设。

4 月 22 日　佛山祖庙修缮工程例会。

施工单位将万福台木柱运出祖庙进行脱漆。

4月26日　施工单位对灵应牌坊排栅进行封顶，开始拆万福台楼板。

4月27日　施工单位开始进行西围墙脚手架搭设。

4月29日　佛山祖庙修缮工程例会。

施工单位开始对东围墙基础进行加固灌浆。

5月6日　佛山祖庙修缮工程例会。

5月10日　施工单位拆除万福台混凝土楼楞。

5月11日　西围墙脚手架搭设完成。

5月12日　施工单位对西廊灰塑进行加固。

5月13日　佛山祖庙修缮领导小组第四次会议。市委常委、宣传部长、领导小组组长叶志容主持会议，市政府副市长、领导小组副组长麦洁华，佛山祖庙修缮领导小组成员单位的领导以及修缮办公室成员参加了会议。

5月13日　灵应牌坊正式动工。

5月15日　佛山祖庙修缮工程例会。

5月20日　佛山祖庙修缮工程例会。

5月21日　施工单位开始清理灵应牌坊瓦面。

5月24日　施工单位开始灵应牌坊木构件脱漆。

5月27日　佛山祖庙修缮工程例会。

建设、施工、监理三方对将于5月28日进行的图纸会审相关问题进行讨论。

5月28日　佛山祖庙修缮工程第三次图纸会审。建设、设计、施工、监理单位以及省古建筑专家吴庆洲、汤国华参加。

5月29日　施工单位开始进行万福台石构件制作。

修缮办、施工、监理三方进行灵应牌坊图纸会审。

5月31日　施工单位进行西厢房墙体纠偏，西廊内墙体清洗。

6月3日　佛山祖庙修缮工程例会。

6月6日　佛山祖庙武安阁东北翼角一件灰塑构件脱落毁坏。施工单位对武安阁灰塑进行加固。

6月10日　佛山祖庙修缮工程例会。

6月17日　佛山祖庙修缮工程例会。

6月19日　佛山祖庙修缮工程会议，对施工单位制订的施工进度计划进行讨论，修缮办、施工、监理单位参加。

6月25日　施工单位开始进行万福台前台底墙脚石加工，西廊墙体拆除。

7月1日　佛山祖庙修缮工程例会。

7月8日　佛山祖庙修缮工程例会。

施工单位开始进行万福台照壁后墙、西围墙墙体清洗。

7月10日　施工单位拆除灵应牌坊部分陶瓷脊。

7月11日　与设计单位讨论施工问题。修缮办、设计、施工、监理单位参加。

7月14日　甲方、设计、监理、施工单位进行工程例会，施工单位提出工程中存在的设计问题，后再由设计人员到现场察看并及时做出解答处理。

7月16日　灵应牌坊陶瓷脊外运。

7月21日　施工单位开始进行西厢房墙体重砌。

7月22日　佛山祖庙修缮工程例会。

7月23日　施工单位开始制作万福台前台沿木。

7月25日　施工单位拆除万福台金木雕支架。

7月29日　佛山祖庙修缮工程例会。

7月31日　开始进行灵应牌坊木构件剔补。

8月1日　修缮办内部会议。公孙宁、应如军以及修缮办其他同志参加了会议。本次会议总结祖庙修缮工程开工以来存在的问题，并提出解决的办法。

8月5日　佛山祖庙修缮工程例会。

8月6日　修缮办内部会议。公孙宁、应如军以及修缮办其他同志参加了会议。本次会议对8月1日修缮办内部会议提出的问题进行了进一步讨论，提出解决存在问题的措施。

8月8日　施工单位与修缮办商议万福台和后续工程进度问题。施工单位保证万福台按时完工，同时希望部分后续工程尽快开工（钟鼓楼、碑廊、文武阁）。

施工单位扩大中转仓库，用作木工制作场地。

8月12日　佛山祖庙修缮工程例会。

8月13日　修缮办要求施工单位对灵应牌坊除尘后，再进行防腐防虫处理。

8月15日　灵应牌坊做防腐防虫处理。

8月16日　开始对大庙东侧空地材料进行整理。

下午，开始进行万福台台沿木制作。

8月19日　佛山祖庙修缮工程例会。

8月20日　防腐防虫药物送检。

下午，检查灵应牌坊一层平板枋，确定进行修补。

8月23日　施工单位开始搭设东西碑廊、钟鼓楼脚手架。

8月26日　佛山祖庙修缮工程例会。

8月30日　施工单位拆除庆真楼展柜。

8月31日　施工单位开始灵应牌坊木构件油漆。

9月2日　佛山祖庙修缮工程例会。

9月7日　施工单位开始万福台东廊东门灰塑修复。

9月9日　佛山祖庙修缮工程例会。

施工单位进行万福台台沿木防腐及安装，灵应牌坊开始盖瓦。

9月10日　开始进行万福台台沿木安装。

9 月 16 日　佛山祖庙修缮工程例会。

9 月 18 日　施工单位开始西碑廊屋面揭瓦。

9 月 17 日　庆真楼内物品搬迁。

9 月 27 日　请专家（邓炳权、汤国华）对灰塑修复试验样品进行评审。专家认为，灰塑修复整体工艺质量好，艺术已达到一定水平，尚可精益求精。

10 月 7 日　佛山祖庙修缮工程例会。

10 月 14 日　请曾参与以往祖庙修缮的本地专家（陈志杰、李小青等）举行座谈，了解祖庙金木雕情况。

下午，佛山祖庙修缮工程例会。

10 月 16 日　修缮办请省文物保护专家（汤国华、郑力鹏）对碑廊、钟鼓楼、庆真楼图纸进行会审。

10 月 17 日　修缮办、祖庙电工与佛山祖庙供电系统设计单位讨论供电系统设计方案。

10 月 21 日　佛山祖庙修缮工程例会。

10 月 27 日　由佛山市建筑工程质量监督站出面组织甲方（建设方）、施工方、监理方共同对灵应牌坊单体进行阶段性检查验收。为保证施工的质量，佛山市建筑工程质量监督站将对每一完工前的单体建筑进行同类的检查验收。

10 月 28 日　佛山祖庙修缮工程例会。

11 月 4 日　佛山祖庙修缮工程例会。万福台屋面开始盖瓦。

11 月 11 日　佛山祖庙修缮工程例会。

11 月 15 日　施工单位开始拆除万福台东西庑廊、厢房排栅。

11 月 16 日　万福台盖瓦全部完成。万福台屋顶灰塑修复完成。

11 月 17 日　佛山祖庙修缮工程例会。

11 月 18 日　灵应牌坊鳌鱼安装。

11 月 19 日　挂灵应牌坊“圣旨”“谕祭”匾额。

11 月 24 日　开始拆除灵应牌坊脚手架。

11 月 25 日　佛山祖庙修缮工程例会。

灵应牌坊开始拆排栅。

11 月 28 日　开始调整万福台厢房石地面。

11 月 29 日　开始祖庙大殿东侧临时通道铺砌。

12 月 2 日　开始搭设文魁阁脚手架。

12 月 9 日　佛山祖庙修缮工程例会。

12 月 12 日　东西碑廊开始盖瓦，开始安装万福台楼板。

12 月 14 日　开始搭设武安阁脚手架，开始拆万福台外排栅。

12 月 16 日　佛山祖庙修缮工程例会。同日，开始安装万福台金木雕。

12 月 17 日　下午，市长陈云贤、副市长麦洁华视察了祖庙，询问祖庙维修进度，并做了指示。

12 月 23 日　佛山祖庙修缮工程例会。

12 月 24 日　拆庆真楼二楼屏风门。

12 月 26 日　庆真楼开始落瓦。

12 月 30 日　佛山祖庙修缮工程例会。

2009 年

1 月 5 日　市人大副主任卢汉超，市委常委、宣传部部长叶志容视察祖庙修缮进度。

1 月 6 日　佛山祖庙修缮工程例会。

1 月 13 日　佛山祖庙修缮工程例会。

1 月 14 日　祖庙文物管理所接收万福台、灵应牌坊等单体。

1 月 15 日　下午，修缮办请省文物保护专家（邓炳权、吴庆洲）对庆真楼、文魁阁、武安阁图纸进行会审。

1 月 16 日　万福台重启仪式。

2 月 10 日　佛山祖庙修缮工程例会。

2 月 11 日　武安阁屋脊灰塑落架（一层）。

2 月 13 日　武安阁灰塑顶升。

2 月 17 日　佛山祖庙修缮工程例会。

2 月 24 日　修缮办组织召开阶段总结会。修缮办、施工单位、监理单位参加了会议。会议总结了自开工以来的祖庙修缮工作，并讨论了下一阶段的工作计划。

3 月 2 日　祖庙文物管理所向施工单位移交三门场地。

3 月 3 日　佛山祖庙修缮工程例会。

3 月 9 日　修缮办、施工、监理三方讨论庆真楼施工图纸问题。

3 月 10 日　佛山祖庙修缮工程例会。

下午，修缮办请祖庙大门捐赠人（广西八步人陈谦礼）的后代到祖庙介绍情况。

3 月 12 日　庆真楼开始落架。

3 月 17 日　佛山祖庙修缮工程例会。

3 月 18 日　三门开始揭瓦。

3 月 20 日　施工单位在清理武安阁西内墙时发现一个石门框，门框顶部有一块石门额，门额中央是阴刻的“观音殿”三个大字，两边分别有两行阴刻竖排的小字，自右至左是“明天启三年冬月建”“光绪乙亥值事重修”“乾隆二十四年重修”“咸丰元年冬月重建”。

3 月 24 日　佛山祖庙修缮工程例会。

3 月 26 日　修缮办和施工单位到顺德备木料。

3 月 30 日　修缮办、施工、监理三方讨论庆真楼楼面墩接问题。

3 月 31 日　佛山祖庙修缮工程例会。

4 月 3 日　佛山祖庙修缮工程文物安全保护会议。修缮办、祖庙文管所、施工单位和监理单位参加。会议讨论了修缮中的文物和构件的保护问题，明确了各方责任。

4 月 7 日　佛山祖庙修缮工程例会。

4 月 8 日　修缮请布才师傅对祖庙灰塑修复提出改进意见。

4 月 9 日　修缮办召开灰塑专题会议，修缮办、布才、邵成村参加了会议，重点讨论灰塑修复中的色泽问题。

4 月 9 日　修缮办召开祖庙修缮工程灰塑修复项目专题会议，修缮办、施工单位参加了会议，布才师傅对灰塑修复提意见。

4 月 14 日　上午，佛山祖庙修缮工程例会。

中午，省文化厅副厅长苏桂芬、省文物局局长龙家有在佛山市文广新局局长徐东涛陪同下视察了佛山祖庙修缮工程。苏厅长一行检查了已经修缮完成的万福台、灵应牌坊等建筑单体，随后还视察了正在修缮当中的三门、前殿、文魁阁、武安阁等建筑单体。

4 月 17 日　在庆真楼发现石香炉，转交祖庙文物管理所。

4 月 21 日　佛山祖庙修缮工程例会。

下午，施工单位在施工会议室做灰塑样板，布才进行了指导。

4 月 23 日　修缮办、施工、监理三方召开文魁阁、武安阁图纸会审前会议，讨论会审中要提出的问题。

4 月 24 日　将前殿的漆扑神像拆卸并搬迁到藏珍阁临时文物仓库。

4 月 27 日　举行文魁阁、武安阁施工图纸会审，修缮办、设计、施工、监理单位和省文物保护专家（邓炳权、汤国华）参加了会审。

5 月 2 日　祖庙文管所保卫人员发现施工单位使用的藏珍阁东侧临时仓库的铁闸没有拉下，也没有采取有效围闭措施。

5 月 3 日　黄飞鸿纪念馆门前广场的一个沙井盖被施工单位的车辆碾坏。

5 月 3 日　下午，施工单位运输材料的车辆从黄飞鸿纪念馆旁的门口进入祖庙，事后没有及时锁门，也没有派专人看守。

5 月 3 日　下午，在搭设前殿脚手架时，由于施工单位没有采取有效的保护措施，致使一个脊兽跌落损坏。

5 月 5 日　佛山祖庙修缮工程例会。

6 月 14 日　上午，庆真楼楼梁安装开始。

7 月 16 日　设计单位到场解决施工中存在的问题。

7 月 23 日　修缮办、施工单位人员冒大雨检查万福台等单体的漏水现象。

8 月 5 日　修缮办对退休工程师李兆山进行访谈。

8 月 18 日　上午，工程例会。

拆卸忠义流芳祠琉璃窗。

11 月 22 日　广东省文物局局长龙家有陪同国家文物局领导检查佛山祖庙三门修缮情况。

12 月 10 日　开始前殿正脊灰塑修补。

12 月 13 日　基本完成前殿正脊修补。

12 月 15 日　庆真楼开始盖瓦。祖庙文管所清理锦香池，并丈量锦香池水深、水泥面的相关尺寸。

12 月 18 日　对文魁阁、武安阁、三门香亭、前殿等排栅顶盖进行拆卸。19 日完成。

12 月 20 日　对前殿开始对所有修缮单体瓦面进行修补封盖。

12 月 30 日　开始拆卸前殿排栅。

2010 年

1 月 4 日　陈云贤市长、麦洁华副市长视察佛山祖庙修缮工程。

1 月 10 日　拆除三门排栅。

1 月 14 日　安装前殿香亭牌匾及前殿宫灯。

1 月 16 日　安装前殿漆扑神像。

1 月 25 日　正殿图纸会审。邀请省文物保护专家邓炳权、汤国华参加。祖庙文物管理所、修缮办、设计方、施工方、监理方参加会审。

2 月 2 日　开始拆庆真楼排栅。

2 月 4 日　将前殿、三门等单体工程安全工作移交祖庙文管所。

2 月 8 日　佛山市人大常委会常务副主任卢汉超、市人大教科文卫工作委员会主任胡正士在市文化广电新闻出版局局长徐东涛的陪同下视察了祖庙修缮工作。卢主任一行视察了祖庙西围墙、灵应牌坊、三门、前殿、正殿、庆真楼等建筑，然后听取了徐东涛局长以及施工单位的汇报。卢主任认为市委市政府百年重修祖庙的决策非常正确。他充分肯定了祖庙修缮工作所取得的成绩，认为整个施工的组织安排很周详，修复的工艺水平很高，真正做到了“修旧如旧”的要求。最后，卢主任对今后的工作提出了三点要求：一是按计划，严谨、细致地把修缮工作做好，绝对不能大意；二是要注意安全，包括施工安全和春节期间祖庙开放的安全；三是整个祖庙的改造要跟祖庙古建筑风格协调。

2 月 22 日　佛山市委常委叶志容、佛山市副市长麦洁华以及市委宣传部领导在市文化广电新闻出版局局长徐东涛、副局长赵维英的陪同下视察了祖庙。叶常委一行视察了祖庙古建筑群，并在会议室听取了市文广新局对祖庙修缮和祖庙周边环境整治等相关工作的汇报。叶志容常委和麦洁华副市长都充分肯定了祖庙修缮取得的成绩。麦洁华对祖庙今后的工作提了两点意见：一是今年亚运会前，要把祖庙大院环境整治好，以最好的面貌迎接各国运动员；二是考虑一下游客停车问题。叶志容常委提出，祖庙的修缮和建设要坚持几个原则：一是修缮和建设相结合；二是祖庙内外相结合；三是近期和长远相结合；四是文物和文化相结合。

2 月 25 日　修缮办与施工单位讨论春节后正殿文物搬迁、大殿修缮准备工作等事项。

3 月 3 日　修缮办对正殿文物进行编号、贴标签。

3 月 5 日至 7 日　对正殿文物进行搬迁。正殿文物分为三类：第一类是北帝大铜像等不适宜移动的文物，进行原地保护；第二类是北帝小神像和观音神像等文物，搬迁至前殿摆放，满足游客参观和拜祭的需要；第三类是正殿内的其余文物，搬迁至临时文物仓库保管，待正殿修缮完工后再搬回原位陈列。5 日搬迁二类文物至前殿，6 日至 7 日搬迁三类文物至修缮办临时文物仓库。

3 月 8 日　正殿修缮前拜祭北帝。

3 月 19 日　拆正殿北帝神龛，搬入临时文物仓库保存。

3 月 22 日　施工方开始拆卸正殿戗脊、垂脊上的陶瓷构件。

3 月 23 日　庆真楼开始铺二层楼板。

4 月 2 日　经修缮办检查，祖庙前殿屋面 4 个位置有漏雨现象、庆真楼屋面 7 个位置有漏雨现象。

4 月 6 日　佛山电视台报道祖庙修缮进展情况。

4 月 8 日　经修缮办检查，发现庆真楼屋面 12 个位置有漏雨现象，其中 5 处比较严重；前殿东面屋面 1 个位置有漏雨现象。

4 月 20 日　施工方开始对庆真楼屋面进行补漏。

4 月 26 日　施工方开始清洗正殿东外围墙。

5 月 7 日　万福台前石地面西北角一棵白兰树遭雷击，第二天树叶开始枯黄、落叶。

5 月 31 日　施工方开始对庆真楼前园东外围墙进行单面拆除重砌。

6 月 3 日　施工方开始对庆真楼首屋进行油漆前的批灰。

6 月 9 日　正殿开始安装金柱。正殿西侧门开始安装门夹石。

6 月 11 日　正殿西侧门门夹石安装完成。

6 月 30 日　祖庙三门灯笼运至民间艺术研究社维修。

7 月 8 日　正殿两廊钉桷板完成，做好盖瓦准备。

7 月 12 日　正殿两廊开始盖瓦。

7 月 28 日　开始香亭木结构安装。

7 月 29 日　开始正殿盖瓦。祖庙三门灯笼维修完毕。

7 月 31 日　正殿正脊开始复位。

8 月 5 日　正殿垂脊、戗脊开始复位。

8 月 16 日　正殿西廊灰塑开始修复。

8 月 30 日　开始安装北帝神龛。

8 月 31 日　正殿正脊开始修复。

9 月 24 日　安装"紫霄宫"牌匾。

9 月 25 日　开始将正殿文物搬回原位。

9 月 27 日　正殿文物回迁完毕。

10 月 29 日　举行佛山祖庙全面修缮工程竣工仪式。

11 月　"佛山祖庙修缮工程"被评为"国家传统建筑文化保护示范工程"。

2011 年

12 月　佛山祖庙修缮工程被中国文物报评选为"2010 年度全国十大文物保护工程"。同时，佛山市祖庙博物馆凭借"佛山祖庙修缮工程项目"，被中国文物保护基金会授予"中国文化遗产保护与传承典范单位"的荣誉称号。

是年，各参建单位开始着手准备竣工验收资料，为迎接工程竣工验收做好准备。

2012 年

6 月 25 日 建设方、监理方、施工方和设计方各派代表若干人现场考察修缮后的祖庙现状，并一起举行会议，总结修缮后至今仍存在的问题，寻求解决办法，为祖庙修缮工程的竣工验收作准备。

9 月 11 日 广东省专家组对佛山祖庙修缮工程进行竣工验收。上午，广东省文物局专家组、建设方、设计方、施工方和监理方一起对修缮后的祖庙现状进行现场考察。下午，上述主要人员一起举行会议。先由建设方、设计方、施工方和监理方汇报各自在祖庙修缮期间的工作情况，再由广东省文物局专家组分别对祖庙修缮工程的修缮效果及存在问题发表意见并进行点评。

2013 年

4 月 1 ~2 日 国家文物局专家组对佛山祖庙修缮工程进行竣工验收。4 月 1 日下午，国家文物局专家组成员莅临佛山祖庙现场察看祖庙古建筑群的修缮完成情况。4 月 2 日上午，国家文物局专家组成员、省文物局领导、省考古所领导、佛山市文广新局领导以及建设方、设计方、施工方、监理方各方代表齐聚祖庙博物馆接待室，召开佛山祖庙修缮工程国家文物局专家验收报告会。会上，国家文物局专家组成员一致同意佛山祖庙修缮工程验收，工程总得分为 92 分，属优良工程。

2014 年

8 月 11 日 “佛山祖庙修缮工程”荣获“二〇一四年度广东省优秀建筑装饰工程奖”。

11 月 4 日 佛山祖庙修缮工程被评选为“首届（2013 年度）全国十佳文物保护工程”。

12 月 “佛山祖庙修缮工程”荣获“二〇一三 ~ 二〇一四年度全国建筑工程装饰奖”。

佛山祖庙修缮报告

Renovation Report of Foshan Zumiao

下 册

佛山市祖庙博物馆　编著

文物出版社

实测与设计图

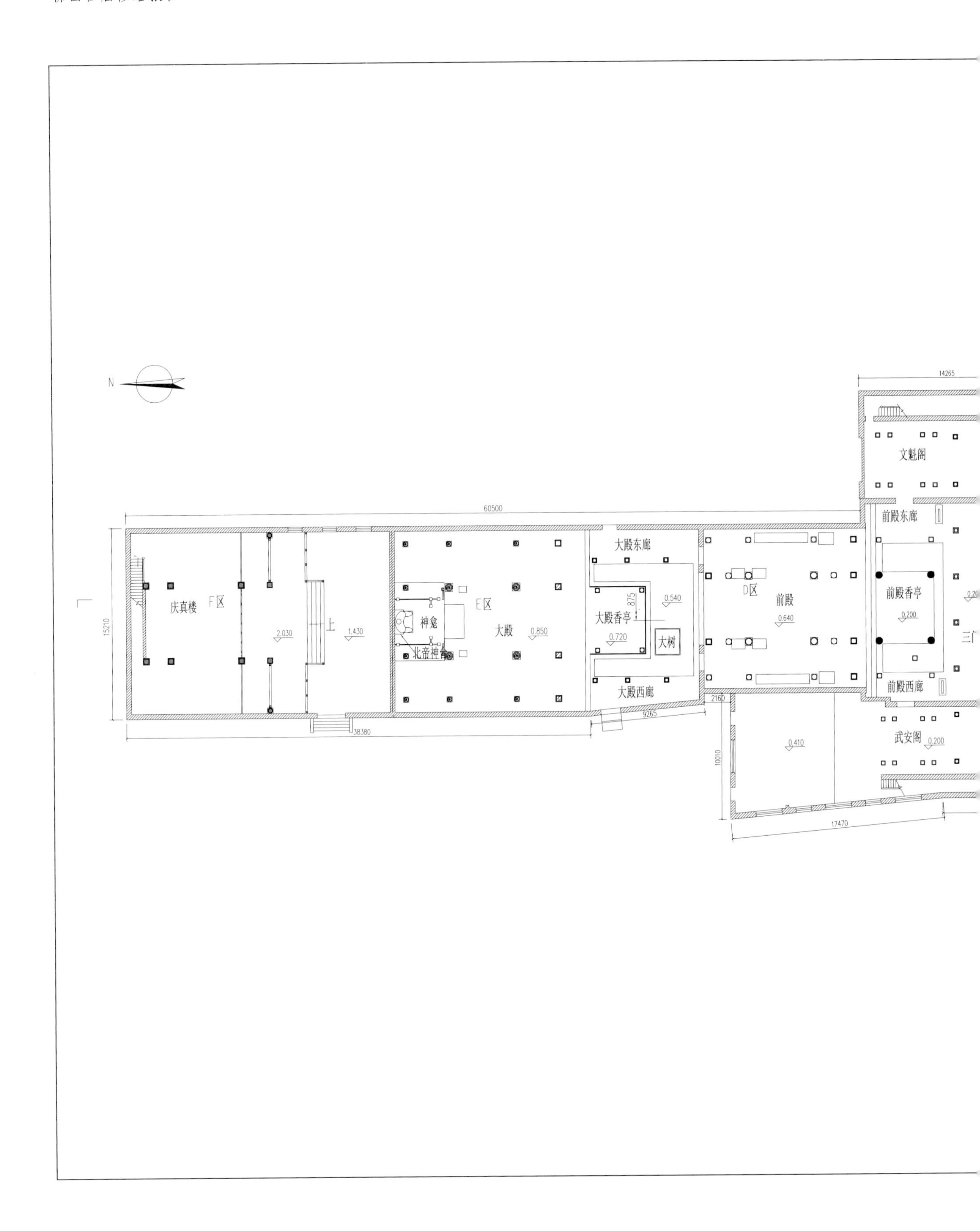
N
14265
文魁阁
60500
前殿东廊
大殿东廊
15210
庆真楼
F区
2.030
上
1.430
神龛
北帝神龛
E区
大殿
0.850
大殿香亭
875
0.540
0.720
大树
D区
前殿
0.640
前殿香亭
0.200
三门
前殿西廊
大殿西廊
38380
9265
2160
10010
0.410
武安阁
0.200
17470

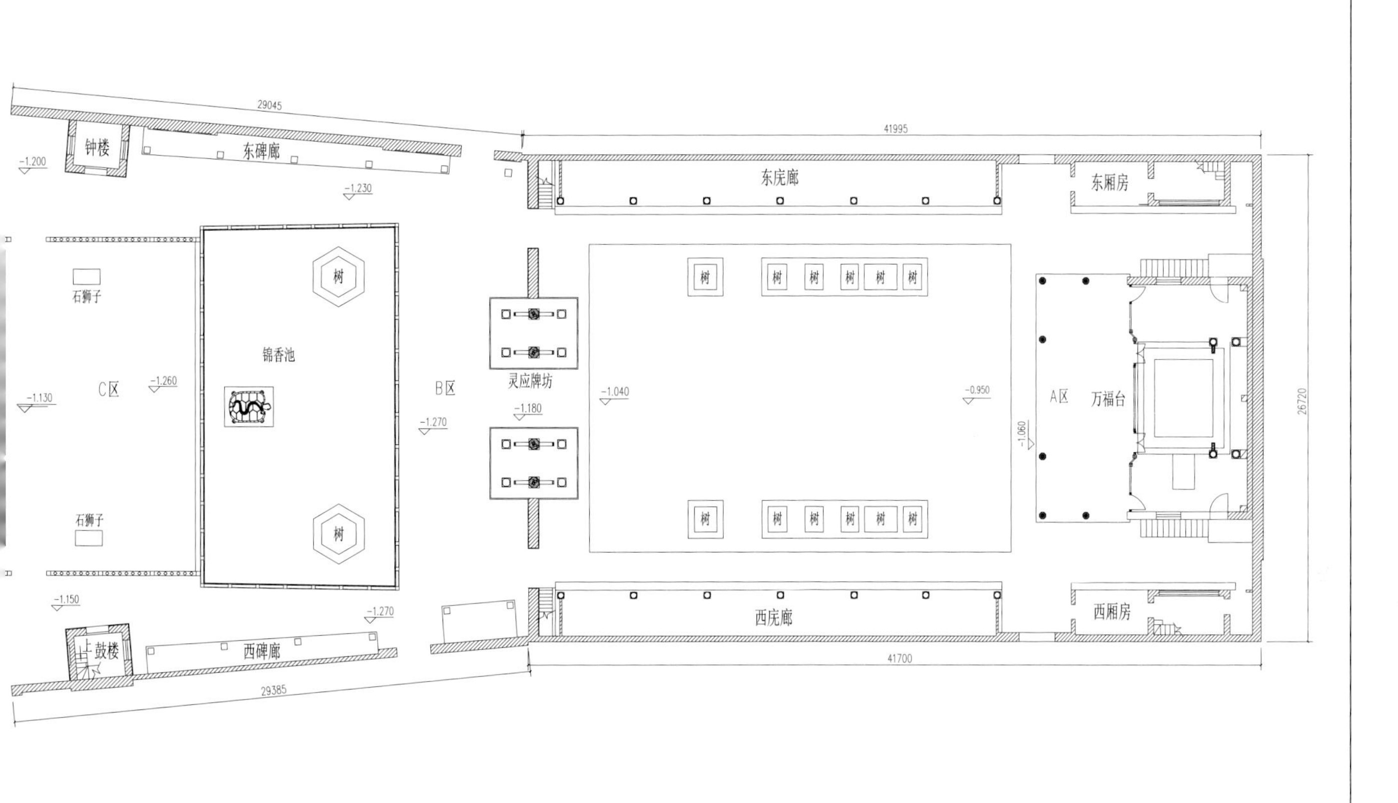
29045
钟楼
东碑廊
-1.200
-1.230
41995
东庑廊
东厢房
石狮子
锦香池
树
C区
-1.260
-1.130
B区
灵应牌坊
-1.180
-1.270
-1.040
-0.950
-1.060
A区
万福台
26720
石狮子
-1.150
-1.270
鼓楼
西碑廊
西庑廊
西厢房
41700
29385

一 佛山祖庙总平面图

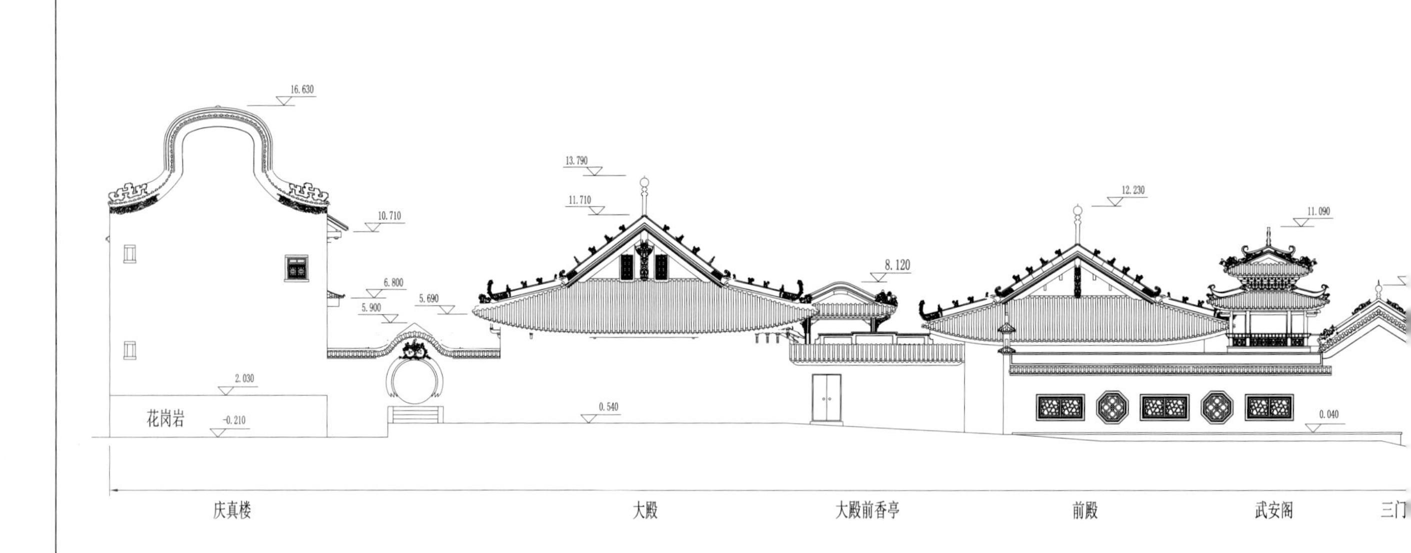
16.630
13.790
11.710
10.710
6.800
5.900
5.690
8.120
12.230
11.090
2.030
花岗岩
-0.210
0.540
0.040
庆真楼
大殿
大殿前香亭
前殿
武安阁
三门

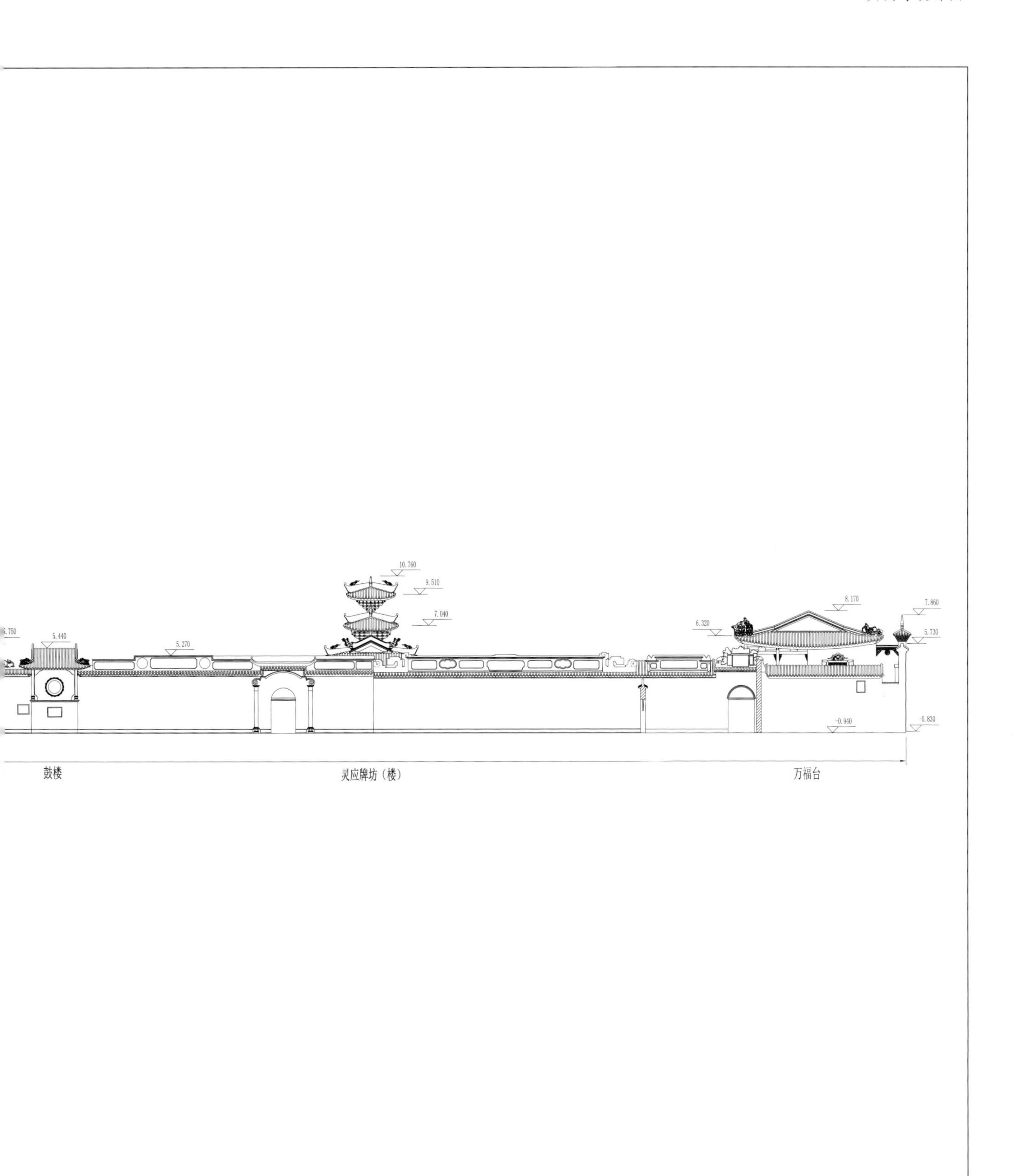

二　佛山祖庙总侧（西）立面图

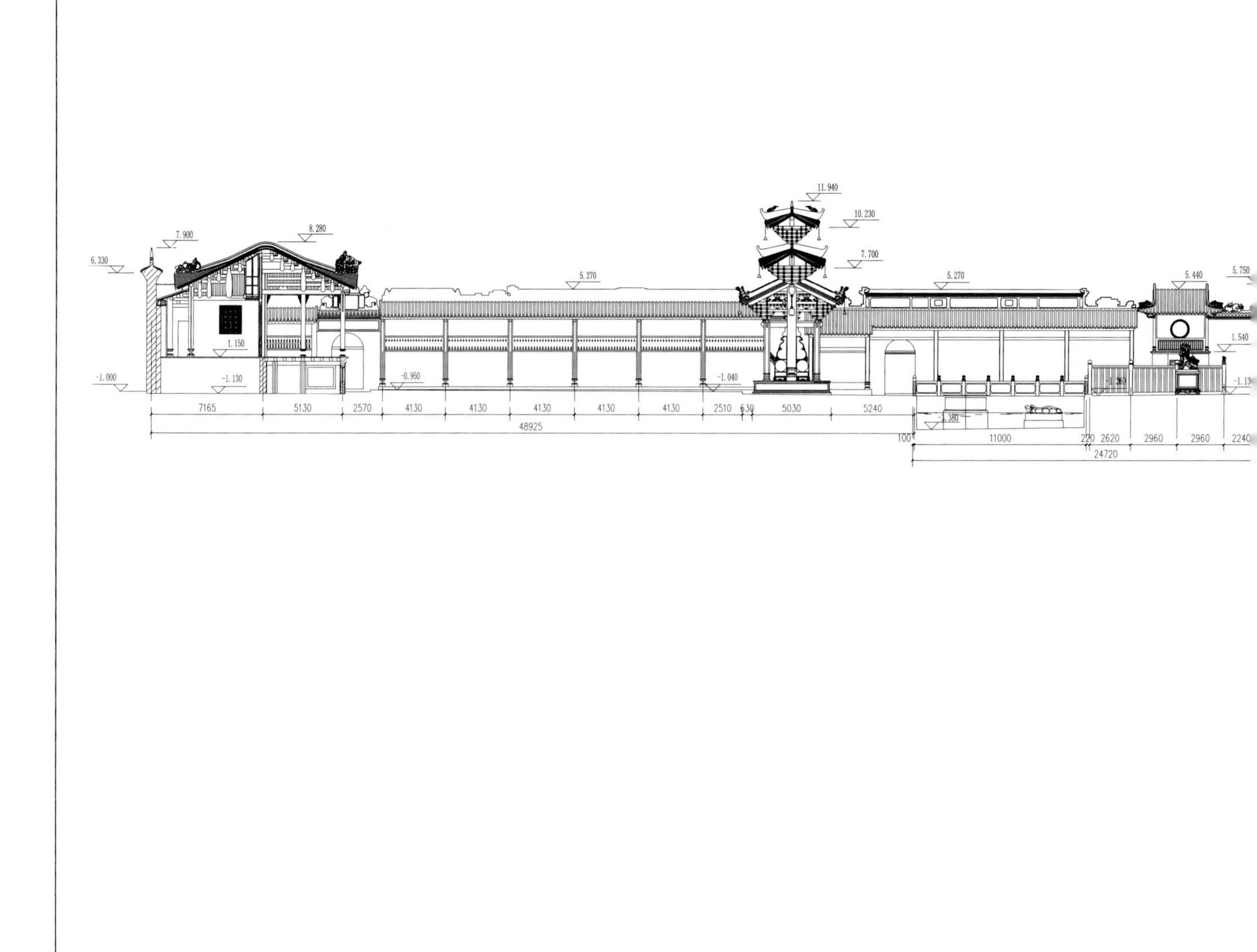
11.940
10.230
7.700
7.900
8.280
6.330
5.270
5.270
5.440
5.750
1.150
1.540
-1.000
-1.130
-0.950
-1.040
-3.380
7165
5130
2570
4130
4130
4130
4130
4130
2510
5030
5240
48925
100
11000
220
2620
2960
2960
24720

16.630
13.790
12.230
11.510
11.090
11.830
10.710
8.680
8.120
7.180
7.330
5.900
5.690
5.560
2.420
2.030
1.430
1.370
0.850
0.720
0.640
0.200
-0.210
2300
2060
4240
2085
1640
1640
5380
1640
1640
3455
1985
3600
3185
3490
5540
3590
1130
5550
4560
2365
5860
3485
185
73995

三　佛山祖庙总剖面图

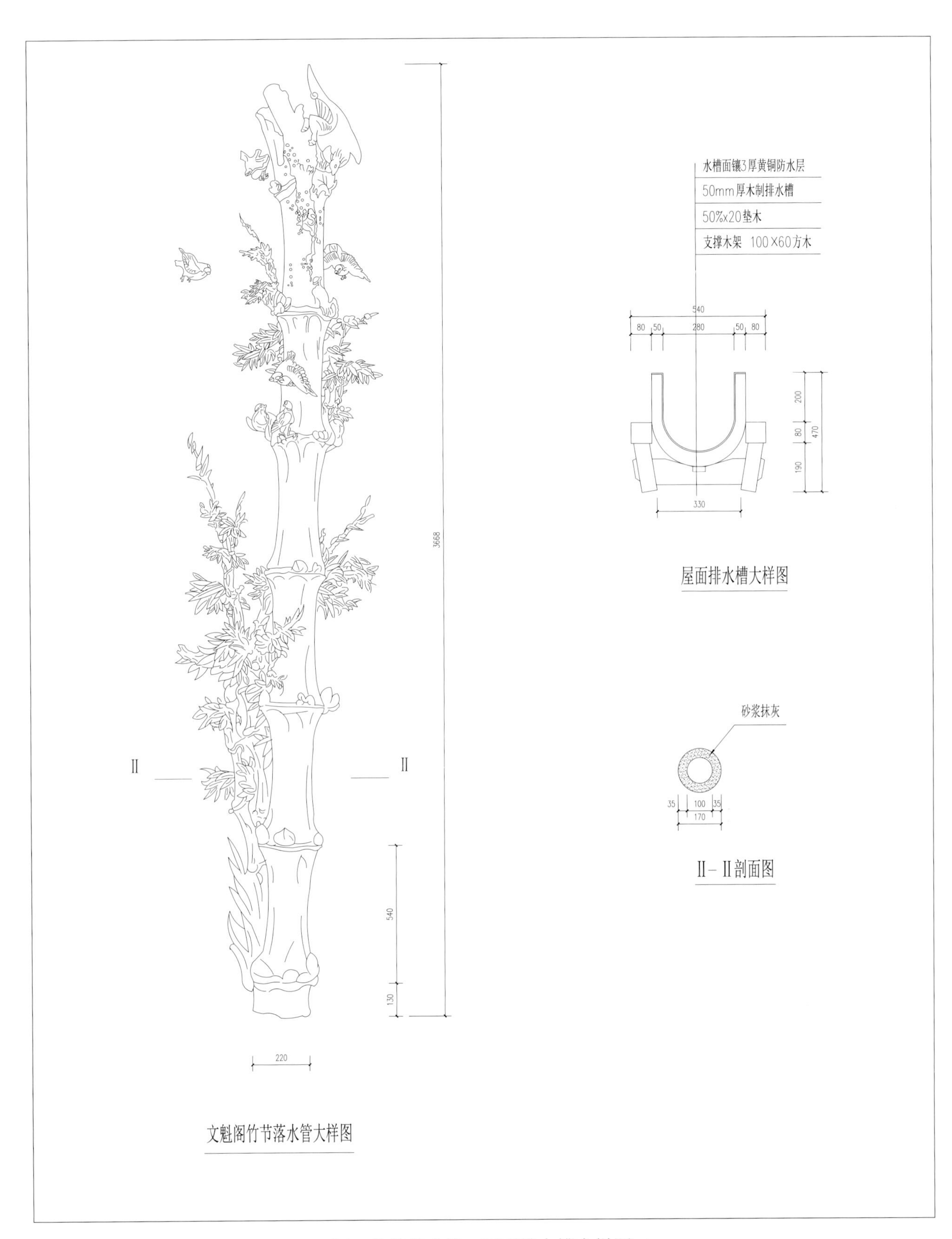

四 竹节落水管、屋面排水槽大样图

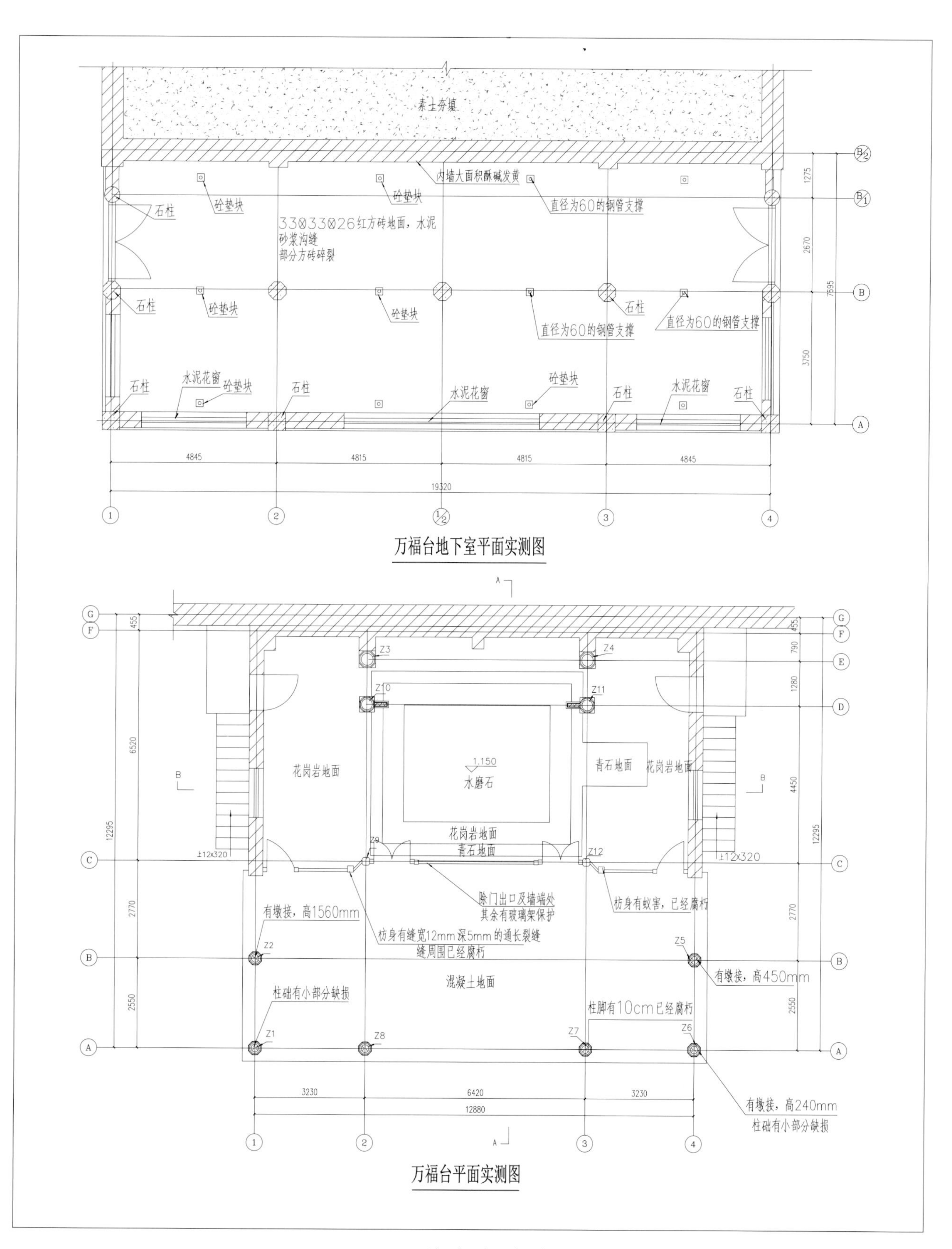

素土夯填
内墙大面积酥碱发黄
石柱
砼垫块
直径为60的钢管支撑
33✕33✕26红方砖地面，水泥砂浆沟缝
部分方砖碎裂
水泥花窗
万福台地下室平面实测图
花岗岩地面
水磨石
青石地面
混凝土地面
除门出口及墙端处其余有玻璃架保护
枋身有蚁害，已经腐朽
有墩接，高1560mm
枋身有缝宽12mm深5mm的通长裂缝
缝周围已经腐朽
有墩接，高450mm
柱础有小部分缺损
柱脚有10cm已经腐朽
有墩接，高240mm
柱础有小部分缺损
万福台平面实测图

五　万福台平面实测图

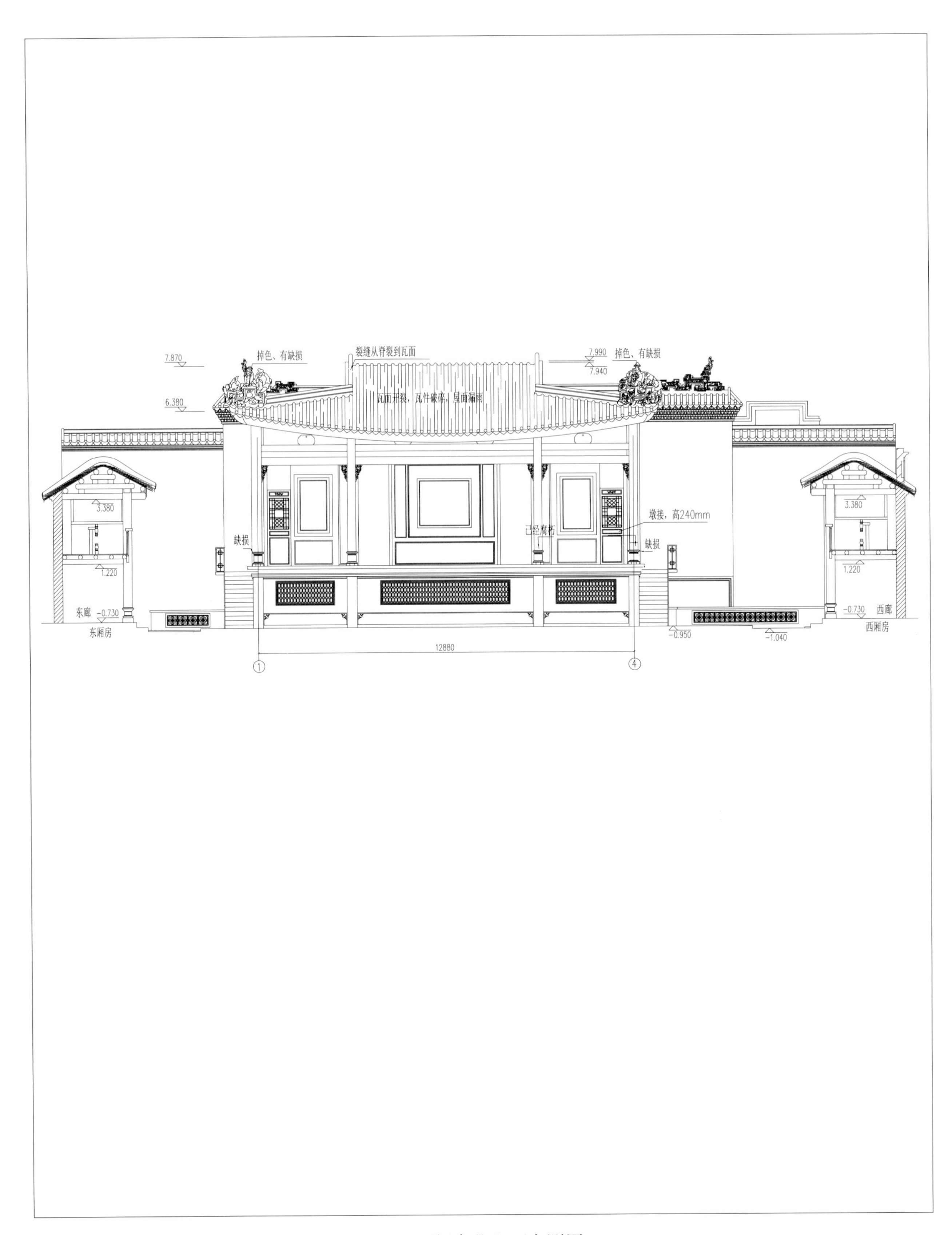
7.870
掉色、有缺损
裂缝从脊裂到瓦面
7.990
7.940
掉色、有缺损
6.380
瓦面开裂，瓦件破碎，屋面漏雨
3.380
1.220
缺损
已经腐朽
墩接，高240mm
缺损
3.380
1.220
东廊
-0.730
东厢房
-0.950
-1.040
-0.730
西廊
西厢房
12880
1
4

六　万福台北立面实测图

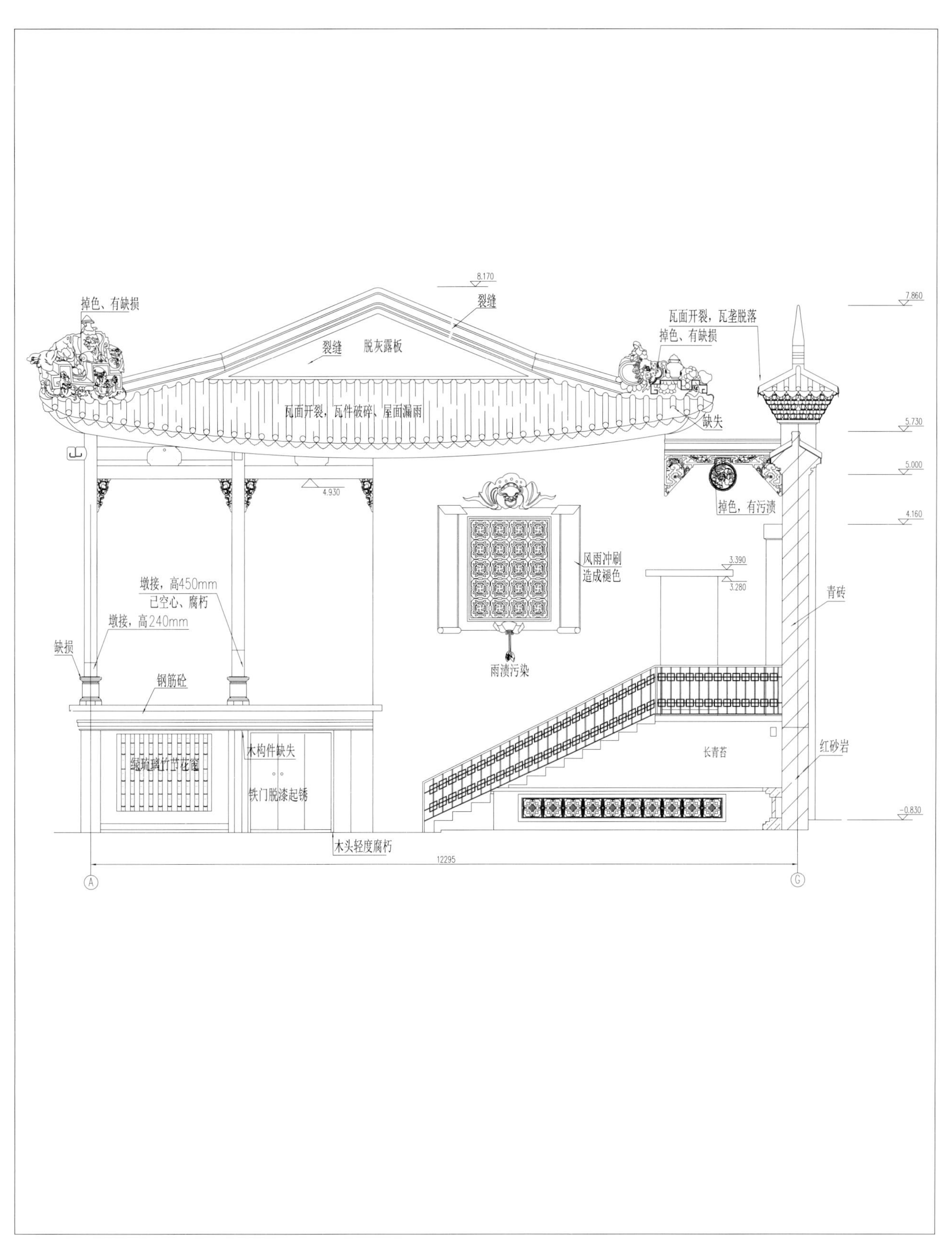
8.170
掉色、有缺损
裂缝
裂缝
脱灰露板
瓦面开裂，瓦件破碎、屋面漏雨
瓦面开裂，瓦垄脱落
掉色、有缺损
缺失
7.860
5.730
5.000
4.160
4.930
掉色，有污渍
风雨冲刷
造成褪色
3.390
3.280
墩接，高450mm
已空心、腐朽
墩接，高240mm
缺损
钢筋砼
青砖
雨渍污染
木构件缺失
绿琉璃竹节花窗
铁门脱漆起锈
长青苔
红砂岩
-0.830
木头轻度腐朽
12295
A
G

七 万福台西立面实测图

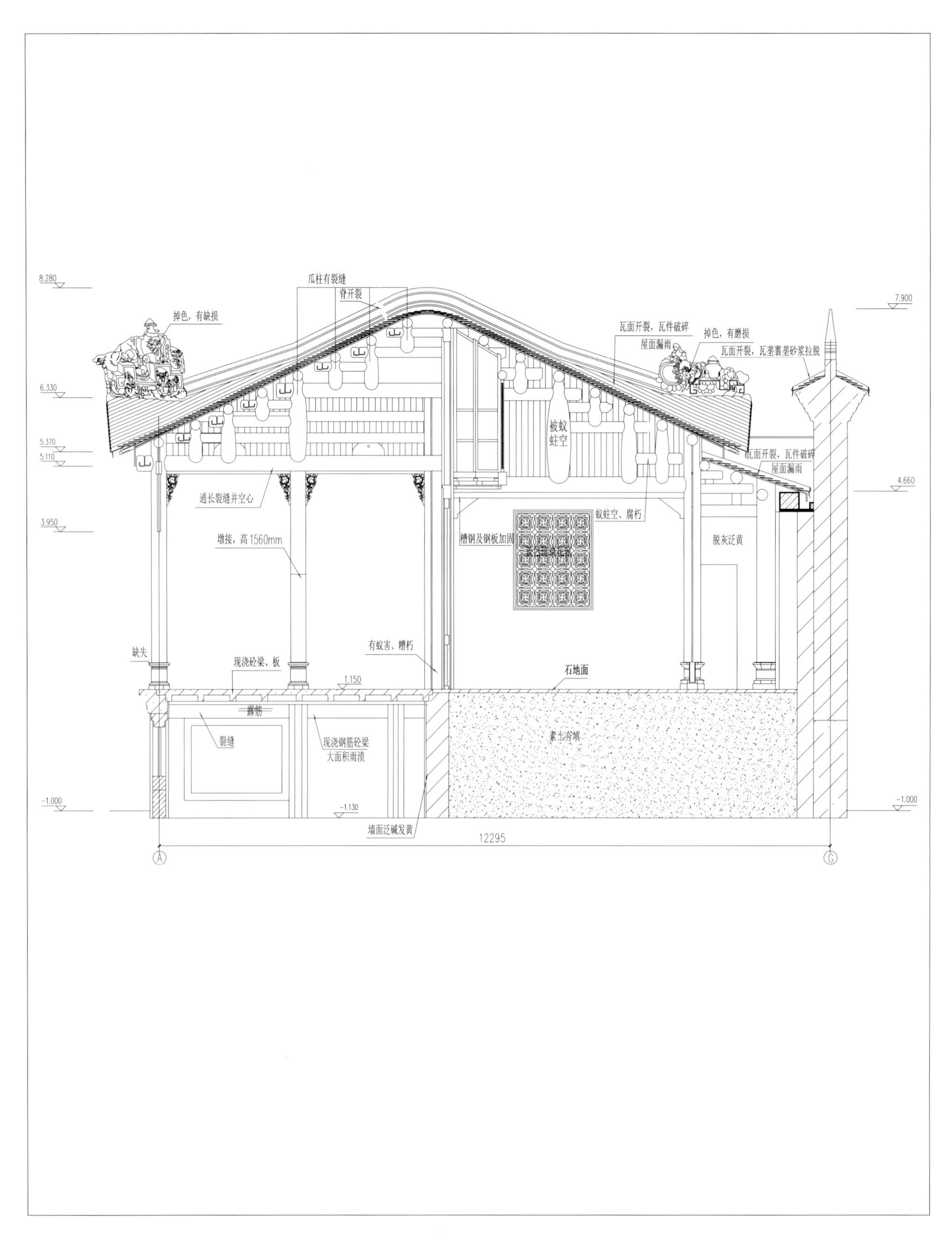

八 万福台 A－A 剖面实测图

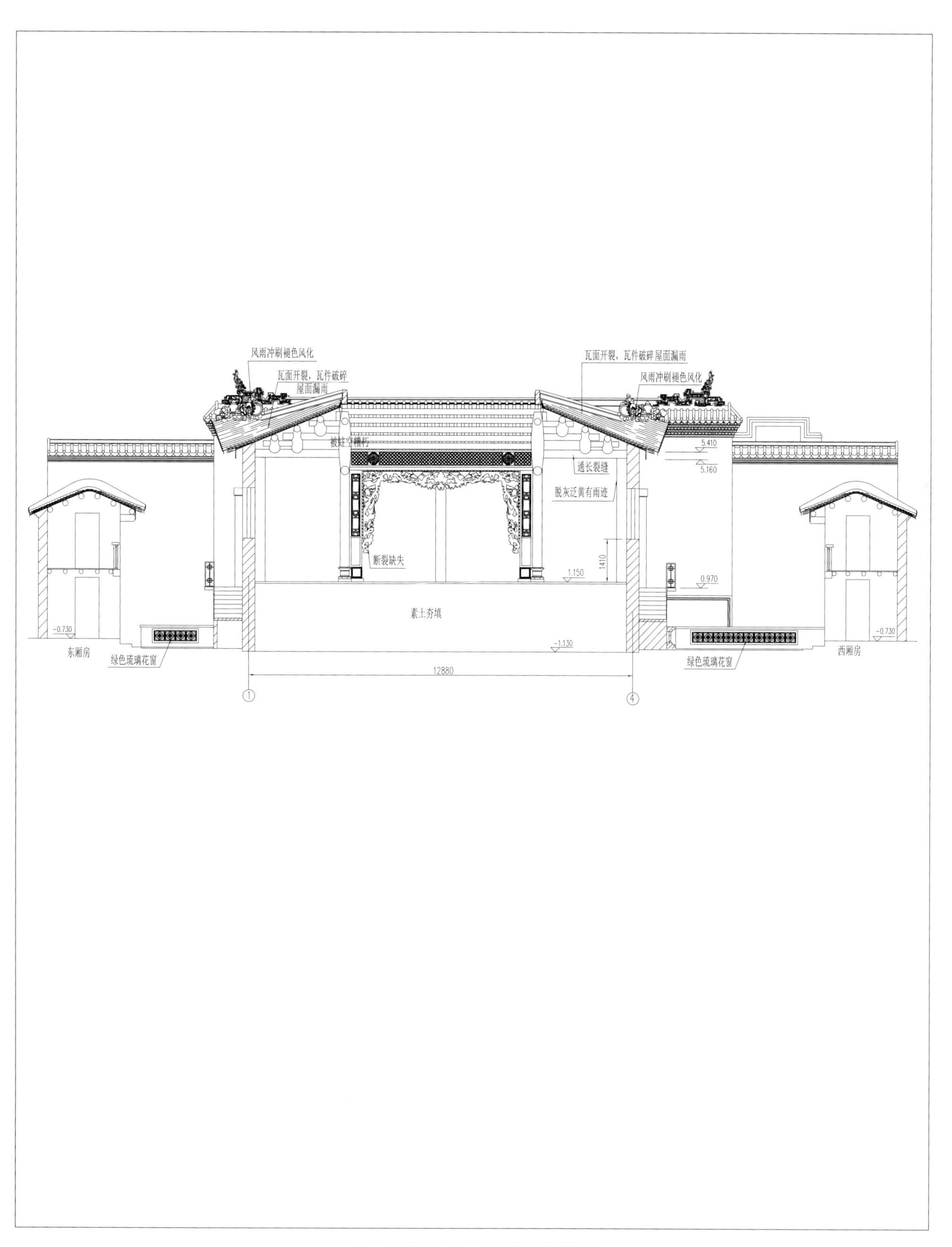

九　万福台 B－B 剖面实测图

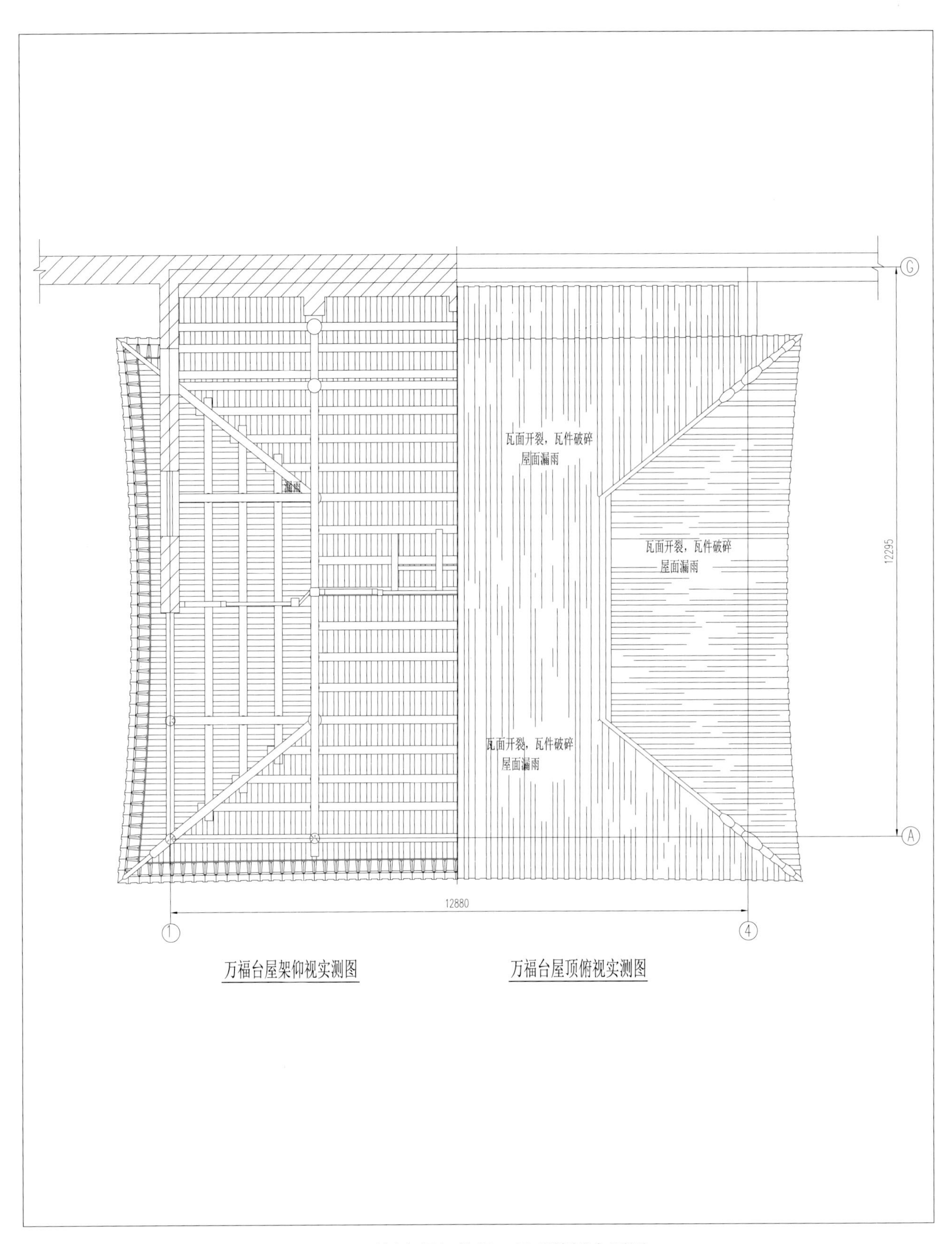

一〇　万福台屋架仰视、屋顶俯视实测图

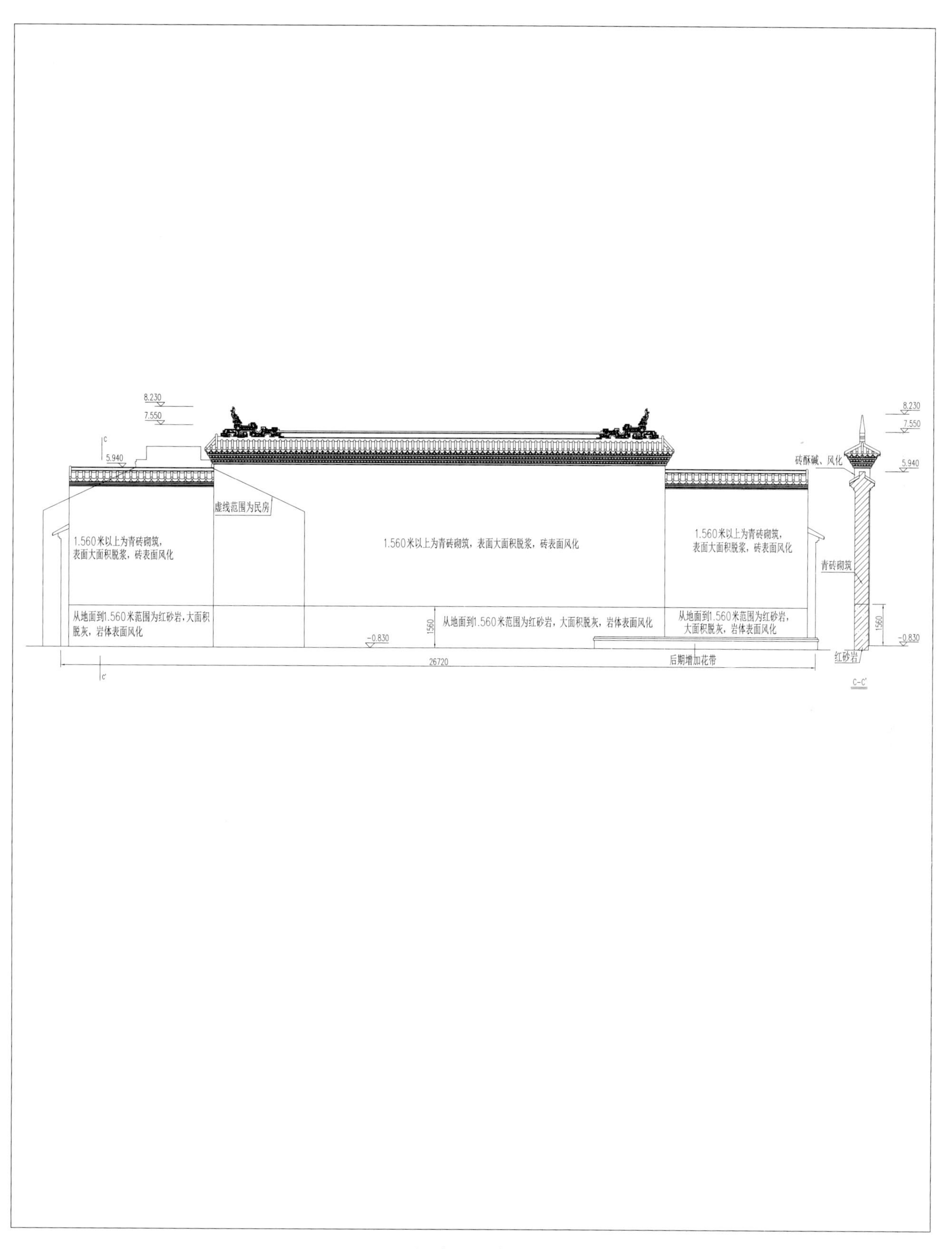

一一　万福台照壁南立面实测图

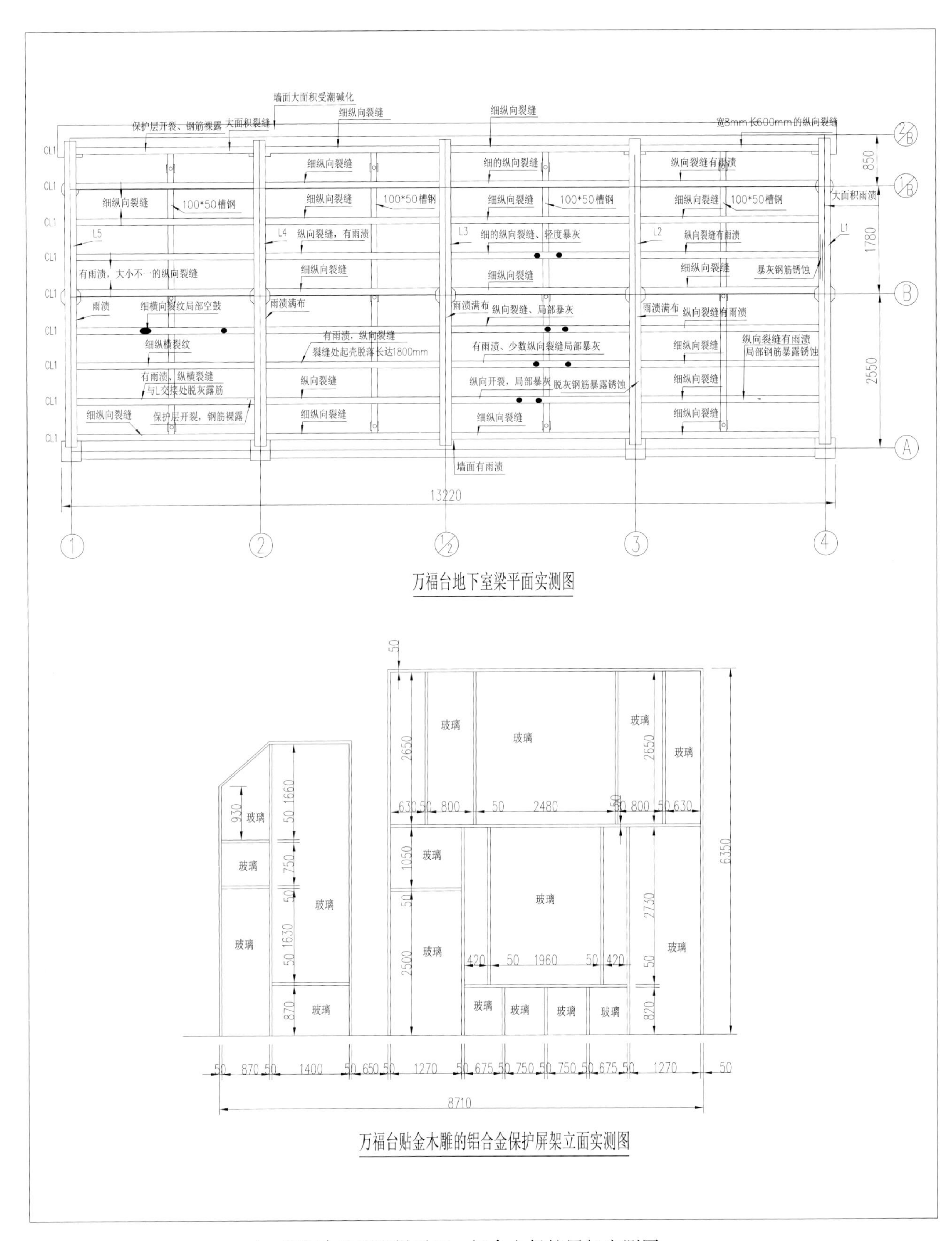

一二　万福台地下室梁平面、铝合金保护屏架实测图

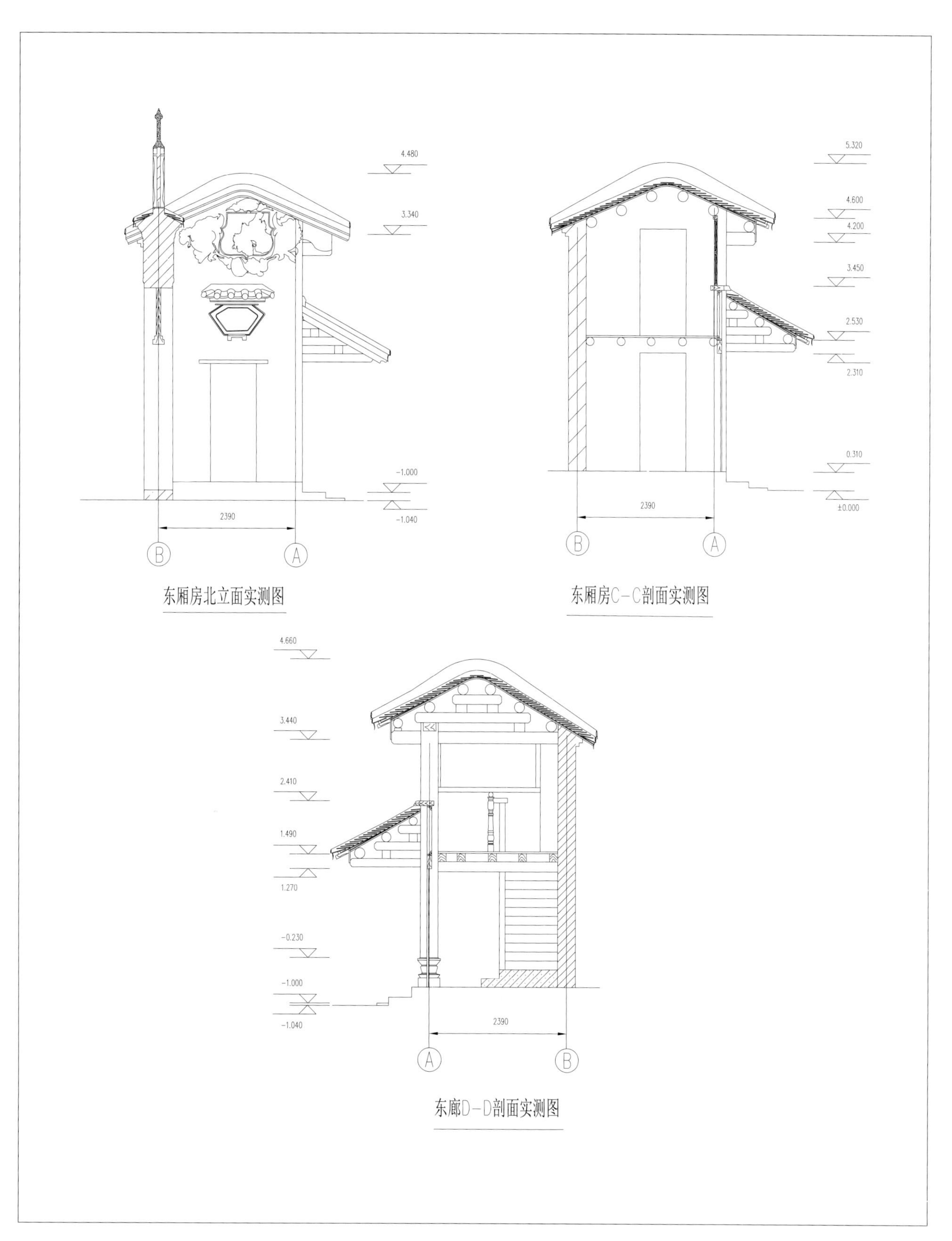

一三　万福台东廊、东厢房立、剖面实测图

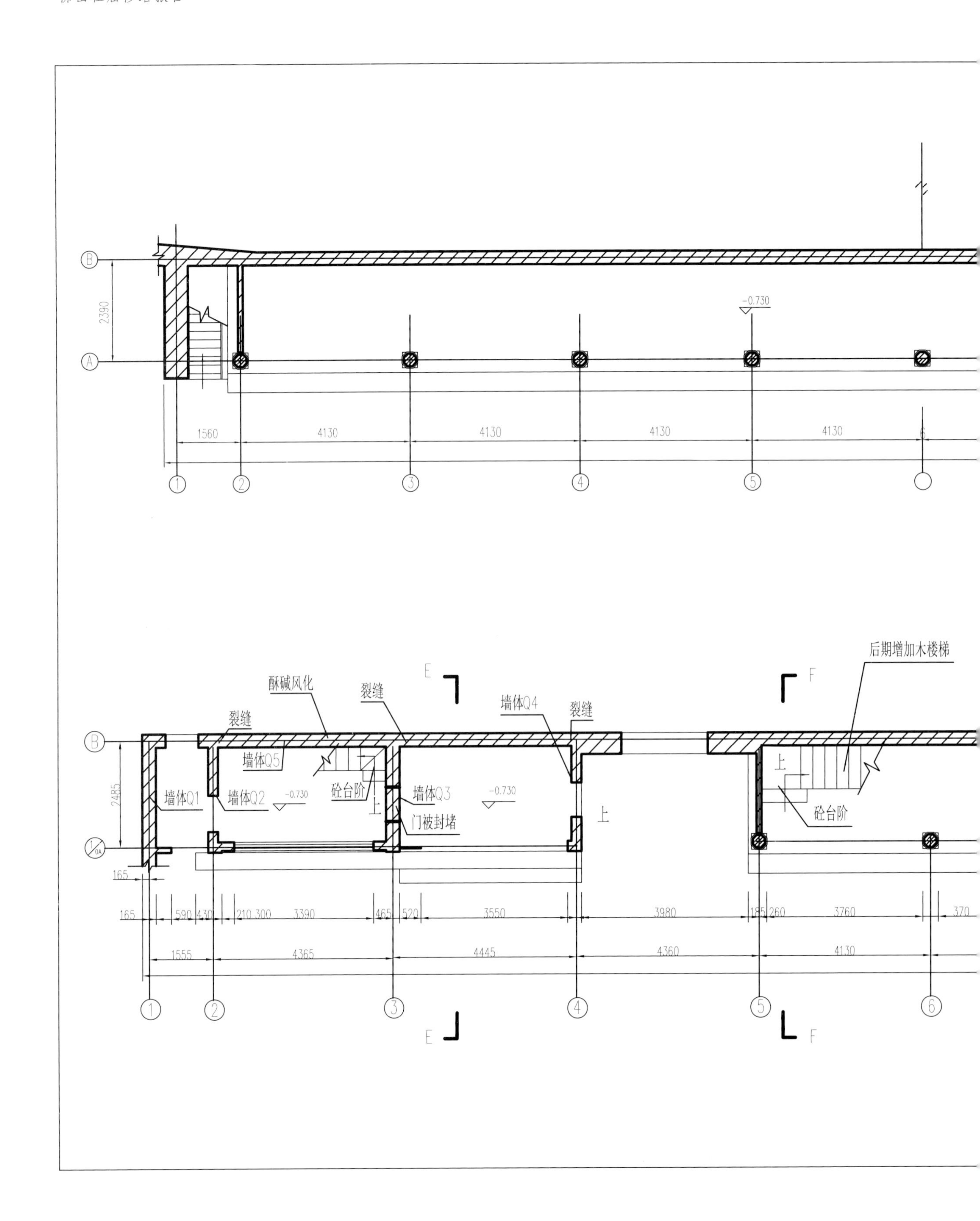

-0.730
2390
1560
4130
4130
4130
4130
后期增加木楼梯
酥碱风化
裂缝
裂缝
墙体Q4
裂缝
墙体Q5
墙体Q1
墙体Q2
-0.730
砼台阶
墙体Q3
-0.730
门被封堵
上
上
上
砼台阶
2485
165
165
590
430
210
300
3390
465
520
3550
3980
185
260
3760
370
1555
4365
4445
4360
4130
E
E
F
F

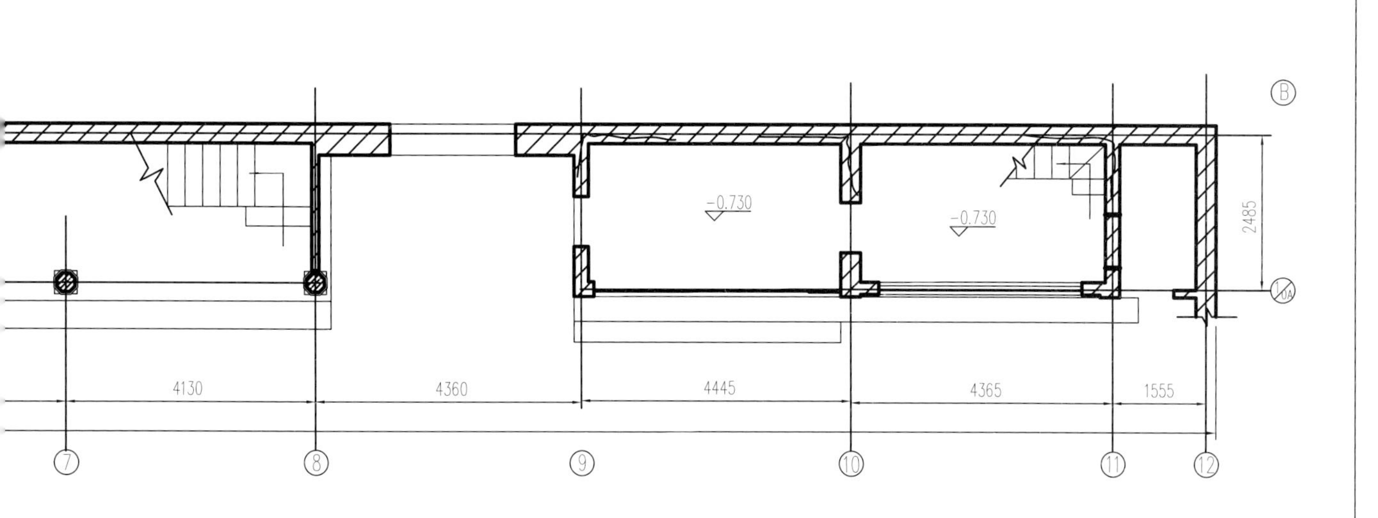

东廊、东厢房平面实测图

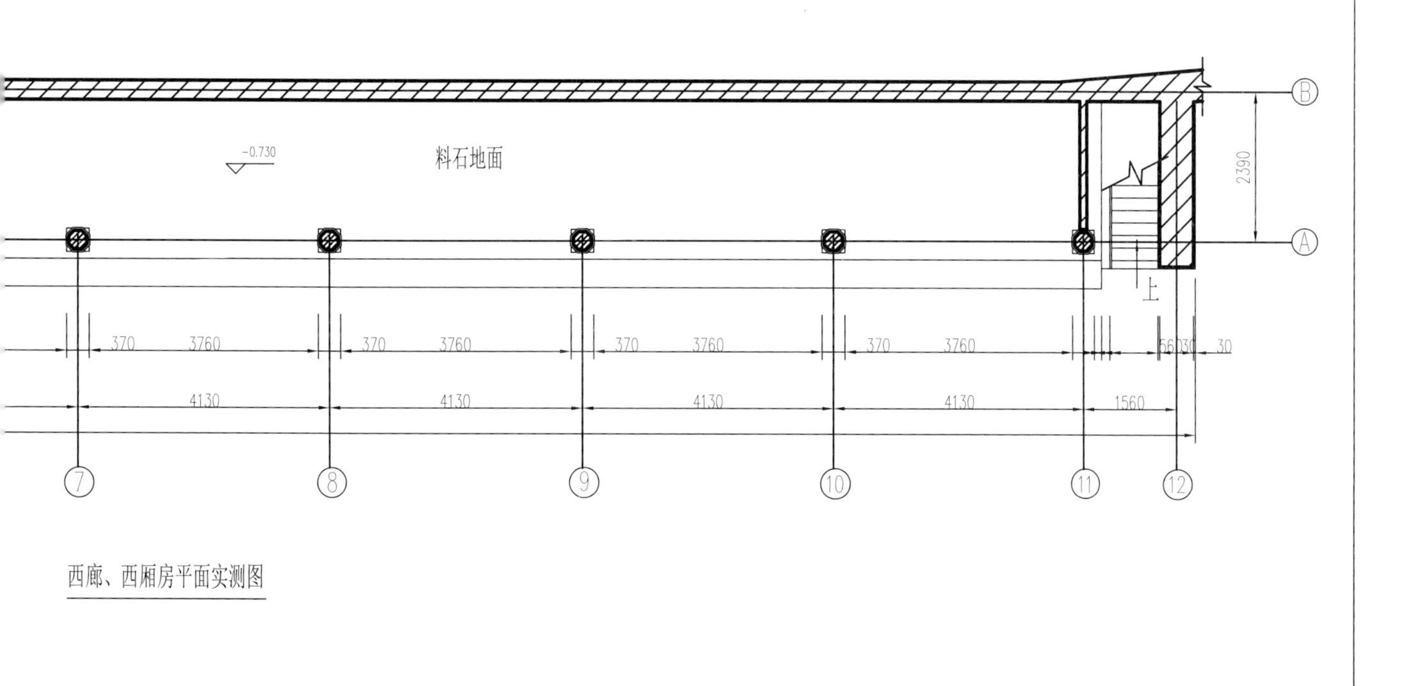

西廊、西厢房平面实测图

一四　万福台东廊、东厢房及西廊、西厢房平面实测图

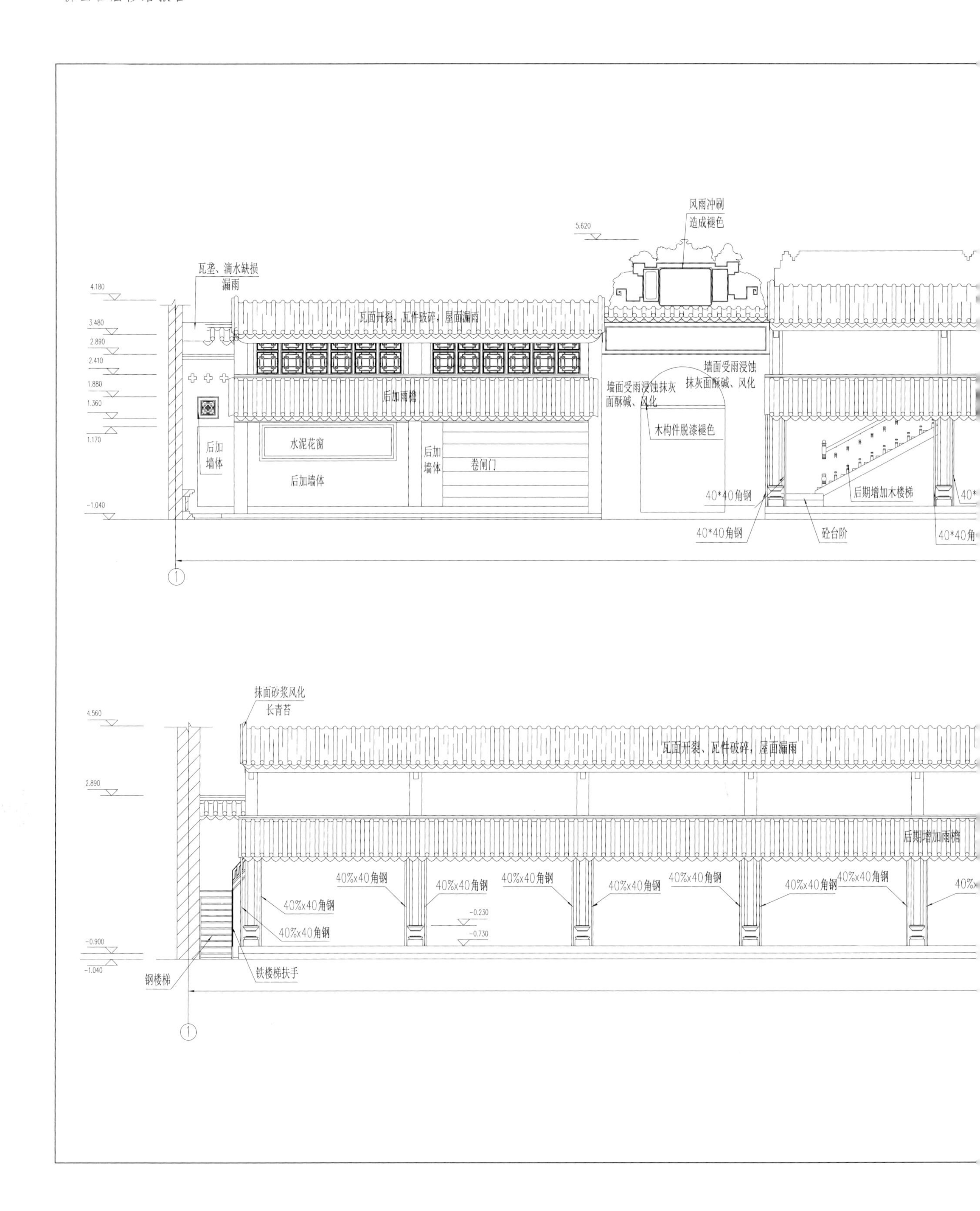
风雨冲刷
造成褪色
5.620
瓦垄、滴水缺损
漏雨
4.180
3.480
2.890
2.410
1.880
1.360
1.170
-1.040
瓦面开裂，瓦件破碎，屋面漏雨
后加雨檐
墙面受雨浸蚀抹灰面酥碱、风化
墙面受雨浸蚀
抹灰面酥碱、风化
木构件脱漆褪色
后加墙体
水泥花窗
后加墙体
后加墙体
卷闸门
40*40角钢
后期增加木楼梯
40*40角钢
砼台阶
40*40角
1
抹面砂浆风化
长青苔
4.560
瓦面开裂、瓦件破碎，屋面漏雨
2.890
后期增加雨檐
40%x40角钢
-0.230
-0.730
-0.900
-1.040
钢楼梯
铁楼梯扶手
1

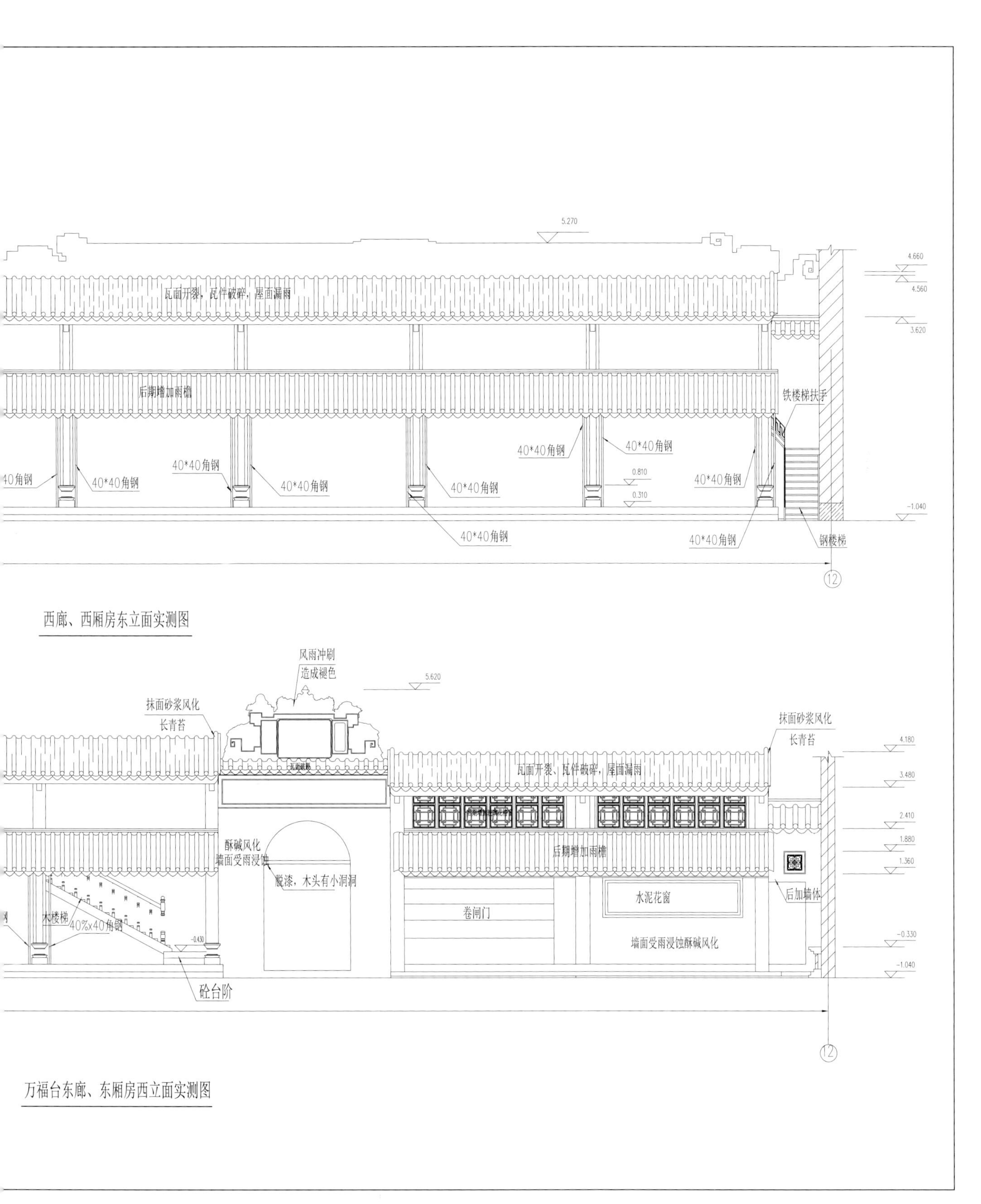

一五　万福台东廊、东厢房西立面及西廊、西厢房东立面实测图

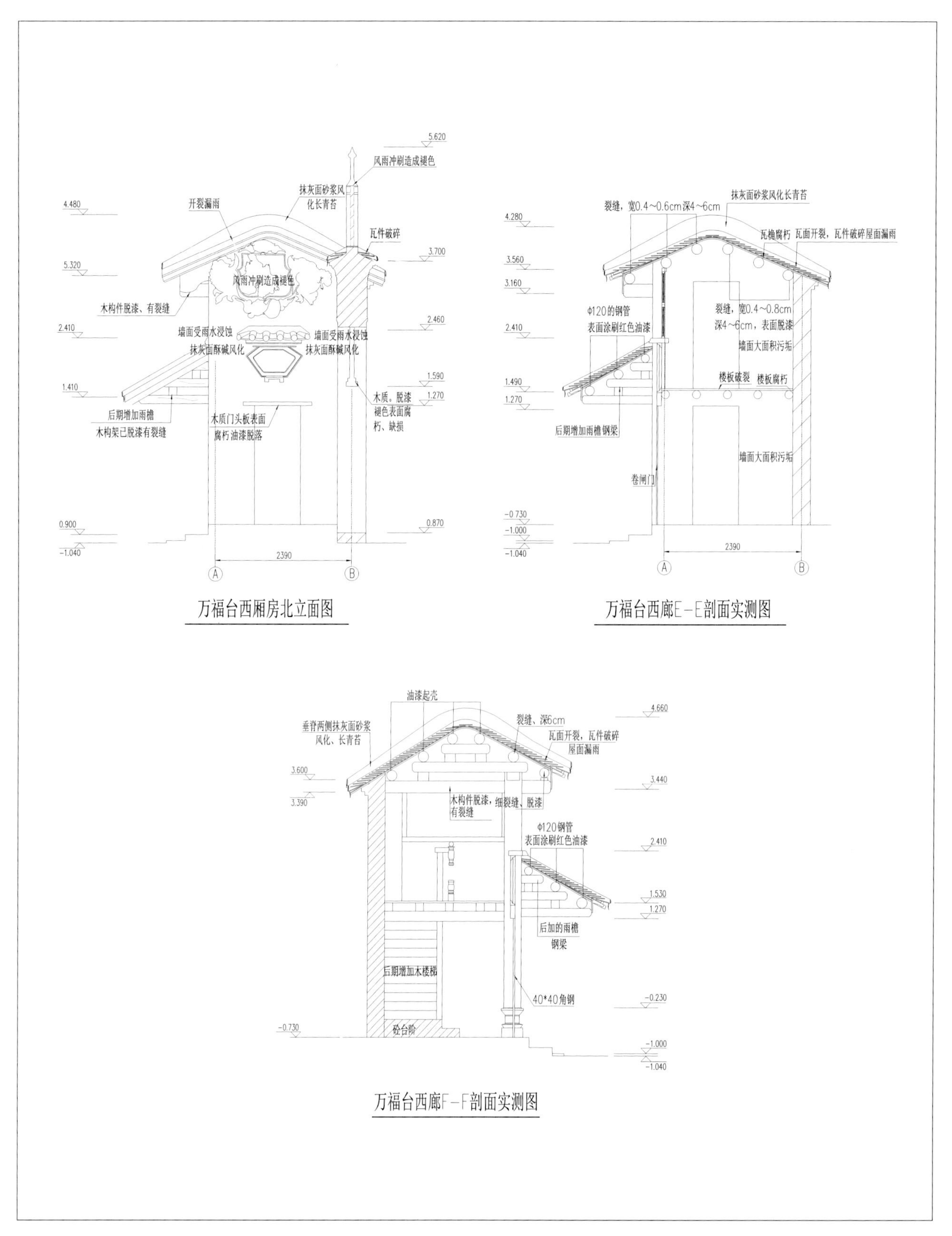

一六　万福台西厢房北立面、E－E剖面、F－F剖面实测图

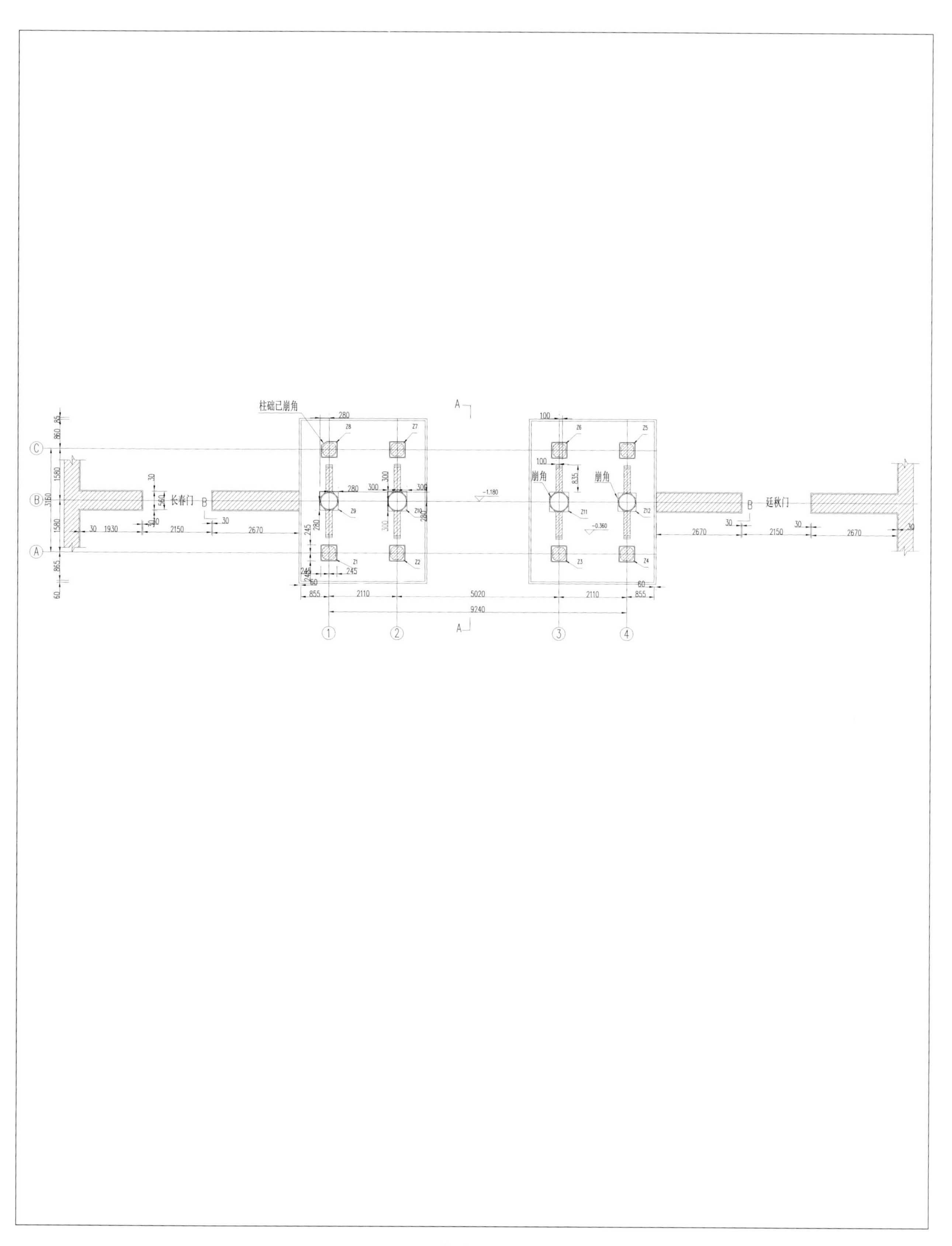

一七　灵应牌坊平面实测图

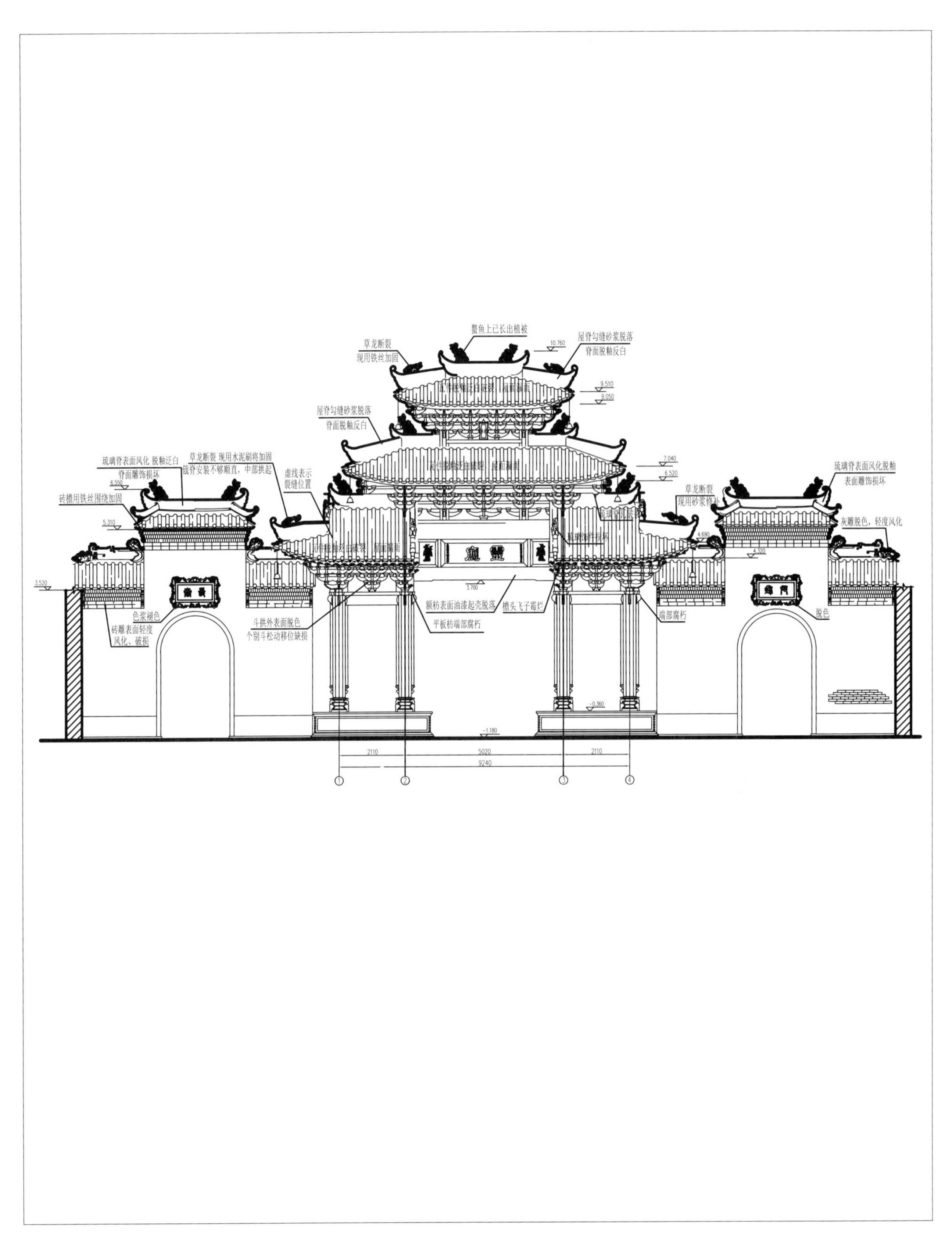

一八　灵应牌坊北立面实测图

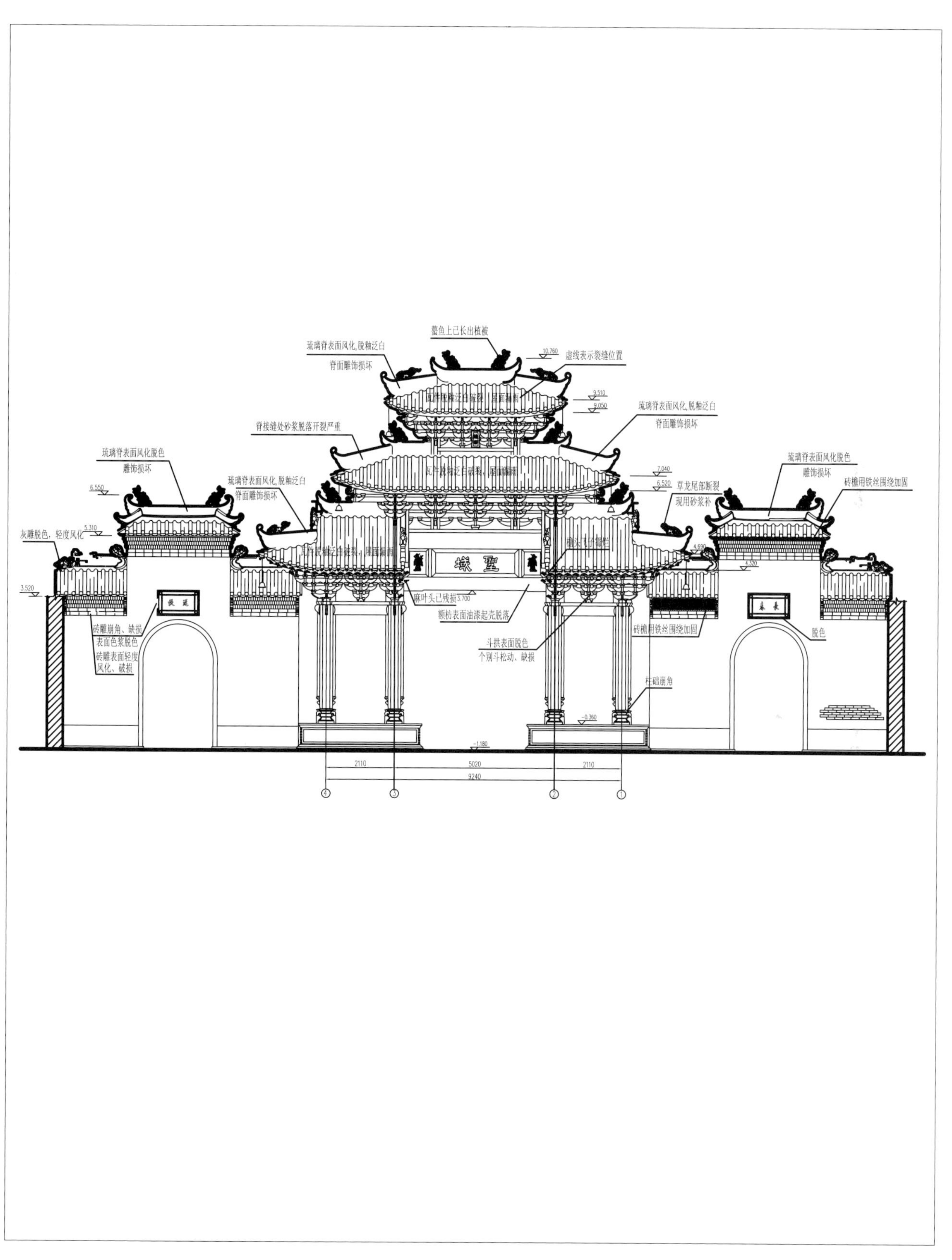

一九　灵应牌坊南立面实测图

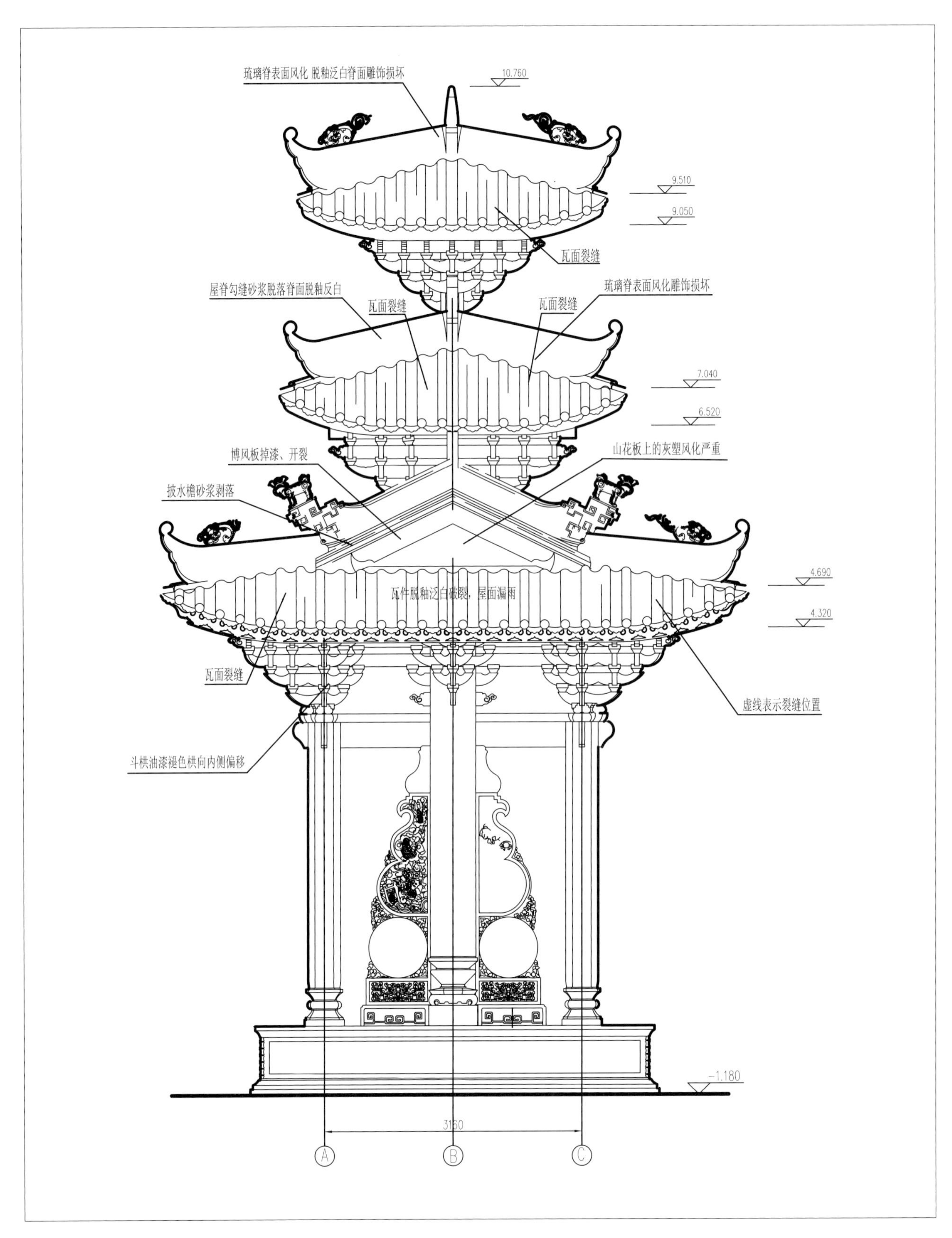

二〇　灵应牌坊西立面实测图

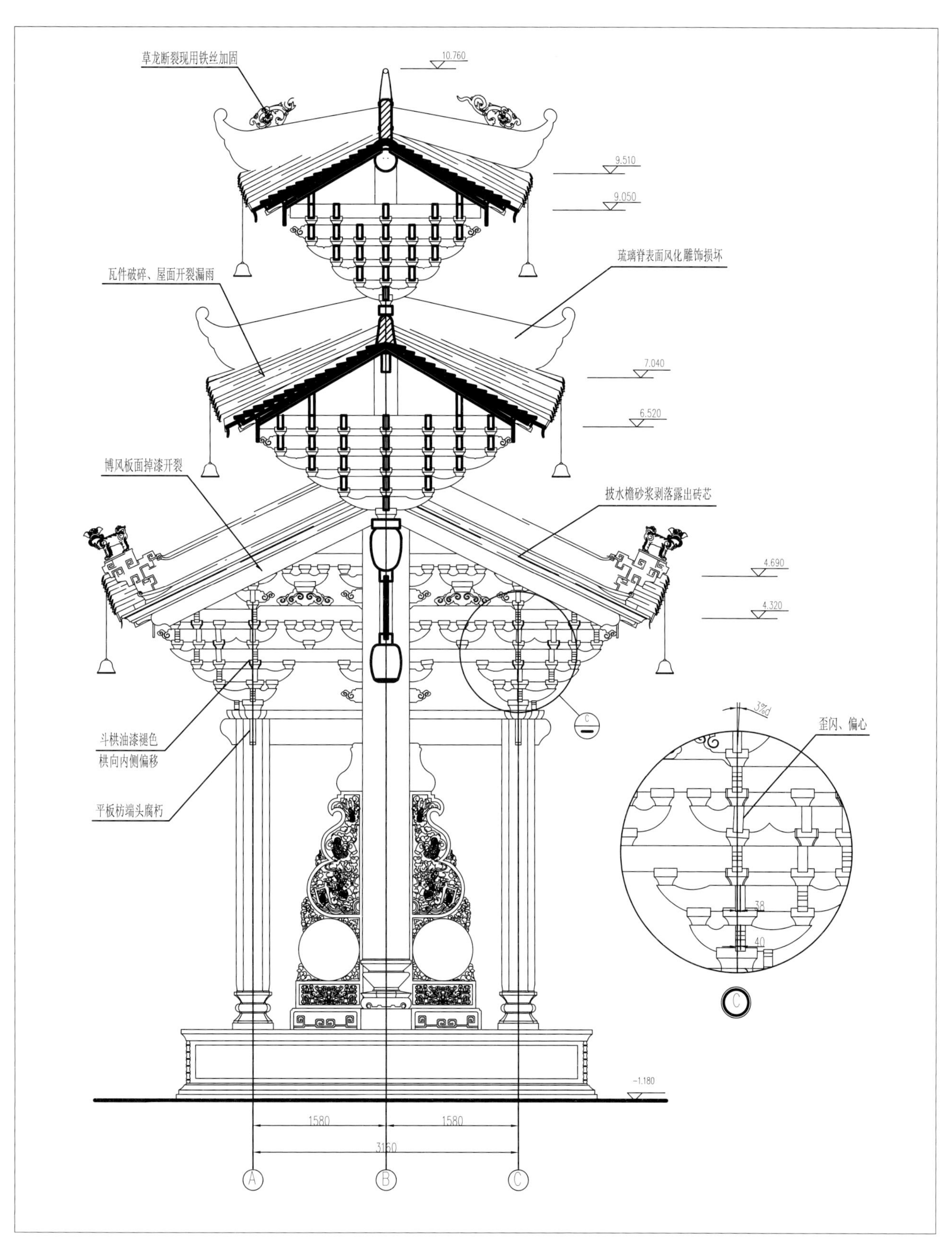

二一　灵应牌坊 A－A 剖面实测图

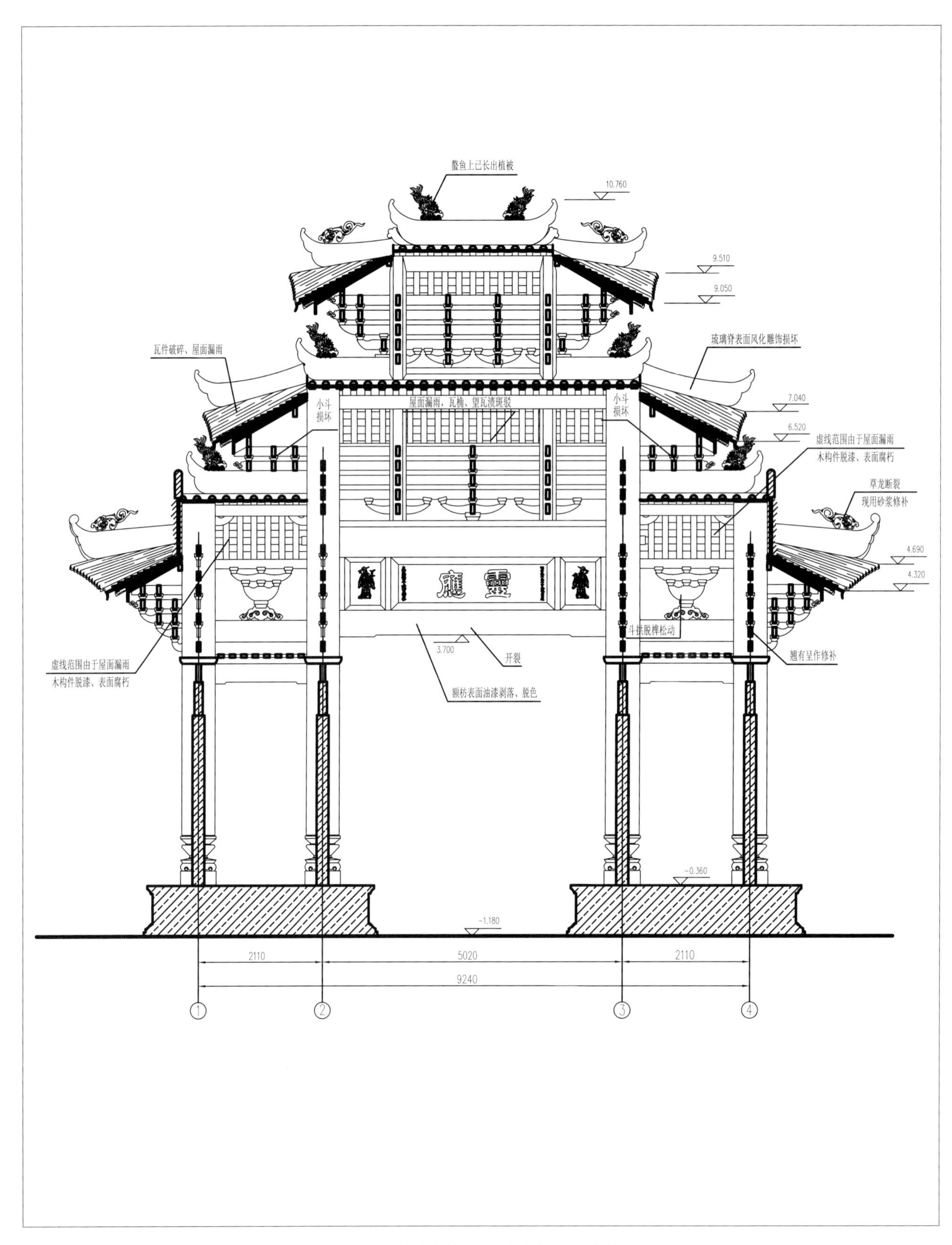

二二　灵应牌坊 B－B 剖面实测图

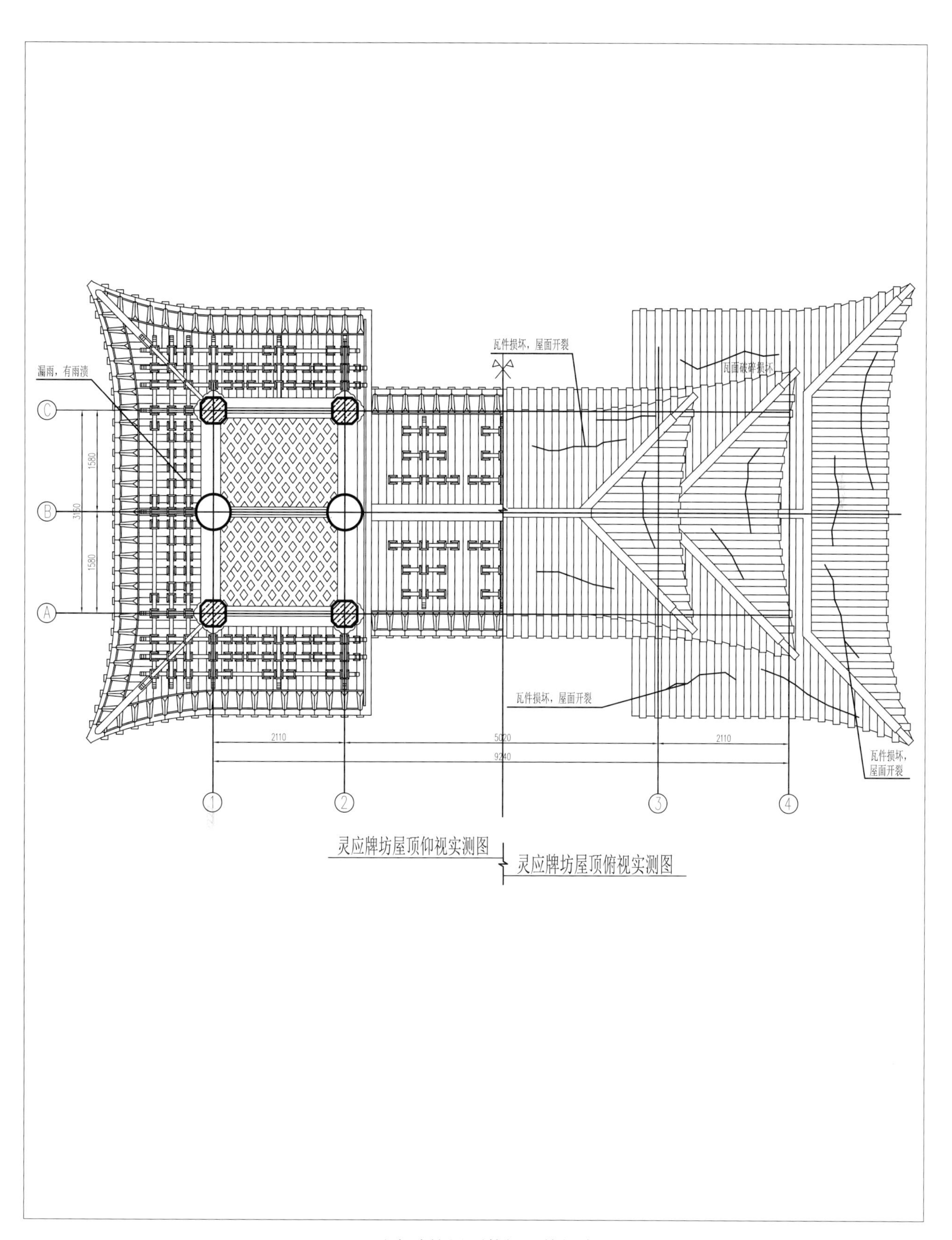

二三　灵应牌坊屋顶仰视、俯视实测图

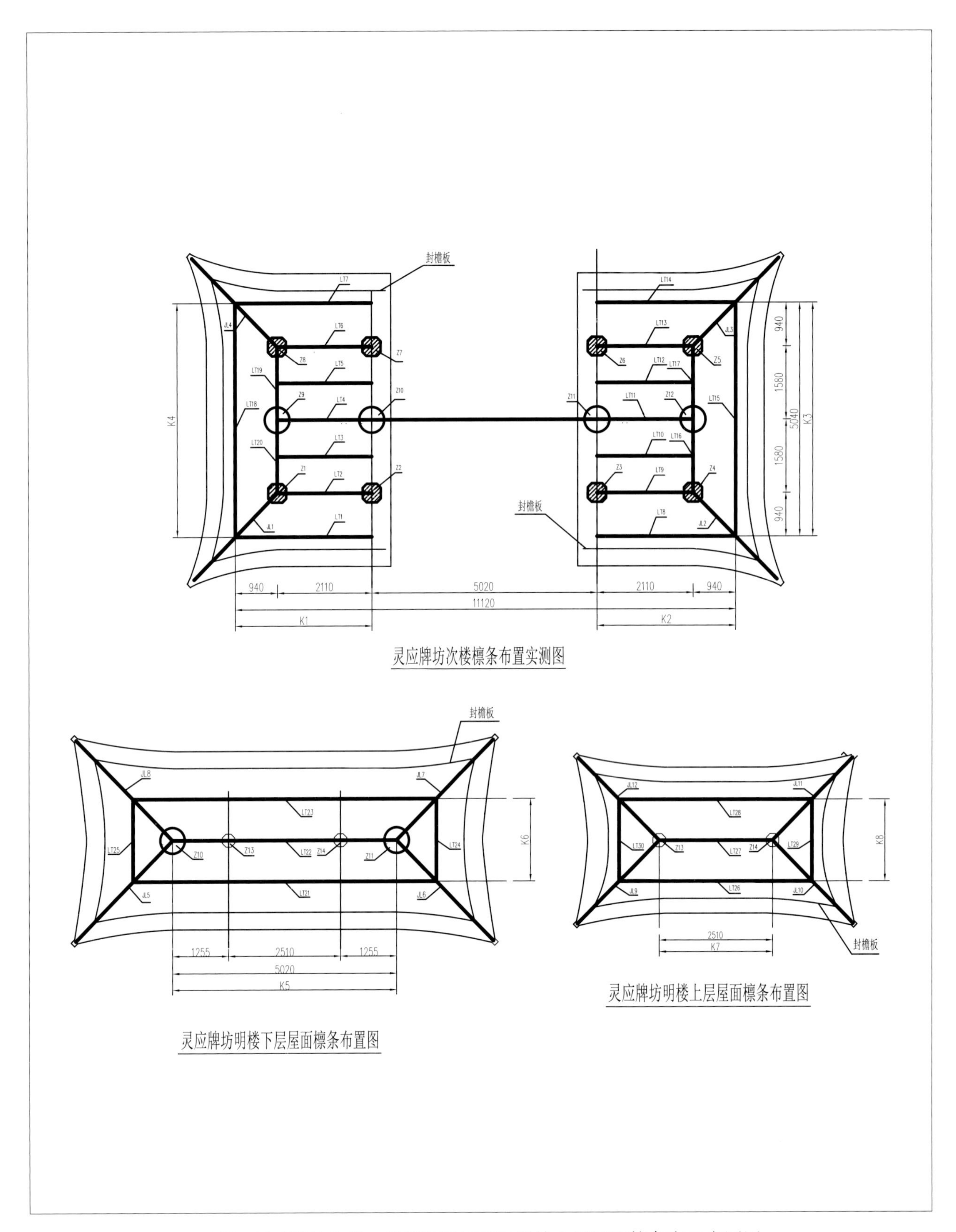

二四　灵应牌坊次楼、明楼下层屋面及明楼上层屋面檩条布置实测图

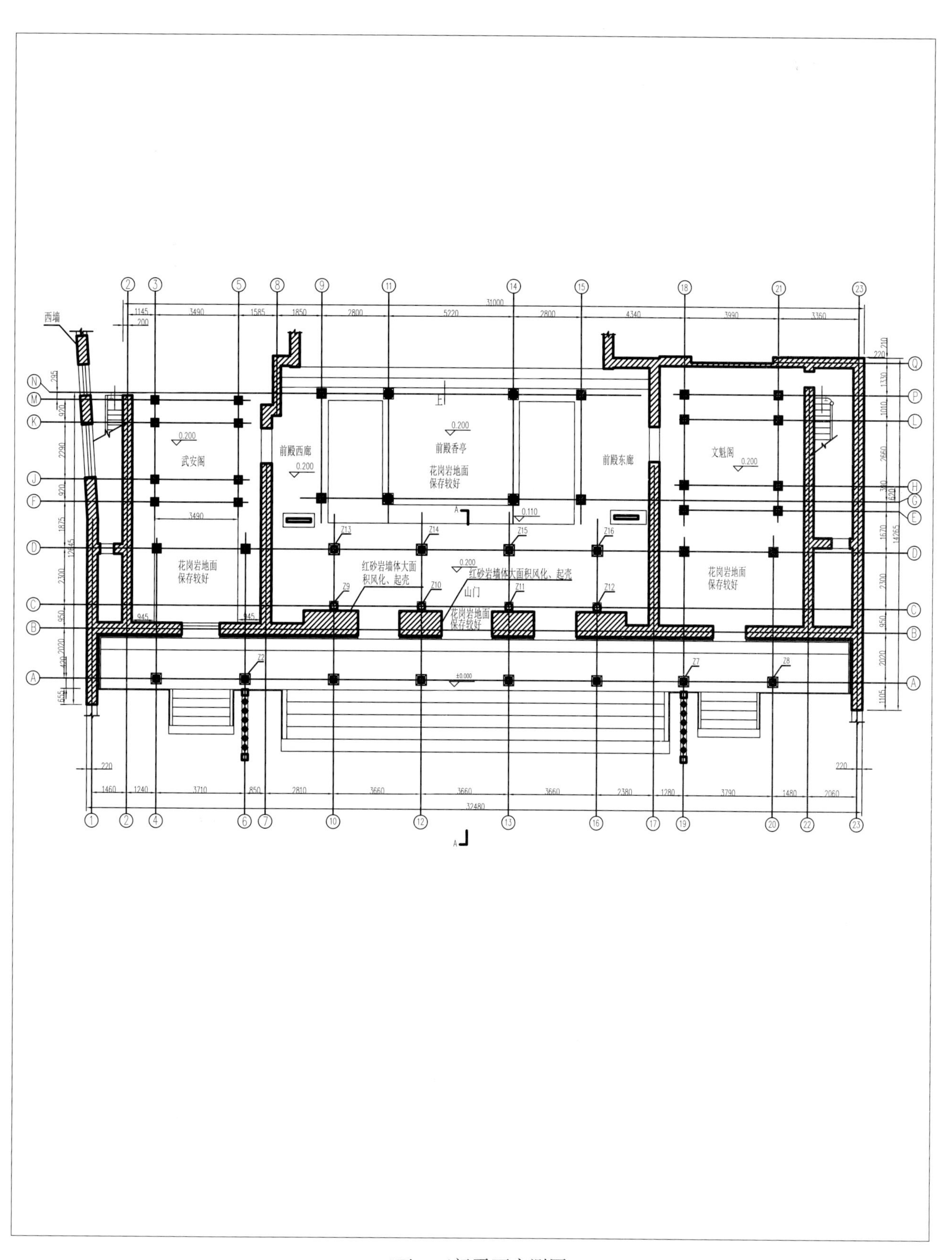
西墙
武安阁
前殿西廊
前殿香亭
花岗岩地面
保存较好
前殿东廊
文魁阁
红砂岩墙体大面
积风化、起壳
红砂岩墙体大面积风化、起壳
山门
花岗岩地面
保存较好

二五　三门平面实测图

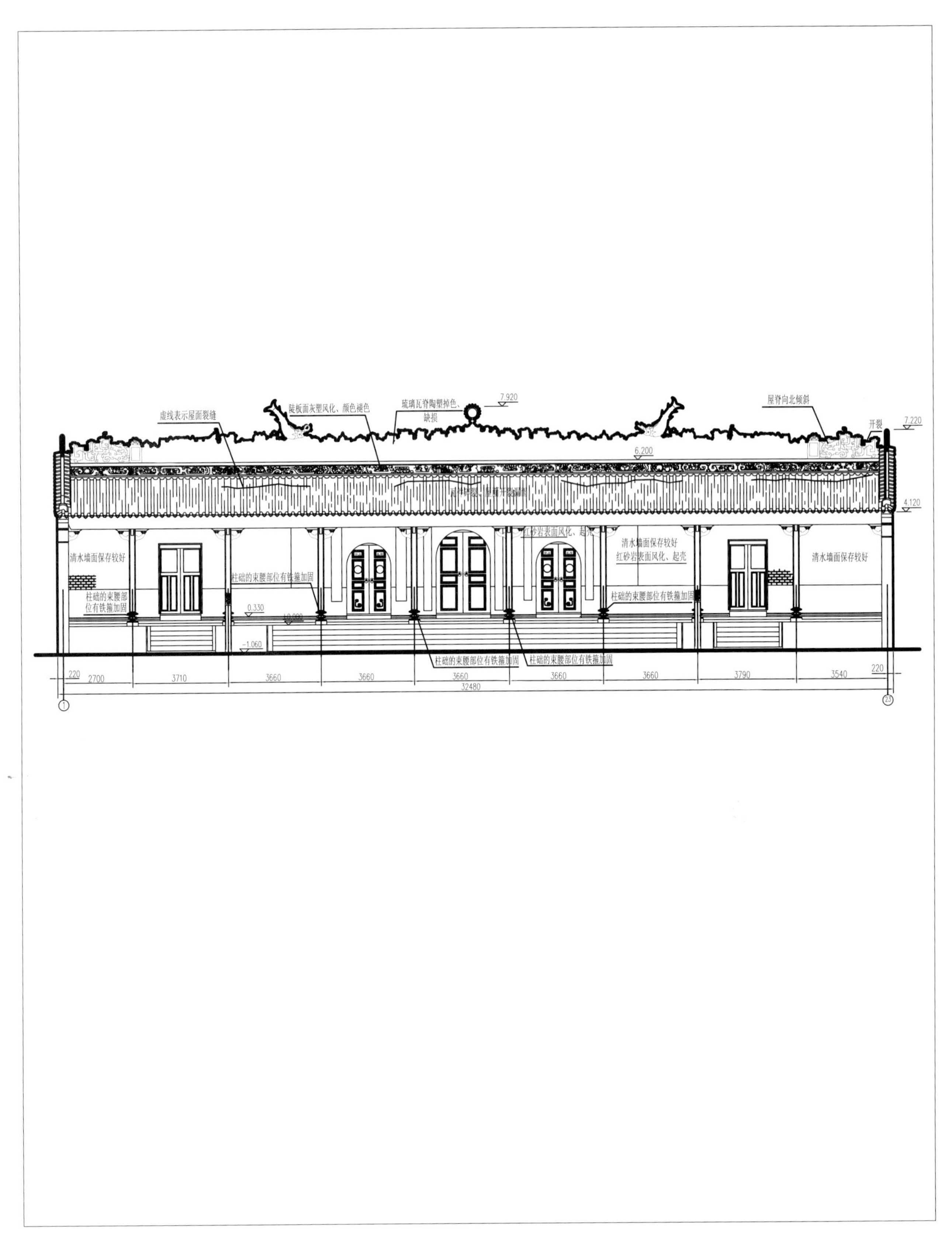
虚线表示屋面裂缝
陡板面灰塑风化、颜色褪色
琉璃瓦脊陶塑掉色、
缺损
7.920
屋脊向北倾斜
开裂
7.220
6.200
4.120
清水墙面保存较好
柱础的束腰部
位有铁箍加固
柱础的束腰部位有铁箍加固
0.330
±0.000
-1.060
红砂岩表面风化、起壳
清水墙面保存较好
红砂岩表面风化、起壳
柱础的束腰部位有铁箍加固
清水墙面保存较好
柱础的束腰部位有铁箍加固
柱础的束腰部位有铁箍加固
220
2700
3710
3660
3660
3660
3660
3660
3790
3540
220
32480
1
23

二六　三门南立面实测图

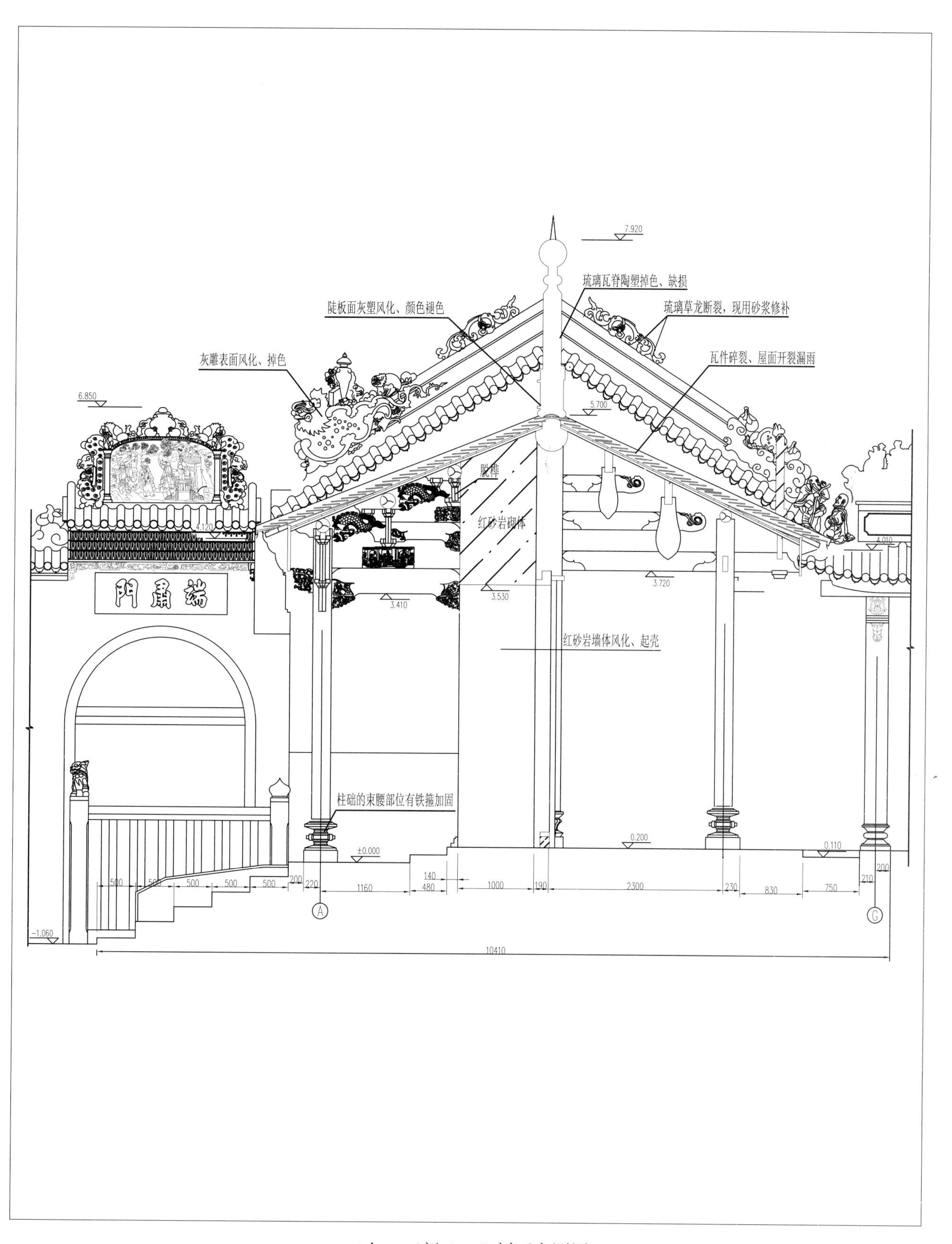

二七　三门 A—A 剖面实测图

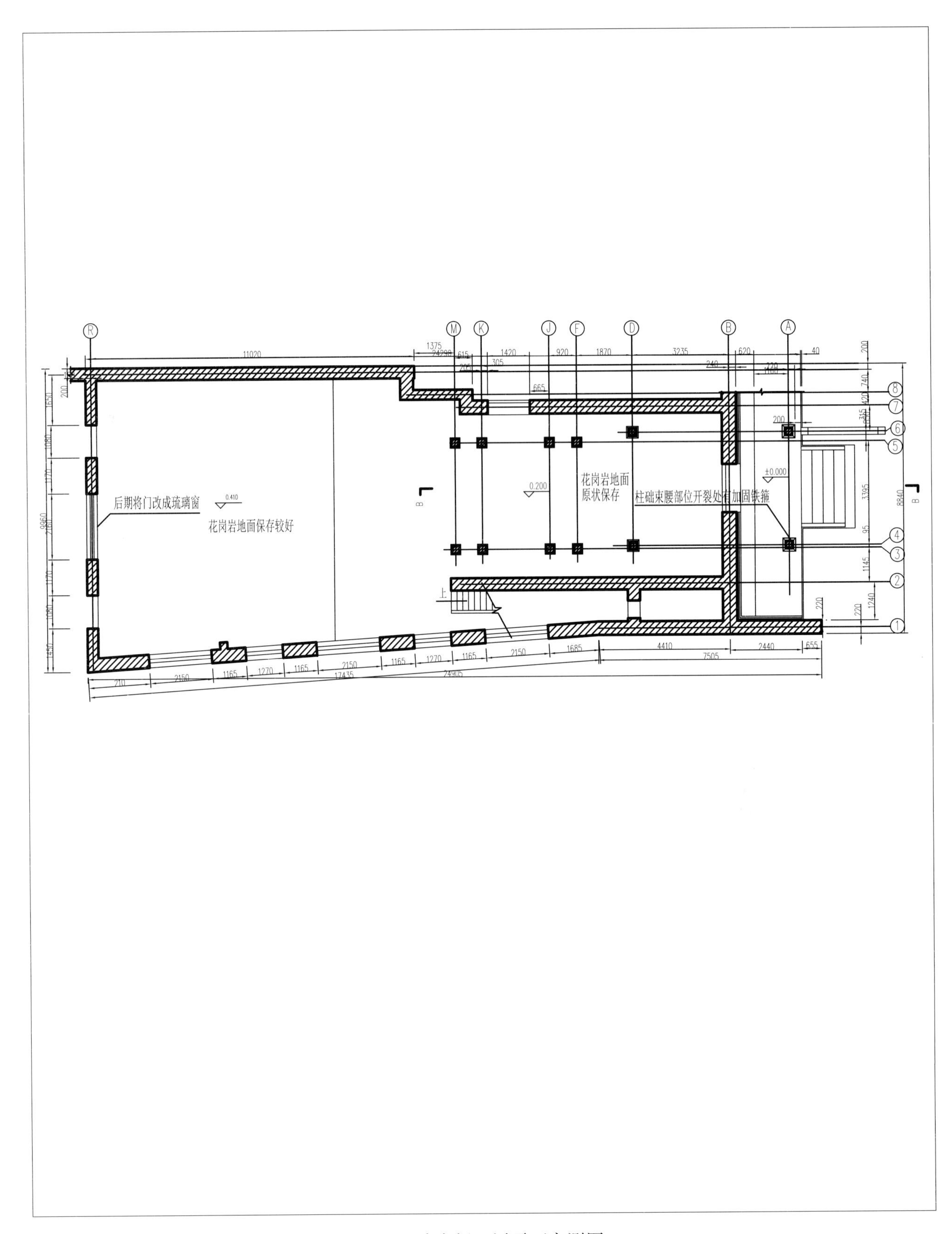

二八　武安阁一层平面实测图

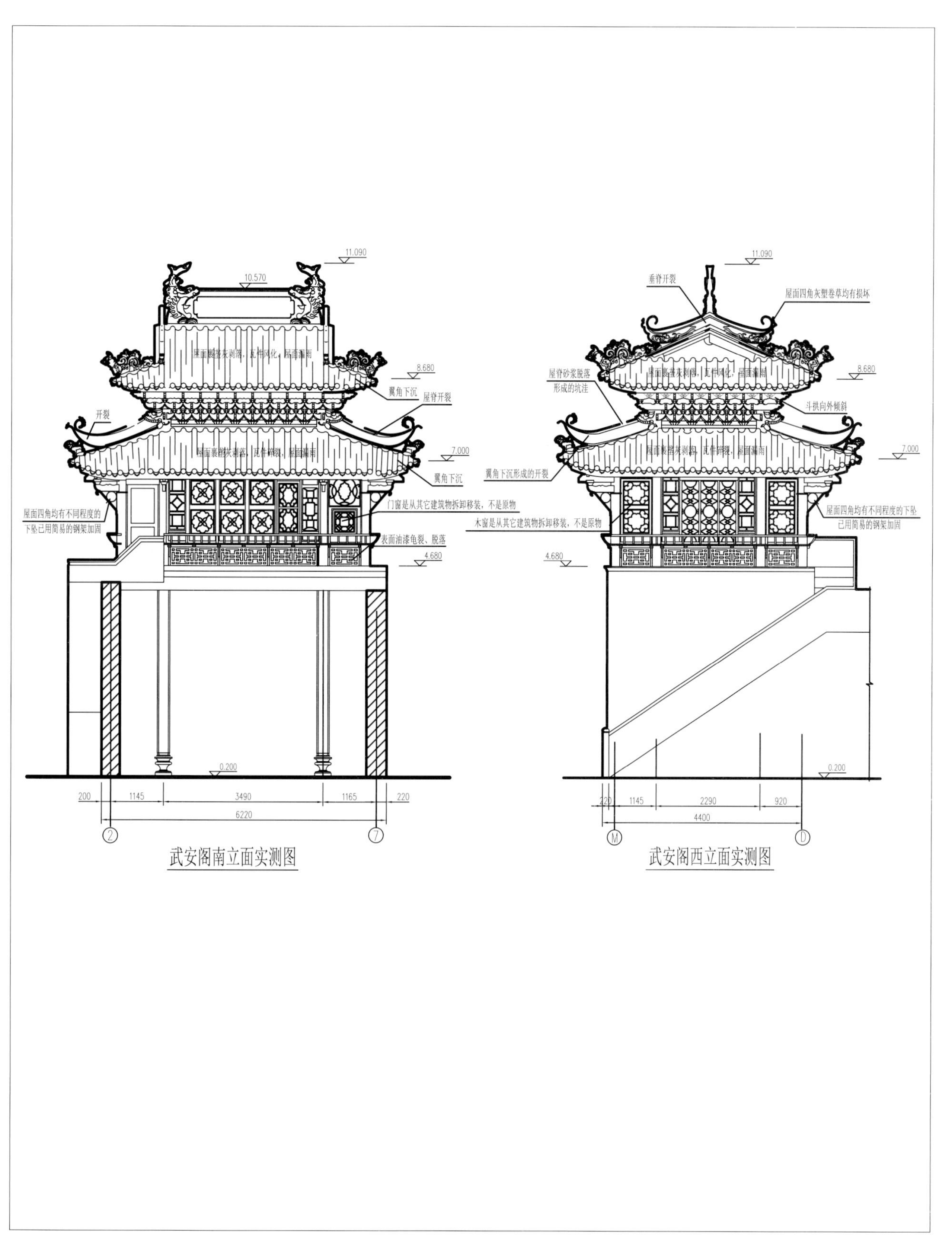

二九　武安阁南、西立面实测图

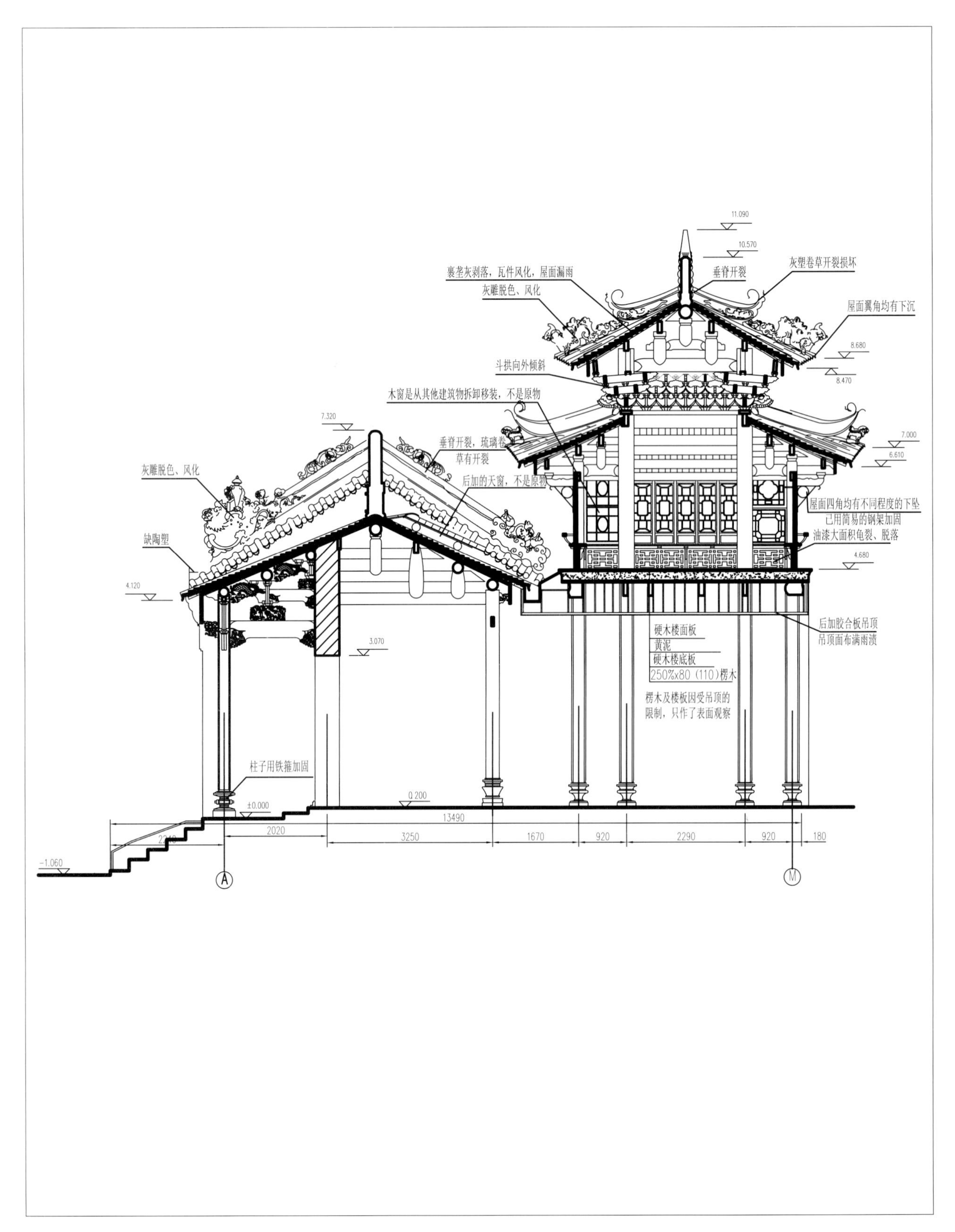

三〇　武安阁 B－B 剖面实测图

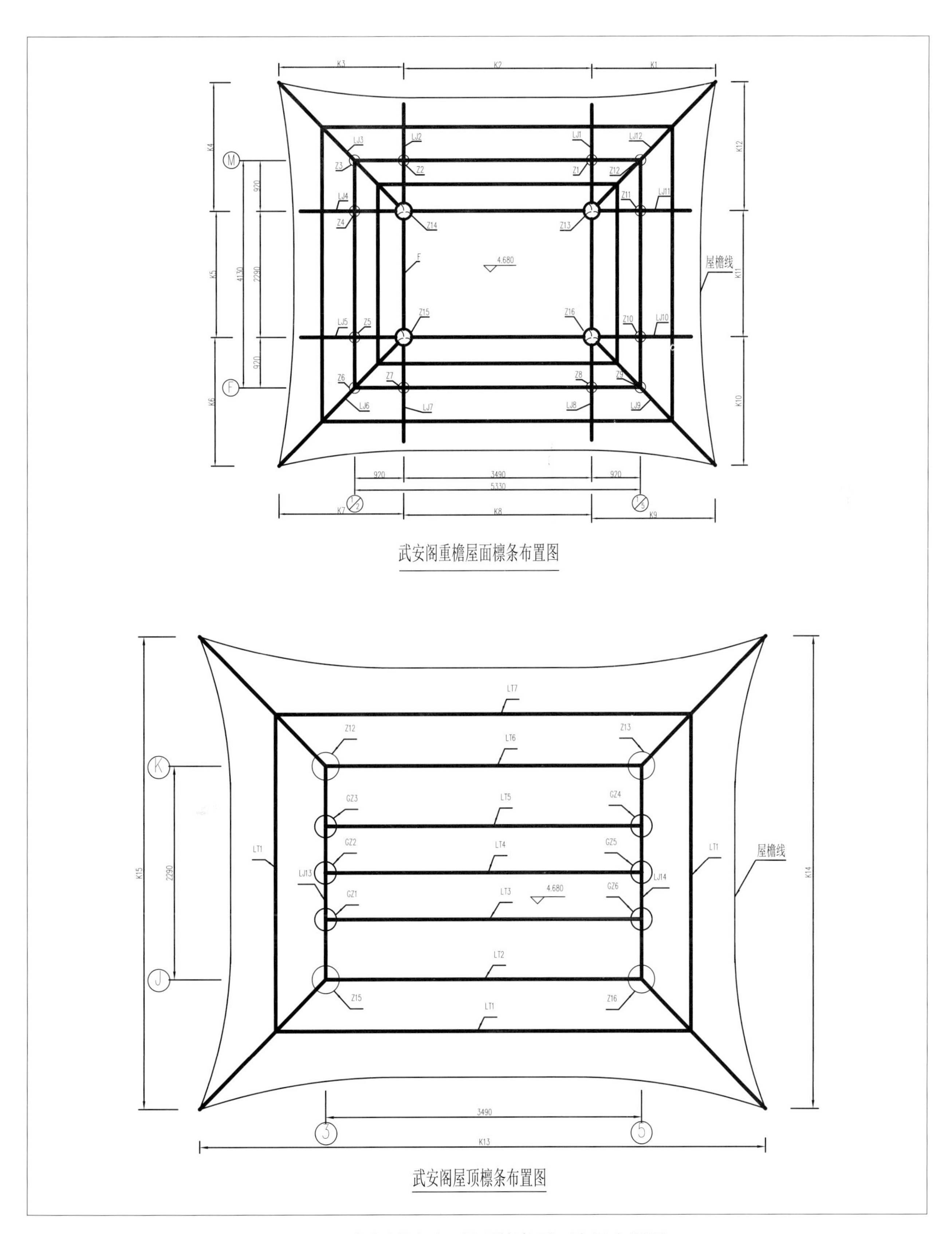

三一　武安阁屋面、屋顶檩条平面布置实测图

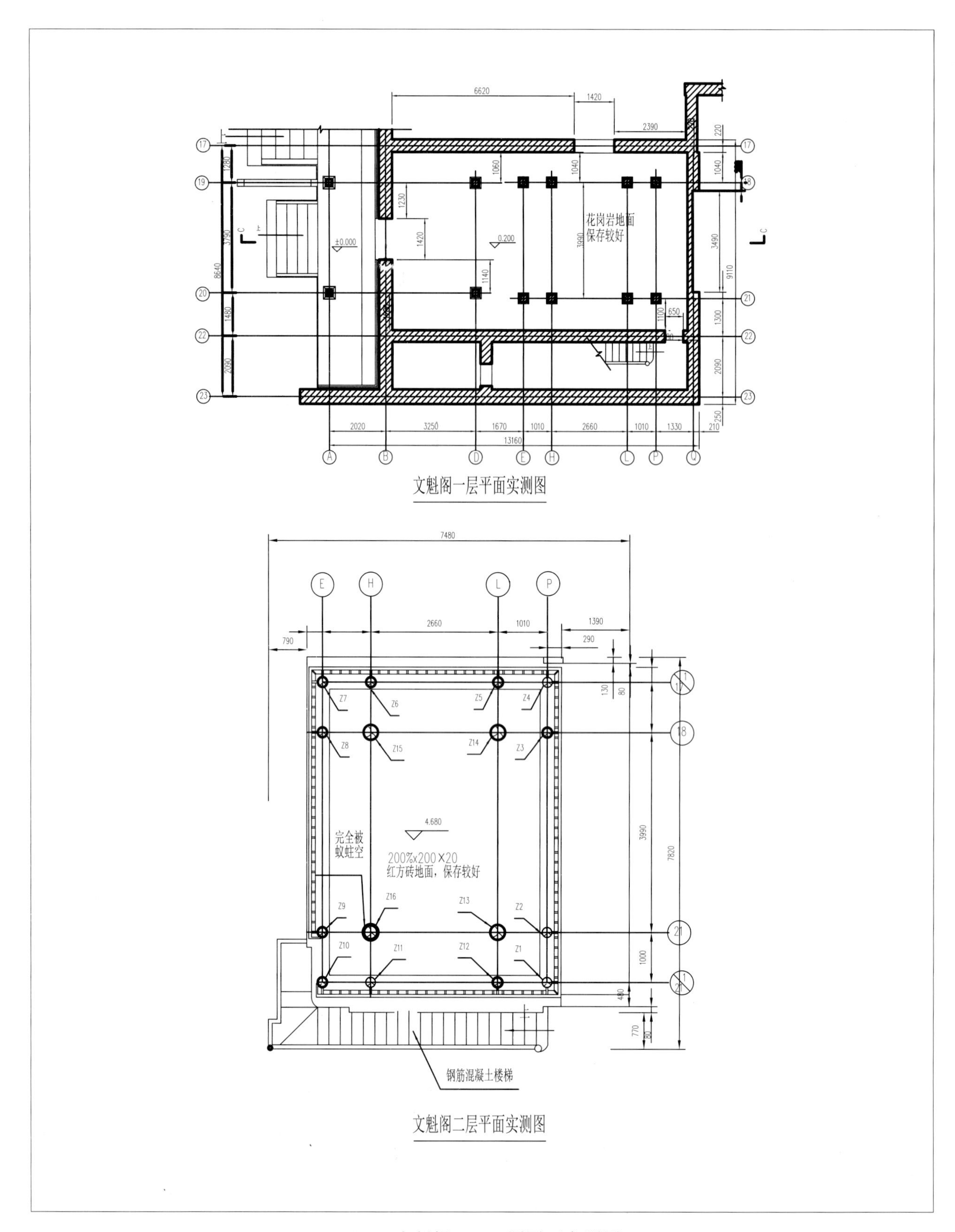

三二　文魁阁一、二层平面实测图

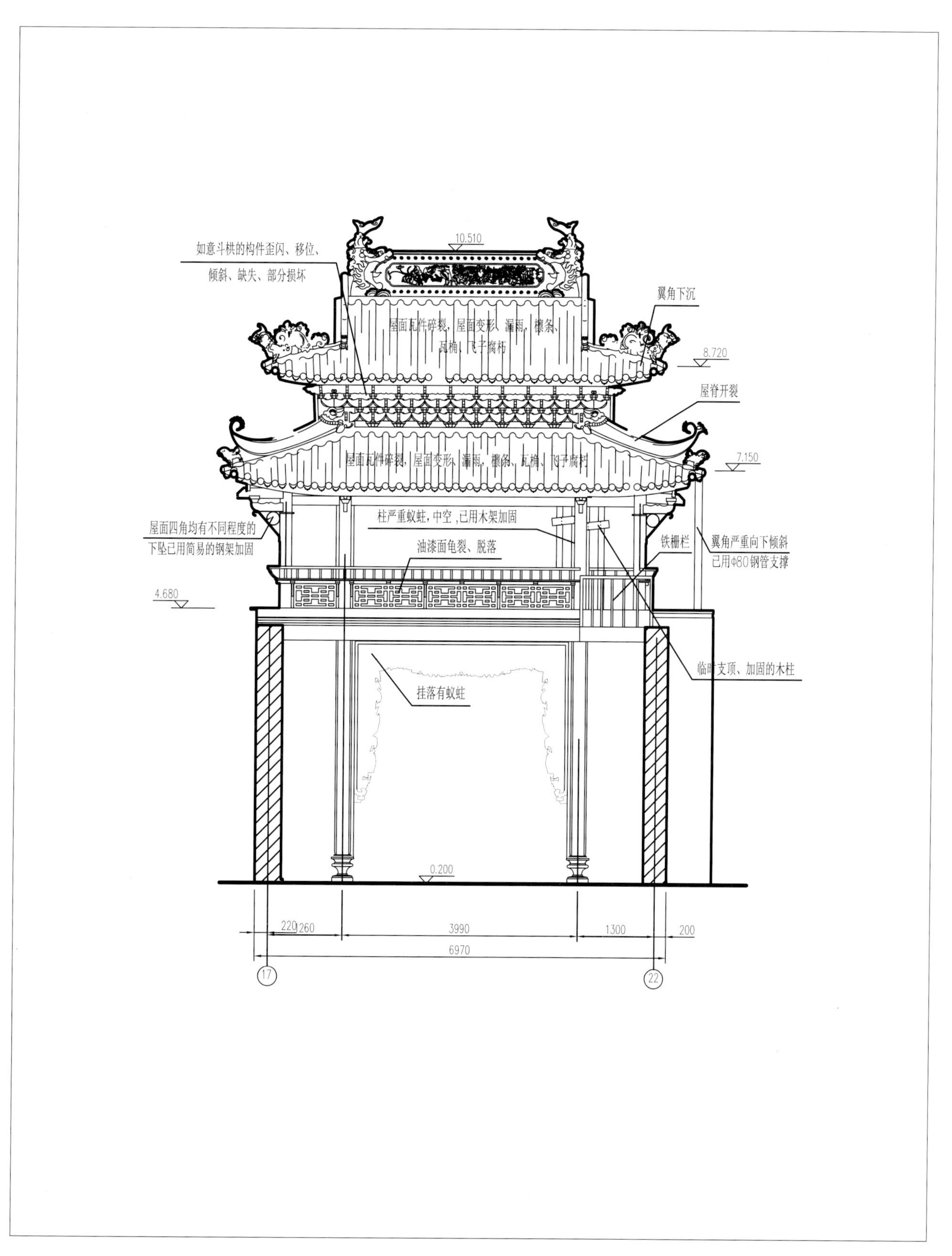

三三　文魁阁南立面实测图

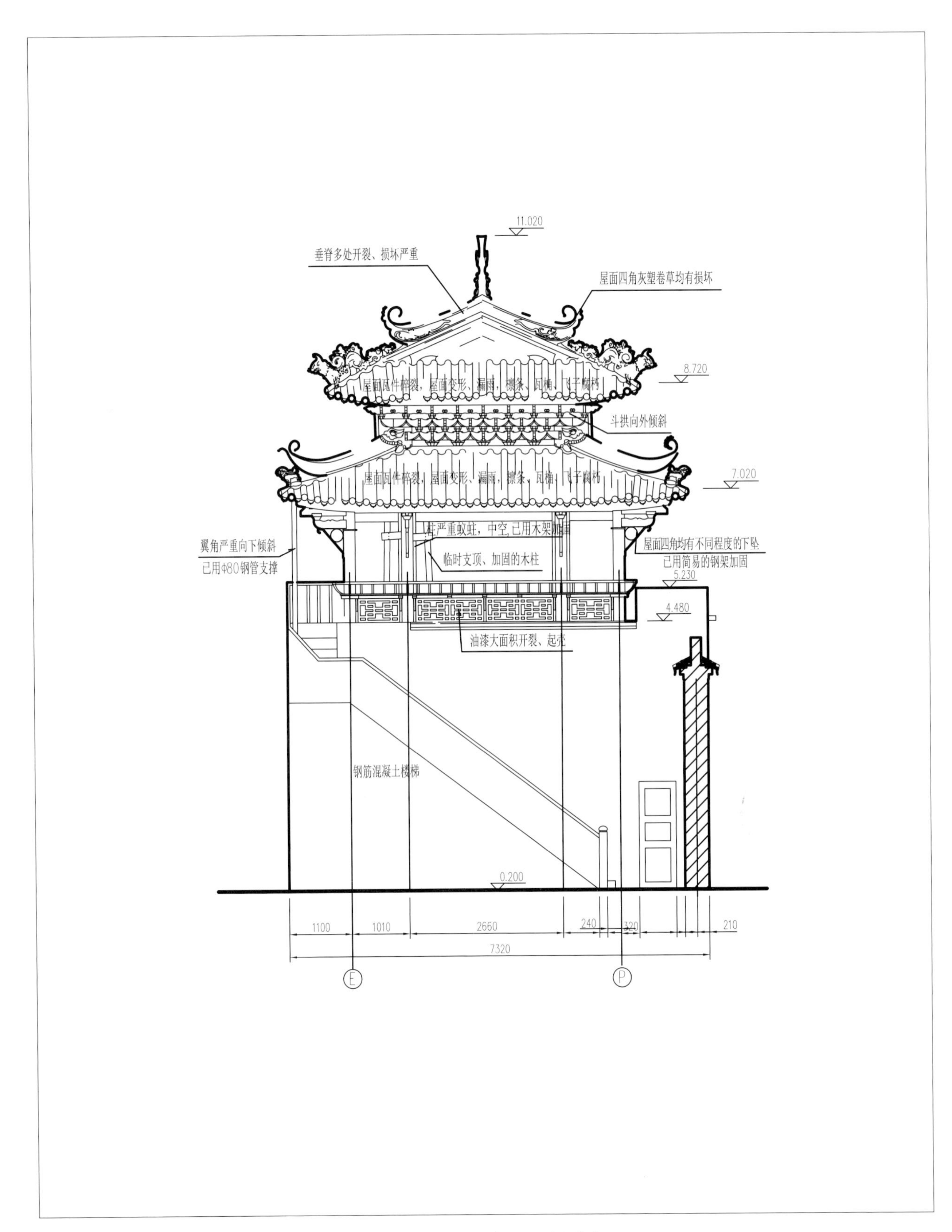

三四　文魁阁东立面实测图

三五　文魁阁 C－C 剖面实测图

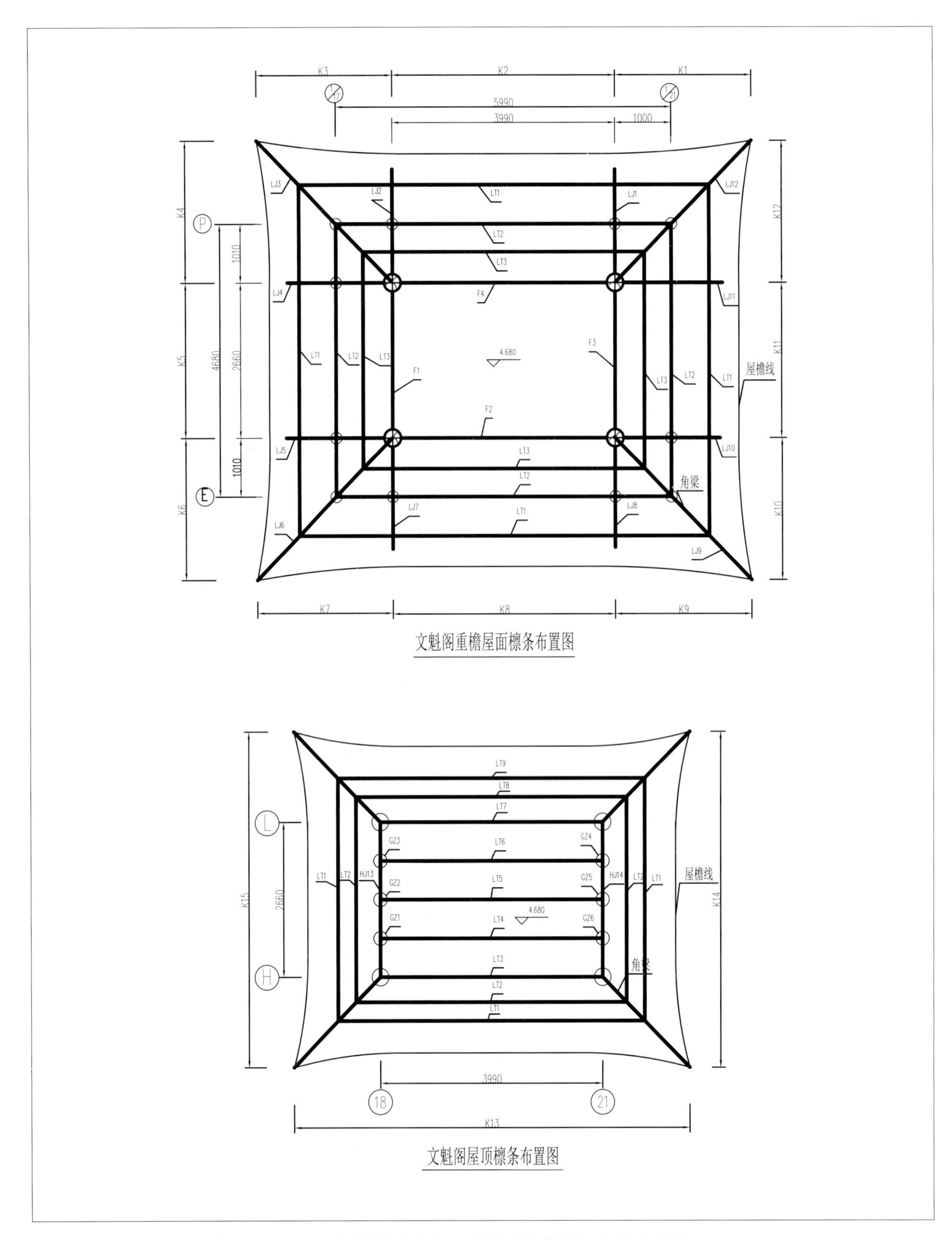

三六　文魁阁重檐屋面及屋顶檩条平面布置实测图

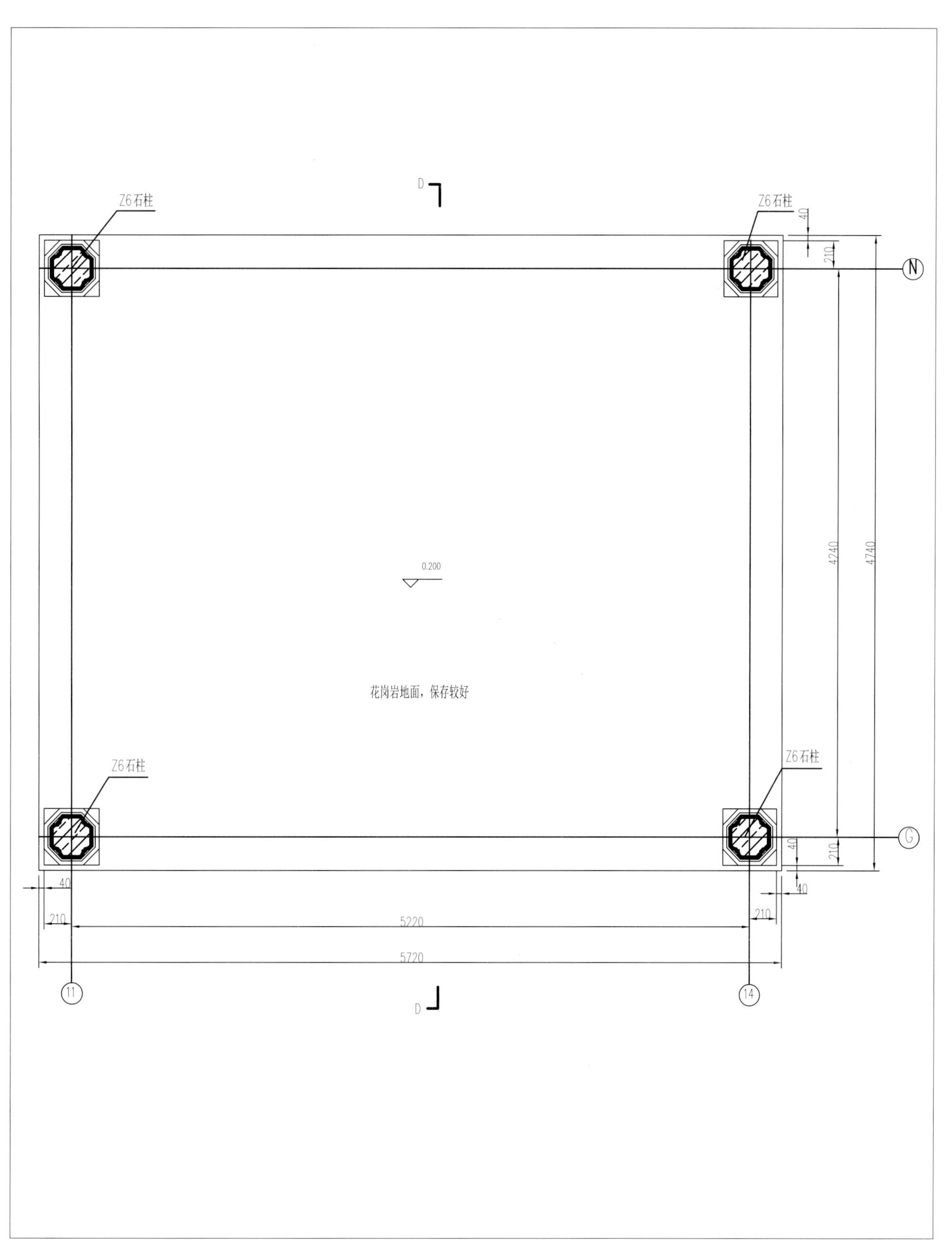

三七　前殿香亭平面实测图

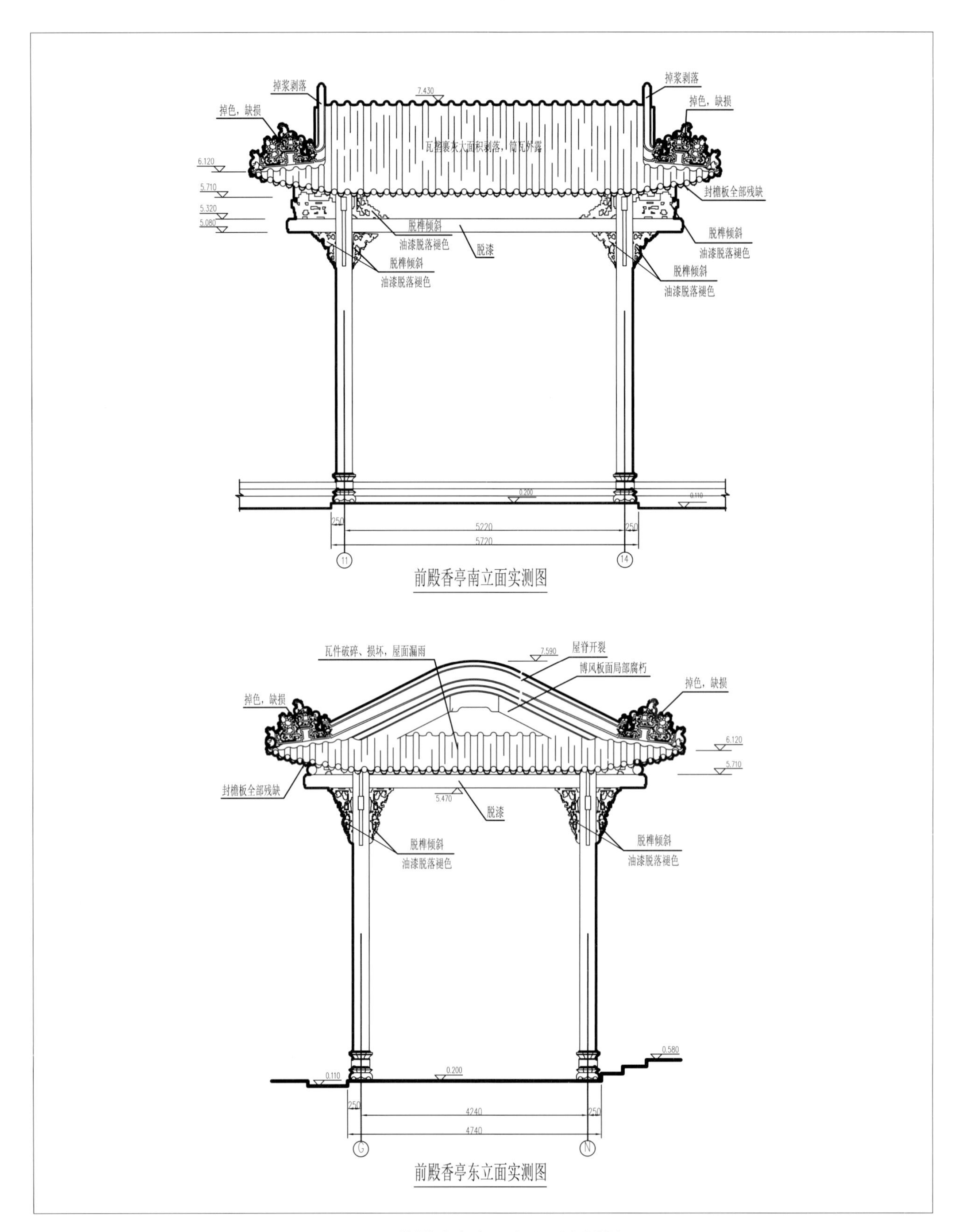

三八　前殿香亭南、东立面实测图

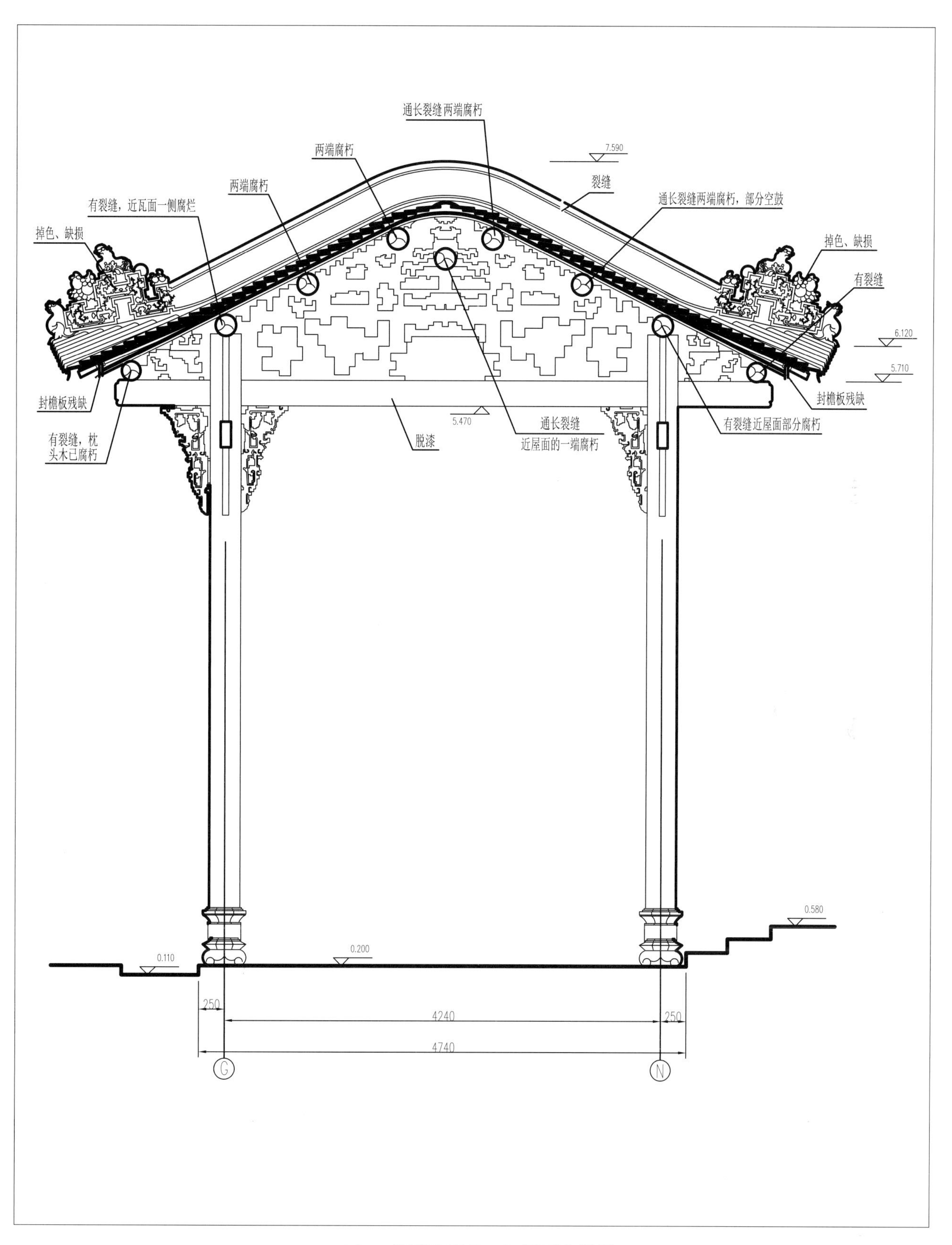

三九　前殿香亭 D－D 剖面实测图

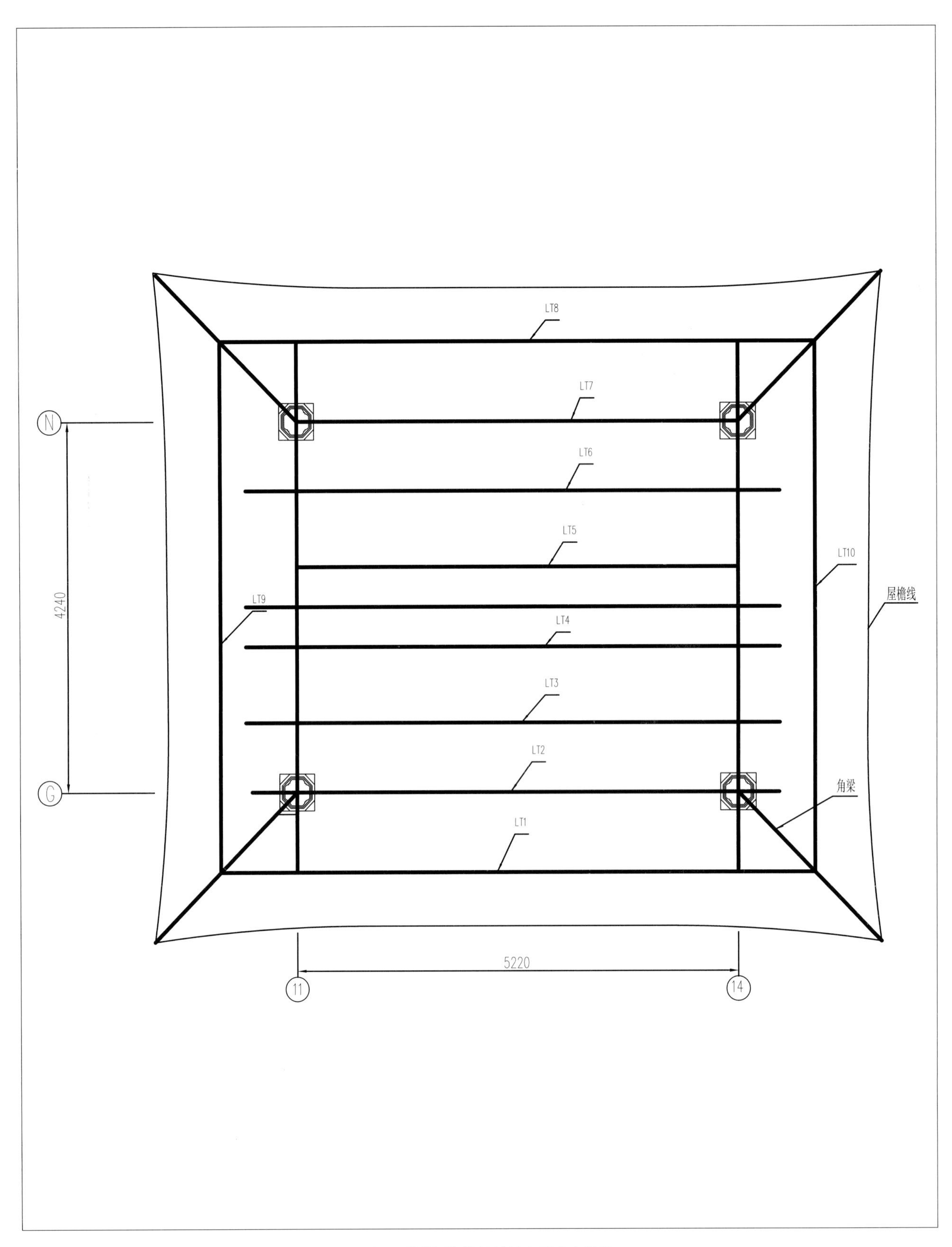

四〇 前殿香亭檩条平面布置图

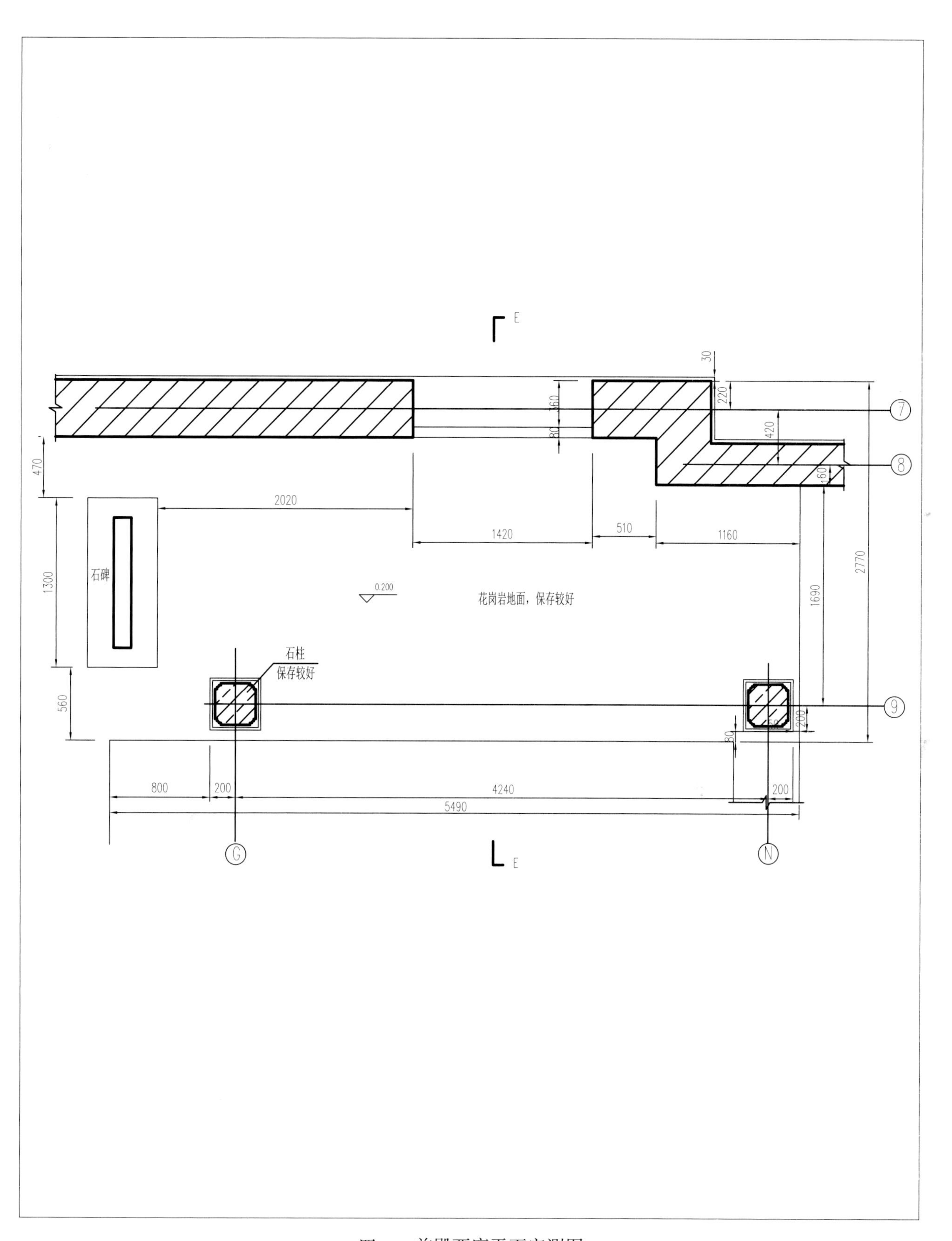

四一　前殿西廊平面实测图

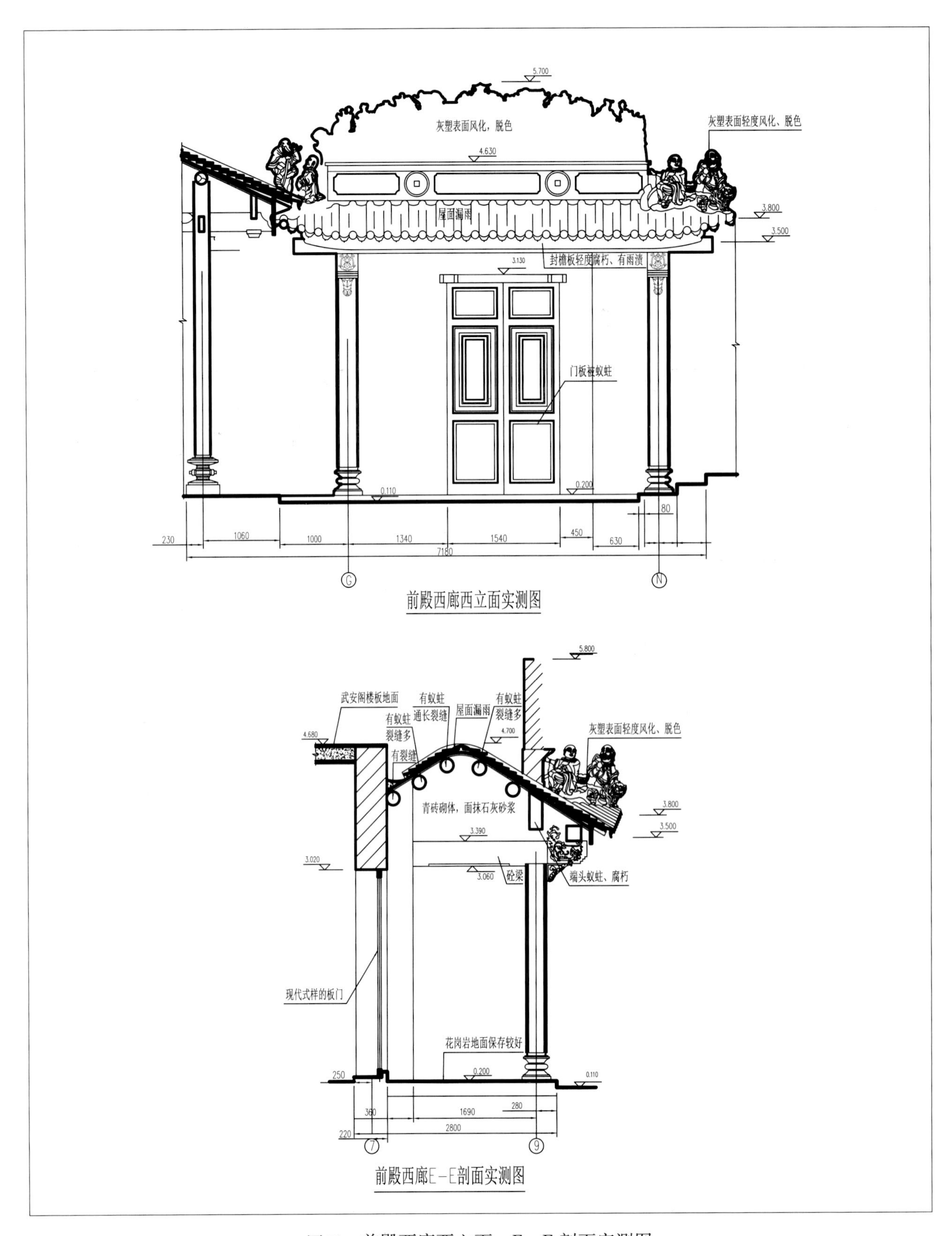

四二　前殿西廊西立面、E－E剖面实测图

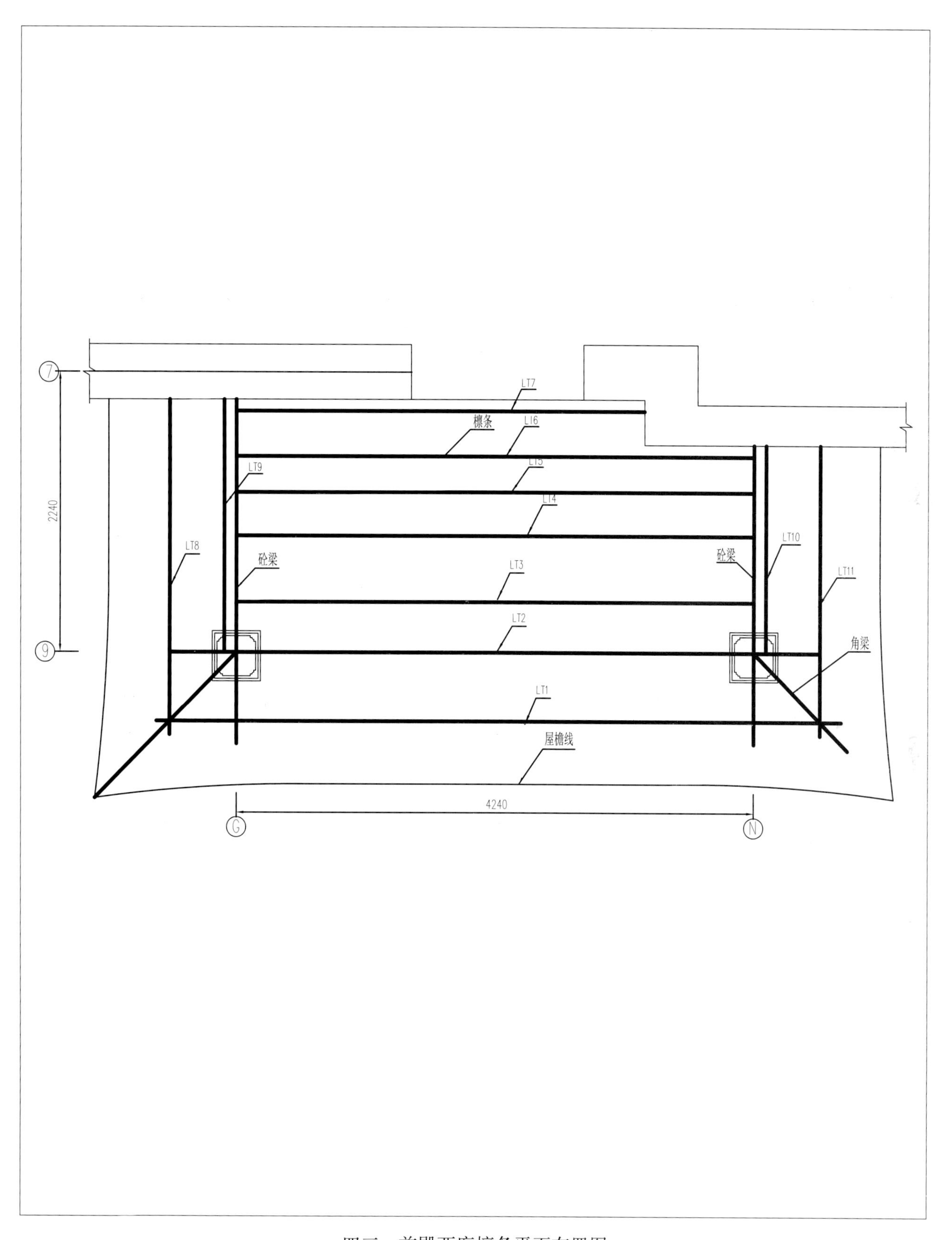

四三　前殿西廊檩条平面布置图

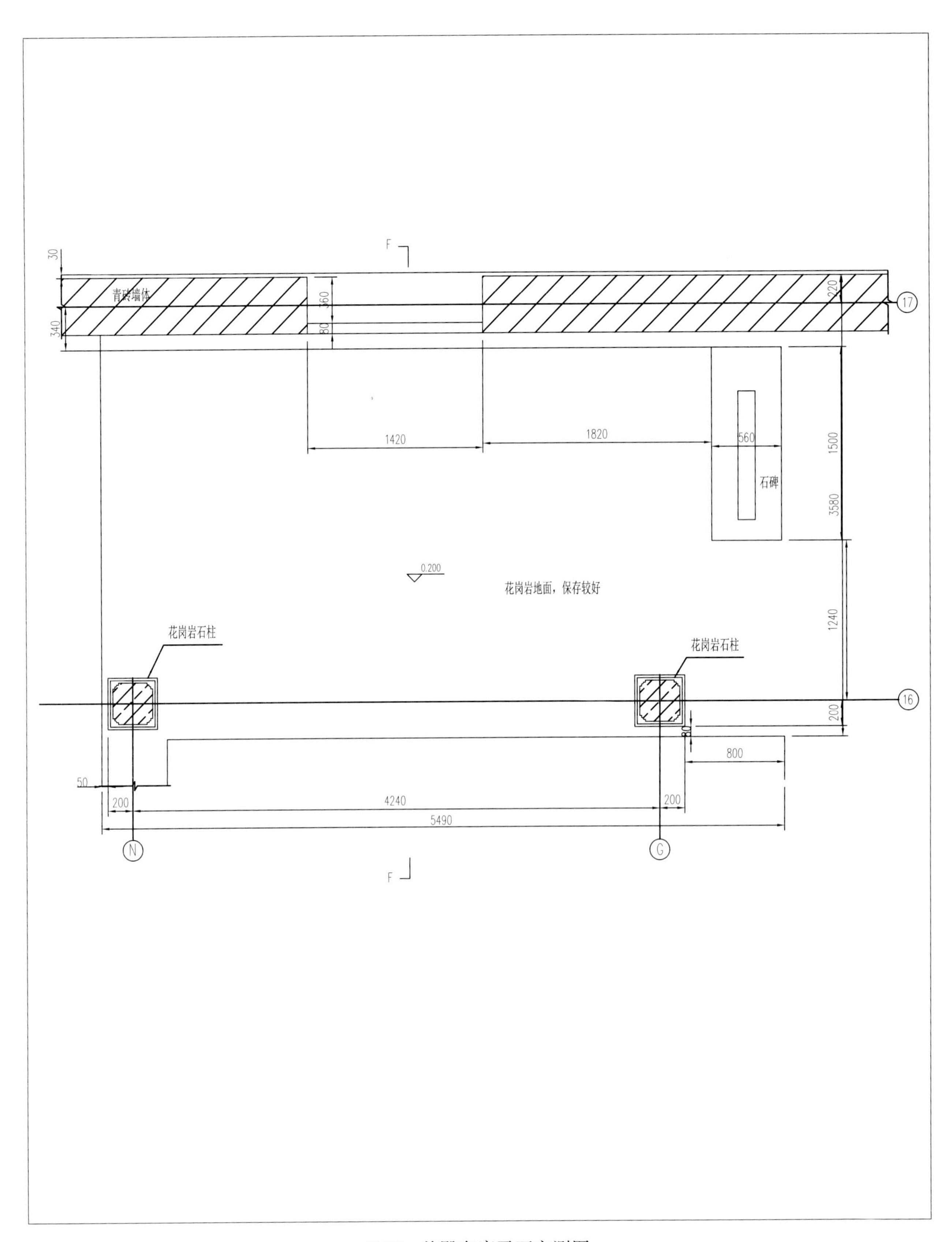

四四　前殿东廊平面实测图

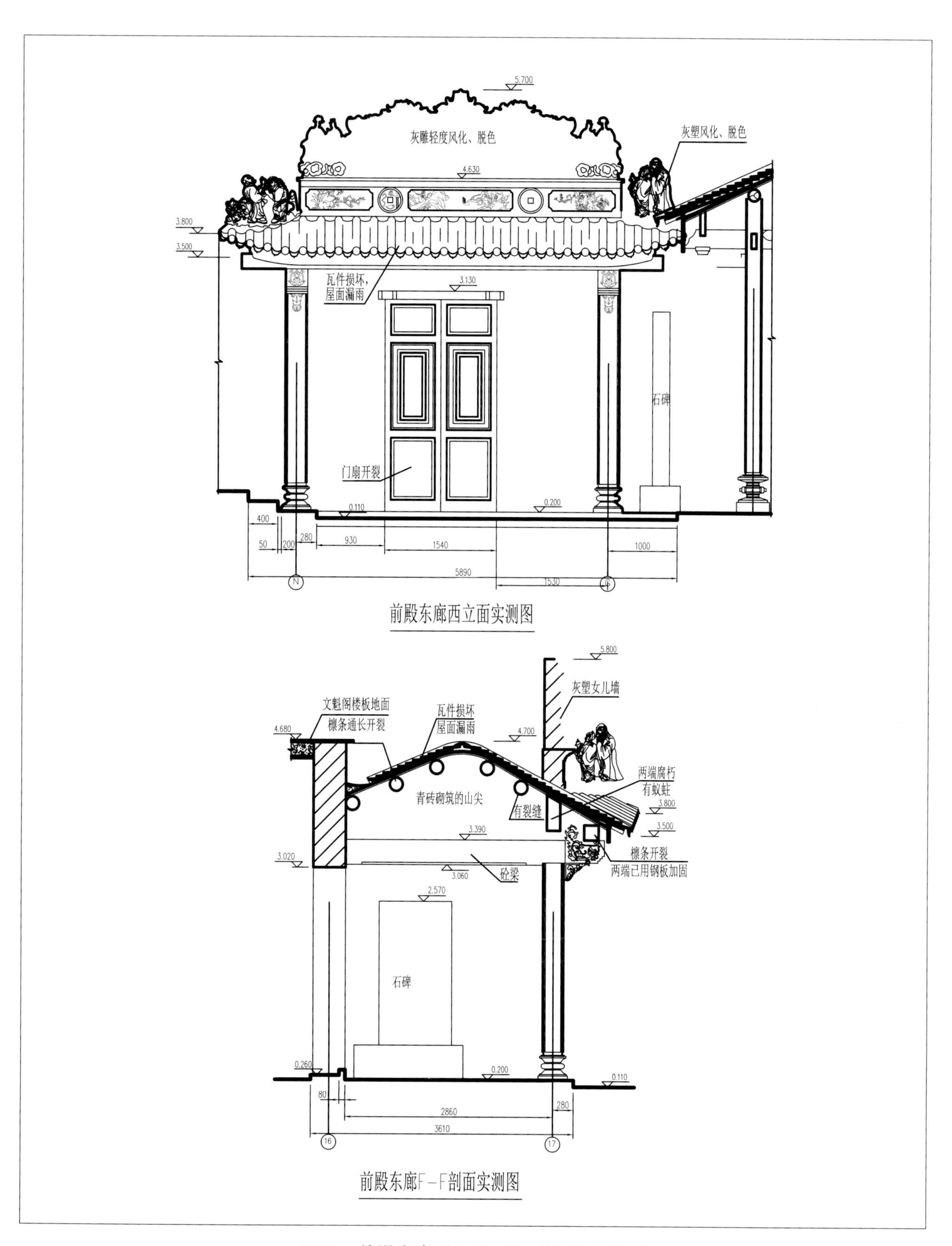

四五　前殿东廊西立面、F－F 剖面实测图

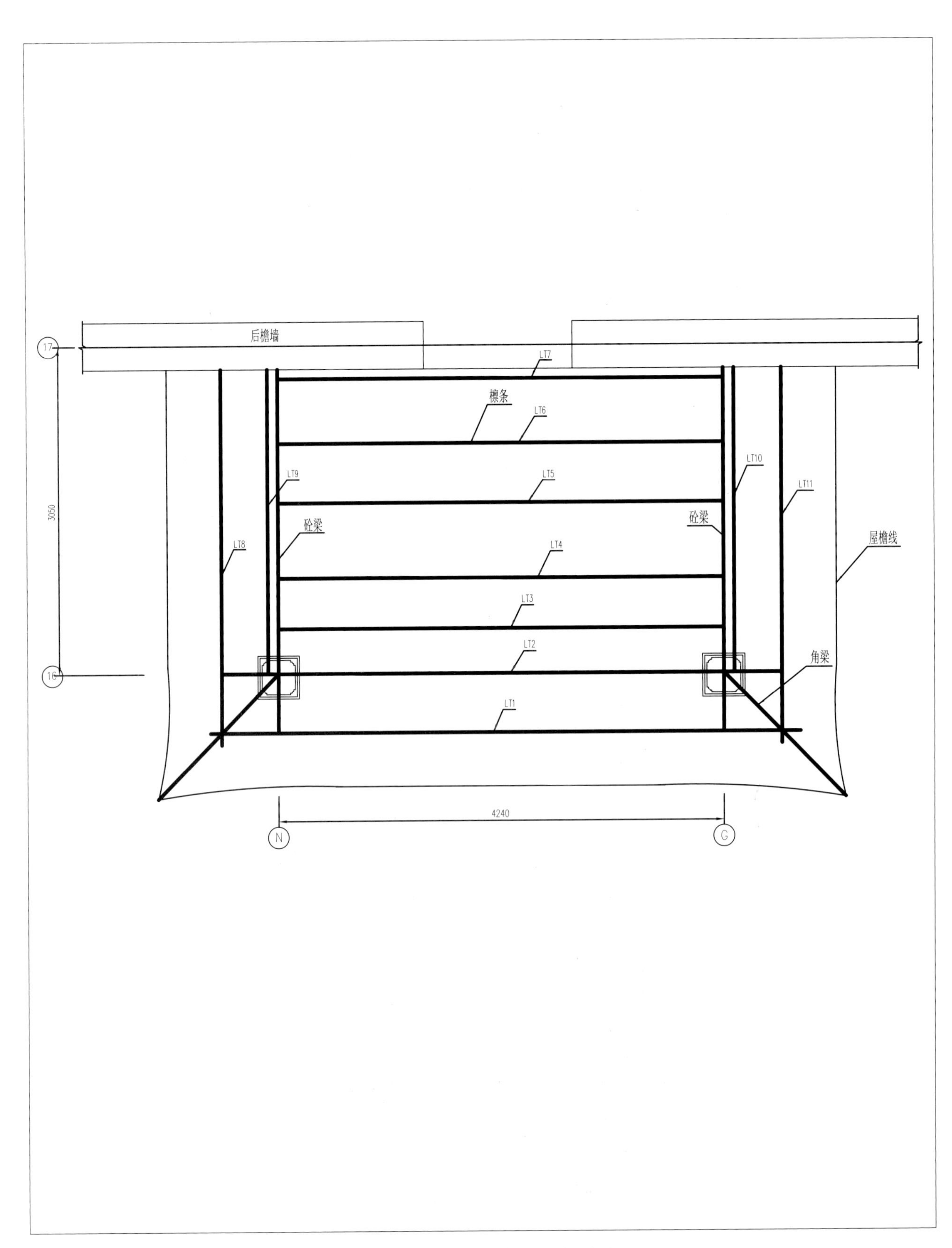

四六　前殿东廊檩条平面布置图

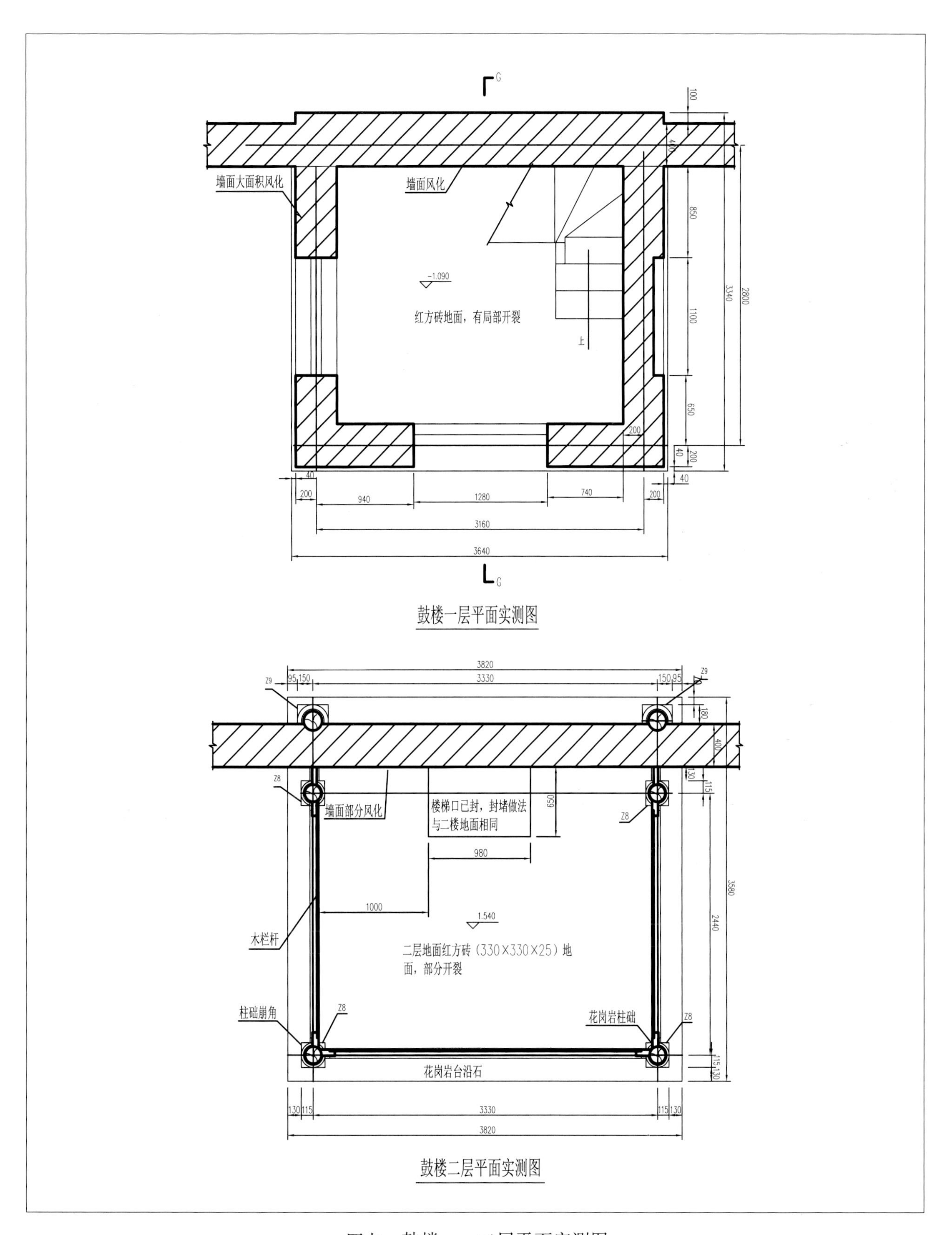

四七　鼓楼一、二层平面实测图

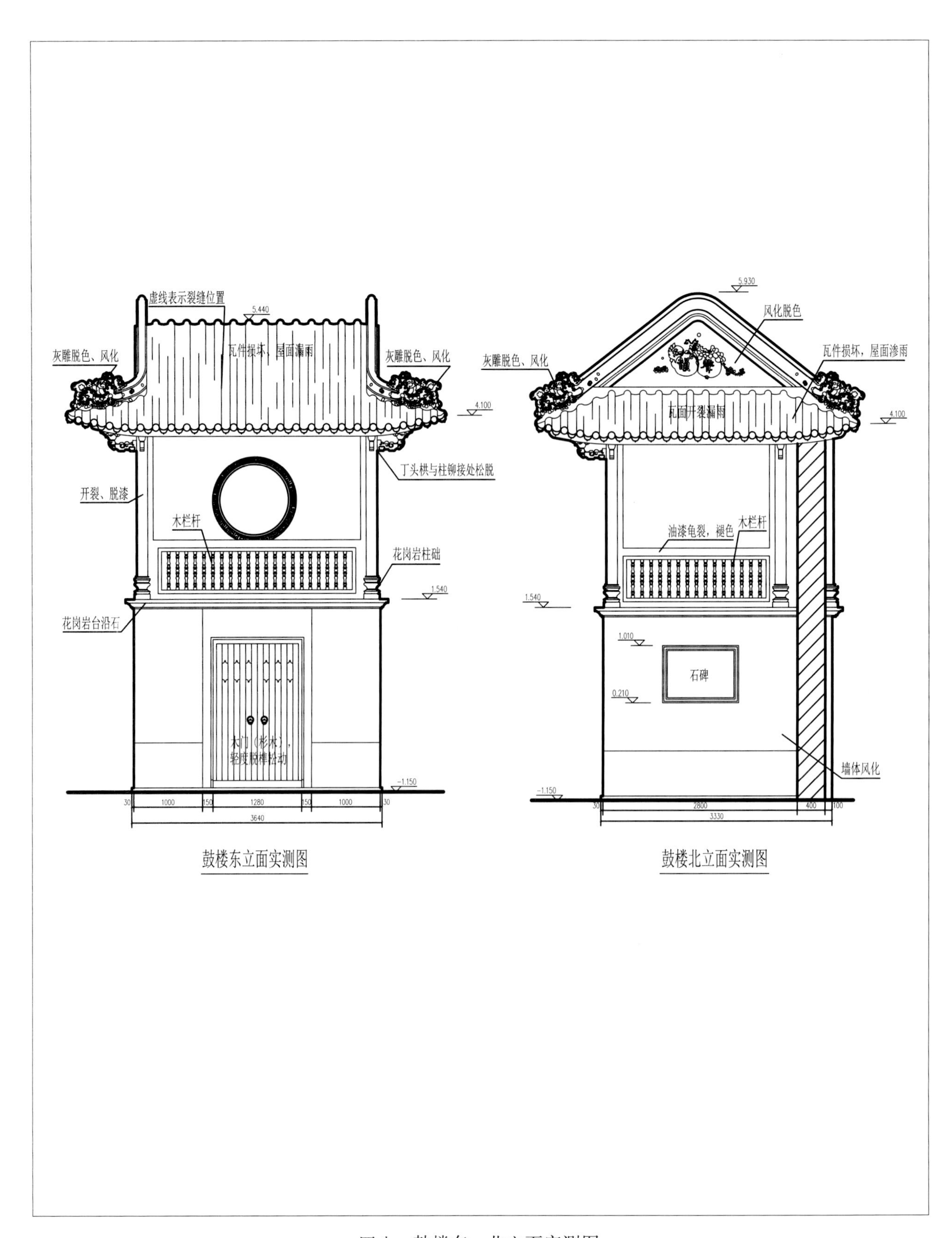

四八　鼓楼东、北立面实测图

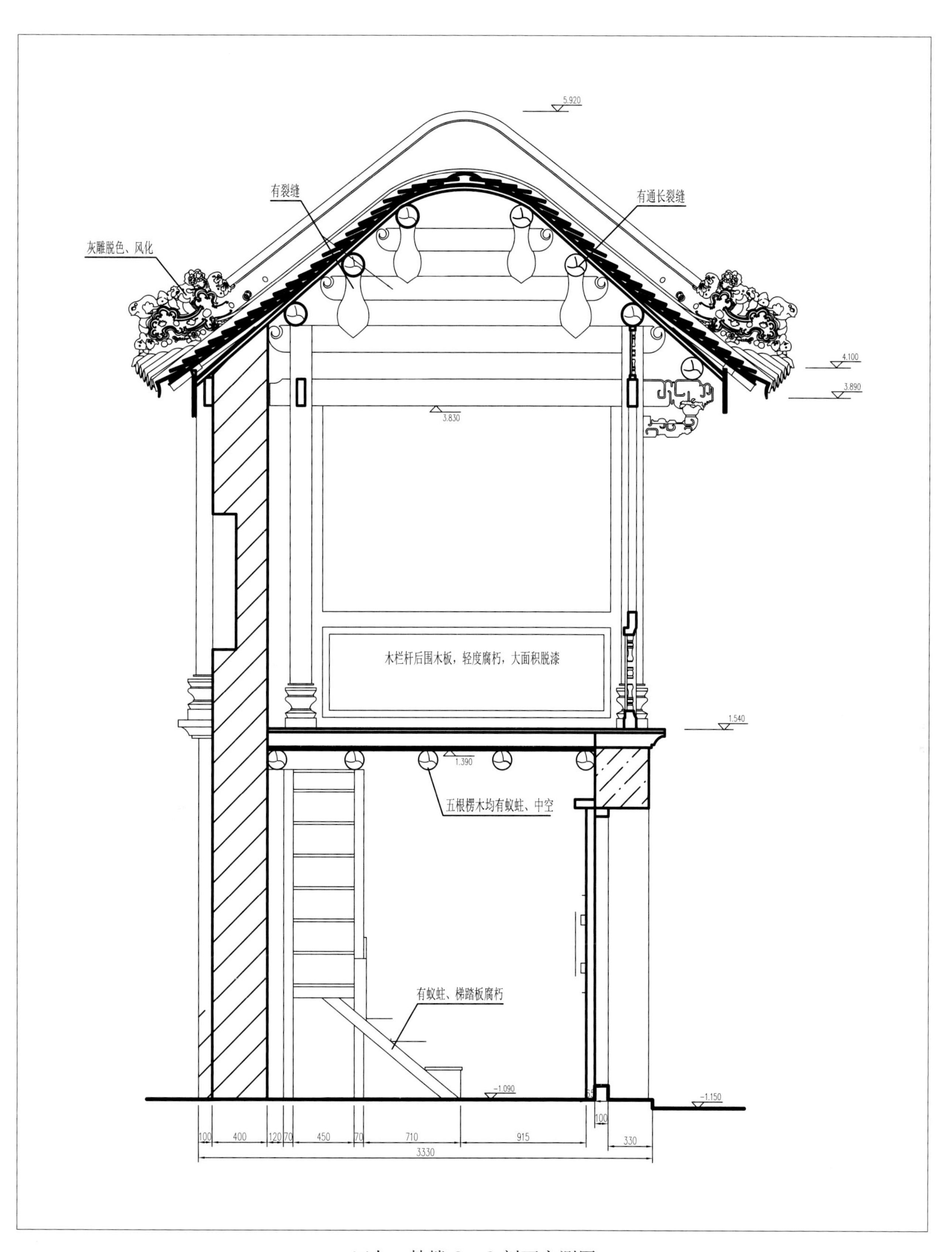

四九　鼓楼 G－G 剖面实测图

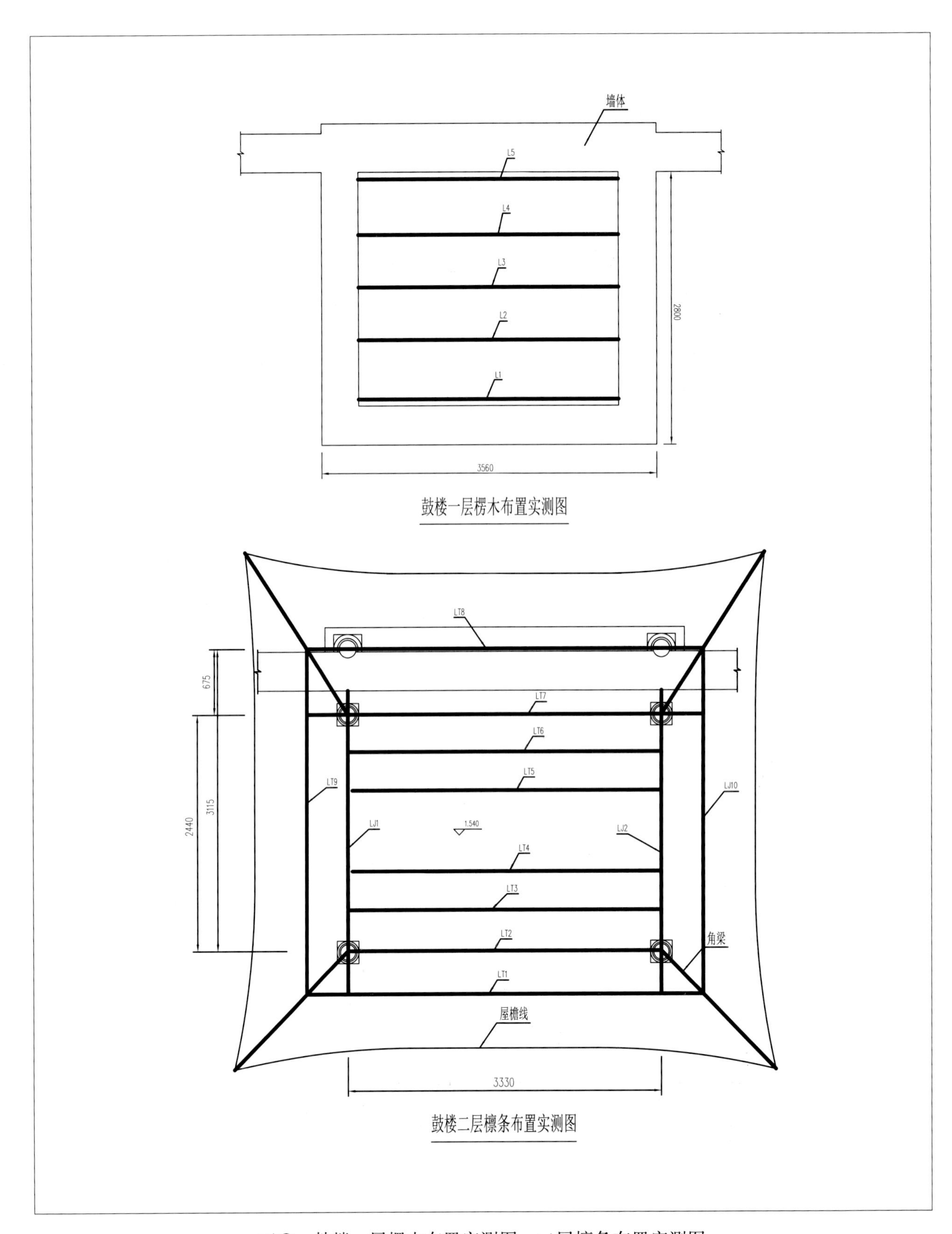

五〇　鼓楼一层椤木布置实测图、二层檩条布置实测图

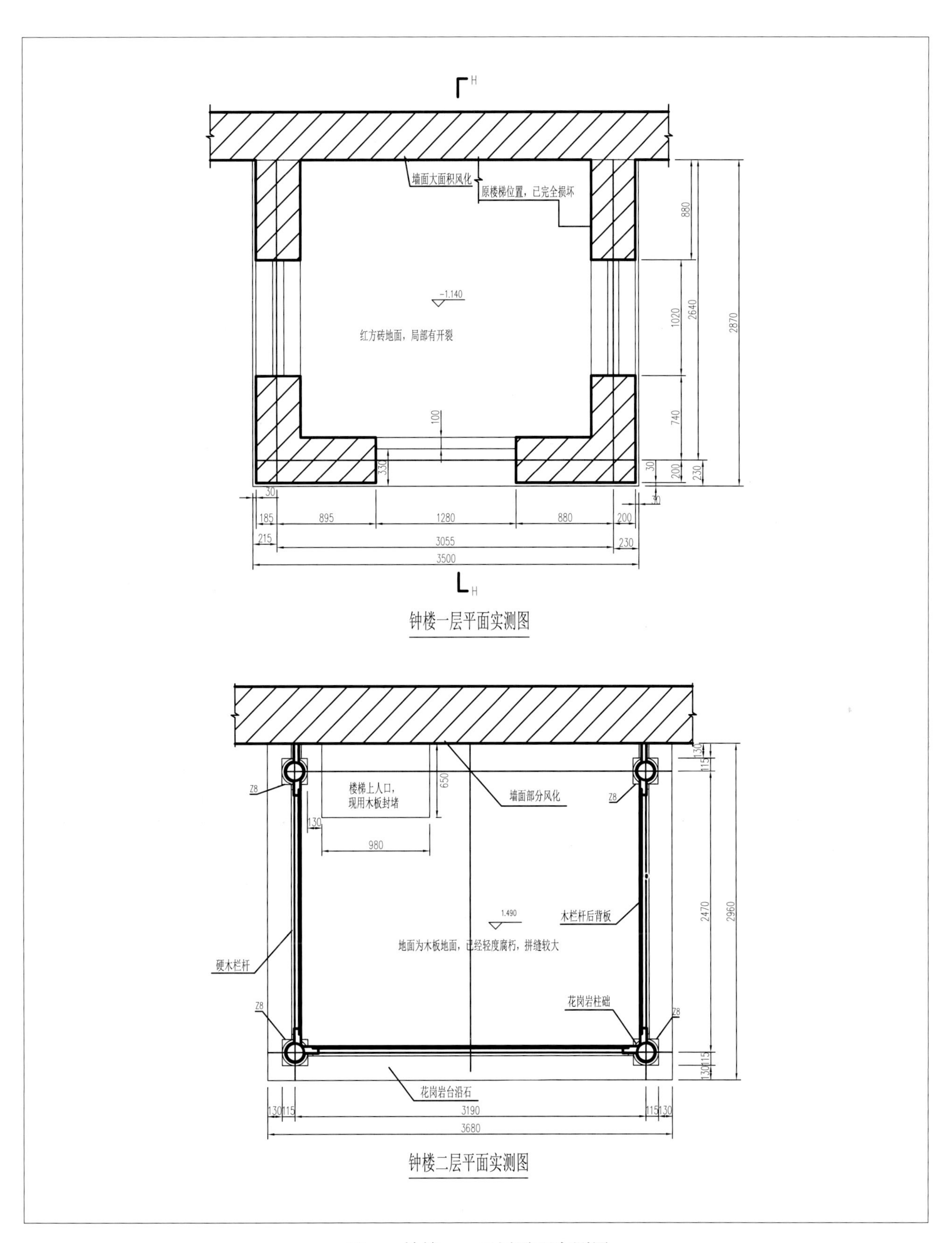

五一　钟楼一、二层平面实测图

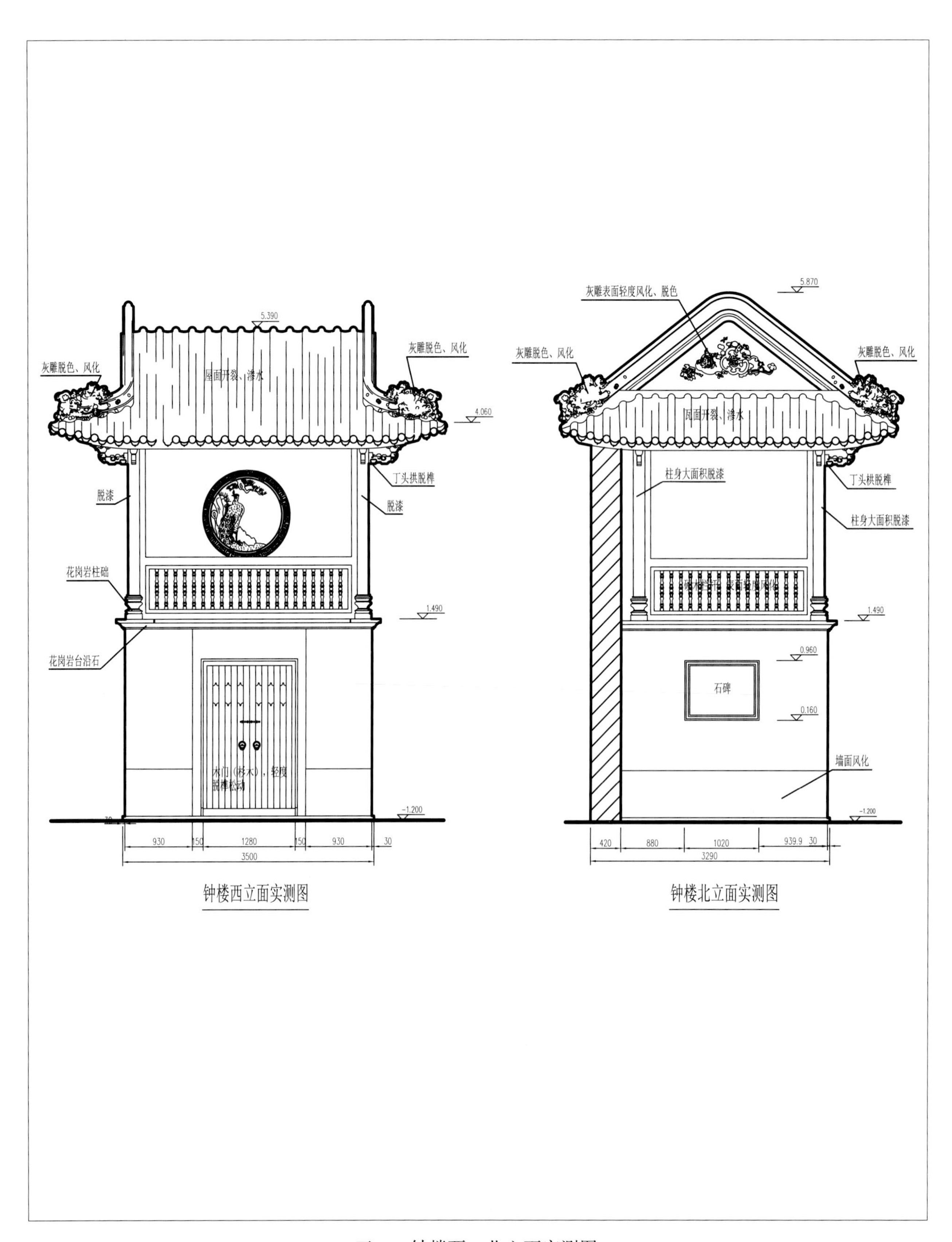

五二　钟楼西、北立面实测图

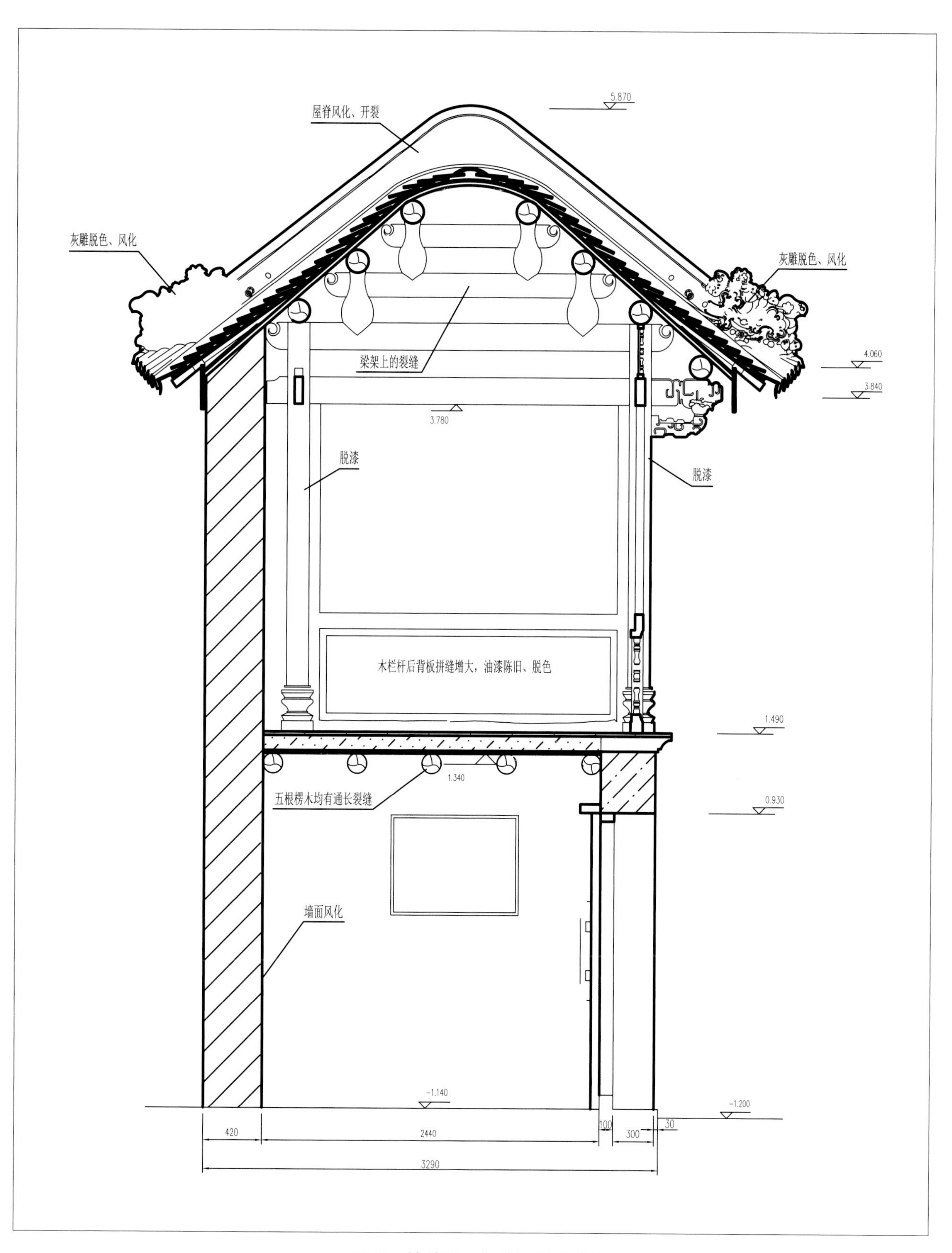

五三　钟楼 H－H 剖面实测图

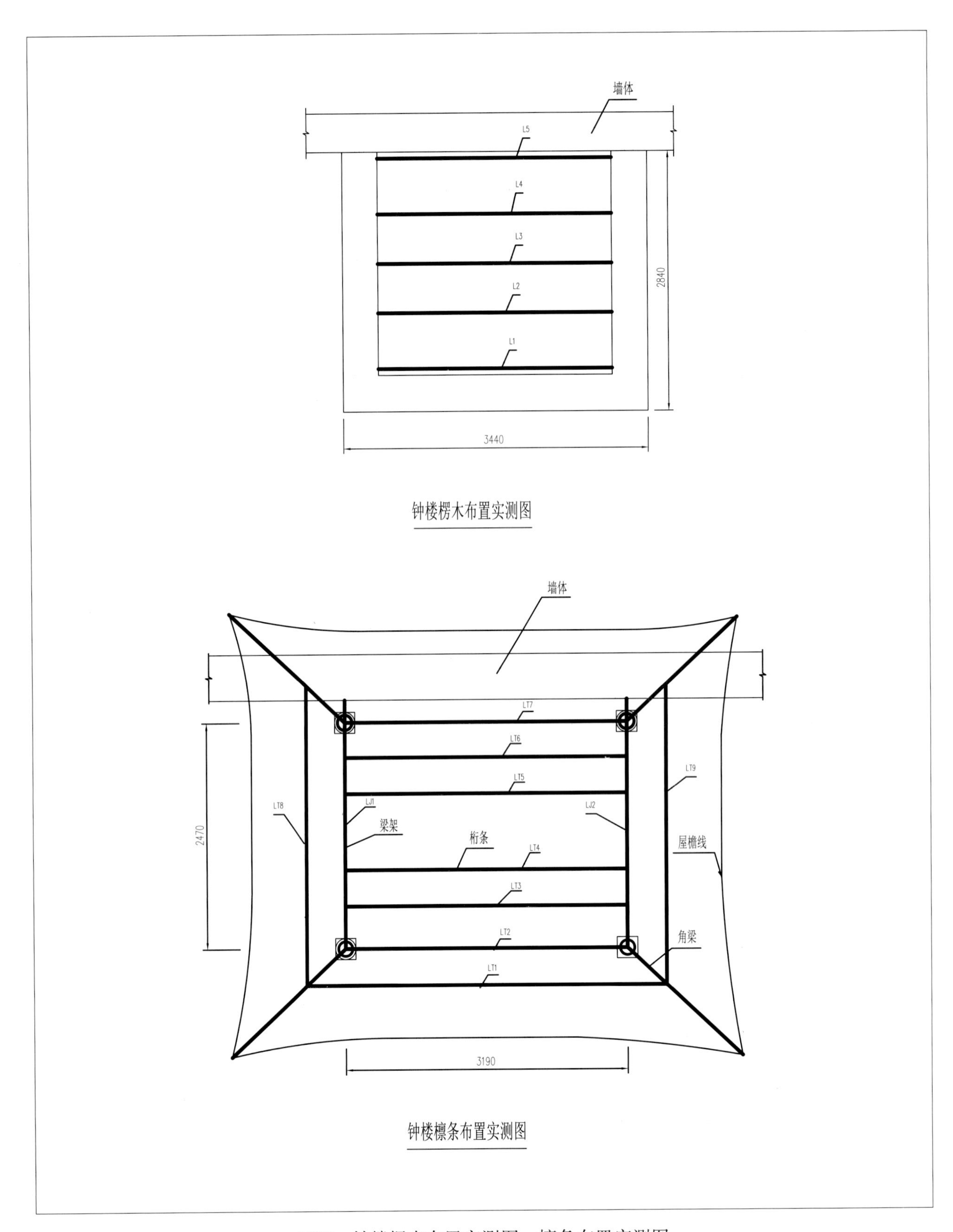

五四　钟楼楞木布置实测图、檩条布置实测图

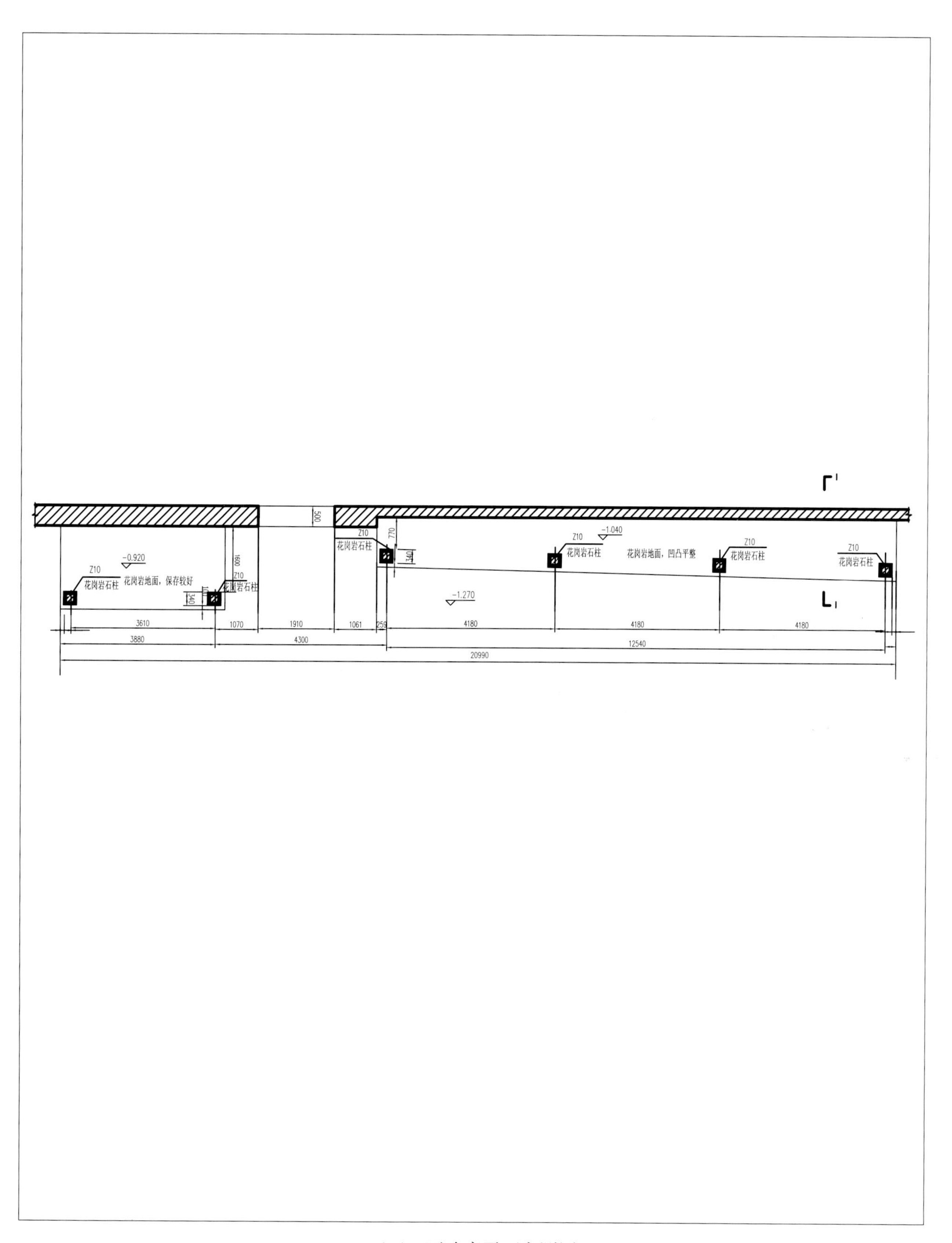
500
770
340
1600
Z10
花岗岩石柱
-0.920
花岗岩地面，保存较好
-1.040
花岗岩地面，凹凸平整
-1.270
3610
1070
1910
1061
259
4180
4180
4180
3880
4300
12540
20990

五五　西碑廊平面实测图

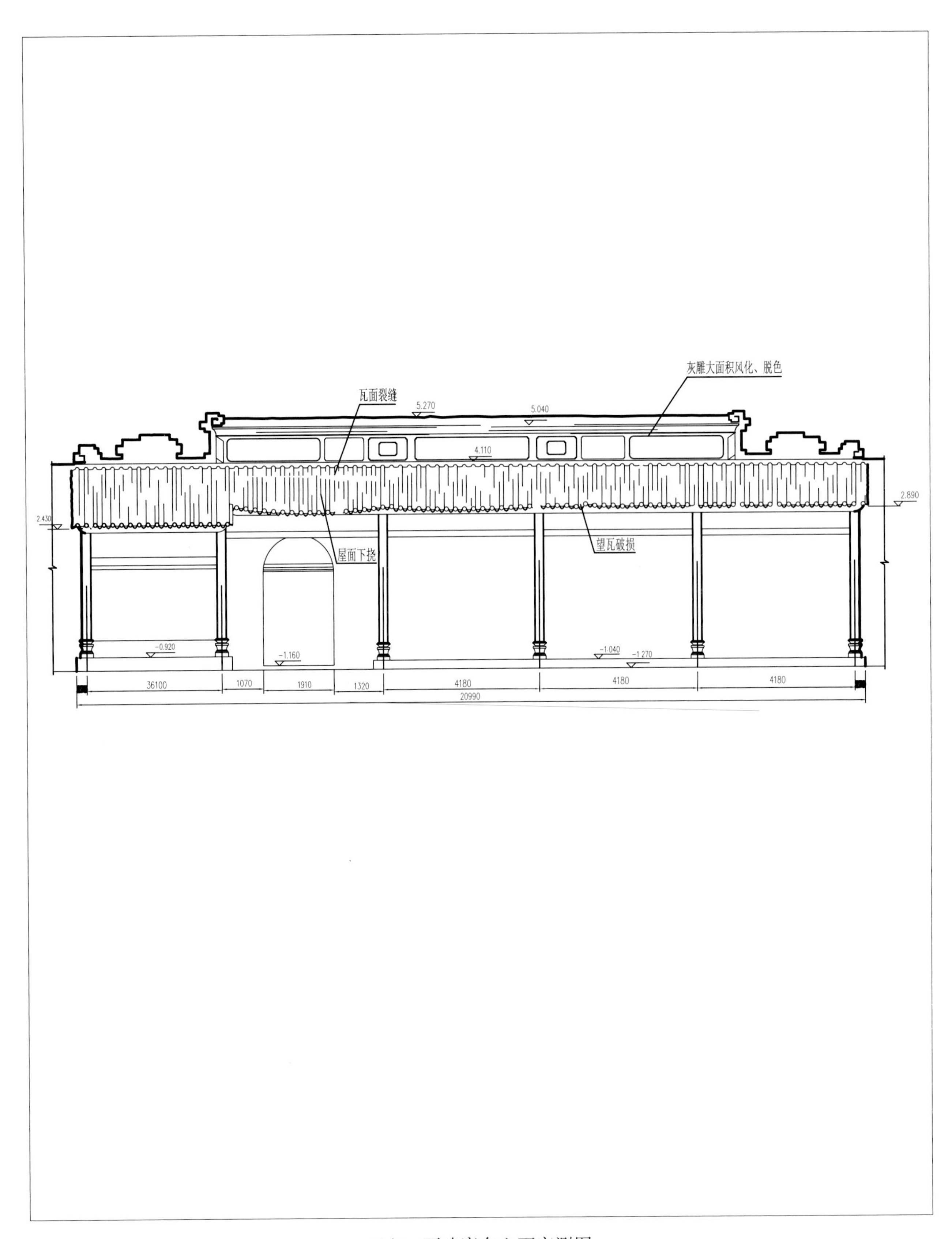

五六　西碑廊东立面实测图

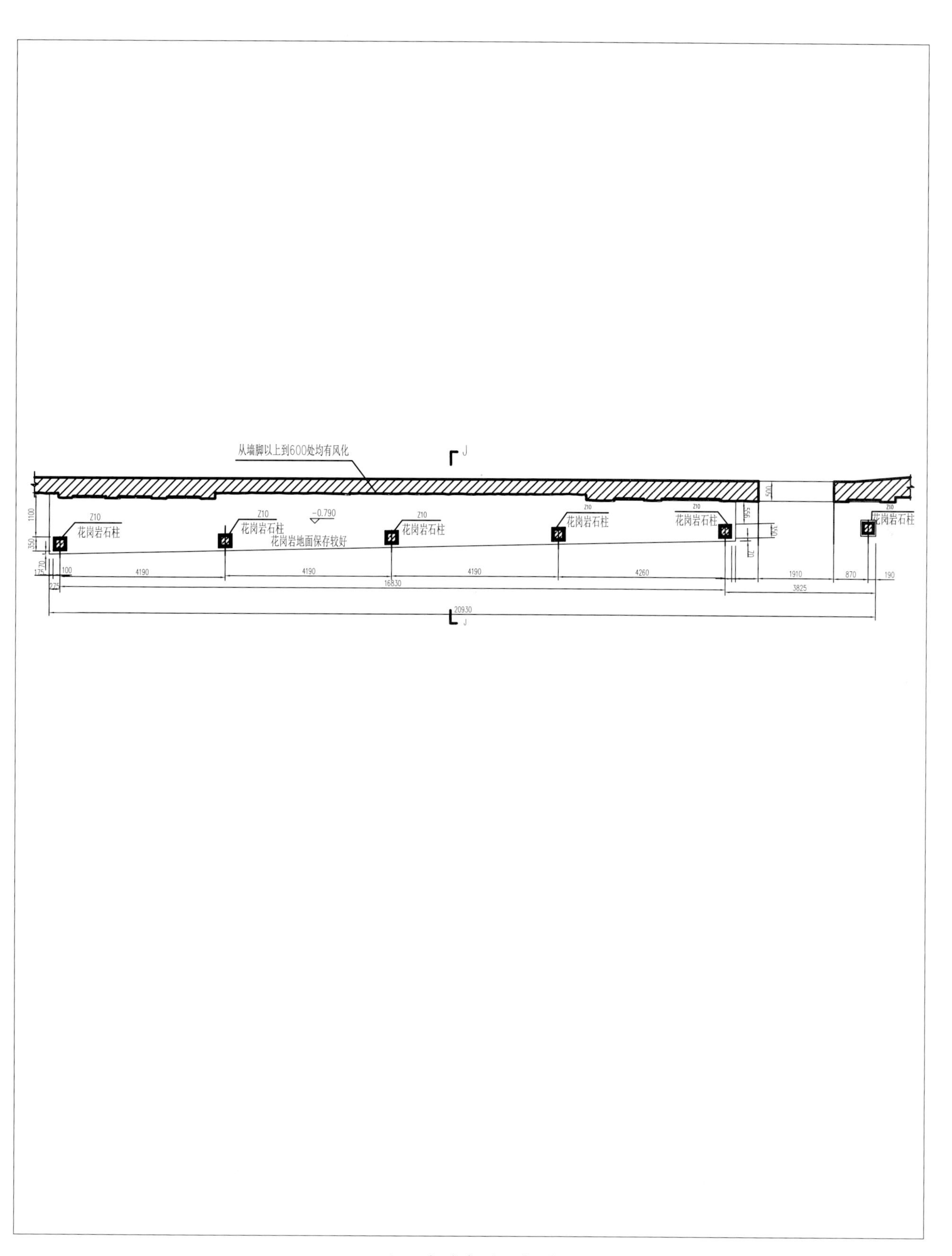
从墙脚以上到600处均有风化
Z10
花岗岩石柱
-0.790
花岗岩地面保存较好
4190
4190
4190
4260
1910
870
190
16830
3825
20930

五七　东碑廊平面实测图

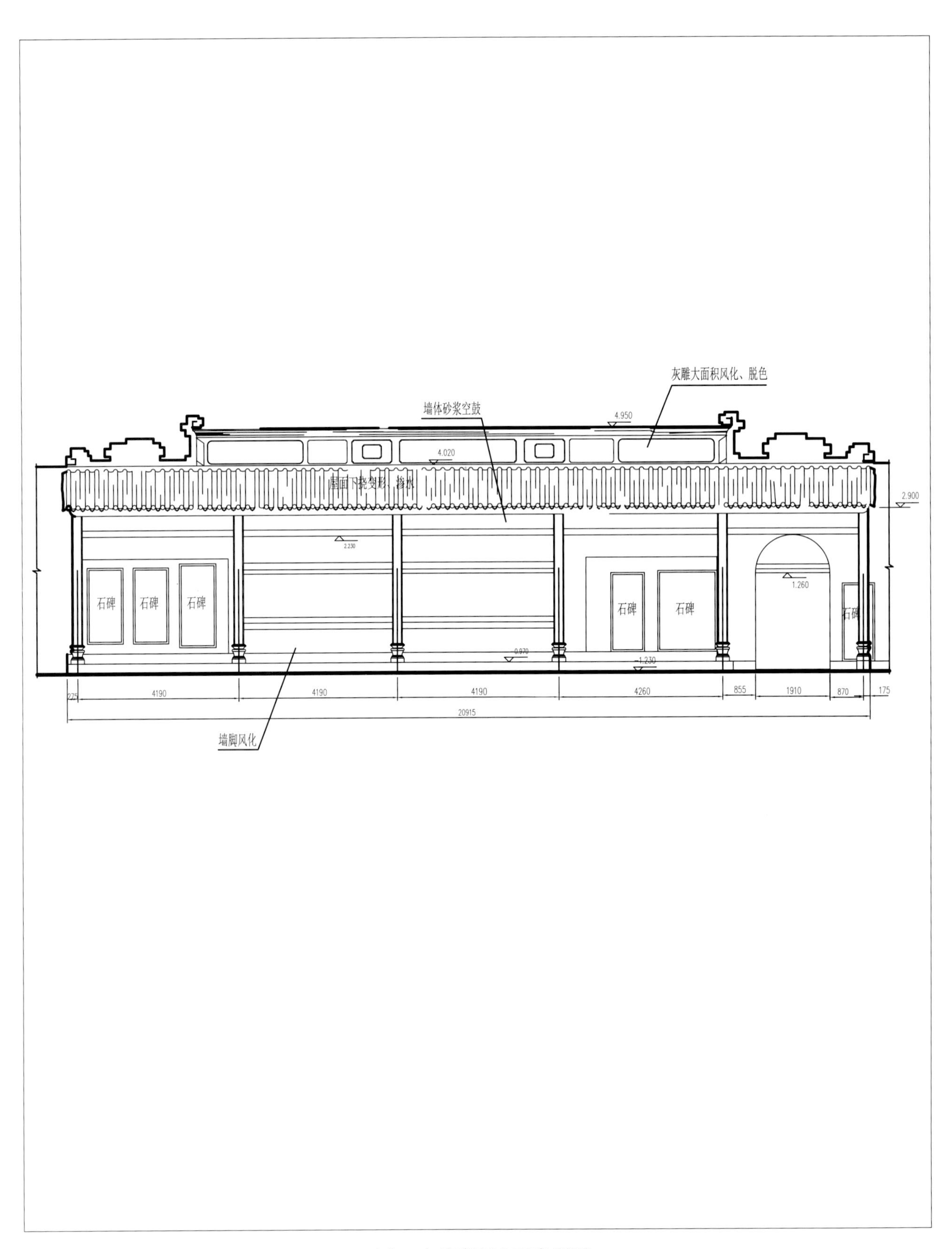

五八　东碑廊西立面实测图

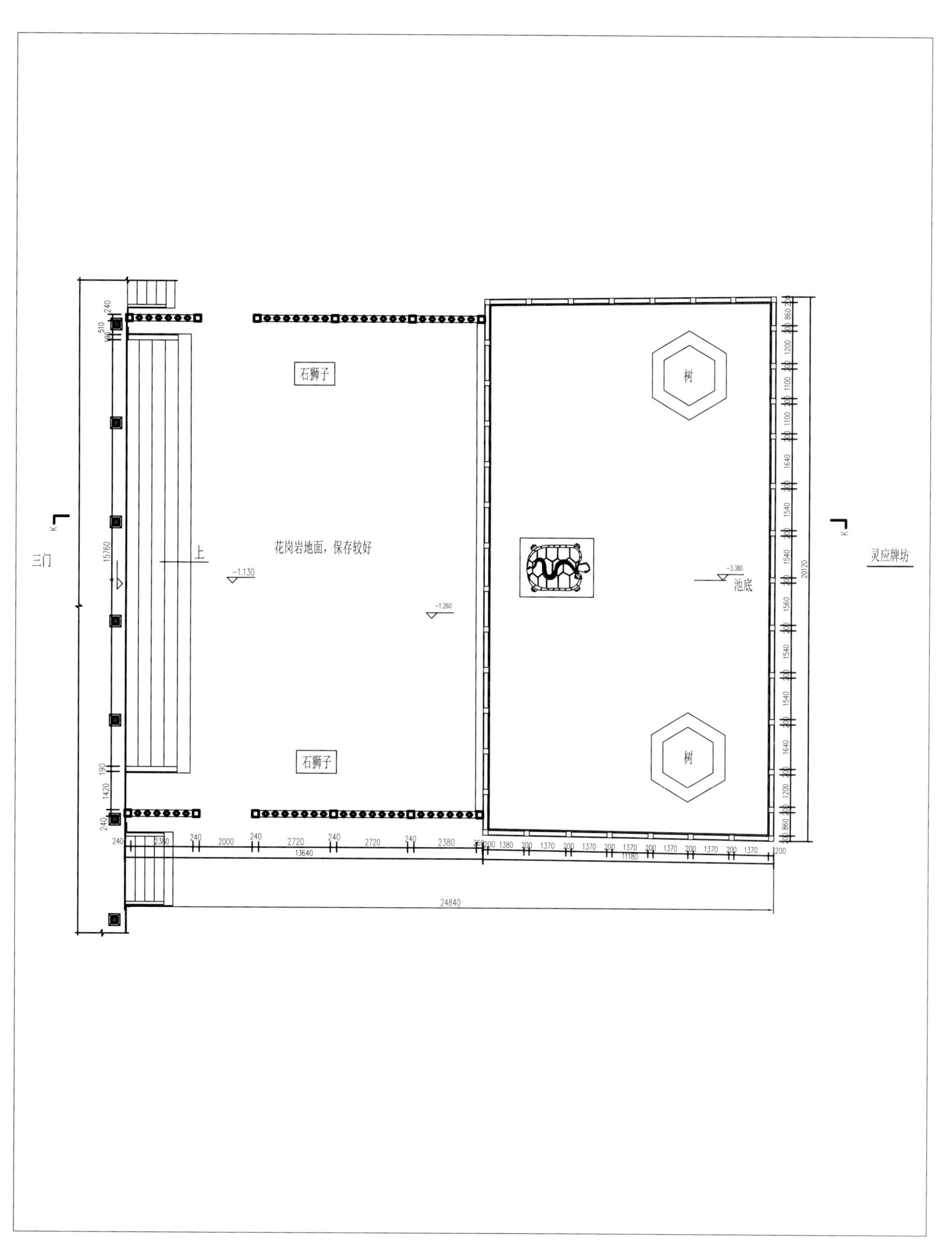

三门
灵应牌坊
石狮子
石狮子
花岗岩地面，保存较好
上
树
树
池底
-1.130
-1.260
-3.380
15760
20120
13640
11180
24840

五九　锦香池平面实测图

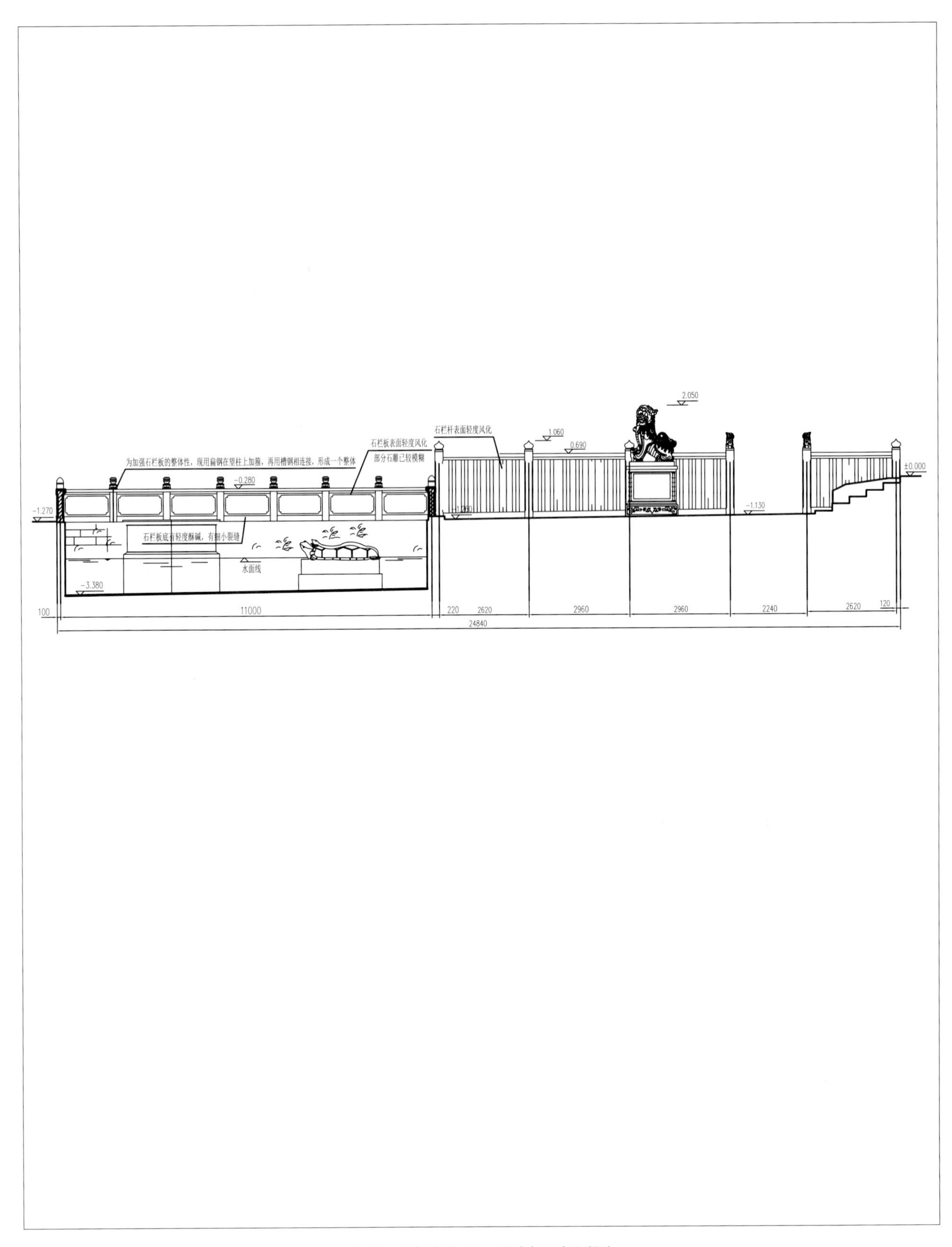

六〇　锦香池 K－K 剖面实测图

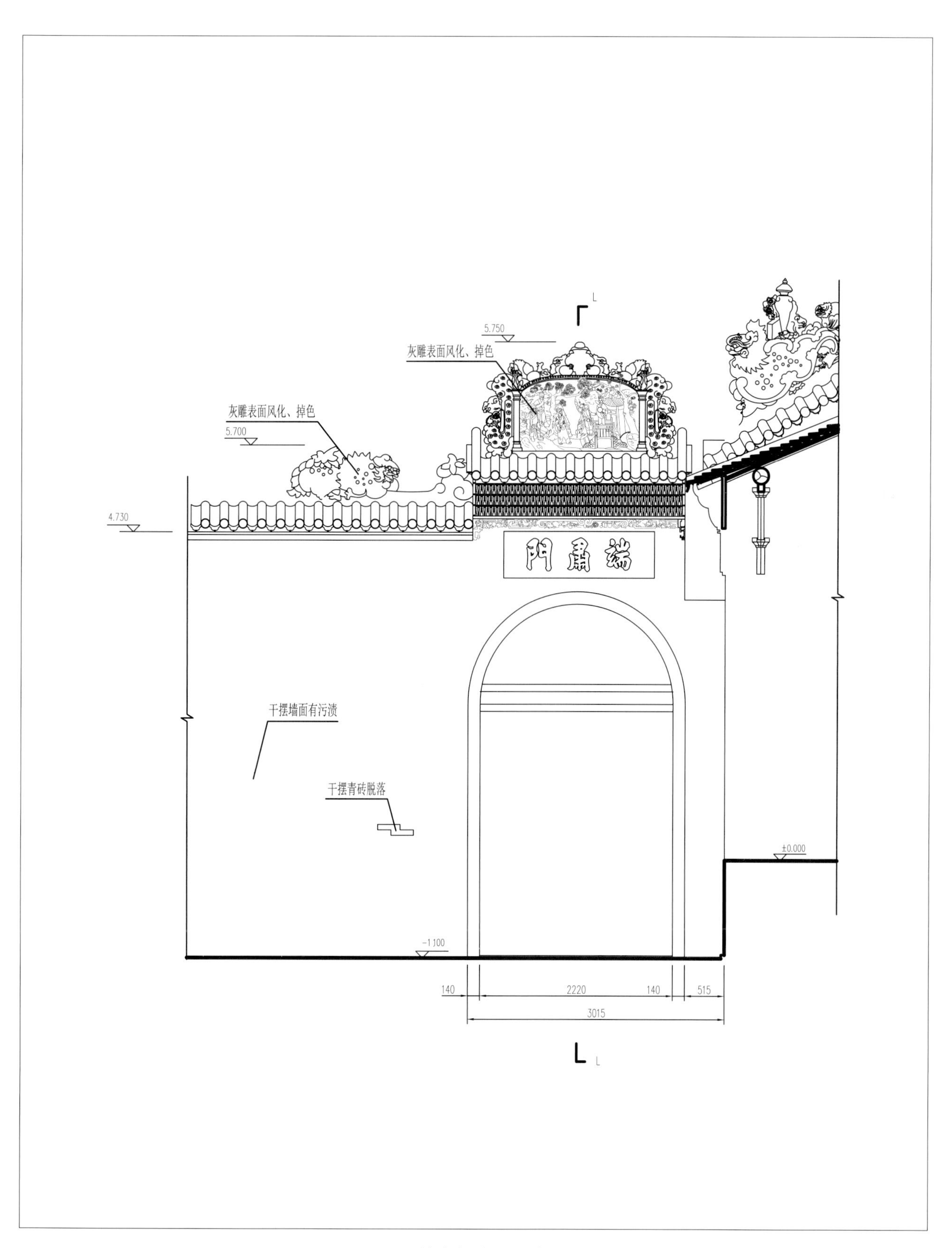

六一　端肃门东立面实测图

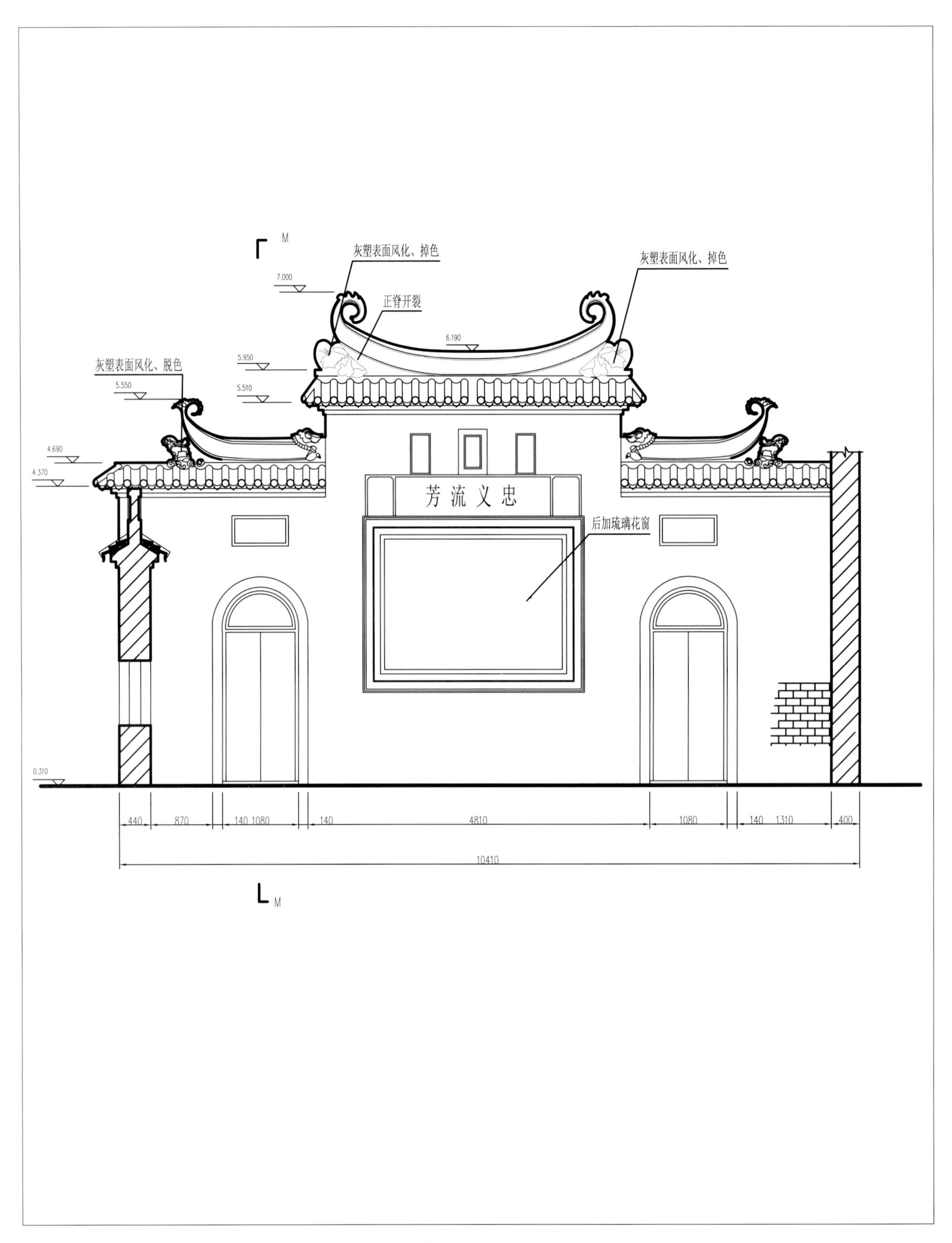

六二　流芳祠牌坊南立面实测图

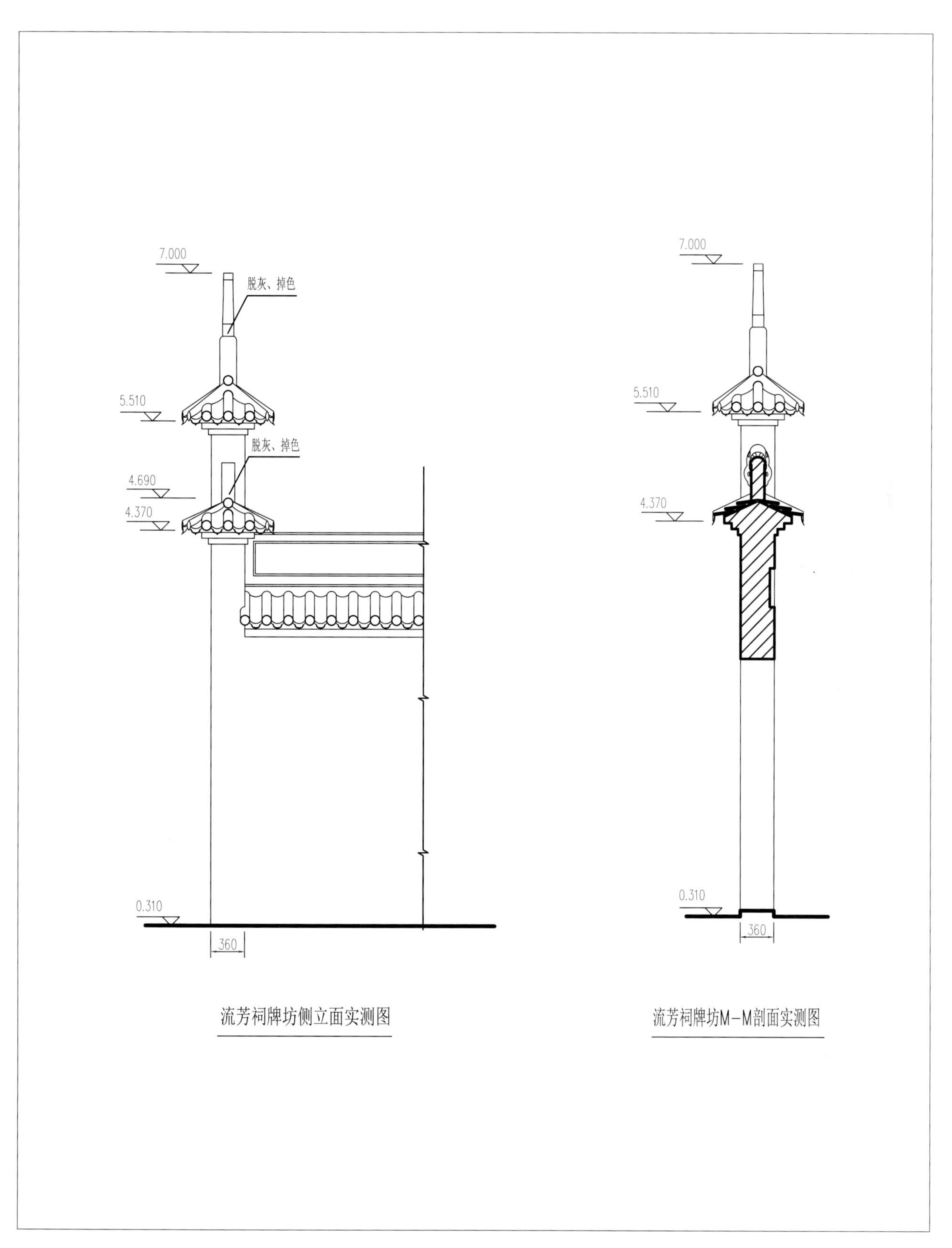

六三　流芳祠侧立面实测图、M－M剖面实测图

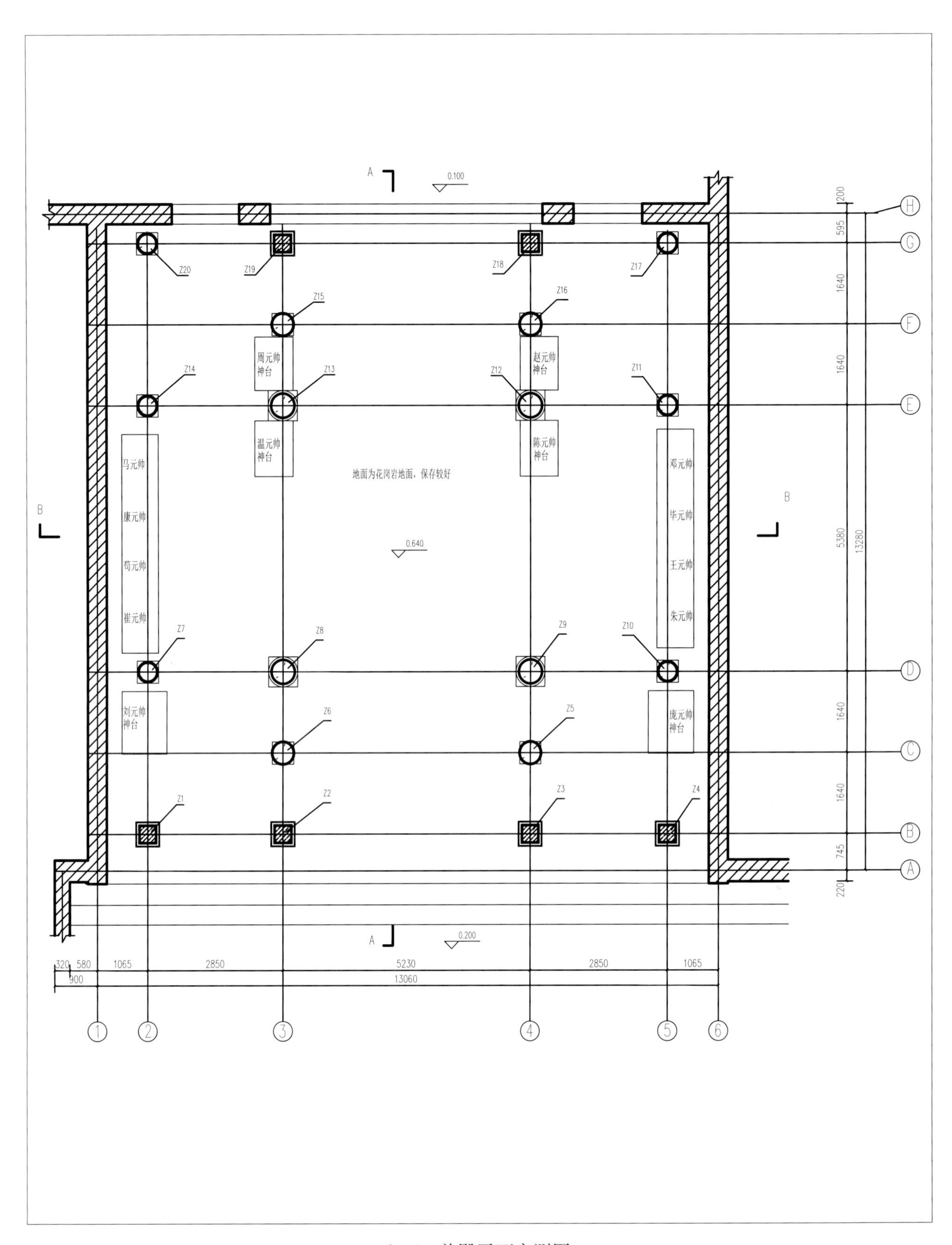
周元帅神台
赵元帅神台
温元帅神台
陈元帅神台
地面为花岗岩地面，保存较好
马元帅
康元帅
苟元帅
崔元帅
邓元帅
毕元帅
王元帅
朱元帅
刘元帅神台
庞元帅神台

六四　前殿平面实测图

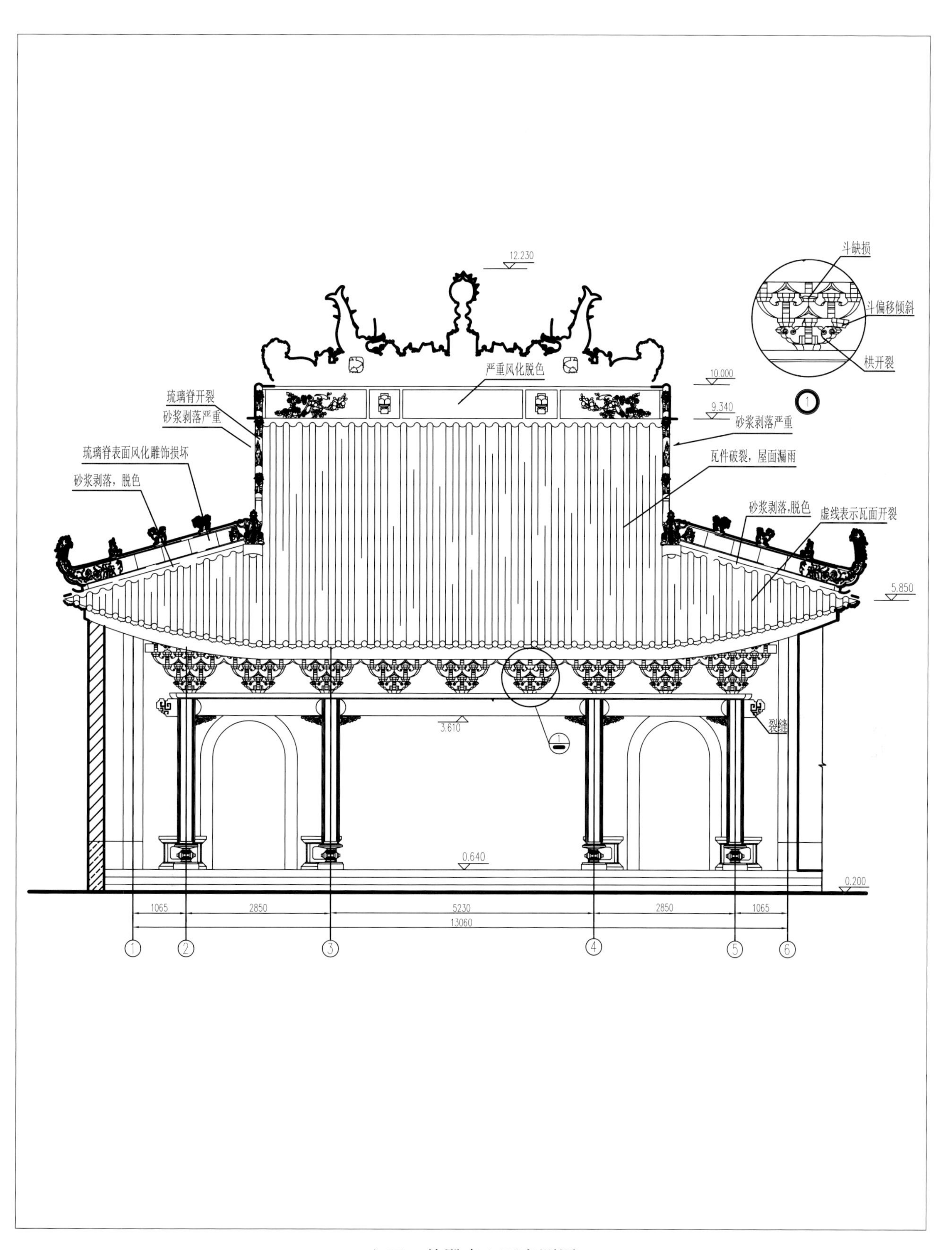
12.230
严重风化脱色
琉璃脊开裂
砂浆剥落严重
琉璃脊表面风化雕饰损坏
砂浆剥落，脱色
10.000
9.340
砂浆剥落严重
瓦件破裂，屋面漏雨
砂浆剥落,脱色
虚线表示瓦面开裂
5.850
斗缺损
斗偏移倾斜
栱开裂
裂缝
3.610
0.640
0.200
1065
2850
5230
2850
1065
13060

六五　前殿南立面实测图

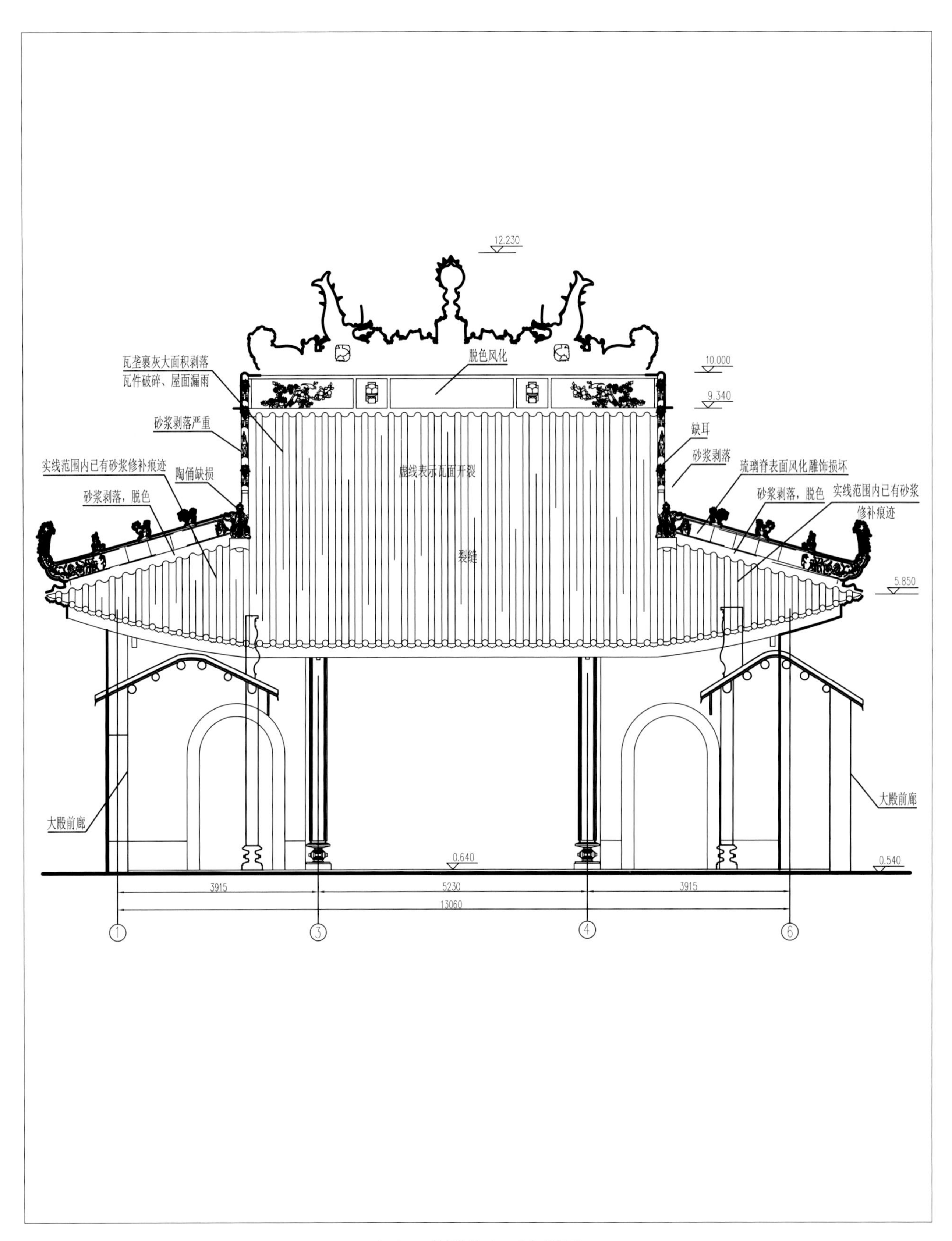
12.230
脱色风化
瓦垄裹灰大面积剥落
瓦件破碎、屋面漏雨
10.000
9.340
砂浆剥落严重
缺耳
砂浆剥落
实线范围内已有砂浆修补痕迹
陶俑缺损
虚线表示瓦面开裂
琉璃脊表面风化雕饰损坏
砂浆剥落，脱色
砂浆剥落，脱色
实线范围内已有砂浆
修补痕迹
裂缝
5.850
大殿前廊
大殿前廊
0.640
0.540
3915
5230
3915
13060
1
3
4
6

六六　前殿北立面实测图

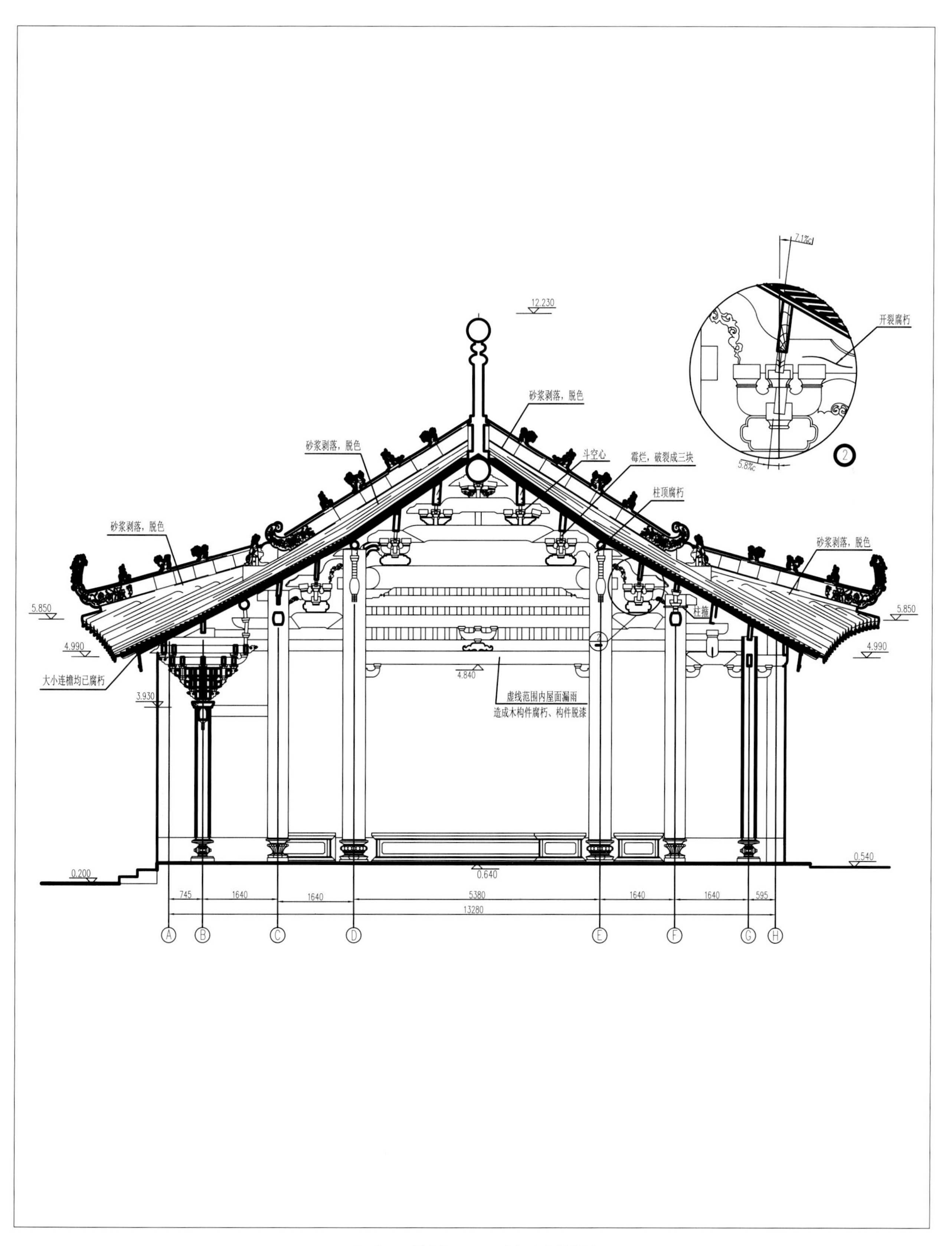

六七 前殿 A－A 剖面实测图

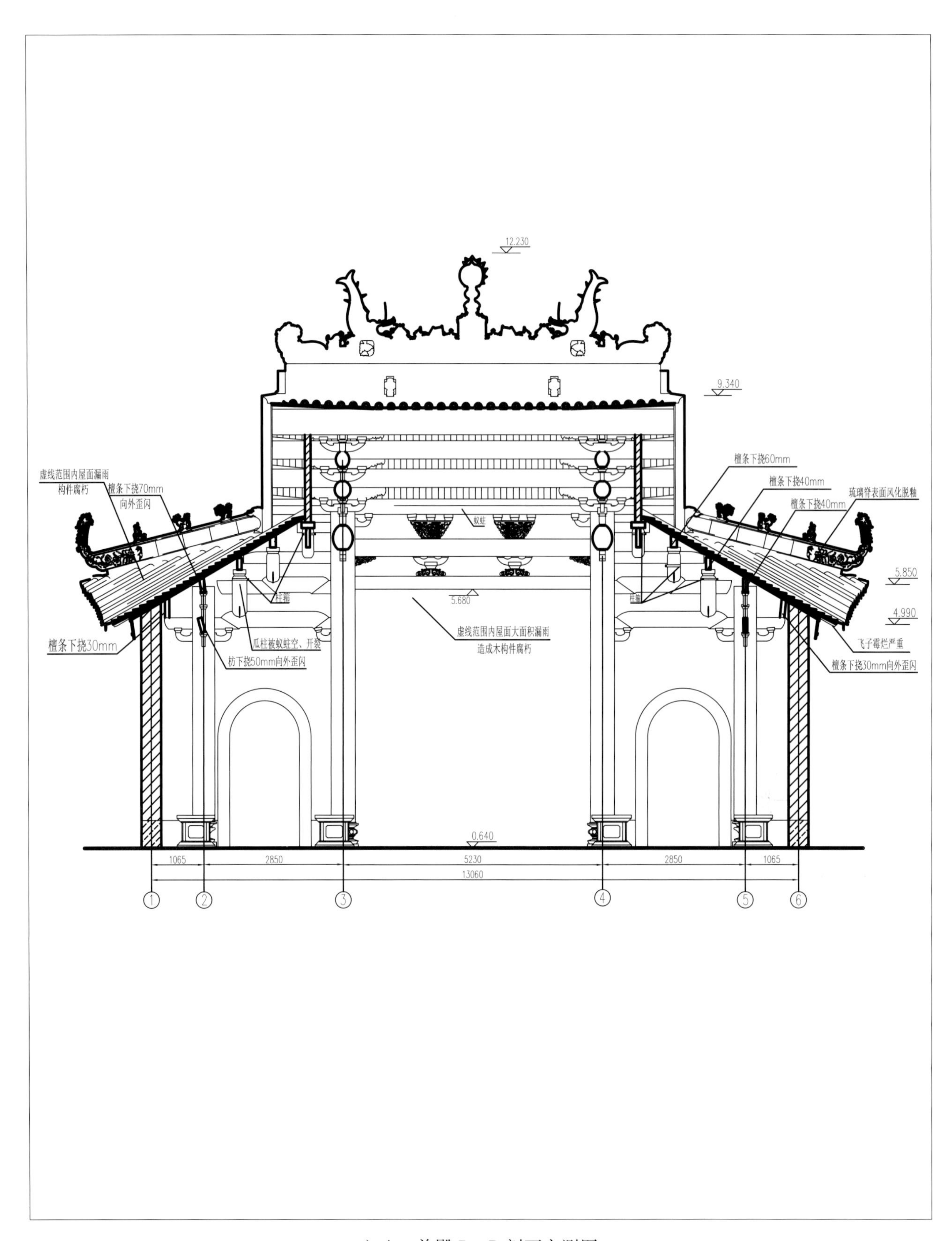

六八　前殿 B－B 剖面实测图

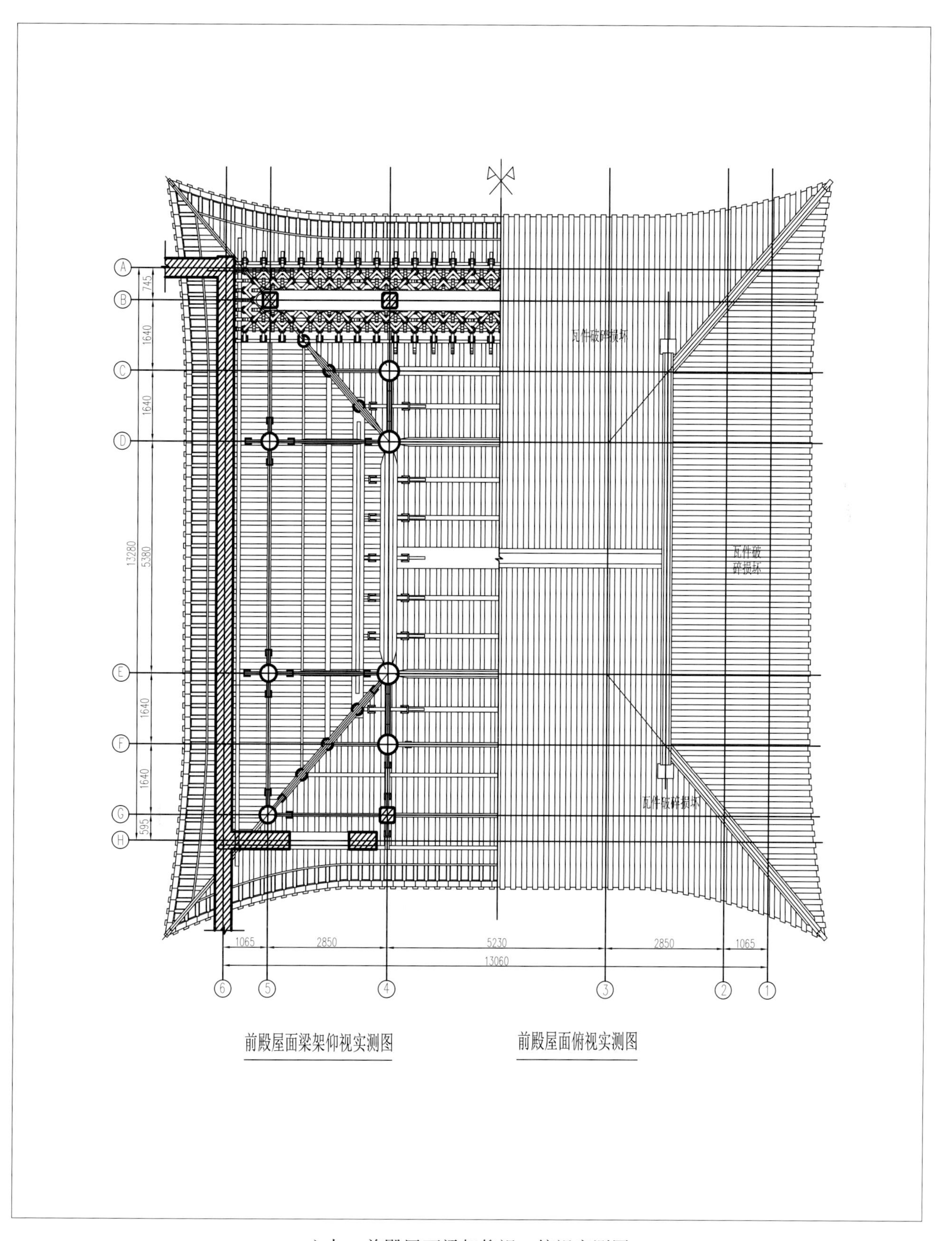

六九　前殿屋面梁架仰视、俯视实测图

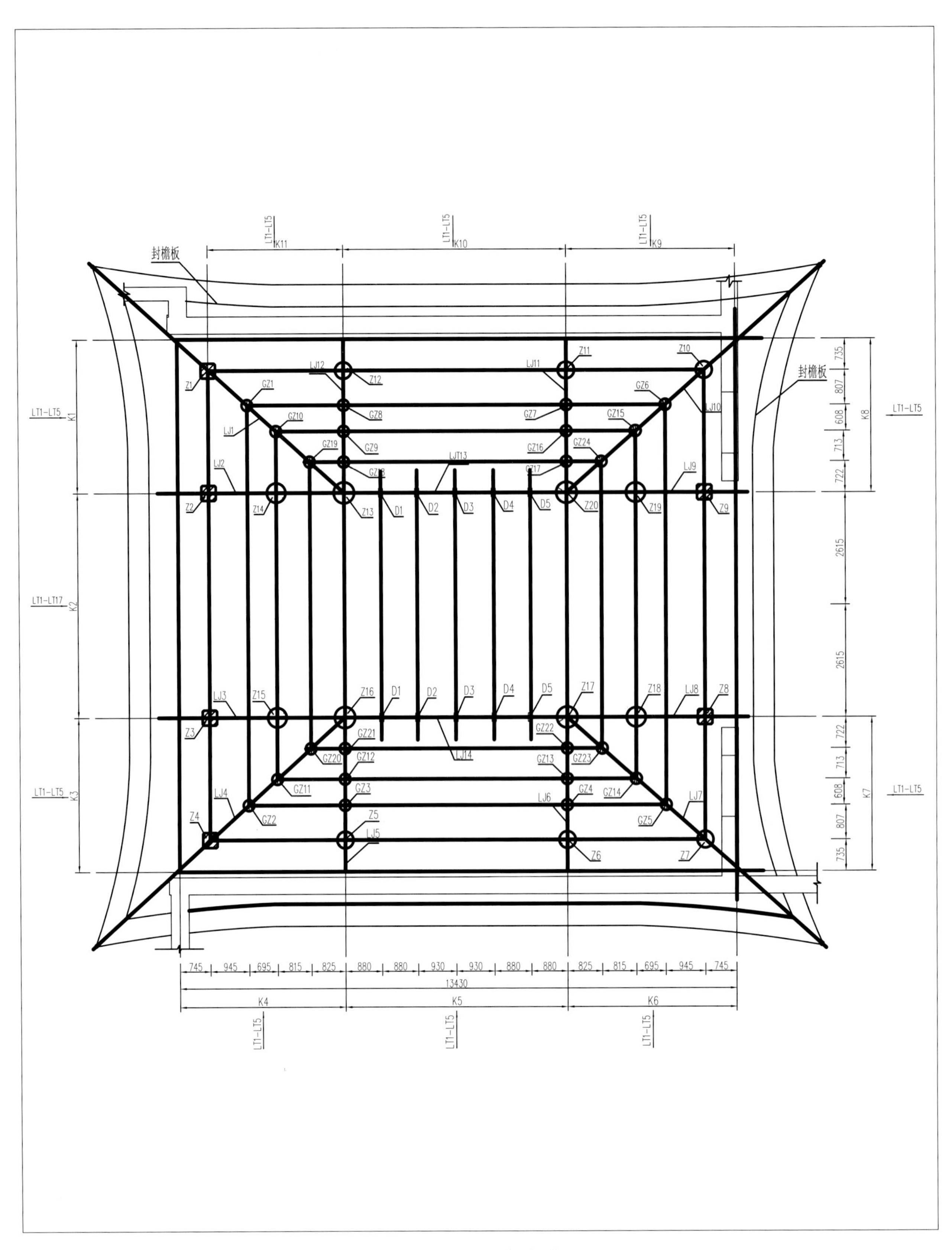

七〇　前殿屋面木构架实测图

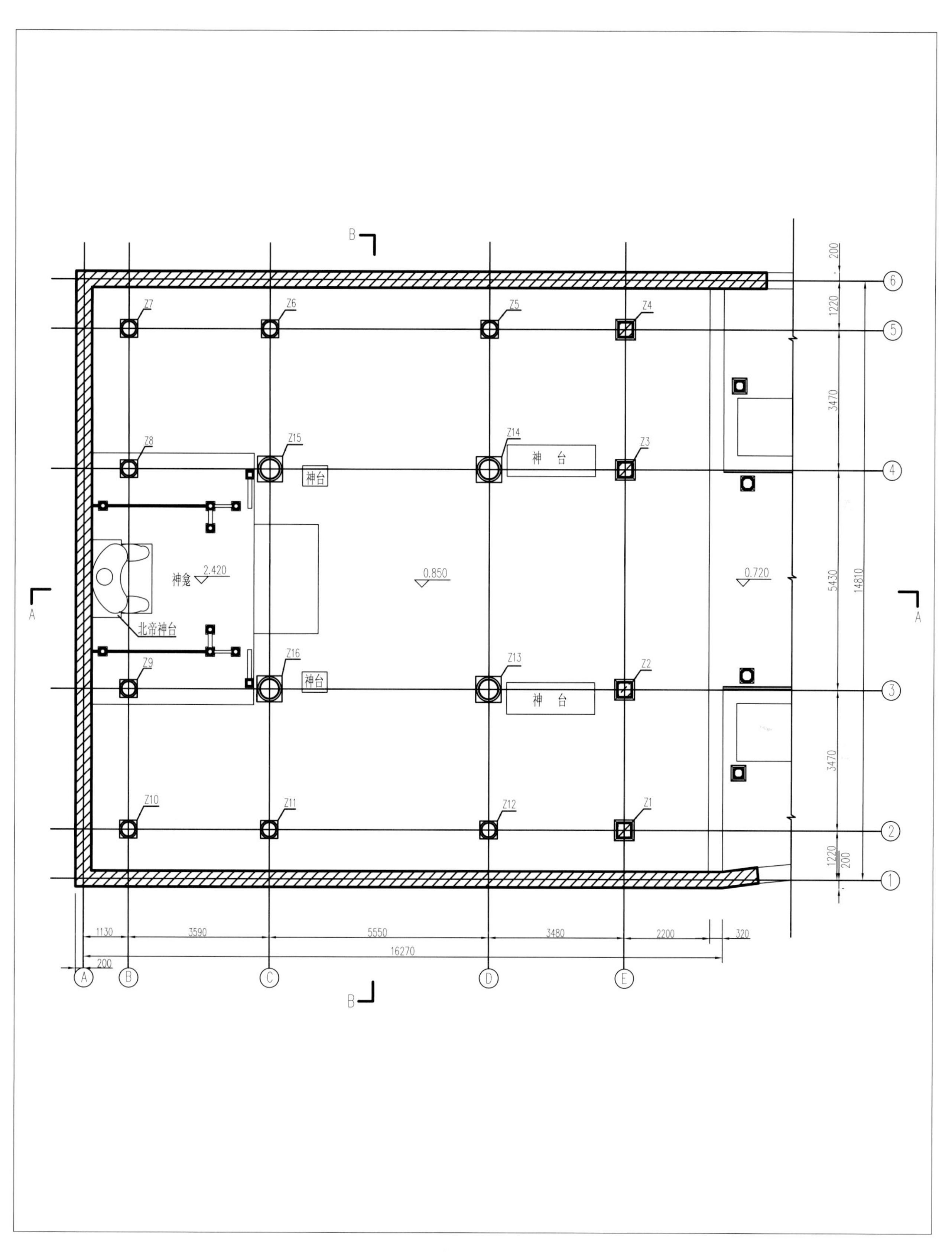

B
Z7
Z6
Z5
Z4
Z8
Z15
Z14
Z3
神台
神 台
神龛
2.420
0.850
0.720
北帝神台
Z9
Z16
Z13
Z2
神台
神 台
Z10
Z11
Z12
Z1
A
A
200
1220
3470
5430
14810
3470
1220
200
6
5
4
3
2
1
1130
3590
5550
3480
2200
320
16270
200
A
B
C
D
E
B

七一 大殿平面实测图

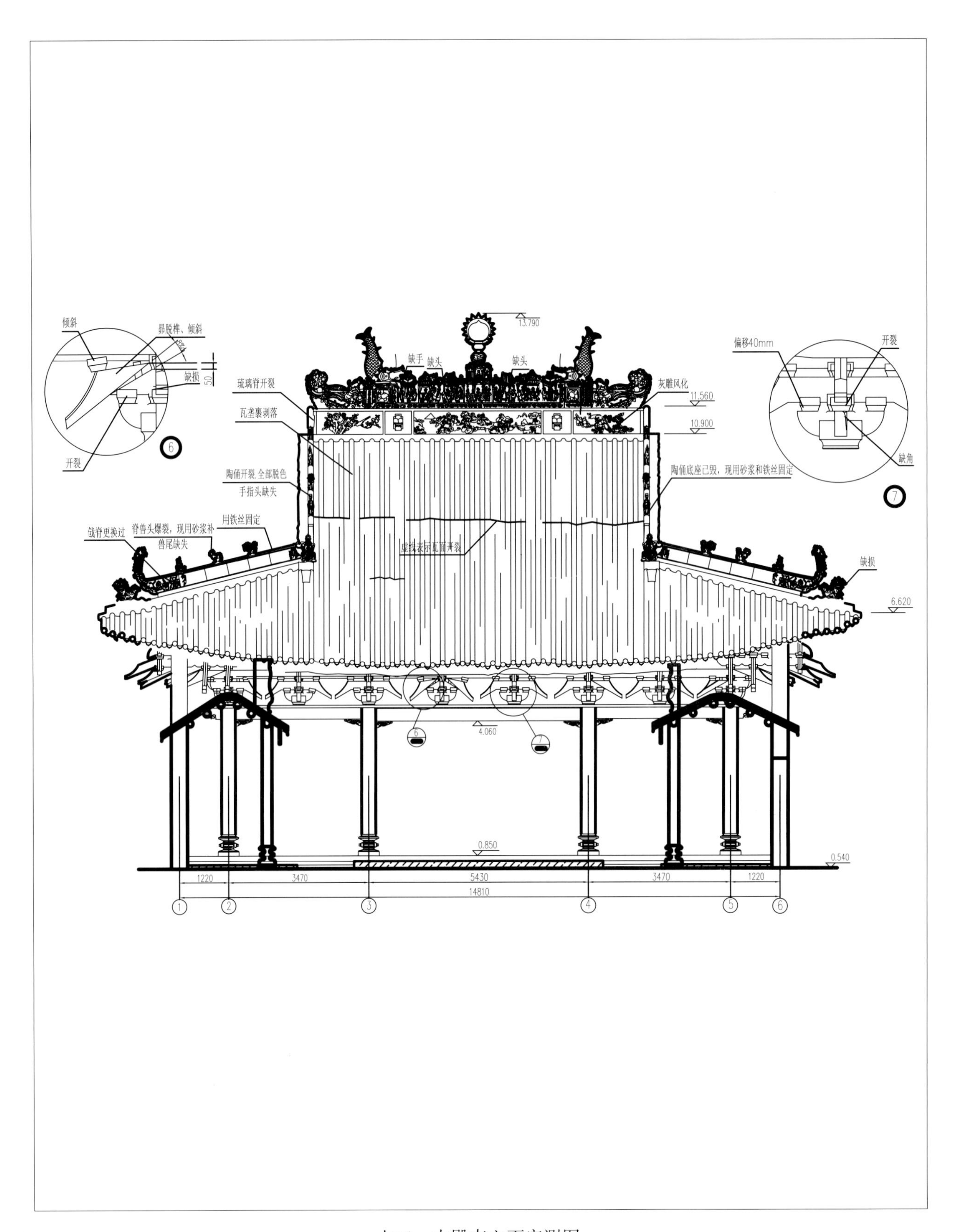
倾斜
昂脱榫、倾斜
缺损
50
开裂
6
13.790
缺手
缺头
缺头
琉璃脊开裂
瓦垄裹剥落
灰雕风化
11.560
10.900
偏移40mm
开裂
缺角
7
陶俑开裂 全部脱色
手指头缺失
陶俑底座已毁，现用砂浆和铁丝固定
戗脊更换过
脊兽头爆裂，现用砂浆补
用铁丝固定
兽尾缺失
虚线表示瓦面开裂
缺损
6.620
4.060
0.850
0.540
1220
3470
5430
3470
1220
14810
1
2
3
4
5
6

七二　大殿南立面实测图

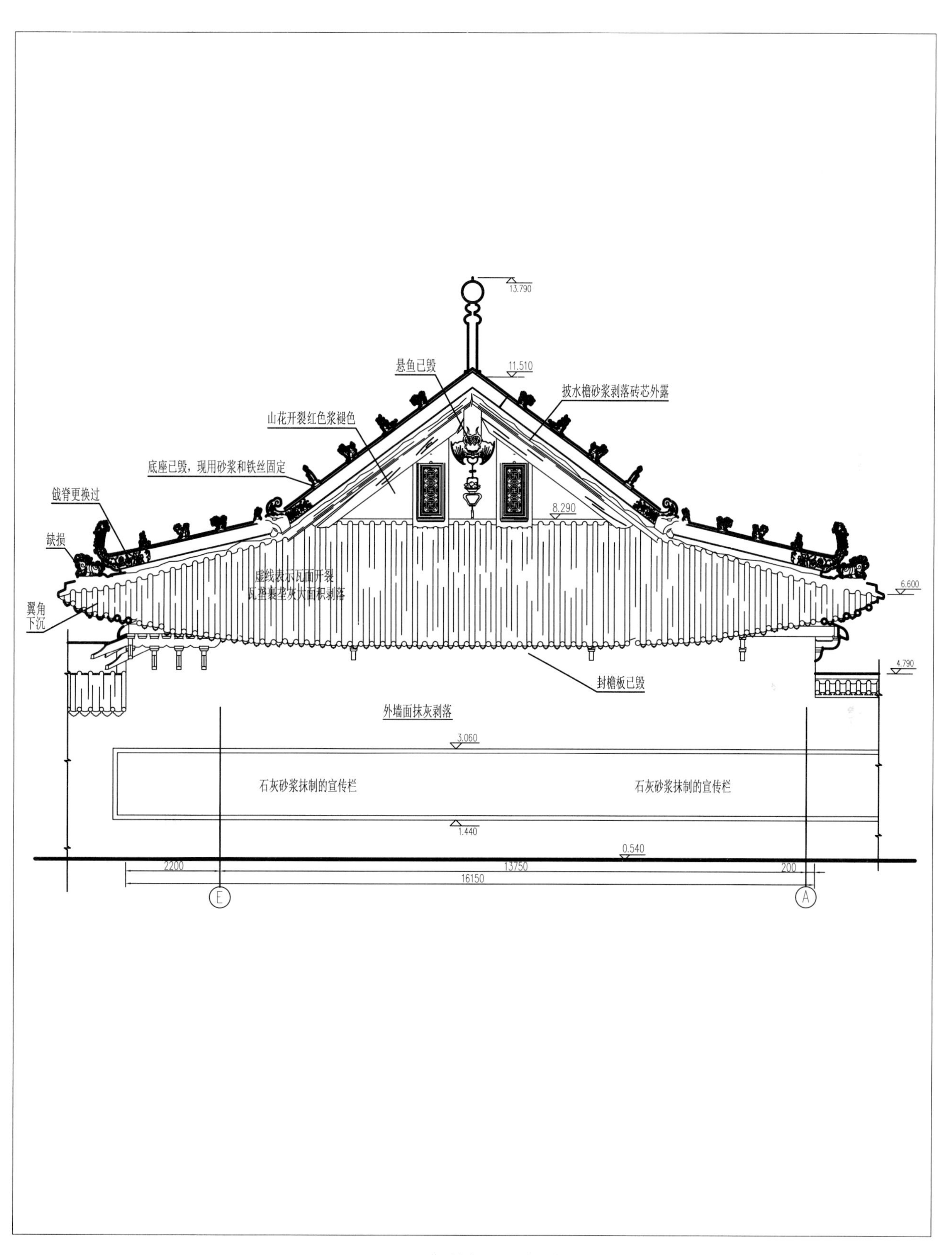
13.790
悬鱼已毁
11.510
披水檐砂浆剥落砖芯外露
山花开裂红色浆褪色
底座已毁，现用砂浆和铁丝固定
戗脊更换过
8.290
缺损
虚线表示瓦面开裂
瓦垄裹垄灰大面积剥落
6.600
翼角
下沉
封檐板已毁
4.790
外墙面抹灰剥落
3.060
石灰砂浆抹制的宣传栏
石灰砂浆抹制的宣传栏
1.440
0.540
2200
13750
200
16150
E
A

七三　大殿东立面实测图

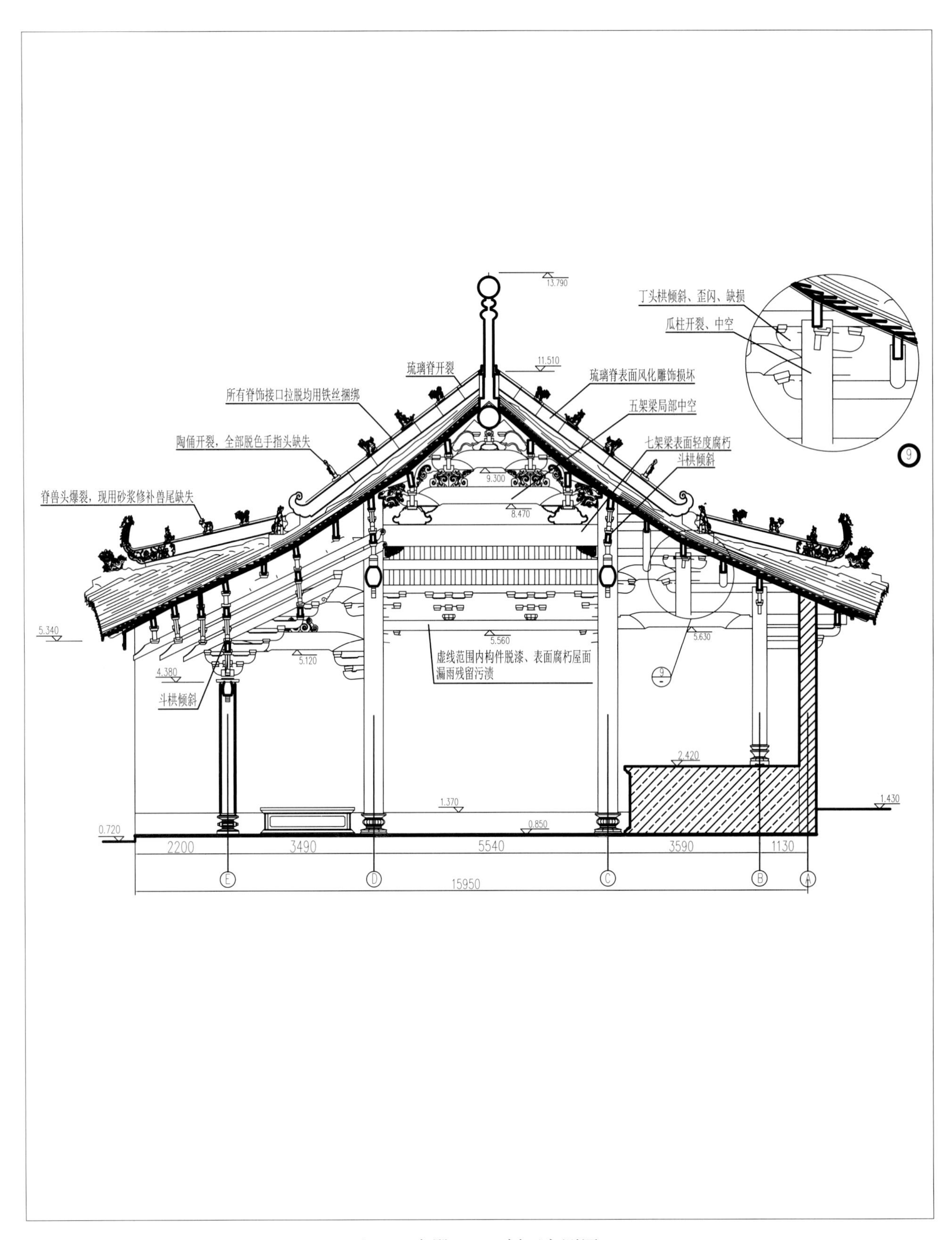

七四　大殿 A－A 剖面实测图

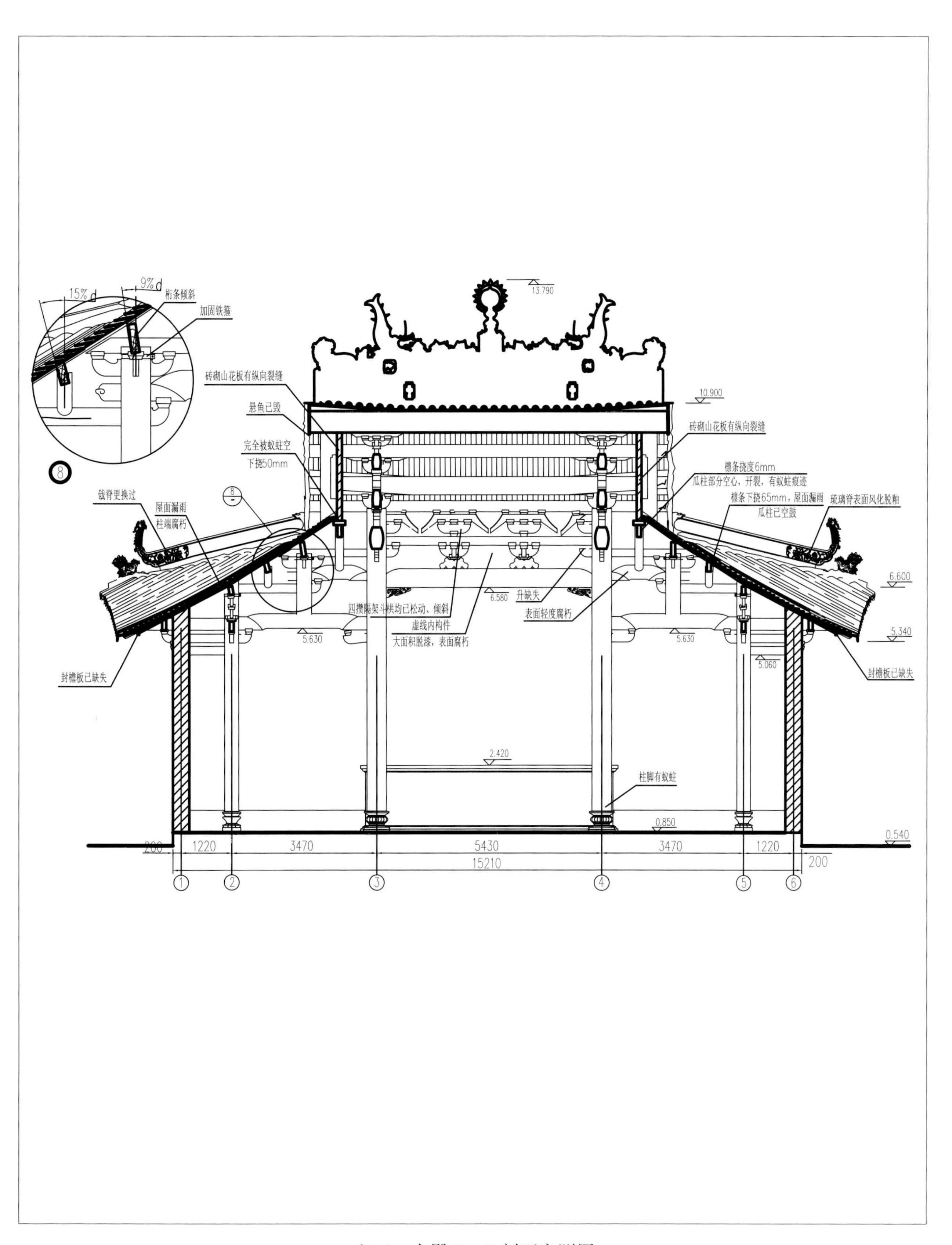

七五　大殿 B－B 剖面实测图

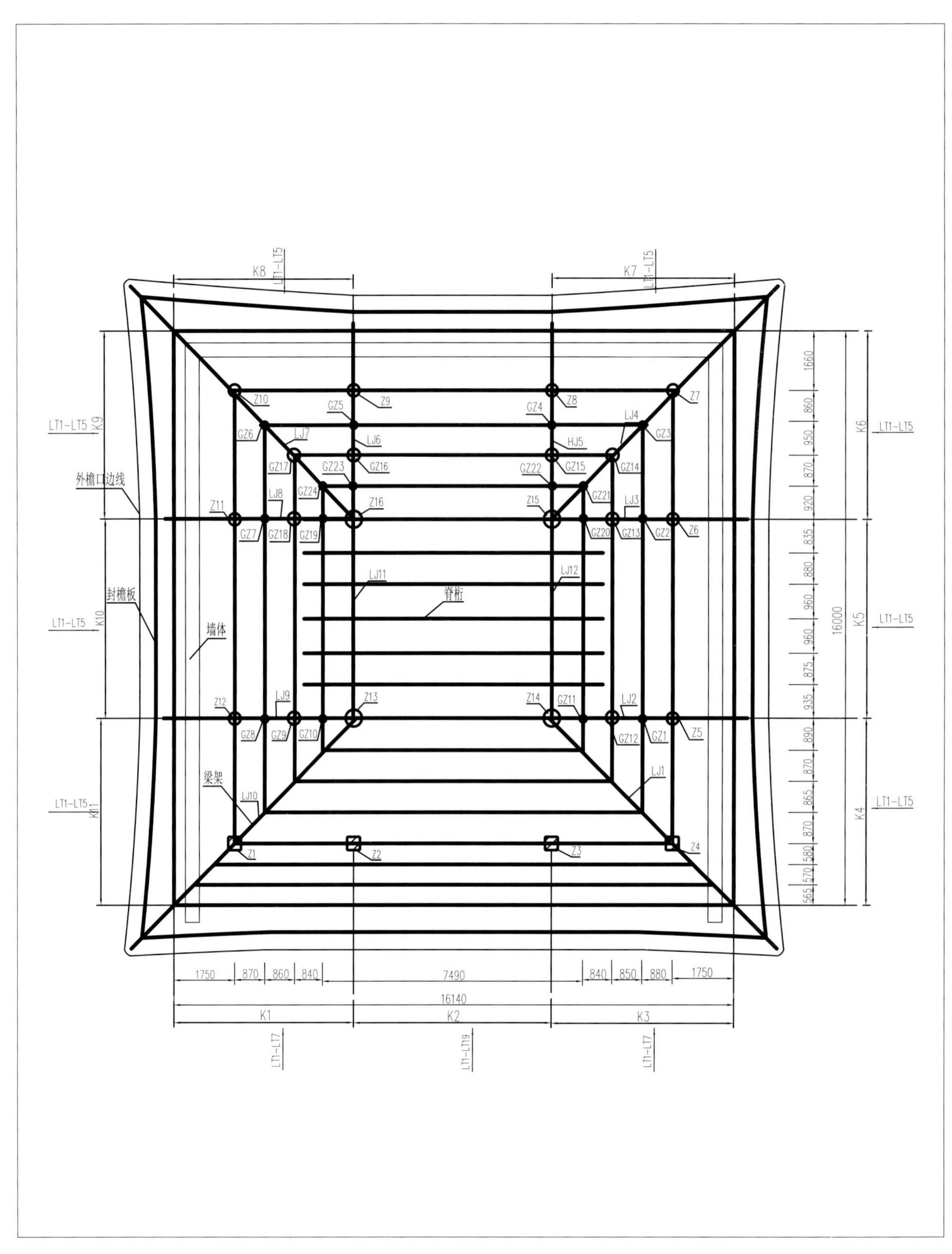

七六　大殿屋面木构架实测图

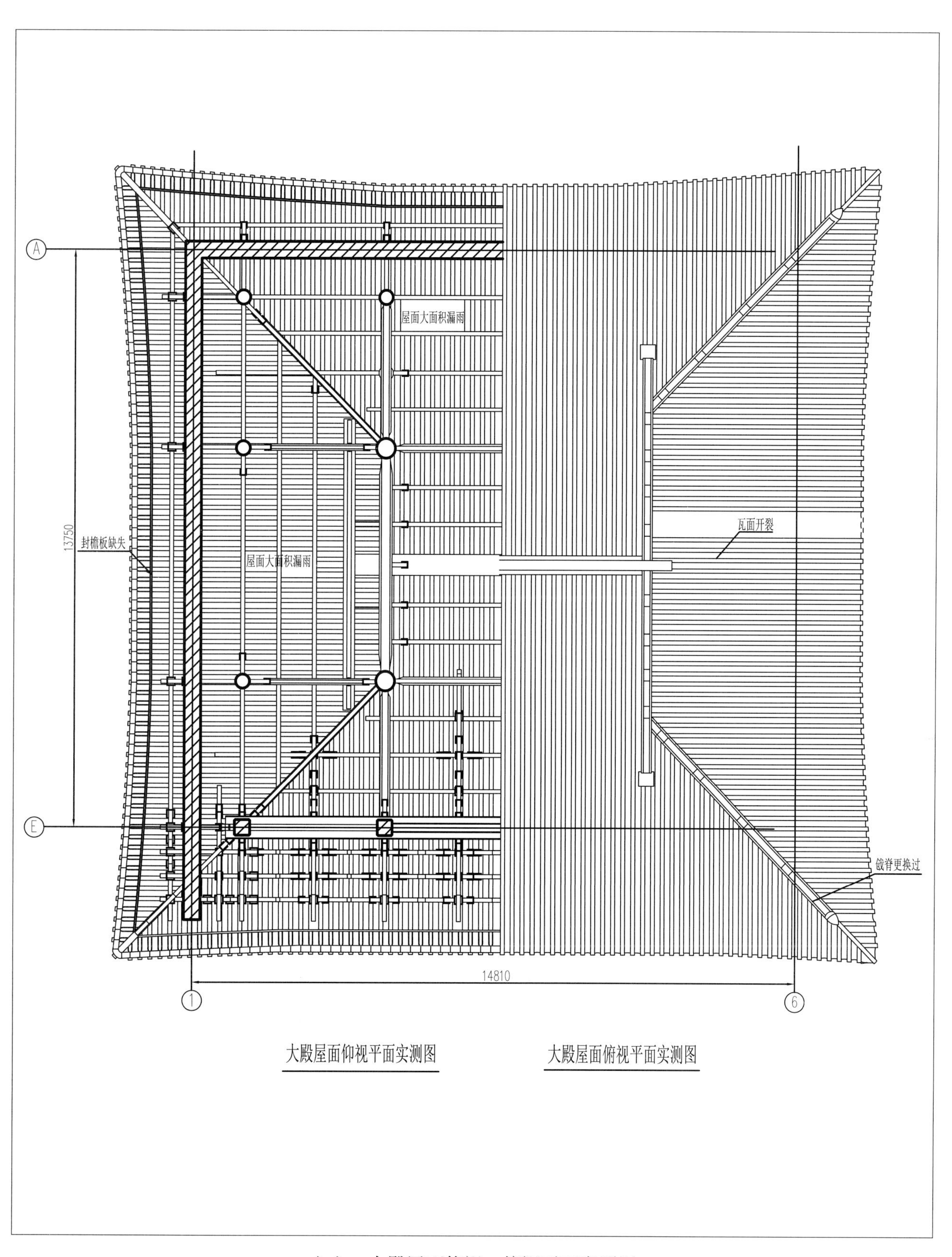

七七　大殿屋面仰视、俯视平面实测图

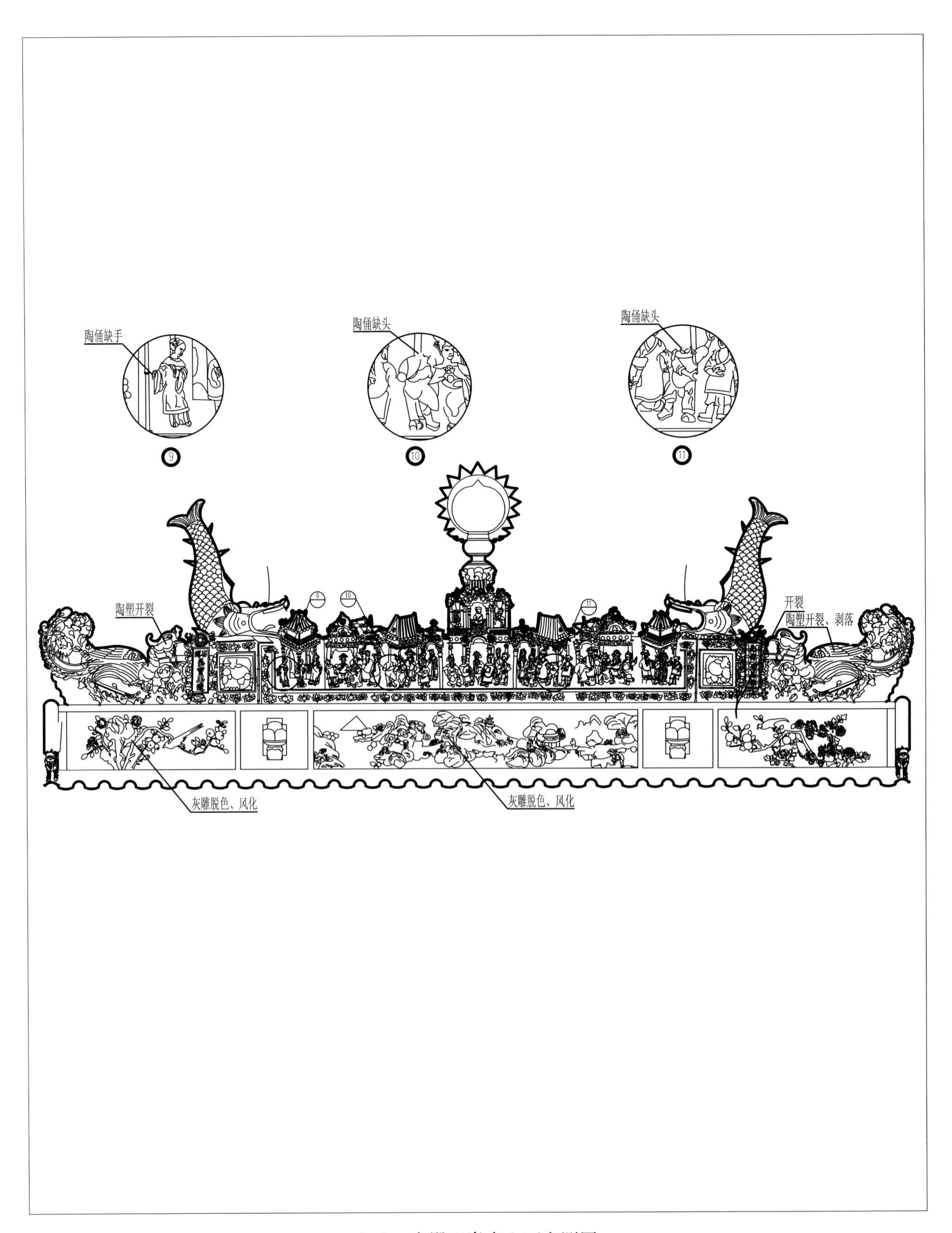

七八　大殿正脊南立面实测图

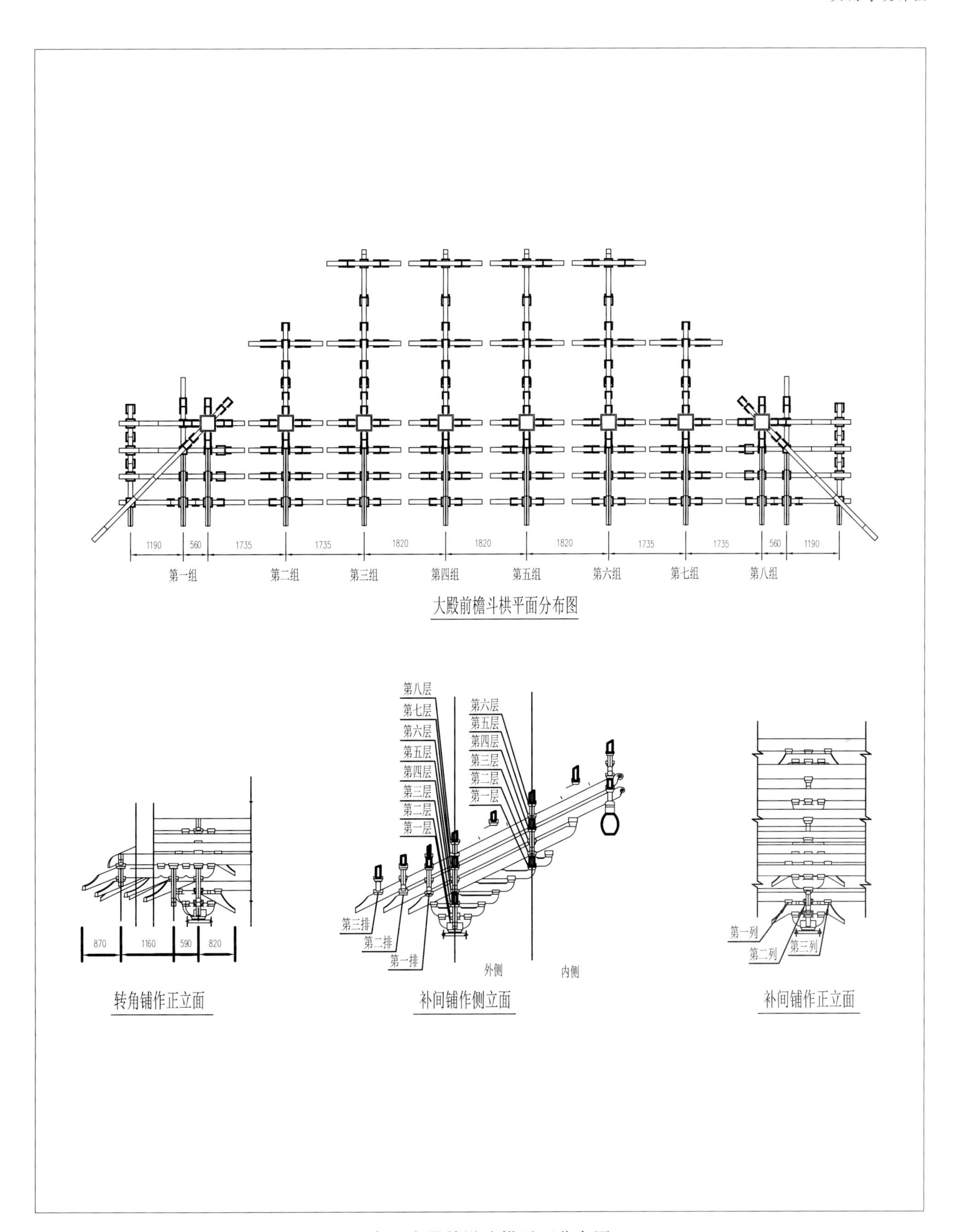

七九　大殿前沿斗栱平面分布图

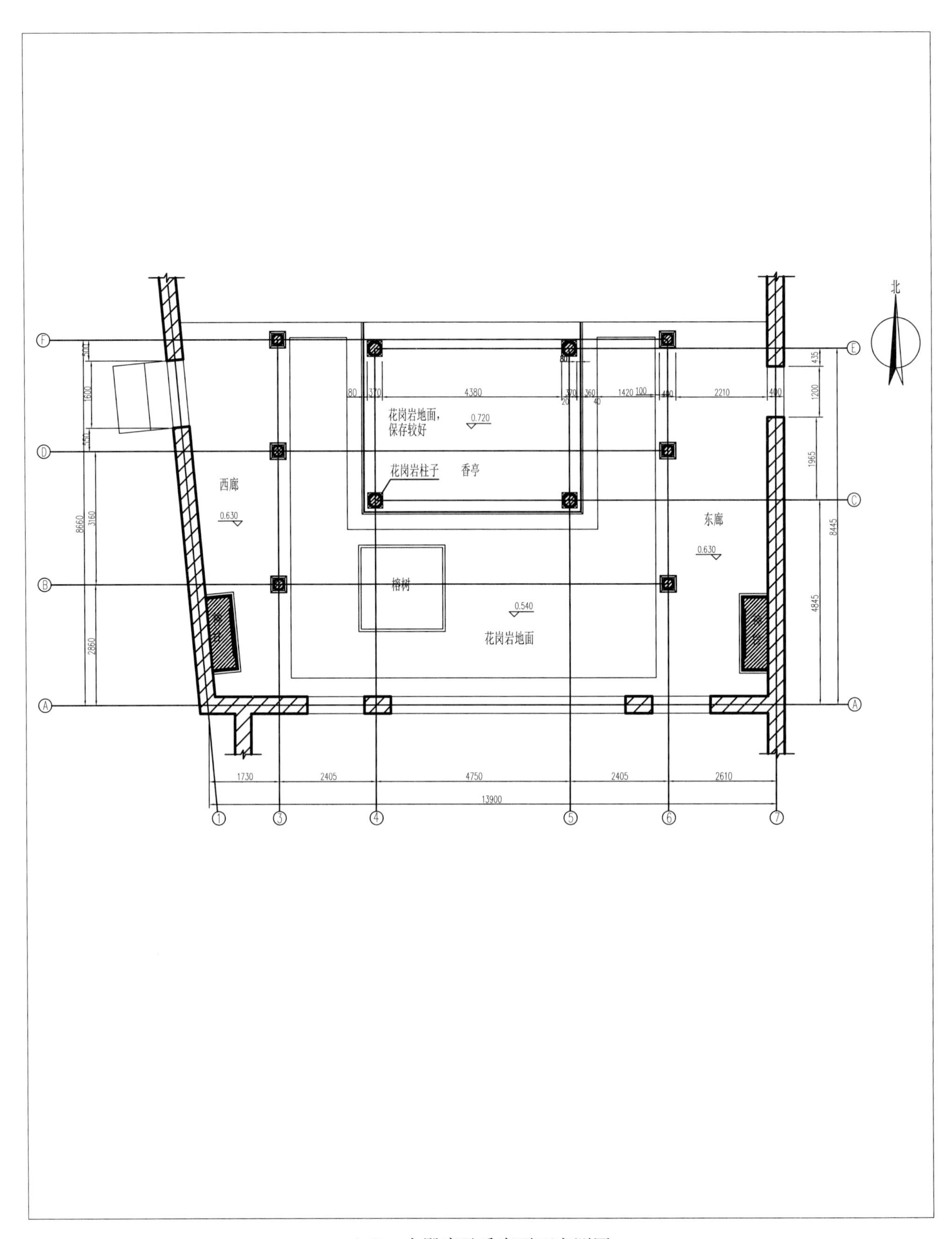

八〇　大殿廊及香亭平面实测图

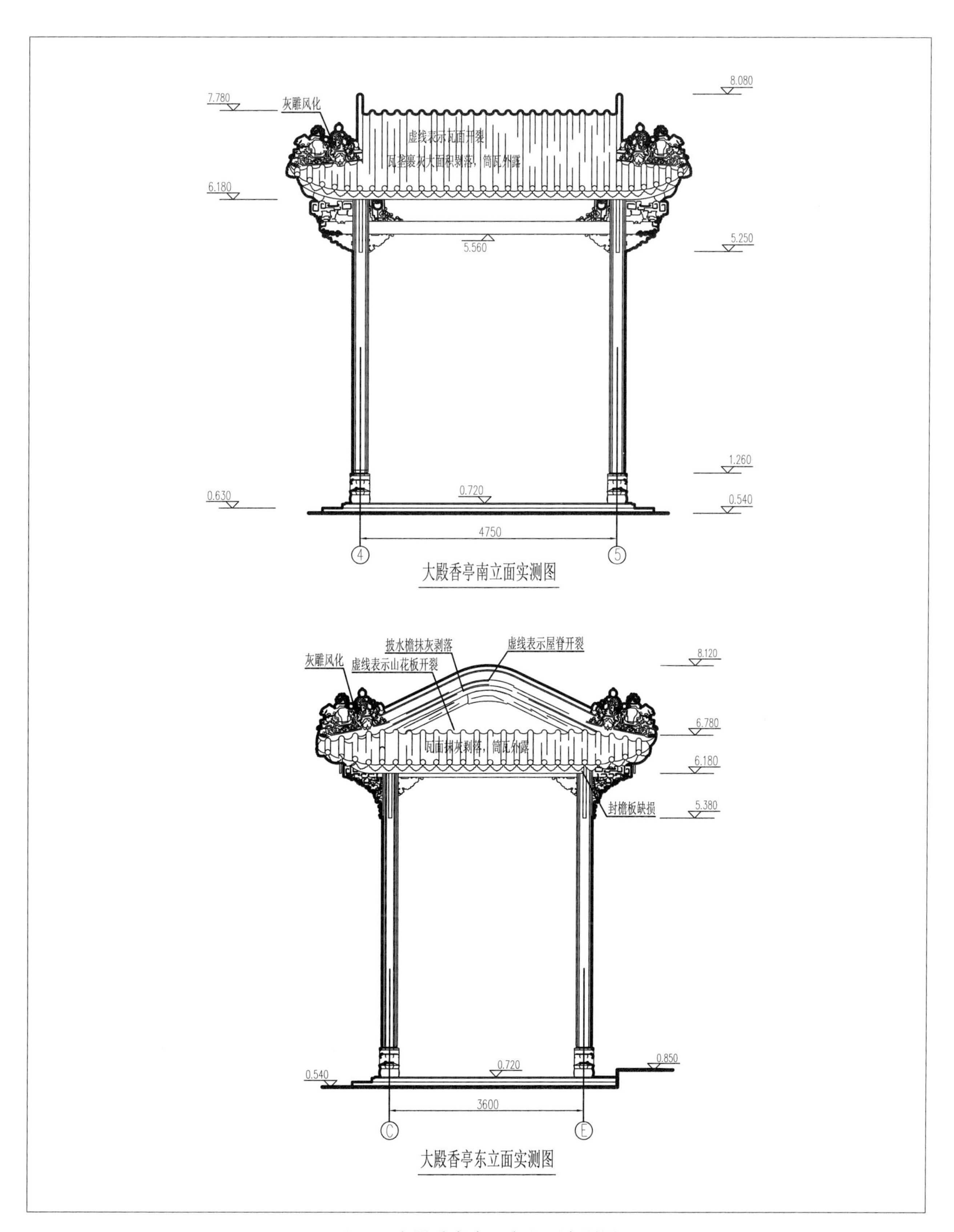

八一　大殿香亭南、东立面实测图

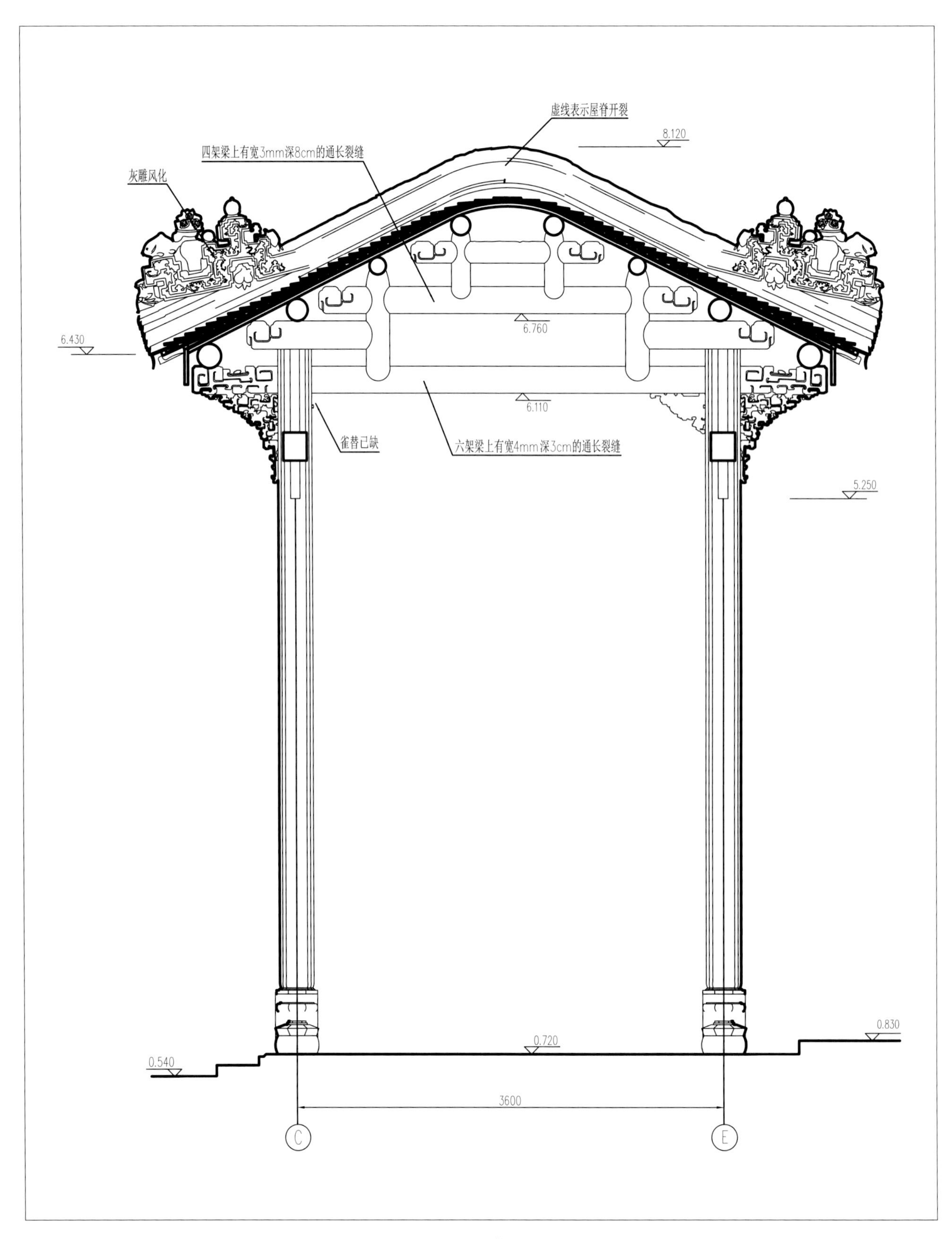

八二　大殿香亭横剖面实测图

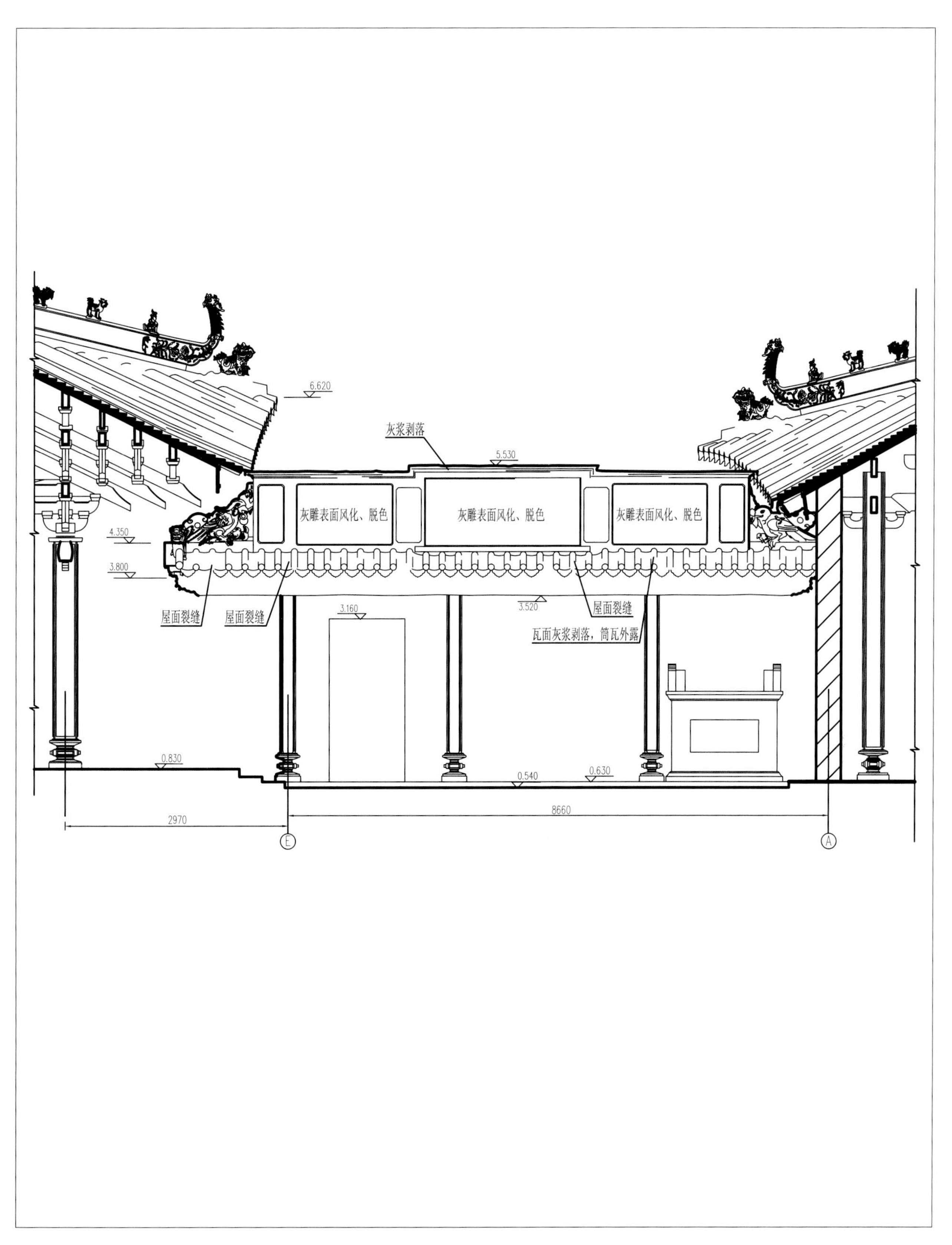

八三　大殿东廊西立面实测图

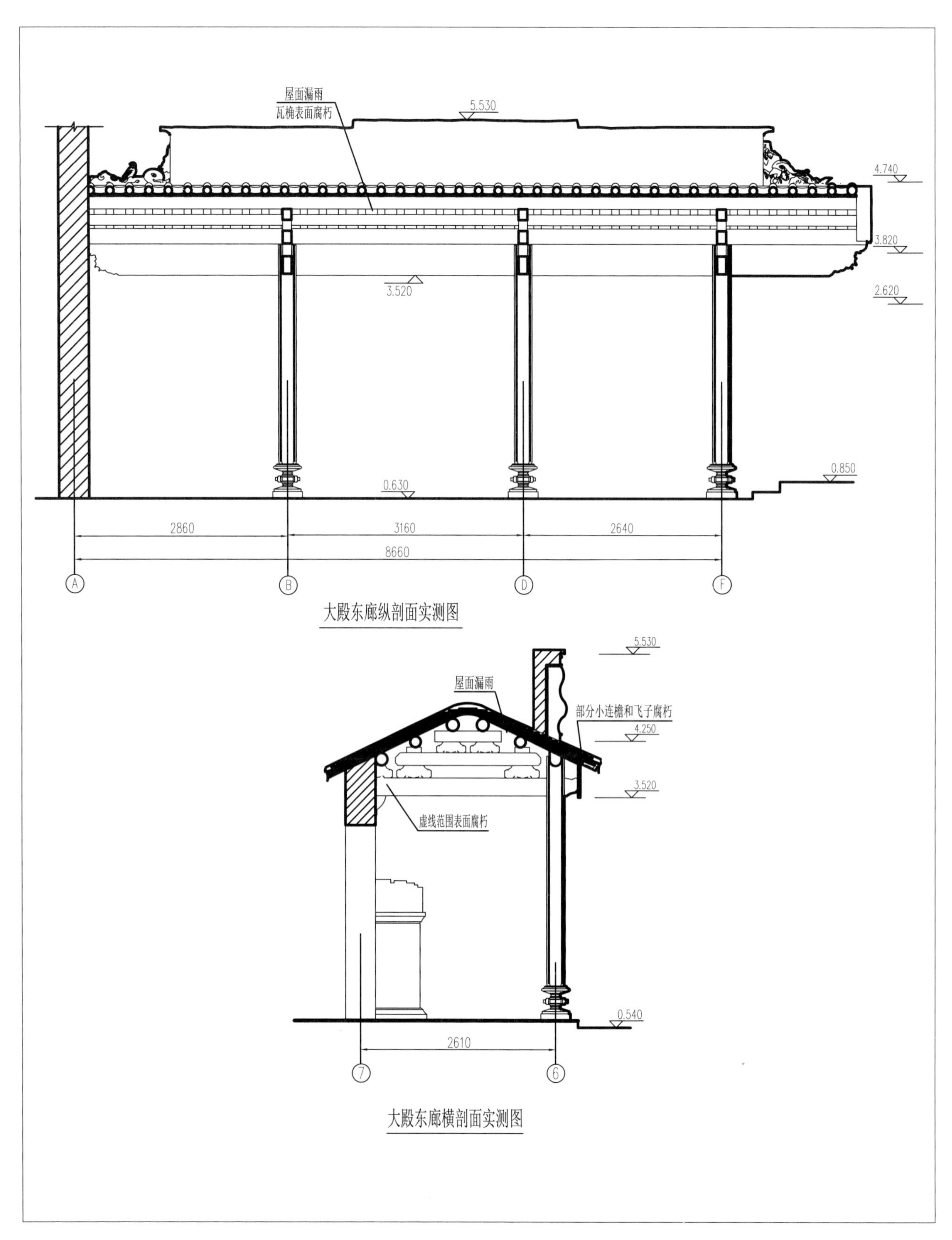

八四　大殿东廊纵、横剖面实测图

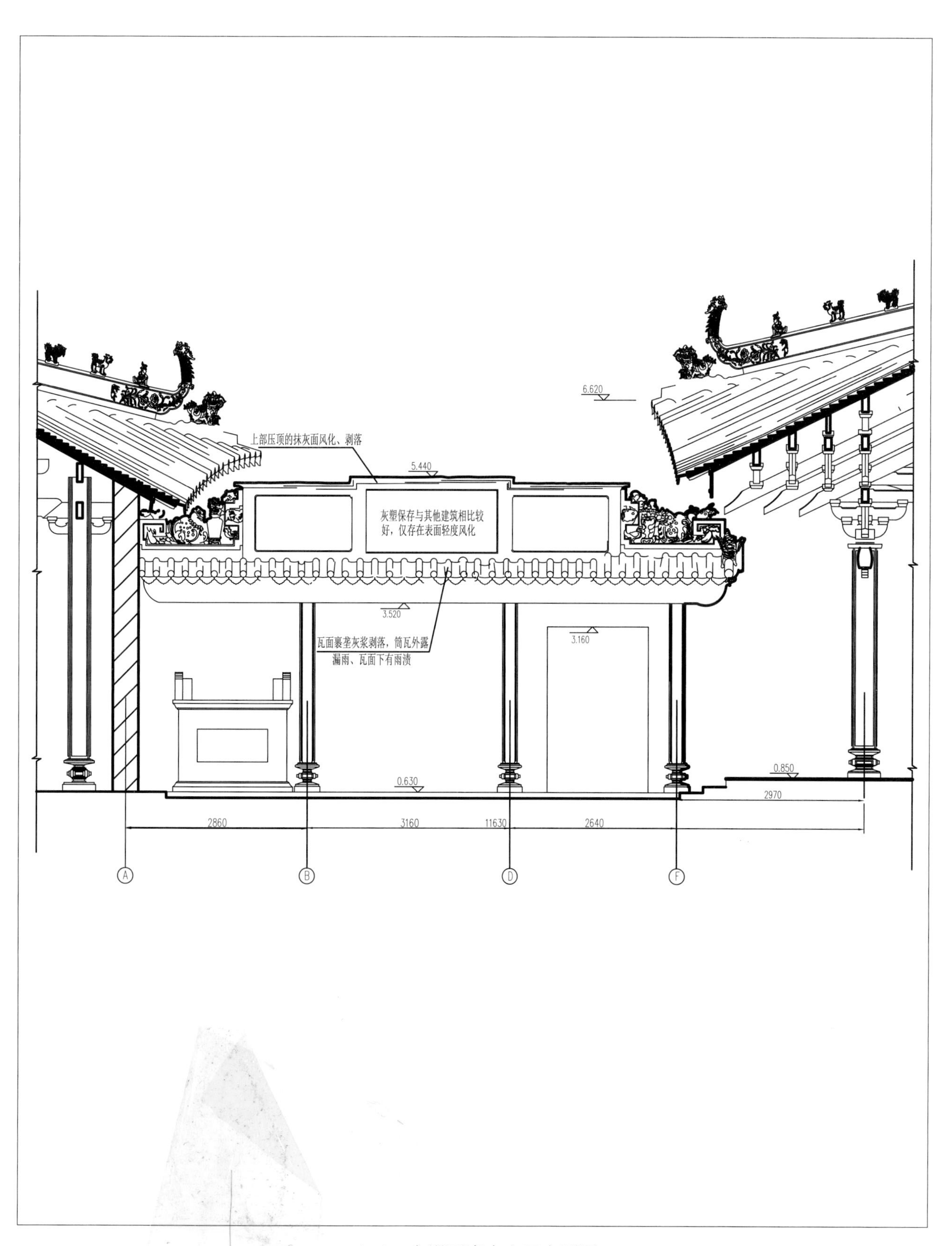

八五　大殿西廊东立面实测图

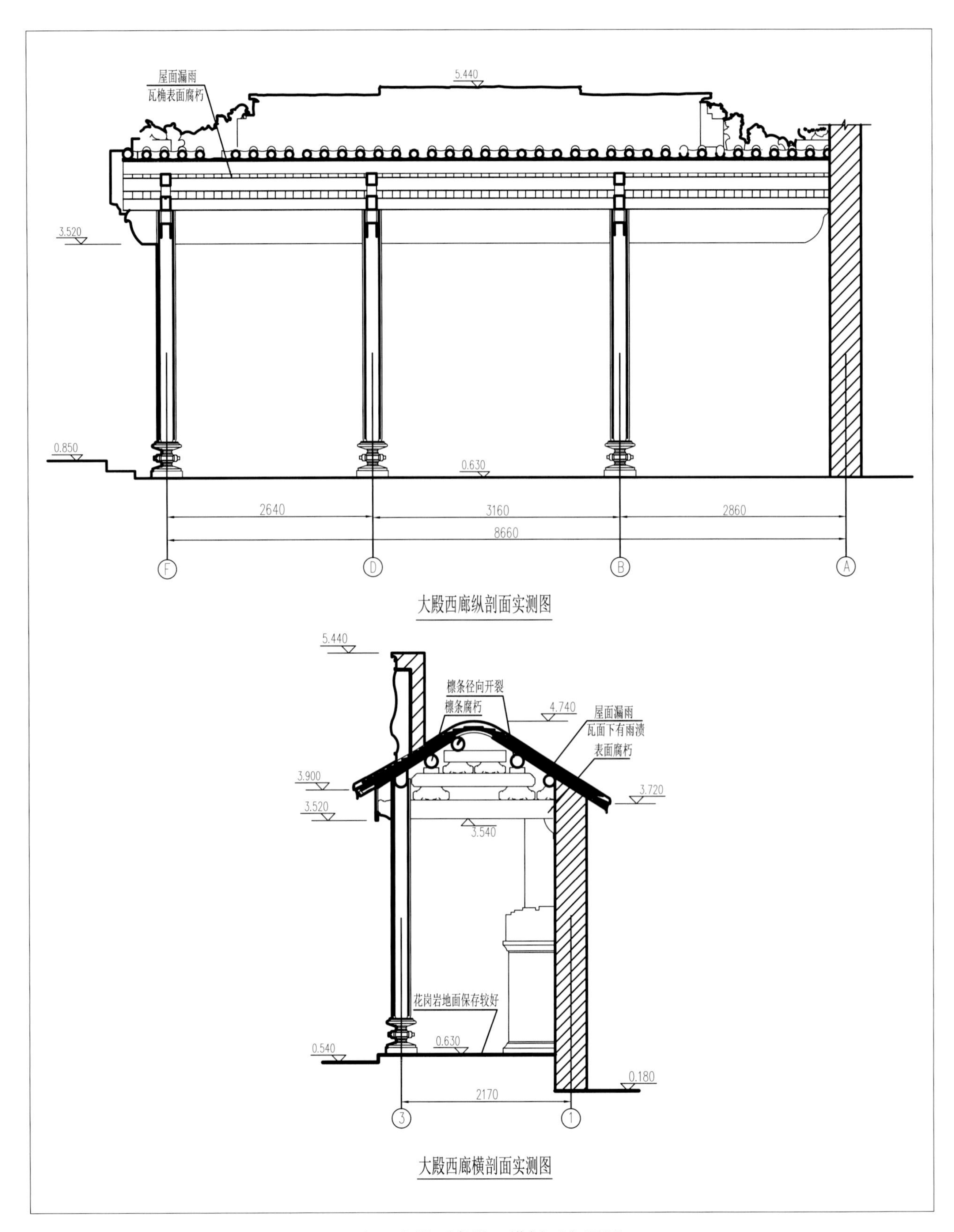

八六　大殿西廊纵、横剖面实测图

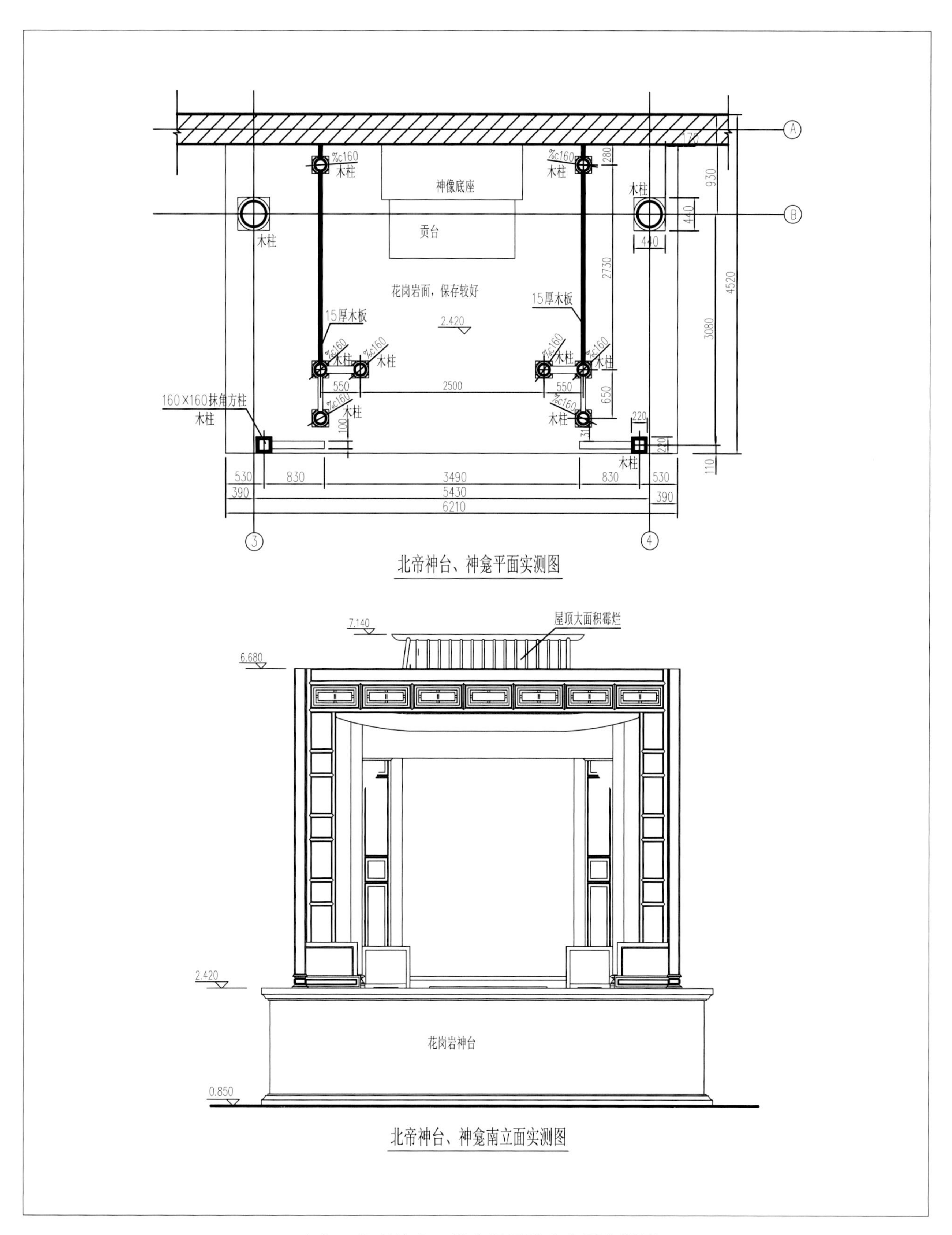

八七　北帝神台、神龛平面及南立面实测图

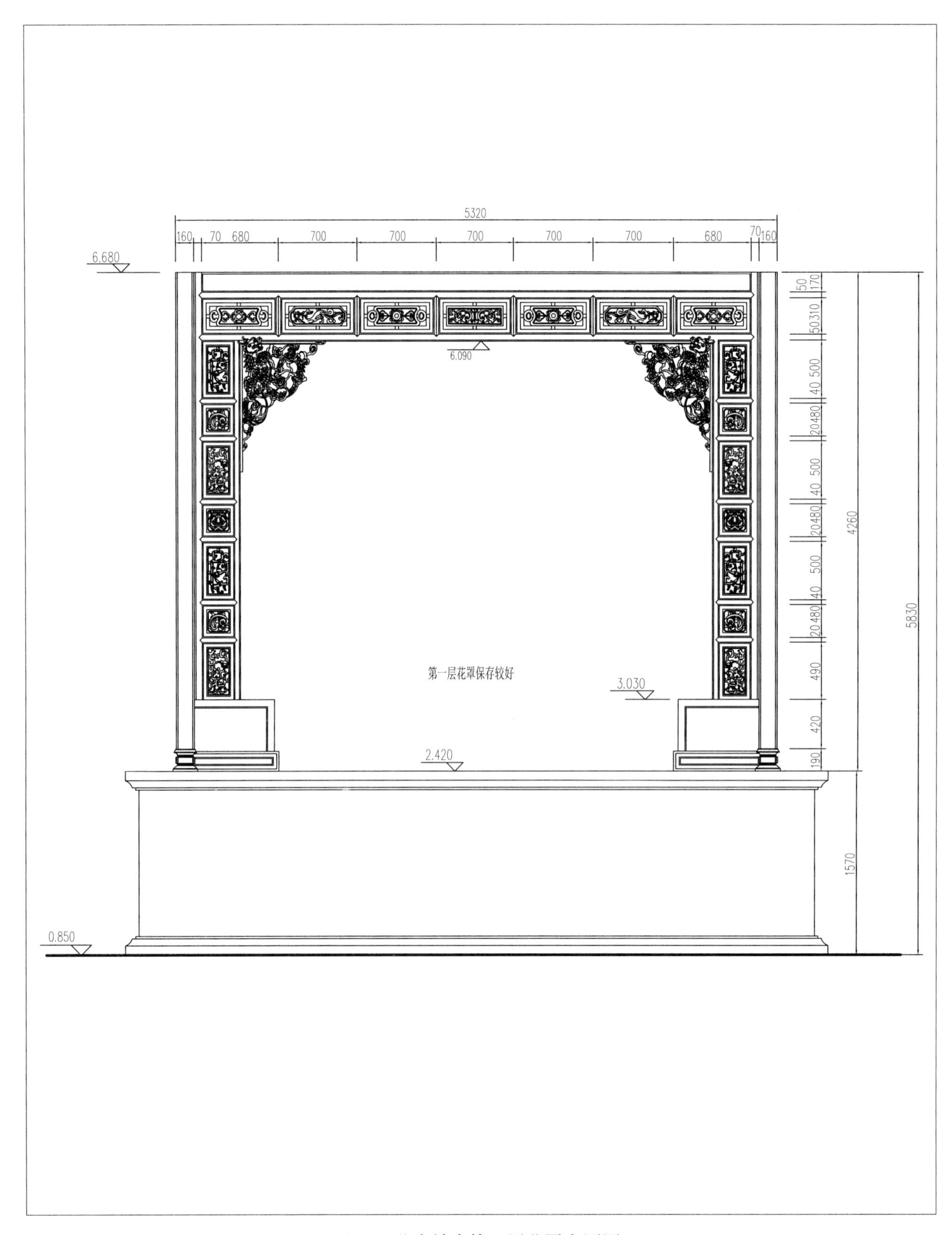

八八 北帝神龛第一层花罩实测图

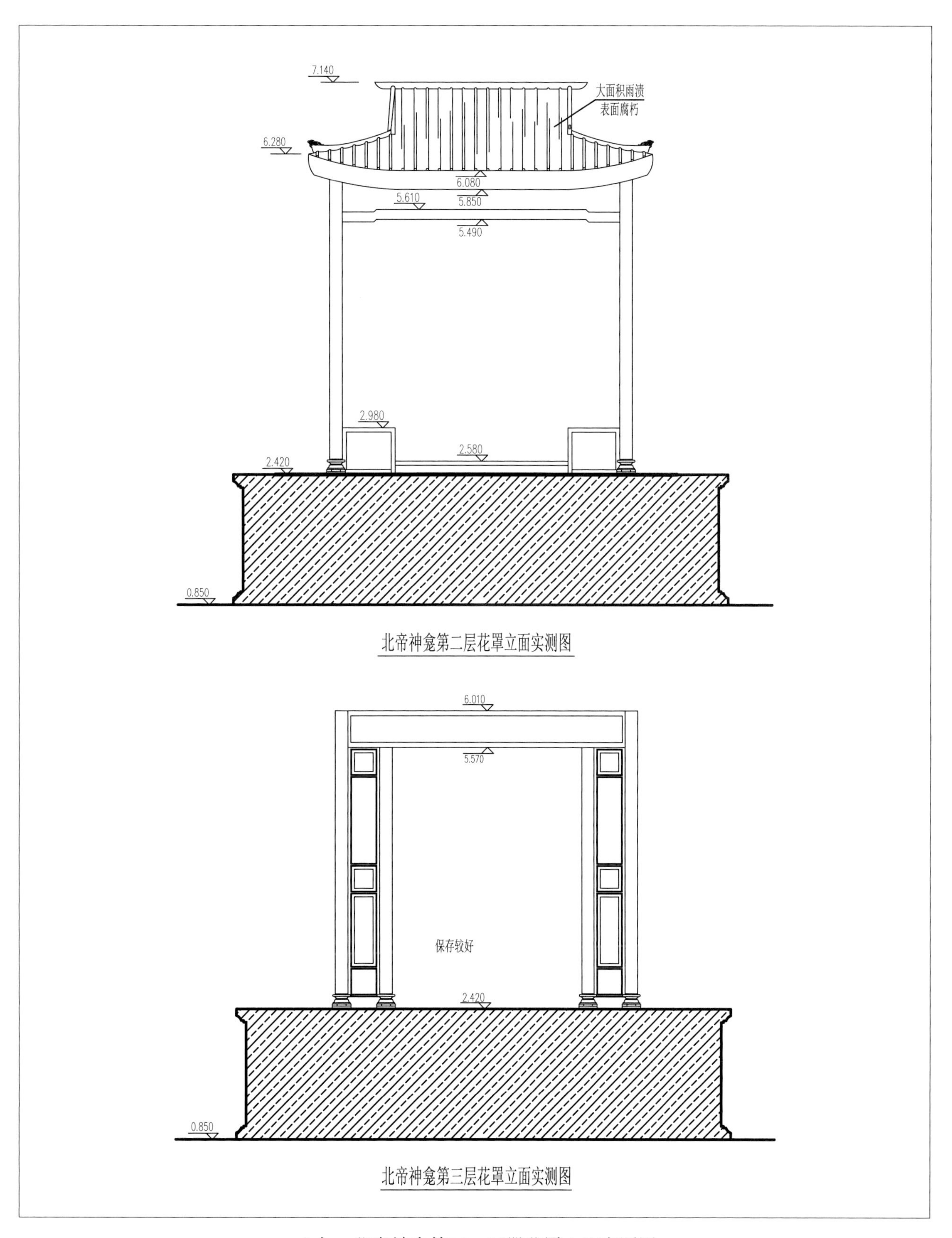

八九　北帝神龛第二、三册花罩立面实测图

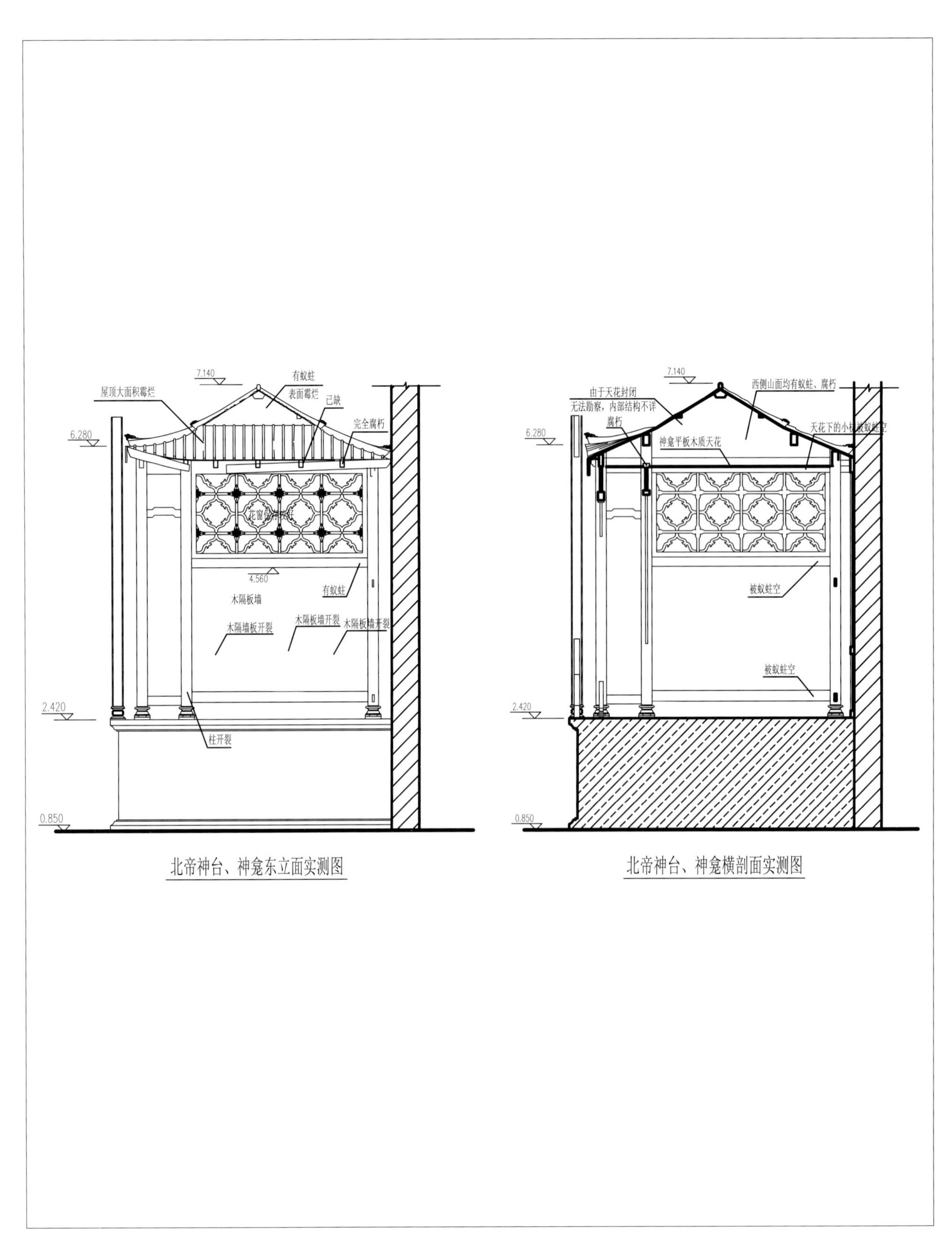

九〇　北帝神台、神龛侧立面及横剖面实测图

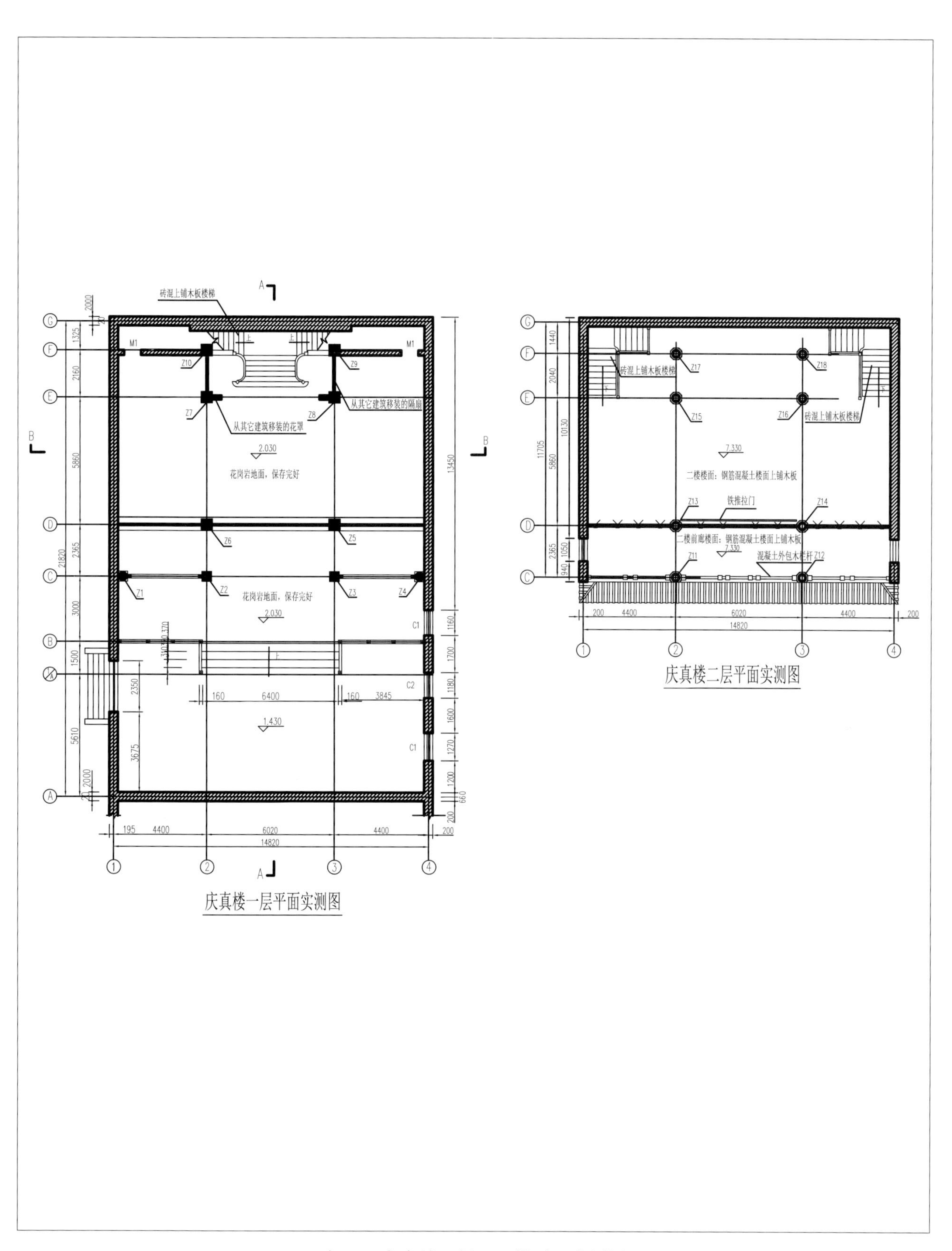

九一　庆真楼一层、二册平面实测图

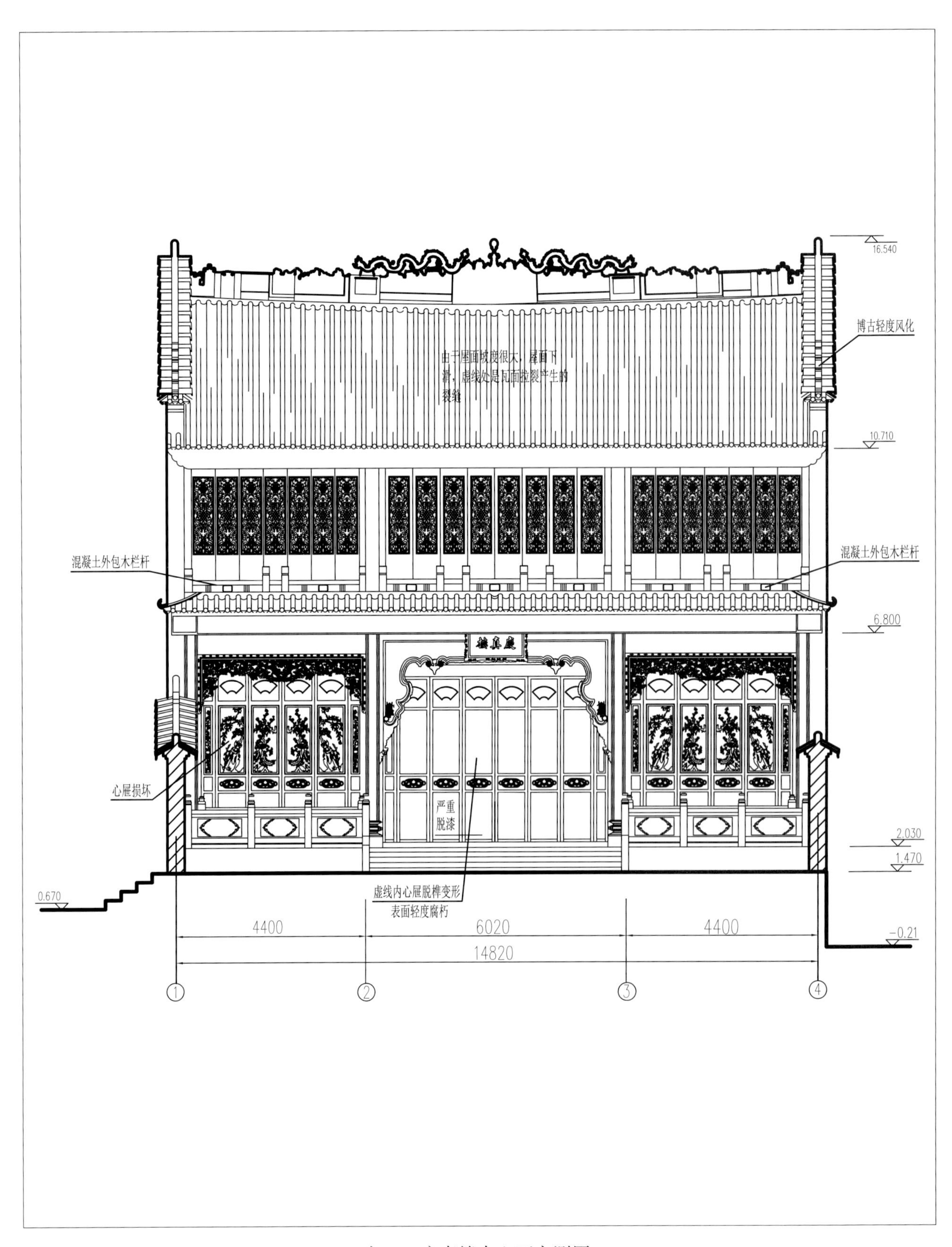

九二　庆真楼南立面实测图

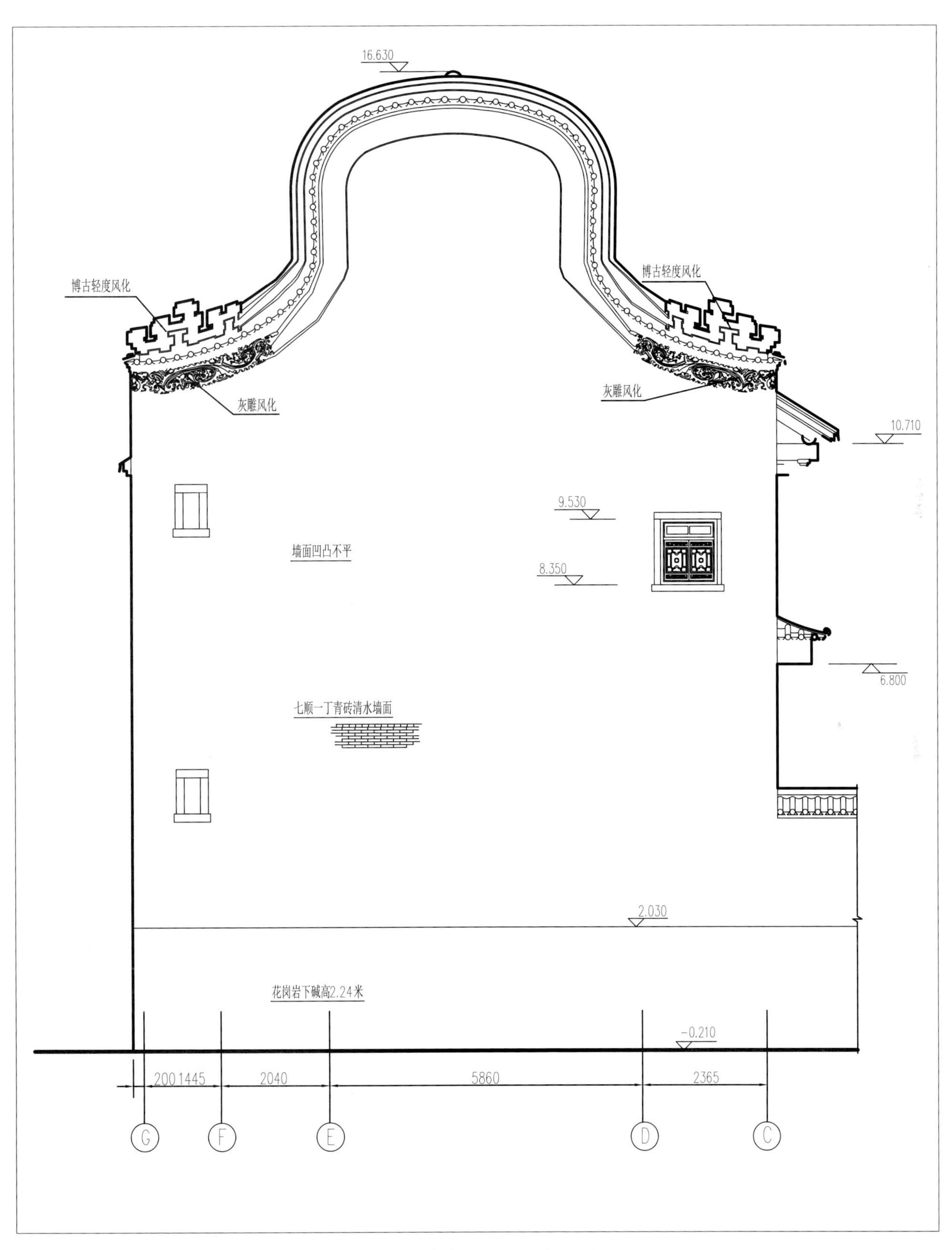

九三　庆真楼西立面实测图

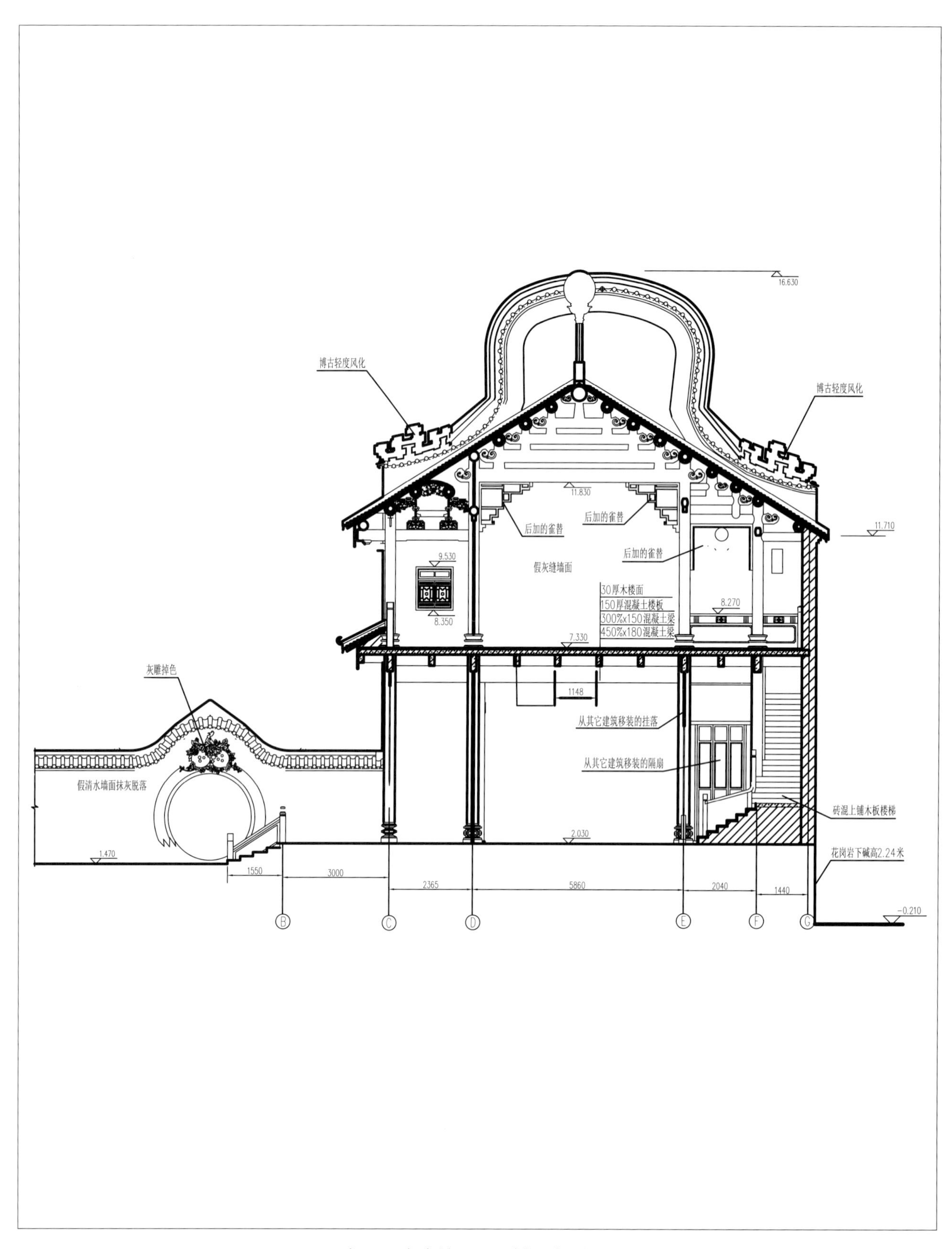

九四　庆真楼 A－A 剖面实测图

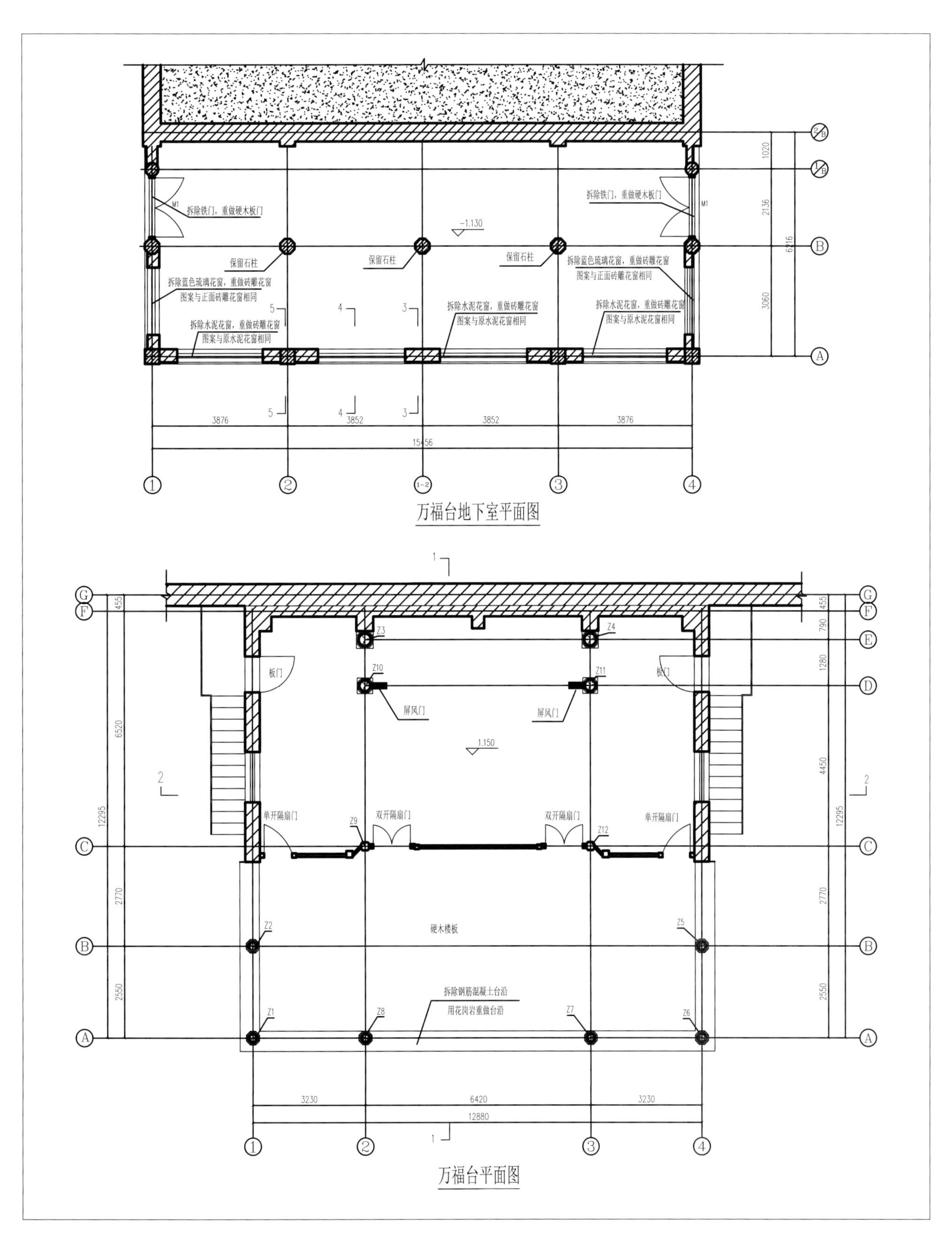
拆除铁门，重做硬木板门
M1
-1.130
保留石柱
拆除蓝色琉璃花窗，重做砖雕花窗
图案与正面砖雕花窗相同
拆除水泥花窗，重做砖雕花窗
图案与原水泥花窗相同
3876
3852
3852
3876
15456
1020
2136
3060
6216
万福台地下室平面图
板门
屏风门
1.150
单开隔扇门
双开隔扇门
硬木楼板
拆除钢筋混凝土台沿
用花岗岩重做台沿
Z1
Z2
Z3
Z4
Z5
Z6
Z7
Z8
Z9
Z10
Z11
Z12
455
6520
12295
2770
2550
790
1280
4450
3230
6420
3230
12880
万福台平面图

九五　万福台平面设计图

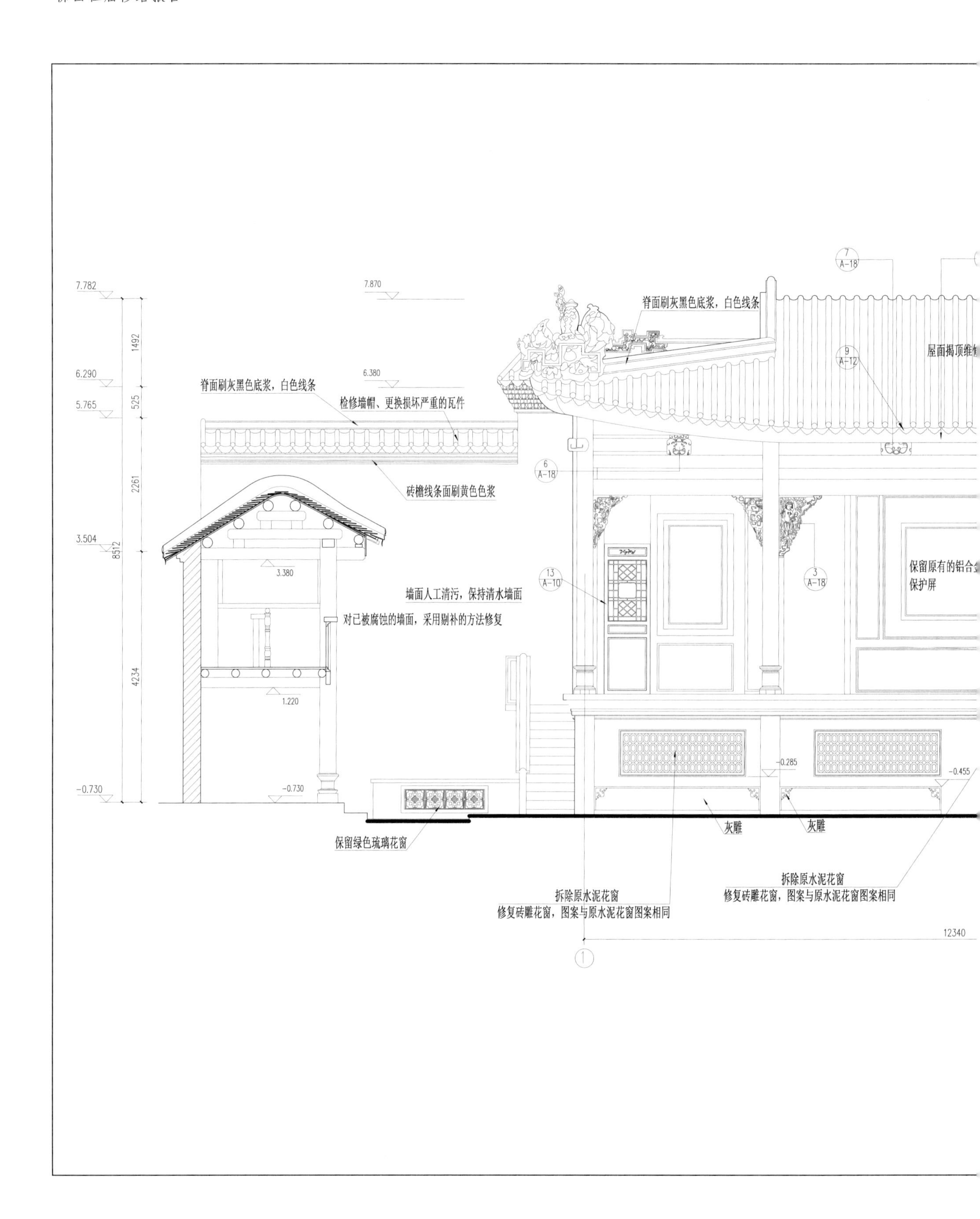
7.782
7.870
6.290
6.380
5.765
3.504
-0.730
-0.730
3.380
1.220
1492
525
2261
8512
4234
脊面刷灰黑色底浆，白色线条
检修墙帽、更换损坏严重的瓦件
砖檐线条面刷黄色浆
墙面人工清污，保持清水墙面
对已被腐蚀的墙面，采用剔补的方法修复
保留绿色琉璃花窗
脊面刷灰黑色底浆，白色线条
屋面揭顶维修
保留原有的铝合金
保护屏
灰雕
灰雕
-0.285
-0.455
拆除原水泥花窗
修复砖雕花窗，图案与原水泥花窗图案相同
拆除原水泥花窗
修复砖雕花窗，图案与原水泥花窗图案相同
12340
7 A-18
9 A-12
6 A-18
13 A-10
3 A-18
1

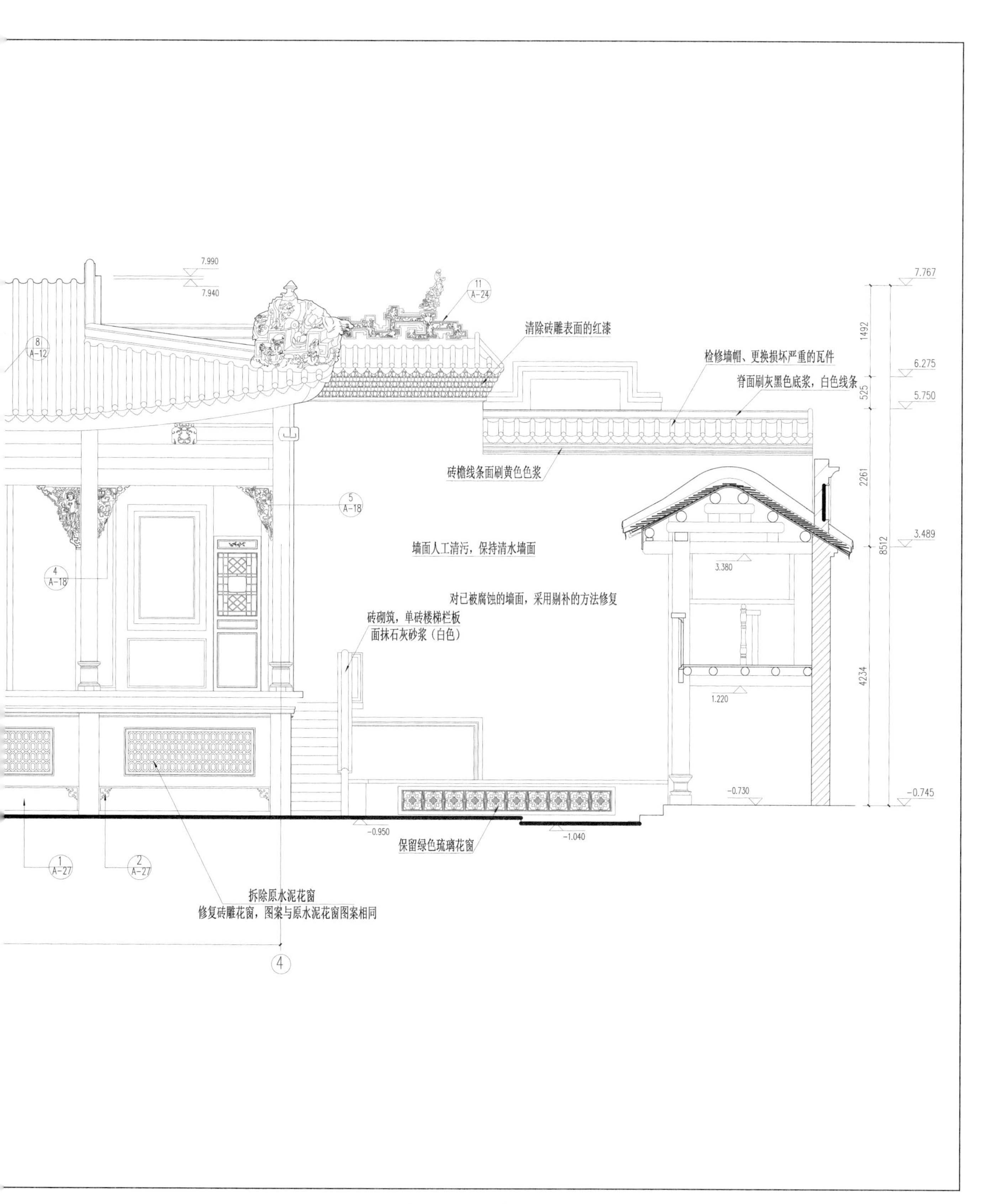

九六　万福台北立面设计图

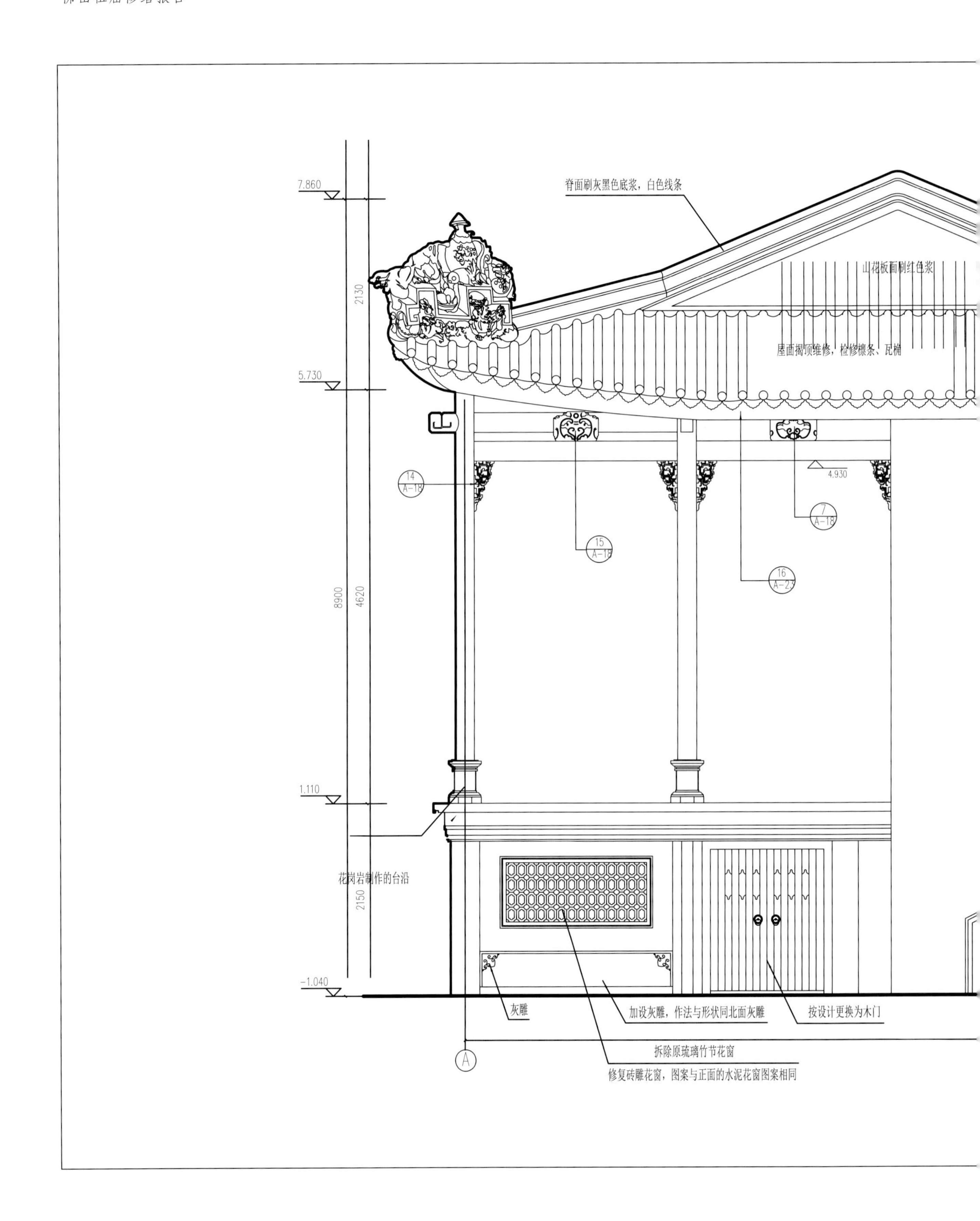
7.860
5.730
1.110
-1.040
2130
8900
4620
2150
脊面刷灰黑色底浆，白色线条
山花板面刷红色浆
屋面揭顶维修，检修檩条、瓦桷
4.930
14
A-18
15
A-18
16
A-23
7
A-18
花岗岩制作的台沿
灰雕
加设灰雕，作法与形状同北面灰雕
按设计更换为木门
拆除原琉璃竹节花窗
修复砖雕花窗，图案与正面的水泥花窗图案相同
A

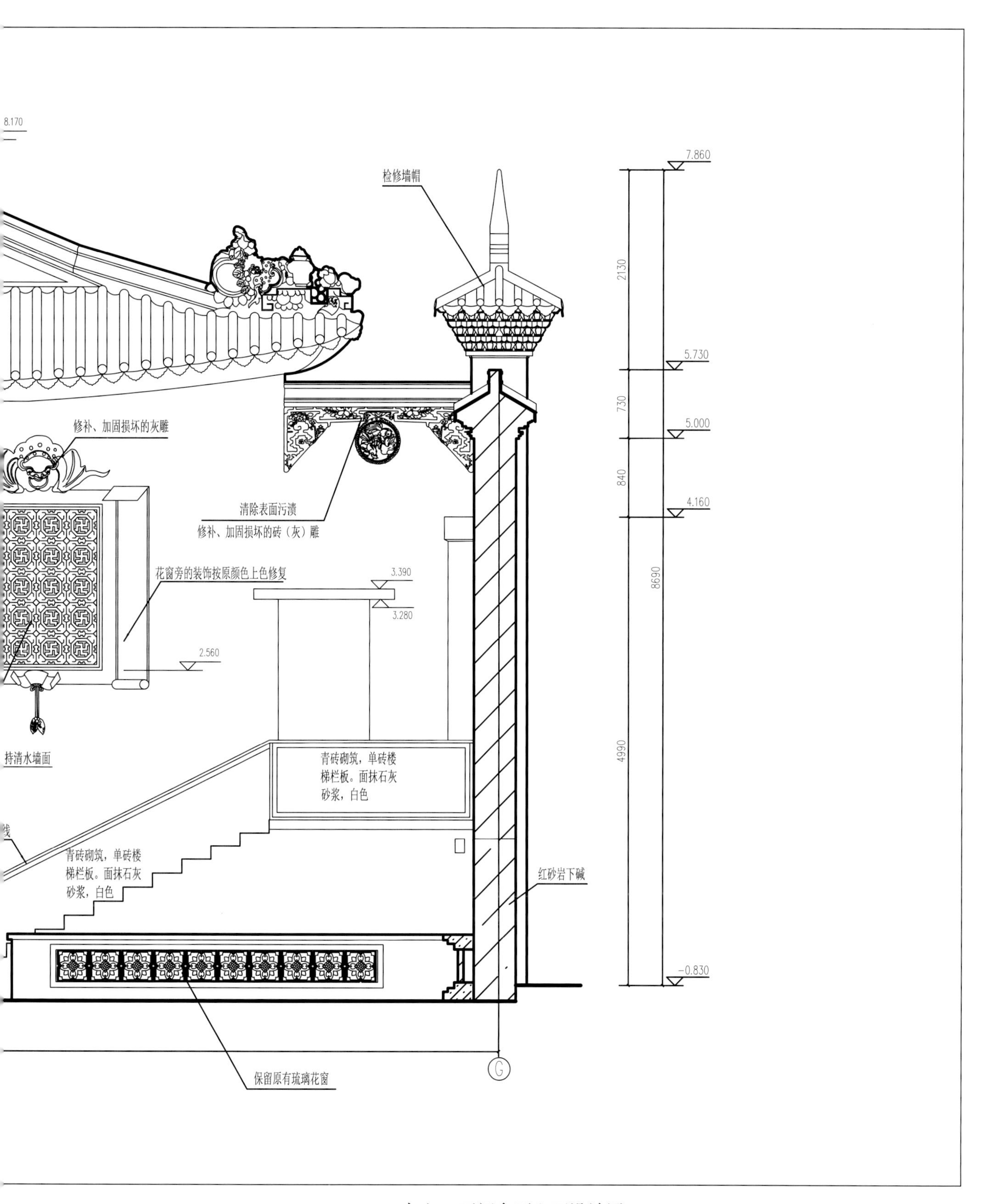

九七　万福台西立面设计图

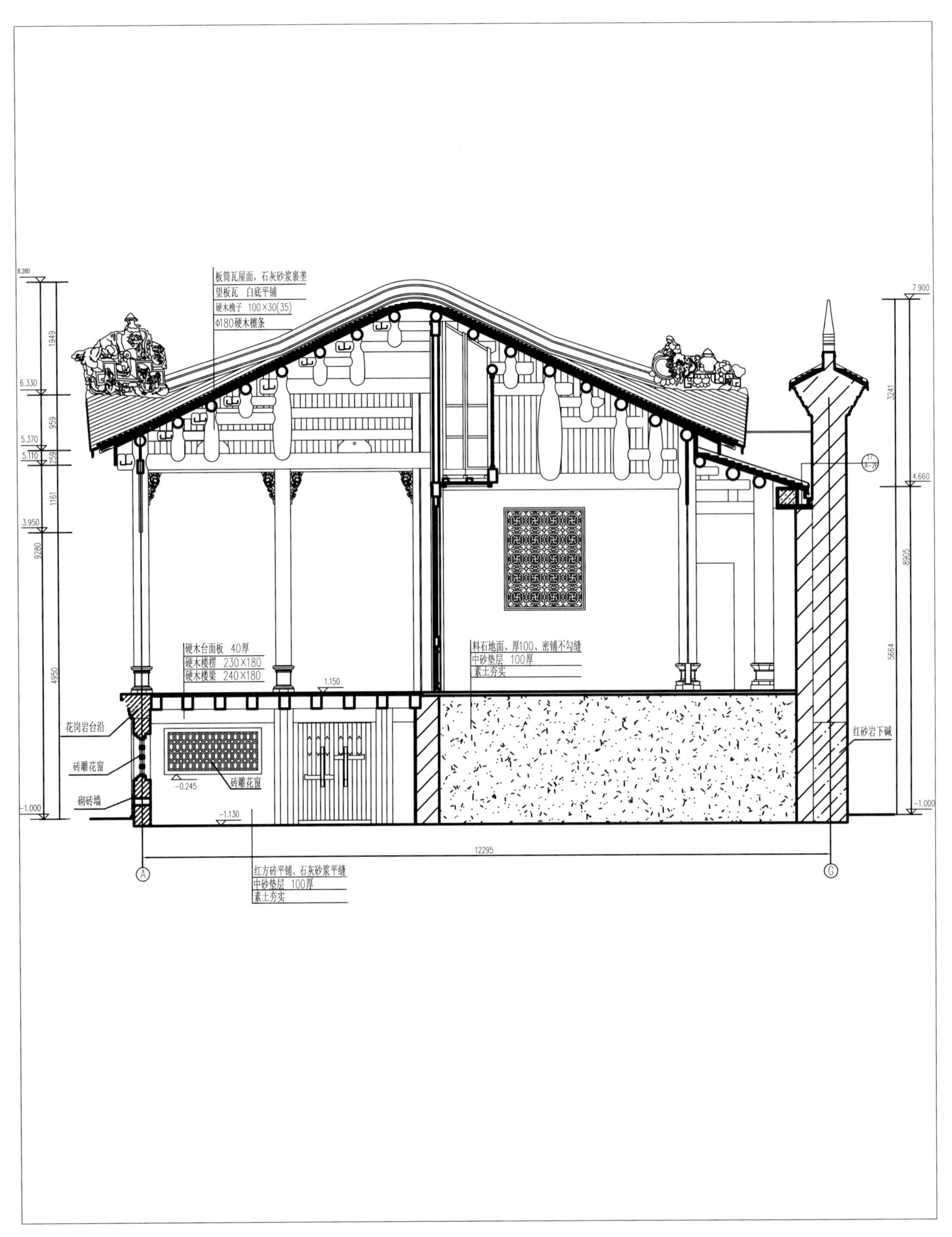

九八 万福台1－1剖面设计图

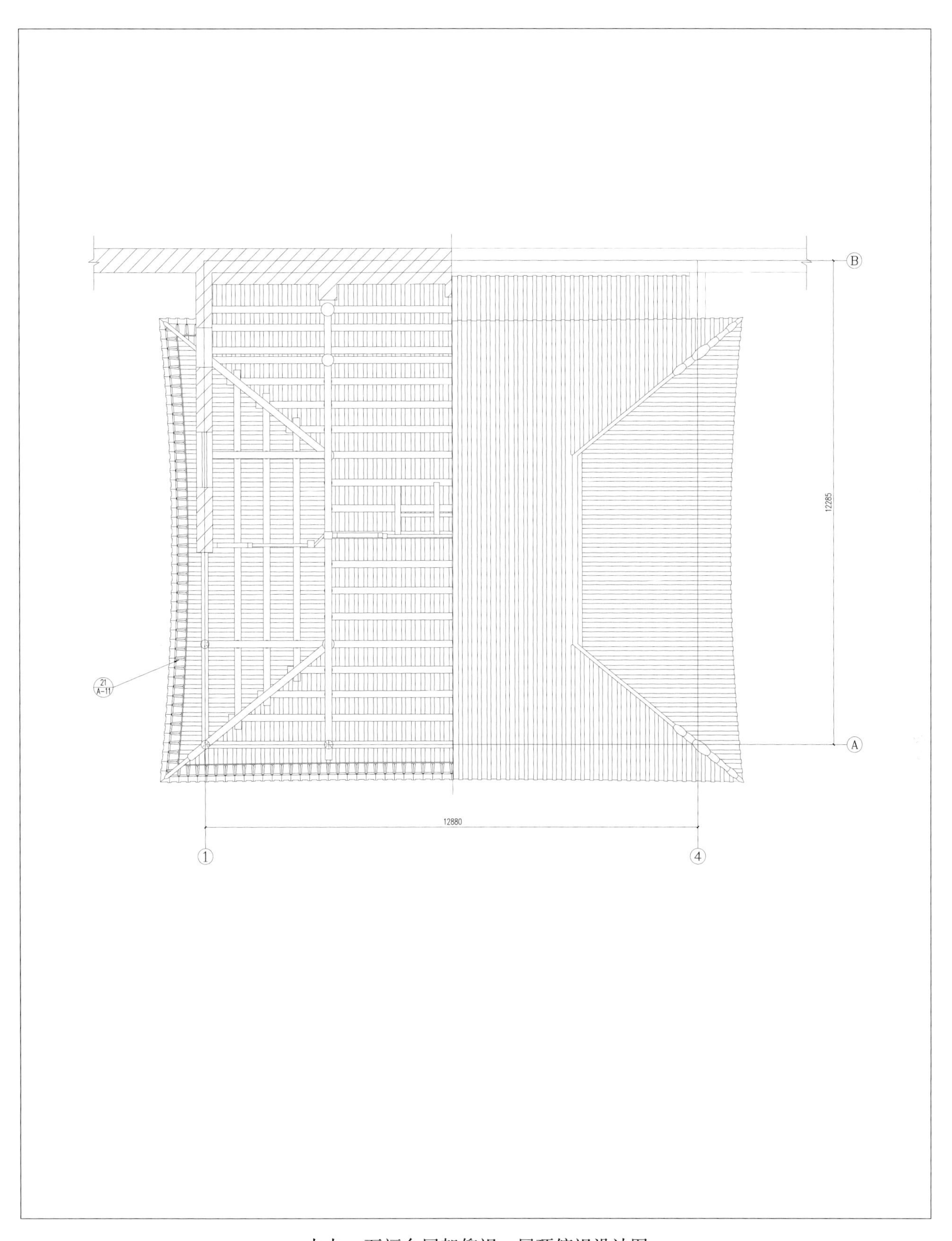

九九　万福台屋架仰视、屋顶俯视设计图

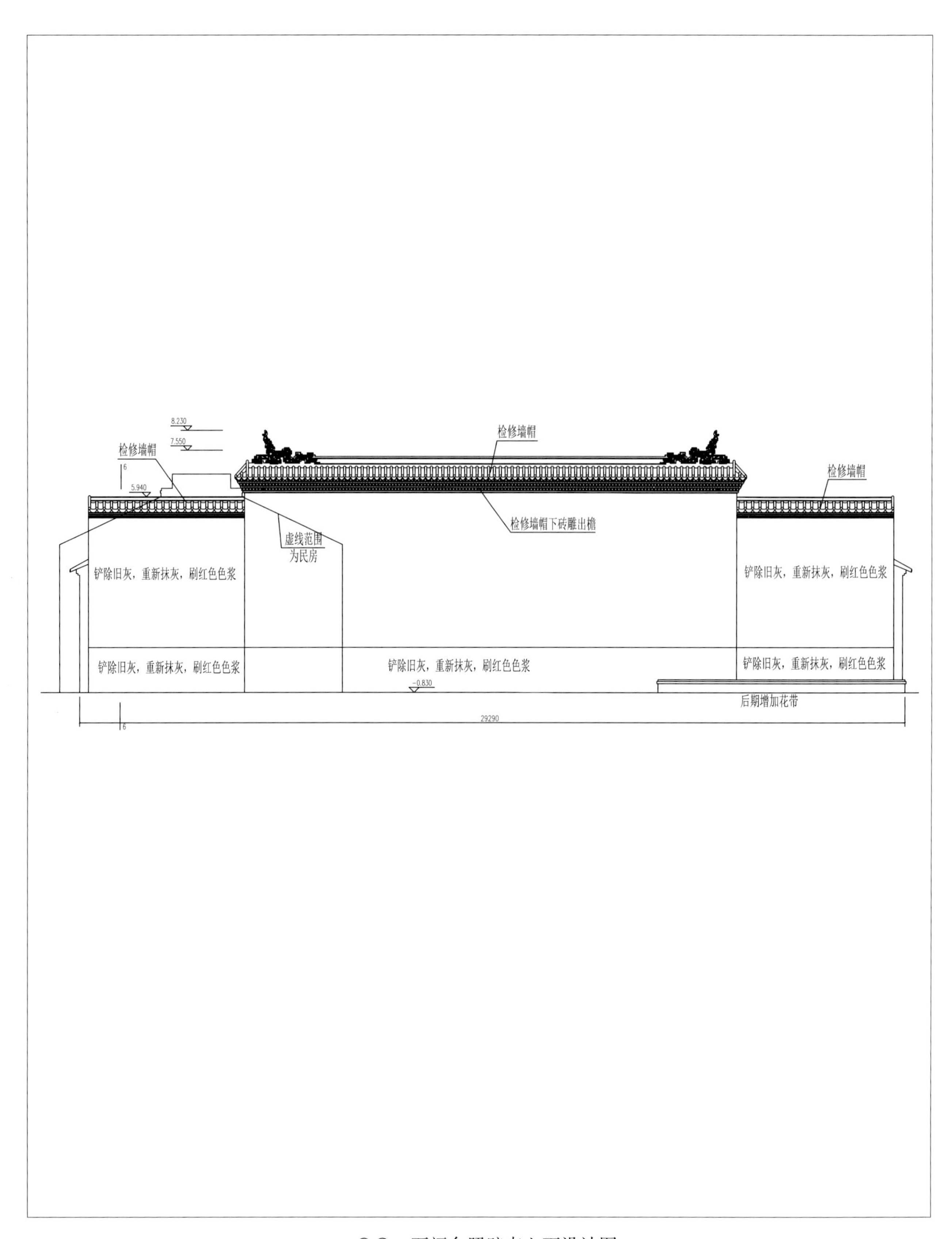

一〇〇　万福台照壁南立面设计图

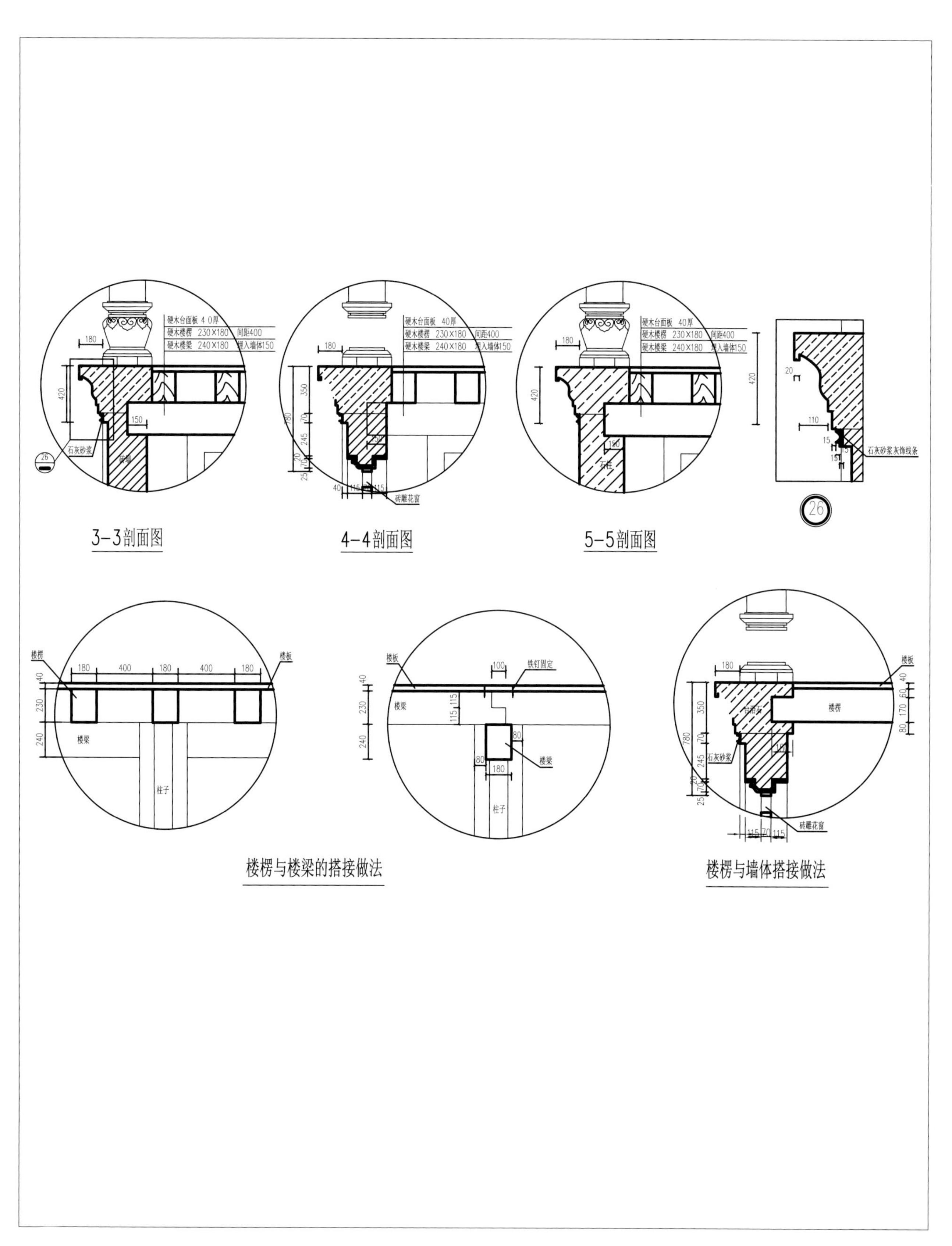

一〇一 台沿做法、楼楞搭接做法图

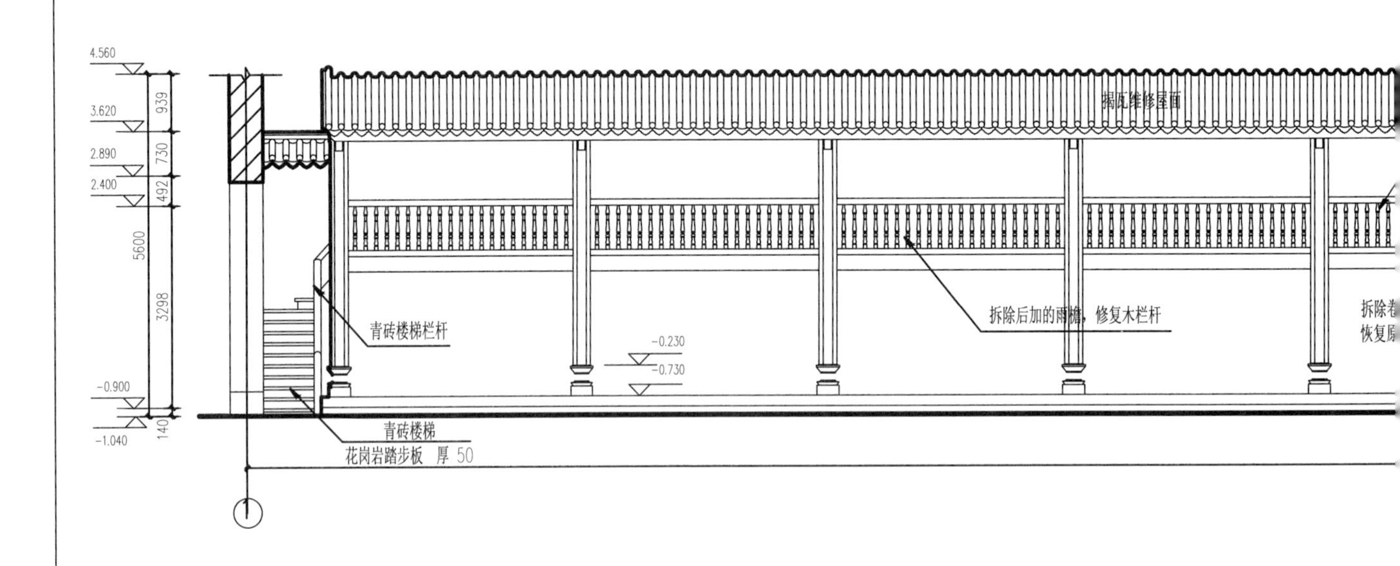
4.560
3.620
2.890
2.400
-0.900
-1.040
939
730
492
5600
3298
140
揭瓦维修屋面
拆除后加的雨棚，修复木栏杆
青砖楼梯栏杆
-0.230
-0.730
青砖楼梯
花岗岩踏步板 厚50
1

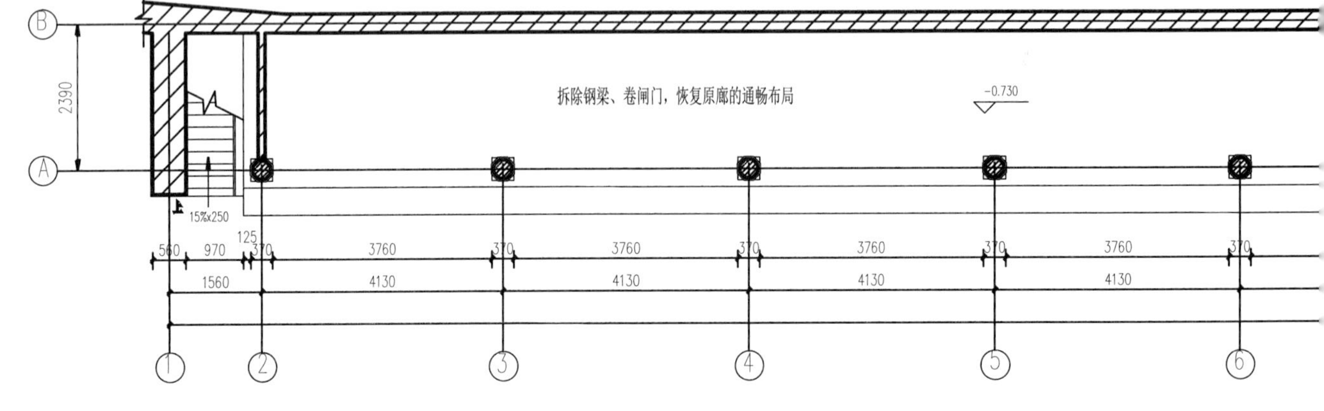
加固、支顶好东廊的
拆砌空鼓变形的墙体，采用
2390
拆除钢梁、卷闸门，恢复原廊的通畅布局
-0.730
15%x250
560
970
125
370
3760
1560
4130
1
2
3
4
5
6

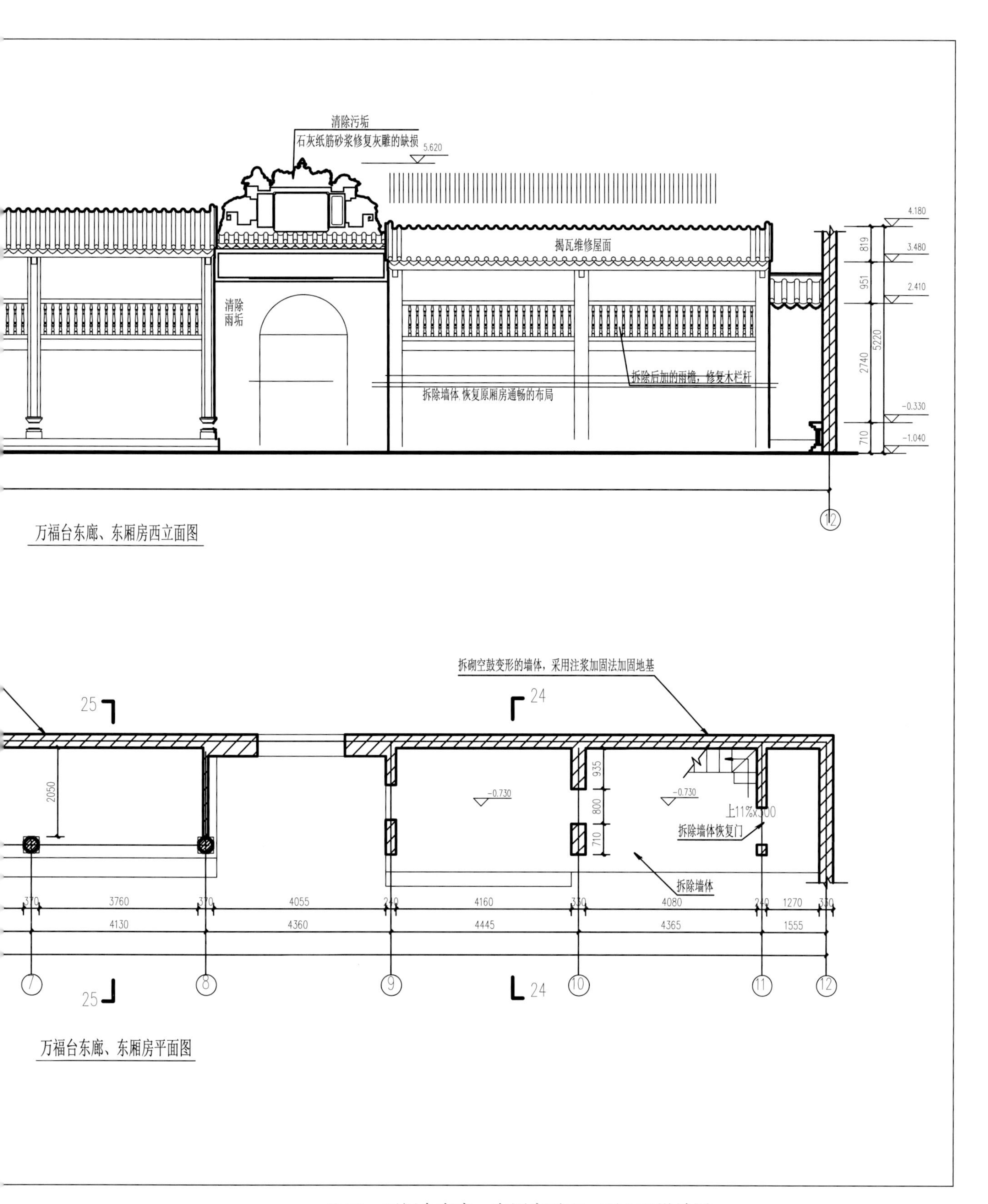

一〇二　万福台东廊、东厢房平面、西立面设计图

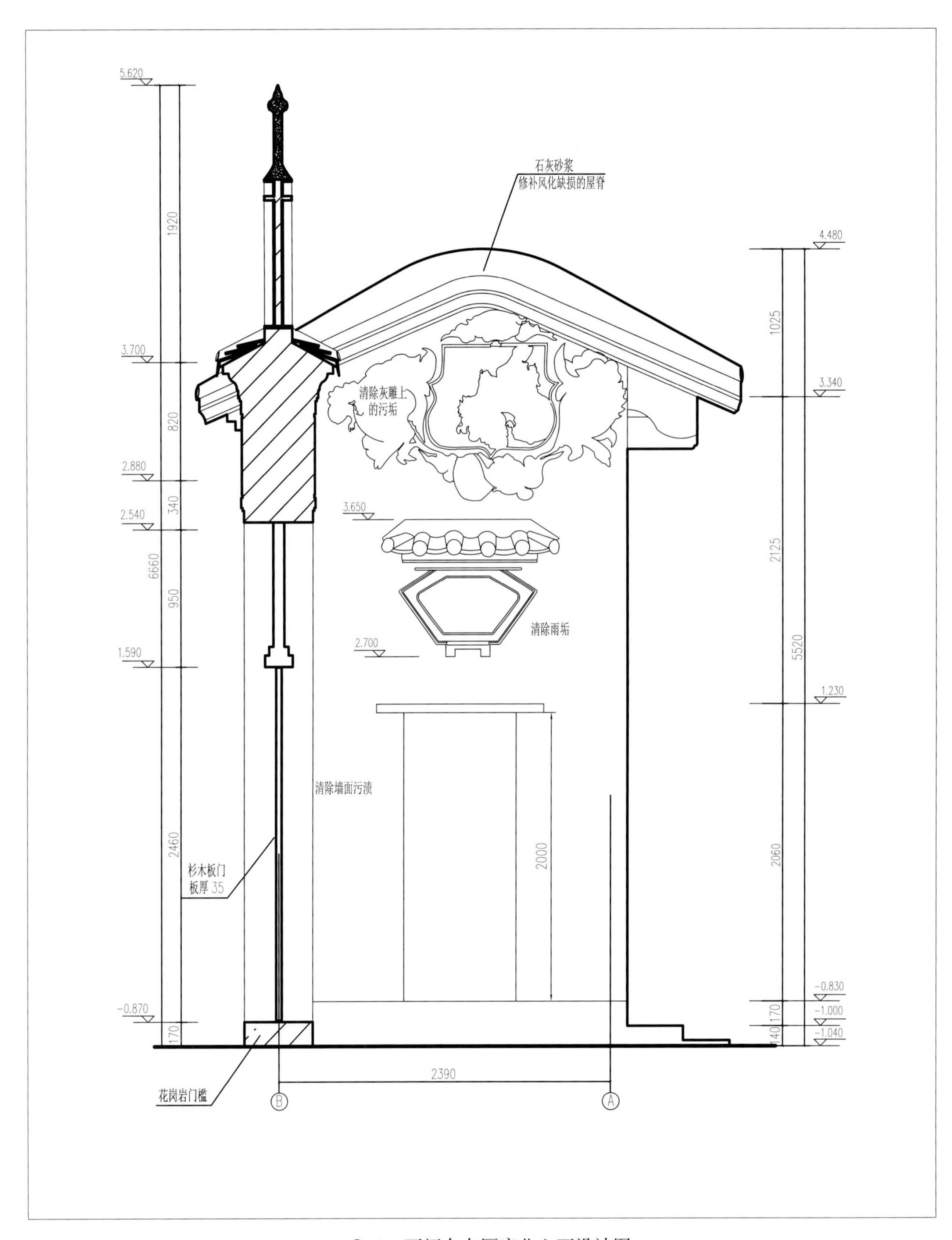

一〇三　万福台东厢房北立面设计图

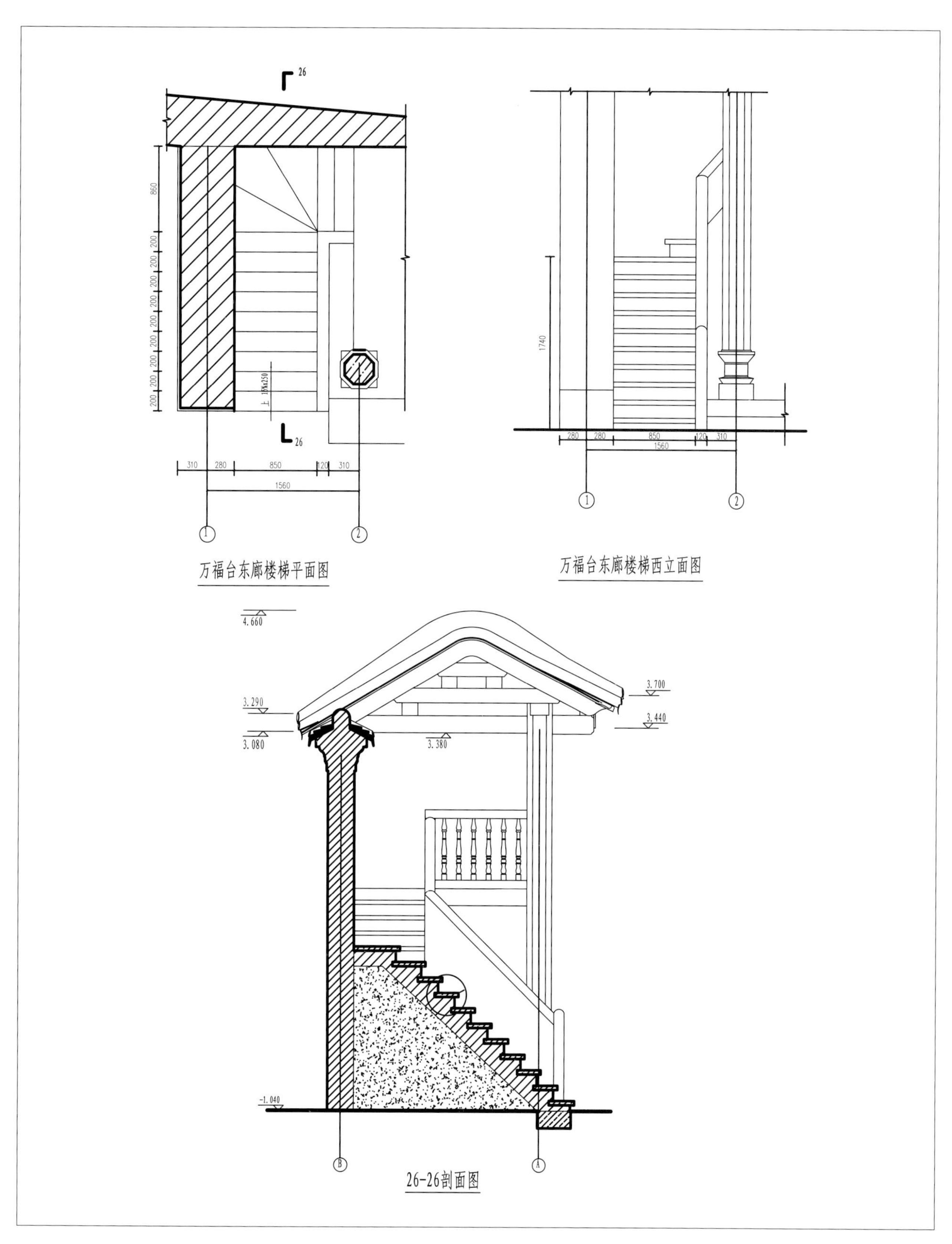

一〇四　万福台东廊楼梯大样图

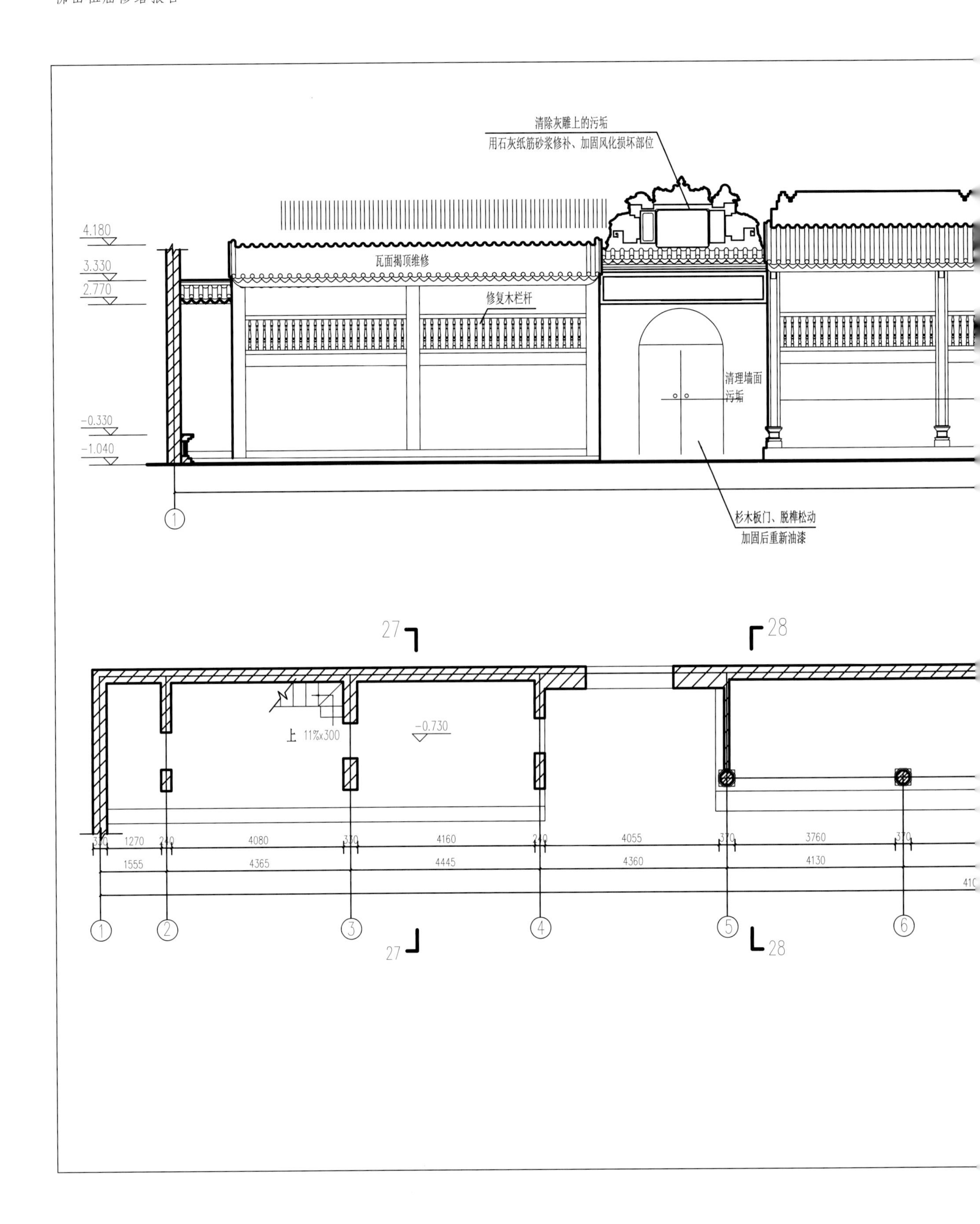
清除灰雕上的污垢
用石灰纸筋砂浆修补、加固风化损坏部位
4.180
3.330
2.770
瓦面揭顶维修
修复木栏杆
清理墙面污垢
-0.330
-1.040
杉木板门、脱榫松动
加固后重新油漆
27
28
上 11%x300
-0.730
1270
4080
4160
4055
3760
1555
4365
4445
4360
4130

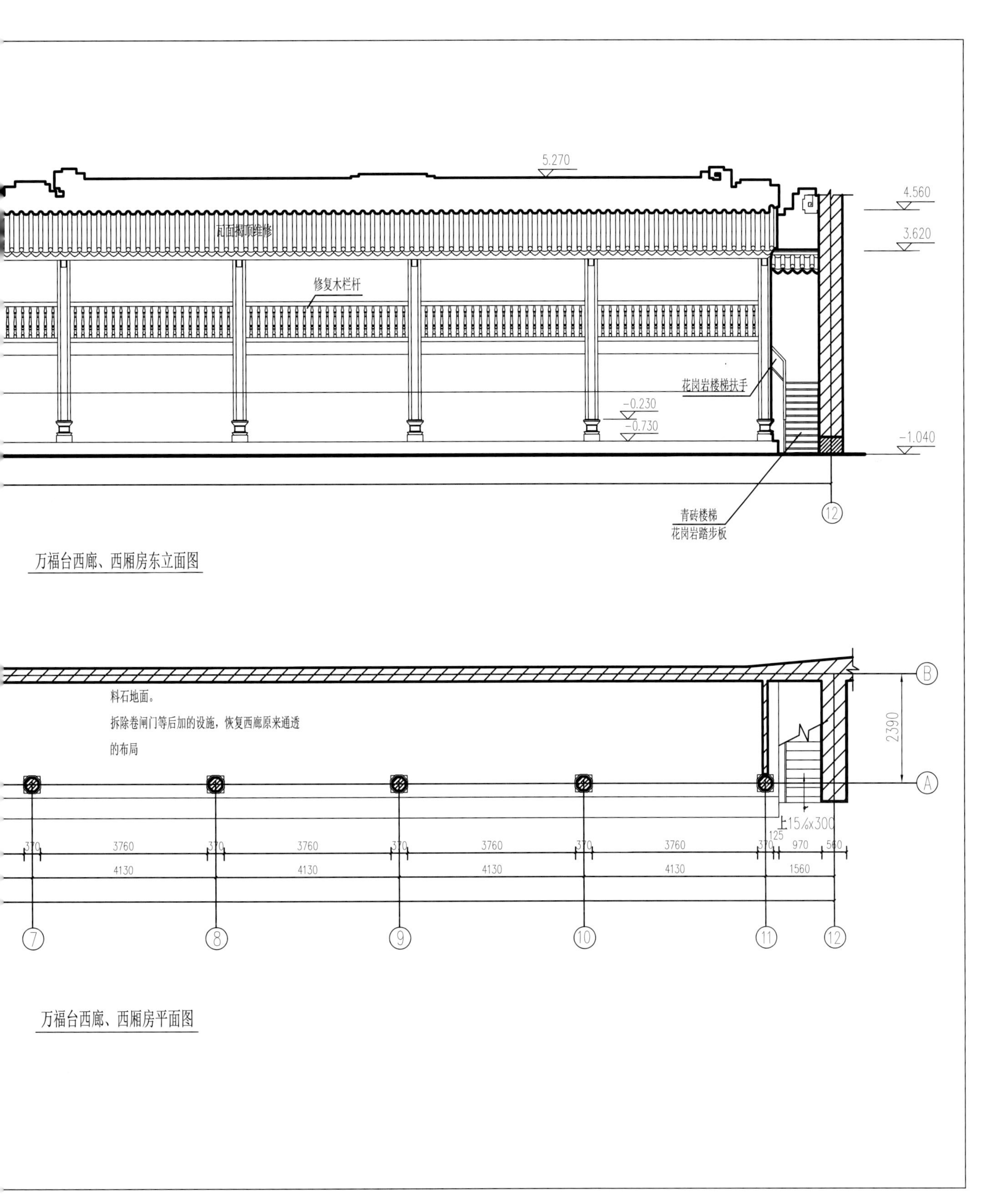

一〇五　万福台西廊、西厢房平面、东立面设计图

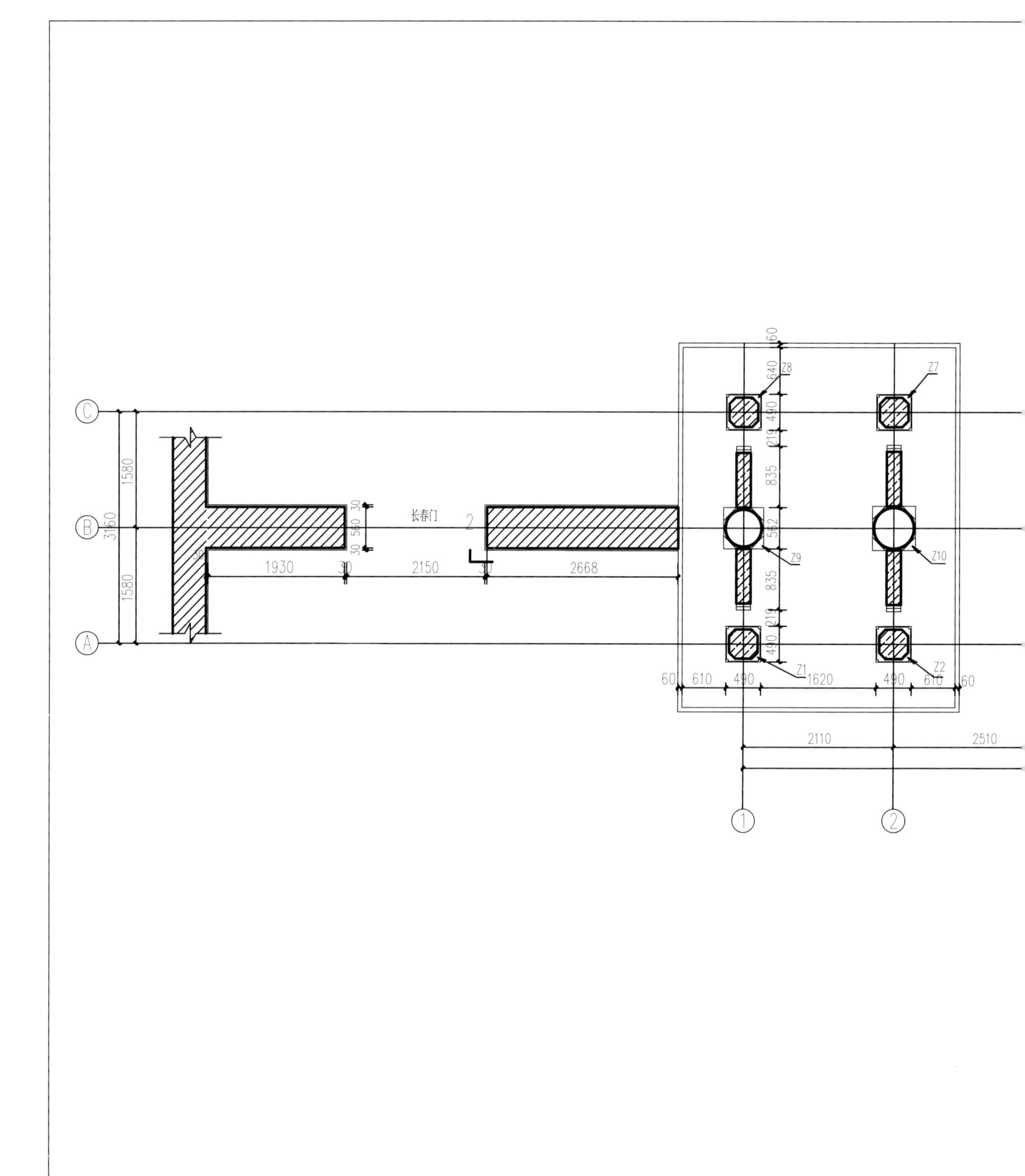
长春门
1930
2150
2668
1580
3160
1580
Z8
Z7
Z9
Z10
Z1
Z2
60
610
490
1620
490
610
60
2110
2510
835
835
562

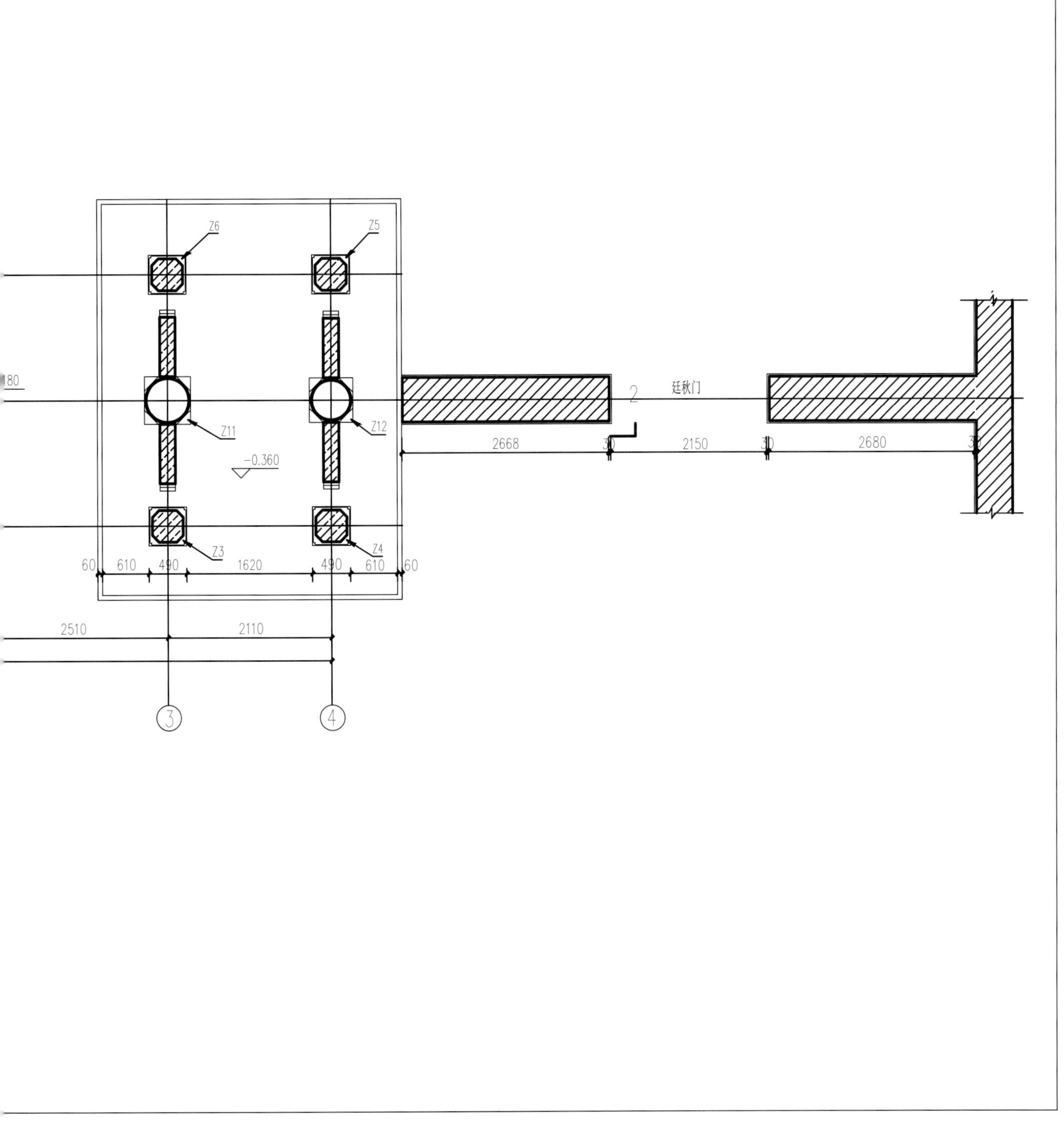

一〇六　灵应牌坊平面设计图

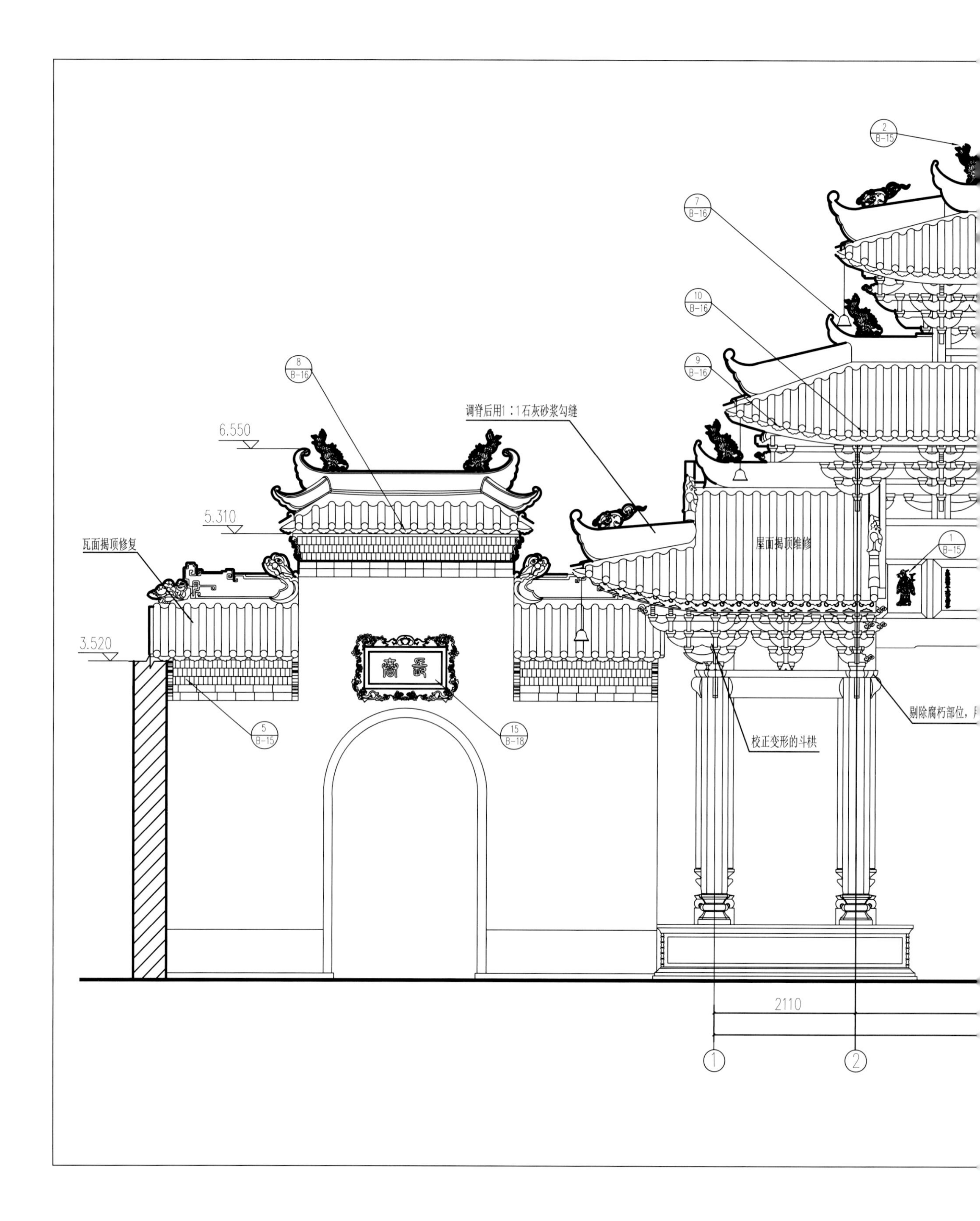
6.550
5.310
3.520
瓦面揭顶修复
调脊后用1:1石灰砂浆勾缝
屋面揭顶维修
校正变形的斗栱
剔除腐朽部位，
2110
8
B-16
7
B-16
10
B-16
9
B-16
2
B-15
1
B-15
5
B-15
15
B-18
1
2

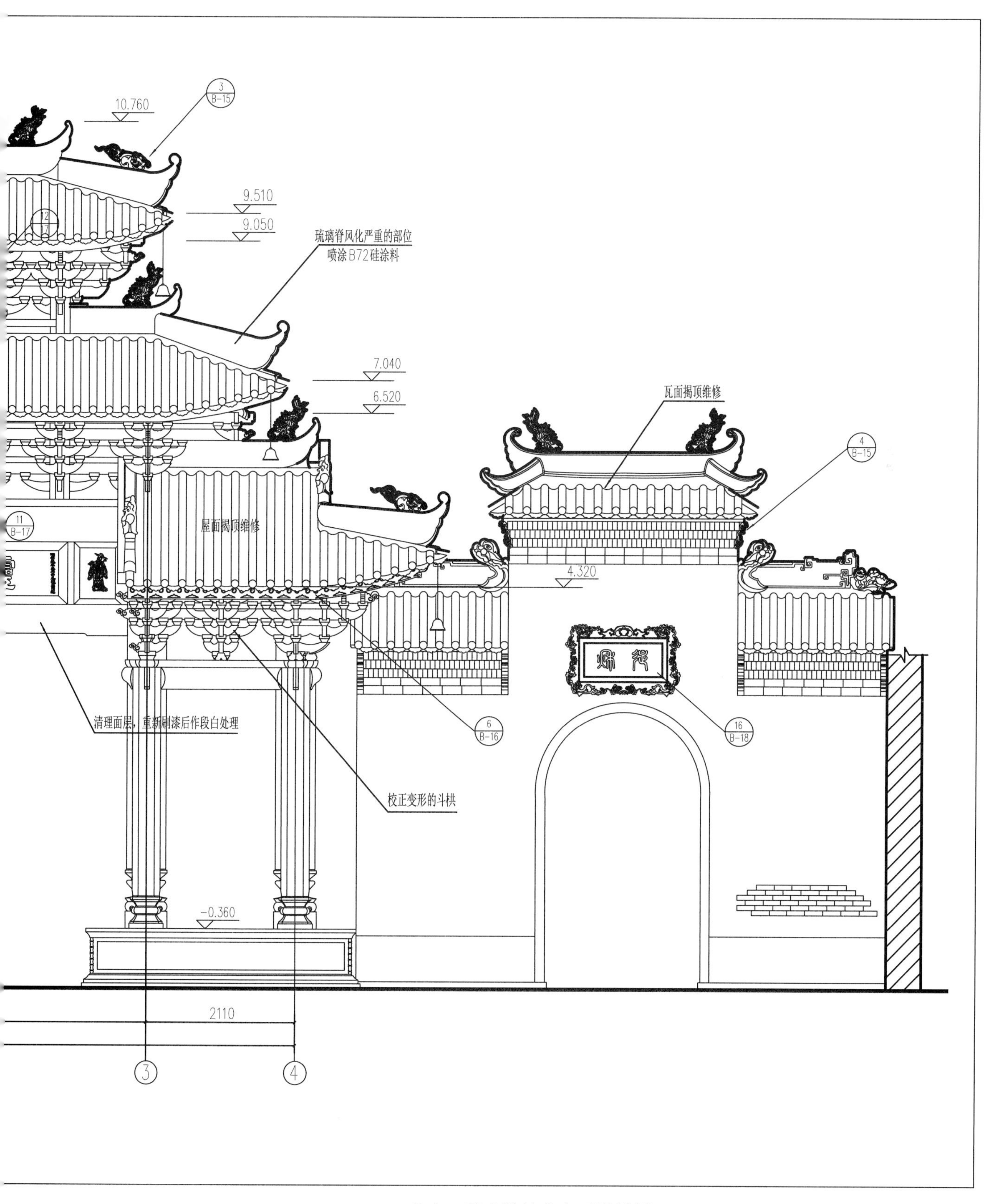

一〇七　灵应牌坊北立面设计图

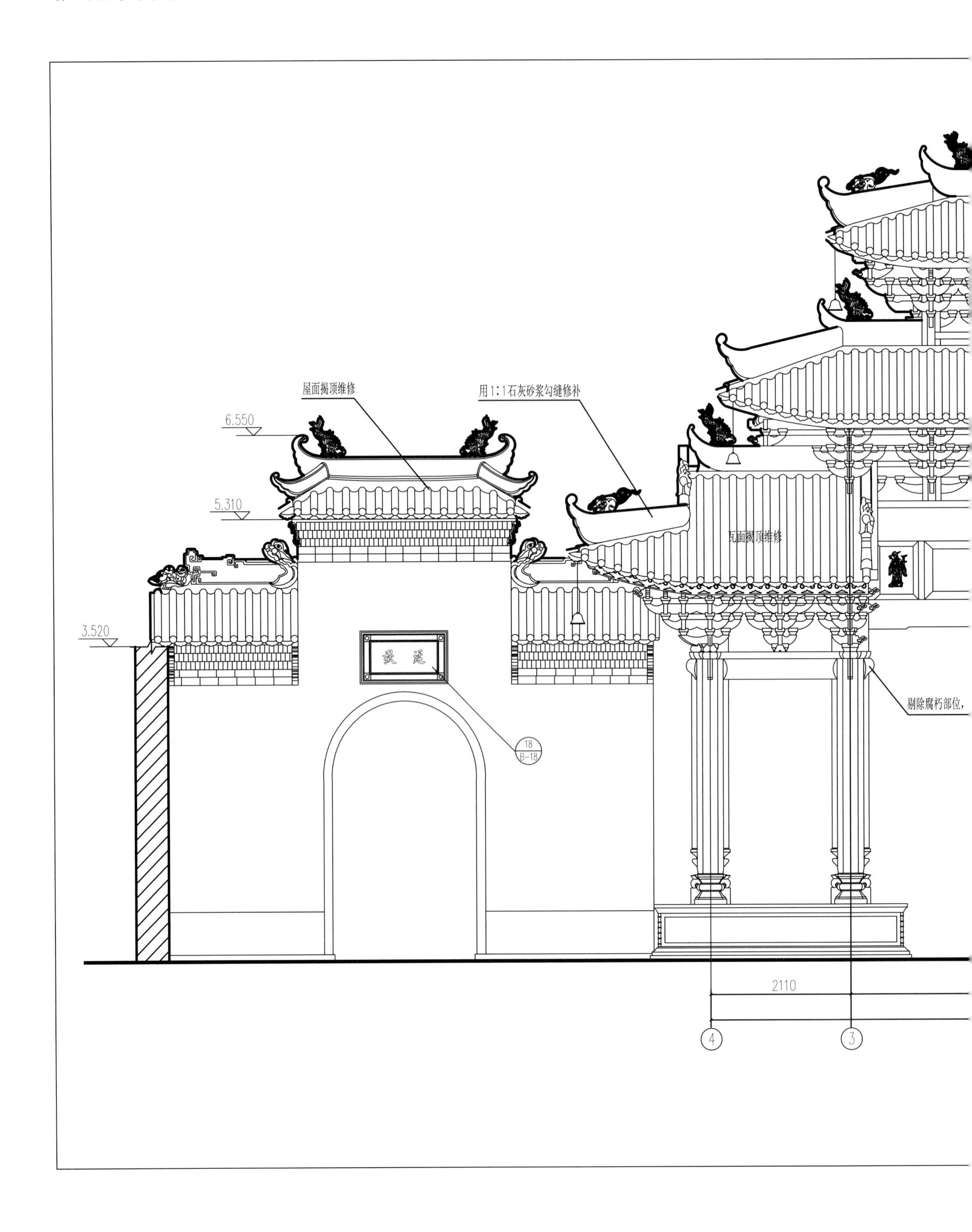
屋面揭顶维修
用1:1石灰砂浆勾缝修补
6.550
5.310
3.520
瓦面揭顶维修
剔除腐朽部位，
18
B-18
2110
4
3

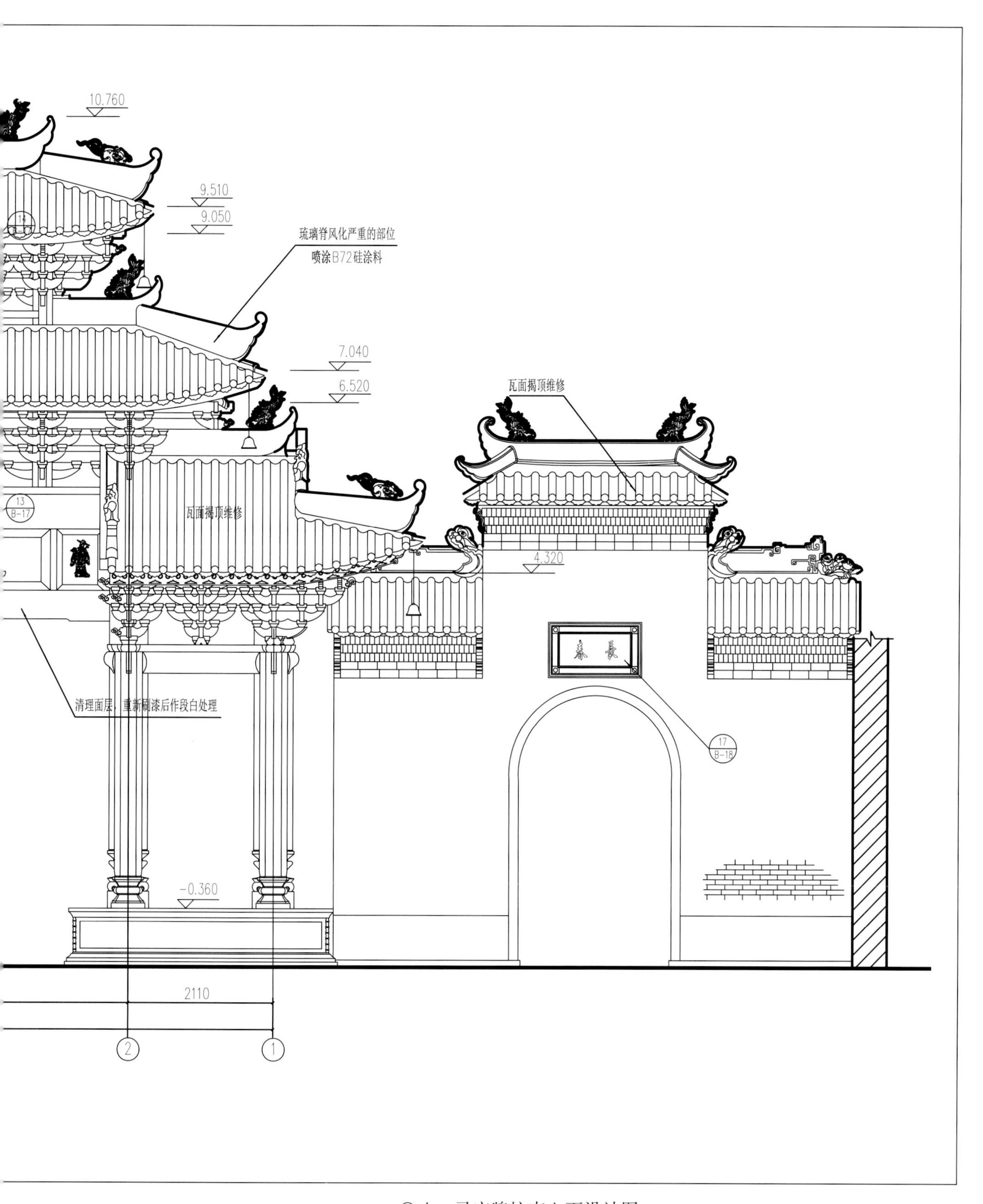

一〇八　灵应牌坊南立面设计图

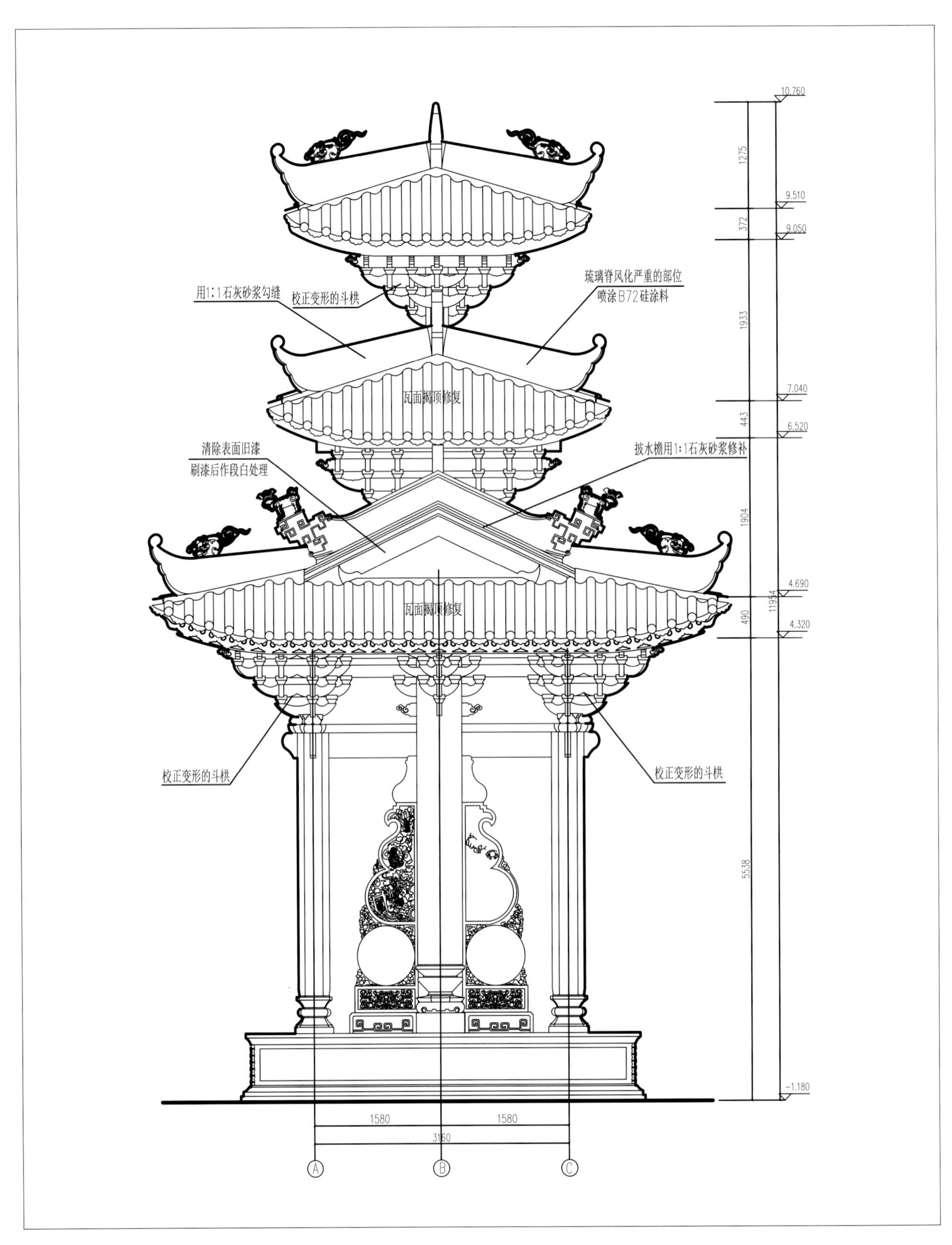

一〇九　灵应牌坊西立面设计图

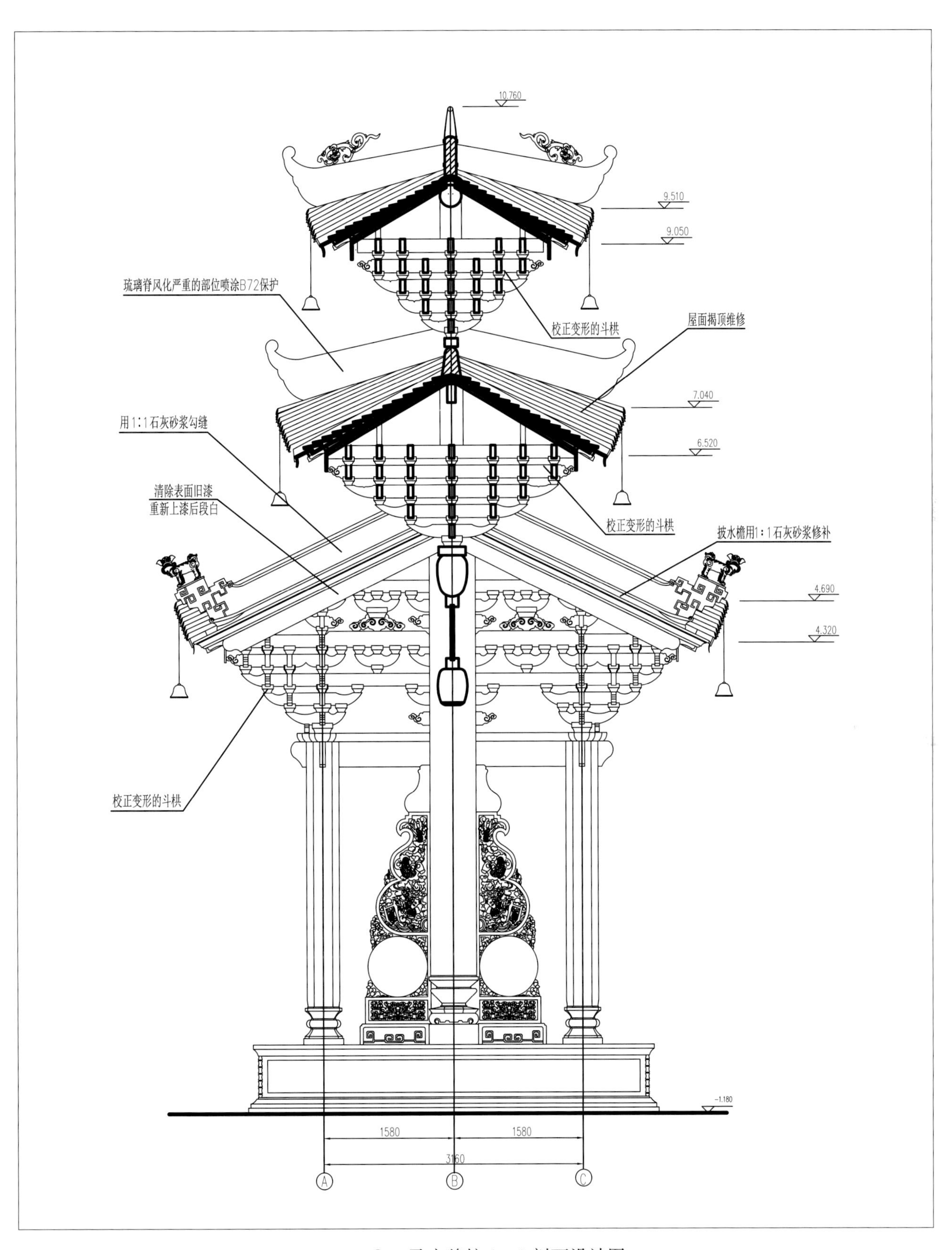

一一〇　灵应牌坊 1－1 剖面设计图

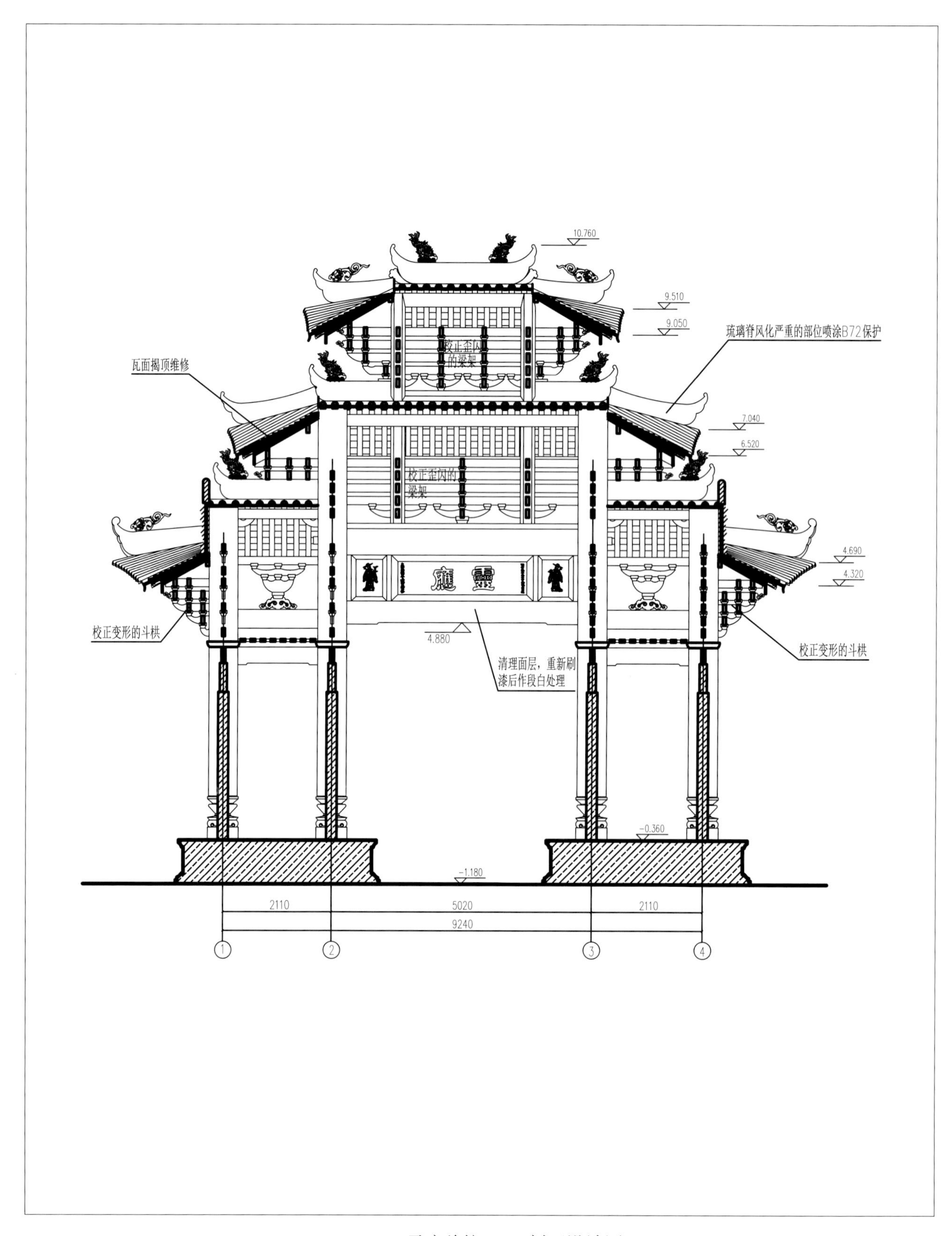

一一一　灵应牌坊2－2剖面设计图

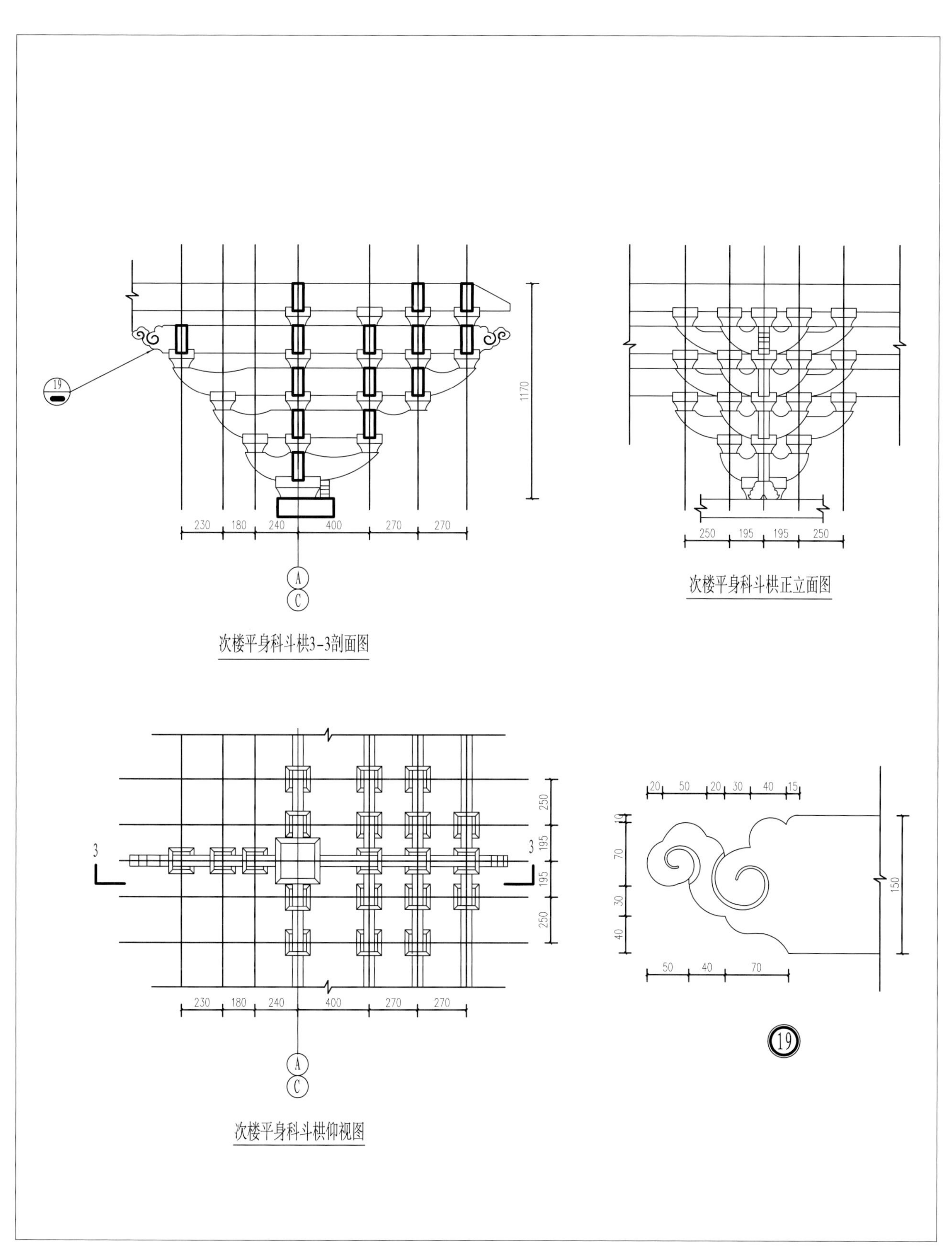

一一二　次楼平身科斗栱大样图

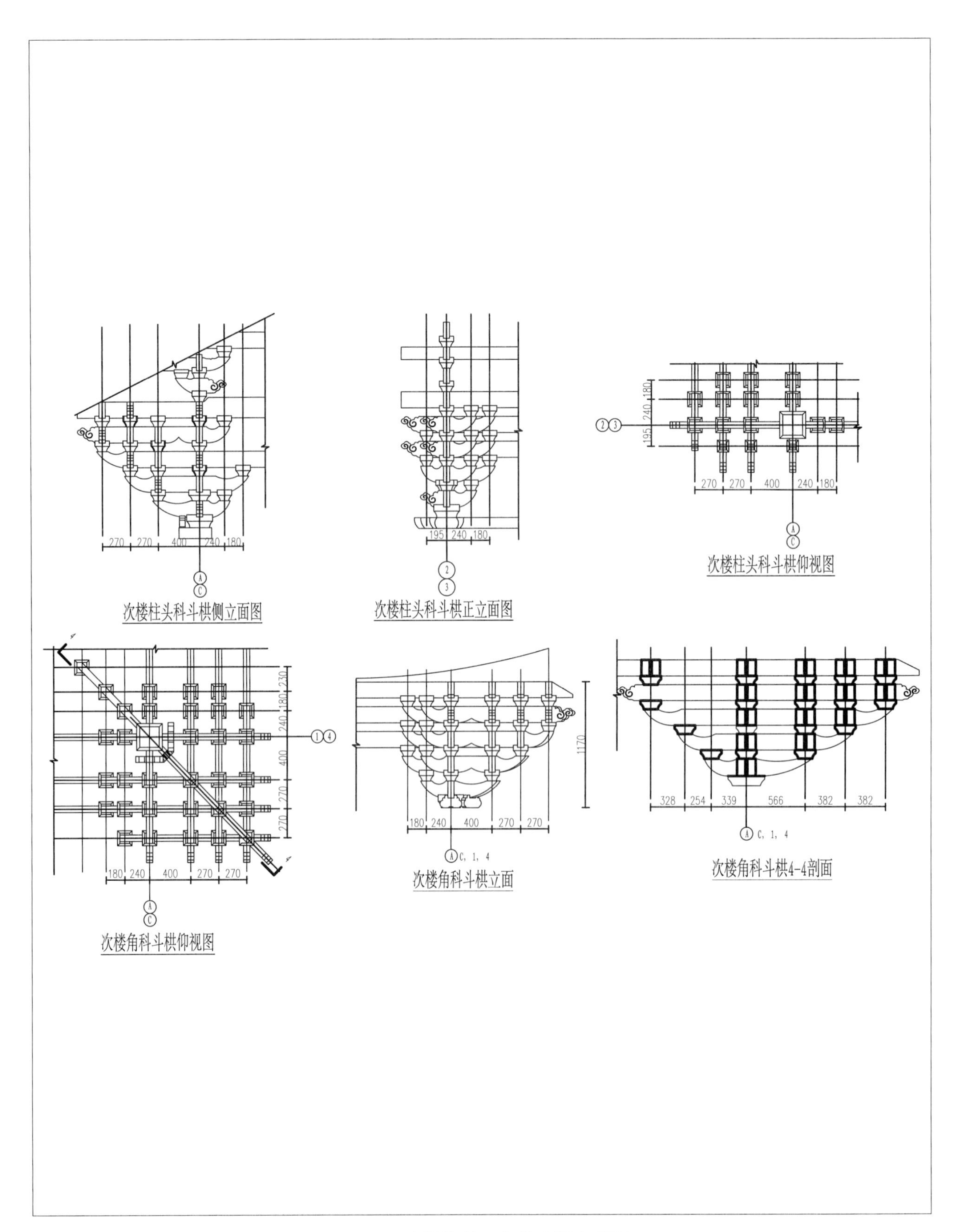

一一三　次楼柱科、角科斗栱大样图

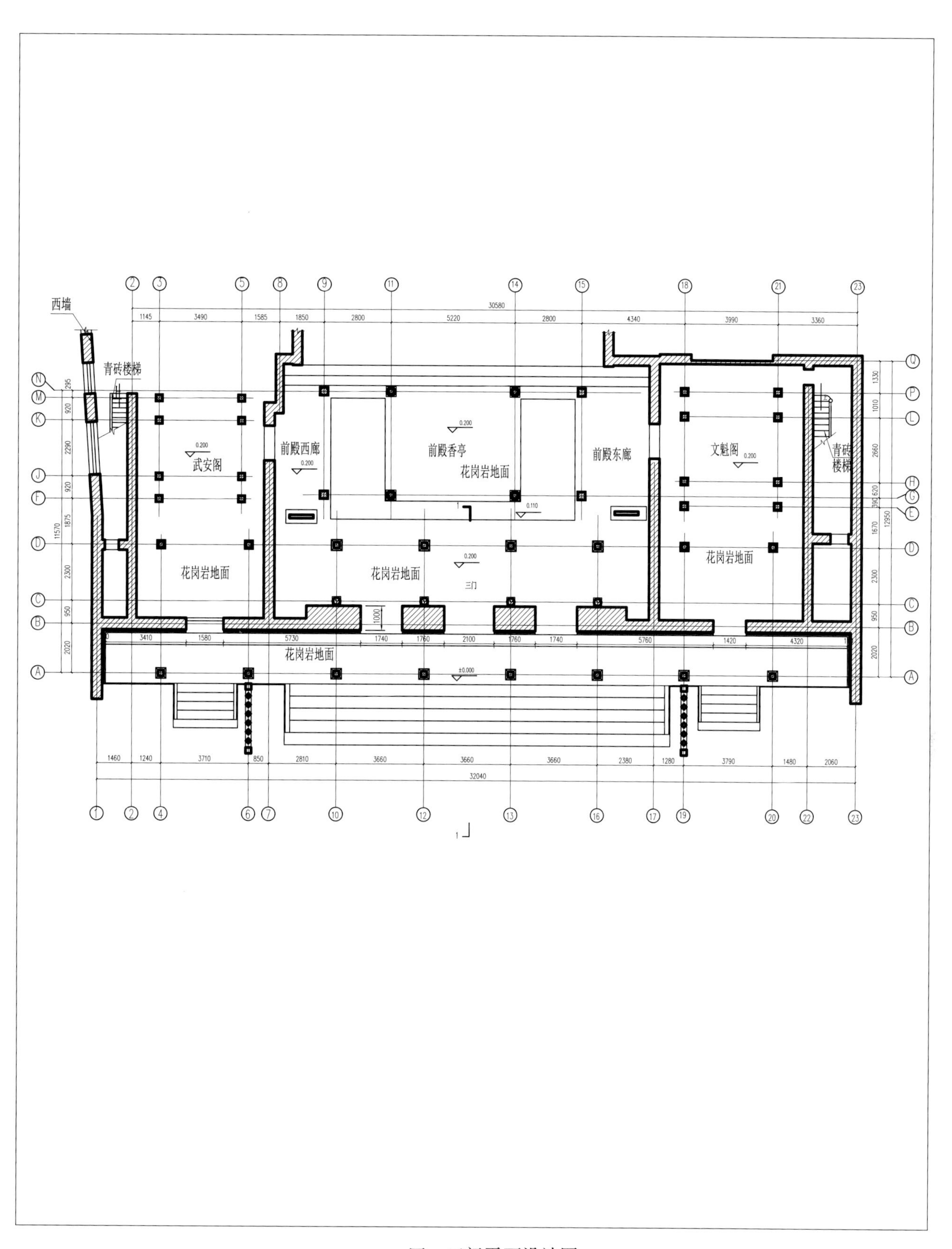

一一四　三门平面设计图

屋面揭顶维修，检查檩条、瓦桷的保存情况
清水墙面
花岗岩墙体
0.330
±0.000
-1.060
2700
3710
3660
3660
1

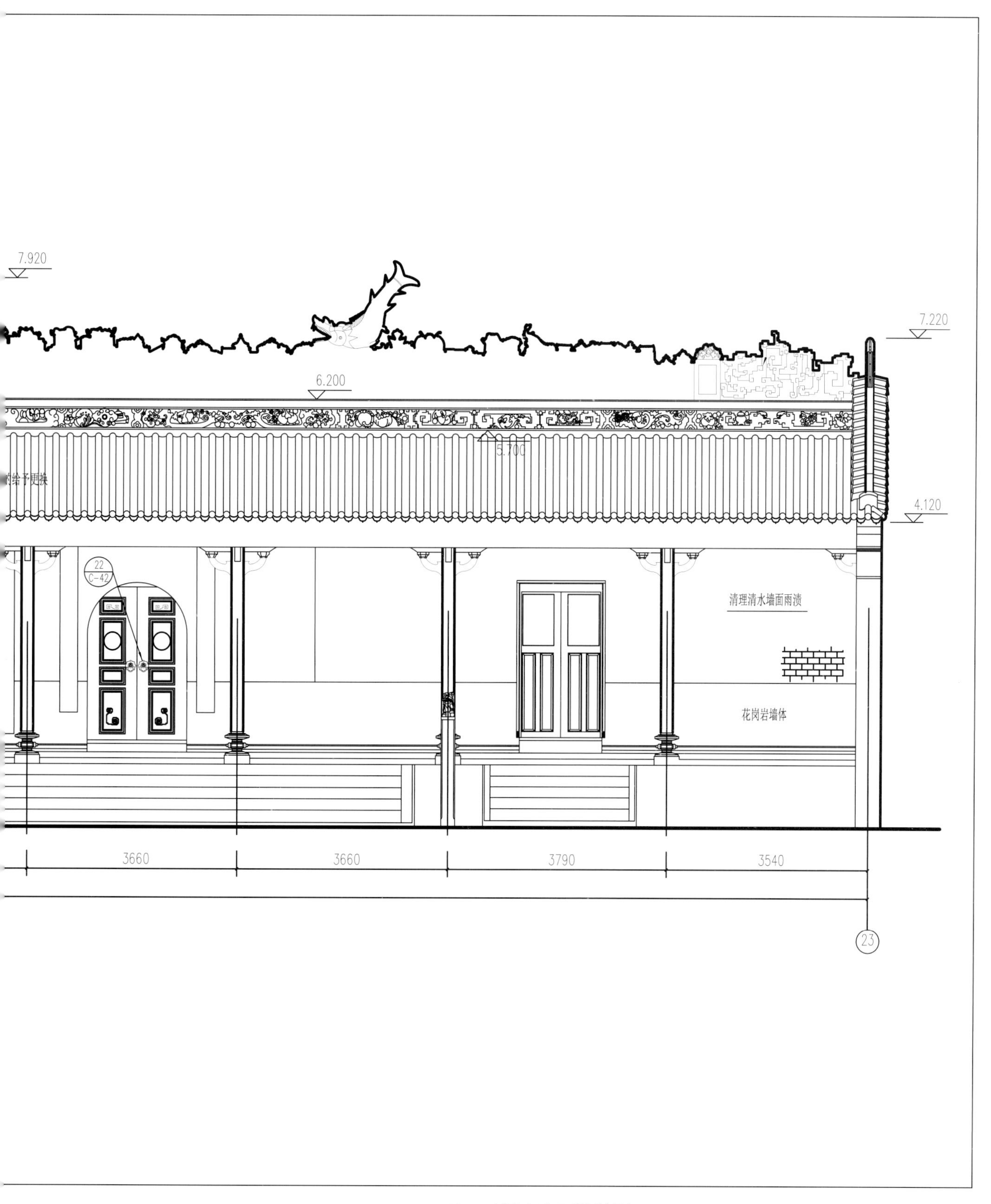

一一五　三门南立面设计图

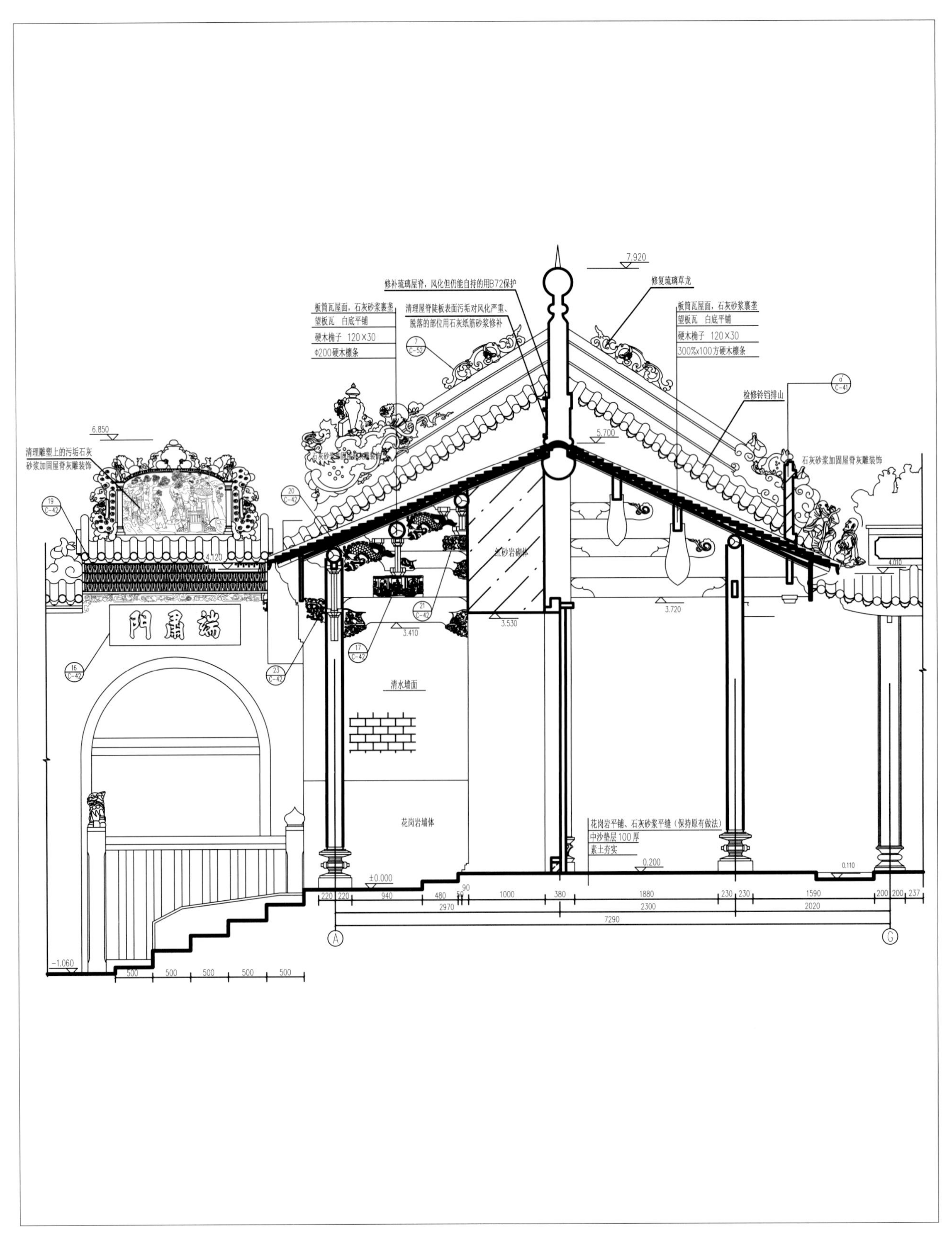

一一六 三门1-1剖面设计图

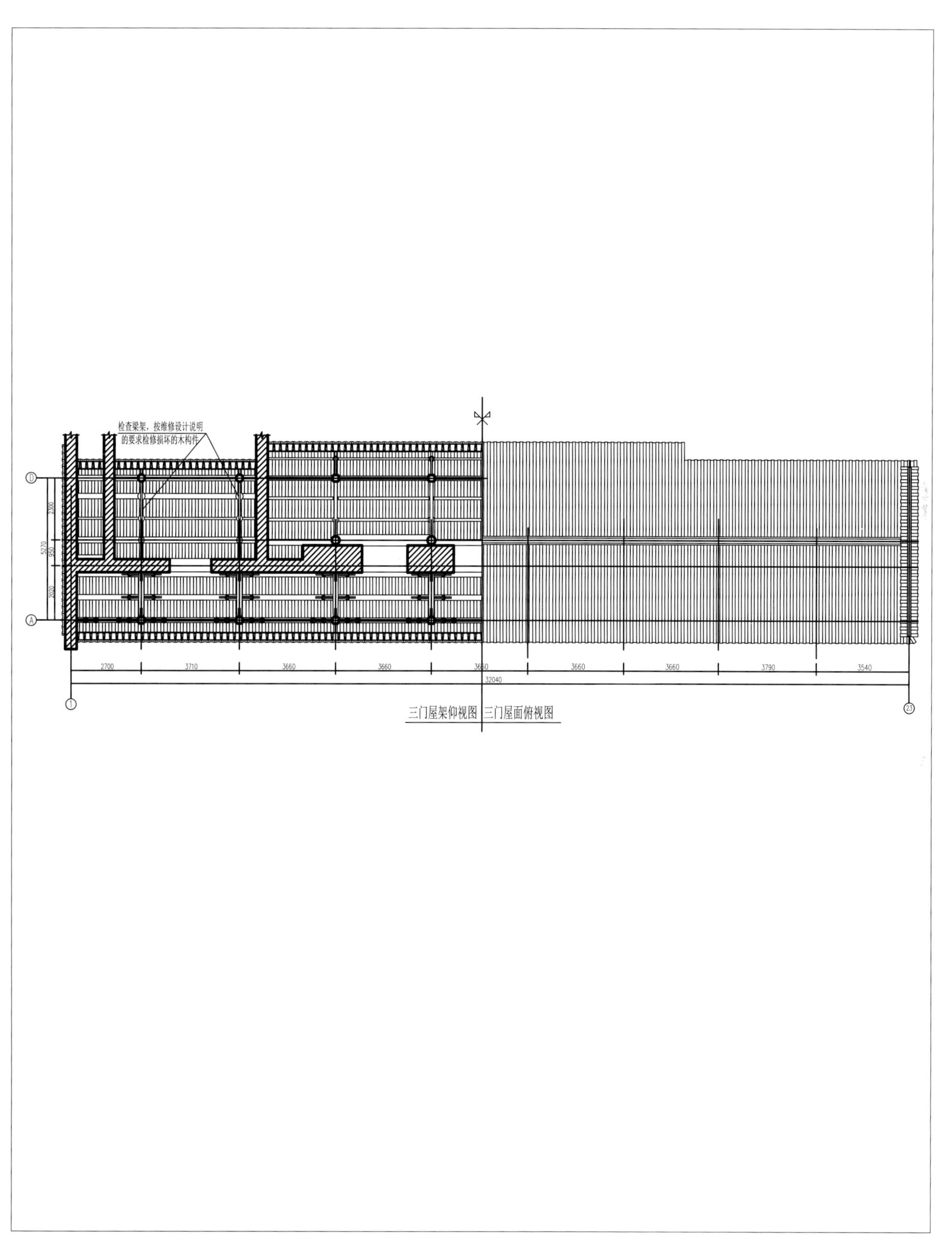

一一七　三门屋架仰视、屋面俯视设计图

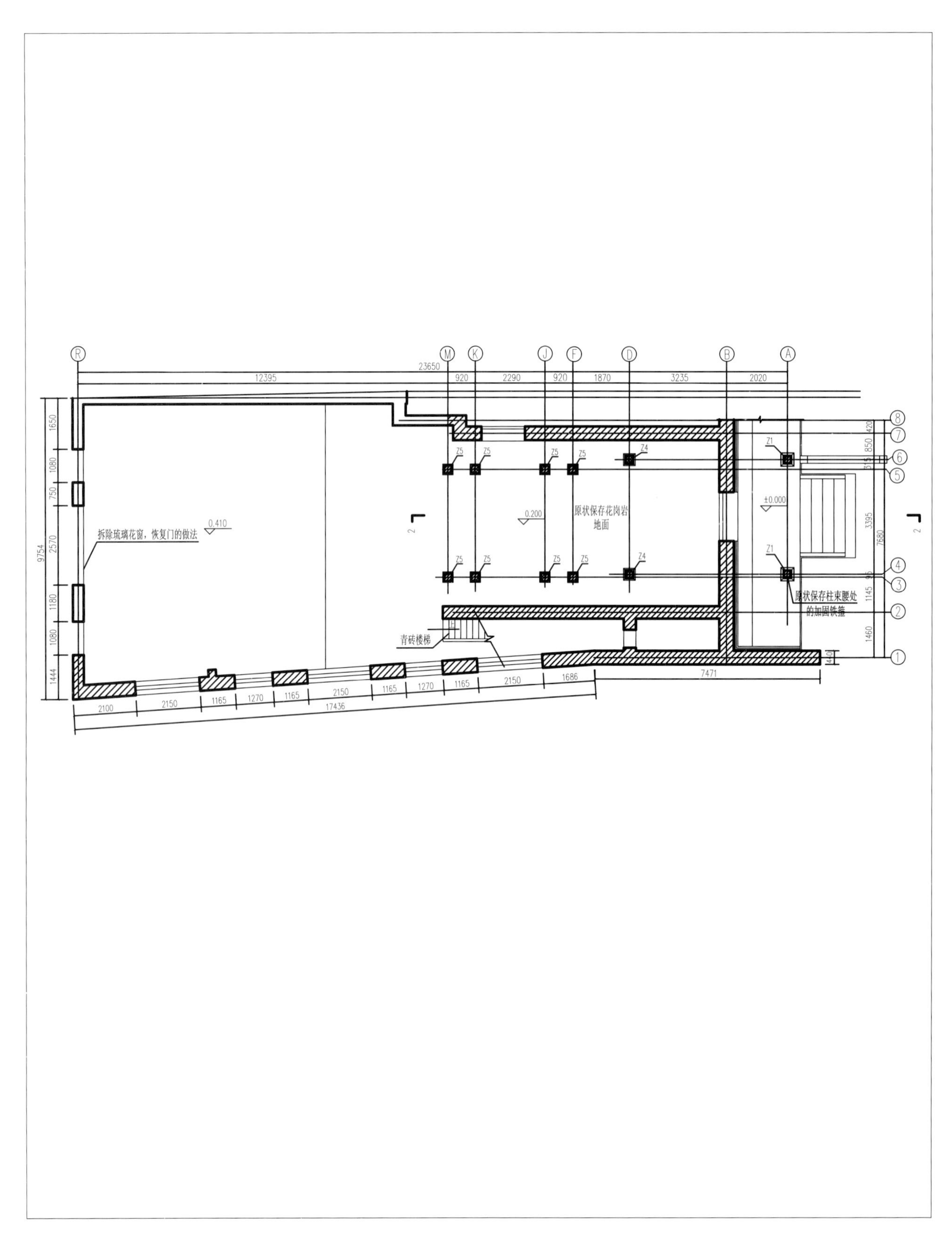

一一八　武安阁一层平面设计图

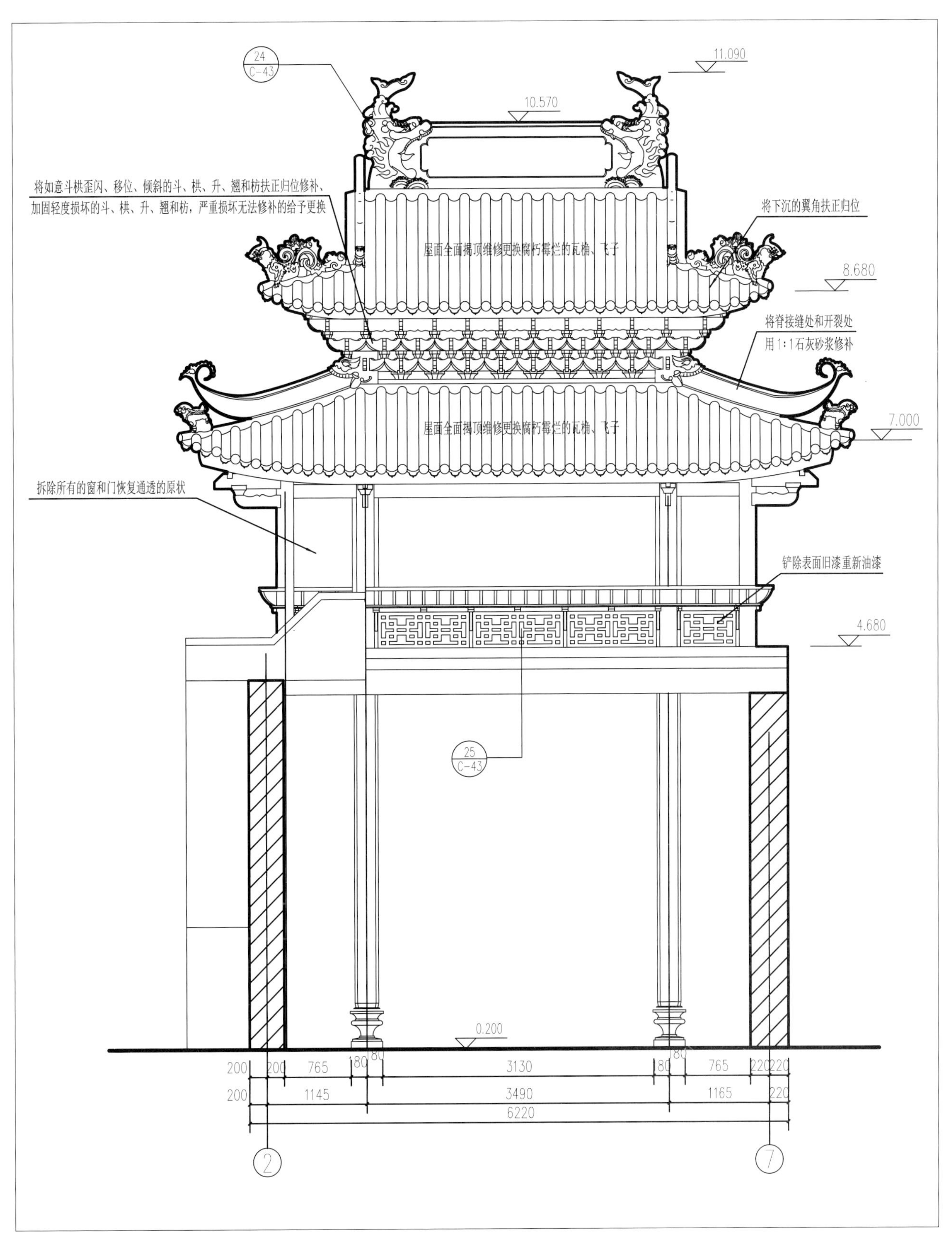

一一九　武安阁南立面设计图

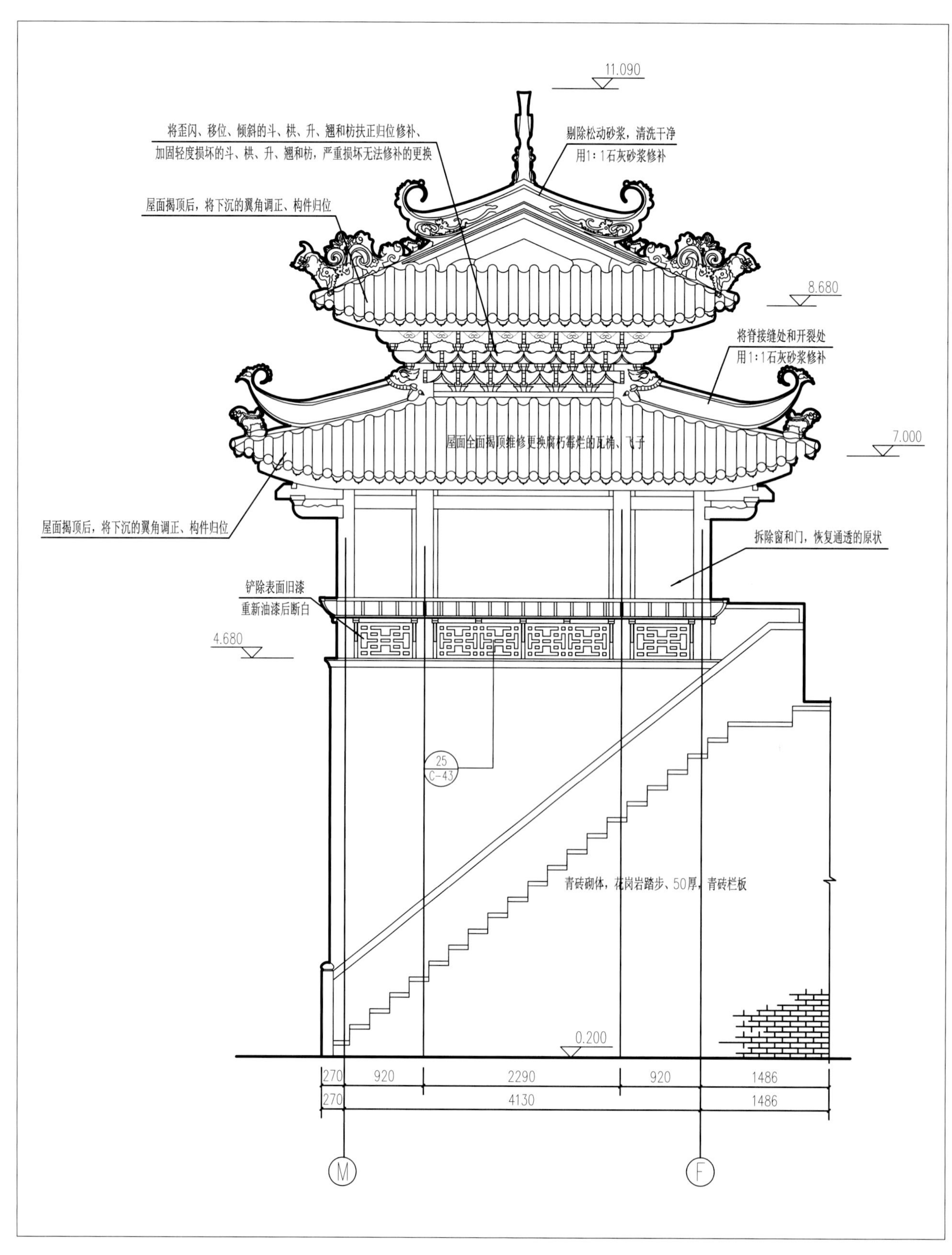

一二〇 武安阁西立面设计图

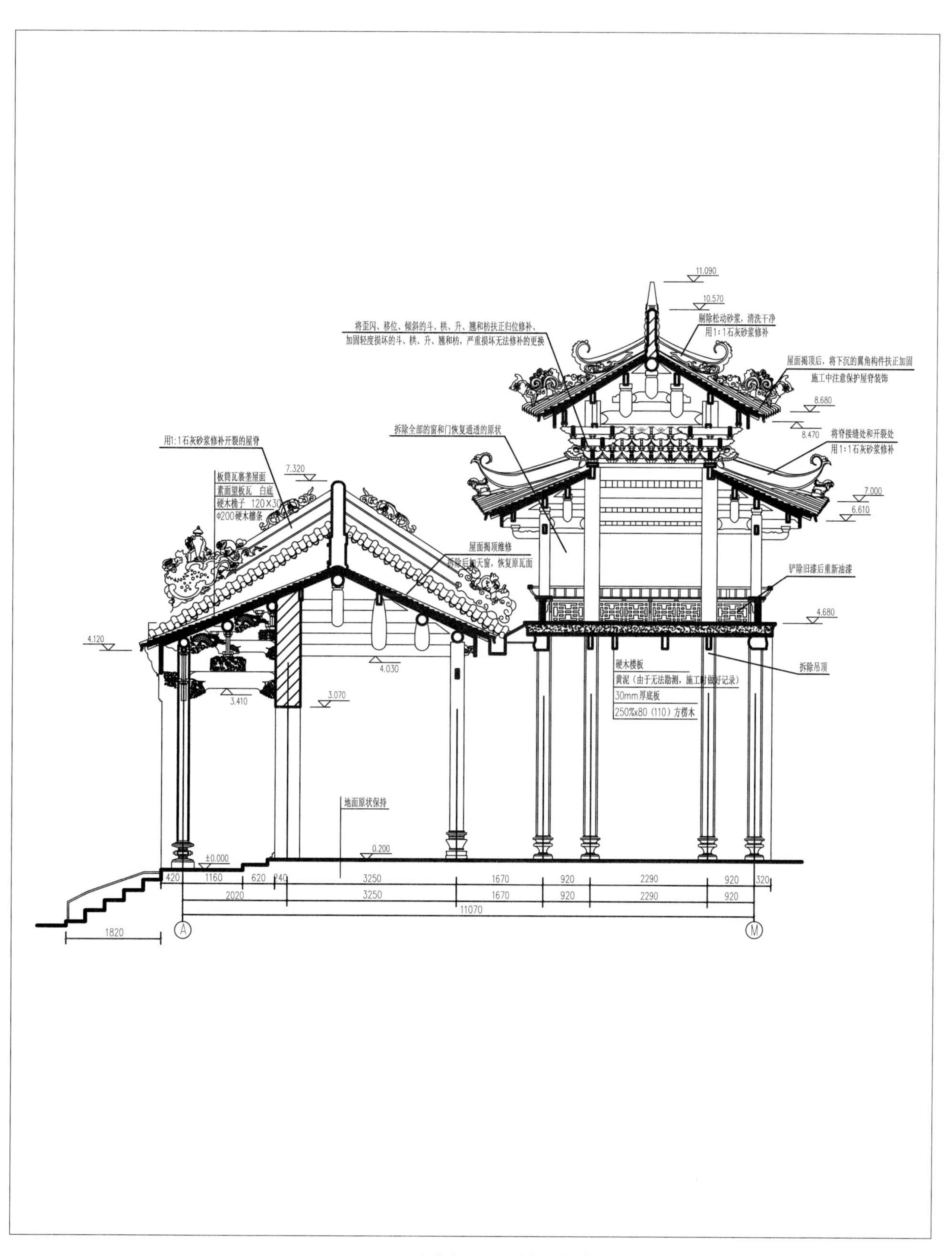

一二一　武安阁 2 -2 剖面设计图

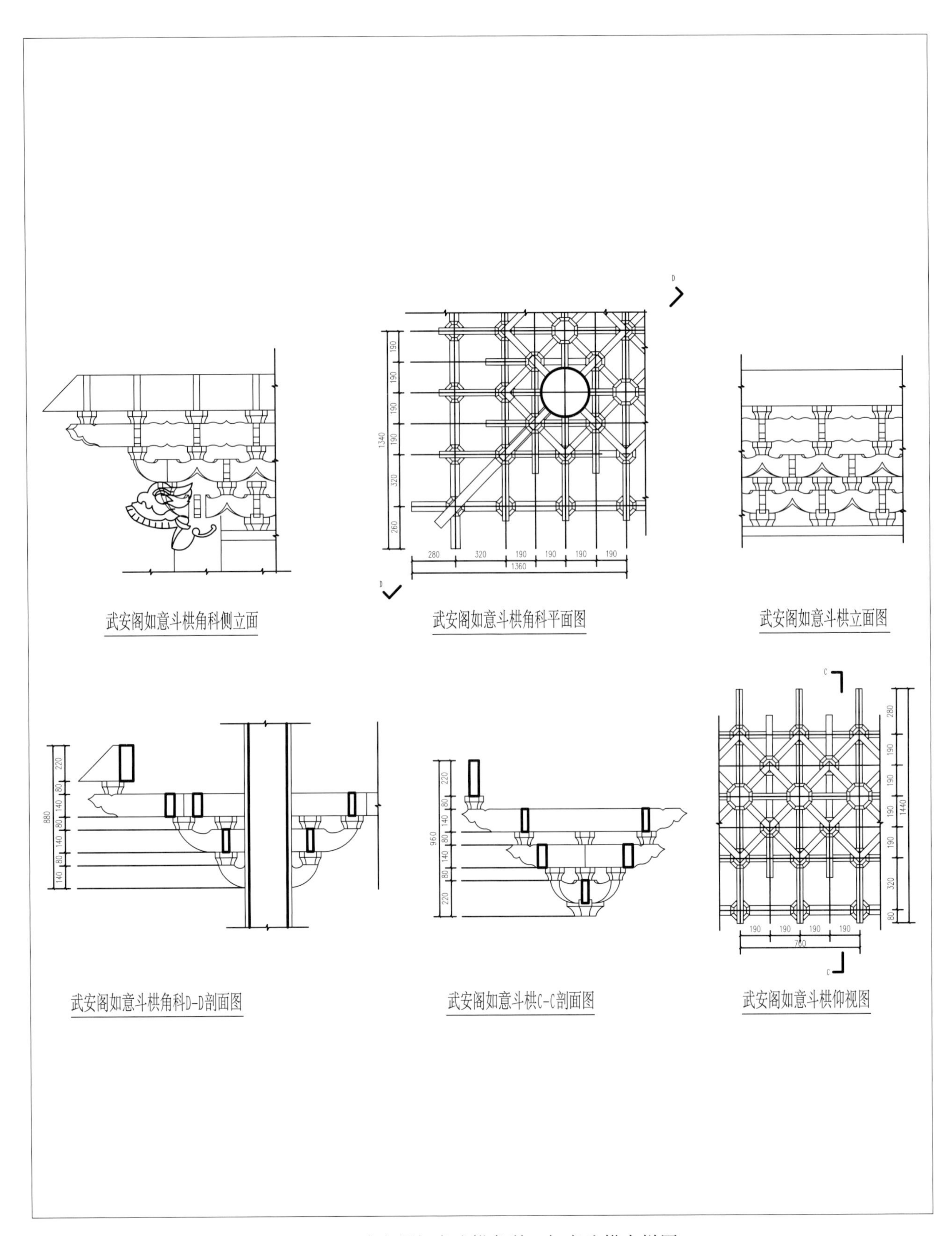

一二二　武安阁如意斗栱角科、如意斗栱大样图

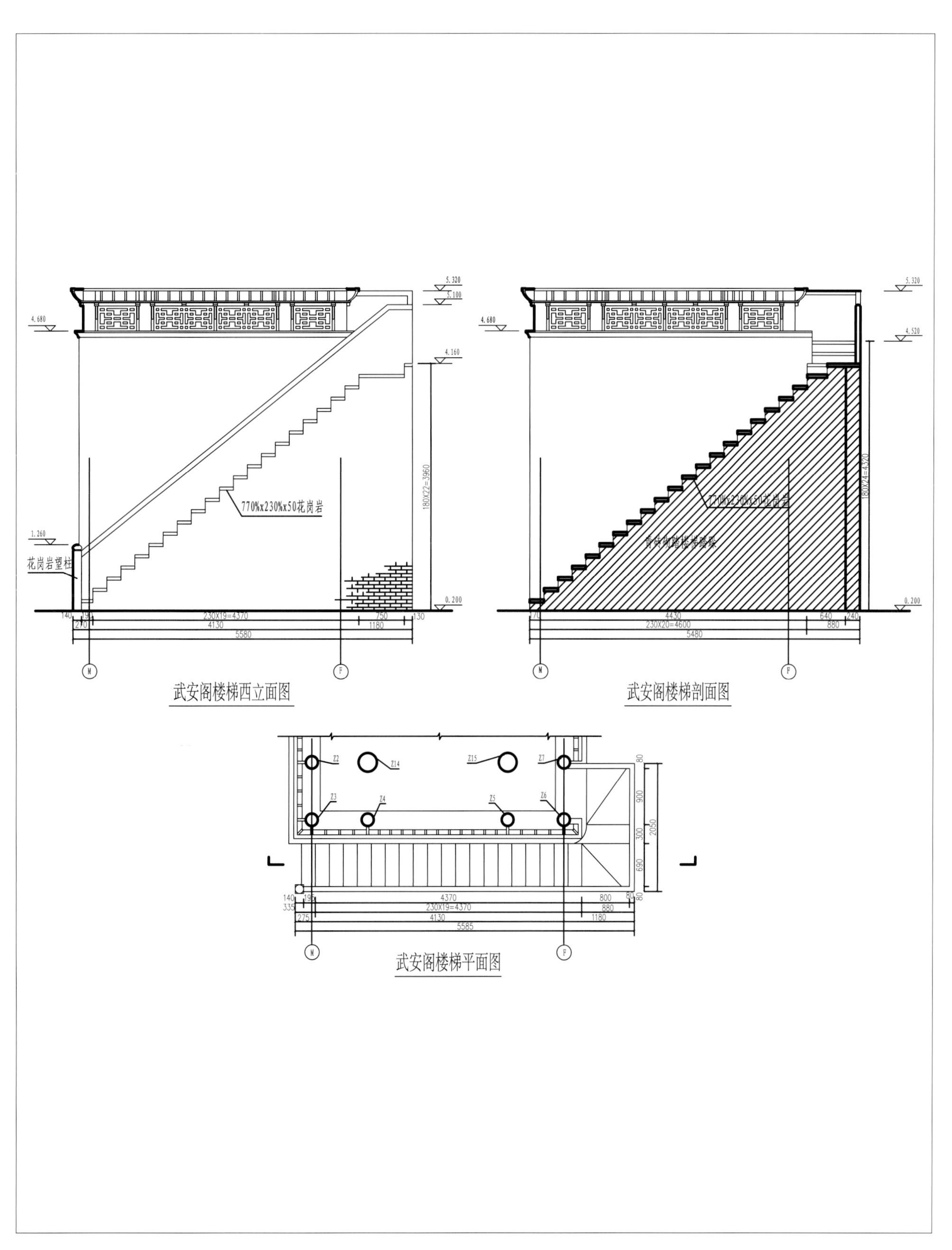

一二三　武安阁楼梯大样图

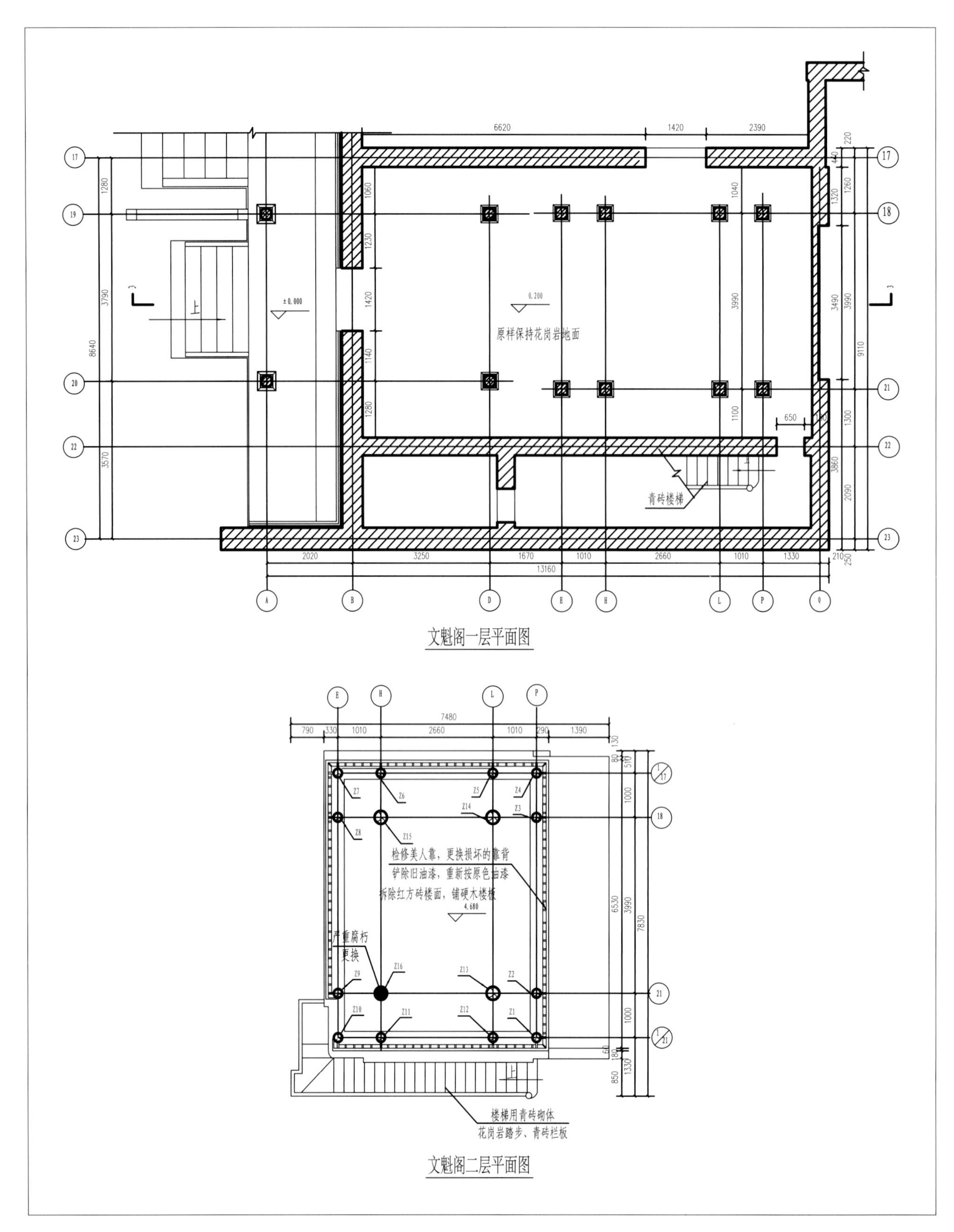

一二四　文魁阁一层、二层平面设计图

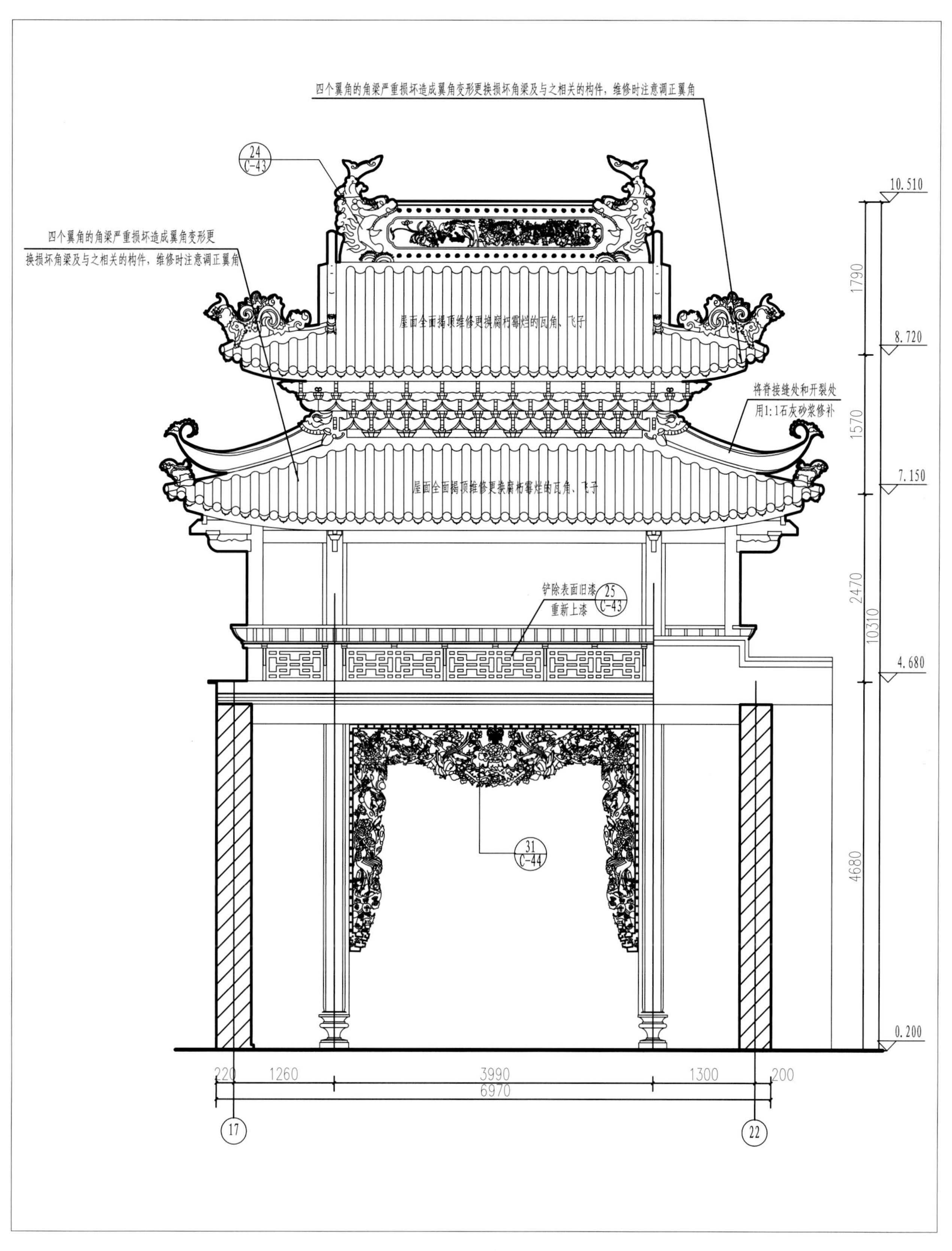

一二五　文魁阁东立面设计图

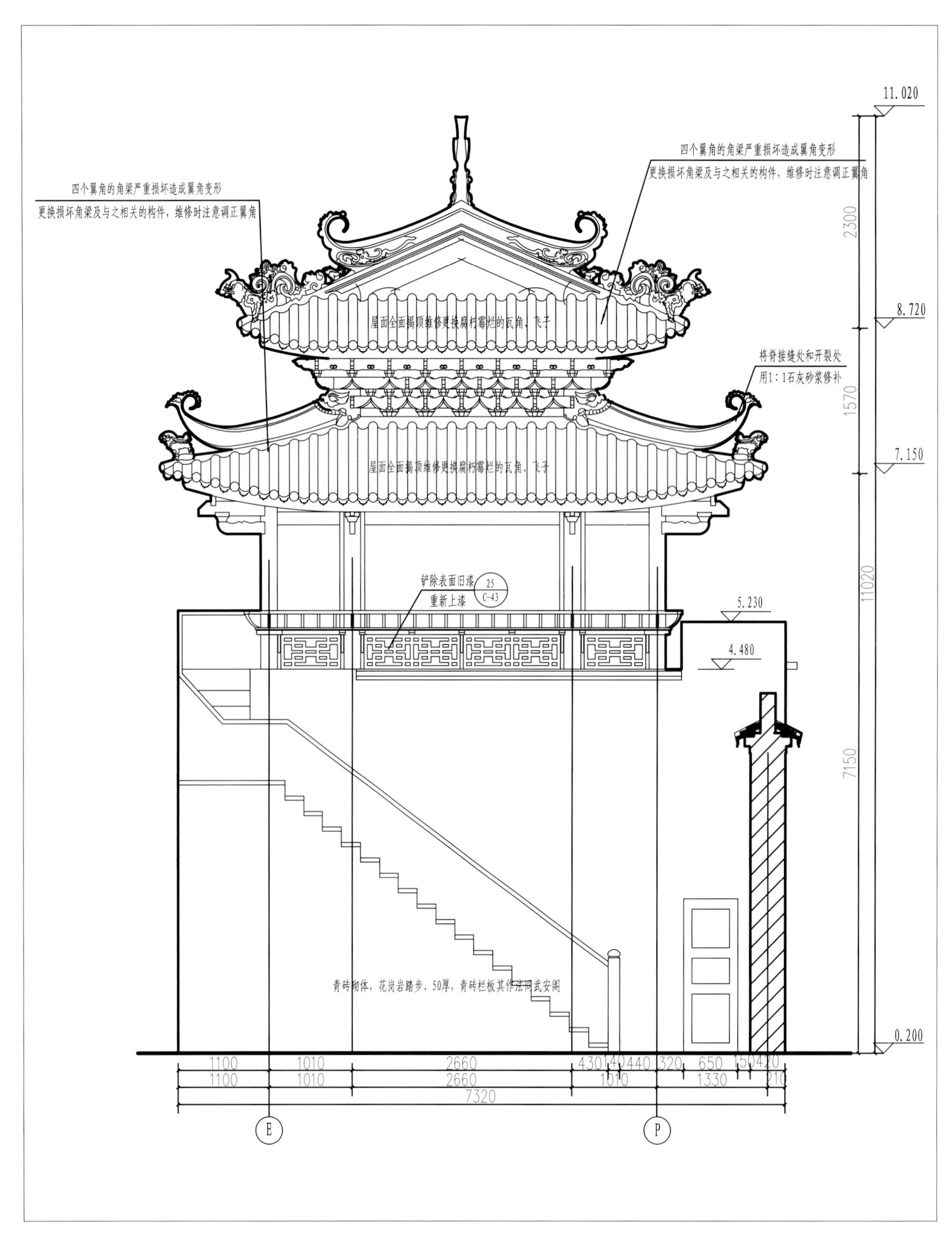

一二六　文魁阁南立面设计图

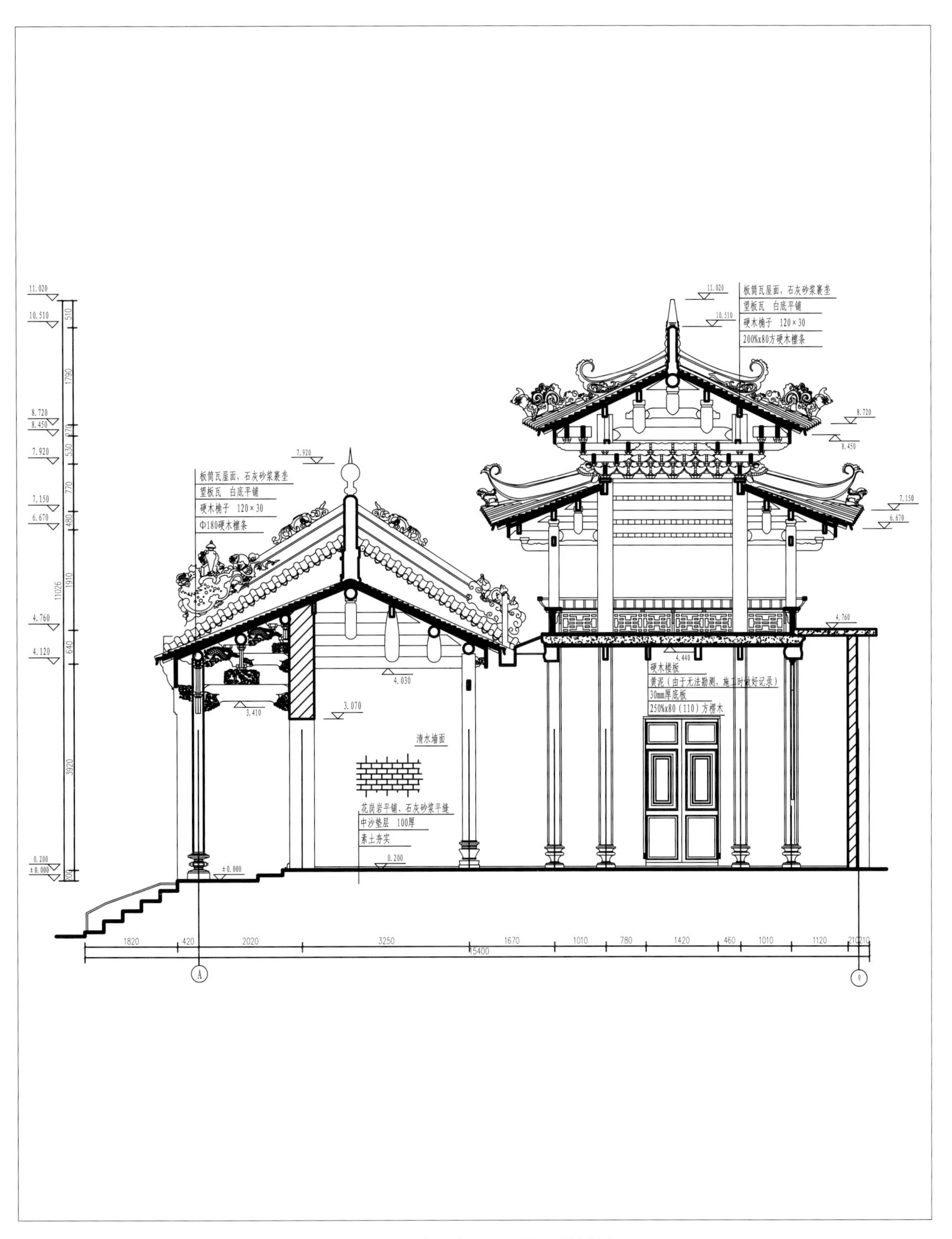

一二七 文魁阁 3－3 剖面设计图

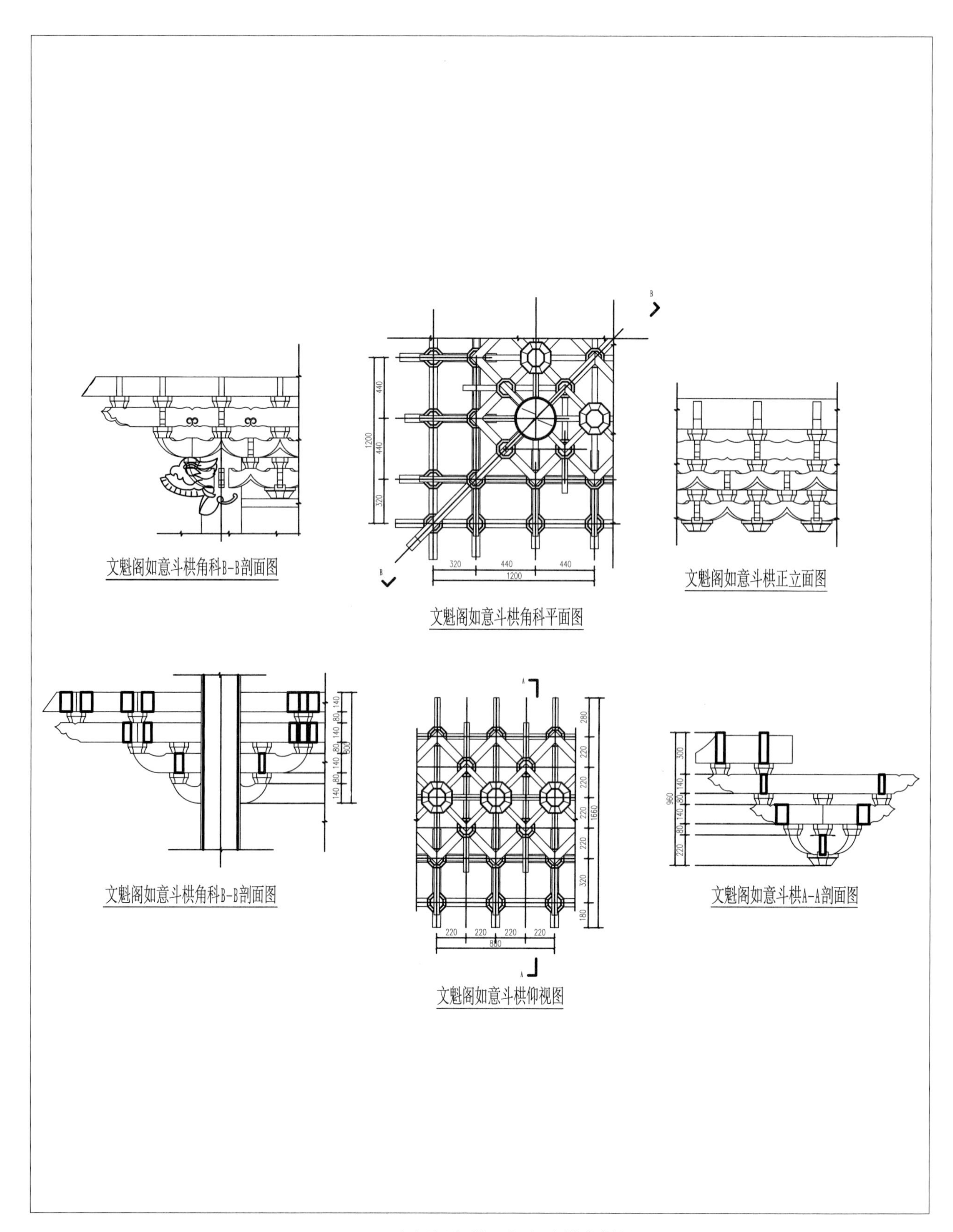

一二八　文魁阁角科、如意斗栱大样图

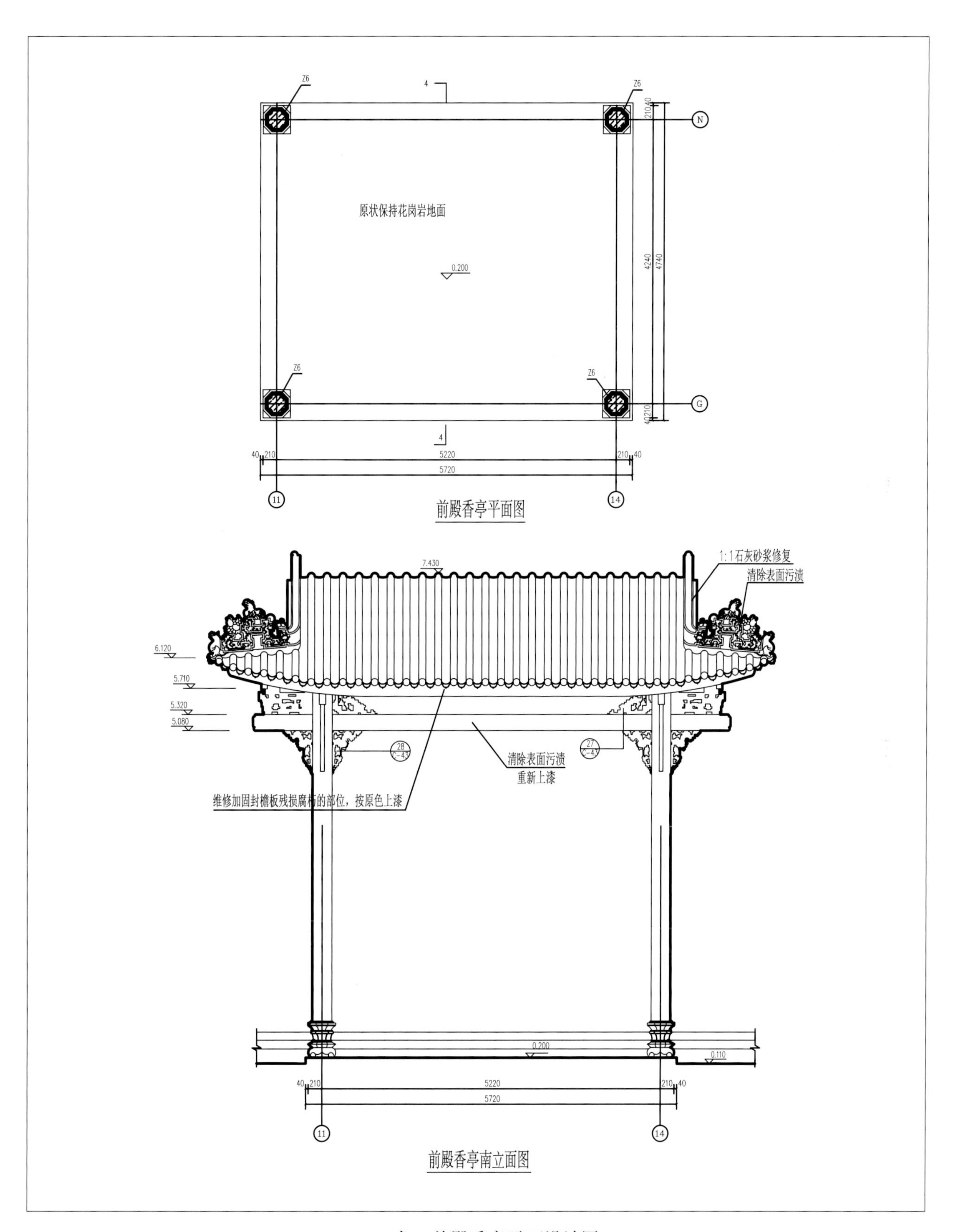

一二九　前殿香亭平面设计图

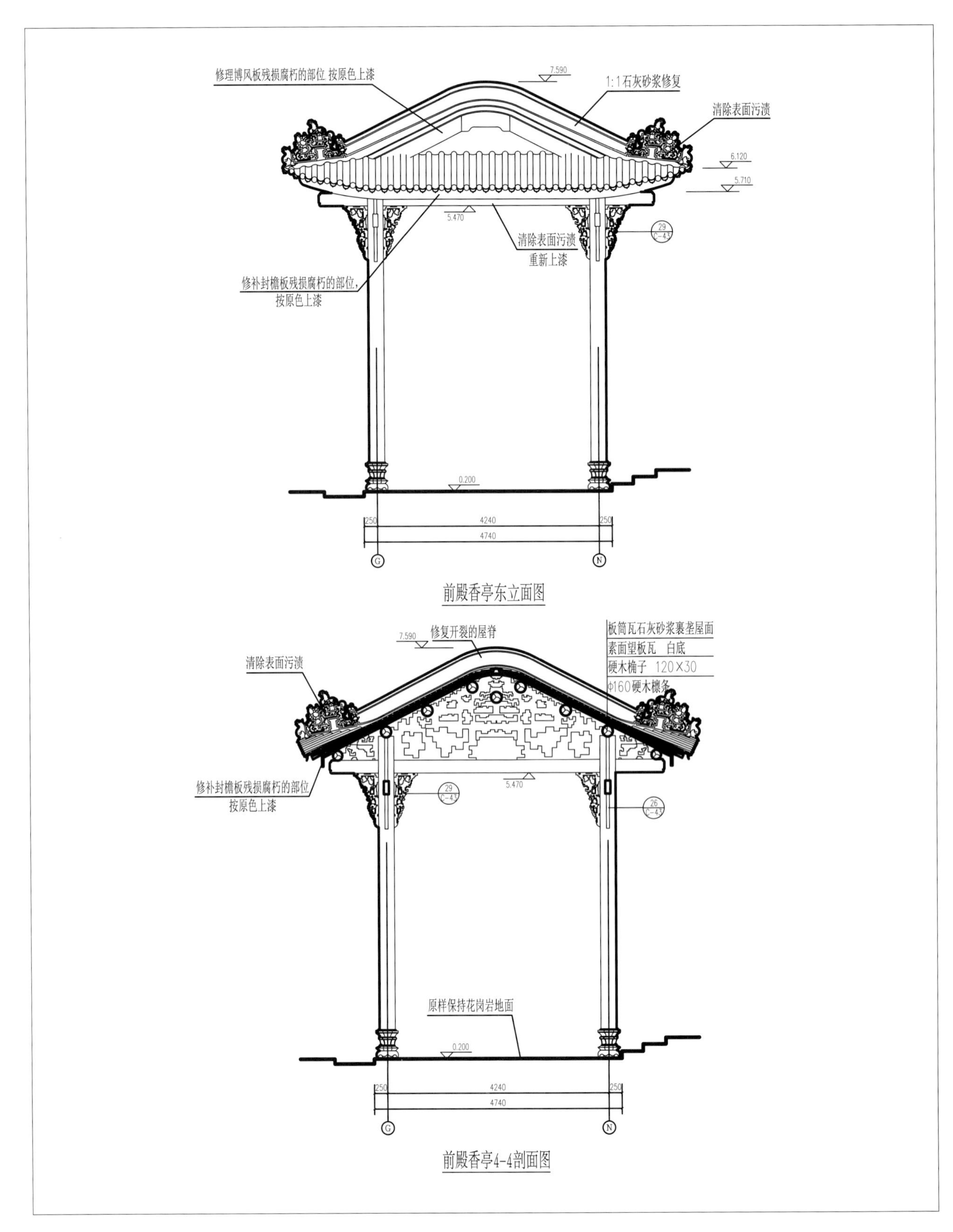

一三〇 前殿香亭东立面、4-4剖面图

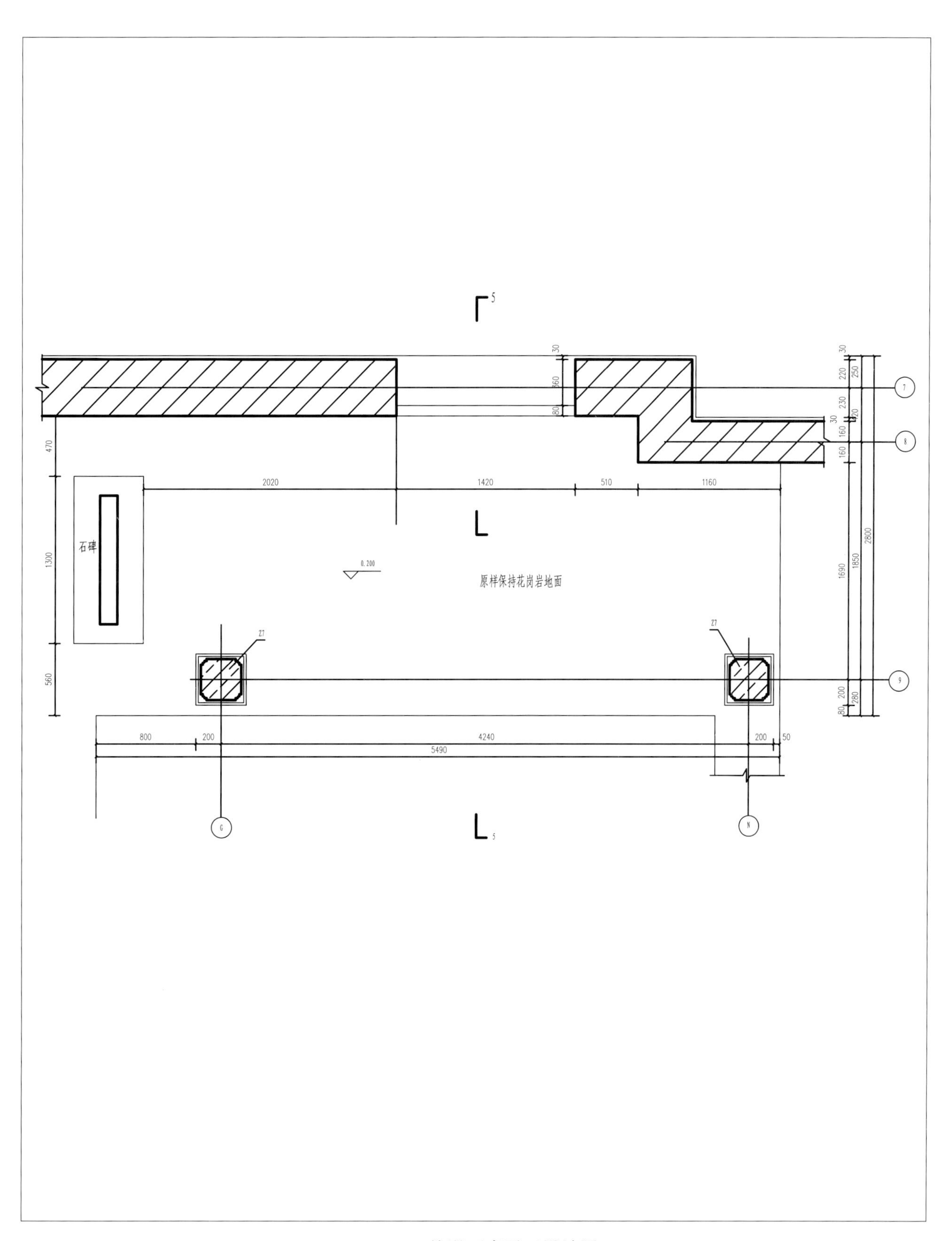

一三一　前殿西廊平面设计图

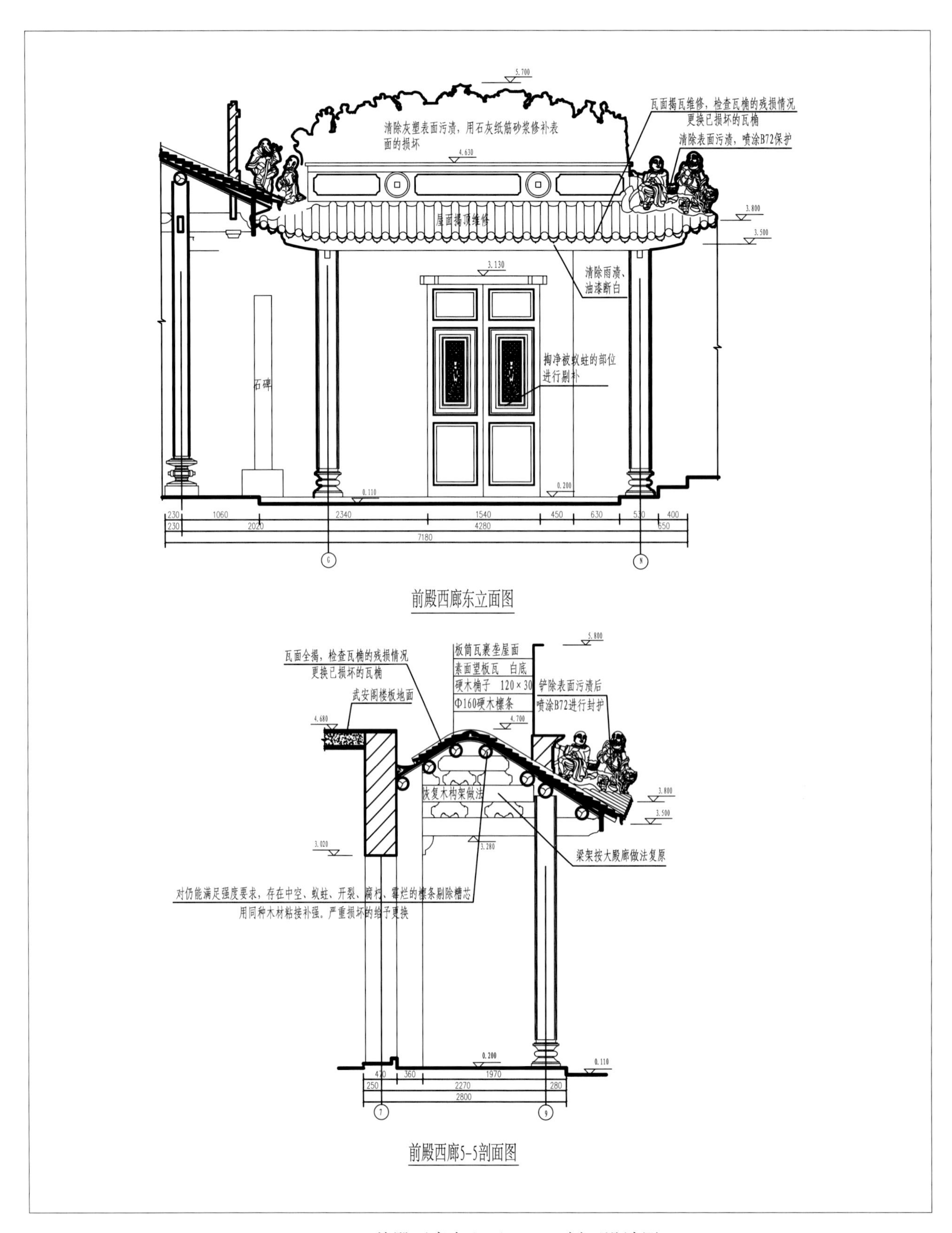

一三二 前殿西廊东立面、5－5剖面设计图

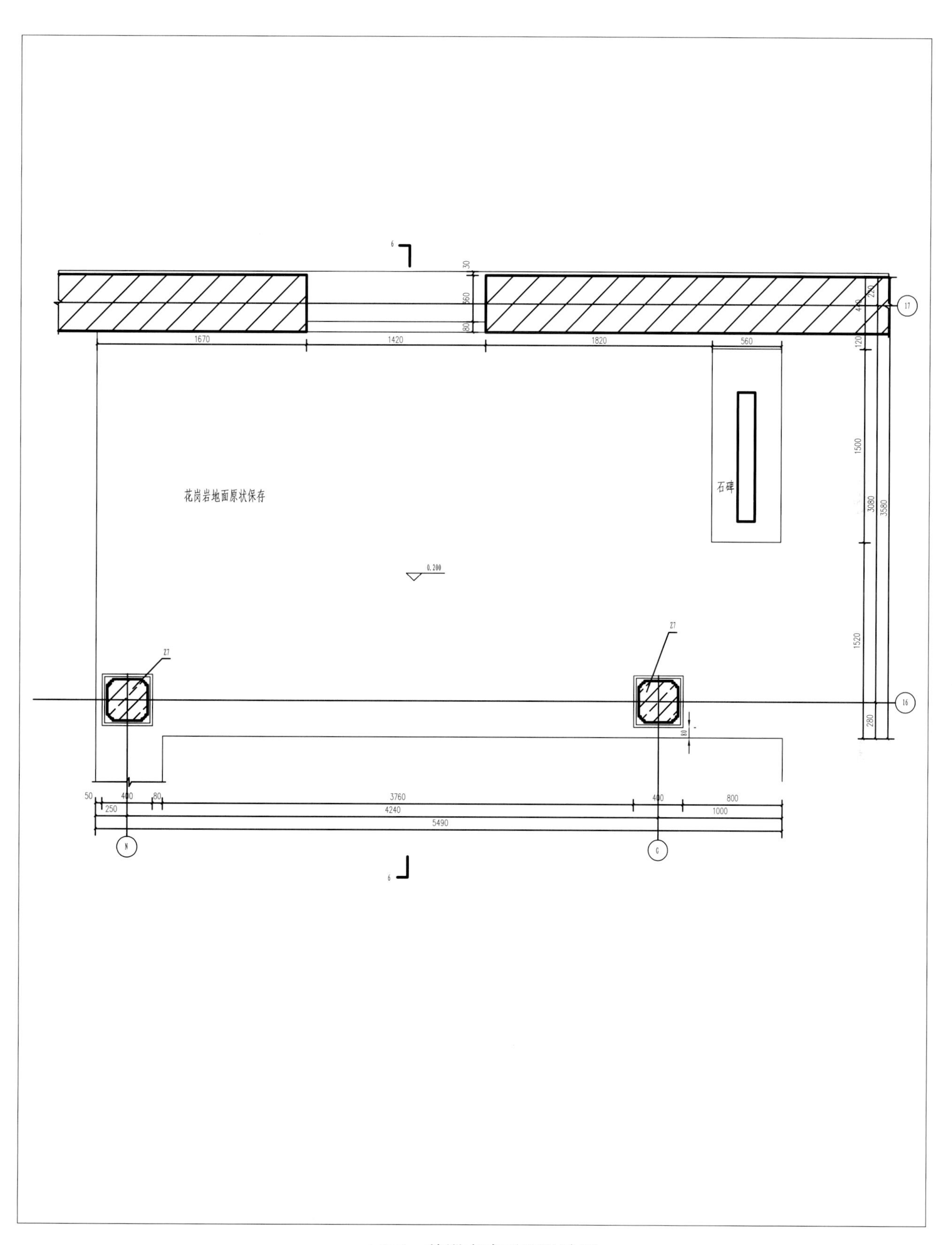

一三三　前殿东廊平面设计图

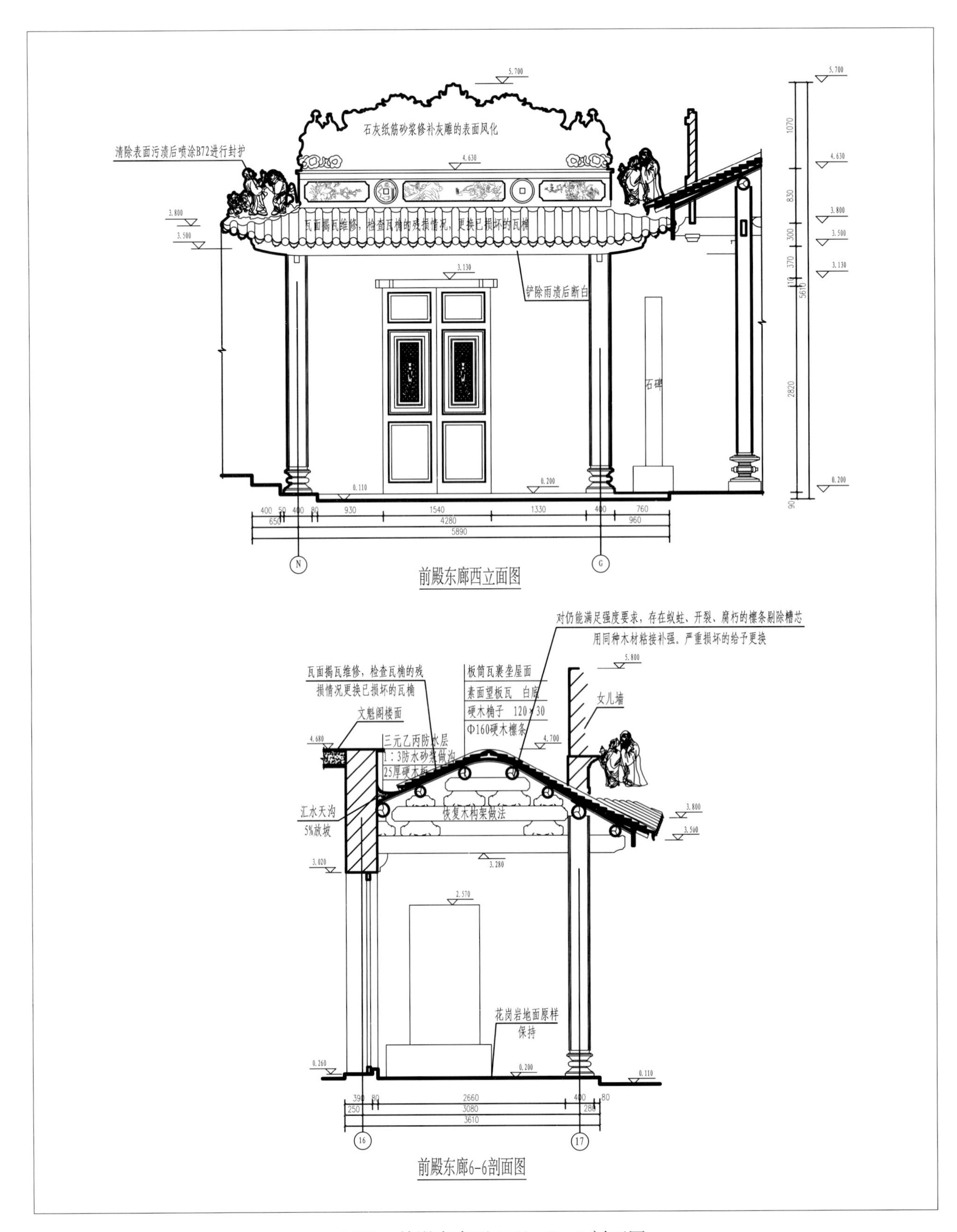

一三四　前殿东廊西立面、6－6 剖面图

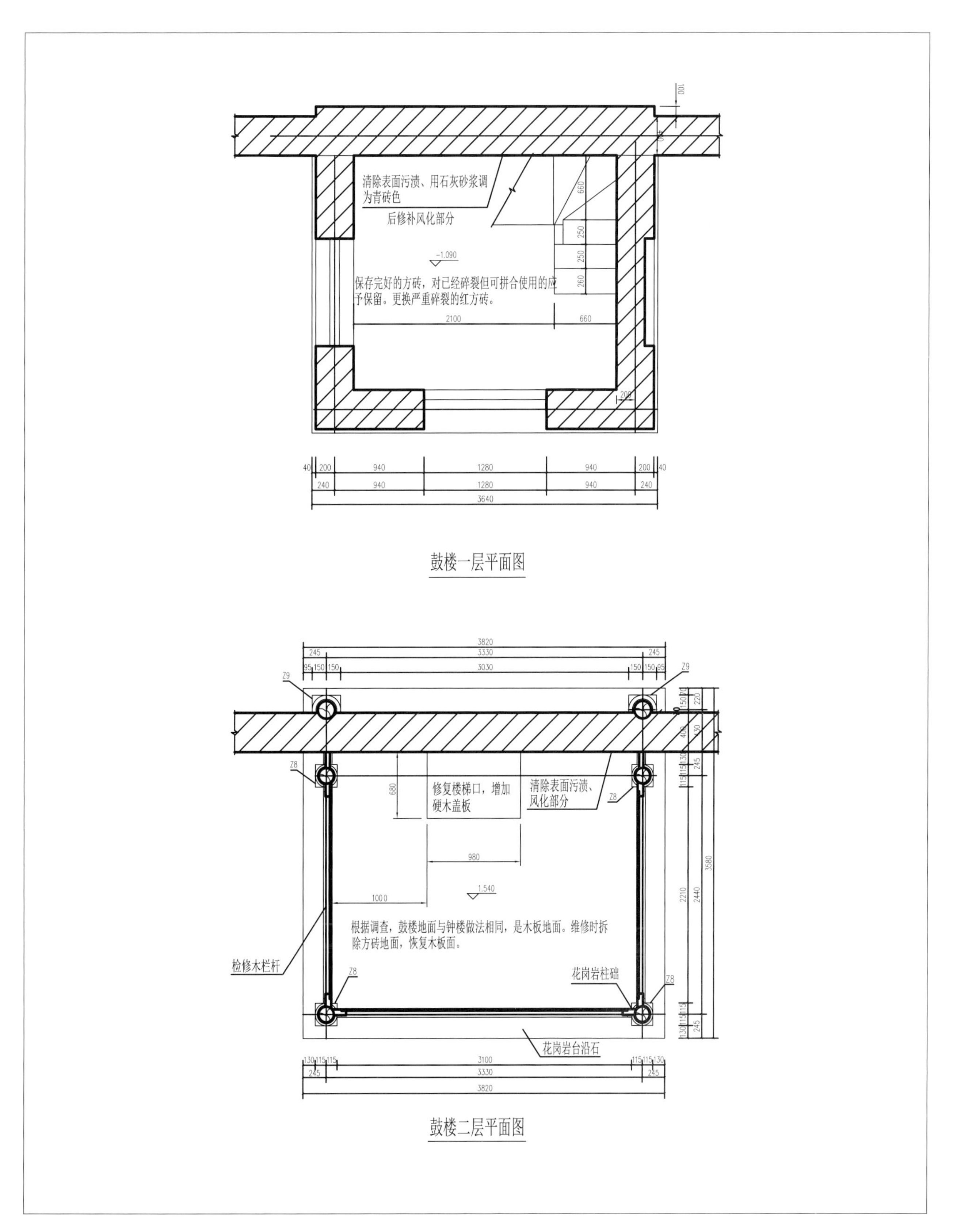

一三五　鼓楼一、二层平面设计图

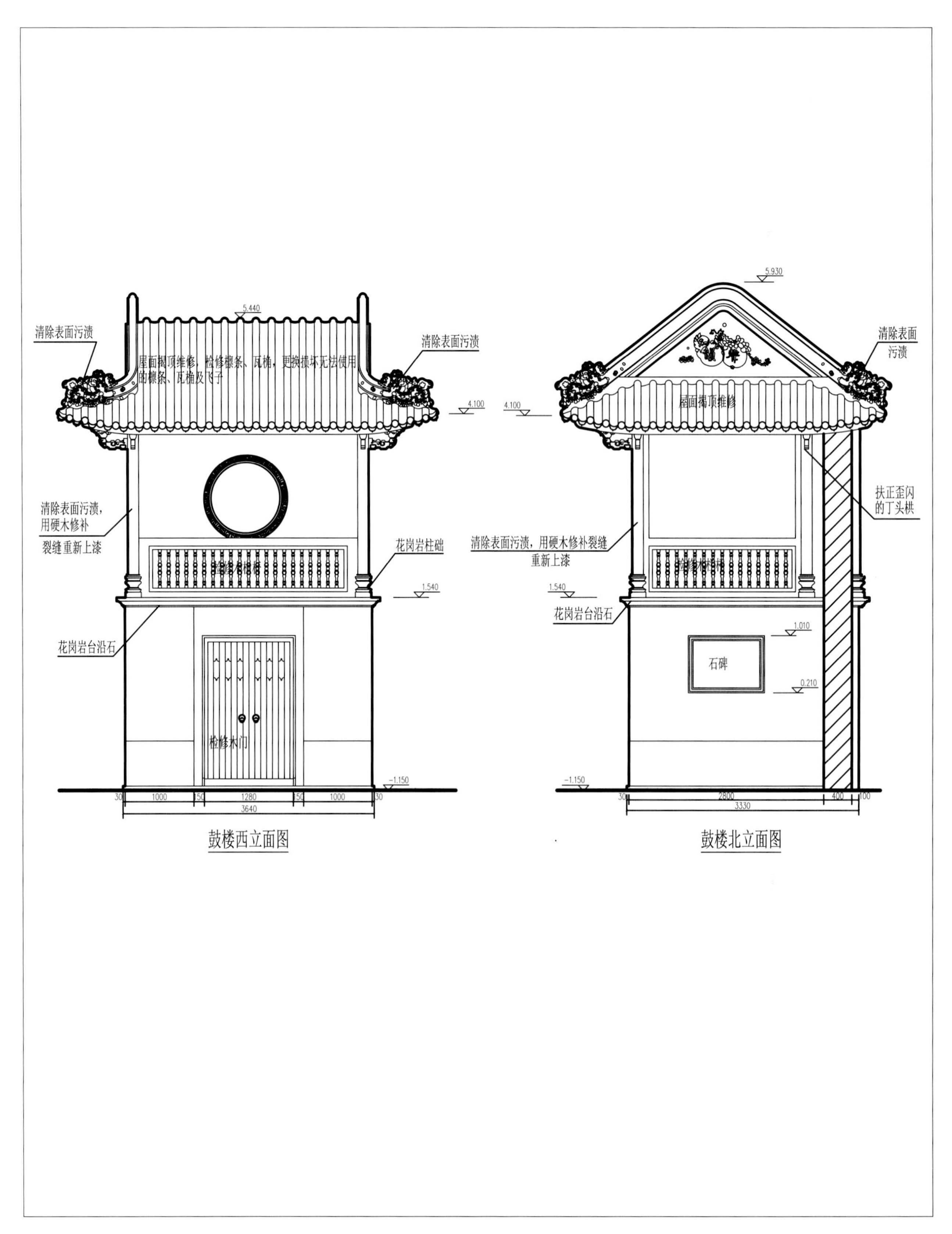

一三六　鼓楼西、北立面设计图

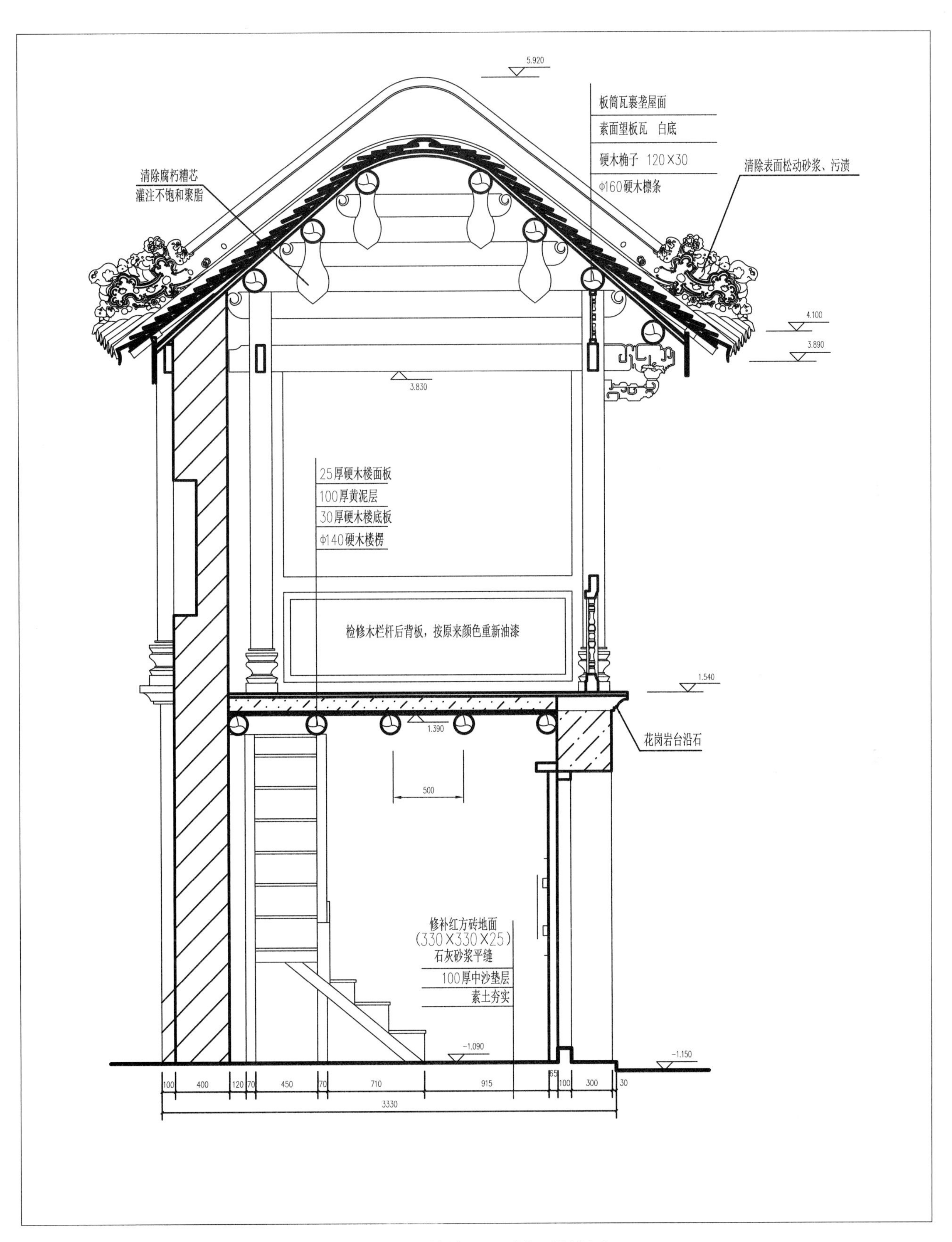

一三七 鼓楼7－7剖面设计图

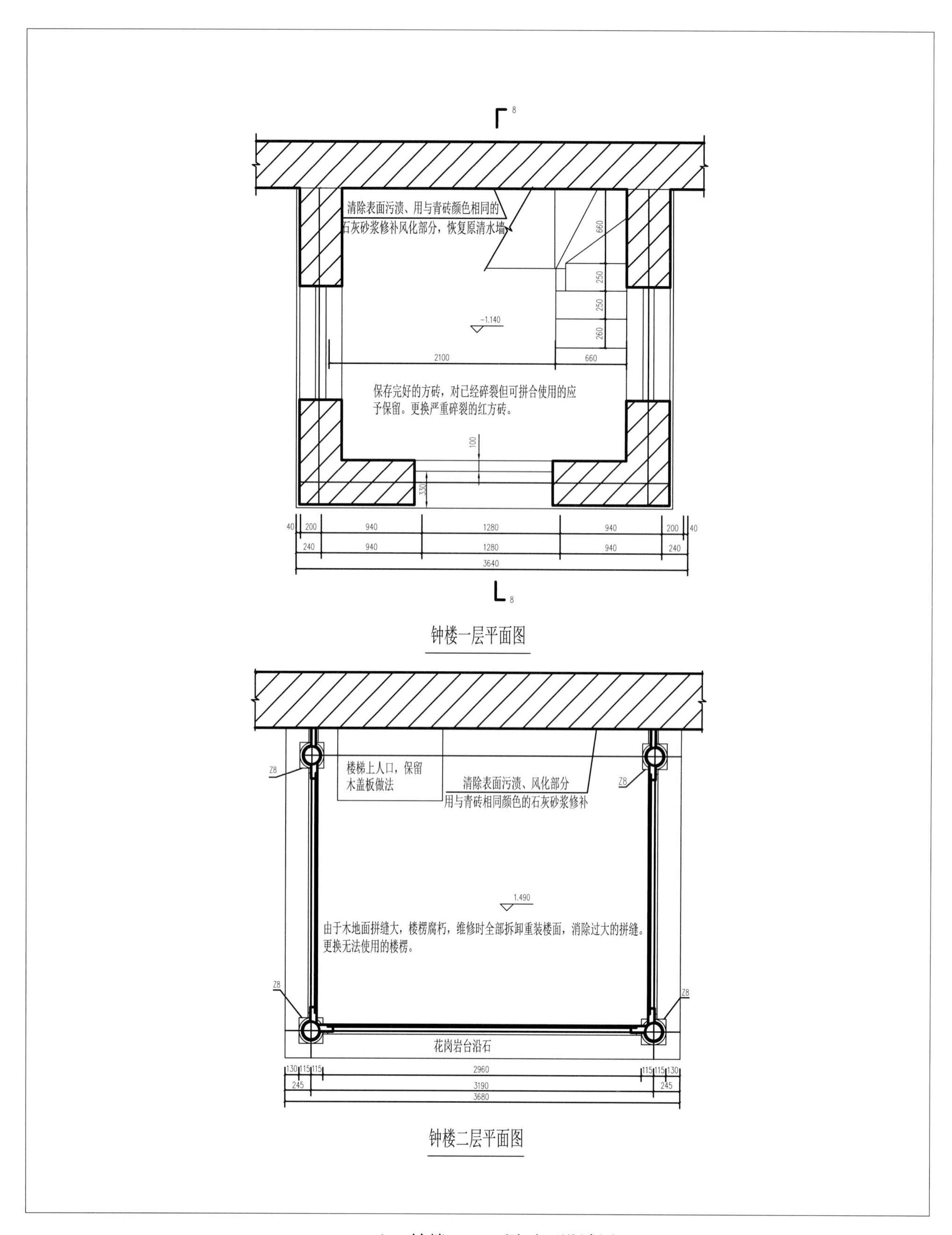

一三八　钟楼一、二层平面设计图

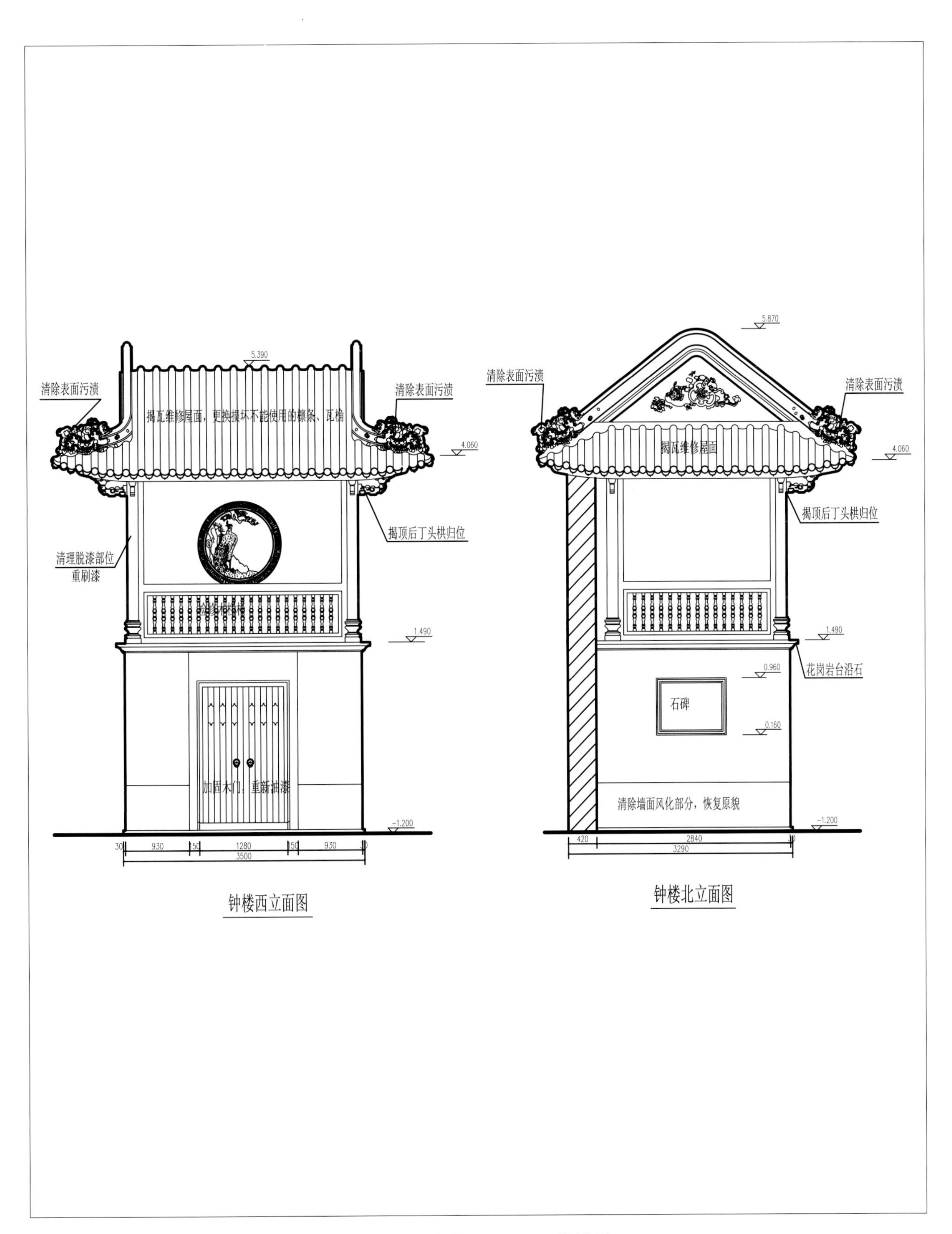

一三九　钟楼西、北立面设计图

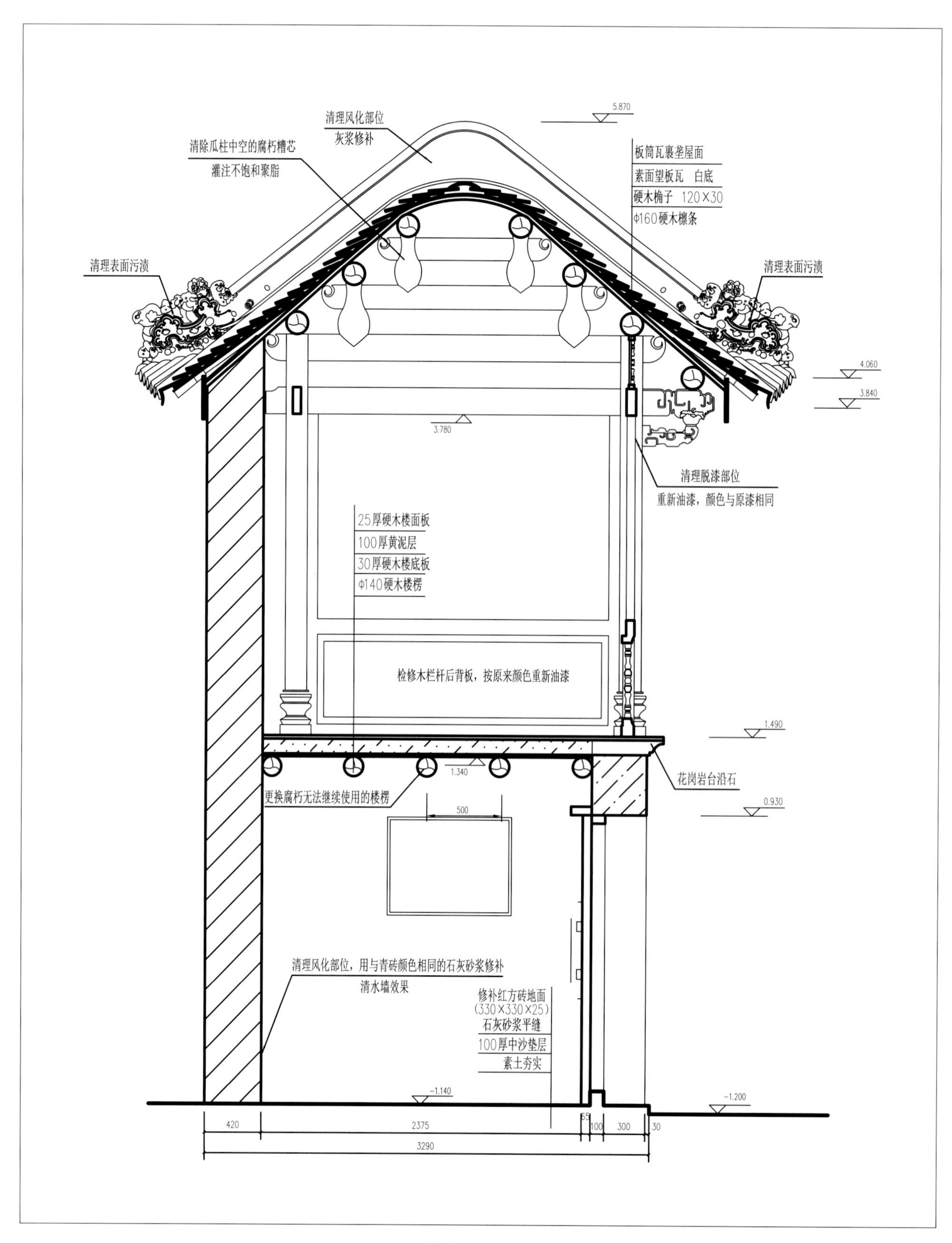

一四〇　钟楼8－8剖面设计图

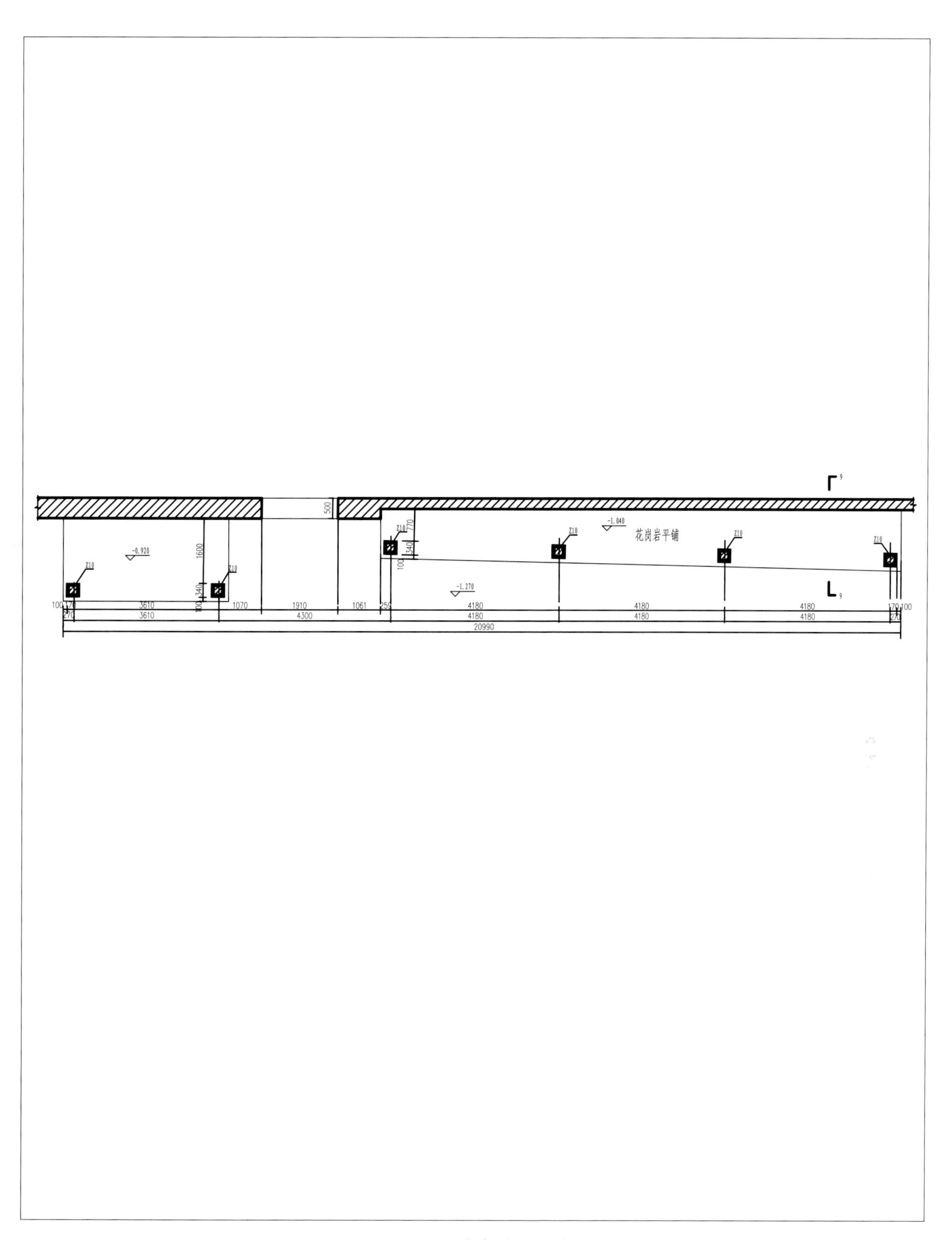

一四一　西碑廊平面设计图

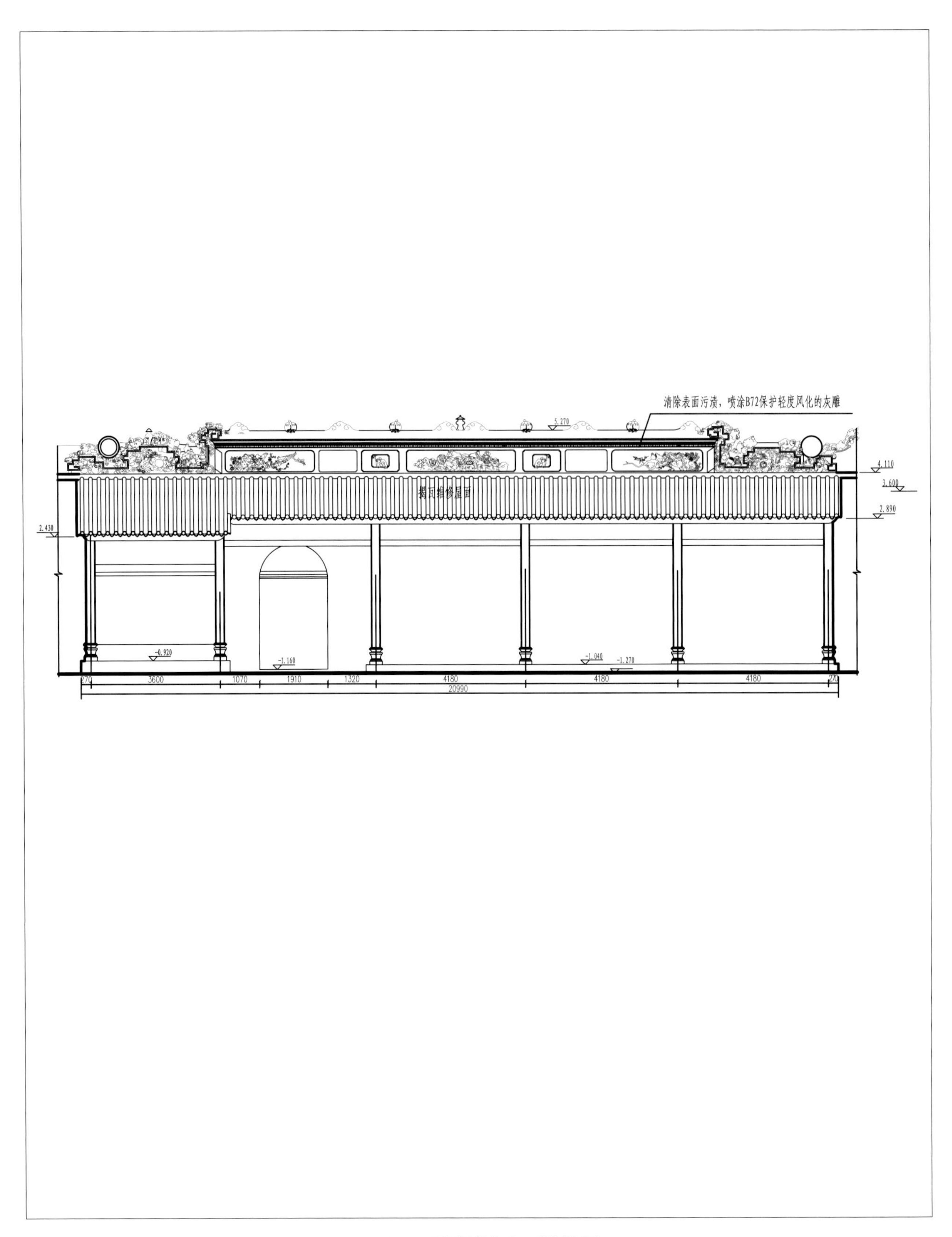

一四二　西碑廊东立面设计图

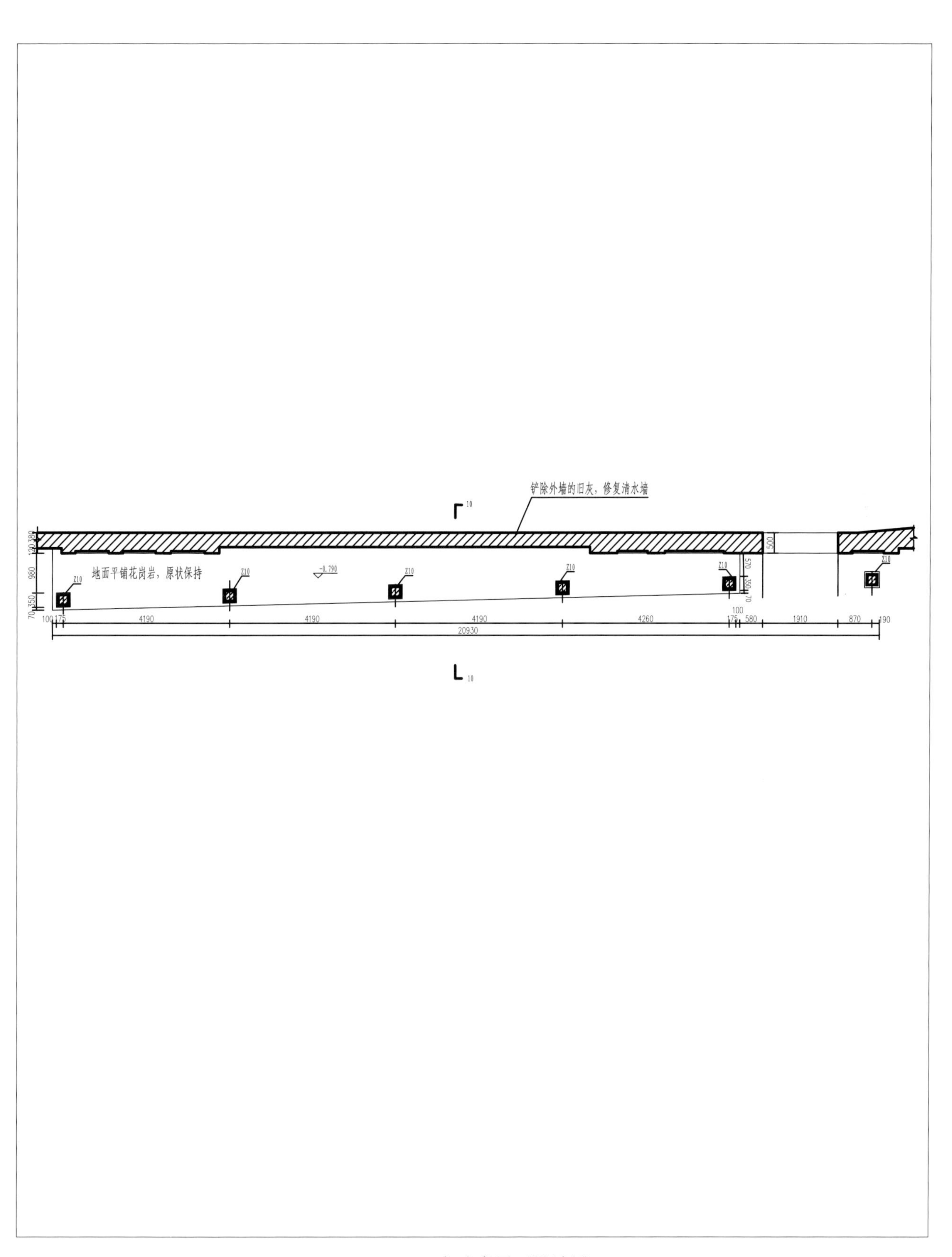

一四三　东碑廊平面设计图

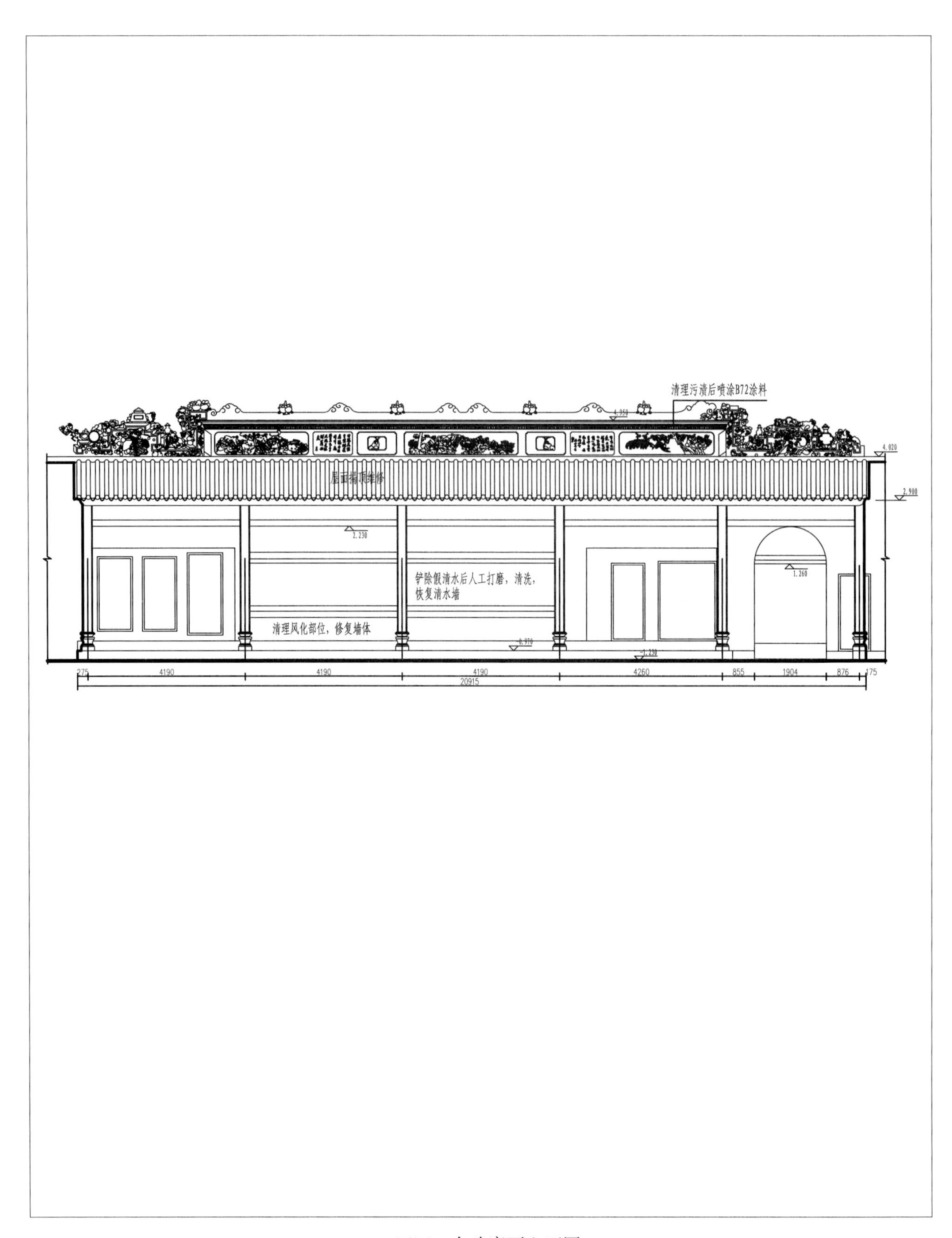
清理污渍后喷涂B72涂料
4.950
4.020
屋面揭顶维修
2.900
2.230
铲除假清水后人工打磨，清洗，
恢复清水墙
1.260
清理风化部位，修复墙体
-0.970
-1.230
275
4190
4190
4190
4260
855
1904
876
175
20915

一四四　东碑廊西立面图

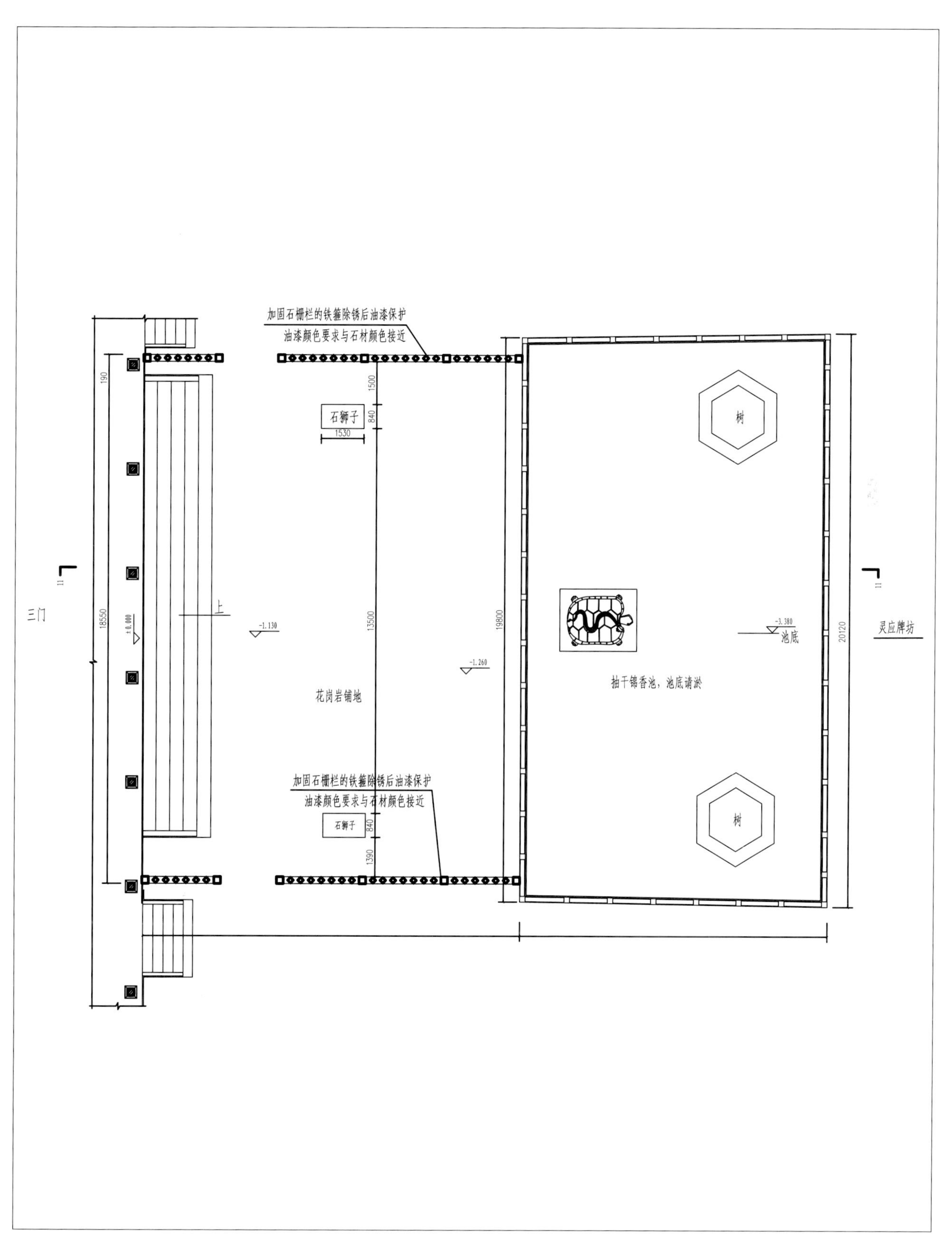

一四五　锦香池平面设计图

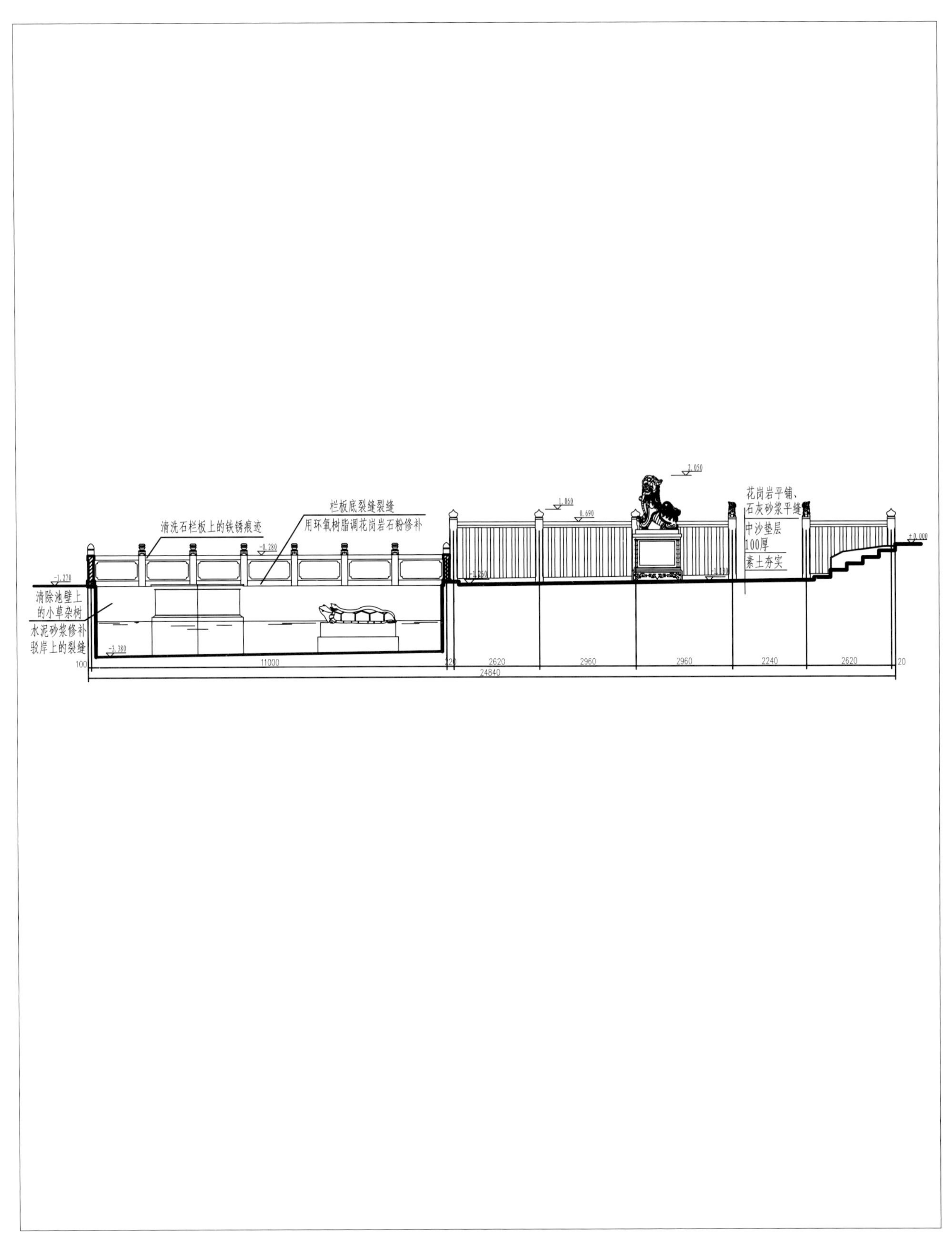

一四六　锦香池11－11剖面设计图

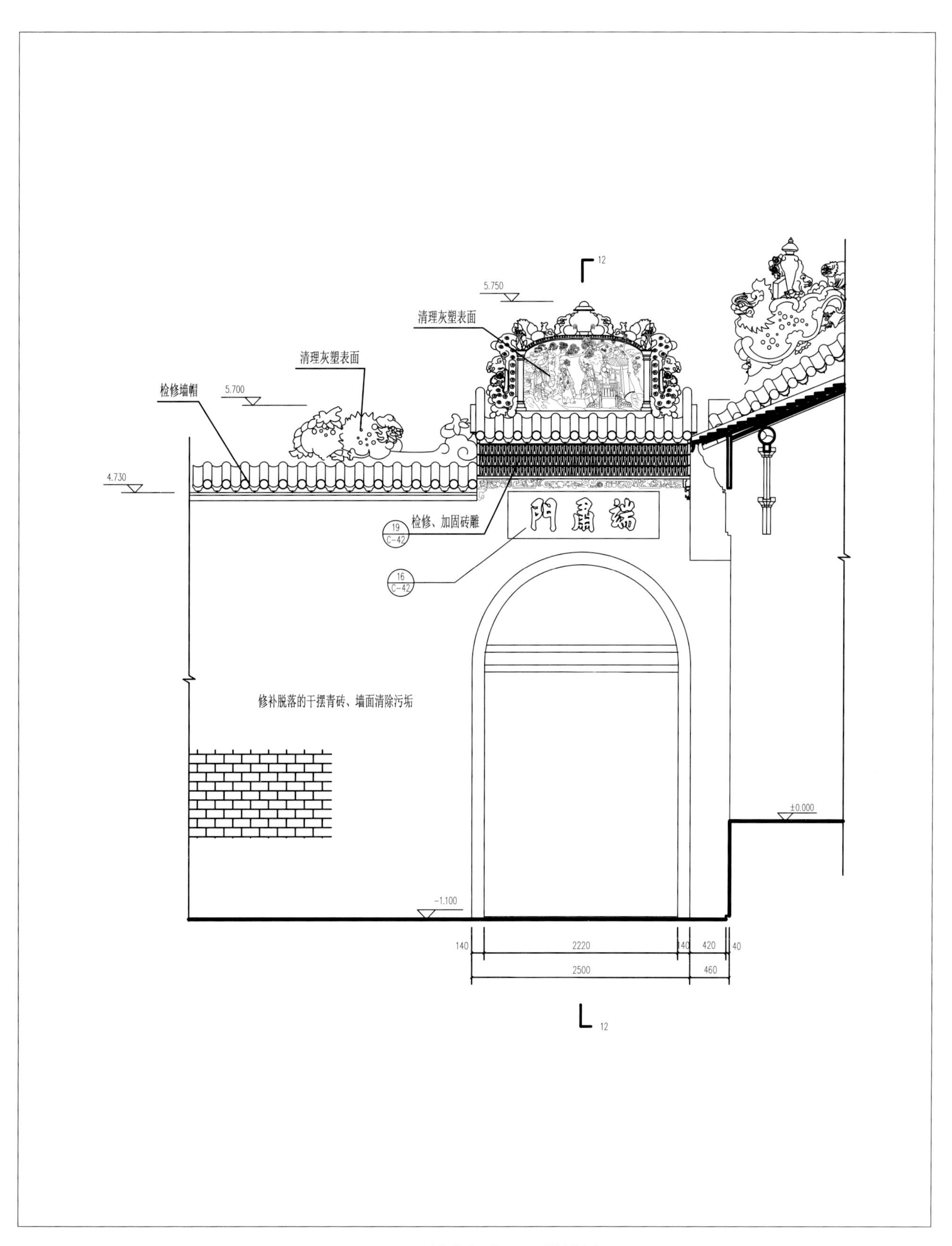

一四七　端肃门东立面设计图

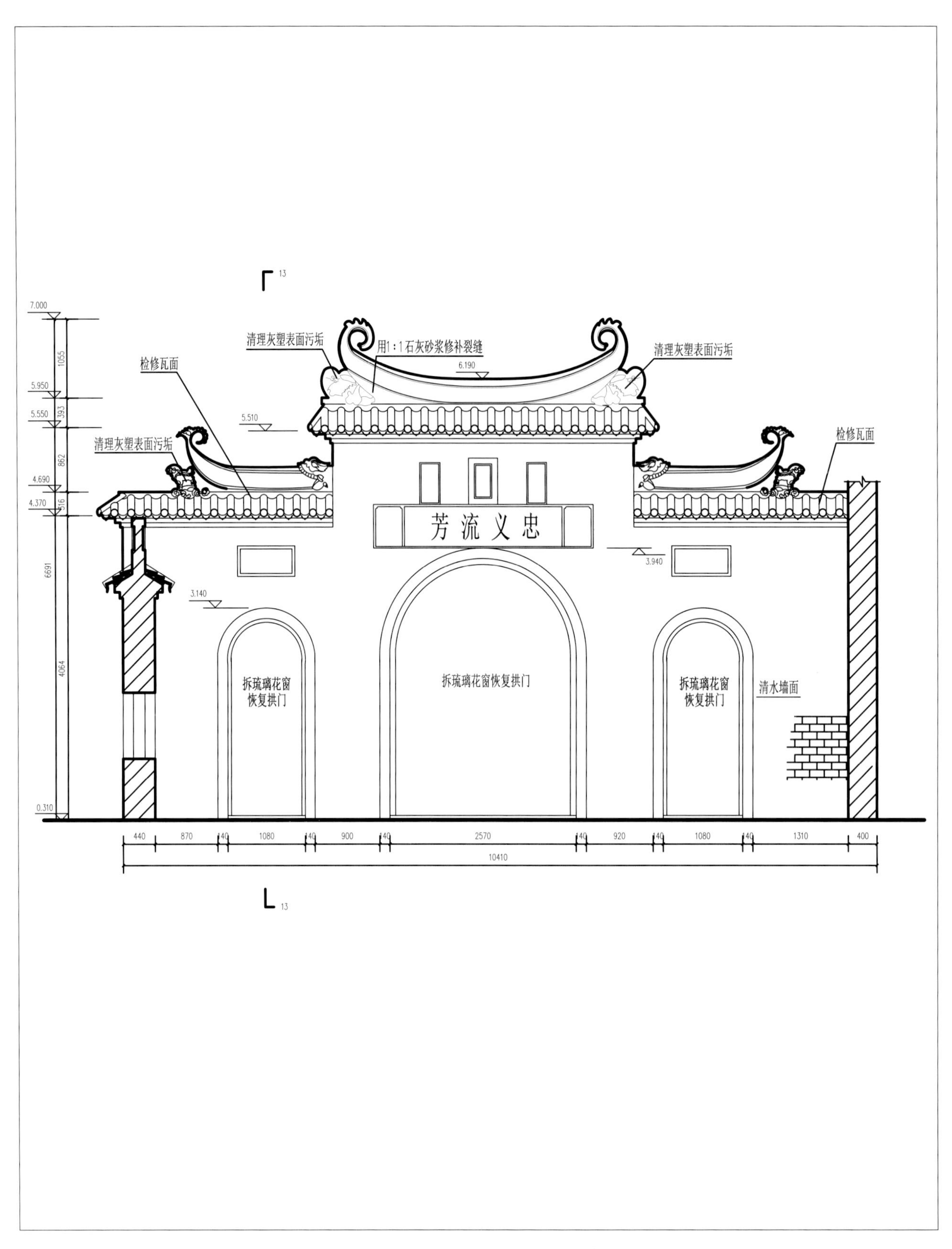

一四八　流芳祠牌坊南立面设计图

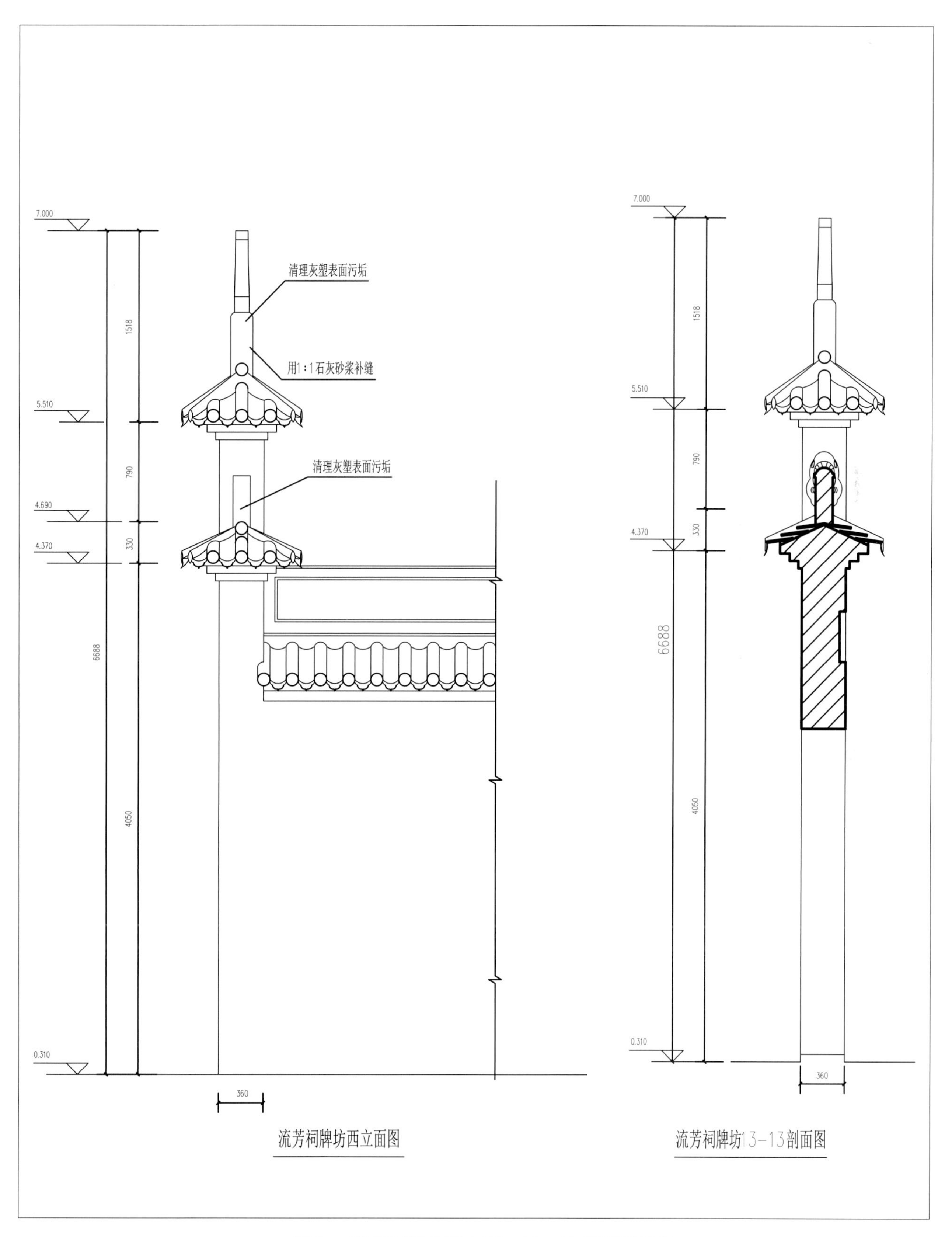

一四九　流芳祠牌坊西立面、13－13 剖面设计图

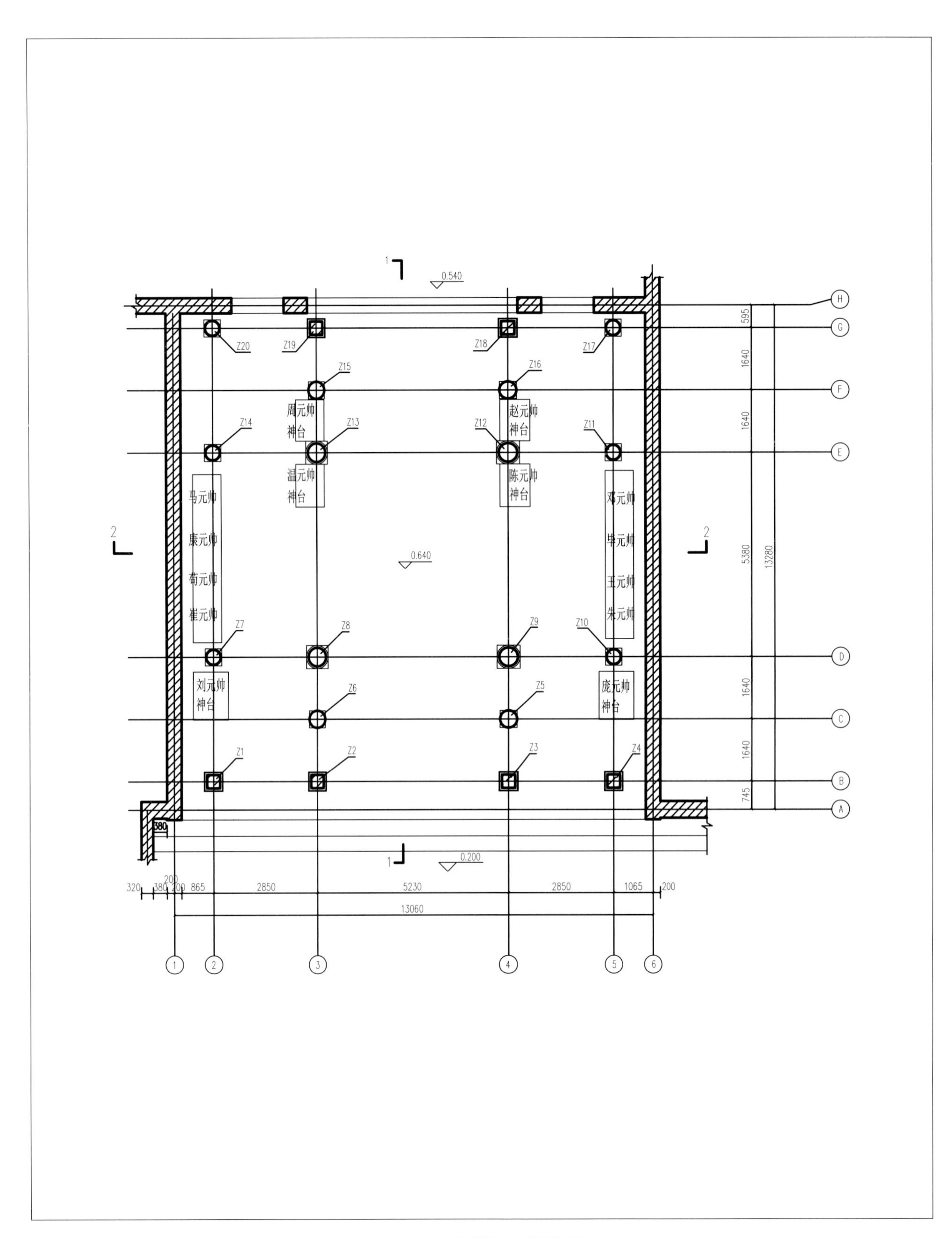

周元帅
神台
赵元帅
神台
温元帅
神台
陈元帅
神台
马元帅
康元帅
荀元帅
崔元帅
邓元帅
毕元帅
王元帅
朱元帅
刘元帅
神台
庞元帅
神台
0.540
0.640
0.200
13060
13280

一五〇　前殿平面设计图

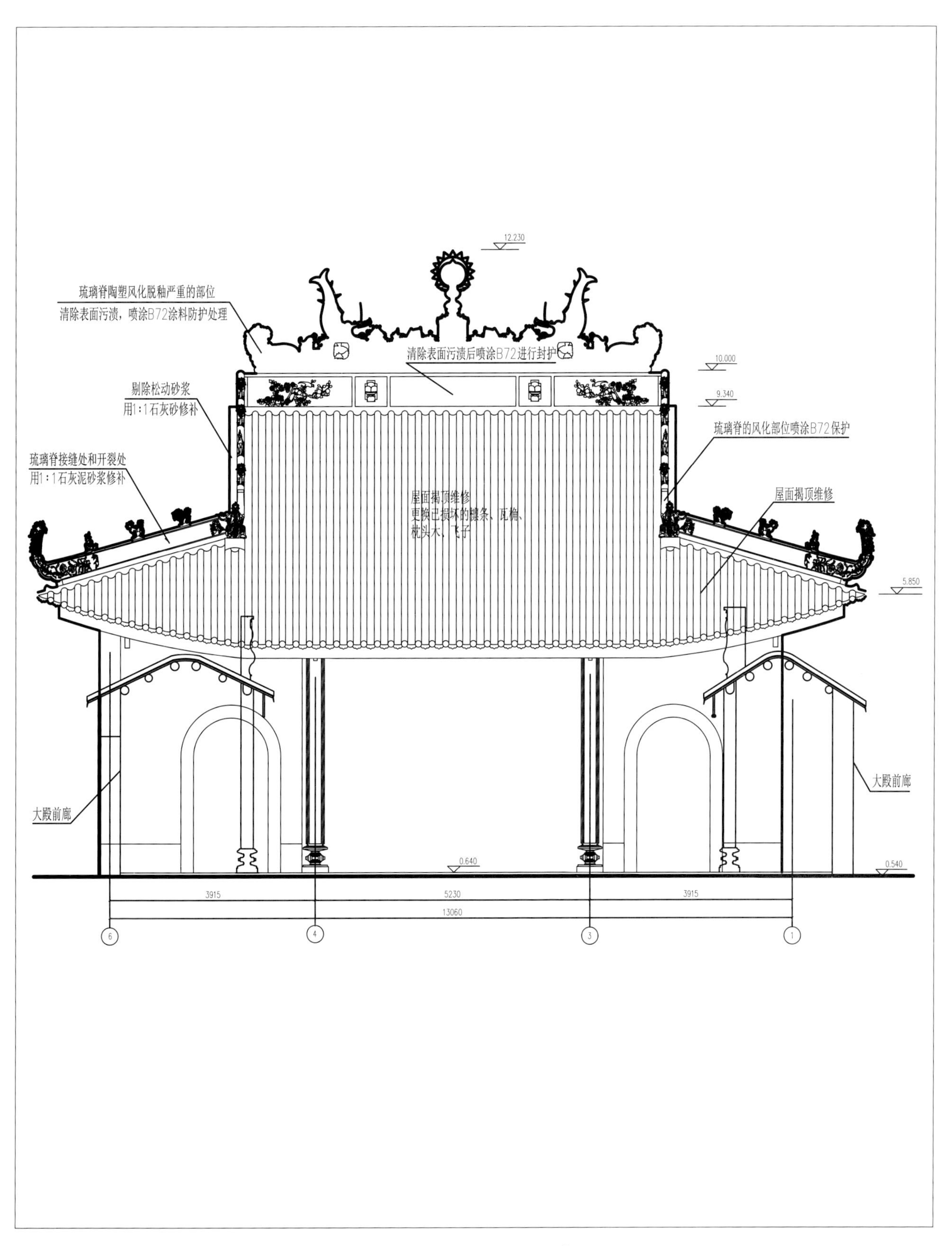

一五一　前殿北立面设计图

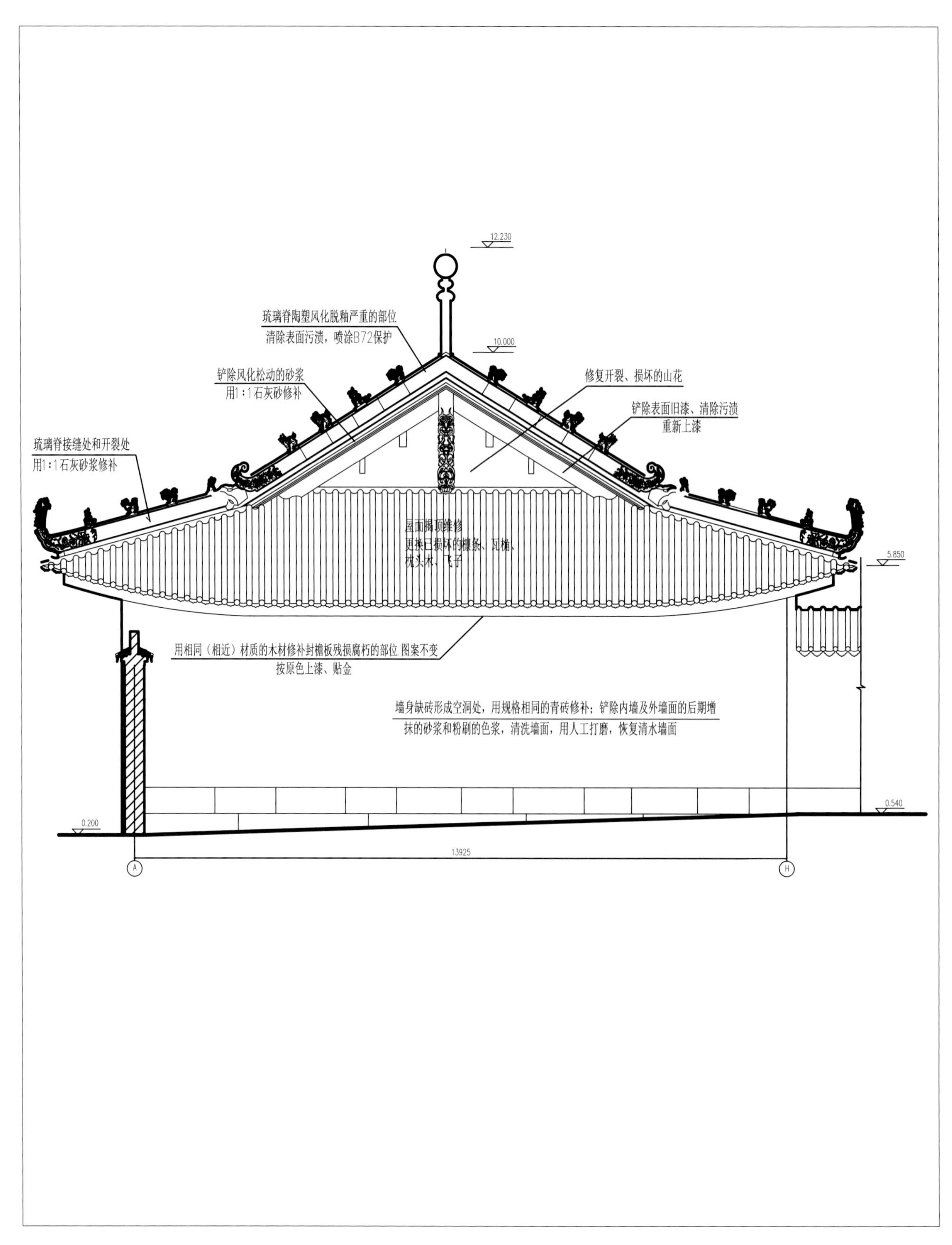

一五二　前殿东立面设计图

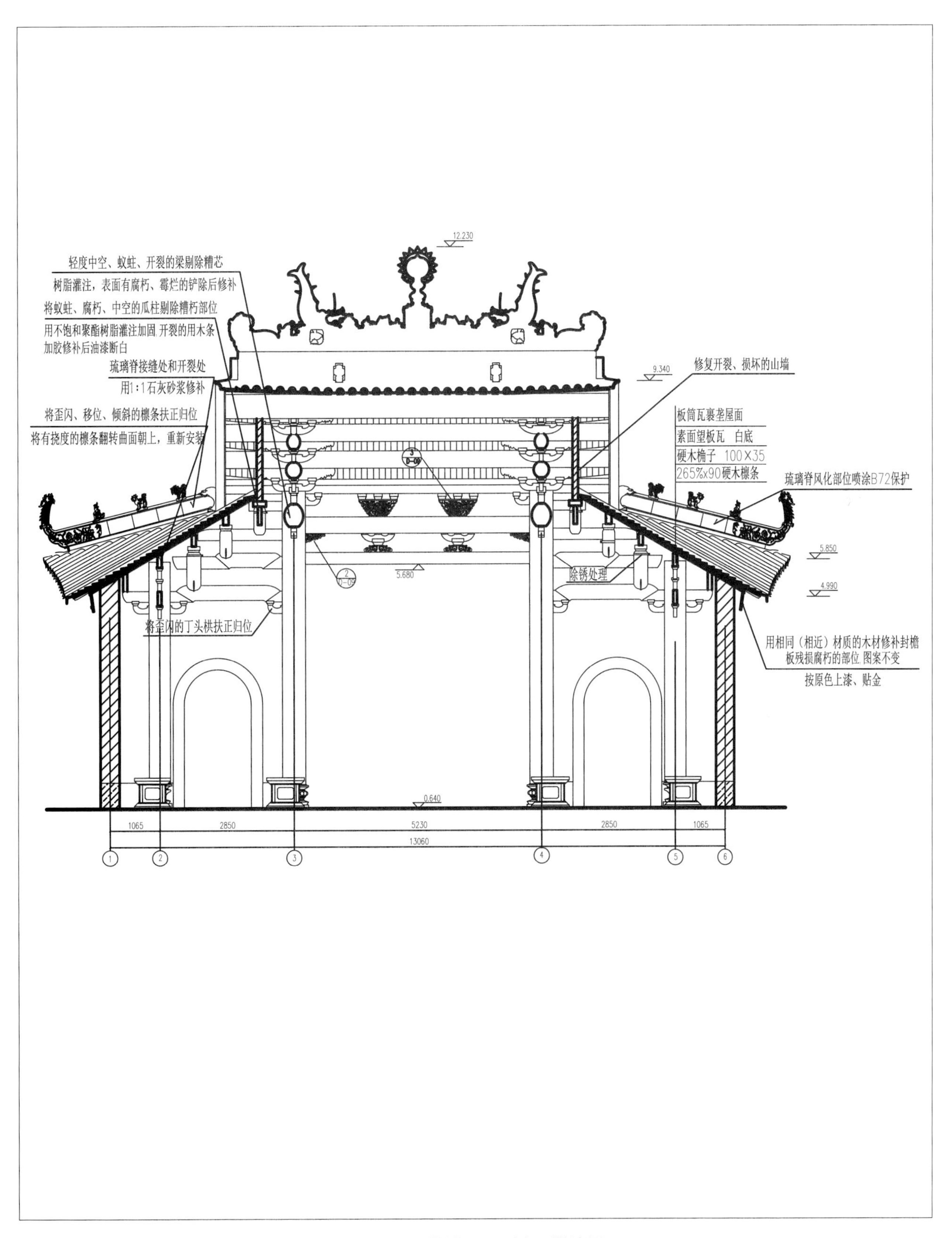

一五三　前殿 2－2 剖面设计图

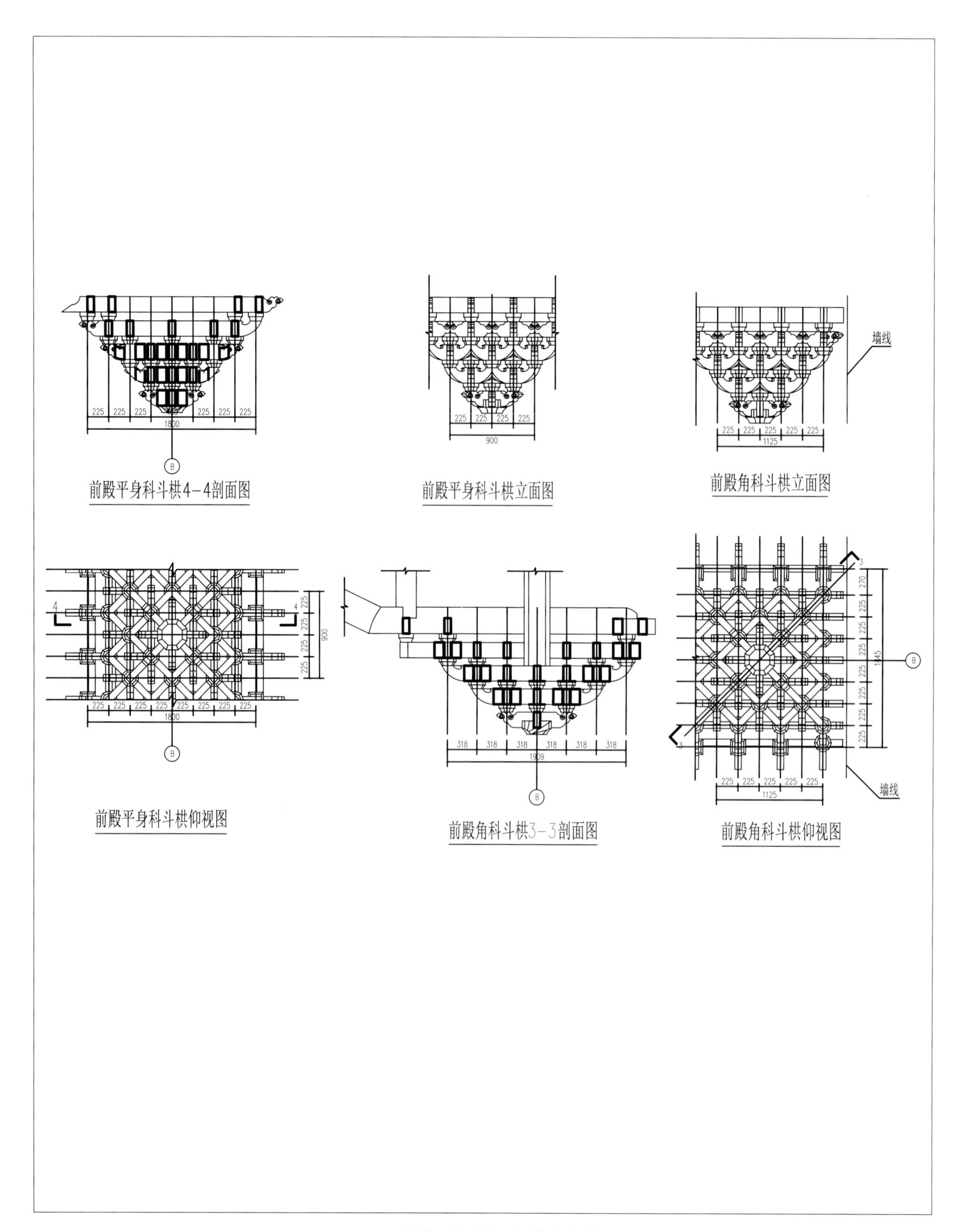

一五四　前殿平身科、角科斗栱大样图

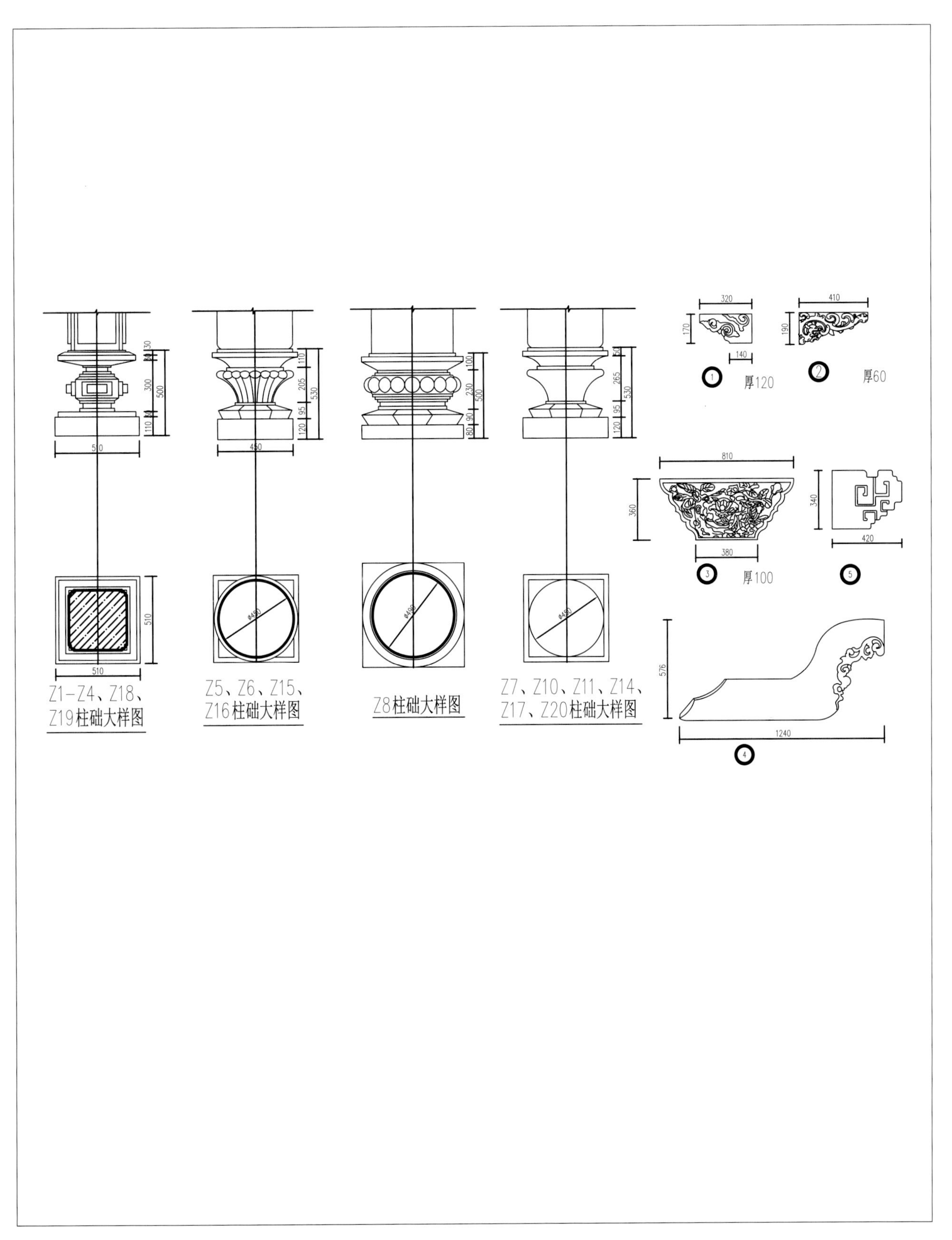
Z1-Z4、Z18、
Z19柱础大样图
Z5、Z6、Z15、
Z16柱础大样图
Z8柱础大样图
Z7、Z10、Z11、Z14、
Z17、Z20柱础大样图
厚120
厚60
厚100

一五五　前殿柱础大样图

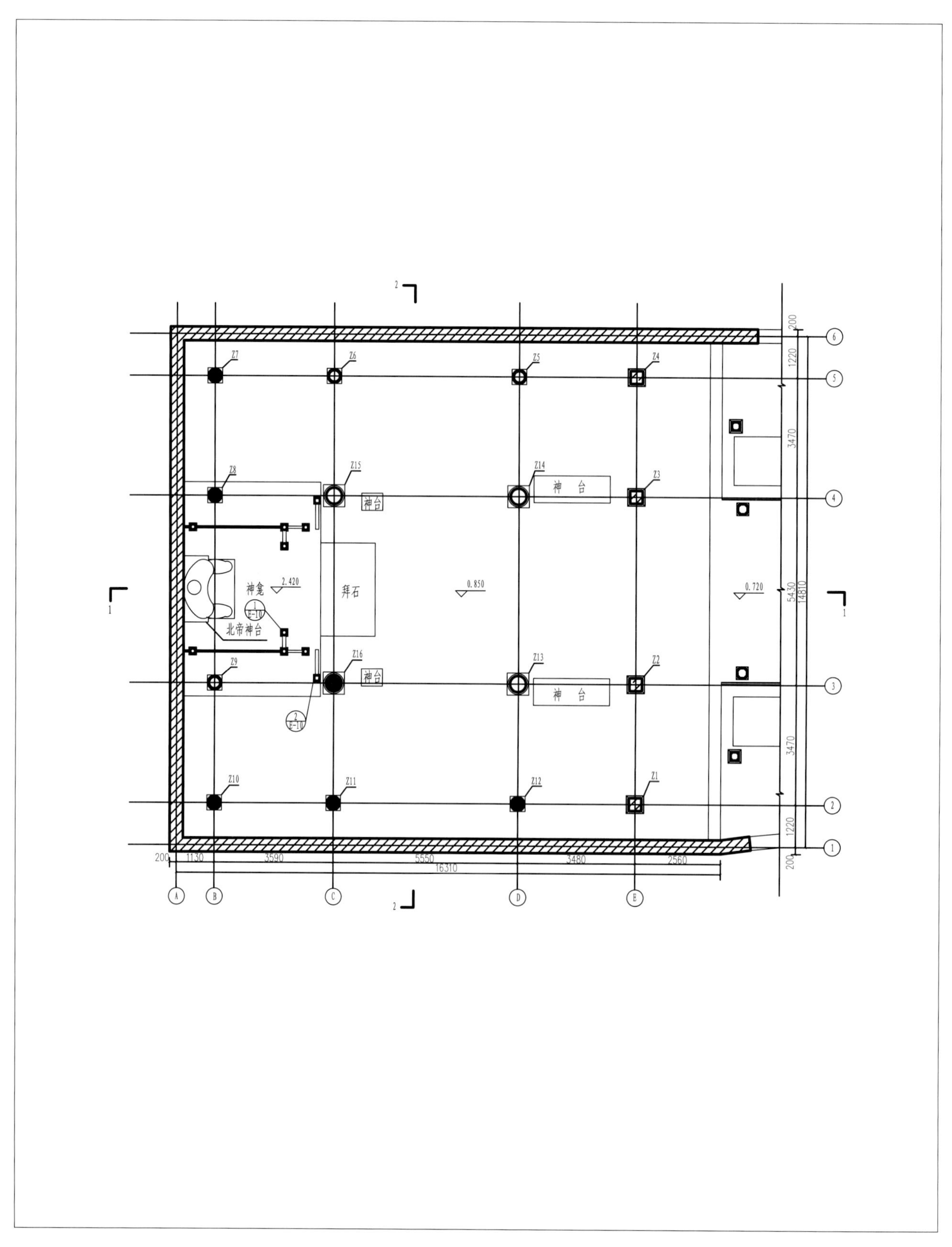

神龛
北帝神台
拜石
神台
神台
神台
神台
2.420
0.850
0.720
Z1
Z2
Z3
Z4
Z5
Z6
Z7
Z8
Z9
Z10
Z11
Z12
Z13
Z14
Z15
Z16
200
1130
3590
5550
3480
2560
16310
1220
3470
5430
14810

一五六　大殿平面设计图

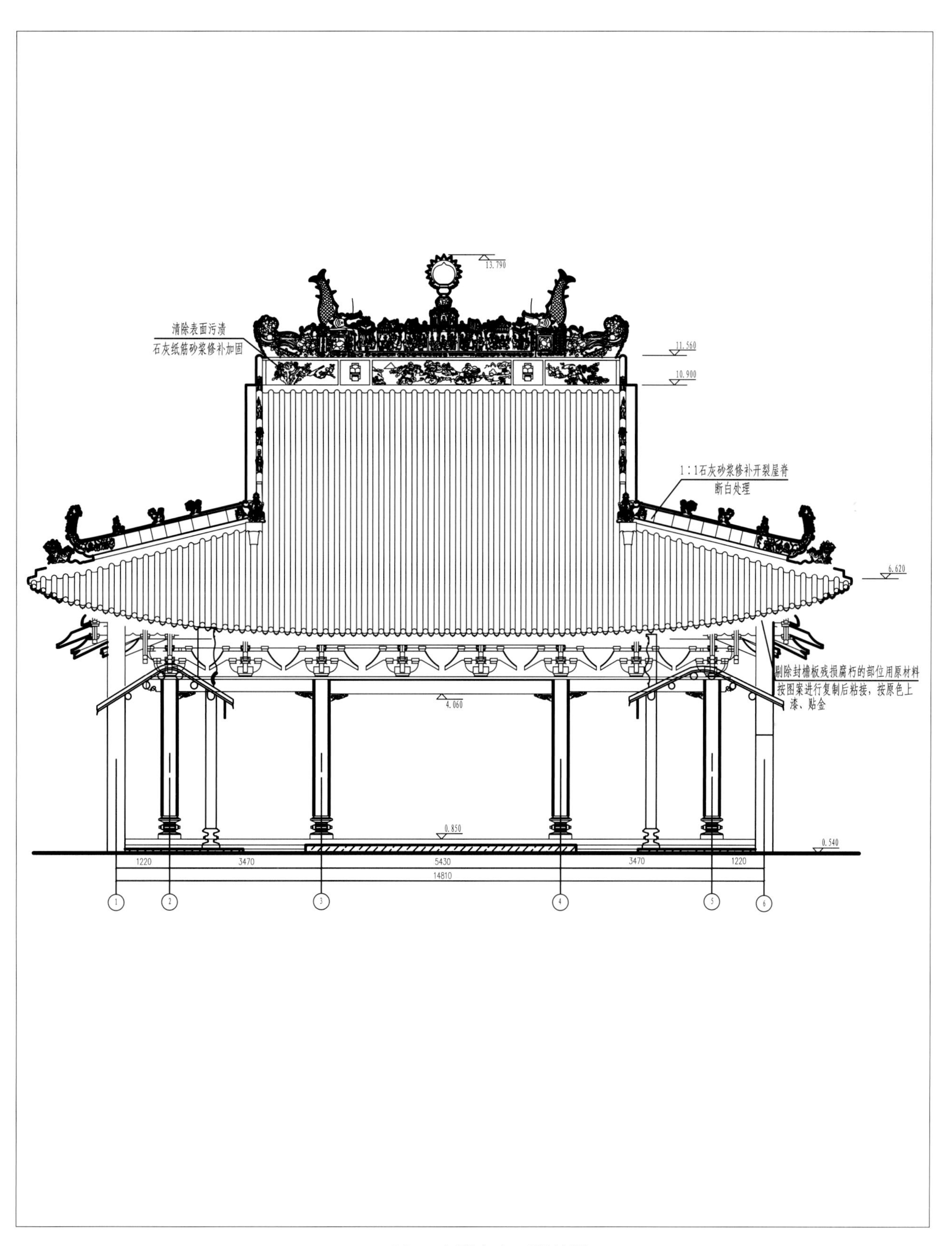

一五七　大殿南立面设计图

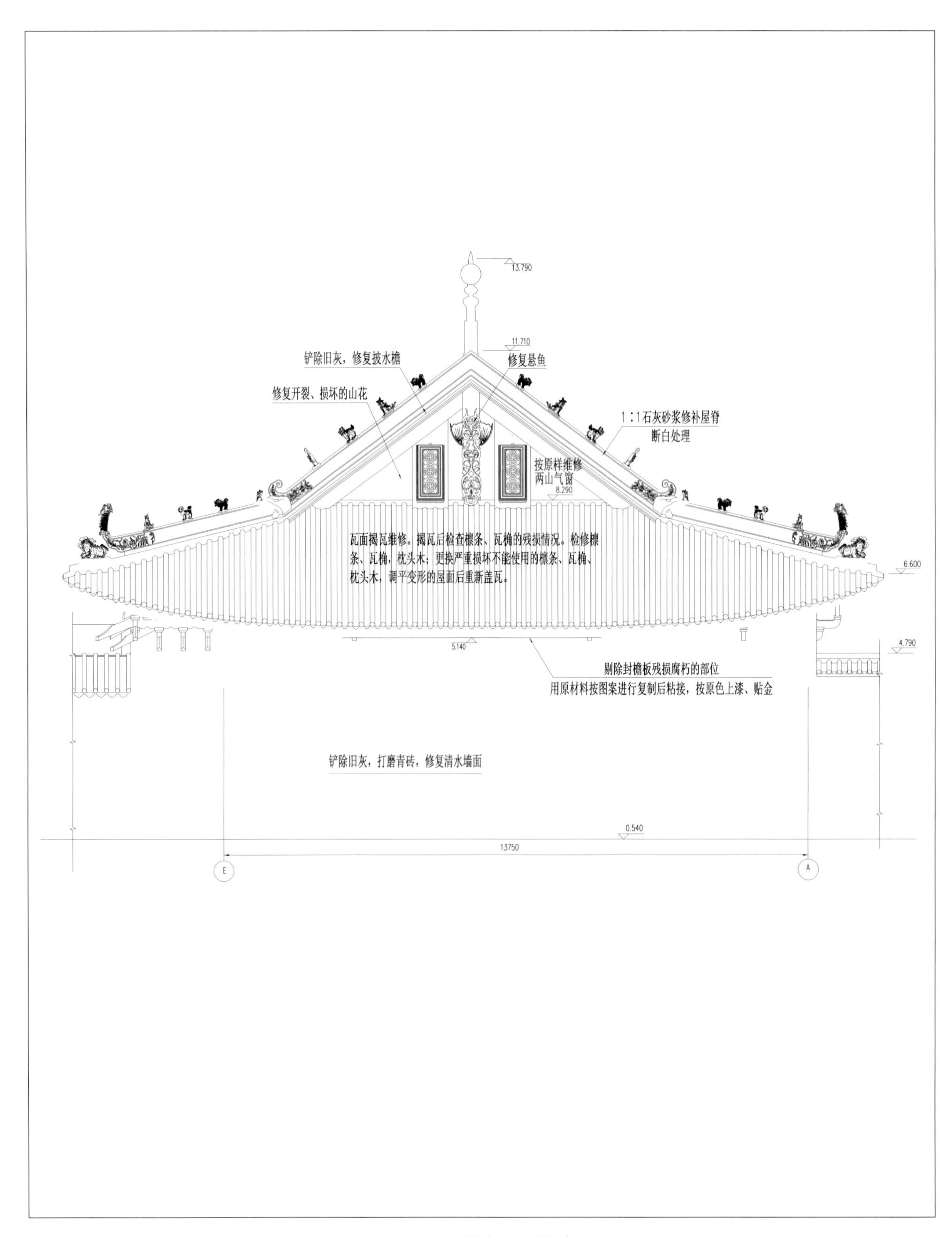

一五八　大殿东立面设计图

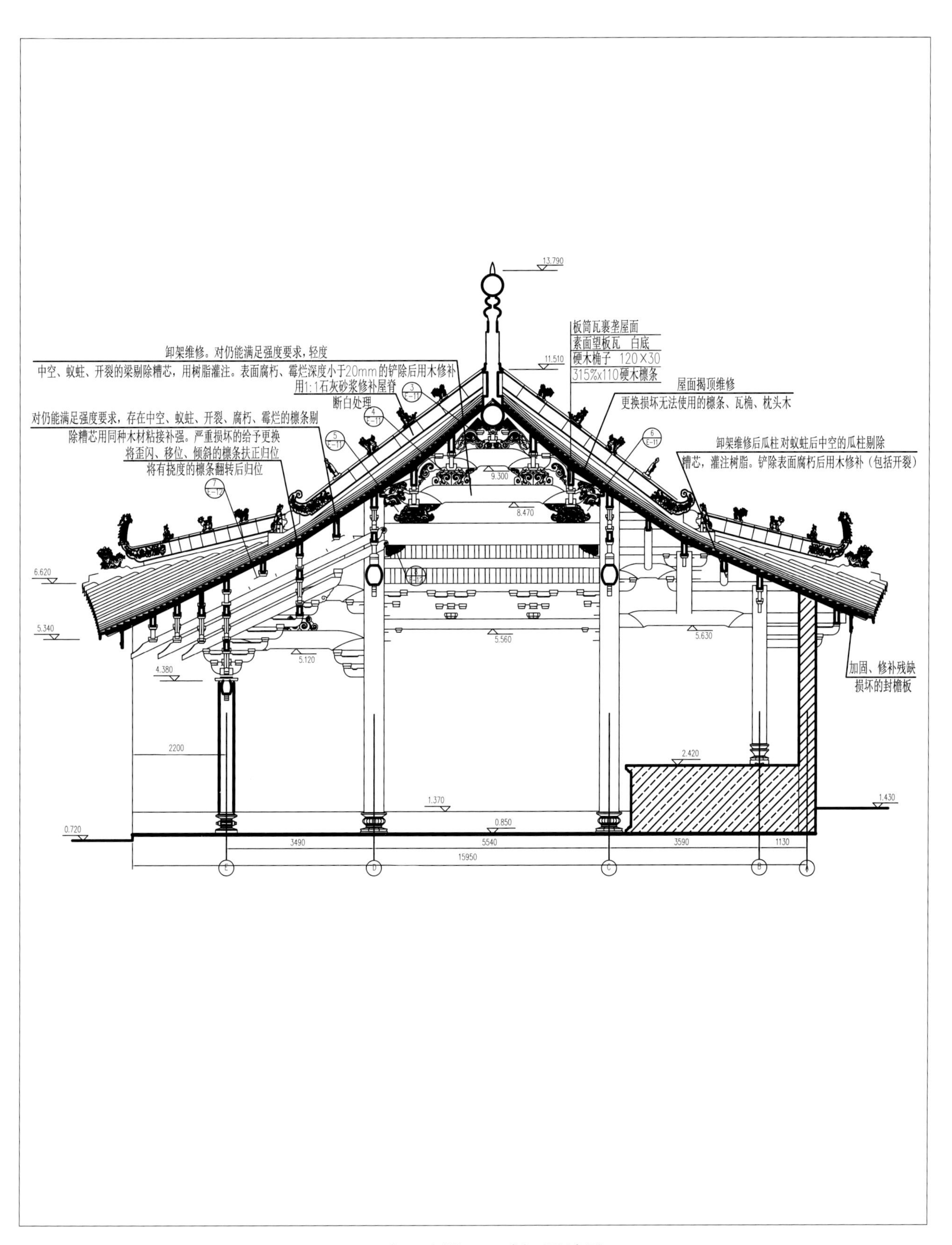

一五九　大殿 1－1 剖面设计图

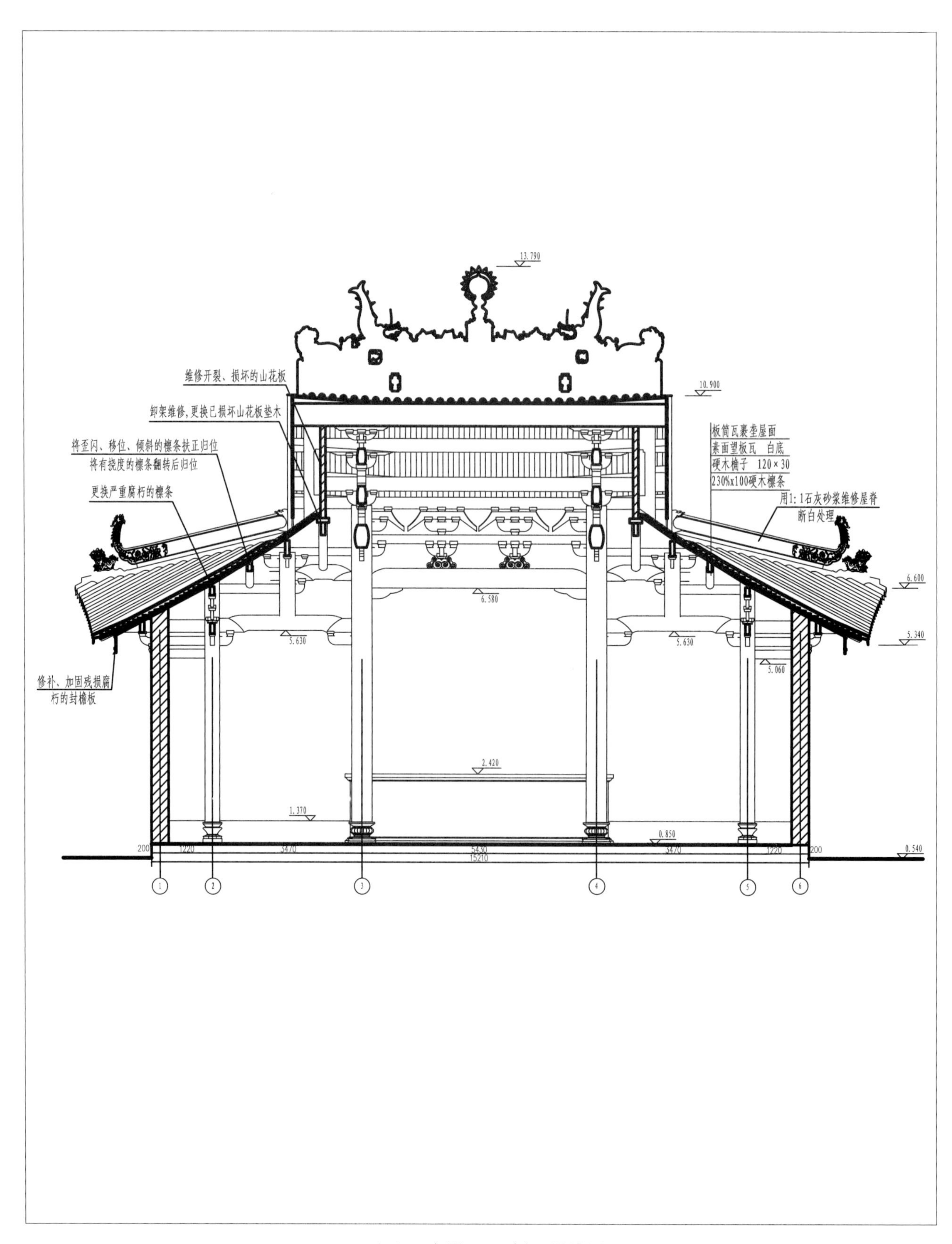

一六〇 大殿2－2剖面设计图

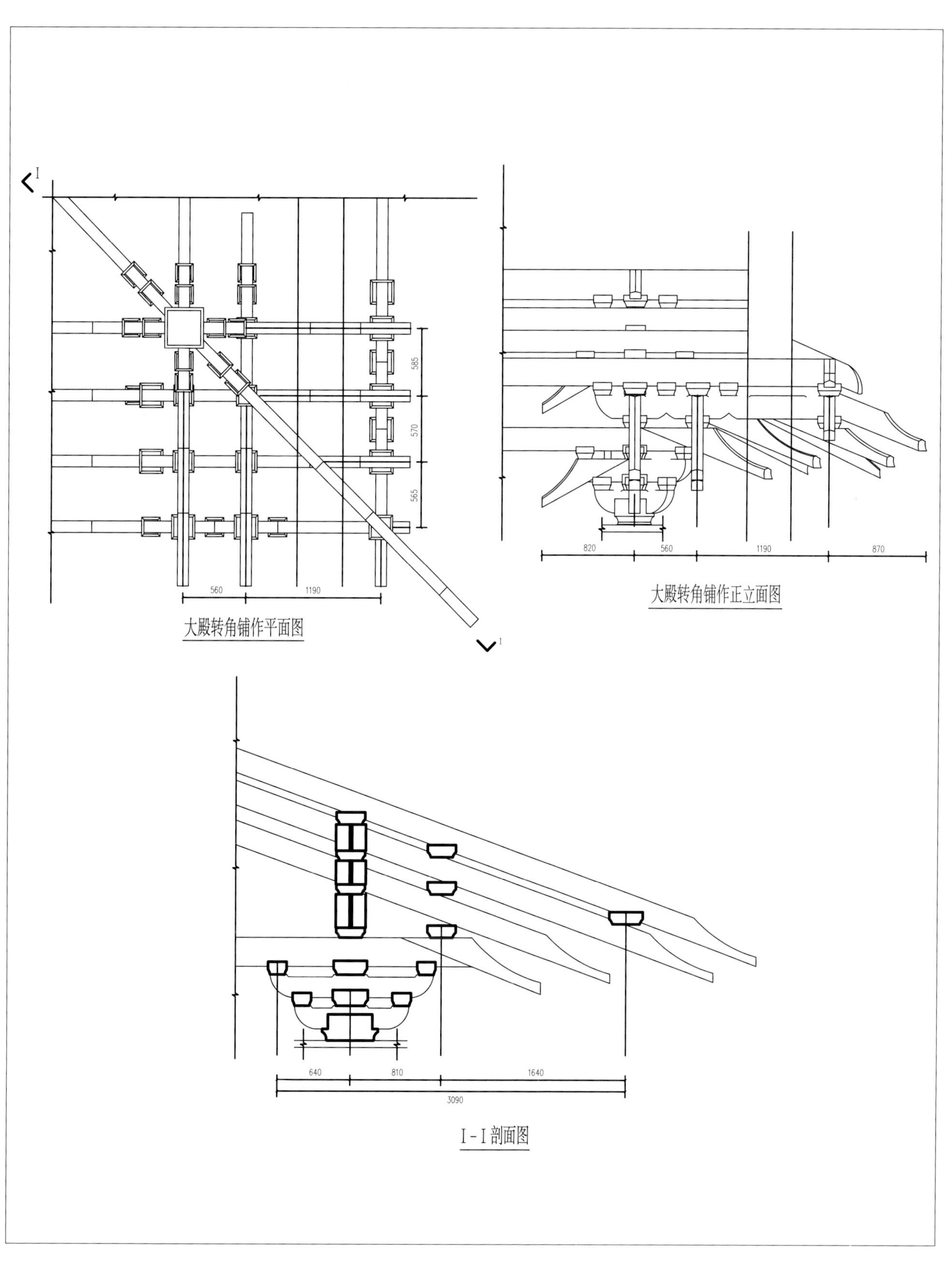

一六一　大殿转角铺作大样图

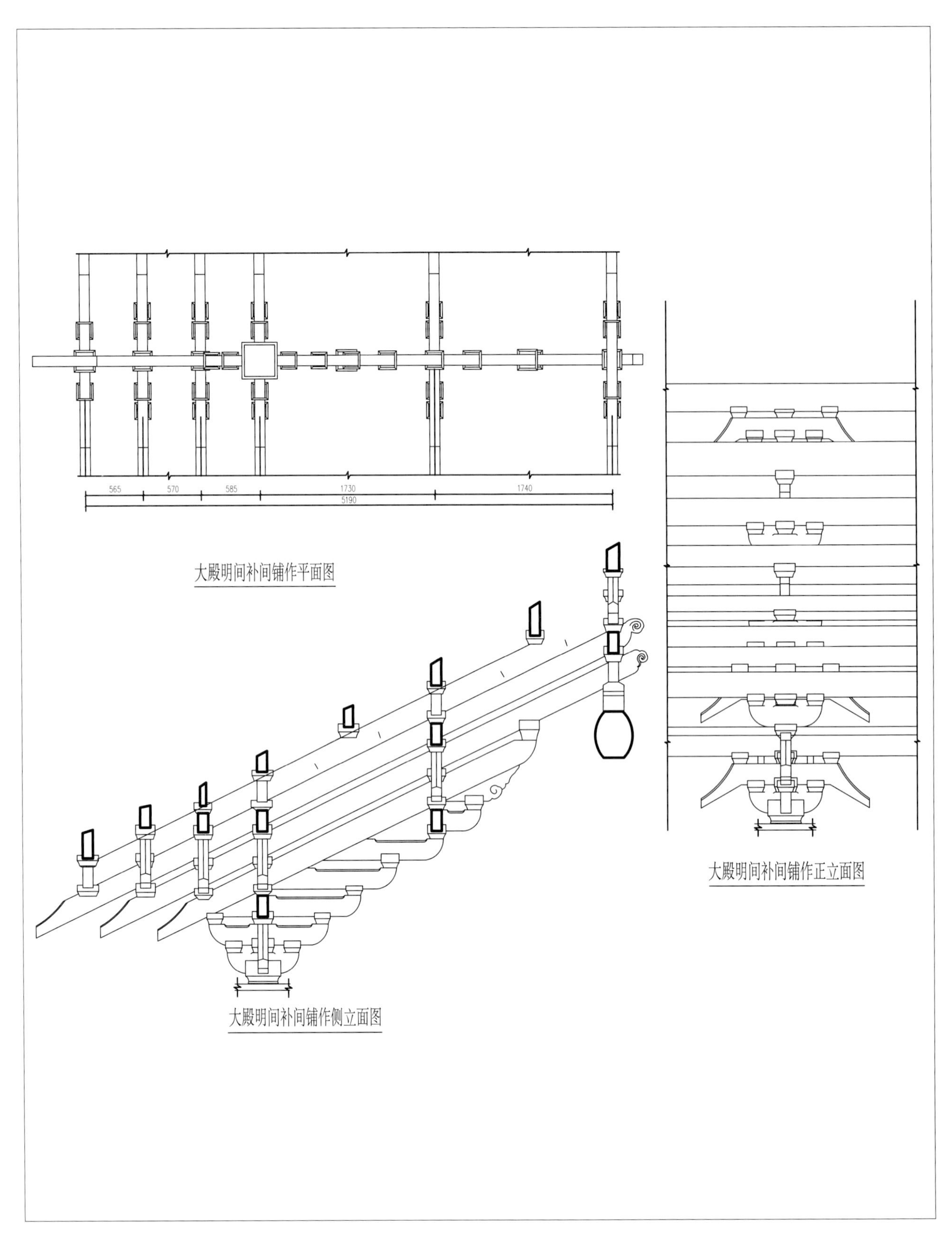

一六二　大殿明间、补间铺作大样图

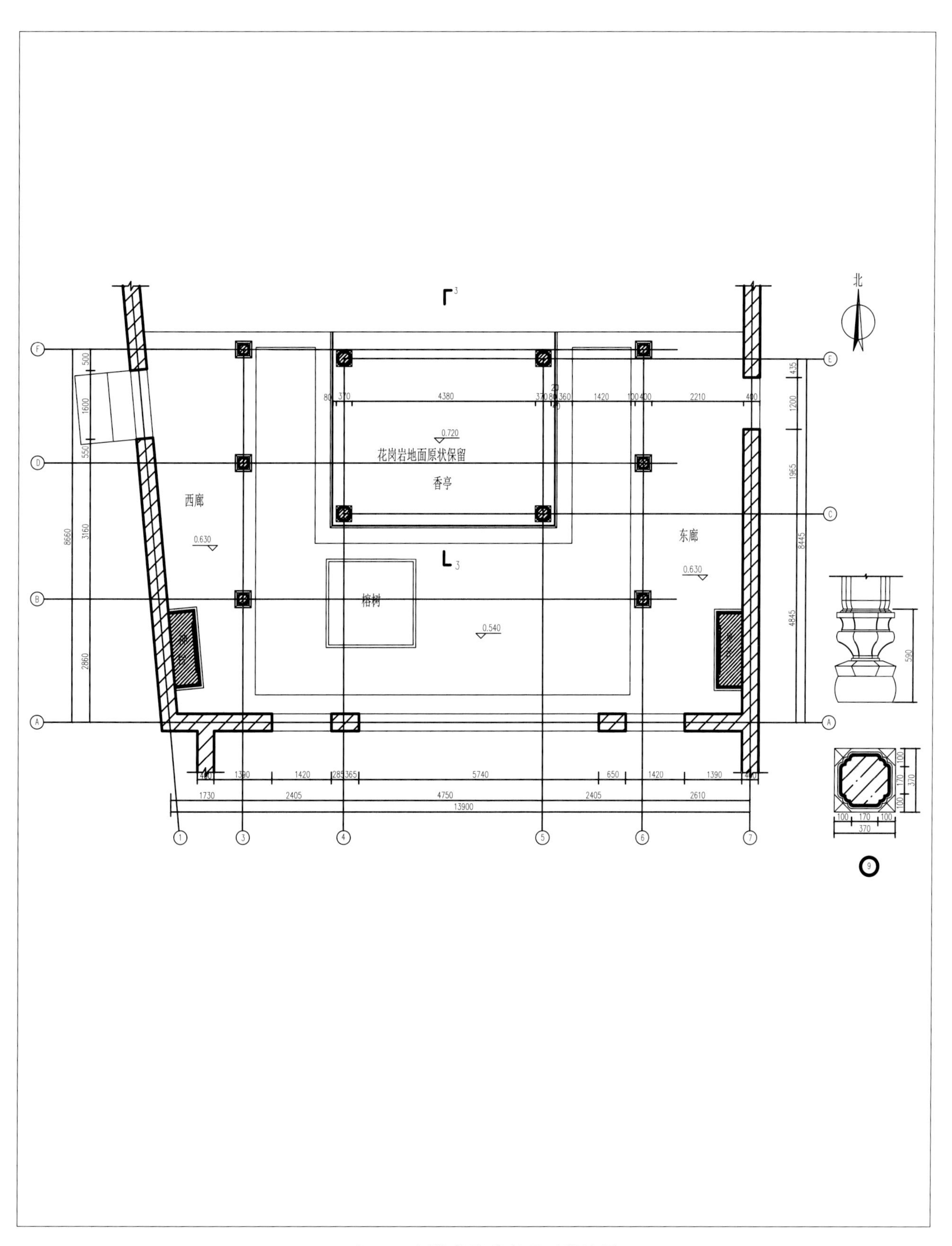

一六三　大殿廊及香亭平面设计图

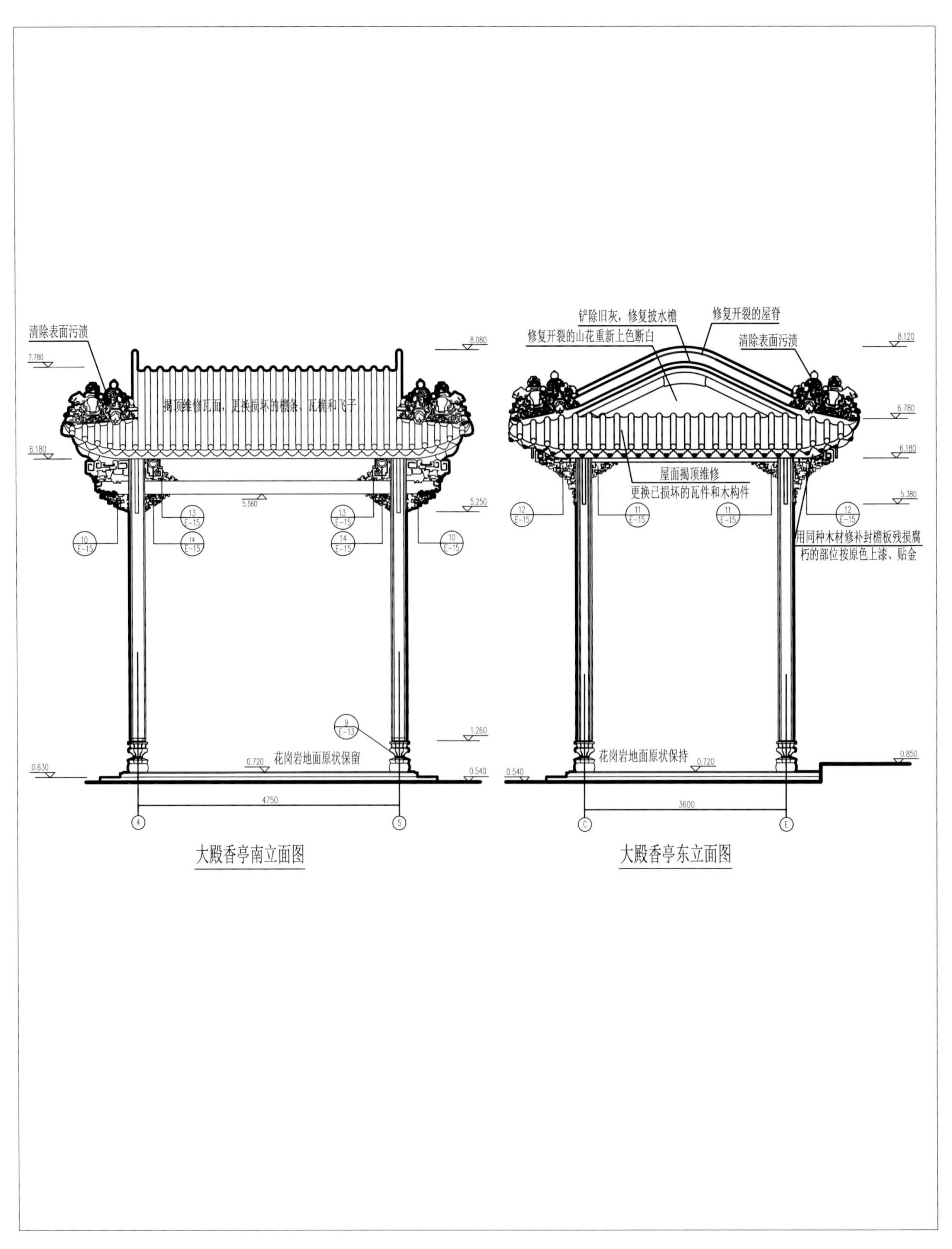

一六四　大殿香亭东、南立面设计图

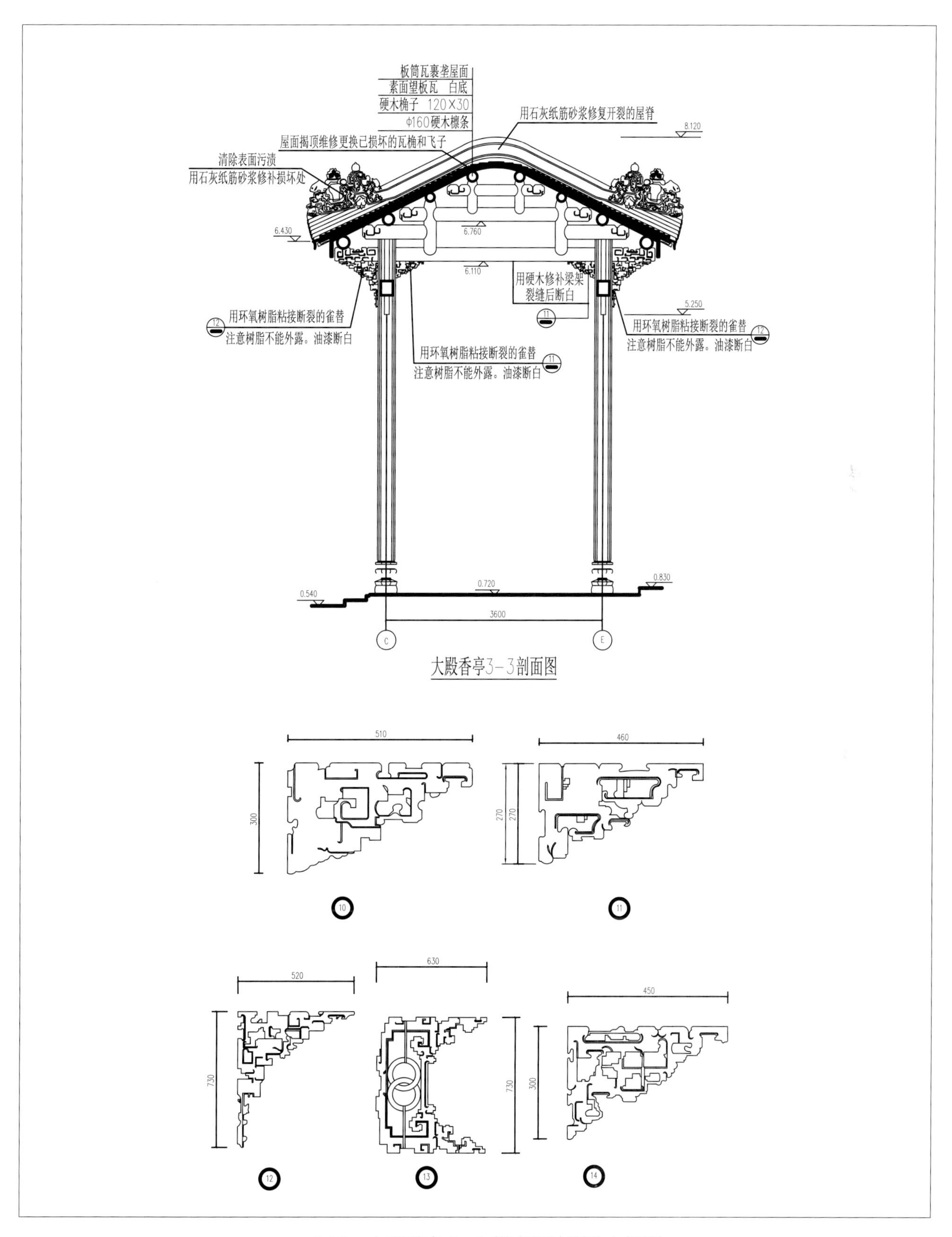

一六五　大殿香亭3－3剖面设计图及大样图

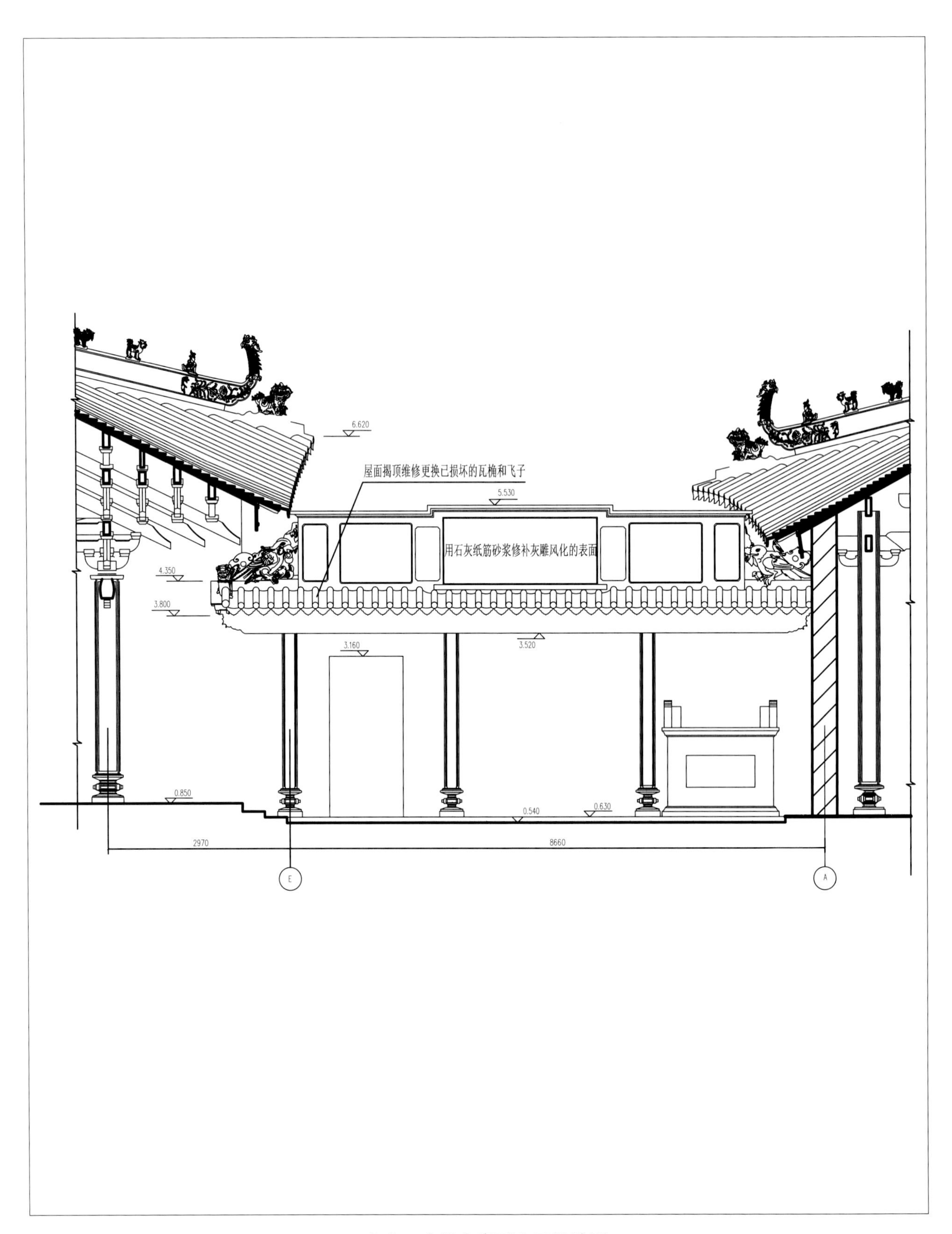

一六六　大殿东廊西立面设计图

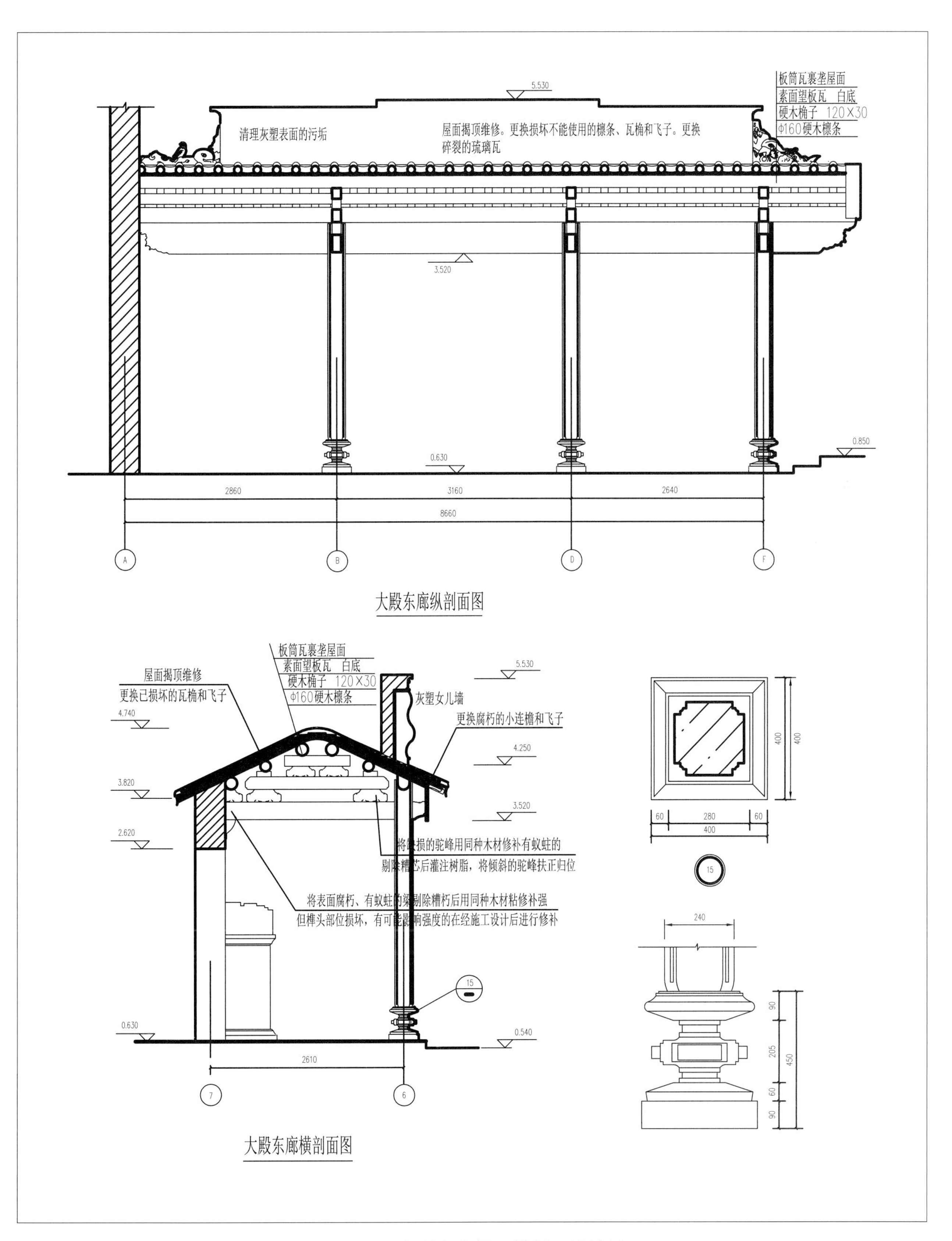

一六七　大殿东廊纵、横剖面设计图

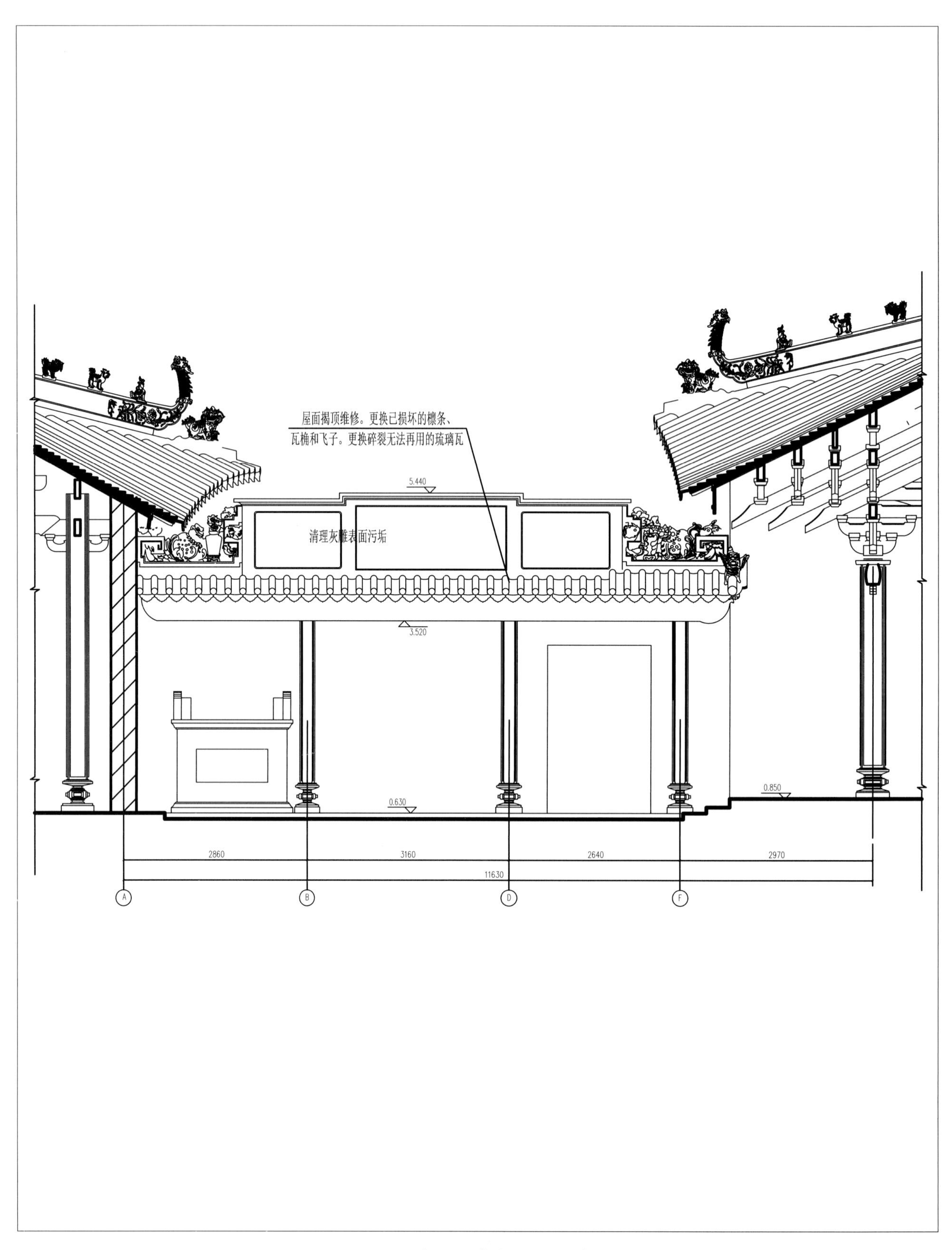

一六八　大殿西廊东立面设计图

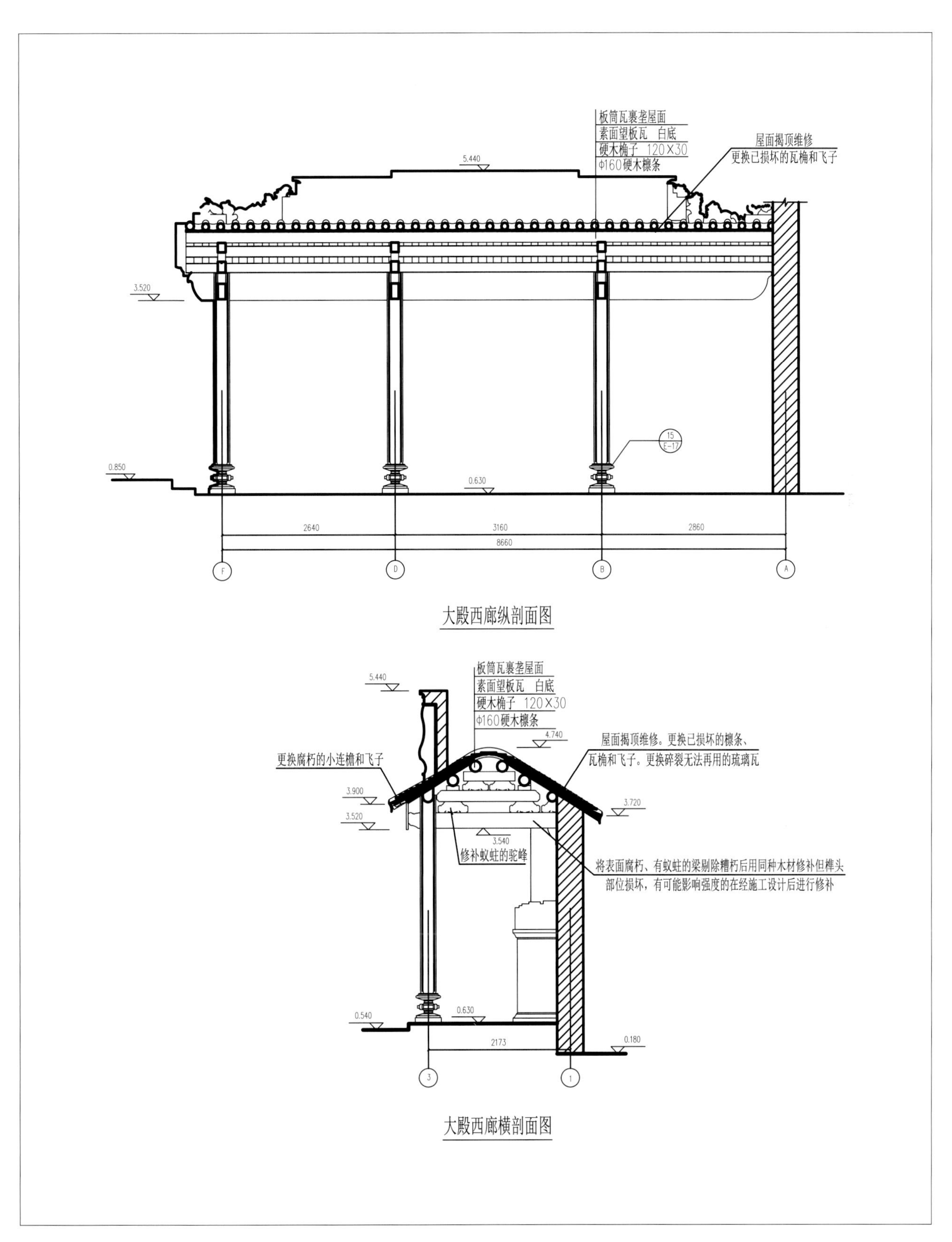

一六九　大殿西廊纵、横剖面设计图

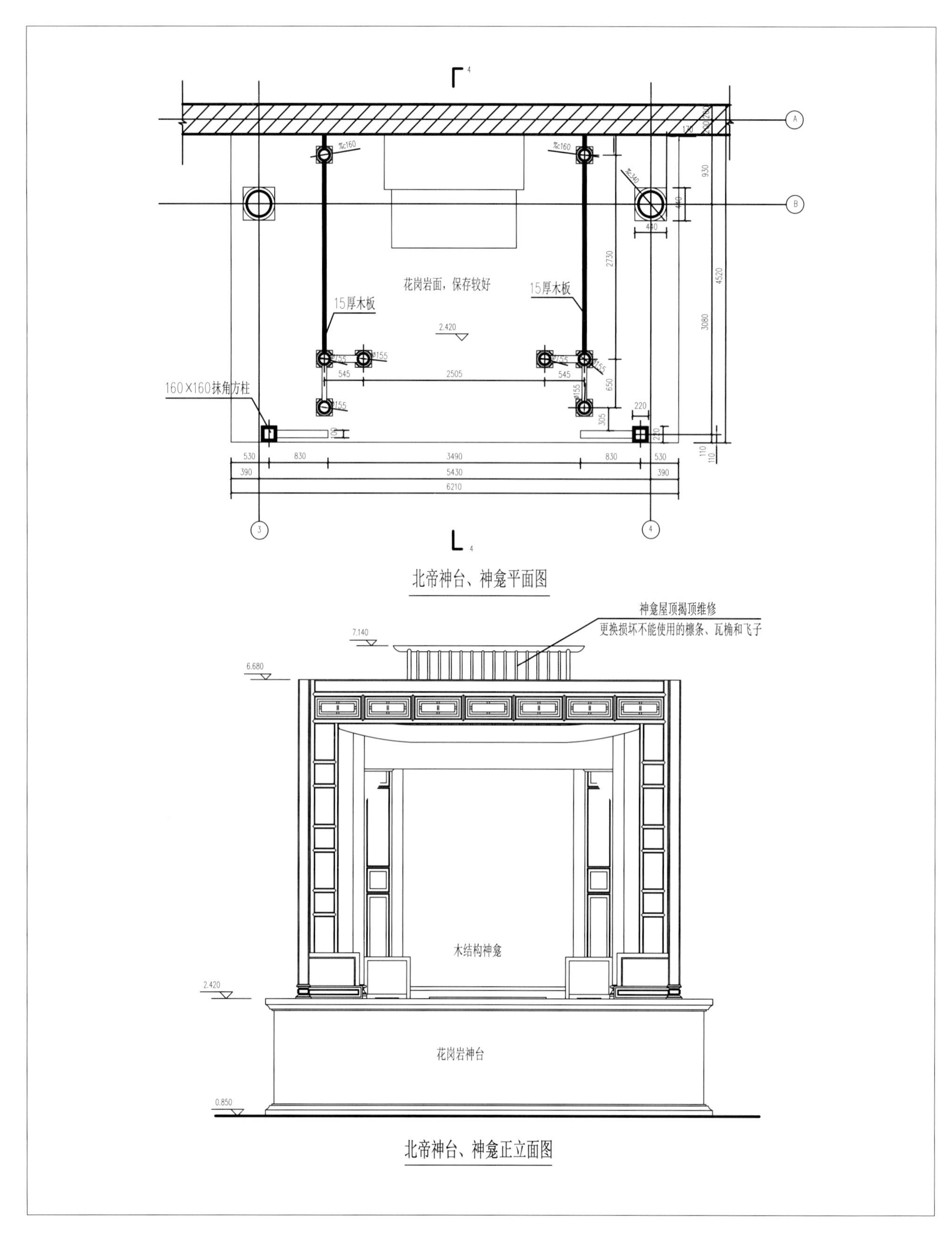

一七〇　北帝神台、神龛平面及正立面设计图

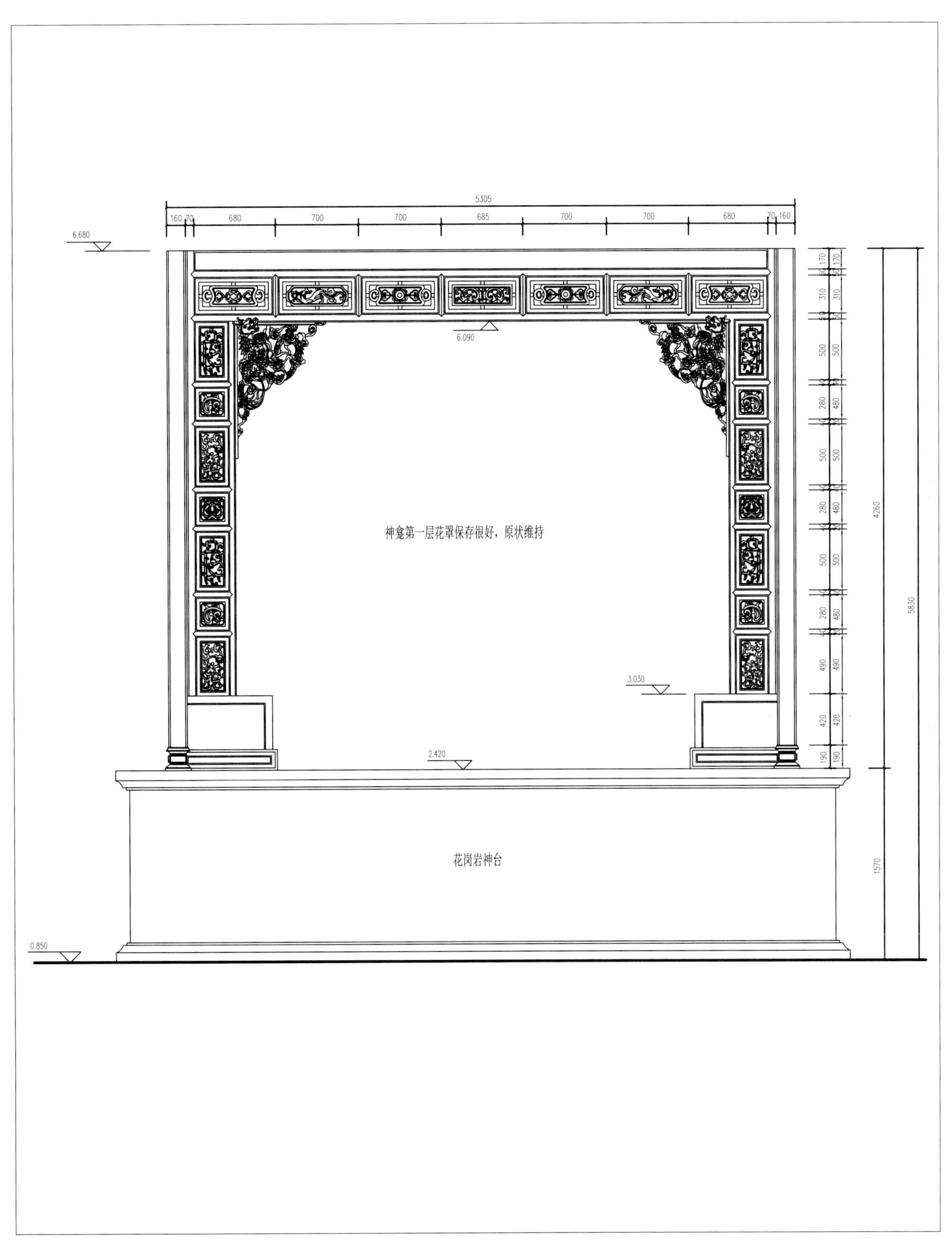

一七一　北帝神龛第一层花罩设计图

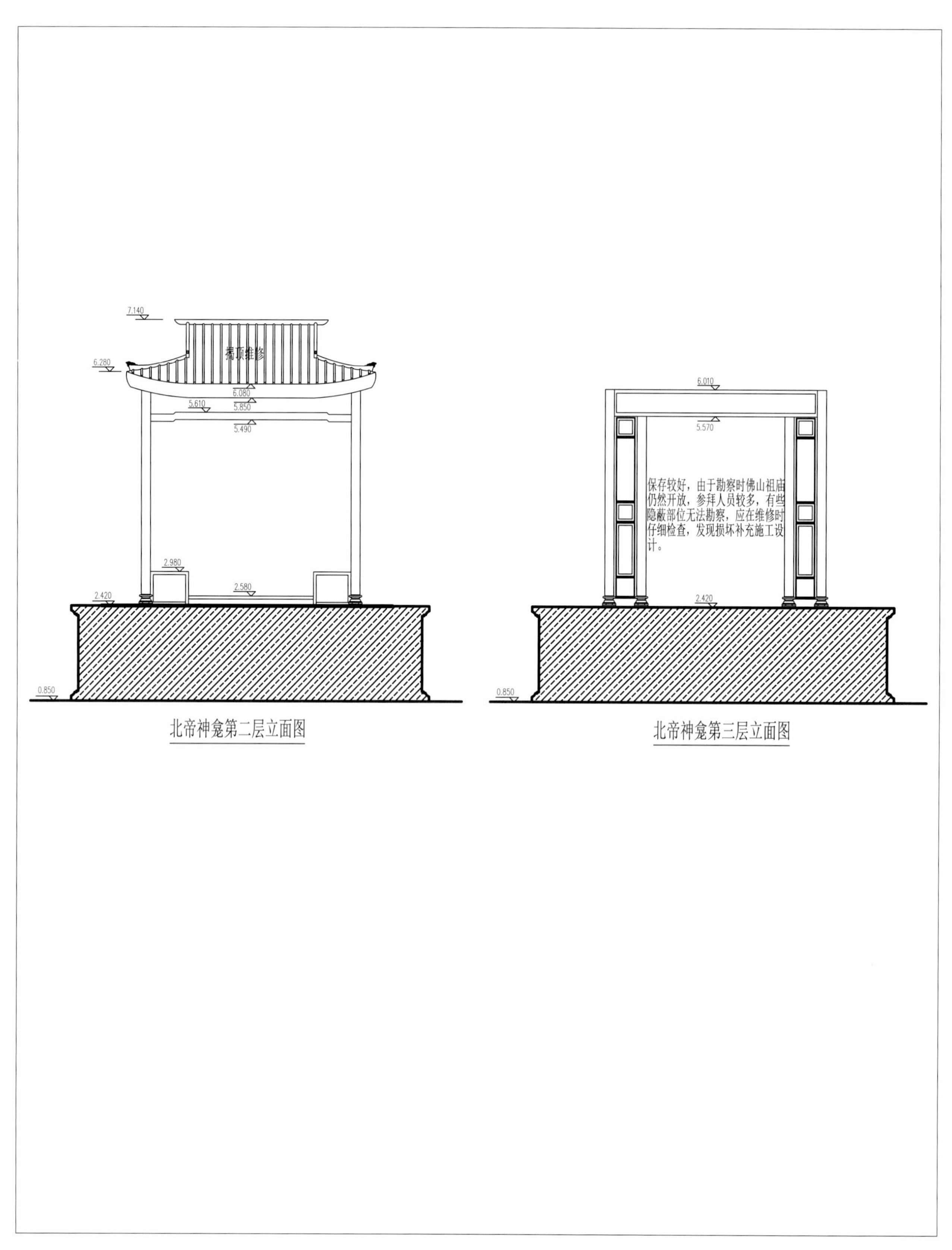

一七二　北帝神龛第二、三层花罩立面设计图

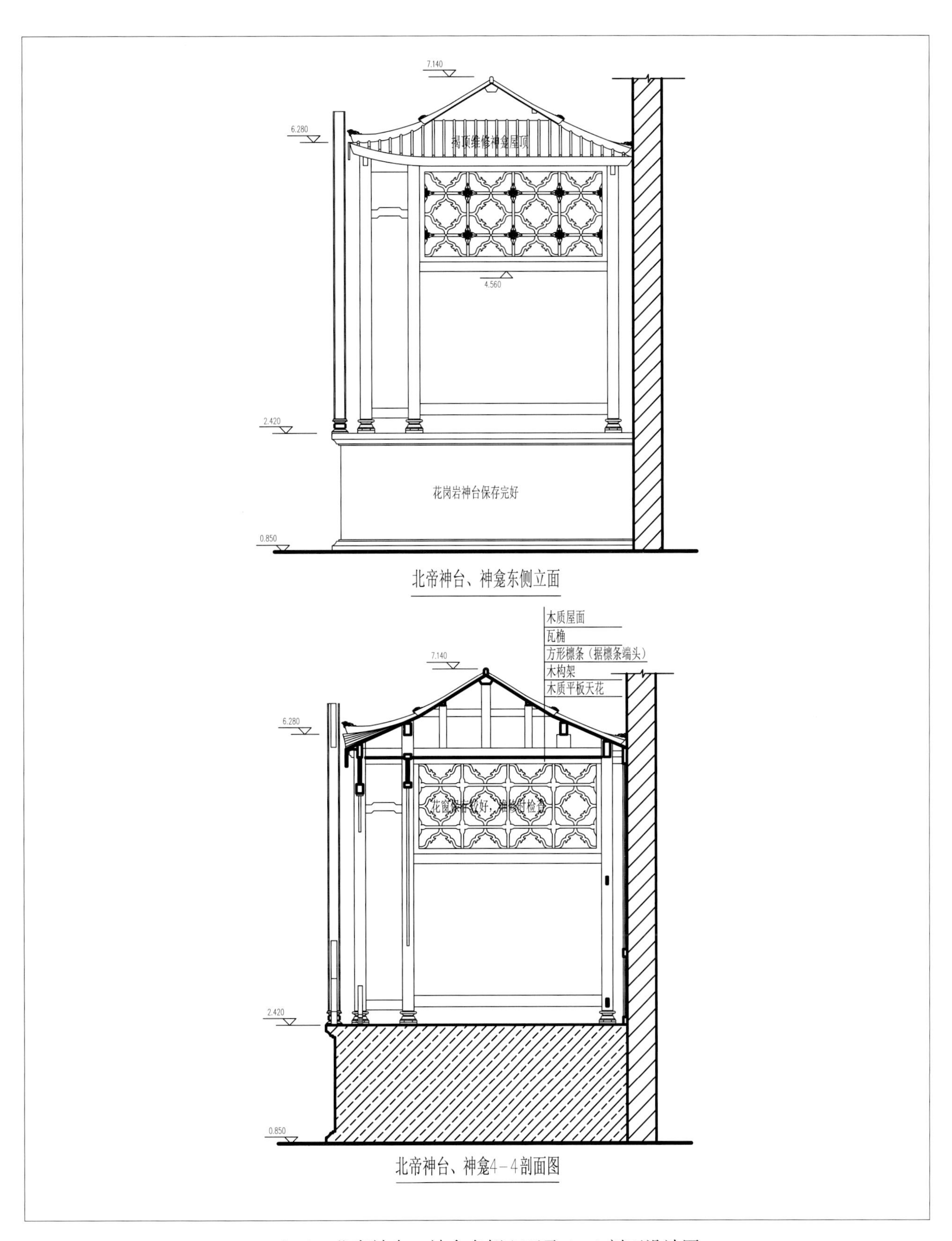

一七三　北帝神台、神龛东侧立面及4－4剖面设计图

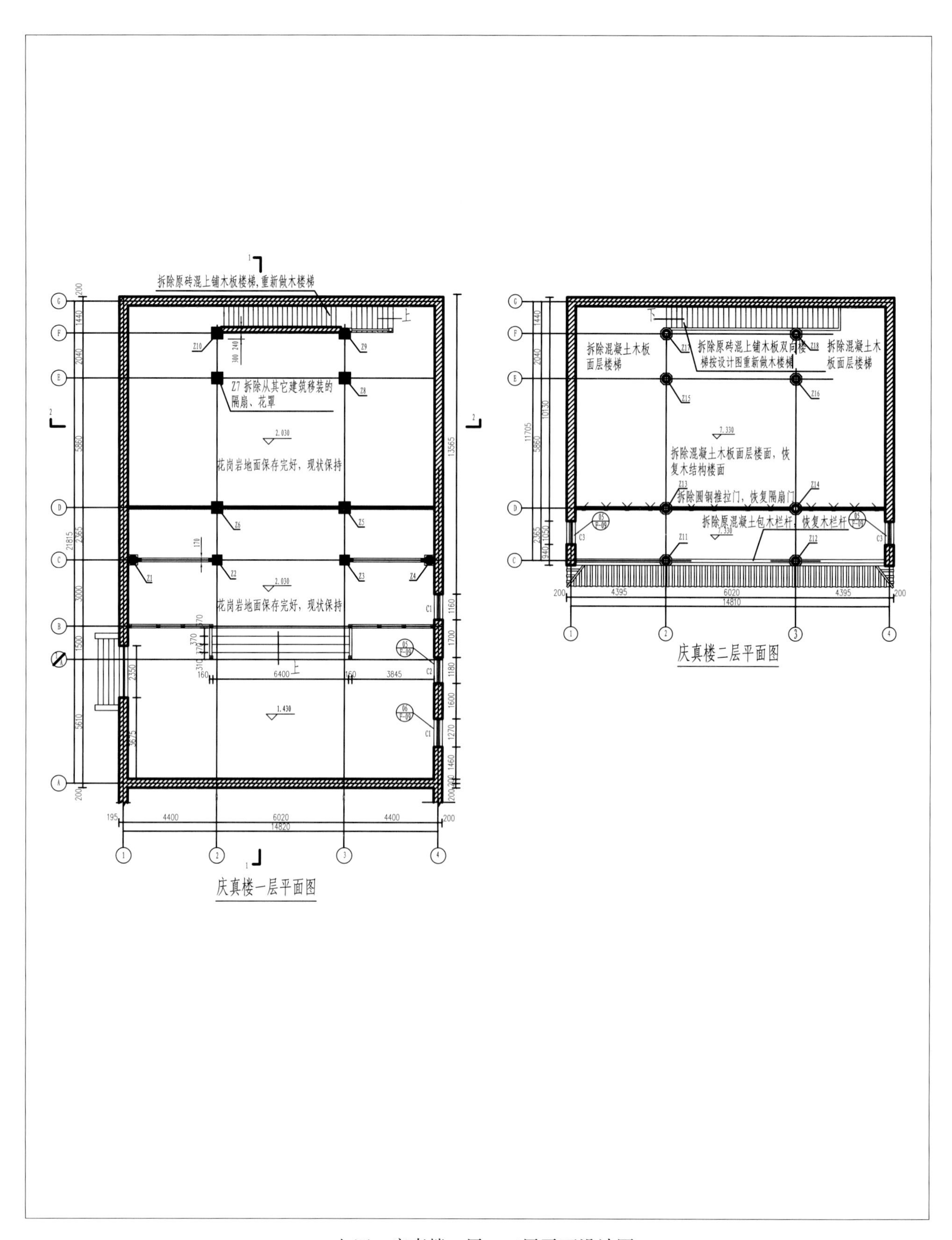

一七四　庆真楼一层、二层平面设计图

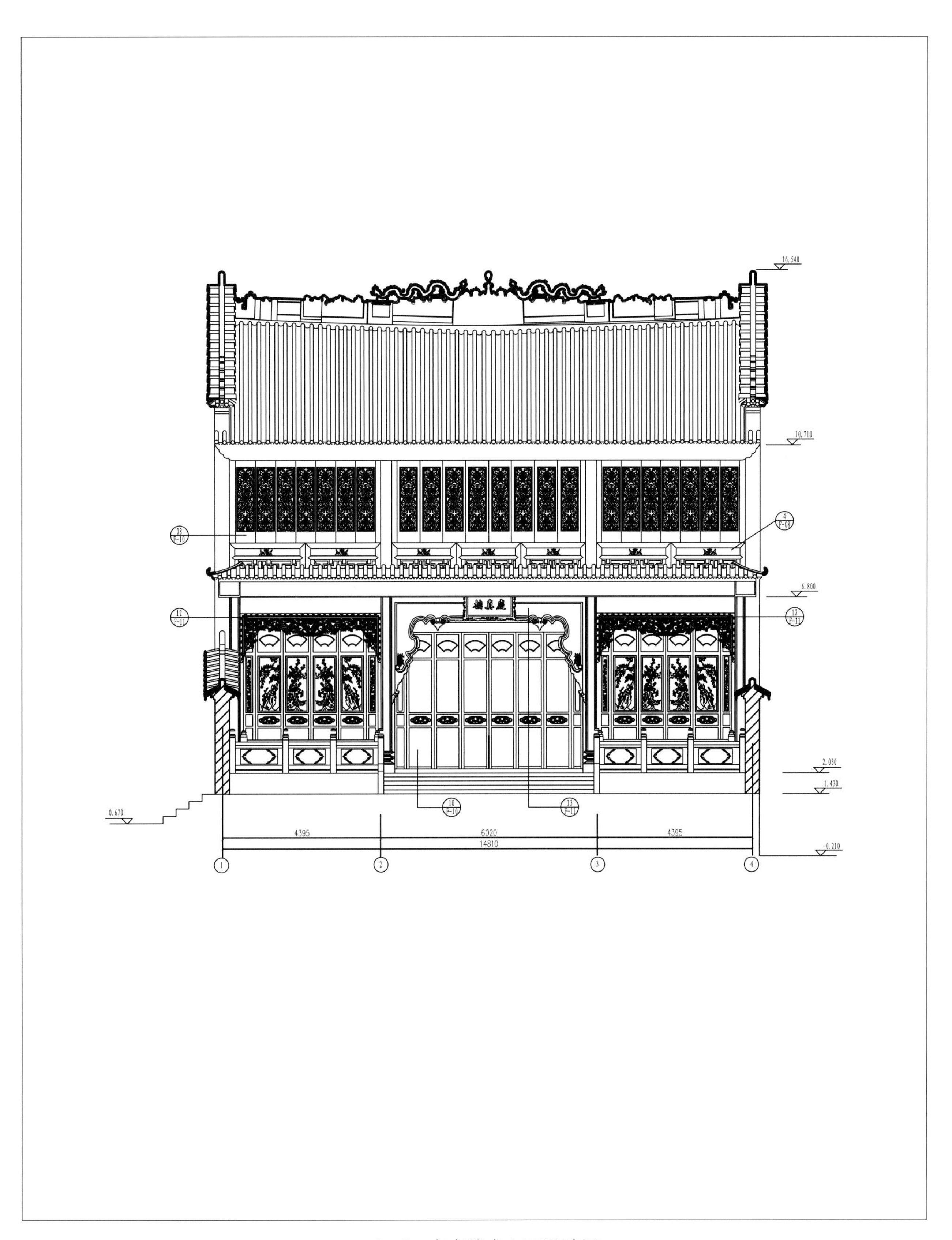

一七五　庆真楼南立面设计图

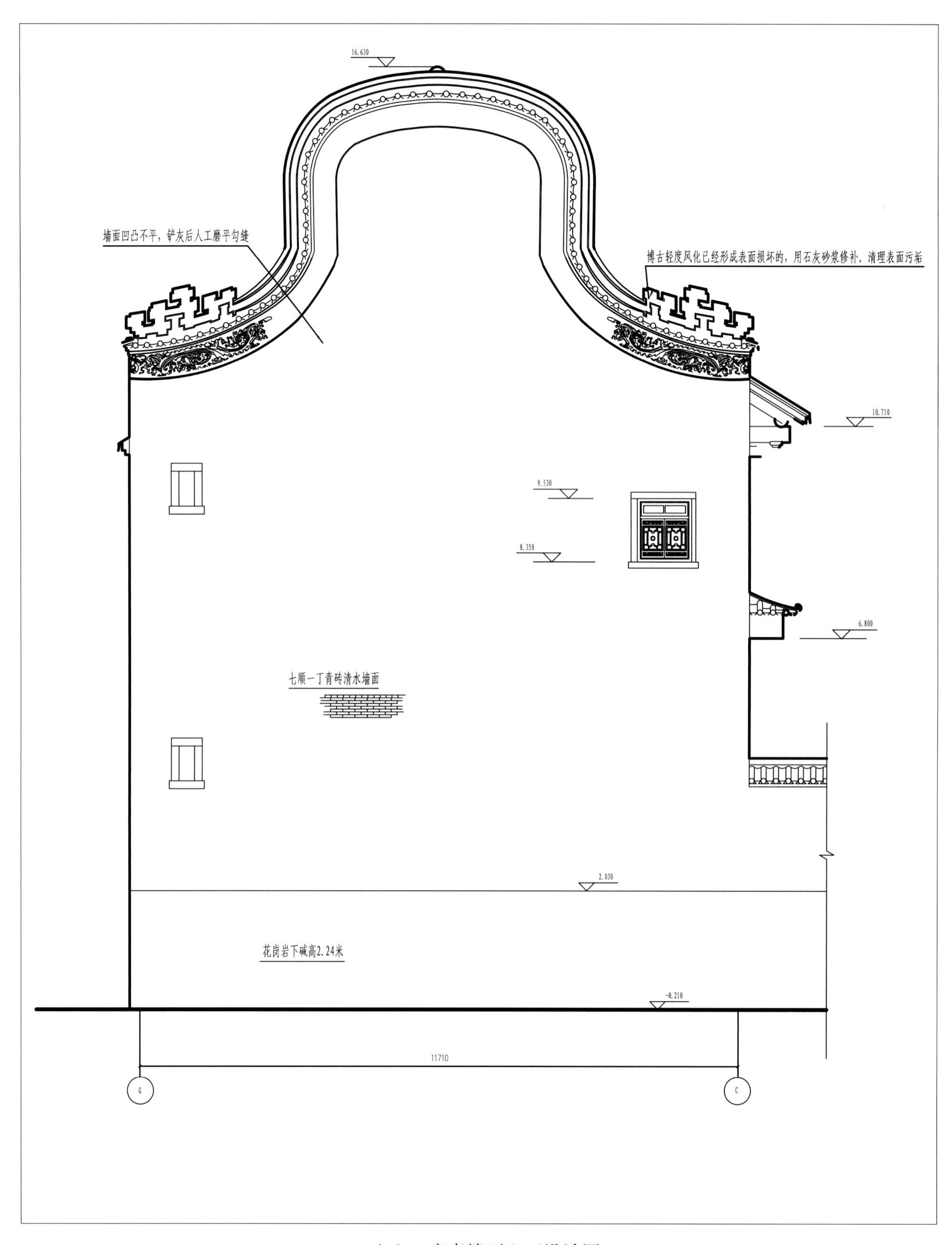

一七六　庆真楼西立面设计图

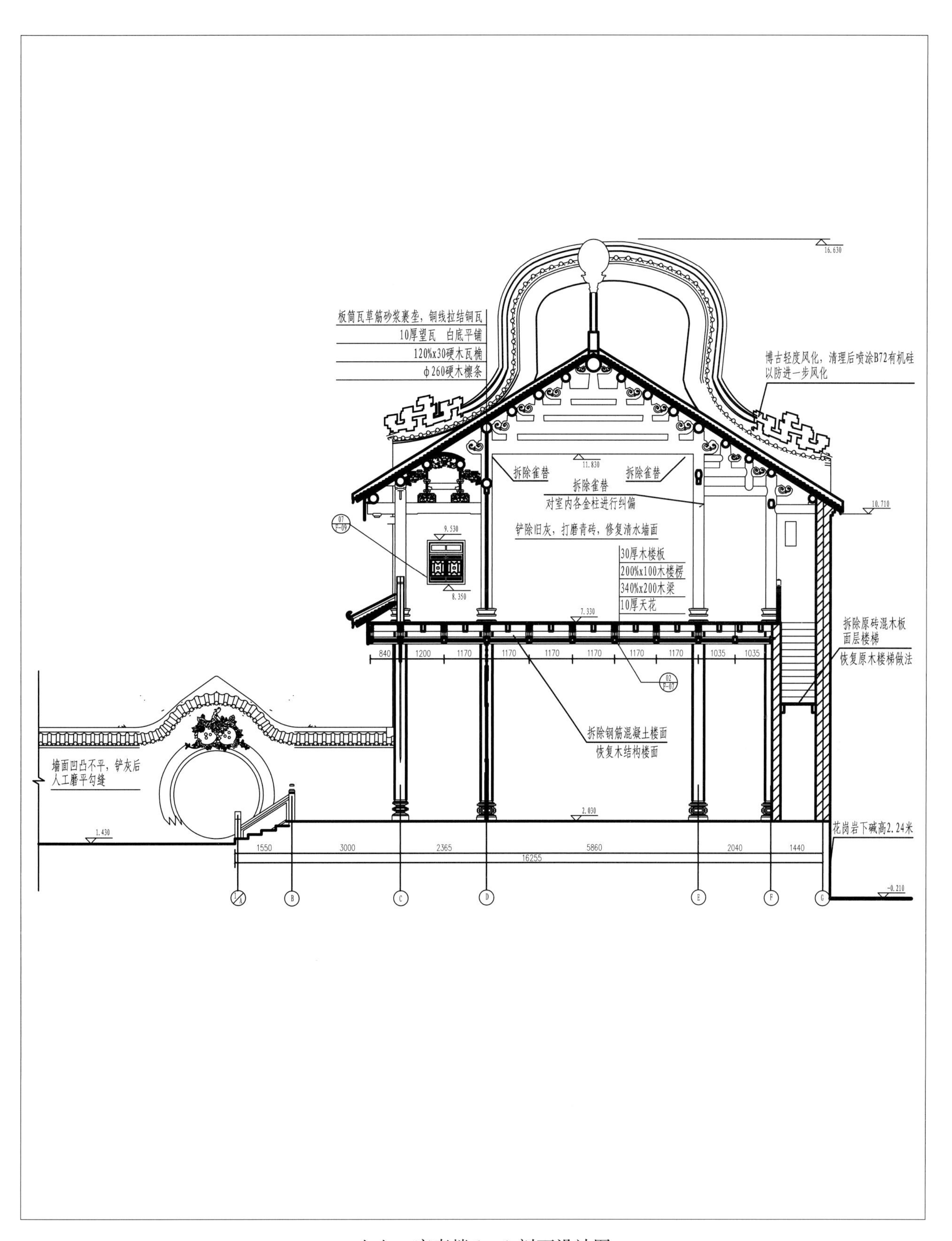

一七七　庆真楼1－1剖面设计图

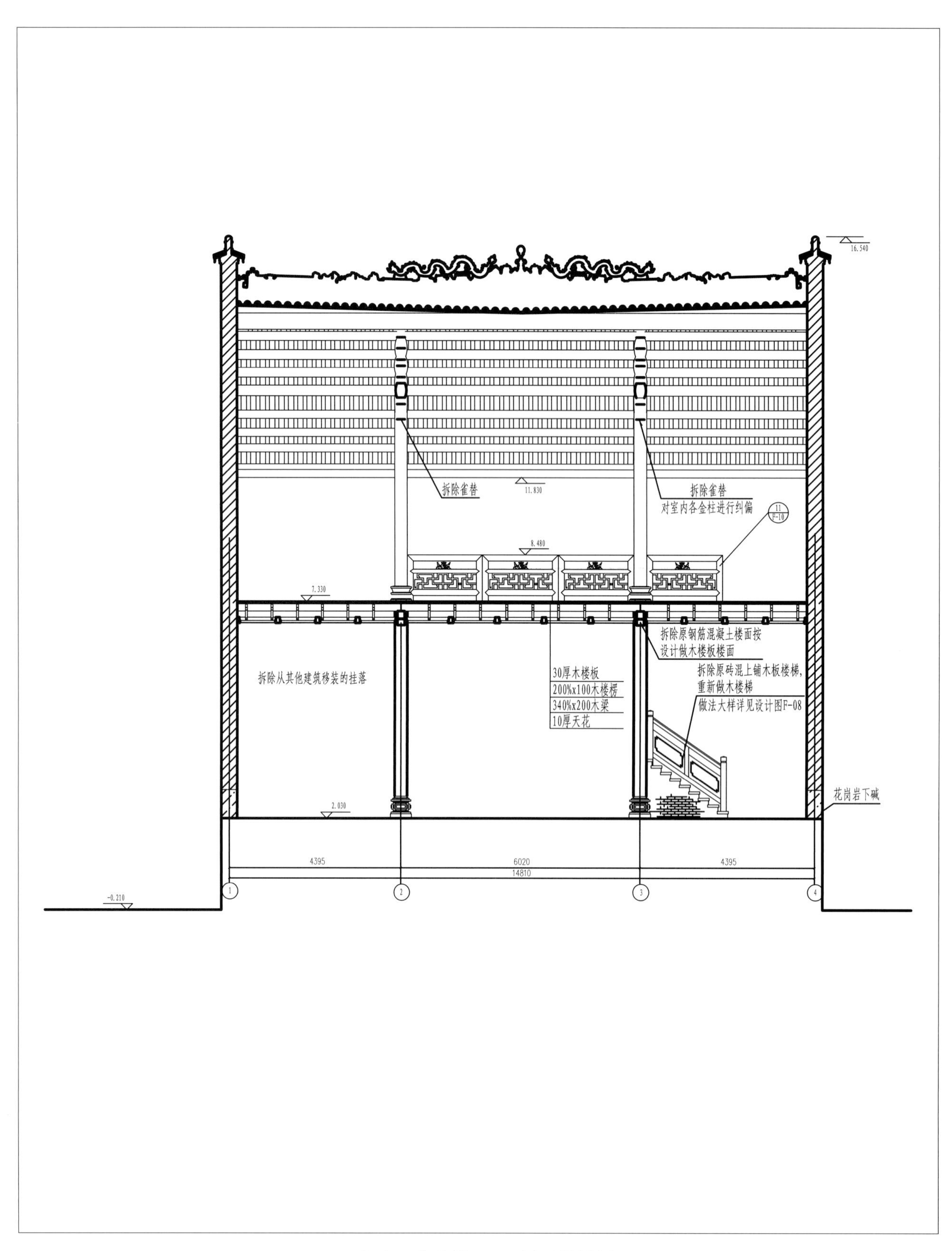

一七八　庆真楼2－2剖面设计图

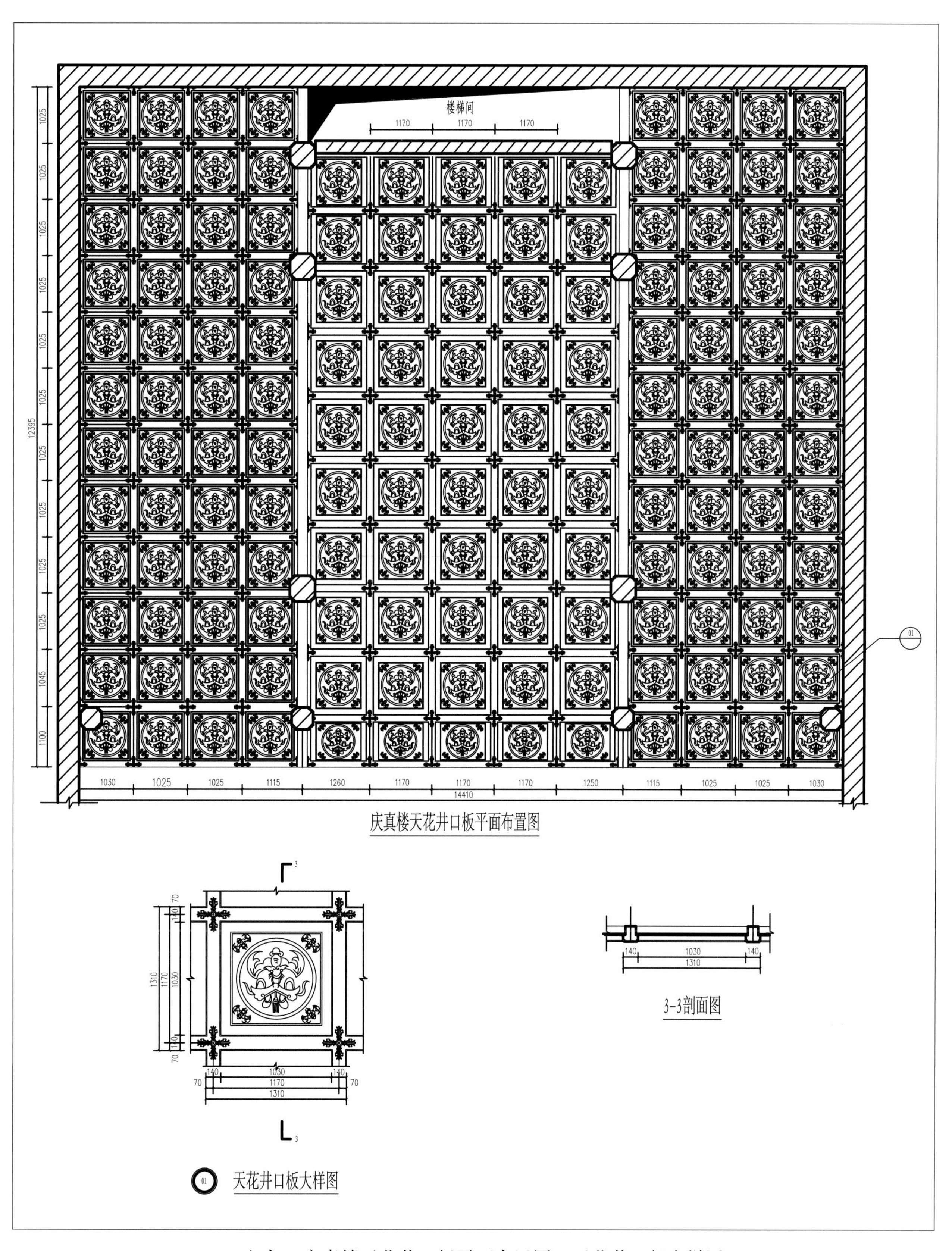

一七九 庆真楼天花井口板平面布置图、天花井口板大样图

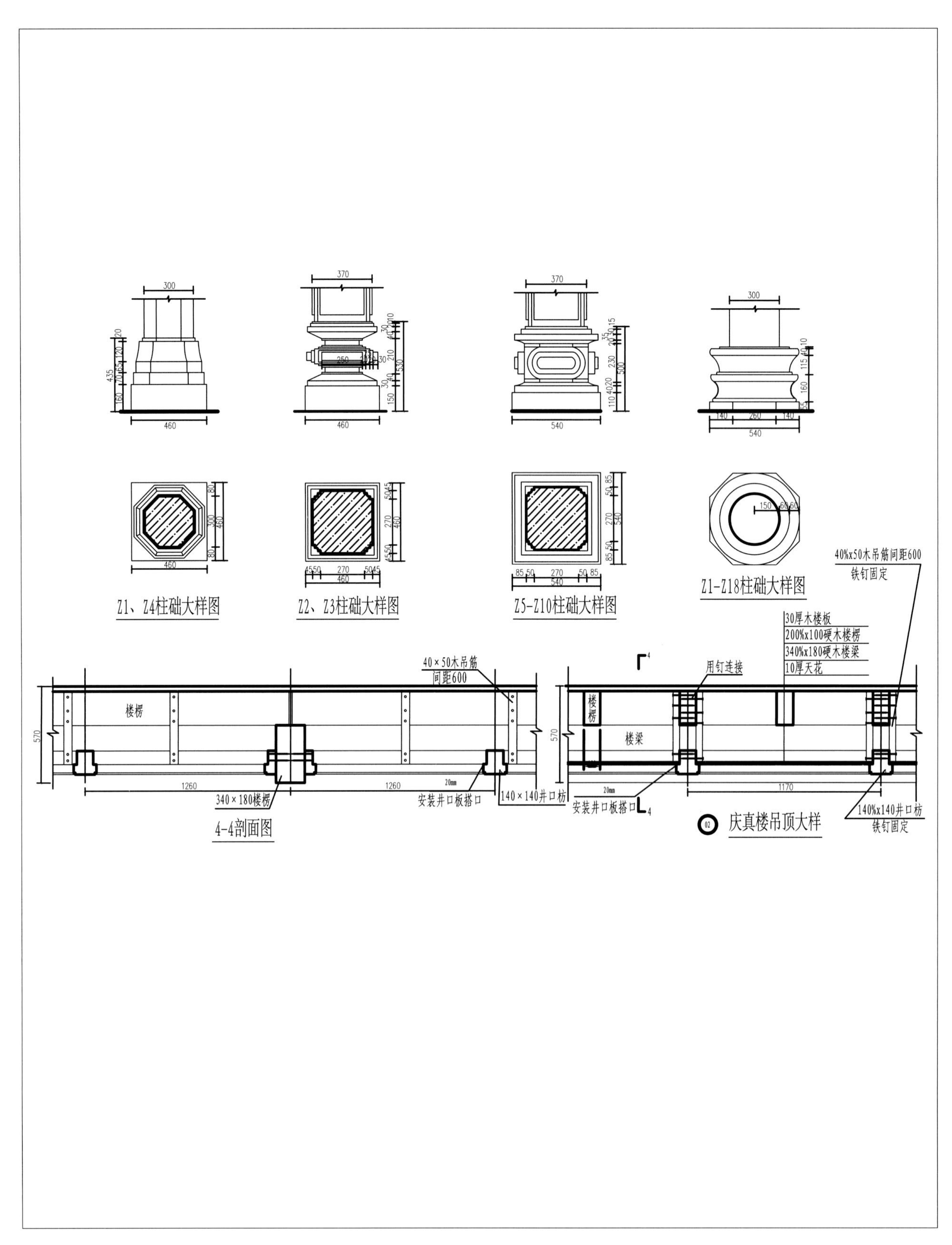

一八〇 庆真楼柱础大样图及楼吊顶大样图

图

版

一 佛山祖庙鸟瞰

二 佛山祖庙正门

三　修缮前的万福台正立面

四　修缮前的万福台屋面

五　修缮前的万福台山花灰塑

六　修缮前的万福台灰塑

七　修缮前的万福台室内

八　修缮前的万福台花窗、门扇

九　修缮前的万福台地下室室内

一〇　修缮前的万福台楼梯

一一　修缮前的万福台柱子

一二　修缮前的万福台木雕

一三 修缮前的东厢房

一四 修缮前的东厢房灰塑

一五　修缮前的东厢房室内楼梯

一六　修缮前的东厢房屋面望瓦

一七 修缮前的西厢房外立面

一八 修缮前的西厢房灰塑

一九　修缮前的西厢房地面

二〇　修缮前的西厢房屋面望瓦

二一 修缮前的东庑廊屋面

二二 修缮前的东庑廊屋面

二三　修缮前的东庑廊前檐

二四　修缮前的东庑廊屋面檩条

二五　修缮前的东庑廊屋面梁架

二六　修缮前的东庑廊外立面

二七　修缮前的西庑廊

二八　修缮前的西庑廊

二九 修缮前的西庑廊墙面

三〇 修缮前的西庑廊屋脊

三一　修缮前的西庑廊封檐板

三二　修缮前的西庑廊室内

三三　修缮前的东围墙

三四　修缮前的东围墙

三五　修缮前的东围墙

三六　修缮前的东围墙

三七 修缮前的西围墙

三八 修缮前的西围墙

三九　修缮前的西围墙镂空窗花

四〇　修缮前的西围墙灰塑

四一　修缮前的灵应牌坊

四二　修缮前的灵应牌坊山花

四三　修缮前的灵应牌坊陶塑

四四　修缮前的灵应牌坊屋面

四五　修缮前的灵应牌坊斗栱

四六　修缮前的灵应牌坊长春门

四七　修缮前的灵应牌坊金木雕

四八　修缮前的灵应牌坊砖雕

四九 修缮前的东碑廊

五〇 修缮前的东碑廊墙面

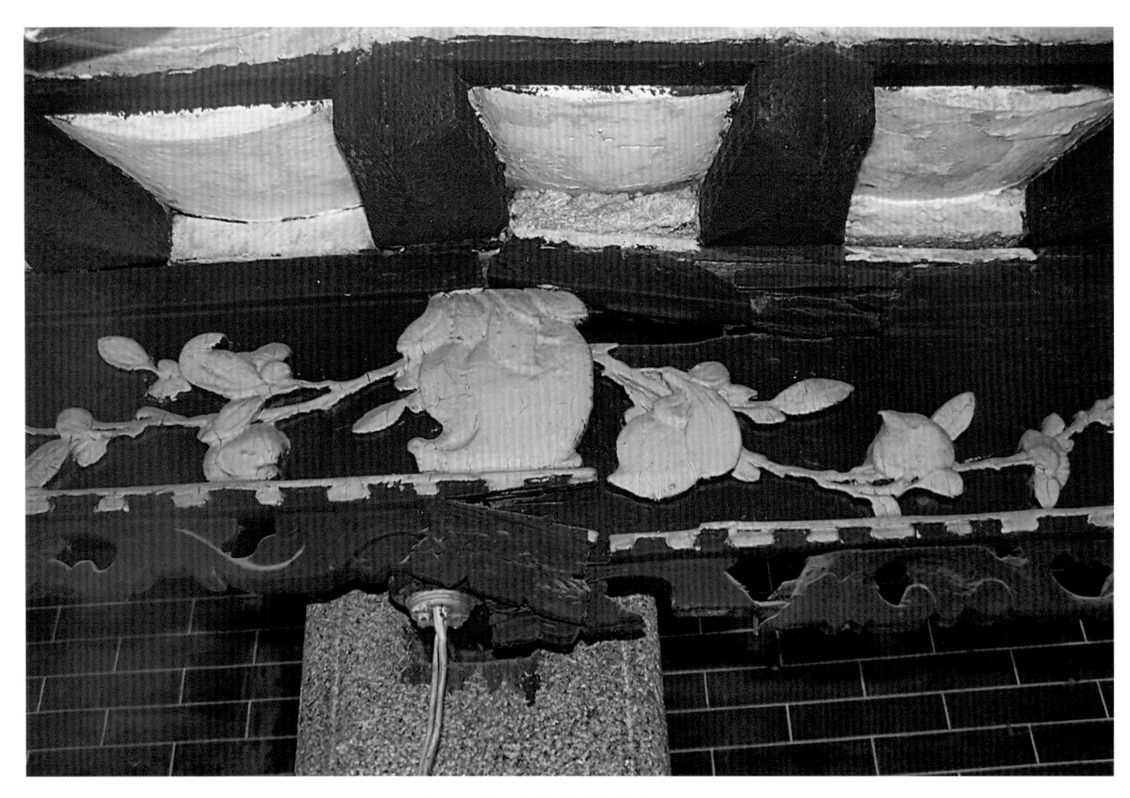

五一　修缮前的东碑廊封檐板

五二　修缮前的东碑廊梁架

五三　修缮前的东碑廊屋面灰塑

五四　修缮前的崇敬门灰塑

五五　修缮前的西碑廊

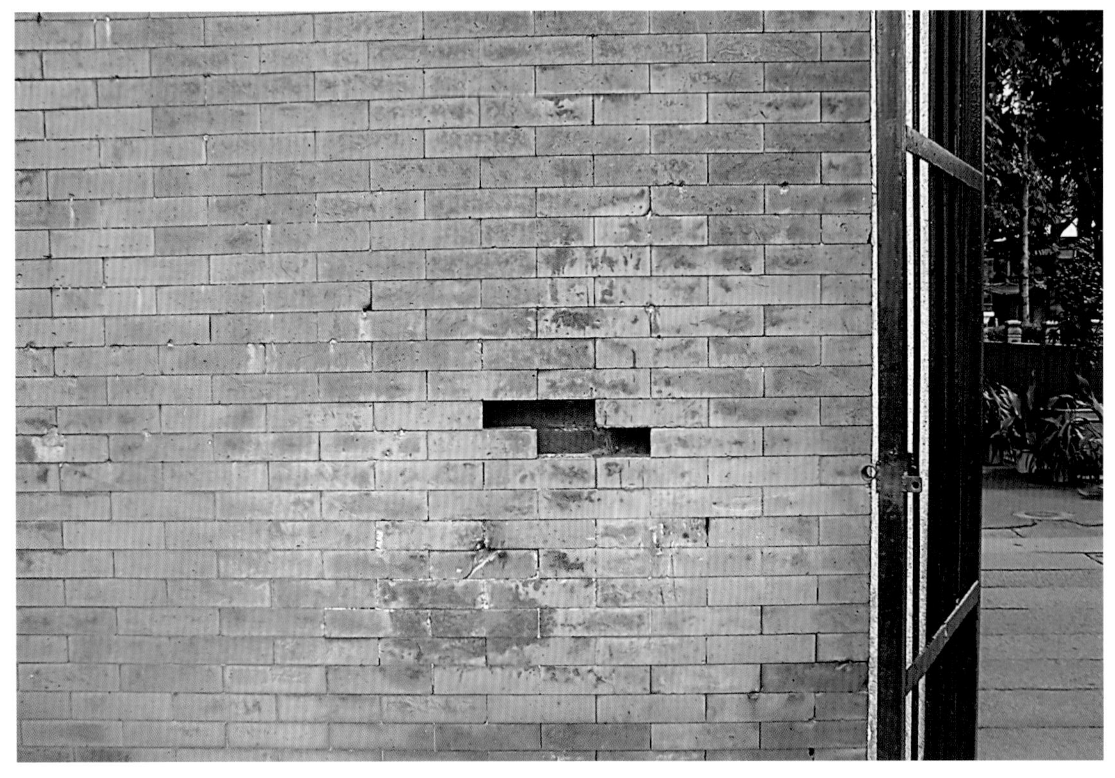

五六　修缮前的西碑廊墙面

五七 修缮前的西碑廊檩条

五八 修缮前的西碑廊梁架

五九　修缮前的西碑廊灰塑

六〇　修缮前的端肃门门顶

六一　修缮前的钟楼外立面

六二　修缮前的钟楼屋面

六三　修缮前的钟楼梁架

六四　修缮前的钟楼屋脊灰塑

六五　修缮前的钟楼地面

六六　修缮前的钟楼墙面

六七　修缮前的鼓楼

六八　修缮前的鼓楼屋脊灰塑

六九 修缮前的鼓楼山墙灰塑

七〇 修缮前的鼓楼木栏杆

七一　修缮前的鼓楼地面

七二　修缮前的鼓楼木构架

七三　修缮前的锦香池

七四　修缮前的锦香池石栏河

七五　修缮前的忠义流芳牌坊

七六　修缮前的忠义流芳牌坊

七七 修缮前的三门

七八 修缮前的三门瓦面

七九　修缮前的三门陶塑

八〇　修缮前的三门屋脊灰塑

八一　修缮前的三门木梁架、望瓦

八二　修缮前的三门檩条

八三　修缮前的三门封檐板

八四　修缮前的三门木门

八五　修缮前的文魁阁

八六　修缮前的文魁阁正门

八七　修缮前的文魁阁木雕

八八　修缮前的文魁阁檩条

八九　修缮前的文魁阁天花

九〇　修缮前的文魁阁屋面、正脊

九一　修缮前的文魁阁山墙

九二　修缮前的文魁阁地面

九三　修缮前的武安阁

九四　修缮前的武安阁屋脊灰塑

九五　修缮前的武安阁屋面

九六　修缮前的武安阁首层

九七　修缮前的武安阁地面

九八　修缮前的武安阁灰塑

九九　修缮前的前殿香亭屋面

一〇〇　修缮前的前殿香亭梁架

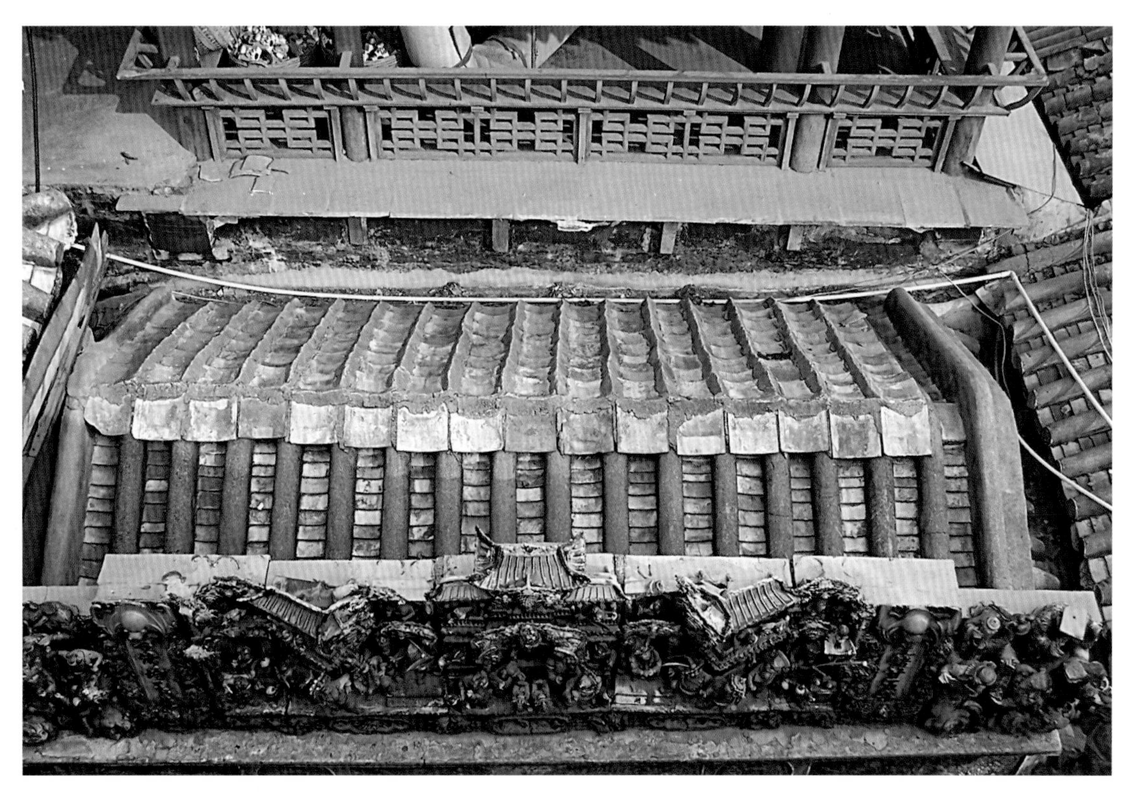

一〇一 修缮前的前殿东廊屋面

一〇二 修缮前的前殿东廊灰塑

一〇三　修缮前的前殿东廊梁架

一〇四　修缮前的前殿东廊梁架

一〇五　修缮前的前殿西廊

一〇六　修缮前的前殿西廊梁架

一〇七　修缮前的前殿西廊灰塑

一〇八　修缮前的前殿西廊灰塑

一〇九　修缮前的前殿屋面

一一〇　修缮前的前殿山墙

一一一　修缮前的前殿正脊灰塑

一一二　修缮前的前殿垂脊灰塑

一一三 修缮前的前殿椭板

一一四 修缮前的前殿斗栱

一一五　修缮前的前殿梁架

一一六　修缮前的前殿梁架

一一七　修缮前的前殿梁架

一一八　修缮前的前殿封檐板

一一九　修缮前的前殿香亭山墙

一二〇　修缮前的前殿香亭灰塑

一二一 修缮前的前殿香亭梁架

一二二 修缮前的前殿香亭封檐板

一二三　修缮前的正殿东廊屋面

一二四　修缮前的正殿东廊梁架

一二五　修缮前的正殿东廊灰塑

一二六　修缮前的正殿东廊灰塑

一二七　修缮前的正殿西廊

一二八　修缮前的正殿西廊灰塑

一二九 修缮前的正殿西廊屋面

一三〇 修缮前的正殿西廊墙面

一三一　修缮前的正殿

一三二　修缮前的正殿屋面

一三三　修缮前的正殿山墙

一三四　修缮前的正殿博风板

一三五　修缮前的正殿垂脊陶塑

一三六　修缮前的正殿正脊灰塑

一三七　修缮前的正殿梁架

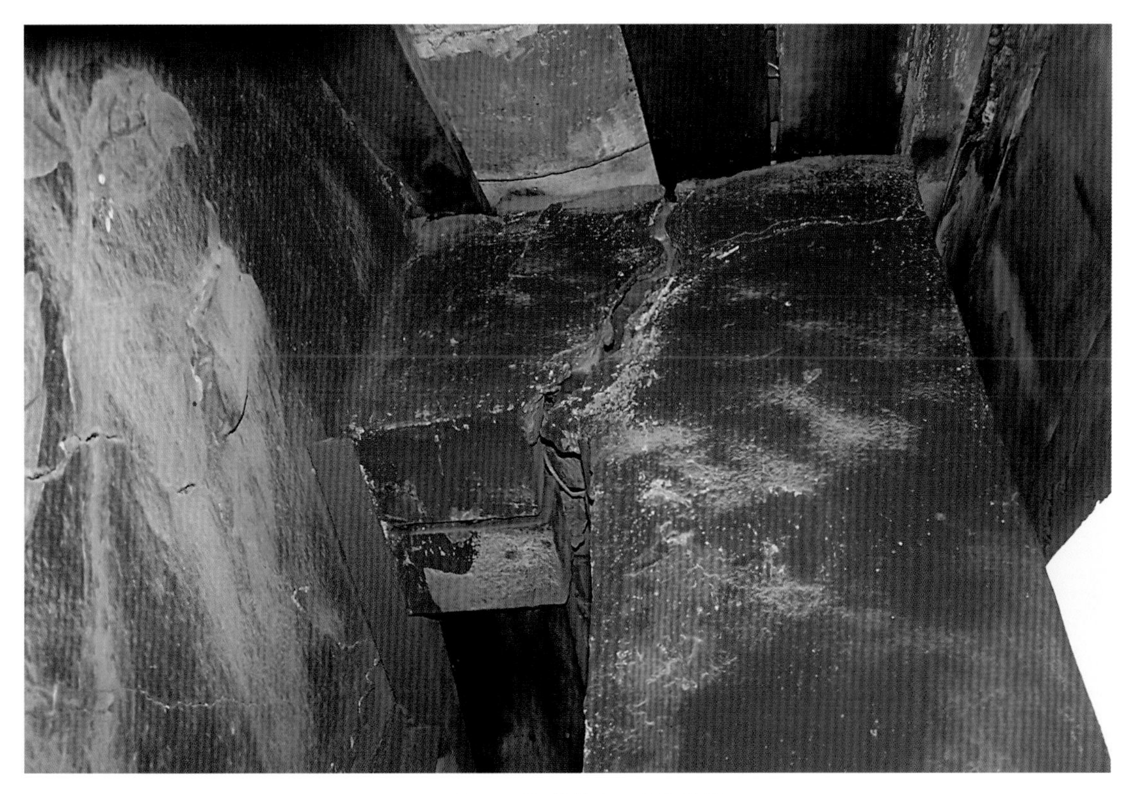

一三八　修缮前的正殿梁架

一三九　修缮前的正殿梁架

一四〇　修缮前的正殿斗栱

一四一　修缮前的正殿斗栱

一四二　修缮前的庆真楼

一四三　修缮前的庆真楼屋面

一四四　修缮前的庆真楼垂脊灰塑

一四五　修缮前的庆真楼正脊陶塑

一四六　修缮前的庆真楼檩条

一四七　修缮前的庆真楼园门

一四八　修缮前的庆真楼梁架

一四九　修缮前的庆真楼天花

一五〇　修缮前的庆真楼围墙

一五一　修缮前的庆真楼陶瓷花窗

一五二　修缮中的东围墙（基础加固）

一五三　修缮中的东围墙（基础加固）

一五四　修缮中的东围墙（基础加固）

一五五　修缮中的东围墙（基础加固）

一五六　修缮中的万福台（结构落架）

一五七　修缮中的万福台（结构落架）

一五八　修缮中的万福台（屋脊顶升）

一五九　修缮中的万福台（梁架安装）

一六〇　修缮中的万福台（梁架安装）

一六一　修缮中的万福台（梁架安装）

一六二　修缮中的万福台（梁架安装）

一六三　修缮中的万福台（屋面盖瓦）

一六四　修缮中的灵应牌坊（油漆修复）

一六五 修缮中的灵应牌坊（油漆修复）

一六六 修缮中的灵应牌坊（木雕贴金）

一六七　修缮中的灵应牌坊（木雕贴金）

一六八　修缮中的灵应牌坊（木雕贴金）

一六九 修缮中的灵应牌坊（木雕贴金）

一七〇 修缮中的三门（匾额清扫）

一七一　修缮中的三门（对联清扫）

一七二　修缮中的三门（脚手架搭建）

一七三 修缮中的三门（屋面盖瓦）

一七四 修缮中的三门（屋面盖瓦）

一七五　修缮中的三门（正脊升顶）

一七六　修缮中的三门（屋面清扫）

一七七　修缮中的三门（灰塑修复）

一七八　修缮中的三门（灰塑修复）

一七九　修缮中的三门（灰塑修复）

一八〇　修缮中的三门（陶塑修复）

一八一 修缮中的三门（陶塑修复）

一八二 修缮中的文魁阁（地面阶砖铺砌）

一八三　修缮中的文魁阁（美人靠安装）

一八四　修缮中的文魁阁（桷板安装）

一八五　修缮中的文魁阁（梁架修复）

一八六　修缮中的文魁阁（梁架安装）

一八七　修缮中的文魁阁（梁架安装）

一八八　修缮中的文魁阁（地面修复）

一八九 修缮中的文魁阁（陶塑修复）

一九〇 修缮中的文魁阁（灰塑修复）

一九一 修缮中的文魁阁（垂脊修复）

一九二 修缮中的武安阁（正脊陶塑修复）

一九三　修缮中的武安阁（正脊陶塑修复）

一九四　修缮中的武安阁（灰塑修复）

一九五　修缮中的武安阁（灰塑修复）

一九六　修缮中的武安阁（油漆修复）

一九七 修缮中的武安阁（梁架安装）

一九八 修缮中的武安阁（梁架安装）

一九九　修缮中的武安阁（梁架安装）

二〇〇　修缮中的武安阁（梁架安装）

二〇一　修缮中的武安阁（梁架安装）

二〇二　修缮中的前殿（山墙修复）

二〇三　修缮中的前殿（屋面修复）

二〇四　修缮中的前殿（油漆修复）

二〇五　修缮中的前殿（匾额安装）

二〇六　修缮中的前殿（匾额安装）

二〇七　修缮中的前殿（灰塑修复）

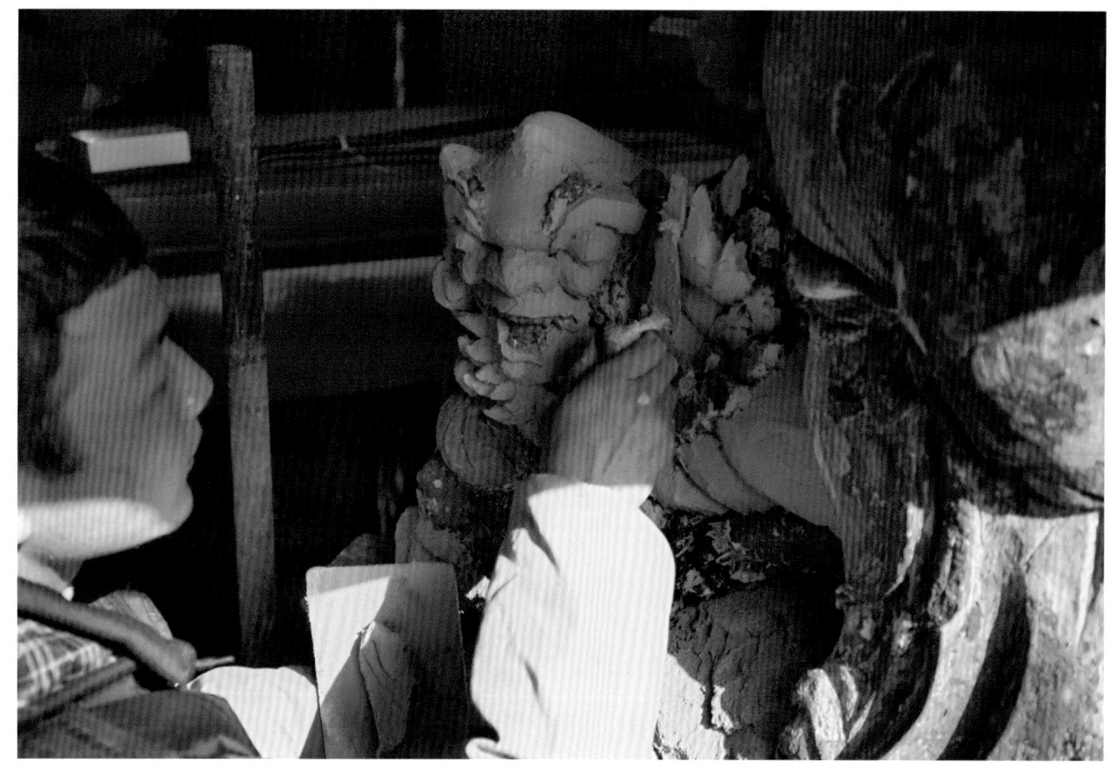

二〇八　修缮中的前殿（灰塑修复）

二〇九　修缮中的前殿（陶塑修复）

二一〇　修缮中的前殿（陶塑修复）

二一一　修缮中的正殿（匾额拆卸）

二一二　修缮中的正殿（匾额保护）

二一三　修缮中的正殿（匾额搬运）

二一四　修缮中的正殿（文物存放）

二一五　修缮中的正殿（北帝铜像保护措施）

二一六　修缮中的正殿（落架施工）

二一七 修缮中的正殿（陶塑屋脊顶升）

二一八 修缮中的正殿（陶塑屋脊顶升）

二一九　修缮中的正殿（梁架安装）

二二〇　修缮中的正殿（梁架安装）

二二一 修缮中的正殿（梁架安装）

二二二 修缮中的正殿（梁架安装）

二二三　修缮中的正殿（梁架安装）

二二四　修缮中的正殿（桷板安装）

二二五 修缮中的正殿（桷板安装）

二二六 修缮中的正殿（飞檐安装）

二二七　修缮中的正殿（木作油漆修复）

二二八　修缮中的正殿（木作油漆修复）

二二九　修缮中的正殿（青砖墙砌筑）

二三〇　修缮中的正殿（屋面盖瓦）

二三一　修缮中的正殿（屋面盖瓦）

二三二　修缮中的正殿（屋面盖瓦）

二三三　修缮中的正殿（屋面陶塑瓦脊安装）

二三四　修缮中的正殿（陶塑修复）

二三五　修缮中的正殿（陶塑修复）

二三六　修缮中的正殿（陶塑修复）

二三七　修缮中的正殿（屋面灰塑修复）

二三八　修缮中的正殿（屋面灰塑修复）

二三九　修缮中的正殿（墙体扶正）

二四〇　修缮中的正殿（墙体扶正）

二四一　修缮中的正殿（木作防腐）

二四二　修缮中的正殿（木作防腐）

二四三　修缮中的庆真楼（落架施工）

二四四　修缮中的庆真楼（落架施工）

二四五　修缮中的庆真楼（落架施工）

二四六　修缮中的庆真楼（落架施工）

二四七　修缮中的庆真楼（梁架安装）

二四八　修缮中的庆真楼（梁架安装）

二四九　修缮中的庆真楼（屋面椽板安装）

二五〇　修缮中的庆真楼（屋面盖瓦）

二五一　修缮中的庆真楼（屋面盖瓦）

二五二　修缮中的庆真楼（屋面盖瓦）

二五三　修缮中的庆真楼（陶塑瓦脊修复）

二五四　修缮中的庆真楼（陶塑瓦脊修复）

二五五　修缮中的庆真楼（陶塑瓦脊修复）

二五六　修缮后的庆真楼（陶塑瓦脊修复）

二五七 修缮中的庆真楼（屋面灰塑修复）

二五八 修缮中的庆真楼（屋面灰塑修复）

二五九　修缮中的庆真楼（围墙砌筑施工）

二六〇　修缮中的庆真楼（室外墙面修复）

二六一　修缮中的庆真楼（室内墙面修复）

二六二　修缮中的庆真楼（室内墙面修复）

二六三　修缮中的庆真楼（木作防腐）

二六四　修缮中的庆真楼（木作防腐）

二六五　修缮中的庆真楼（石柱修复）

二六六　修缮中的庆真楼（石柱修复）

二六七　修缮后的万福台正立面

二六八　修缮后的万福台山花灰塑

二六九　修缮后的万福台室内

二七〇　修缮后的万福台花窗、门扇

二七一　修缮后的万福台花窗、门扇

二七二　修缮后的万福台楼梯

二七三　修缮后的万福台木雕

二七四　修缮后的万福台落水管

二七五　修缮后的东厢房

二七六　修缮后的东厢房灰塑

二七七　修缮后的东厢房室内楼梯

二七八　修缮后的东厢房屋面望瓦

二七九　修缮后的西厢房外立面

二八〇　修缮后的西厢房外门窗

二八一　修缮后的西厢房灰塑

二八二　修缮后的西厢房屋面

二八三　修缮后的东庑廊屋面

二八四　修缮后的东庑廊前檐

二八五　修缮后的东庑廊屋面檩条

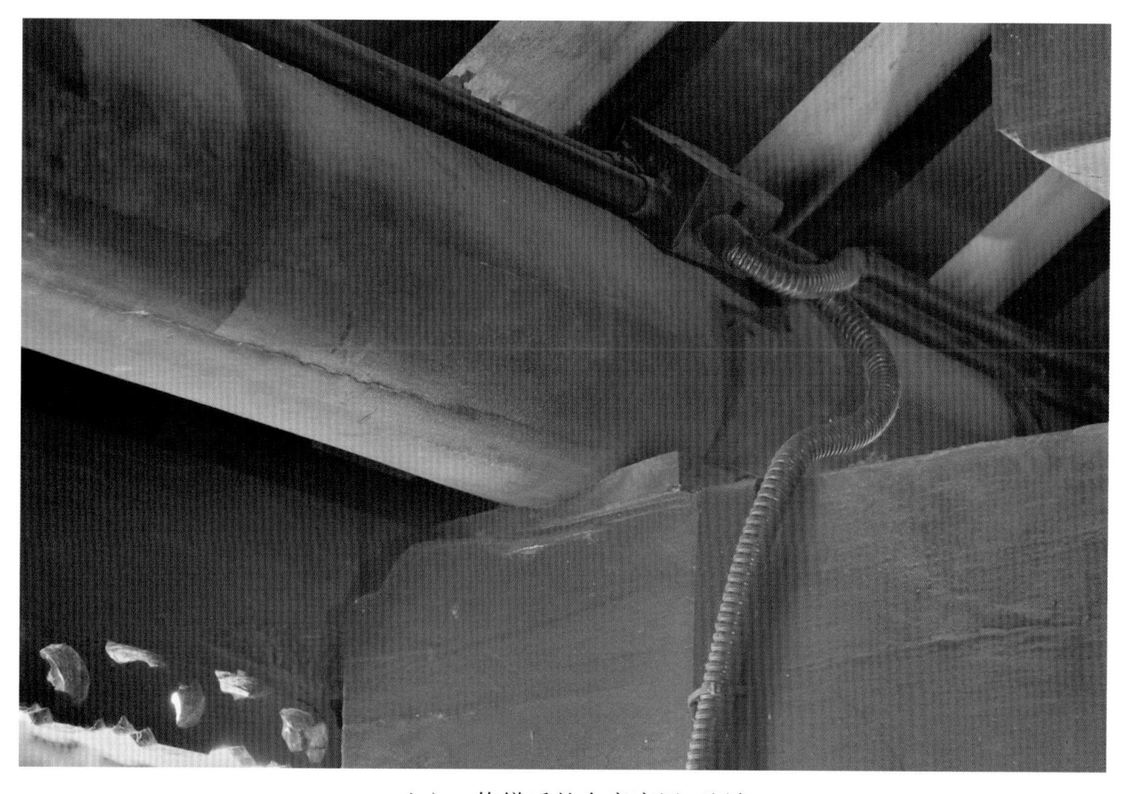

二八六　修缮后的东庑廊屋面梁架

二八七　修缮后的西庑廊

二八八　修缮后的西庑廊

二八九　修缮后的西庑廊封檐板

二九〇　修缮后的西庑廊室内

二九一　修缮后的东围墙

二九二　修缮后的东围墙灰塑

二九三　修缮后的中门

二九四　修缮后的崇敬门

二九五　修缮后的西围墙

二九六　修缮后的西围墙

二九七　修缮后的西围墙镂空窗花

二九八　修缮后的西围墙灰塑

二九九　修缮后的灵应牌坊

三〇〇　修缮后的灵应牌坊屋脊

三〇一　修缮后的灵应牌坊陶塑

三〇二　修缮后的灵应牌坊屋面

三〇三　修缮后的灵应牌坊中柱、抱鼓石

三〇四　修缮后的灵应牌坊斗栱

三〇五　修缮后的灵应牌坊长春门

三〇六　修缮后的灵应牌坊长金木雕

三〇七 修缮后的东碑廊

三〇八 修缮后的东碑廊墙面

三〇九 修缮后的东碑廊屋面檩条及封檐板

三一〇 修缮后的东碑廊屋面檩条及封檐板

三一一　修缮后的东碑廊屋面灰塑

三一二　修缮后的崇敬门灰塑

三一三　修缮后的西碑廊

三一四　修缮后的西碑廊檩条

三一五　修缮后的西碑廊灰塑

三一六　修缮后的端肃门

三一七　修缮后的钟楼

三一八　修缮后的钟楼屋面

三一九　修缮后的钟楼屋脊灰塑

三二〇　修缮后的钟楼梁架

三二一　修缮后的鼓楼

三二二　修缮后的鼓楼屋脊灰塑

三二三　修缮后的鼓楼木门

三二四　修缮后的鼓楼山墙灰塑

三二五 修缮后的锦香池

三二六 修缮后的锦香池

三二七　修缮后的锦香池石栏河

三二八　修缮后的锦香池树池

三二九　修缮后的忠义流芳牌坊

三三〇　修缮后的忠义流芳牌坊立面

三三一　修缮后的忠义流芳牌坊正脊

三三二　修缮后的忠义流芳牌坊陶塑

三三三 修缮后的三门

三三四 修缮后的三门屋脊陶塑

三三五　修缮后的三门陶塑

三三六　修缮后的三门陶塑

三三七　修缮后的三门屋脊灰塑

三三八　修缮后的三门灰塑

三三九　修缮后的三门木梁架、望瓦

三四〇　修缮后的三门檩条

三四一 修缮后的文魁阁

三四二 修缮后的文魁阁正门

三四三　修缮后的文魁阁落水管

三四四　修缮后的文魁阁檩条

三四五　修缮后的文魁阁天花

三四六　修缮后的文魁阁屋面、正脊

三四七　修缮后的武安阁

三四八　修缮后的武安阁首层

三四九　修缮后的武安阁屋面

三五〇　修缮后的武安阁屋面

三五一　修缮后的武安阁垂脊灰塑

三五二　修缮后的武安阁正脊灰塑

三五三　修缮后的前殿香亭梁架

三五四　修缮后的前殿香亭梁架

三五五　修缮后的前殿香亭梁架

三五六　修缮后的前殿香亭屋面

三五七　修缮后的前殿东廊

三五八　修缮后的前殿东廊梁架

三五九　修缮后的前殿东廊梁架

三六〇　修缮后的前殿东廊灰塑

三六一 修缮后的前殿西廊

三六二 修缮后的前殿西廊木梁架

三六三　修缮后的前殿西廊封檐板

三六四　修缮后的前殿西廊

三六五　修缮后的前殿屋面

三六六　修缮后的前殿山墙

三六七　修缮后的前殿木雕

三六八　修缮后的前殿屋面、梁架

三六九　修缮后前殿屋面、木梁架

三七〇　修缮后的前殿木雕封檐板

三七一　修缮后的正殿香亭

三七二　修缮后的正殿香亭屋面灰塑

三七三　修缮后的正殿香亭梁架

三七四　修缮后的正殿香亭梁架

三七五　修缮后的正殿东廊

三七六　修缮后的正殿东廊灰塑

三七七　修缮后的正殿东廊梁架

三七八　修缮后的正殿东廊梁架

三七九　修缮后的正殿西廊

三八〇　修缮后的正殿西廊梁架

三八一　修缮后的正殿西廊灰塑

三八二　修缮后的正殿西廊灰塑

三八三　修缮后的正殿屋面、山墙

三八四　修缮后的正殿梁架檩条

三八五 修缮后的正殿正脊

三八六 修缮后的正殿山墙博风板

三八七　修缮后的正殿槫条瓦桷

三八八　修缮后的正殿梁架

三八九 修缮后的正殿梁架

三九〇 修缮后的正殿斗栱

三九一　修缮后的正殿金木雕

三九二　修缮后的正殿神龛

三九三　修缮后的庆真楼

三九四　修缮后的庆真楼山墙

三九五　修缮后的庆真楼围墙

三九六　修缮后的庆真楼园门

三九七 修缮后的庆真楼天花

三九八 修缮后的庆真楼木门

三九九　修缮后的庆真楼匾额

四〇〇　修缮后的庆真楼花窗

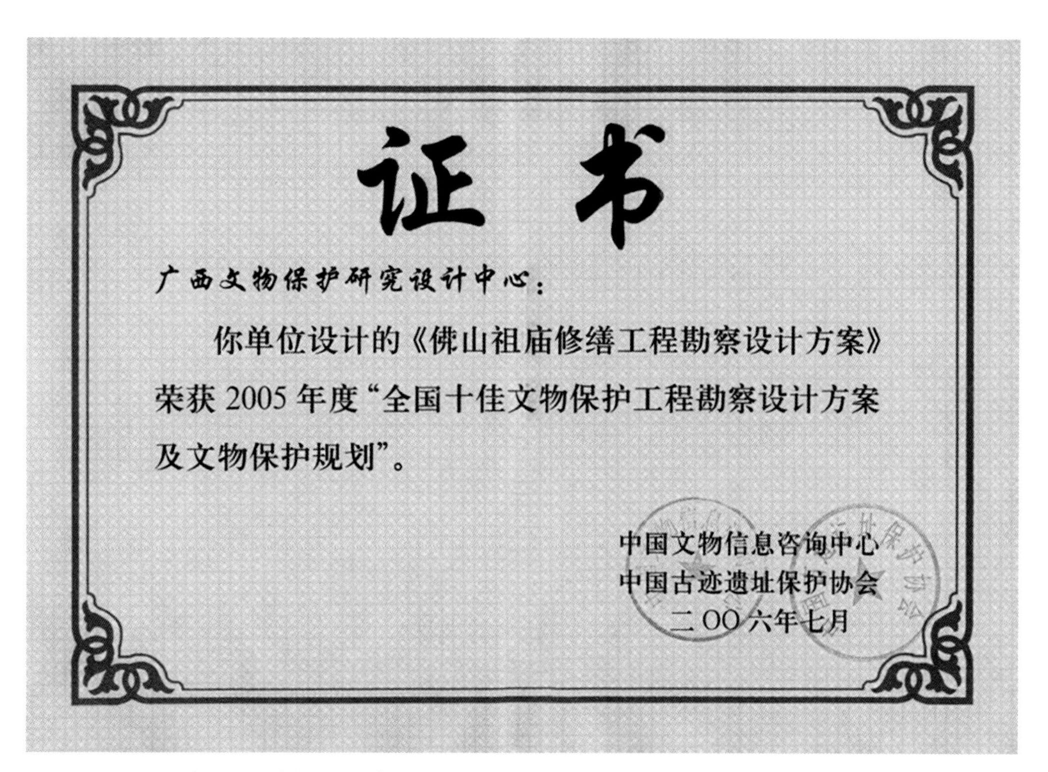
证 书

广西文物保护研究设计中心：

你单位设计的《佛山祖庙修缮工程勘察设计方案》荣获2005年度“全国十佳文物保护工程勘察设计方案及文物保护规划”。

中国文物信息咨询中心
中国古迹遗址保护协会
二〇〇六年七月

四〇一　2006年7月《佛山祖庙修缮工程勘察设计方案》荣获2005年度“全国十佳文物保护工程勘察设计方案及文物保护规划”

证 书

佛山市工程承包总公司：

你单位施工的 佛山祖庙修缮 工程被评为2009年“全国建筑装饰行业科技示范工程科技创新奖”

特 颁 此 证

证书编号：KJCX100206
颁奖日期：2010年5月28日

中国建筑装饰协会

四〇二　2010年5月28日佛山市工程承包总公司的佛山祖庙修缮工程评为2009年“全国建筑装饰行业科技示范工程科技创新奖”

荣誉证书

国家传统建筑文化保护

示范工程

罗哲文题

申报：佛山市工程承包总公司

项目：佛山祖庙修缮工程

二〇一〇年十一月

四〇三　2010 年 11 月“佛山祖庙修缮工程”被评为“国家传统建筑文化保护示范工程”

荣誉证书

佛山市祖庙博物馆

你单位管理的“佛山祖庙修缮工程”被评选为“2010年度十大文物维修工程”。

特发此证

中国文物报社　　　中国文物保护基金会

二〇一一年十二月

四〇四　2011 年 12 月“佛山祖庙修缮工程”被中国文物报评选为“2010 年度全国十大文物保护工程”

广东省优秀建筑装饰工程奖

证 书

佛山市工程承包总公司 承建的

佛山祖庙修缮工程 荣获

二〇一四年度广东省优秀建筑装饰工程奖。

特发此证。

承建范围：古建筑、保护性建筑整体装饰装修

证书编号：GDZS14007

二〇一四年八月十一日

四〇五　2014 年 8 月 11 日“佛山祖庙修缮工程”荣获“二〇一四年度广东省优秀建筑装饰工程奖”

荣誉证书

首届（2013年度）全国十佳文物保护工程

广东佛山祖庙修缮工程

建设单位：广东省佛山市祖庙博物馆

设计单位：广西文物保护研究设计中心、广东省佛山置地建筑设计有限公司

施工单位：广东省佛山市工程承包总公司

监理单位：广东立德建设监理有限公司

国家文物局

中国古迹遗址保护协会　中国文物报社

2014年11月

四〇六　2014 年 11 月“佛山祖庙修缮工程”被评选为“首届（2013 年度）全国十佳文物保护工程”

后　记

佛山祖庙以其独特的建筑风格、厚重的历史文化底蕴、美轮美奂的建筑装饰，在岭南建筑史上具有重要地位。它既是岭南历史文化的鲜活载体，也是研究岭南古建筑文化的极为珍贵的实物例证，至今仍然对佛山乃至岭南地区有着深远的影响。

佛山祖庙全面修缮工程自2004年启动，2007年11月21日正式动工，2010年10月29日主体修缮工程竣工，至2013年通过国家文物局验收。在此过程中，国家文物局和广东省文化厅、文物局领导及负责同志，中共佛山市委、市政府主要领导及负责同志多次到祖庙视察修缮工作情况。佛山祖庙修缮领导小组办公室负责日常修缮领导工作，时任修缮办主任徐东涛、副主任公孙宁、赵维英等负责同志定期到修缮现场了解修缮工程情况、检查指导修缮工作、协调解决存在问题，确保了修缮工程顺利推进；专门组建的修缮顾问团队，为佛山祖庙修缮工程提供了宝贵的咨询建议和技术支持，保障了修缮工程质量及国家文物安全。

在国家文物局、广东省文化厅、广东省文物局、佛山市委市政府、佛山市文化广电新闻出版局等上级主管部门、兄弟单位及社会各界的高度重视及大力支持配合下，参与佛山祖庙修缮工程的全体工作人员始终怀着“对历史负责、对佛山人民负责”的态度，以高度的责任感和使命感面对修缮过程中的各种挑战与考验，最终佛山祖庙修缮工程得以顺利圆满竣工，并取得了多项殊荣，获得了社会各界的高度认同和广泛赞誉。在此，我们向所有参与和支持佛山祖庙修缮工程的领导、专家、学者、工作人员和热心人士致以衷心的感谢。

古建筑是历史文化和科学技术的结晶，也是历史文明的形象体现。古建筑经历了漫长的历史岁月，由于建筑材料不同，结构体系各异，加之所处地域自然环境的变化，其病害情况也千差万别。针对不同的病害情况，因地制宜，按照古建筑修缮“四保存”原则，采用相适宜的修缮方法，是保护古建筑必须尊重的法则。为此，在佛山祖庙修缮工程勘察设计阶段，佛山祖庙全面修缮统筹协调小组、佛山市博物馆和广西文物保护设计研究中心对佛山祖庙古建筑群现状进行了全面细致的摸底勘察，并组织召开多次专家论证会，同时对佛山祖庙的建筑历史和传统文化展开了深入的调查研究。通过与佛山科学技术学院等高校合作，开展了“数字祖庙”的科研项目，利用当时最新的科研手段和技术成果，全面记录和保存了佛山祖庙修缮前的真实状况。在佛山祖庙修缮工程的施工阶段，“佛山祖庙修缮领导小组办公室”制定了科学规范的修缮管理制度，组建了由资深专家、学者组成的顾问团队，对佛山祖庙修缮工程进行全方位、科学化、规范化管理。佛山市工程承包总公司严格按照文物修缮原则和设计方案进行施工。佛山市立德工程建设监理有限公司严格按照监理工作规范履行监理职责，对施工质量严格把关，同时做好详细的施工记录和监理日志。针对施工过程中出现的新问题、新情况，“佛山祖庙修缮领导小组办公室”及时组织各参建单位召开专题会议分析讨论，研究制定专项工作方案，切实解决存在问题。施工单位和监理单位利用他们长期从事古建筑修缮工作的经验积累和对佛山地区建筑历史和营造技法的深入理解，从佛山祖庙的实际情况出发，创新并应用了多项古建筑修缮专利技术，最大限度地保存了佛山祖庙古建筑的真实性和完整性。在佛山祖庙修缮工程竣工后，佛山市祖庙博物馆组织成立了“佛山祖庙修缮报告编著小组”，对佛山祖庙修缮工程进行了系统化的资料整理、理论研究和经验总结，几易其稿，历经三年多的时间，终于出版了《佛山祖庙修缮报告》，期望借此能进一步提高古建筑保护利用工作的科学化、规范化水平，为我市的文物保护利用和文化遗产保护传承贡献力量。《佛山祖庙修缮报告》的编写，也得到应如军、邓光民、黄文铮、劳毅雄、张宪文、张进德、麦立军、冯加强、林炳同、霍燿祥、吕咏文等人的支持和帮助，在此表示衷心的感谢。

限于水平，《佛山祖庙修缮报告》中或有不周之处，祈请各方专家学者和读者批评指正。

佛山市祖庙博物馆馆长、研究馆员 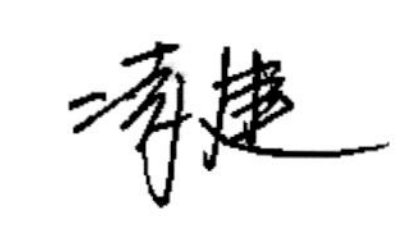

2018 年 6 月 9 日